中文版

海天印象　编著

Premiere Pro 2020 完全自学一本通

電子工業出版社
Publishing House of Electronics Industry
北京·BEIJING

读者服务

读者在阅读本书的过程中如果遇到问题，可以关注“有艺”公众号，通过公众号中的“读者反馈”功能与我们取得联系。此外，通过关注“有艺”公众号，您还可以获取艺术教程、艺术素材、新书资讯、书单推荐、优惠活动等相关信息。

扫一扫关注“有艺”

扫码观看全书视频

资源下载方法：关注“有艺”公众号，在“有艺学堂”的“资源下载”中获取下载链接，如果遇到无法下载的情况，可以通过以下三种方式与我们取得联系：

1. 关注“有艺”公众号，通过“读者反馈”功能提交相关信息；
2. 请发邮件至art@phei.com.cn，邮件标题命名方式：资源下载+书名；
3. 读者服务热线：（010）88254161~88254167转1897。

投稿、团购合作：请发邮件至art@phei.com.cn。

图书在版编目（CIP）数据

中文版Premiere Pro 2020完全自学一本通 / 海天印象编著．— 北京：电子工业出版社，2021.5

ISBN 978-7-121-40997-4

Ⅰ.①中… Ⅱ.①海… Ⅲ.①视频编辑软件 Ⅳ.①TN94

中国版本图书馆CIP数据核字（2021）第070084号

责任编辑：于庆芸　　特约编辑：田学清
印　　刷：北京市大天乐投资管理有限公司
装　　订：北京市大天乐投资管理有限公司
出版发行：电子工业出版社
　　　　　北京市海淀区万寿路173信箱　　邮编：100036
开　　本：787×1092　1/16　印张：20.75　字数：597.6千字
版　　次：2021年5月第1版
印　　次：2022年9月第3次印刷
定　　价：99.80元

凡所购买电子工业出版社图书有缺损问题，请向购买书店调换。若书店售缺，请与本社发行部联系，联系及邮购电话：（010）88254888，88258888。

质量投诉请发邮件至zlts@phei.com.cn，盗版侵权举报请发邮件到dbqq@phei.com.cn。

本书咨询联系方式：（010）88254161～88254167转1897。

前言

软件简介

Premiere Pro 2020是由Adobe公司出品的一款视频编辑软件，也是为视频编辑爱好者和专业视频编辑人士准备的一款编辑软件，可以支持当前所有标清和高清格式的实时编辑。它提供了采集、剪辑、调色、美化音频、字幕添加、输出、DVD刻录的一整套流程，并和其他Adobe软件高效集成，满足用户创作高质量作品的要求。目前，这款软件广泛应用于影视编辑、广告制作和电视节目制作中。

写作驱动

全书内容均以应用案例为主线，在此基础上适当扩展知识点，真正实现学以致用；排版紧凑，图文并茂，既美观大方又能够突出重点、难点；所有应用案例的每一步操作，均配有对应的插图和注释，以便读者在学习过程中能够直观、清晰地看到操作过程和效果，提高学习效率；每章以“专家指点”的形式为读者提炼了各种高级操作技巧与细节问题；配套的教学资源内容与书中知识紧密结合并互相补充，详细讲解每个案例的操作过程及关键步骤，帮助读者更轻松地掌握书中所有的知识内容和操作技巧。

本书根据众多设计人员及教学人员的经验，精心设计了非常系统的学习体系。主要内容包括项目文件、素材文件、色彩色调、转场效果、视频特效、影视字幕、字幕特效、音频文件、音频特效、覆叠特效、运动效果、导出视频文件、商业广告设计实战。

本书特点

完备的功能查询：工具、按钮、菜单命令、快捷键、理论、案例等应有尽有，内容详细、具体，不仅是一本自学手册，更是一本即查、即学、即用手册。

全面的内容介绍：项目文件、素材文件、色彩色调、转场效果、视频特效、影视字幕、字幕特效、音频文件、音频特效、覆叠特效、运动效果、导出视频文件、商业广告设计实战。

细致的操作讲解：170多个应用案例演练，80多个专家指点放送，1210多张图片全程图解，让学习内容变得通俗易懂。

超值的赠送资源：350多分钟书中所有应用案例操作重现的演示视频，1040多个与书中同步的素材和效果源文件，可以随调随用。

细节特色

3个综合实战案例：书中最后安排了3个综合实战案例，其中包括制作《戒指广告》、制作《婚纱相册》及制作《儿童相册》。

80多个专家指点放送：作者在编写本书时，将80多个案例实战技巧、设计经验，毫无保留地介绍给读者，不仅大大提高了本书的含金量，更方便读者提升案例实战技巧与经验，提高学习与工作效率。

170多个应用案例演练：本书是一本操作性、实用性较强的用书，书中的步骤讲解详细，其中对170多个应用案例进行了步骤分解，与同类书相比，读者可以省去学习理论的时间，能掌握大量的实用技能。

350多分钟实操视频：书中的所有应用案例，以及最后3个综合实战案例，全部录制了带语音讲解的视频，时间长度达350多分钟，全程同步重现书中所有应用案例操作。

1040多个素材效果：全书使用的素材与制作的效果，共有1040多个文件，其中包含620多个素材文件和420多个效果文件，涉及商业广告、风景展示、婚纱摄影、儿童写真、影视特效等题材。

1210多张图片全程图解：本书使用了1210多张图片，对软件功能、应用案例的讲解进行了全程式图解。通过这些辅助图片，让应用案例变得更通俗易懂，读者可以一目了然、快速领会，从而大大提高学习效率。

本书内容

章　节	主要内容
第1～2章	详细讲解了Premiere Pro 2020的工作界面、Premiere Pro 2020的操作界面、项目文件的基本操作、素材文件的基本操作、素材文件的编辑操作、添加影视素材、编辑影视素材、调整影视素材及剪辑视频素材等理论知识及实操内容
第3～5章	详细讲解了色彩基础、色彩的校正、图像色彩的调整、转场的基础知识、转场效果的编辑、转场效果属性的设置、常用的转场效果、视频效果的操作、设置效果参数及常用的视频效果等内容
第6～7章	详细讲解了字幕简介和面板、编辑字幕样式、字幕属性的设置、设置字幕外观效果、字幕运动特效、创建字幕遮罩动画及制作精彩字幕特效等内容
第8～9章	详细讲解了数字音频的定义、音频的基本操作、音频特效的编辑、音轨混合器、音频效果的处理、制作立体声音频效果、常用的音频效果及其他音频效果的制作等内容
第10～11章	详细讲解了Alpha通道与遮罩、常用的透明叠加效果、制作其他叠加方式、设置运动关键帧、制作运动特效及制作画中画特效等内容
第12～13章	详细讲解了设置视频参数、设置影片导出参数、导出影视文件、制作《戒指广告》、制作《婚纱相册》及制作《儿童相册》等内容，让读者可以从新手快速成为视频编辑高手

作者售后

本书由海天印象编著，参与编写的人员还有谭俊杰、向小红等人。感谢黄建波、罗健飞、王甜康、徐必文、卢博、黄海艺、包超锋及严茂钧等人提供的素材。由于作者水平有限，书中难免存在一些疏漏和不足，恳请同行专家和读者给予批评指正，联系微信：2633228153。

特别提醒

本书基于Premiere Pro 2020软件编写，请读者一定要使用相同版本软件。当读者直接打开附赠资源中的效果文件时，会弹出重新链接素材的提示，如音频、视频、图像素材，甚至提示丢失信息等，这是因为每个读者安装的Premiere Pro 2020及素材与效果文件的路径不一致，发生了改变，这属于正常现象，读者只需要将这些素材重新链接素材文件夹中的相应文件，即可链接成功。读者也可以将附赠资源复制到计算机的硬盘中，当需要某个prproj文件时，第一次链接成功后，就将文件进行保存，后面再打开文件时就不需要再重新链接了。

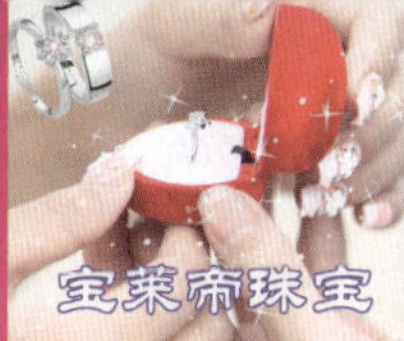

第1章 快速上手：Premiere Pro 2020入门.......... 1

1.1 Premiere Pro 2020的工作界面..........1
1.1.1 标题栏 …… 1
1.1.2 监视器面板的显示模式 …… 1
1.1.3 监视器面板中的工具 …… 2
1.1.4 “历史记录”面板 …… 3
1.1.5 “信息”面板 …… 3
1.1.6 菜单栏 …… 3
1.2 Premiere Pro 2020的操作界面..........5
1.2.1 “项目”面板 …… 5
1.2.2 “效果”面板 …… 7
1.2.3 “效果控件”面板 …… 7
1.2.4 工具箱 …… 8
1.2.5 “时间轴”面板 …… 8
1.3 项目文件的基本操作..........9
1.3.1 创建项目文件 …… 9
1.3.2 打开项目文件 …… 11
1.3.3 保存和关闭项目文件 …… 12
1.4 素材文件的基本操作..........14
1.4.1 导入素材文件 …… 14
1.4.2 播放素材文件 …… 16
1.4.3 素材文件编组 …… 16
1.4.4 嵌套素材文件 …… 17
1.4.5 在“源监视器”面板中插入编辑 …… 18
1.5 素材文件的编辑操作..........19
1.5.1 运用选择工具选择素材 …… 19
1.5.2 运用剃刀工具剪切素材 …… 20
1.5.3 运用外滑工具移动素材 …… 20
1.5.4 运用波纹编辑工具改变素材长度 …… 21
1.6 专家支招..........22
1.7 总结拓展..........23
1.7.1 本章小结 …… 23
1.7.2 举一反三——启动 Premiere Pro 2020 …… 23

第2章 基础操作：添加与调整素材文件.......... 25

2.1 添加影视素材..........25
2.1.1 添加视频素材 …… 25
2.1.2 添加音频素材 …… 26
2.1.3 添加静态图像 …… 27
2.2 编辑影视素材..........29
2.2.1 复制粘贴视频 …… 29
2.2.2 分离影视视频 …… 30
2.2.3 组合影视视频 …… 31
2.2.4 删除影视视频 …… 32
2.2.5 设置素材入点 …… 33
2.2.6 设置素材标记 …… 34
2.3 调整影视素材..........35
2.3.1 调整显示方式 …… 35
2.3.2 调整播放时间 …… 38
2.3.3 调整播放速度 …… 38
2.3.4 调整播放位置 …… 40
2.4 剪辑影视素材..........41
2.4.1 三点剪辑技术 …… 41
2.4.2 使用三点剪辑技术剪辑素材 …… 42
2.4.3 使用外滑工具剪辑素材 …… 44
2.4.4 使用波纹编辑工具剪辑素材 …… 46
2.5 专家支招..........47
2.6 总结拓展..........48
2.6.1 本章小结 …… 48
2.6.2 举一反三——重命名影视素材 …… 48

第3章 视觉设计：色彩色调的调整技巧.......... 51

3.1 了解色彩基础..........51
3.1.1 色彩的概念 …… 51
3.1.2 色相 …… 52
3.1.3 亮度和饱和度 …… 52
3.1.4 RGB 色彩模式 …… 52
3.1.5 灰度模式 …… 53
3.1.6 Lab 色彩模式 …… 53
3.1.7 HSL 色彩模式 …… 54
3.2 色彩的校正..........54
3.2.1 校正“RGB 曲线” …… 54
3.2.2 校正“RGB 颜色校正器” …… 57
3.2.3 校正“三向颜色校正器” …… 59
3.2.4 校正“亮度曲线” …… 63
3.2.5 校正“亮度校正器” …… 65
3.2.6 校正“快速颜色校正器” …… 66
3.2.7 校正“更改颜色” …… 68
3.2.8 校正“颜色平衡（HLS）” …… 71
3.2.9 校正“保留颜色” …… 73
3.3 图像色彩的调整..........75
3.3.1 调整自动颜色 …… 75
3.3.2 调整自动色阶 …… 77
3.3.3 运用卷积内核 …… 78
3.3.4 运用光照效果 …… 80
3.3.5 调整图像的黑白 …… 83
3.3.6 调整图像的颜色过滤 …… 84
3.3.7 调整图像的颜色替换 …… 86
3.4 专家支招..........88
3.5 总结拓展..........88
3.5.1 本章小结 …… 88
3.5.2 举一反三——校正“视频限幅器（旧版）” …… 88

第4章 完美过渡：编辑与设置转场效果..........91

4.1 转场的基础知识..........91
4.1.1 认识转场功能..........91
4.1.2 认识转场分类..........91
4.1.3 认识转场应用..........92
4.2 转场效果的编辑..........92
4.2.1 添加转场效果..........92
4.2.2 为不同的轨道添加转场效果..........94
4.2.3 替换和删除转场效果..........95
4.3 转场效果属性的设置..........96
4.3.1 设置转场时间..........96
4.3.2 对齐转场效果..........98
4.3.3 反向转场效果..........99
4.3.4 显示实际素材来源..........100
4.3.5 设置转场边框..........101
4.4 常用的转场效果..........103
4.4.1 叠加溶解..........103
4.4.2 中心拆分..........104
4.4.3 渐变擦除..........106
4.4.4 翻页..........108
4.4.5 带状内滑..........109
4.5 专家支招..........111
4.6 总结拓展..........111
4.6.1 本章小结..........111
4.6.2 举一反三——制作立方体旋转特效..........112

第5章 酷炫特效：精彩视频特效的制作..........113

5.1 视频效果的操作..........113
5.1.1 添加单个视频效果..........113
5.1.2 添加多个视频效果..........114
5.1.3 复制与粘贴视频..........115
5.1.4 删除视频效果..........116
5.1.5 关闭视频效果..........118
5.2 设置效果参数..........118
5.2.1 设置对话框参数..........118
5.2.2 设置效果控件参数..........119
5.3 常用的视频效果..........120
5.3.1 添加键控视频效果..........120
5.3.2 添加垂直翻转视频效果..........122
5.3.3 制作抖音水平翻转视频效果..........123
5.3.4 制作抖音高斯模糊视频效果..........124
5.3.5 制作抖音镜头光晕视频效果..........125
5.3.6 制作抖音波形变形视频效果..........126
5.3.7 制作抖音纯色合成视频效果..........127
5.3.8 添加蒙尘与划痕视频效果..........129
5.3.9 添加透视视频效果..........129
5.3.10 添加时间码视频效果..........132
5.4 专家支招..........133
5.5 总结拓展..........133
5.5.1 本章小结..........133
5.5.2 举一反三——添加彩色浮雕视频效果..........134

第6章 玩转字幕：编辑与设置影视字幕..........135

6.1 了解字幕简介和面板..........135
6.1.1 标题字幕简介..........135
6.1.2 了解字幕属性面板..........135
6.2 编辑字幕样式..........137
6.2.1 创建水平字幕..........137
6.2.2 创建垂直字幕..........138
6.2.3 创建多个字幕文本..........139
6.3 字幕属性的设置..........140
6.3.1 设置字体样式..........140
6.3.2 设置字体大小..........141
6.3.3 设置字幕间距效果..........142
6.3.4 设置字幕行间距效果..........143
6.3.5 设置字幕对齐方式..........144
6.4 设置字幕外观效果..........145
6.4.1 设置字幕颜色填充..........145
6.4.2 设置字幕描边效果..........148
6.4.3 设置字幕阴影效果..........150
6.5 专家支招..........152
6.6 总结拓展..........152
6.6.1 本章小结..........152
6.6.2 举一反三——调整字幕阴影投射角度..........153

第7章 打造大片：创建与制作字幕特效..........155

7.1 了解字幕运动特效..........155
7.1.1 字幕运动原理..........155
7.1.2 “运动”面板..........155
7.2 创建字幕遮罩动画..........156
7.2.1 创建椭圆形蒙版动画..........156
7.2.2 创建 4 点多边形蒙版动画..........159
7.2.3 创建自由曲线蒙版动画..........162
7.3 制作精彩字幕特效..........164
7.3.1 制作抖音字幕路径特效..........164
7.3.2 制作抖音字幕旋转特效..........166
7.3.3 制作抖音字幕拉伸特效..........167
7.3.4 制作抖音字幕扭曲特效..........168
7.3.5 制作字幕淡入淡出特效..........170
7.3.6 制作字幕混合特效..........172
7.4 专家支招..........173
7.5 总结拓展..........174
7.5.1 本章小结..........174
7.5.2 举一反三——制作字幕发光特效..........174

第8章 聆听心声：音频文件的基础操作 177

8.1 数字音频的定义 177
8.1.1 认识声音的概念 177
8.1.2 认识声音类型 178
8.1.3 应用数字音频 179
8.2 音频的基本操作 180
8.2.1 使用“项目”面板添加音频 180
8.2.2 使用菜单命令添加音频 181
8.2.3 使用“项目”面板删除音频 181
8.2.4 使用“时间轴”面板删除音频 182
8.2.5 使用菜单命令添加音频轨道 183
8.2.6 使用“时间轴”面板添加音频轨道 183
8.2.7 使用剃刀工具分割音频文件 184
8.2.8 删除部分音频轨道 185
8.3 音频特效的编辑 186
8.3.1 添加音频过渡效果 186
8.3.2 添加音频特效 187
8.3.3 通过“效果控件”面板删除音频特效 188
8.3.4 设置音频增益 188
8.3.5 设置音频淡化 190
8.4 专家支招 192
8.5 总结拓展 192
8.5.1 本章小结 192
8.5.2 举一反三——重命名音频轨道 193

第9章 音乐享受：处理与制作音频特效 195

9.1 认识音轨混合器 195
9.1.1 了解“音轨混合器”面板 195
9.1.2 “音轨混合器”面板的基本功能 196
9.1.3 “音轨混合器”的面板菜单 196
9.2 音频效果的处理 197
9.2.1 处理参数均衡器 197
9.2.2 处理高低音转换 198
9.2.3 处理声音的波段 200
9.3 制作立体声音频效果 202
9.3.1 导入视频素材 202
9.3.2 视频与音频的分离 203
9.3.3 为分割的音频添加特效 203
9.3.4 使用“音轨混合器”面板控制音频特效 205
9.4 常用的音频效果 206
9.4.1 制作音量特效 206
9.4.2 制作降噪特效 208
9.4.3 制作平衡特效 210
9.4.4 制作延迟特效 211
9.4.5 制作室内混响特效 212
9.5 其他音频效果的制作 214
9.5.1 制作合成特效 214
9.5.2 制作反转特效 215
9.5.3 制作低通特效 216
9.5.4 制作高通特效 218
9.5.5 制作高音特效 219
9.5.6 制作低音特效 220
9.5.7 制作增幅特效 221
9.5.8 制作科学滤波器特效 222
9.6 专家支招 224
9.7 总结拓展 224
9.7.1 本章小结 224
9.7.2 举一反三——制作自动咔嗒声移除特效 225

第10章 拼接瞬间：影视覆叠特效的制作 227

10.1 认识Alpha通道与遮罩 227
10.1.1 Alpha 通道的定义 227
10.1.2 通过 Alpha 通道进行视频叠加 228
10.1.3 了解遮罩的概念 229
10.2 常用的透明叠加效果 230
10.2.1 透明度叠加效果 230
10.2.2 非红色键叠加效果 231
10.2.3 颜色键透明叠加效果 232
10.2.4 亮度键透明叠加效果 233
10.3 制作其他叠加效果 234
10.3.1 制作字幕叠加效果 235
10.3.2 制作颜色透明叠加效果 237
10.3.3 制作淡入淡出叠加效果 238
10.3.4 制作差值遮罩叠加效果 240
10.3.5 制作局部马赛克遮罩效果 242
10.4 专家支招 244
10.5 总结拓展 245
10.5.1 本章小结 245
10.5.2 举一反三——设置遮罩叠加效果 245

第11章 奇妙视界：视频运动效果的制作 249

11.1 设置运动关键帧 249
11.1.1 通过“时间轴”面板快速添加关键帧 249
11.1.2 通过“效果控件”面板添加关键帧 251
11.1.3 关键帧的调节 252
11.1.4 关键帧的复制和粘贴 253
11.1.5 关键帧的切换 255
11.2 制作运动特效 257
11.2.1 制作飞行运动特效 257
11.2.2 制作缩放运动特效 258
11.2.3 制作抖音旋转降落特效 261
11.2.4 制作抖音镜头推拉特效 263
11.2.5 制作抖音字幕漂浮特效 264
11.2.6 制作抖音字幕逐字输出特效 267
11.3 制作画中画特效 270
11.3.1 认识画中画 270
11.3.2 画中画特效的导入 271

11.3.3 画中画特效的制作 ······ 272
11.4 专家支招 ······ 274
11.5 总结拓展 ······ 275
11.5.1 本章小结 ······ 275
11.5.2 举一反三——制作字幕立体旋转效果 ······ 276

第12章 一键生成：设置与导出视频文件 279

12.1 设置视频参数 ······ 279
12.1.1 视频预览区域 ······ 279
12.1.2 参数设置区域 ······ 280
12.2 设置影片导出参数 ······ 281
12.2.1 音频参数 ······ 281
12.2.2 效果参数 ······ 282
12.3 导出影视文件 ······ 283
12.3.1 AVI 文件的导出 ······ 283
12.3.2 EDL 文件的导出 ······ 284
12.3.3 OMF 文件的导出 ······ 286
12.3.4 MP3 音频文件的导出 ······ 287
12.3.5 WAV 音频文件的导出 ······ 288
12.3.6 视频文件格式的转换 ······ 289
12.4 专家支招 ······ 291
12.5 总结拓展 ······ 291
12.5.1 本章小结 ······ 291
12.5.2 举一反三——JPEG 图像文件的导出 ······ 292

第13章 综合案例：商业广告的设计实战 293

13.1 制作《戒指广告》 ······ 293
13.1.1 导入广告素材文件 ······ 293
13.1.2 制作戒指广告背景 ······ 295
13.1.3 制作广告字幕特效 ······ 297
13.1.4 戒指广告的后期处理 ······ 299
13.2 制作《婚纱相册》 ······ 300
13.2.1 制作婚纱相册片头效果 ······ 301
13.2.2 制作婚纱相册动态效果 ······ 303
13.2.3 制作婚纱相册片尾效果 ······ 306
13.2.4 编辑与输出视频后期 ······ 308
13.3 制作《儿童相册》 ······ 309
13.3.1 制作儿童相册片头效果 ······ 310
13.3.2 制作儿童相册主体效果 ······ 312
13.3.3 制作儿童相册字幕效果 ······ 316
13.3.4 制作儿童相册片尾效果 ······ 319
13.3.5 编辑与输出视频后期 ······ 322

第1章　快速上手：Premiere Pro 2020入门

使用Premiere Pro 2020非线性影视编辑软件编辑视频和音频文件之前，先要了解Premiere Pro 2020的选项面板并掌握软件的基本操作，如了解Premiere Pro 2020的菜单栏、“项目”面板、创建项目文件、导入素材文件及工具应用等内容，从而为用户制作绚丽的影视作品奠定良好的基础。通过本章的学习，读者可以掌握视频编辑知识。

本章重点

- Premiere Pro 2020 的工作界面
- Premiere Pro 2020 的操作界面
- 项目文件的基本操作
- 素材文件的基本操作
- 素材文件的编辑操作

1.1 Premiere Pro 2020的工作界面

在启动Premiere Pro 2020后，用户便可以看到Premiere Pro 2020简洁的工作界面。在工作界面中主要包括标题栏、“节目监视器”面板及“项目”面板等，如图1-1所示。本节将对Premiere Pro 2020工作界面的一些常用内容进行介绍。

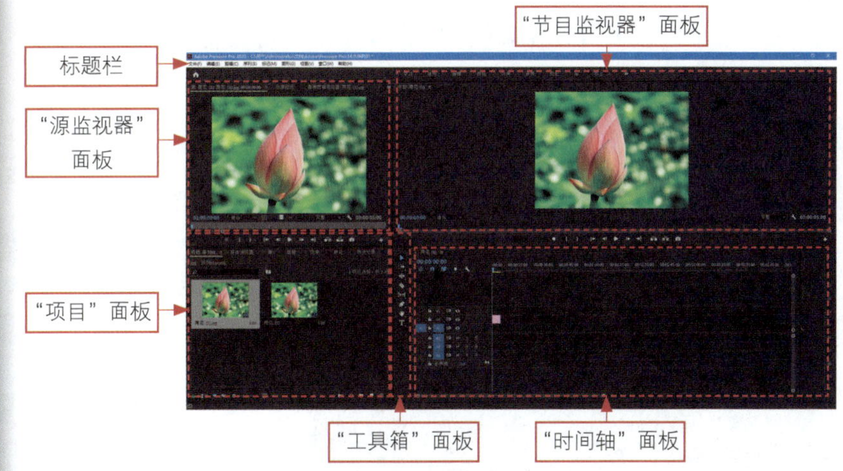

图1-1　Premiere Pro 2020工作界面

1.1.1 标题栏

标题栏位于Premiere Pro 2020窗口的最上方，显示了系统当前正在运行的程序名及文件名等信息。

Premiere Pro 2020默认的文件名称为“未命名”，单击标题栏右侧的按钮组，可以最小化、最大化或关闭Premiere Pro 2020应用程序窗口。

1.1.2 监视器面板的显示模式

启动Premiere Pro 2020并任意打开一个项目文件后，此时默认的监视器面板分为“源监视器”面板和“节目监视器”面板两部分。图1-2所示为默认显示模式和浮动窗口模式。

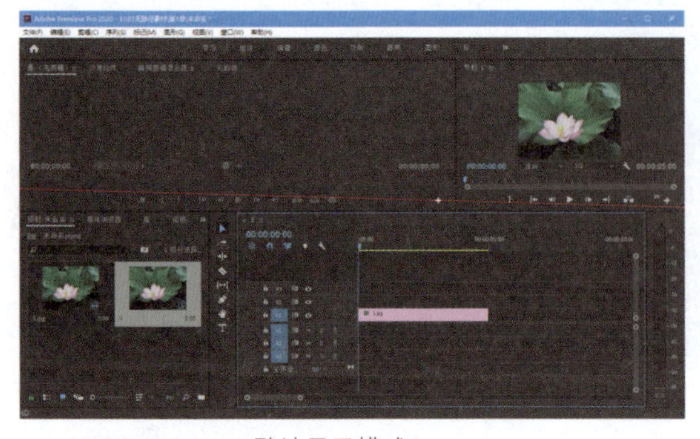

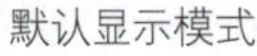

默认显示模式

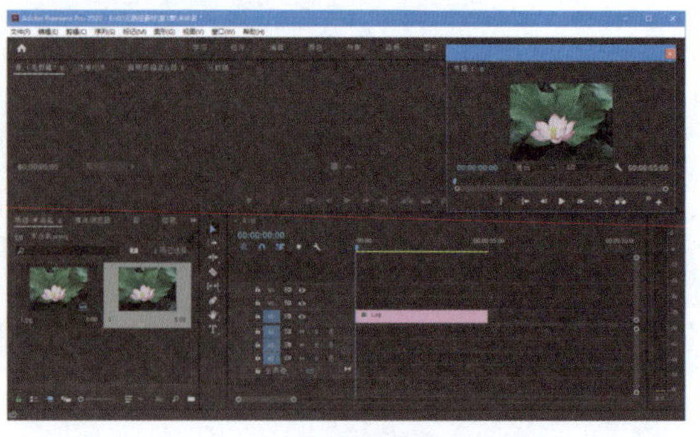

浮动窗口模式

图1-2　监视器面板的两种显示模式

1.1.3 监视器面板中的工具

监视器面板可以分为以下两种。

- “源监视器”面板：在该面板中可以对素材进行剪辑和预览。
- “节目监视器”面板：在该面板中可以预览素材，如图1-3所示。

图1-3　“节目监视器”面板

在“节目监视器”面板中各个图标的含义如下。

❶ **“添加标记”按钮**：单击该按钮可以显示隐藏的标记。

❷ **“标记入点”按钮**：单击该按钮可以将时间轴标尺所在的位置标记为素材入点。

❸ **“标记出点”按钮**：单击该按钮可以将时间轴标尺所在的位置标记为素材出点。

❹ **“转到入点”按钮**：单击该按钮可以跳转到入点。

❺ **“逐帧后退”按钮**：每单击一次该按钮即可将素材后退一帧。

❻ **“播放-停止切换”按钮**：单击该按钮可以播放所选的素材，再次单击该按钮，则会停止播放所选的素材。

❼ **“逐帧前进”按钮**：每单击一次该按钮即可将素材前进一帧。

❽ **“转到出点”按钮**：单击该按钮可以跳转到出点。

❾ **“提升”按钮**：单击该按钮可以将在播放窗口中标注的素材从“时间轴”面板中提取，其他素材的位置不变。

❿ **“提取”按钮**：单击该按钮可以将在播放窗口中标注的素材从“时间轴”面板中提取，后面的素材位置自动向前对齐填补间隙。

⓫ **“导出帧”按钮**：单击该按钮可以将在窗口中正在播放的素材导出为静止画面，保存在计算机文件夹中，在“导出帧”对话框中勾选“导入到项目中”复选框，可以将静止画面导入项目中进行相应编辑。

⓬ **按钮编辑器**：单击该按钮将会弹出“按钮编辑器”面板，在该面板中可以重新布局监视器面板中的按钮。

专家指点

在“节目监视器”面板中，各个图标按钮都有其快捷键，例如“导出帧”按钮的快捷键为“Ctrl+Shift+E”。

1.1.4 “历史记录”面板

在Premiere Pro 2020中，“历史记录”面板主要用于记录编辑操作时执行的每一个命令。用户可以通过在“历史记录”面板中删除指定的命令，来还原之前的编辑操作，如图1-4所示。当用户选择“历史记录”面板中的历史记录后，单击“历史记录”面板右下角的“删除重做操作”按钮，即可将当前历史记录删除。

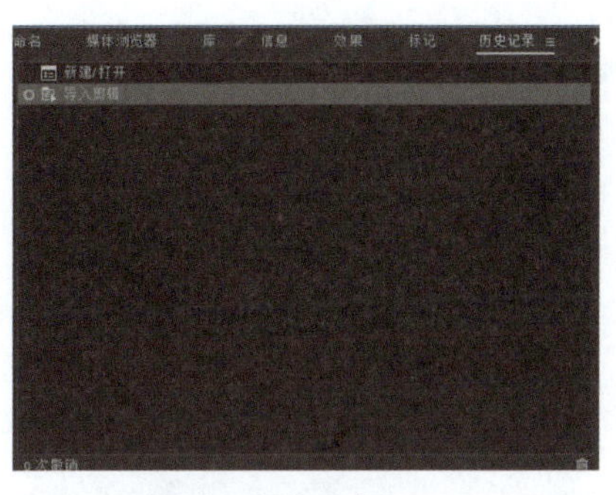

图1-4 “历史记录”面板

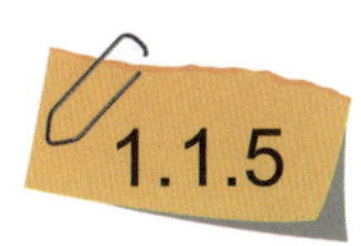

1.1.5 “信息”面板

“信息”面板用于显示所选素材及当前序列中素材的信息。“信息”面板中包括素材本身的帧速率、分辨率、素材长度和素材在序列中的位置等，如图1-5所示。在Premiere Pro 2020中针对不同的素材类型，“信息”面板中所显示的内容也会不一样。

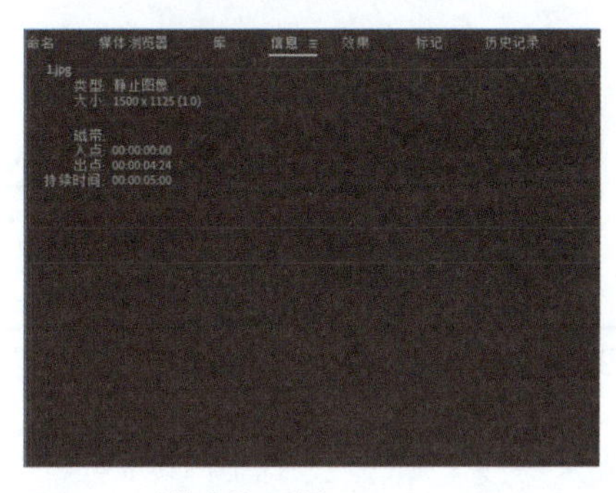

图1-5 “信息”面板

1.1.6 菜单栏

与Adobe公司的其他软件一样，标题栏位于Premiere Pro 2020工作界面的最上方，菜单栏提供了9组菜单命令，位于标题栏的下方。Premiere Pro 2020的菜单栏由“文件”、“编辑”、“剪辑”、“序列”、“标记”、“图形”、“视图”、“窗口”和“帮助”菜单组成。下面将对各菜单的含义进行介绍。

- “文件”菜单：“文件”菜单主要用于对项目文件进行操作。在“文件”菜单中包含“新建”、“打开项目”、“关闭项目”、“保存”、“另存为”、“保存副本”、“捕捉”、“批量捕捉”、“导入”、“导出”及“退出”等命令，如图1-6所示。
- “编辑”菜单：“编辑”菜单主要用于一些常规编辑操作。在“编辑”菜单中包含“撤销”①、“重做”、“剪切”、“复制”、“粘贴”、“清除”、“波纹删除”、“全选”、“查找”、“标签”、“快捷键”及“首选项”等命令，如图1-7所示。

专家指点

当用户将鼠标指针移至菜单中带有三角图标的命令时，该命令将会自动弹出子菜单；如果命令呈灰色显示，则表示该命令在当前状态下无法使用；单击带有省略号的命令，将会弹出相应的对话框。

- “剪辑”菜单：“剪辑”菜单用于实现对素材的具体操作，Premiere Pro 2020剪辑影片的大多数命令都位于该菜单中，如“重命名”、“修改”、“视频选项”、“捕捉设置”、“覆盖”及“替换素材”等命令，如图1-8所示。

① 软件中“撤消”的正确写法应该为“撤销”。

- “序列”菜单：“序列”菜单主要用于对项目中当前活动的序列进行编辑和处理。在“序列”菜单中包含“序列设置”、“渲染音频”、“提升”、“提取”、“放大”、“缩小”、“添加轨道”及“删除轨道”等命令，如图1-9所示。

图1-6 “文件”菜单　图1-7 “编辑”菜单　图1-8 “剪辑”菜单　图1-9 “序列”菜单

- “标记”菜单：“标记”菜单主要用于对素材和场景序列的标记进行编辑处理。在“标记”菜单中包含“标记入点”、“标记出点”、“转到入点”、“转到出点”、“添加标记”及“清除所选标记”等命令，如图1-10所示。

标记(M) 图形(G) 视图(V) 窗口(W) 帮助(H)
标记入点(M) I
标记出点(M) O
标记剪辑(C) X
标记选择项(S) /
标记拆分(P)
转到入点(G) Shift+I
转到出点(G) Shift+O
转到拆分(O)
清除入点(L) Ctrl+Shift+I
清除出点(L) Ctrl+Shift+O
清除入点和出点(N) Ctrl+Shift+X
添加标记 M
转到下一标记(N) Shift+M
转到上一标记(P) Ctrl+Shift+M
清除所选标记(K) Ctrl+Alt+M
清除所有标记(A) Ctrl+Alt+Shift+M
编辑标记(I)...
添加章节标记...
添加 Flash 提示标记(F)...
波纹序列标记
复制粘贴包括序列标记

图1-10 “标记”菜单

- “图形”菜单：“图形”菜单主要用于创建图形对象和标题、调整图层及属性的具体操作。在“图形”菜单中包含“从Adobe Fonts添加字体”、“安装动态图形模板”、“新建图层”、“对齐”、“排列”、“选择”、“升级为主图”、“导出为动态图形模板”及“替换项目中的字体”等命令，如图1-11所示。

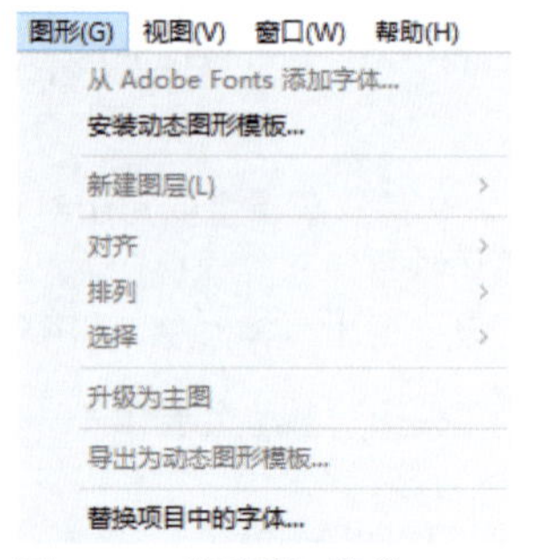

图1-11 “图形”菜单

- “视图”菜单：“视图”菜单主要对“节目监视器”面板中的素材预览选项进行设置。在“视图”菜单中包含“回放分辨率”、“暂停分辨率”、“高品质回放”、“显示模式”、“放大率”、“显示标尺”、“显示参考线”、“锁定参考线”、“添加参考线”、“清除参考线”、“在节目监视器中对齐”及“参考线模板”等命令，如图1-12所示。

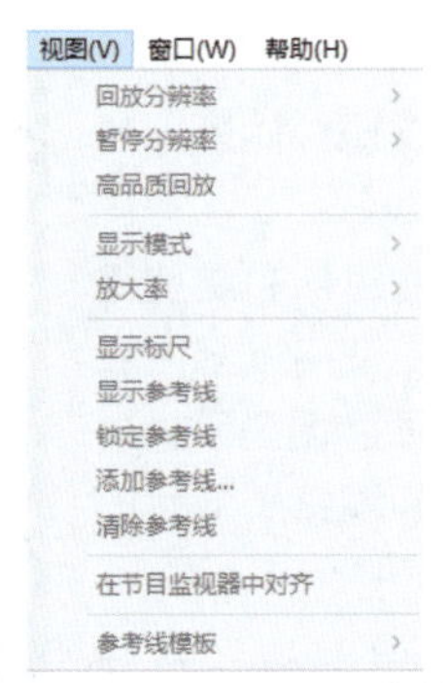

图1-12 “视图”菜单

- “窗口”菜单：“窗口”菜单主要用于实现对各种编辑窗口和控制面板的管理操作。在“窗口”菜单中包含“工作区”、“扩展”、“事件”、“信息”、“字幕”及“效果”等命令，如图1-13所示。

- “帮助”菜单：“帮助”菜单可以为用户提供在线帮助。在“帮助”菜单中包含“Premiere Pro帮助”、“Premiere Pro应用内教程”、“键盘”、“登录”及“更新”等命令，如图1-14所示。

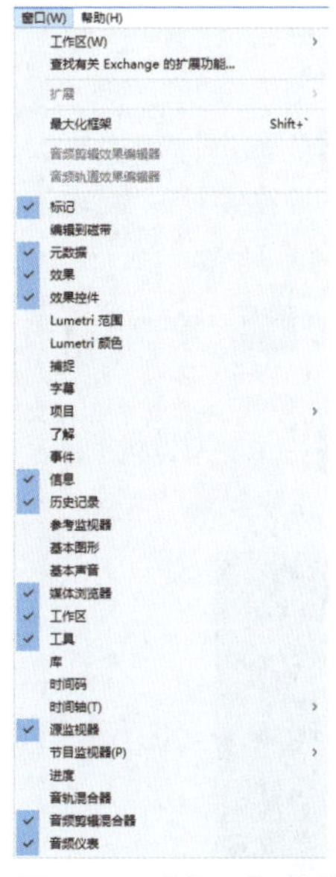

图1-13 “窗口”菜单

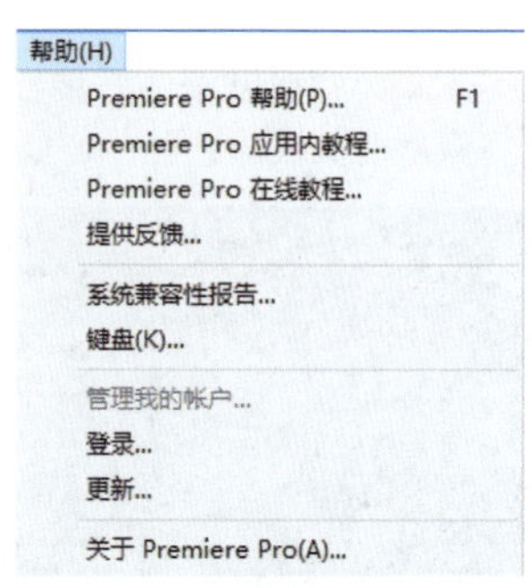

图1-14 “帮助”菜单

1.2 Premiere Pro 2020的操作界面

除菜单栏与标题栏外，“项目”面板、“效果”面板及“时间轴”面板等都是Premiere Pro 2020操作界面十分重要的组成部分。

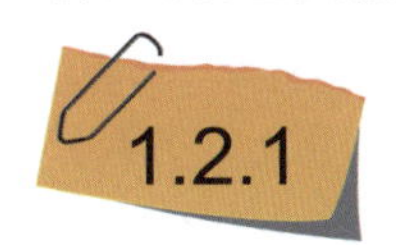

1.2.1 “项目”面板

Premiere Pro 2020的“项目”面板主要用于输入和存储供“时间轴”面板编辑合成的素材文件。“项目”面板由三部分构成，最上面的一部分为查找区；位于查找区下方的是素材目录栏；最下面是工具栏，也就是菜单命令的快捷按钮，单击这些快捷按钮可以方便地实现一些常用操作，如图1-15所示。在默认情况下，“项目”面板是不会显示素材预览区的，只有单击面板右上角的下拉按钮☰，在弹出的下拉列表中选择“预览区域”选项，如图1-16所示，才可以显示素材预览区。

在“项目”面板中各个图标的含义如下。

❶ **查找区：**该选项区主要用于查找需要的素材。

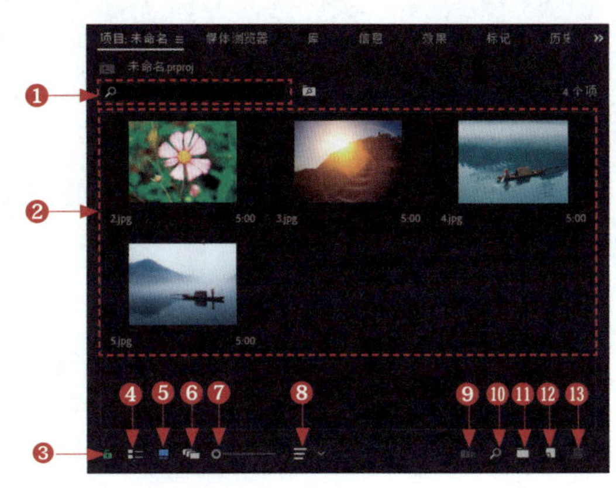

图1-15 “项目”面板

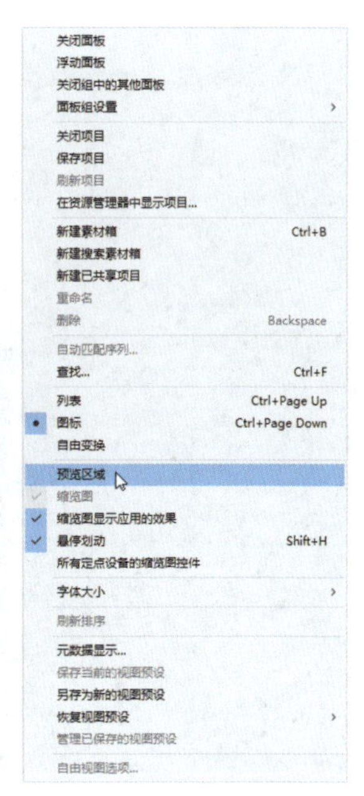

图1-16 选择“预览区域”选项

❷ **素材目录栏：** 该选项区的主要作用是将导入的素材按目录的方式进行编排。

❸ **“项目可写”按钮**：单击该按钮可以将项目更改为只读模式，将项目锁定不可编辑，同时按钮颜色会由绿色变为红色。

❹ **“自由变换视图”按钮**：单击该按钮可以从当前视图切换到自由视图。

❺ **“列表视图”按钮**：单击该按钮可以将素材以列表形式显示，如图1-17所示。

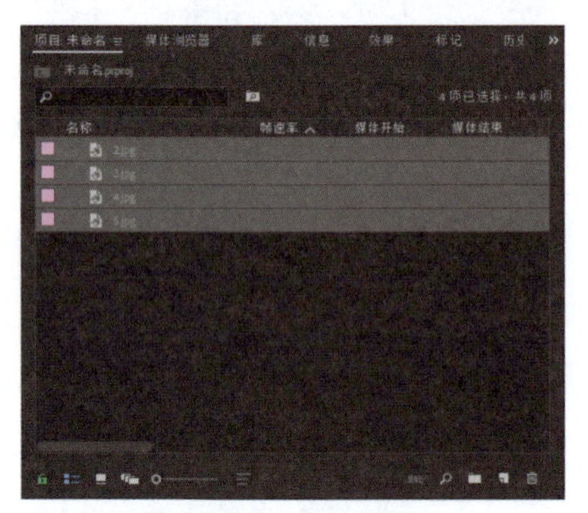

图1-17　将素材以列表形式显示

❻ **“图标视图”按钮**：单击该按钮可以将素材以图标形式显示。

❼ **“调整图标和缩览图的大小”滑块：** 使用鼠标左右拖动此滑块，可以调整素材目录栏中的图标和缩览图显示的大小。

❽ **“排序图标”按钮**：单击该按钮可以弹出“排序图标”下拉列表，选择相应的选项可以按一定顺序将素材进行排序，如图1-18所示。

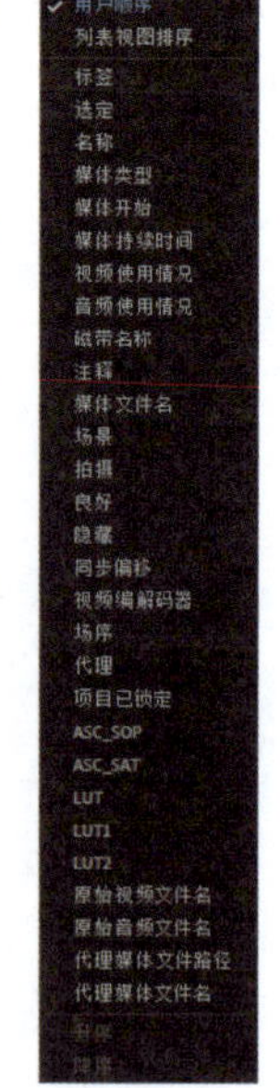

图1-18　“排序图标”下拉列表

❾ **“自动匹配序列”按钮**：单击该按钮可以将“项目”面板中所选的素材自动排列到“时间轴”面板的时间轴页面中。单击“自动匹配序列”按钮，将弹出“序列自动化”对话框，如图1-19所示。

❿ **“查找”按钮**：单击该按钮可以根据名称、标签或出入点在“项目”面板中定位素材。单击“查找”按钮，将弹出“查找”对话框，如图1-20所示，在该对话框的“查找目标”文本框中输入需要查找的内容，单击“查找”按钮即可。

⓫ **“新建素材箱”按钮**：单击该按钮可以在素材目录栏中新建素材箱，如图1-21所示，在素材箱下面的文本框中输入文字，单击空白处即可确认素材箱的名字。

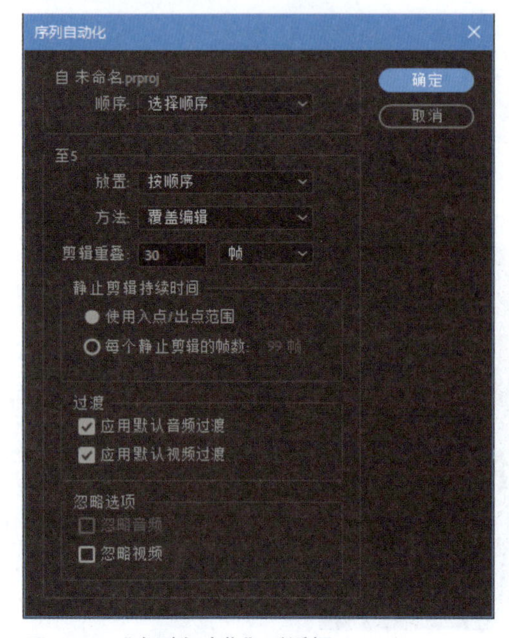

图1-19　“序列自动化”对话框

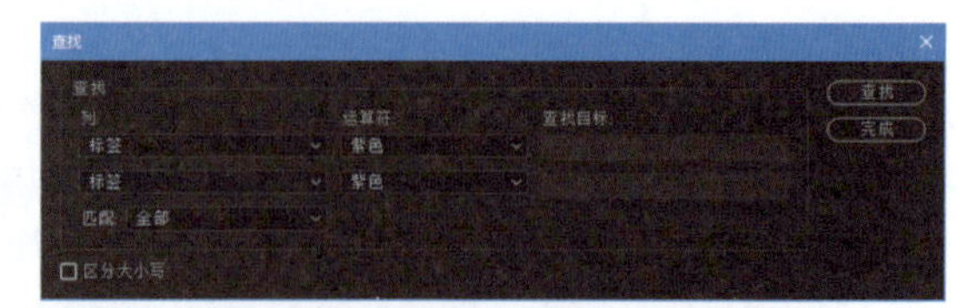

图1-20　“查找”对话框

图1-21 新建素材箱

⑫ **“新建项目”按钮**：单击该按钮可以弹出快捷菜单，其中包含“序列”、“已共享项目”、“脱机文件”、“调整图层”、“线条”、“字幕”及“透明视频”等命令。

⑬ **“清除”按钮**：在目录栏中选中不需要的素材，然后单击该按钮可以将已选中的素材删除。

“效果”面板

在Premiere Pro 2020中，“效果”面板包含“预设”、“Lumetri预设”、“音频效果”、“音频过渡”、“视频效果”和“视频过渡”选项。

在“效果”面板中各种选项以效果类型分组的方式存放视频、音频的效果和转场。通过对素材应用视频效果，可以调整素材的色调、明度等效果，应用音频效果可以调整素材音频的音量和均衡等效果，如图1-22所示。在“效果”面板中，单击“视频过渡”效果前面的三角形按钮，即可展开“视频过渡”效果列表，如图1-23所示。

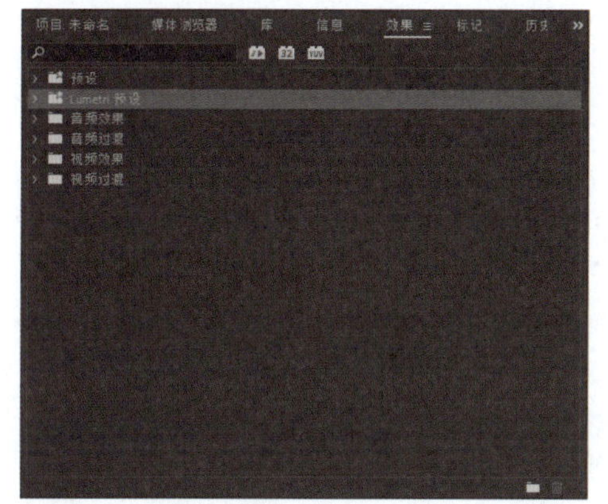

图1-22 “效果”面板

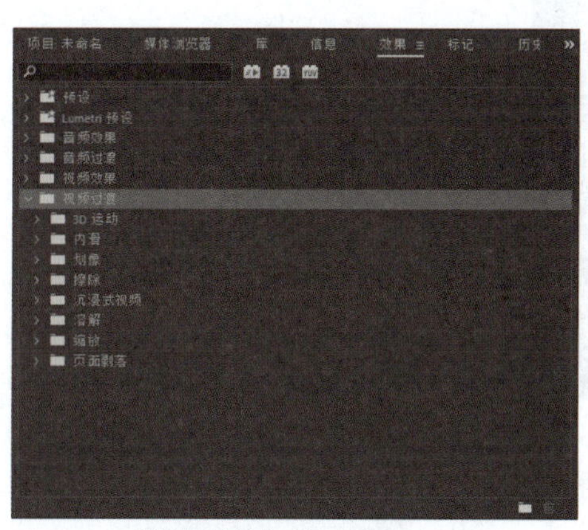

图1-23 “视频过渡”效果列表

“效果控件”面板

“效果控件”面板主要用于控制对象的运动、不透明度、切换效果及改变效果的参数等，如图1-24所示。展开相应面板即可设置视频效果的属性，如图1-25所示。

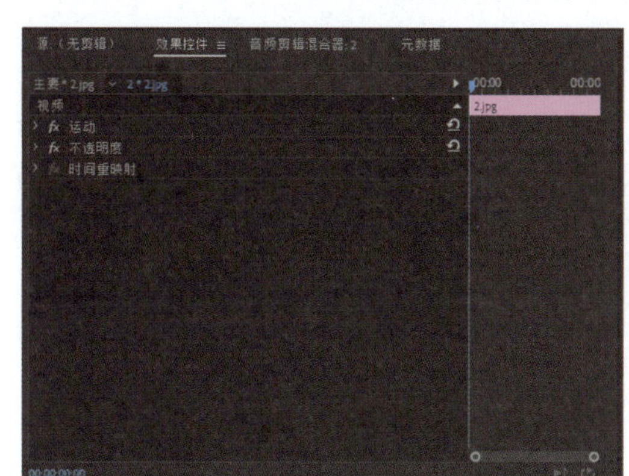

图1-24 “效果控件”面板

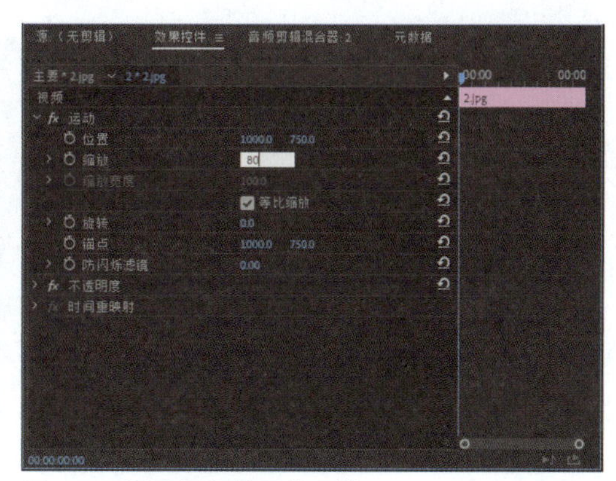

图1-25 设置视频效果的属性

专家指点

在“效果”面板中选择需要的视频效果，将其添加至视频素材上，然后选择视频素材，进入“效果控件”面板，就可以为添加的效果设置属性。如果用户在工作界面中没有找到“效果控件”面板，选择“窗口”|“效果控件”命令，即可展开“效果控件”面板。

1.2.4 工具箱

工具箱位于“时间轴”面板的左侧，主要包括选择工具、向前选择轨道工具、波纹编辑工具、剃刀工具、外滑工具、钢笔工具、手形工具、文字工具，如图1-26所示，下面将介绍各个工具的含义。

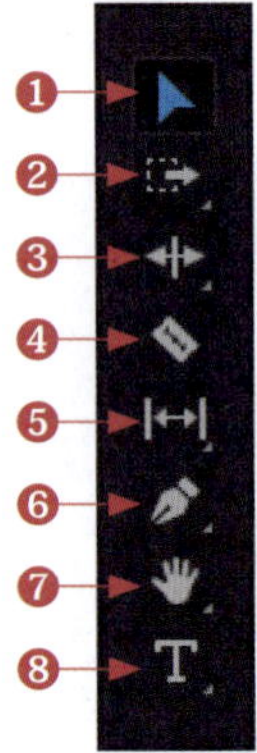

图1-26 工具箱

在工具箱中各个工具的含义如下。

❶ **选择工具：** 该工具主要用于选择素材、移动素材及调节素材关键帧。将该工具移至素材的边缘，光标将变成拉伸图标，可以拉伸素材为素材设置入点和出点。

❷ **向前选择轨道工具：** 该工具主要用于选择某一轨道上的所有素材，按住“Shift”键可以选择单独轨道。

❸ **波纹编辑工具：** 该工具主要用于拖动素材的出点改变所选素材的长度，而轨道上其他素材的长度不受影响。

❹ **剃刀工具：** 该工具主要用于分割素材，将素材分割为两段，产生新的入点和出点。

❺ **外滑工具：** 选择此工具，可以同时更改“时间轴”内某剪辑的入点和出点，且入点和出点之间的时间间隔保持不变。例如，如果将“时间轴”内的一个10秒剪辑修剪到了5秒，则可以使用外滑工具来确定剪辑的哪个5秒部分显示在“时间轴”内。

❻ **钢笔工具：** 该工具主要用于调整素材的关键帧。

❼ **手形工具：** 该工具主要用于改变“时间轴”面板的可视区域，在编辑一些较长的素材时，使用该工具会非常方便。

❽ **文字工具：** 选择此工具可以为素材添加字幕文件。

专家指点

工具箱的主要功能是使用选择工具对“时间轴”面板中的素材进行编辑、添加或删除等操作。因此，在默认状态下工具箱将会自动激活选择工具。

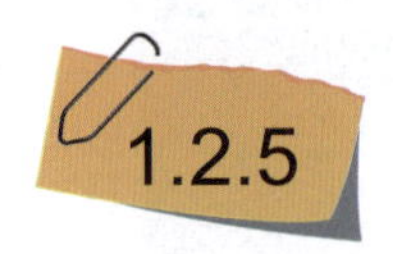

1.2.5 “时间轴”面板

“时间轴”面板是Premiere Pro 2020进行视频、音频编辑的重要窗口之一，如图1-27所示，在该面板中可以轻松实现对素材的剪辑、插入、调整及添加关键帧等操作。

专家指点

在 Premiere Pro 2020 版本中，“时间轴”面板经过了重新设计，用户可以自定义“时间轴”的轨道头，并可以确定显示哪些控件。由于视频和音频轨道的控件各不相同，因此每种轨道类型各有单独的按钮编辑器。右击视频或音频轨道，在弹出的快捷菜单中选择“自定义”命令，然后根据需要进行自定义操作即可。

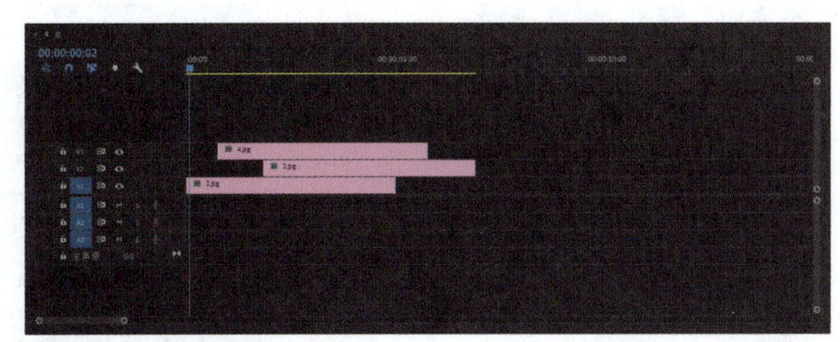
图1-27　“时间轴”面板

1.3 项目文件的基本操作

本节主要介绍创建项目文件、打开项目文件、保存和关闭项目文件等内容，以供读者掌握项目文件的基本操作。

1.3.1 创建项目文件

在启动Premiere Pro 2020后，用户首先需要做的就是创建一个新的工作项目。为此，Premiere Pro 2020提供了多种创建项目文件的方法。在“欢迎使用Adobe Premiere Pro”对话框中，可以执行相应的操作进行项目文件的创建。

当启动Premiere Pro 2020后，系统将会自动弹出“主页”对话框，如图1-28所示，在该对话框中有“新建项目”、“打开项目”、“新建团队项目”及“打开团队项目”等不同功能的按钮。此时用户单击“新建项目”按钮，即可创建一个新的项目文件。

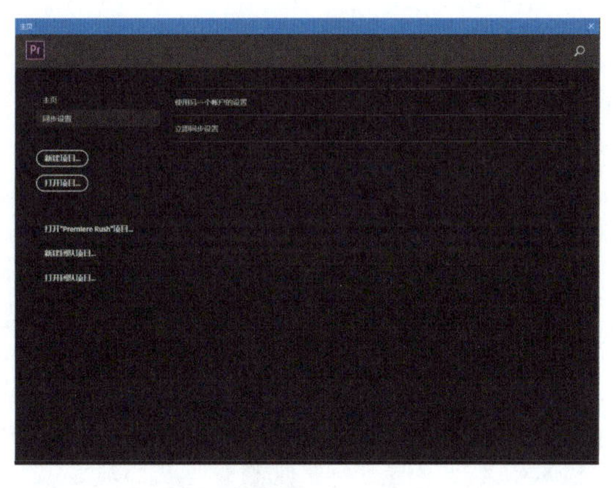
图1-28　“主页”对话框

用户除了可以通过上面两种方法创建项目文件，还可以进入Premiere Pro 2020工作界面中，通过“文件”菜单进行创建项目文件，具体操作方法如下。

应用案例　创建项目文件

STEP 01 选择“文件”|“新建”|“项目”命令，如图1-29所示。

STEP 02 弹出“新建项目”对话框，单击“浏览”按钮，如图1-30所示。

STEP 03 弹出“请选择新项目的目标路径”对话框，选择合适的文件夹，单击“选择文件夹”按钮，如图1-31所示。

STEP 04 返回“新建项目”对话框，设置“名称”为“新建项目”，如图1-32所示，单击“确定”按钮。

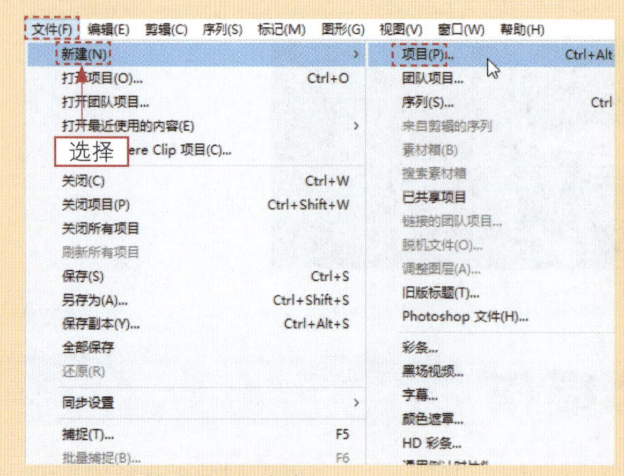

图1-29　选择“项目”命令

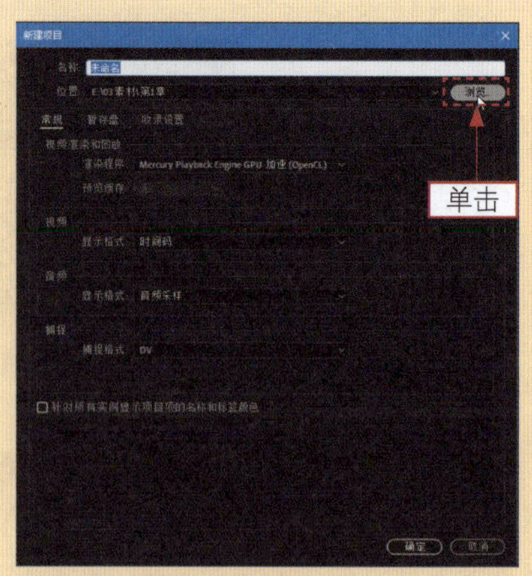

图1-30　单击“浏览”按钮

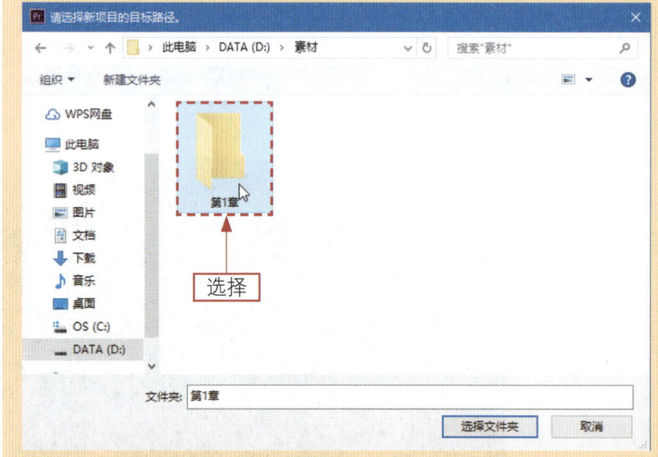

图1-31　选择合适的文件夹

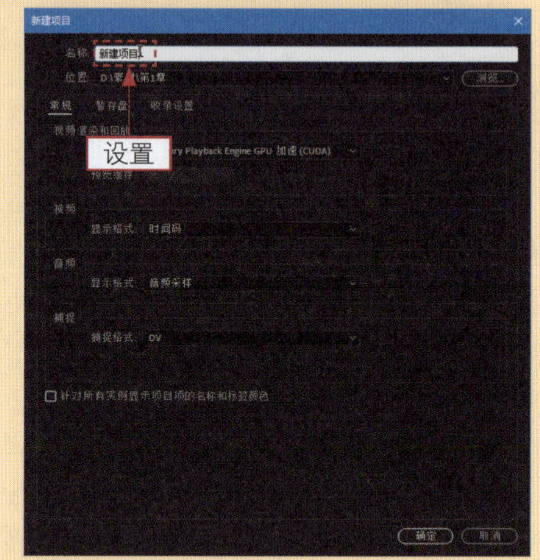

图1-32　设置项目名称

STEP 05 选择“文件”|“新建”|“序列”命令，弹出“新建序列”对话框，如图1-33所示，在“序列名称”文本框中输入“序列01”，单击“确定”按钮，即可使用“文件”菜单创建项目文件。

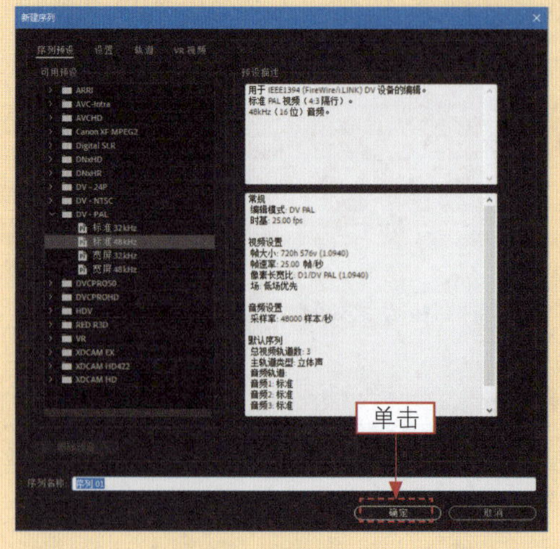

图1-33　“新建序列”对话框

专家指点

除了可以使用上述 3 种方法创建项目文件，用户还可以使用“Ctrl ＋ Alt ＋ N”组合键快速创建一个项目文件。

1.3.2 打开项目文件

当启动Premiere Pro 2020后，可以选择打开一个项目的方式进入系统程序。在欢迎界面中除了可以创建项目文件，还可以打开项目文件。

当启动Premiere Pro 2020后，系统将会自动弹出“主页”对话框。此时，用户可以单击“打开项目”按钮，如图1-34所示，即可弹出“打开项目”对话框，选择需要打开的编辑项目，单击“打开项目”按钮，即可打开项目文件。

用户除了可以使用上面两种方法打开项目文件，还可以使用“文件”菜单打开项目文件，具体操作方法如下。

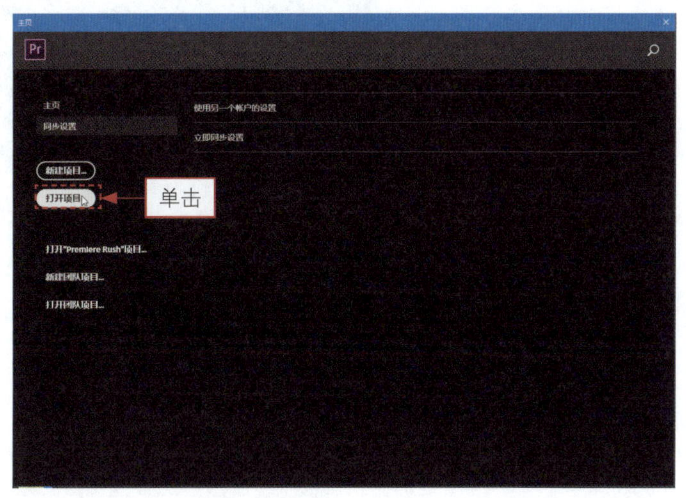

图1-34　单击“打开项目”按钮

应用案例　打开项目文件

STEP 01 选择“文件”|“打开项目”命令，如图1-35所示。

STEP 02 弹出“打开项目”对话框，选择相应的项目文件“素材\第1章\项目1.prproj”，如图1-36所示。

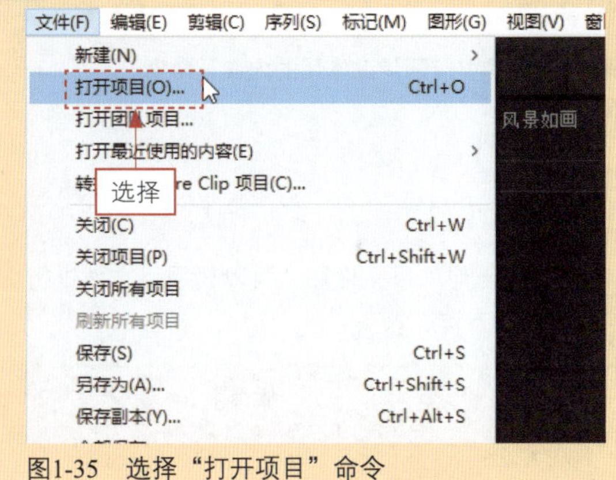

图1-35　选择“打开项目”命令

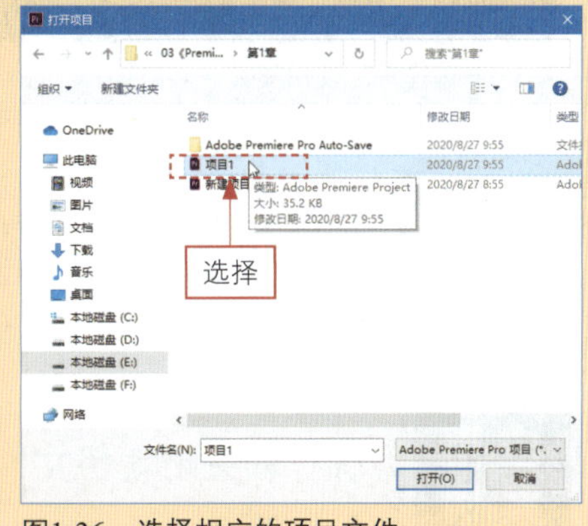

图1-36　选择相应的项目文件

STEP 03 单击“打开”按钮，即可使用“文件”菜单打开项目文件，如图1-37所示。

图1-37　打开项目文件

专家指点

启动Premiere Pro 2020后，❶ 用户可以在“主页”对话框中选择最近使用项目来打开上次编辑的项目，如图1-38所示。另外，用户还可以进入Premiere Pro 2020工作界面，❷ 选择“文件”|“打开最近使用的内容”命令，如图1-39所示，在弹出的子菜单中选择需要打开的项目即可打开项目文件。

用户还可以通过以下方法打开项目文件。

按“Ctrl + Alt + O”组合键，打开bridge浏览器，在浏览器中选择需要打开的项目或素材文件。按“Ctrl + O”组合键，在弹出的“打开项目”对话框中选择需要打开的项目或素材文件，单击“打开”按钮，即可打开当前选择的项目或素材文件。

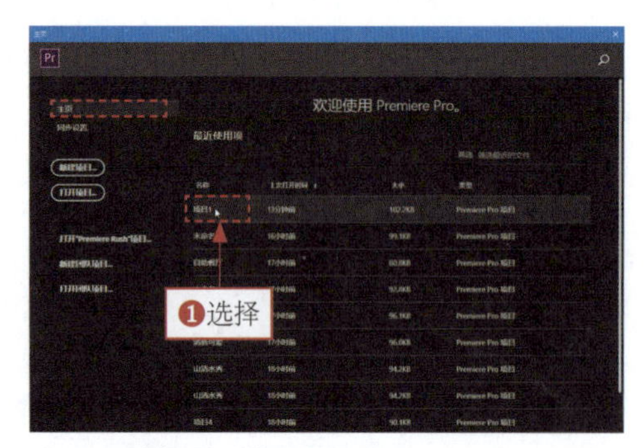

图1-38　选择最近使用项目

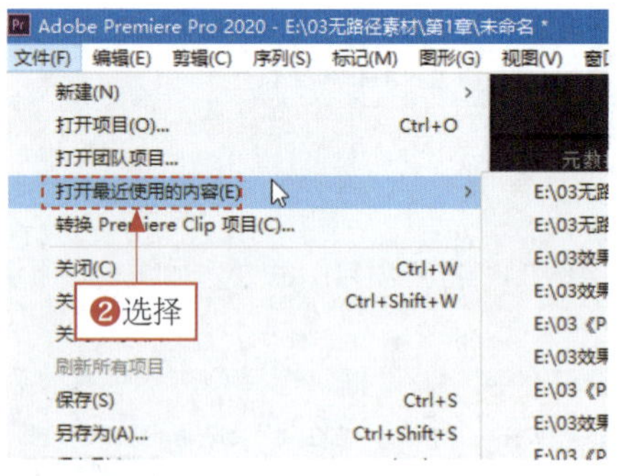

图1-39　选择“打开最近使用的内容”命令

1.3.3 保存和关闭项目文件

为了确保用户所编辑的项目文件不会丢失，当用户编辑完当前项目文件后，可以将项目文件进行保存，以便下次进行修改操作，下面介绍保存项目文件的具体操作方法。

应用案例

保存和关闭项目文件

STEP 01 按“Ctrl + O”组合键，打开一个项目文件“素材\第1章\项目2.prproj”，如图1-40所示。

STEP 02 在“时间轴”面板中调整素材长度，设置持续时间为“00:00:02:00”，如图1-41所示。

图1-40　打开一个项目文件

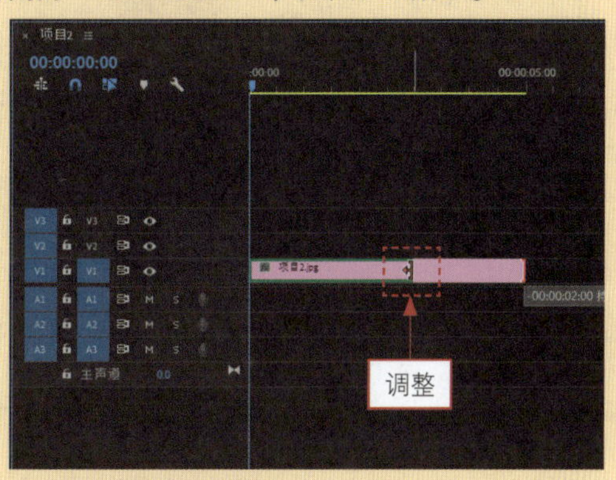

图1-41　调整素材长度

STEP 03 选择“文件”|“保存”命令，如图1-42所示。

STEP 04 弹出“保存项目”对话框，单击“保存”按钮，显示保存进度，即可保存项目文件，如图1-43所示。

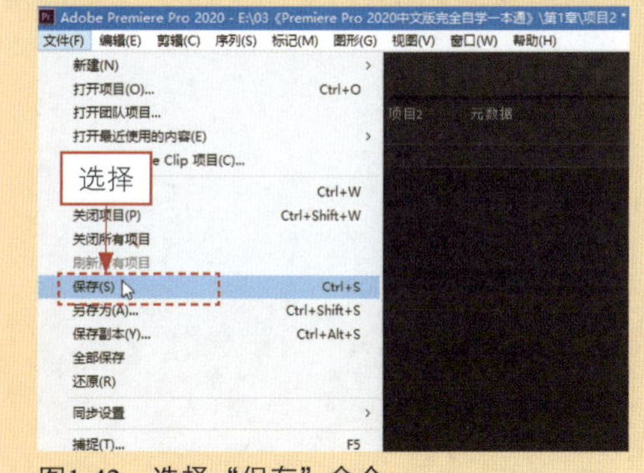

图1-42　选择“保存”命令

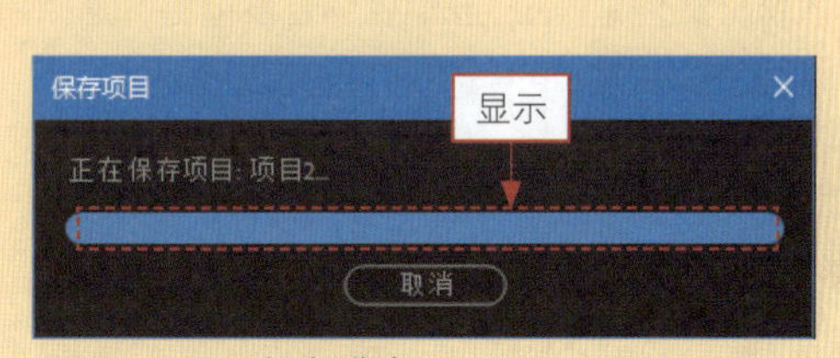

图1-43　显示保存进度

使用快捷键保存项目文件是一种快捷的保存方法，用户可以按“Ctrl＋S”组合键来弹出“保存项目”对话框。如果用户已经对项目文件进行过保存，则再次保存项目文件时将不会弹出“保存项目”对话框。用户也可以按“Ctrl＋Alt＋S”组合键，在弹出的“保存项目”对话框中将项目文件作为副本保存，如图1-44所示。

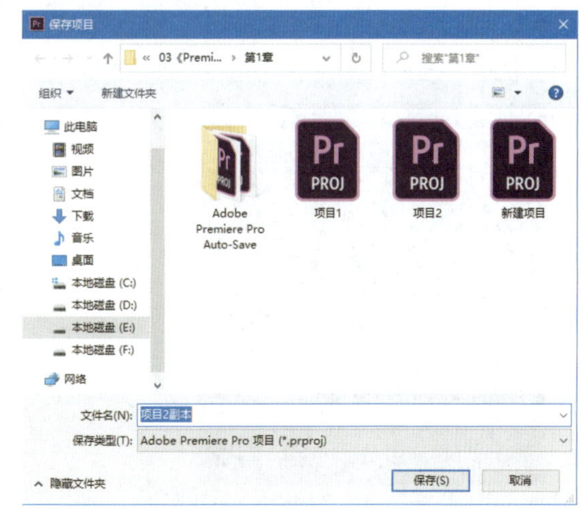

图1-44　“保存项目”对话框

当用户完成所有的编辑操作并对项目文件进行了保存后，可以将当前项目文件关闭。下面将介绍关闭项目文件的3种方法。

- 如果用户想要关闭项目文件，则可以选择“文件”|“关闭”命令，如图1-45所示。
- 选择“文件”|“关闭项目”命令可以关闭项目文件，如图1-46所示。

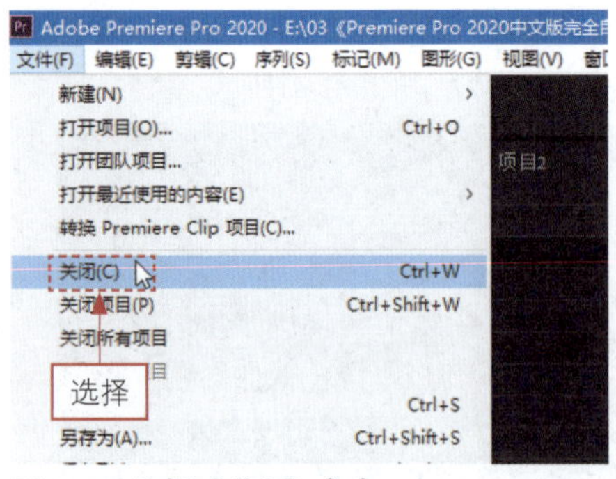

图1-45　选择“关闭”命令

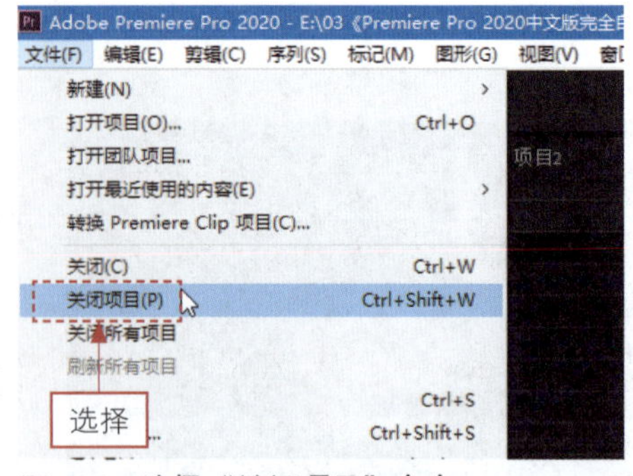

图1-46　选择“关闭项目”命令

按“Ctrl＋W”组合键或按“Ctrl＋Alt＋W”组合键，可以执行关闭项目文件的操作。

1.4 素材文件的基本操作

在Premiere Pro 2020中，用户除了要掌握项目文件的创建、打开、保存和关闭操作，还需要掌握素材文件的基本操作。

1.4.1 导入素材文件

导入素材文件是Premiere编辑的首要前提，通常所指的素材文件包括视频文件、音频文件、图像文件等，下面介绍导入素材文件的具体操作方法。

应用案例　导入素材文件

STEP 01 按“Ctrl＋Alt＋N”组合键，弹出“新建项目”对话框，单击“确定”按钮，如图1-47所示，即可创建一个项目文件，按“Ctrl＋N”组合键新建序列。

STEP 02 选择“文件”|“导入”命令，如图1-48所示。

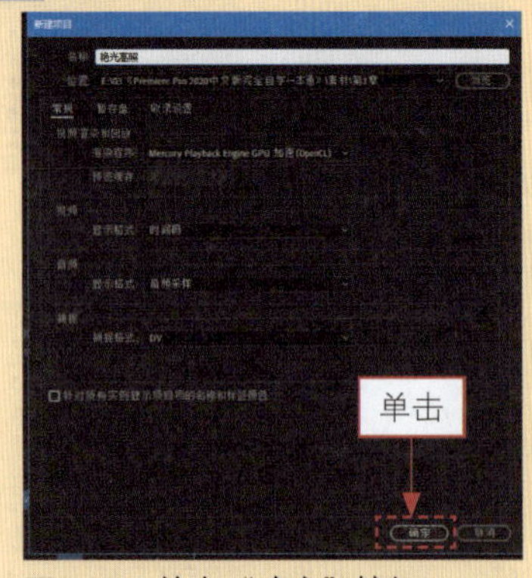

图1-47　单击“确定”按钮

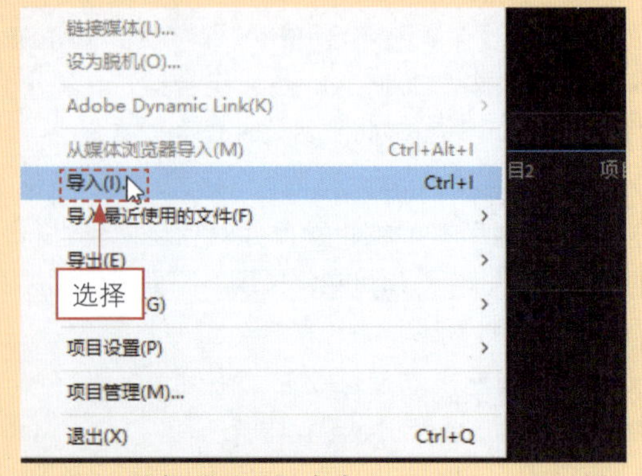

图1-48　选择“导入”命令

STEP 03 弹出“导入”对话框，在该对话框中，❶选择相应的项目文件“素材\第1章\艳阳高照.jpg”；❷单击“打开”按钮，如图1-49所示。

STEP 04 执行操作后，即可在“项目”面板中，查看导入的图像素材缩略图，如图1-50所示。

图1-49　单击“打开”按钮

图1-50　查看导入的图像素材缩略图

STEP 05 将图像素材拖曳至“时间轴”面板中，并预览图像素材效果，如图1-51所示。

图1-51　预览图像素材效果

当用户使用的素材数量较多时，除了使用“项目”面板来对素材进行管理，还可以将素材进行统一规划，并将其整理到同一文件夹内。

打包项目素材的具体操作方法如下。

选择“文件”|“项目管理”命令，如图1-52所示。在弹出的“项目管理器”对话框中，选择需要保留的序列；在“生成项目”选项区内设置项目文件归档方式，单击“确定”按钮，如图1-53所示。

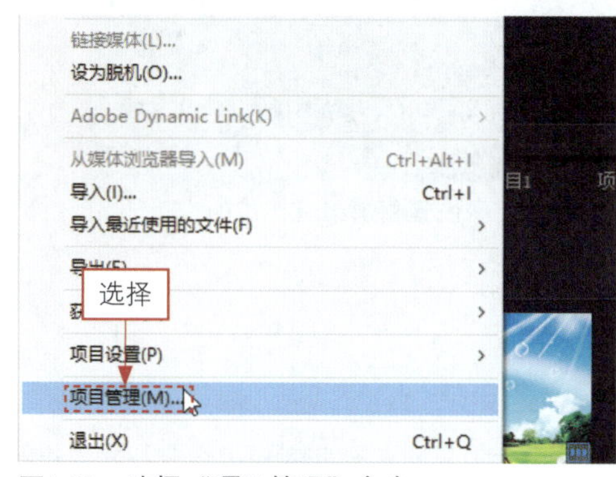

图1-52　选择“项目管理”命令

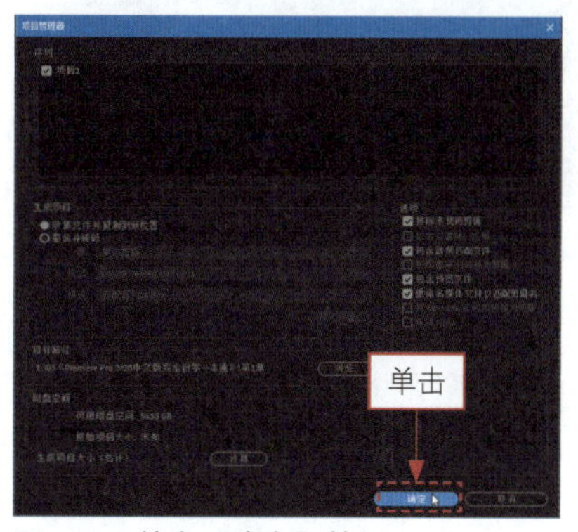

图1-53　单击“确定”按钮

1.4.2 播放素材文件

在Premiere Pro 2020中，导入素材文件后，用户可以根据需要播放导入的素材文件，下面介绍播放素材文件的具体操作方法。

应用案例 播放素材文件

STEP 01 按“Ctrl＋O”组合键，打开一个项目文件“素材\第1章\项目3.prproj”，如图1-54所示。

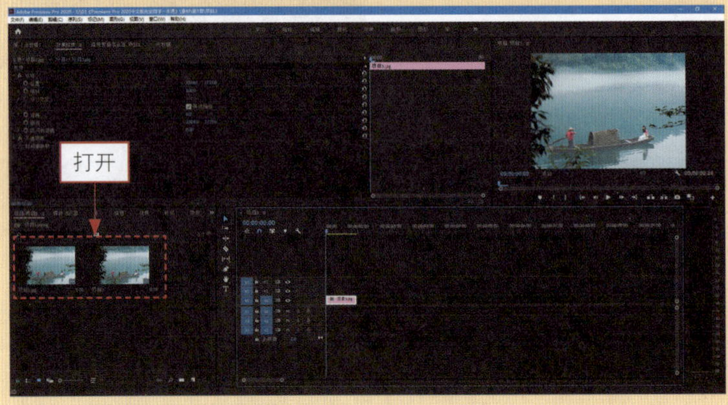

图1-54 打开一个项目文件

STEP 02 在“节目监视器”面板中，单击“播放-停止切换”按钮▶，如图1-55所示。

STEP 03 执行操作后，即可播放导入的素材文件，在“节目监视器”面板中可预览图像素材效果，如图1-56所示。

图1-55 单击“播放-停止切换”按钮

图1-56 预览图像素材效果

1.4.3 素材文件编组

当用户在Premiere Pro 2020中添加两个或两个以上的素材文件时，可能会同时对多个素材文件进行整体编辑操作，下面介绍对编组素材文件的具体操作方法。

素材文件编组

STEP 01 按“Ctrl＋O”组合键，打开一个项目文件“素材\第1章\水珠涟漪.prproj”，选择两个素材文件，如图1-57所示。

STEP 02 在“时间轴”的素材文件上右击，在弹出的快捷菜单中选择“编组”命令，如图1-58所示。执行操作后，即可将素材文件编组。

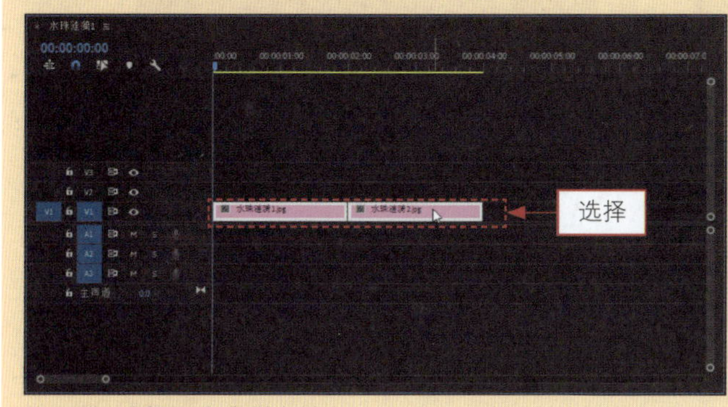

图1-57　选择两个素材文件

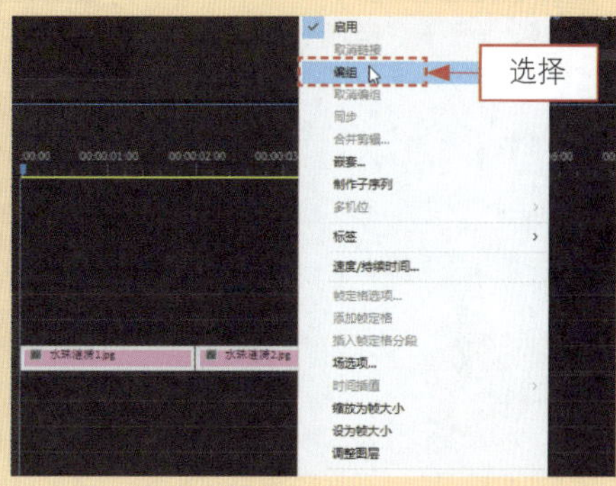

图1-58　选择“编组”命令

1.4.4 嵌套素材文件

Premiere Pro 2020的嵌套功能是将一个时间线嵌套到另一个时间线中，成为一整段素材以供用户使用，并且在很大程度上提高了工作效率，下面介绍嵌套素材文件的具体操作方法。

应用案例　嵌套素材文件

STEP 01 按“Ctrl＋O”组合键，打开一个项目文件“素材\第1章\向日葵.prproj”，选择两个素材文件，如图1-59所示。

STEP 02 在“时间轴”面板的素材文件上右击，在弹出的快捷菜单中选择“嵌套”命令，如图1-60所示。

STEP 03 执行操作后，即可嵌套素材文件，在“项目”面板中将增加一个名为“嵌套序列01”的文件，如图1-61所示。

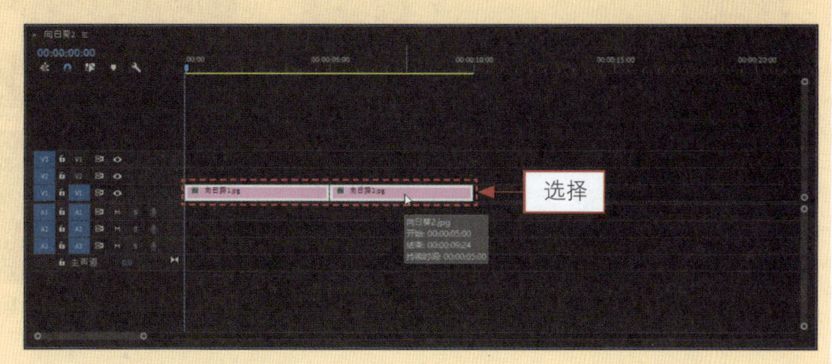

图1-59　选择两个素材文件

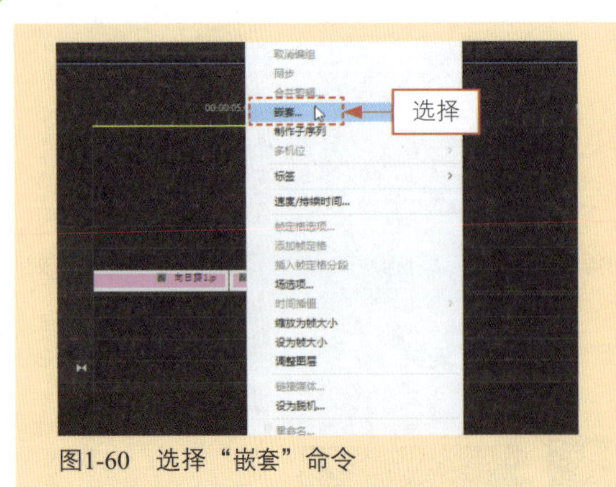

图1-60 选择“嵌套”命令

图1-61 增加一个“嵌套序列01”文件

 专家指点

当用户为一个嵌套的序列应用特效时，Premiere Pro 2020 会自动将特效应用于嵌套序列内的所有素材文件中，这样可以将复杂的操作简单化。

1.4.5 在“源监视器”面板中插入编辑

插入编辑是在当前“时间轴”面板中没有该素材的情况下，使用“源监视器”面板中的“插入”功能向“时间轴”面板中插入素材，下面介绍具体操作方法。

应用案例 在“源监视器”面板中插入编辑

STEP 01 按“Ctrl+O”组合键，打开一个项目文件“素材\第1章\风景如画.prproj”，将时间指示器移至“时间轴”面板中已有素材的中间，单击“源监视器”面板中的“插入”按钮，如图1-62所示。

STEP 02 执行操作后，即可将“时间轴”面板中的素材一分为二，并将“源监视器”面板中的素材插入两个素材之间，如图1-63所示。

图1-62 单击“插入”按钮

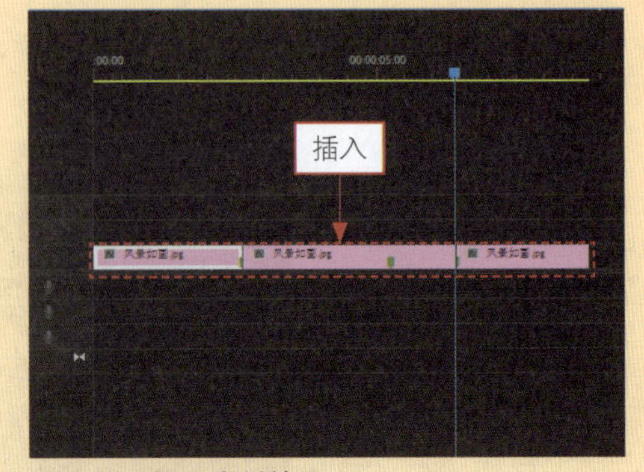

图1-63 插入素材效果

 专家指点

覆盖编辑是指将新的素材文件替换原始素材文件。当“时间轴”面板中已经存在一段素材文件时，在“源监视器”面板

中调出“覆盖”按钮，❶然后单击“覆盖”按钮，如图 1-64 所示。执行操作后，❷“时间轴”面板中原始素材内容将被覆盖，如图 1-65 所示。

图1-64　单击“覆盖”按钮

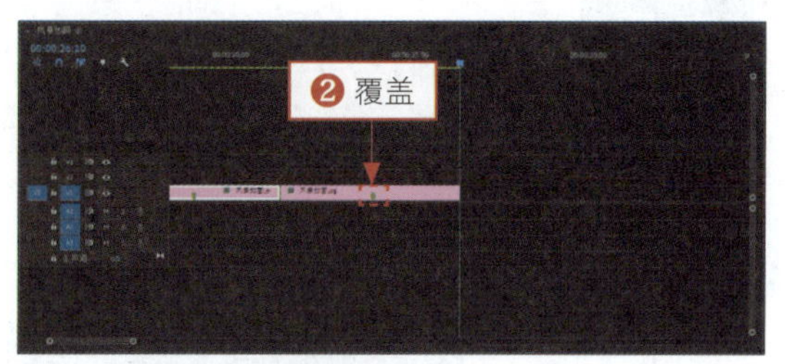

图1-65　覆盖原始素材效果

当监视器面板的底部放置按钮的空间不足时，软件会自动隐藏一些按钮。用户可以单击右下角的+按钮，在弹出的列表框中选择被隐藏的按钮。

1.5 素材文件的编辑操作

Premiere Pro 2020为用户提供了各种实用的工具，并将其集中在工具箱中。用户只有掌握了各种工具的操作方法，才能够更加熟练地掌握Premiere Pro 2020的编辑技巧。

1.5.1 运用选择工具选择素材

选择工具作为Premiere Pro 2020使用最为频繁的工具，其主要功能是选择一个或多个素材。❶如果用户需要选择单个素材，则可以单击选择的单个素材，如图1-66所示。如果用户需要选择多个素材，则可以按住鼠标左键并拖曳，❷框选需要选择的多个素材，如图1-67所示。

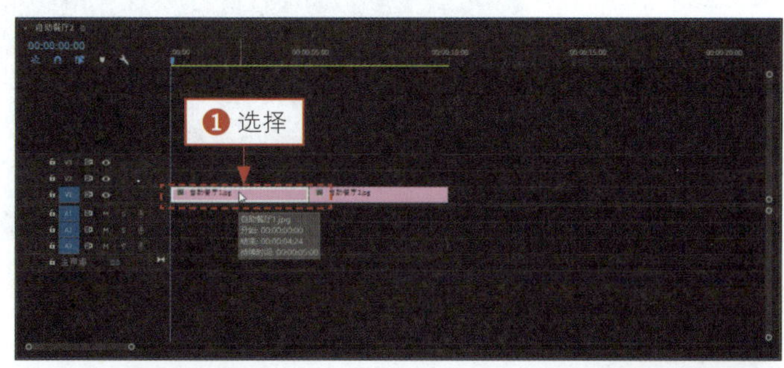

图1-66　选择单个素材

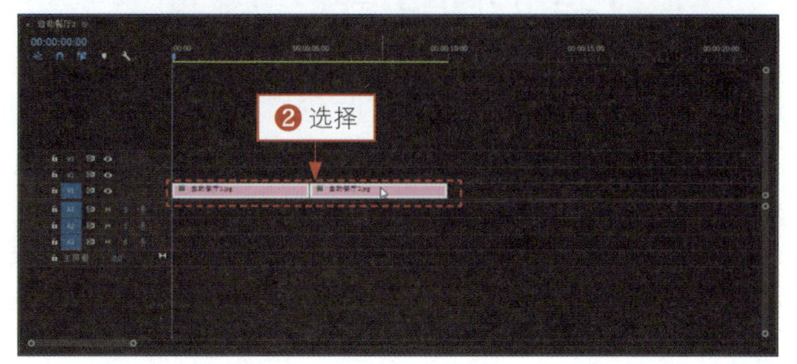

图1-67　选择多个素材

1.5.2 运用剃刀工具剪切素材

剃刀工具可将一段选中的素材文件进行剪切，将其分成两段或几段独立的素材片段。

运用剃刀工具剪切素材

STEP 01 按“Ctrl＋O”组合键，打开一个项目文件“素材\第1章\项目4.prproj”，如图1-68所示。

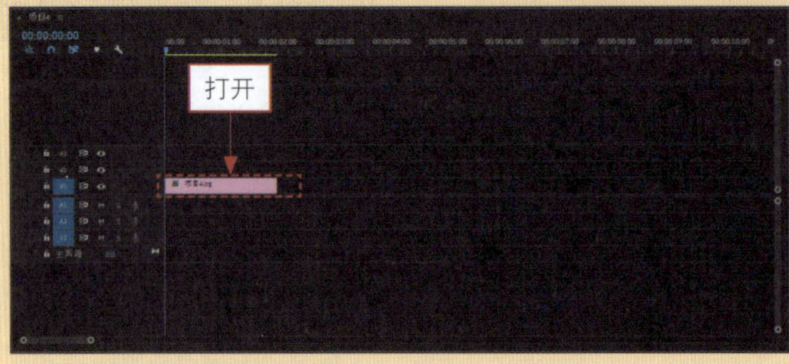

图1-68　打开一个项目文件

STEP 02 选取剃刀工具，在“时间轴”面板的素材上依次单击，即可剪切素材，如图1-69所示。

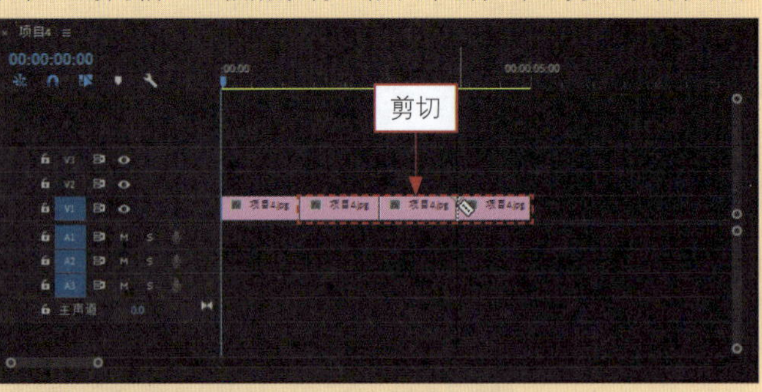

图1-69　剪切素材效果

1.5.3 运用外滑工具移动素材

外滑工具用于移动“时间轴”面板中素材的位置，该工具会影响相邻素材片段的出入点和长度。在使用外滑工具时，可以同时更改“时间轴”内某剪辑的入点和出点，且入点和出点之间的时间间隔保持不变，下面介绍具体操作方法。

运用外滑工具移动素材

STEP 01 按【Ctrl＋O】组合键，打开一个项目文件“素材\第1章\山清水秀.prproj”，如图1-70所示。

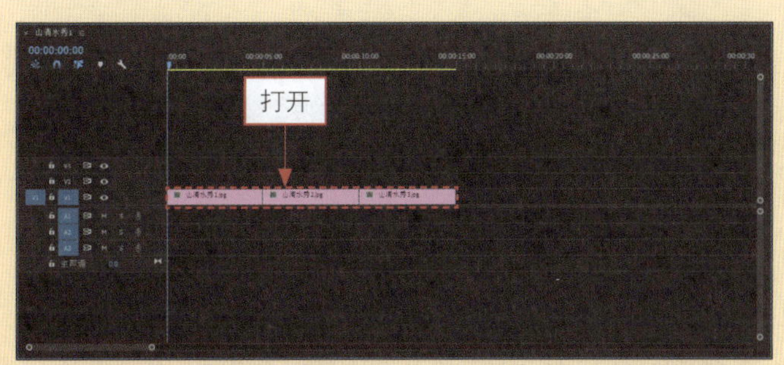

图1-70　打开一个项目文件

STEP 02 选取外滑工具，如图1-71所示。

STEP 03 在V1轨道上的“山清水秀2”素材对象上按住鼠标左键并拖曳，在“节目监视器”面板中即可显示更改素材入点和出点的效果，如图1-72所示。

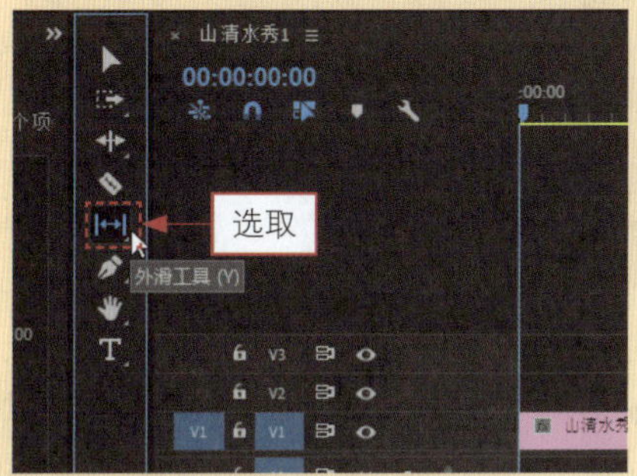

图1-71　选取外滑工具

图1-72　显示更改素材入点和出点的效果

1.5.4 运用波纹编辑工具改变素材长度

使用波纹编辑工具拖曳素材的出点可以改变所选素材的长度，而轨道上其他素材的长度不会受到影响，下面介绍具体操作方法。

应用案例　运用波纹编辑工具改变素材长度

STEP 01 按“Ctrl + O”组合键，打开一个项目文件“素材\第1章\清新可爱.prproj”，选取工具箱中的波纹编辑工具，如图1-73所示。

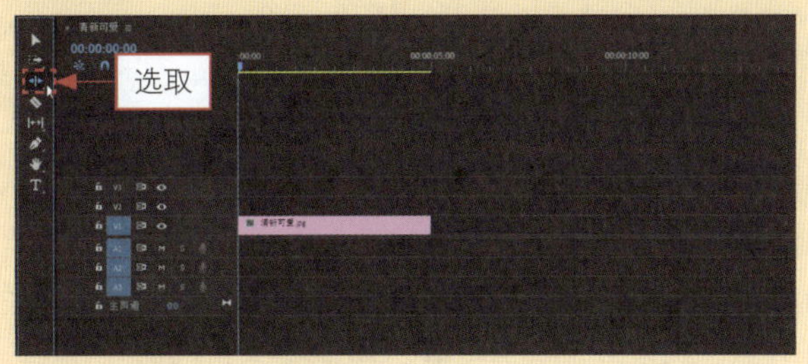

图1-73　选取波纹编辑工具

STEP 02 选择素材，按住鼠标左键向右拖曳至合适位置，释放鼠标左键即可更改素材长度，如图1-74所示。

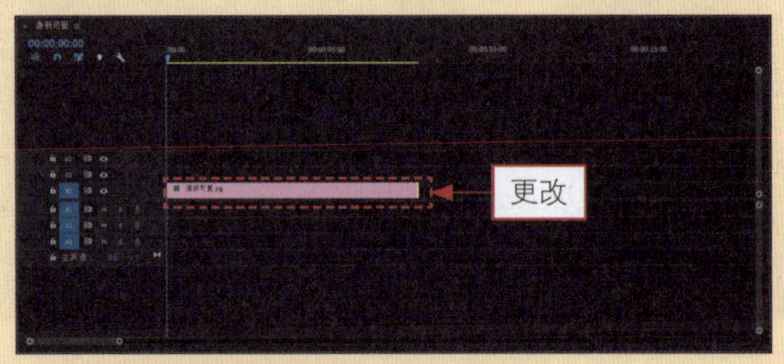

图1-74　更改素材长度

轨道选择工具用于选择某一轨道上的所有素材，当用户按住“Shift”键的同时，可以切换到多轨道选择工具。

❶选取工具箱中的向前轨道选择工具，如图1-75所示。在最上方轨道上单击，❷即可选择轨道上的素材，如图1-76所示。执行操作后，即可在“节目监视器”面板中查看视频效果，如图1-77所示。

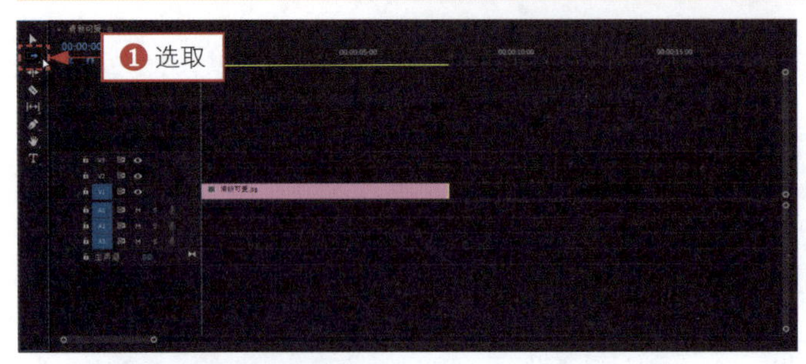

图1-75　选取向前轨道选择工具

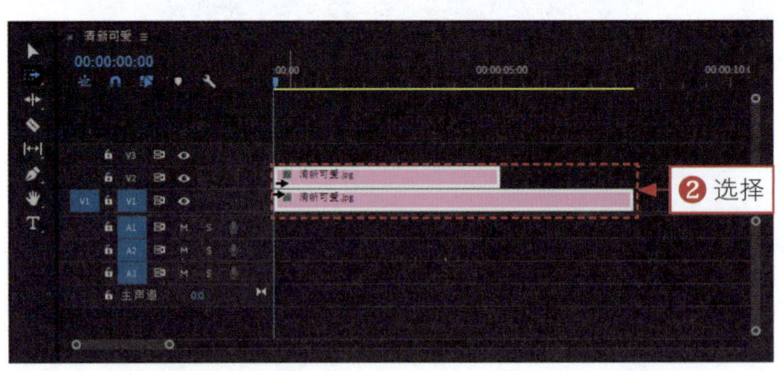

图1-76　选择轨道上的素材

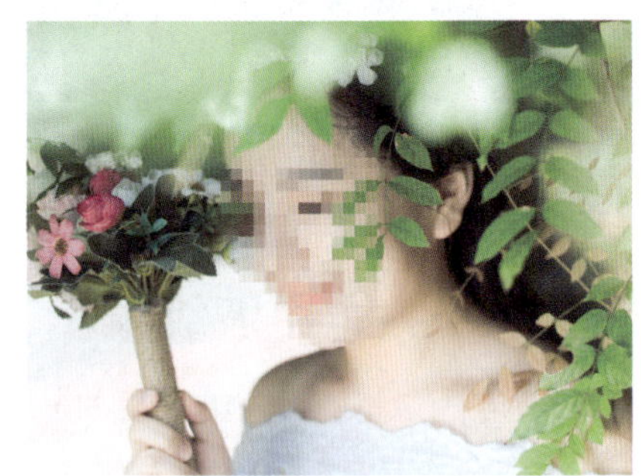

图1-77　查看视频效果

1.6 专家支招

在Premiere Pro 2020软件中，主要支持的格式类型有3种，分别是图像格式、视频格式及音频格式。熟悉这些格式，用户可以很好地选用Premiere Pro 2020素材，制作出理想的影视文件。

Premiere Pro 2020支持的图像格式包括JPEG格式、PNG格式、BMP格式、PCX格式、GIF格式、TIFF格式、TGA格式、EXIF格式、FPX格式、PSD格式及CDR格式，用户可以将需要的图像格式导入“时间轴”面板的视频轨道中。

数字视频是用于压缩图像和记录声音数据及回放过程的标准，同时包含了DV格式的设备和数字视频压缩技术本身。在视频捕获的过程中，必须通过特定的编码方式对数字视频进行压缩，在尽可能地保证影像质量的同时，有效地减小文件大小，否则会占用大量的磁盘空间，对数字视频进行压缩编码的方法有很多，也因此产生了多种数字视频格式。Premiere Pro 2020支持的视频格式主要包括AVI格式、MJPEG格式、MPEG格式、MOV格式、RM/RMVB格式、WMV格式及FLV格式。

数字音频是用来表示声音强弱的数据序列，由模拟声音经抽样、量化和编码后得到。简单来说，数字音频的编码方式就是数字音频格式，不同的数字音频设备对应着不同的音频文件格式，如MP3格式、WAV格式、MIDI格式及WMA格式等。

1.7 总结拓展

本章对Premiere Pro 2020的选项面板、操作应用等基础知识进行了详细的讲解，包括Premiere Pro 2020的菜单栏、“项目”面板、“时间轴”面板、工具箱、项目文件的基本操作及素材文件的基本操作等知识内容，可以为用户以后运用Premiere Pro 2020进行编辑工作打下良好的基础。

1.7.1 本章小结

本章主要引领读者快速入门，熟悉Premiere Pro 2020的基础知识，认识并了解Premiere Pro 2020。在后面的章节中，还可以学习到更多的知识内容和操作技巧，希望读者可以学以致用，制作出优秀的影视文件。喜欢自己拍摄照片做素材的读者可以关注微信公众号“手机摄影构图大全”，学习摄影和图像后期的制作。

1.7.2 举一反三——启动Premiere Pro 2020

将Premiere Pro 2020安装到计算机后，就可以启动Premiere Pro 2020，进行影视编辑操作，下面介绍具体操作方法。

应用案例 举一反三——启动Premiere Pro 2020

STEP 01 将鼠标指针移至桌面上的Adobe Premiere Pro 2020程序图标Pr上双击，如图1-78所示。

STEP 02 启动Premiere Pro 2020，稍等片刻，弹出“主页”对话框，单击“新建项目”按钮，如图1-79所示。

图1-78 双击Adobe Premiere Pro 2020程序图标

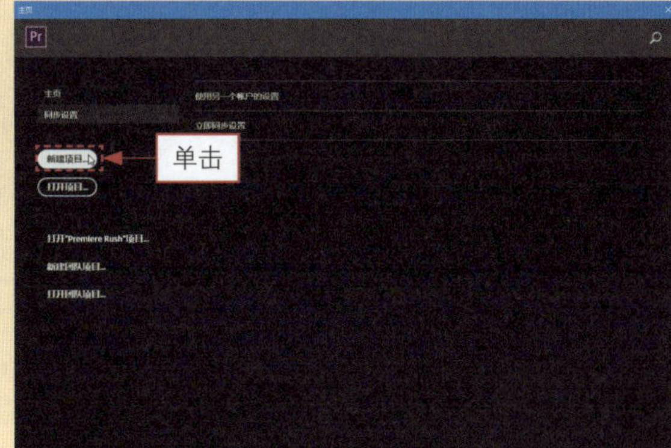

图1-79 单击“新建项目”按钮

 专家指点

在安装 Premiere Pro 2020 时，软件默认不在桌面上创建快捷方式图标。用户可以按住鼠标左键在计算机左下方的“开始”程序列表中的“Adobe Premiere Pro 2020”命令上单击，并拖曳至桌面上的空白位置处释放鼠标左键，即可在桌面上创建 Adobe Premiere Pro 2020 的快捷方式图标；或者在“开始”｜“Adobe Premiere Pro 2020”命令上右击，在弹出的快捷菜单中选择“发送到”｜“桌面快捷方式”命令，之后在桌面上双击 Adobe Premiere Pro 2020 程序图标，即可启动 Premiere Pro 2020。

STEP 03 弹出“新建项目”对话框，❶设置项目名称与位置；❷然后单击“确定”按钮，如图1-80所示。

STEP 04 执行操作后，即可新建项目，进入Premiere Pro 2020工作界面，如图1-81所示。

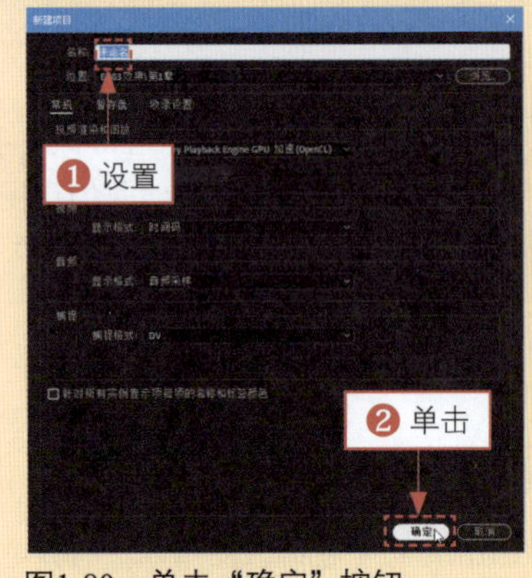

图1-80 单击“确定”按钮

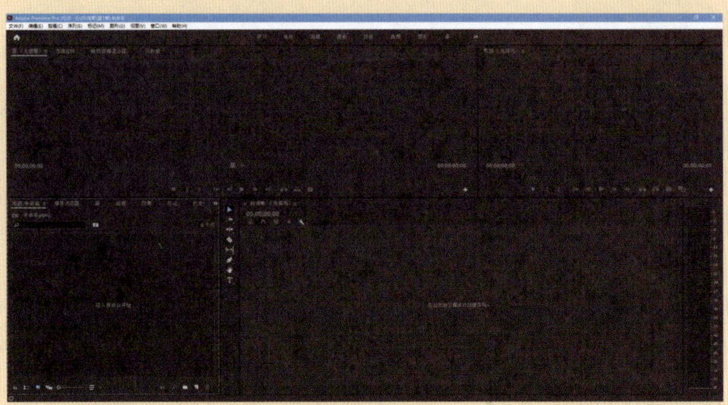

图1-81 Premiere Pro 2020工作界面

 专家指点

用户还可以通过以下 3 种方法启动 Premiere Pro 2020。

- 程序菜单：单击“开始”按钮，在弹出的“开始”菜单中，选择“Adobe|Adobe Premiere Pro 2020”命令。
- 快捷菜单：在 Windows 桌面上右击 Adobe Premiere Pro 2020 程序图标，在弹出的快捷菜单中选择“打开”命令。
- 在计算机中双击 .prproj 格式的项目文件，即可启动 Premiere Pro 2020 并打开项目文件。

第2章　基础操作：添加与调整素材文件

通过第1章对Premiere Pro 2020基础知识的学习与了解，用户应该已经对“时间轴”面板这一影视剪辑常用到的对象有了一定的认识。本章将从添加与调整视频素材的操作方法与技巧讲起，包括添加视频素材、复制粘贴影视视频、设置素材标记、调整播放时间及应用编辑工具等内容，逐渐提升用户对Premiere Pro 2020的熟悉度。

本章重点

添加影视素材

编辑影视素材

调整影视素材

剪辑影视素材

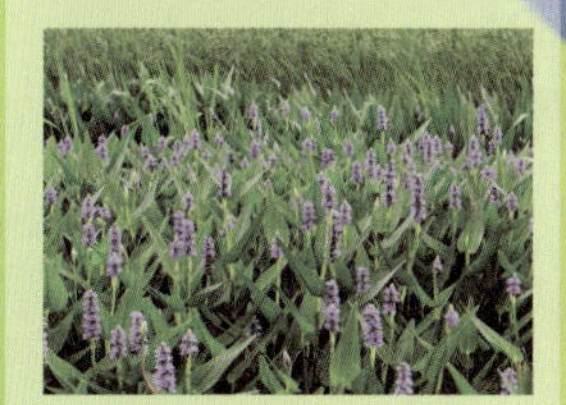

2.1 添加影视素材

制作视频影片的首要操作就是添加素材，本节主要介绍在Premiere Pro 2020中添加影视素材的方法，包括添加视频素材、音频素材及静态图像等。

2.1.1 添加视频素材

添加一段视频素材是指将一个源素材导入素材库，并将素材库中的源素材添加到“时间轴”面板中的视频轨道上的过程，下面介绍添加视频素材的操作方法。

应用案例　添加视频素材

STEP 01 在Premiere Pro 2020工作界面中，新建一个项目文件，选择“文件”|“导入”命令，如图2-1所示。

STEP 02 弹出“导入”对话框，选择所需的视频素材“素材\第2章\落日夕阳.mpg”，如图2-2所示。

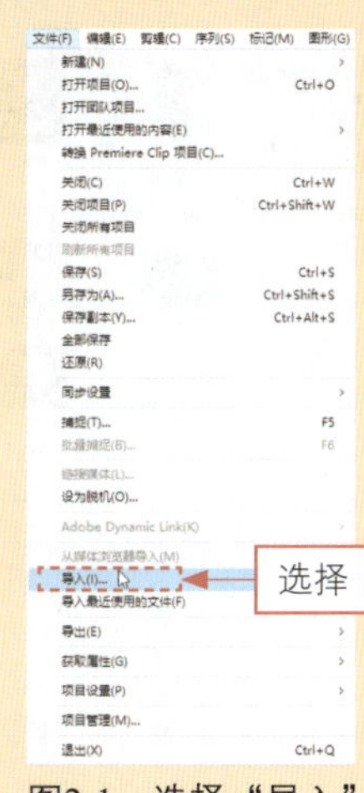

图2-1　选择“导入”命令

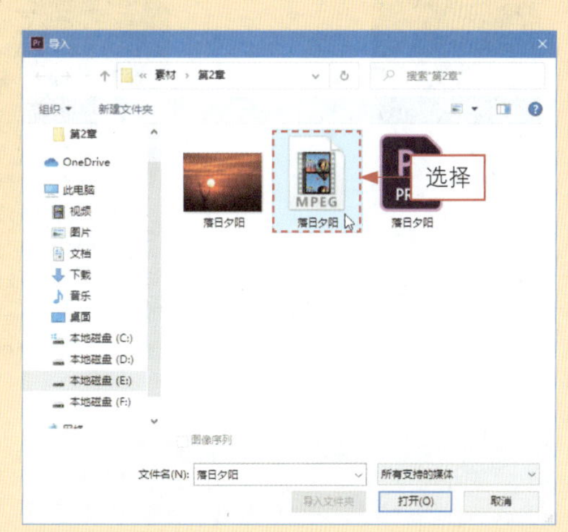

图2-2　选择所需的视频素材

STEP 03 单击“打开”按钮，将视频素材导入“项目”面板中，如图2-3所示。

STEP 04 在“项目”面板中选择视频素材，将其拖曳至“时间轴”面板的V1轨道中，执行操作后，即可添加视频素材，如图2-4所示。

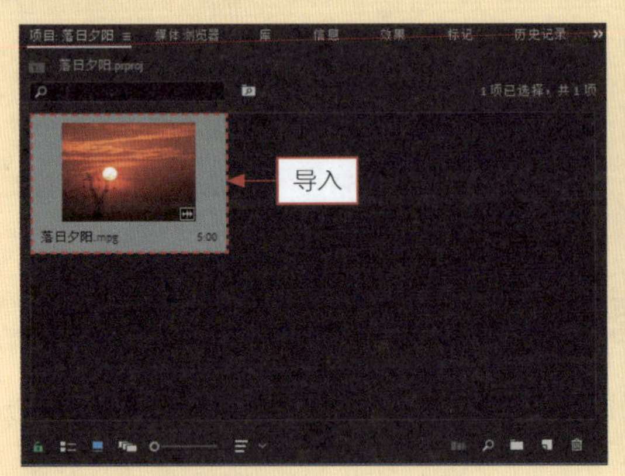

图2-3　导入视频素材

图2-4　将视频素材拖曳至“时间轴”面板的V1轨道中

2.1.2 添加音频素材

为了使影片更加完善，用户可以根据需要为影片添加音频素材，下面介绍添加音频素材的操作方法。

应用案例　添加音频素材

STEP 01 新建一个项目文件，在“项目”面板中右击，在弹出的快捷菜单中选择“导入”命令，如图2-5所示。

STEP 02 弹出“导入”对话框，选择需要添加的音频素材“素材\第2章\MV音乐.wma”，如图2-6所示。

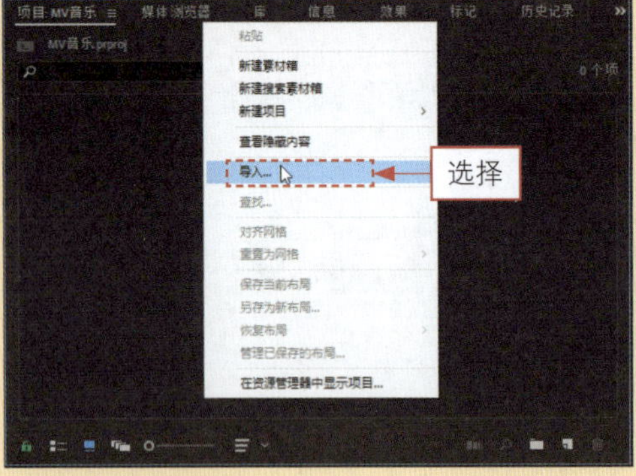

图2-5　选择“导入”命令

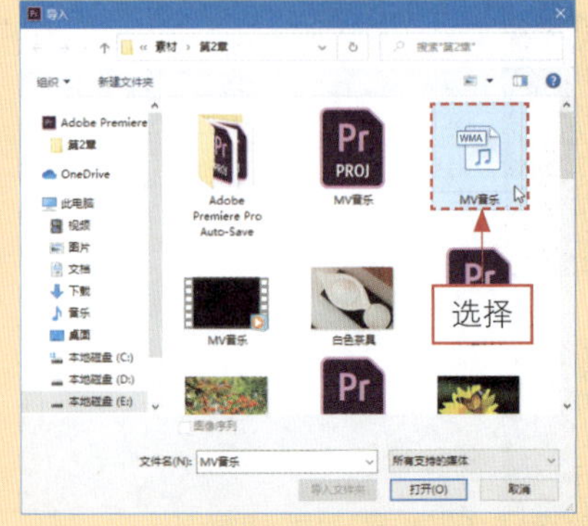

图2-6　选择需要添加的音频素材

STEP 03 单击“打开”按钮，将音频素材导入“项目”面板中，如图2-7所示。

STEP 04 选择音频素材，将其拖曳至“时间轴”面板的A1轨道中，即可添加音频素材，如图2-8所示。

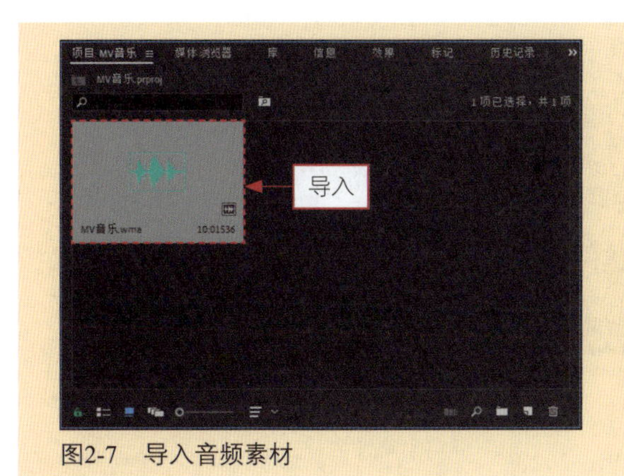

图2-7　导入音频素材

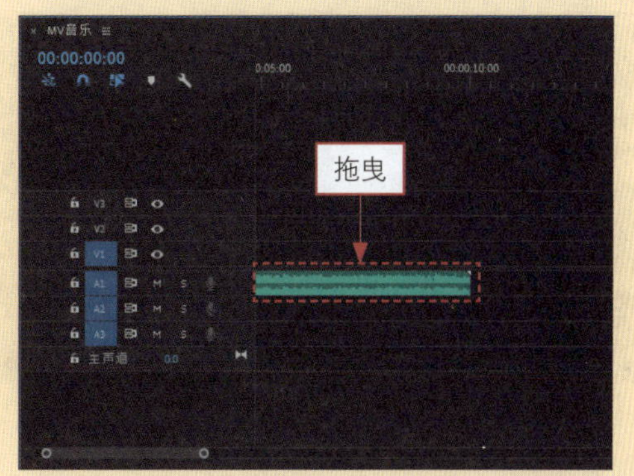

图2-8　将音频素材拖曳至“时间轴”面板的A1轨道中

添加静态图像

为了使影片内容更加丰富多彩，在进行影片编辑的过程中，用户可以根据需要添加各种静态的图像，下面介绍具体的操作方法。

添加静态图像

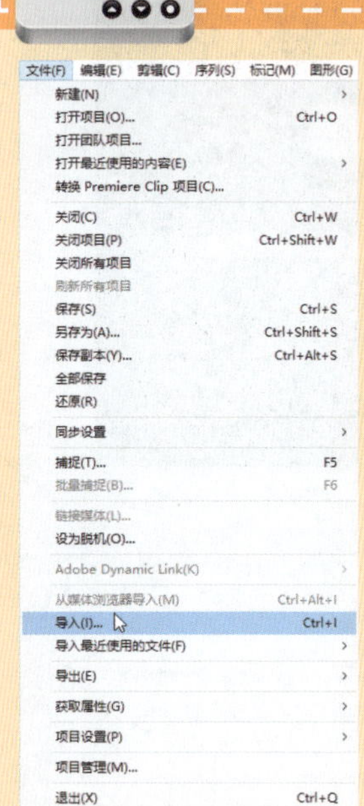

图2-9　选择“导入”命令

STEP 01 在Premiere Pro 2020工作界面中，新建一个项目文件，选择“文件”|“导入”命令，如图2-9所示。

STEP 02 弹出“导入”对话框，在其中选择需要添加的静态图像“素材\第2章\可爱动物.jpg”；单击“打开”按钮，如图2-10所示。

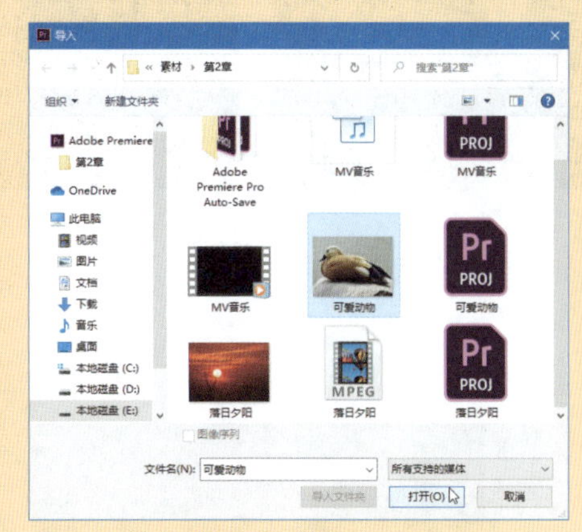

图2-10 单击“打开”按钮

STEP 03 将静态图像素材导入“项目”面板中，如图2-11所示。

STEP 04 选择静态图像素材，将其拖曳至“时间轴”面板的V1轨道中，如图2-12所示。执行操作后，即可添加静态图像。

图2-11 导入静态图像素材

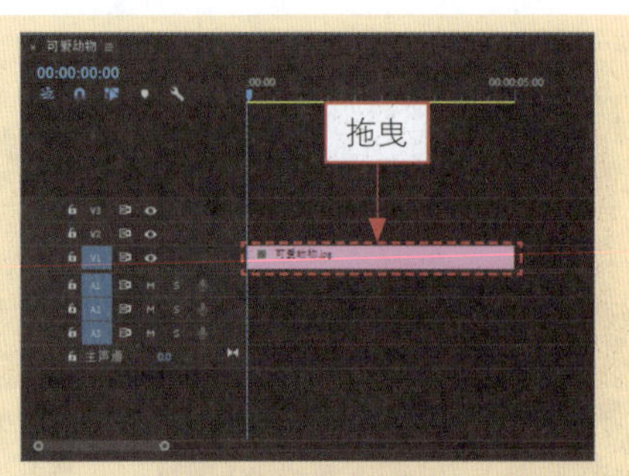

图2-12 将静态图像素材拖曳至“时间轴”面板的V1轨道中

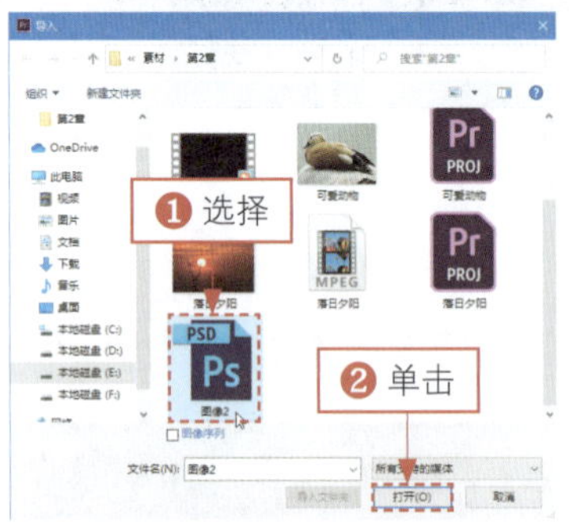

图2-13 “导入”对话框

在Premiere Pro 2020中，不仅可以导入视频素材、音频素材及静态图像素材，还可以导入图层图像素材，选择“文件”|“导入”命令，弹出“导入”对话框，❶选择需要导入的PSD图像；❷单击“打开”按钮，如图2-13所示。

弹出“导入分层文件：图像2”对话框，单击“确定”按钮，如图2-14所示。将所选择的PSD图像导入“项目”面板中，选择导入的PSD图像，并将其拖曳至“时间轴”面板的V1轨道中，即可添加图层图像，如图2-15所示。

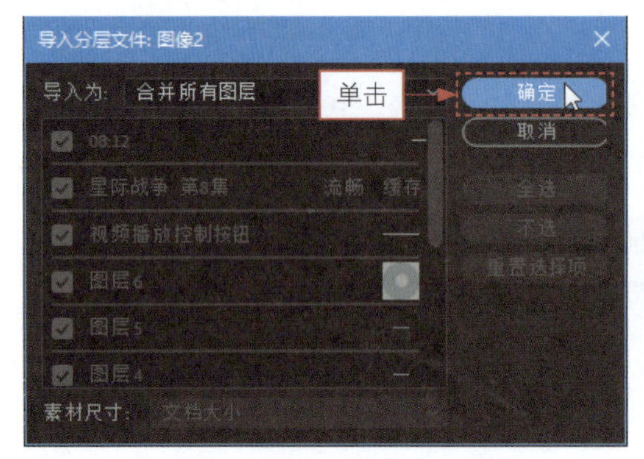

图2-14 “导入分层文件：图像2”对话框

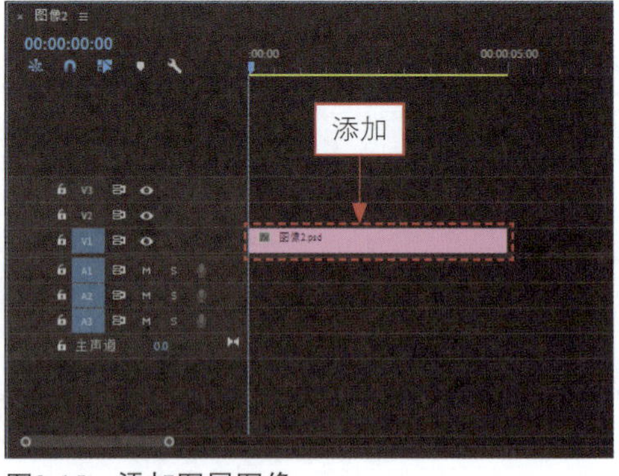

图2-15 添加图层图像

执行操作后，在“节目监视器”面板中可以调整图层图像的大小并预览添加的图层图像效果，如图2-16所示。

图2-16 预览图层图像效果

2.2 编辑影视素材

对影片素材进行复制、分离及组合等操作是学习影片编辑的一个重要的知识点，同样也是Premiere Pro 2020的功能体现。本节将详细介绍编辑影视素材的操作方法。

2.2.1 复制粘贴视频

复制也被称为拷贝，是指将文件从一处拷贝一份完全一样的到另一处，而原来的一份文件依然保留。复制影视视频的具体方法：在“时间轴”面板中，选择需要复制的视频文件，选择“编辑”|“复制”命令即可复制影视视频。粘贴素材可以为用户节约许多不必要的重复操作，提高用户的工作效率。下面介绍复制粘贴视频的具体操作方法。

应用案例 复制粘贴视频

STEP 01 按“Ctrl＋O”组合键，打开一个项目文件“素材\第2章\蛛丝尘网.prproj”，在视频轨道上选择素材，如图2-17所示。

STEP 02 将时间线移至“00:00:05:00”的位置，选择“编辑”|“复制”命令，如图2-18所示。

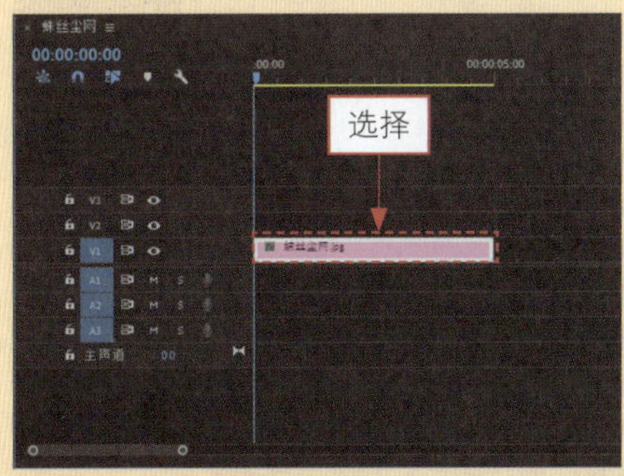

图2-17 选择素材

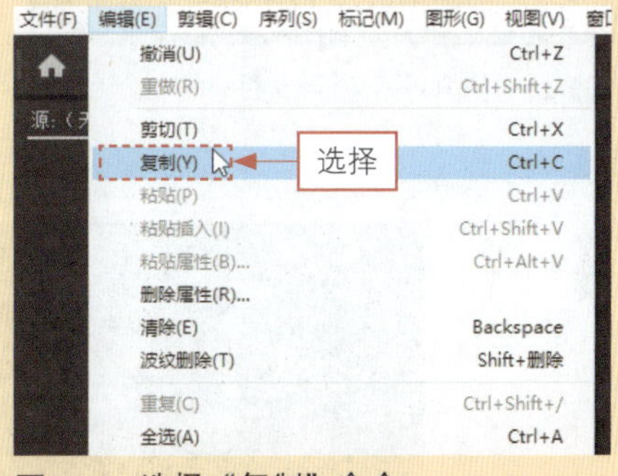

图2-18 选择“复制”命令

STEP 03 执行操作后，即可复制素材，按“Ctrl＋V”组合键，将复制的素材粘贴至V1轨道中的时间线位置，如图2-19所示。

STEP 04 将时间线移至视频的开始位置，单击“播放-停止切换”按钮▶，即可预览视频效果，如图2-20所示。

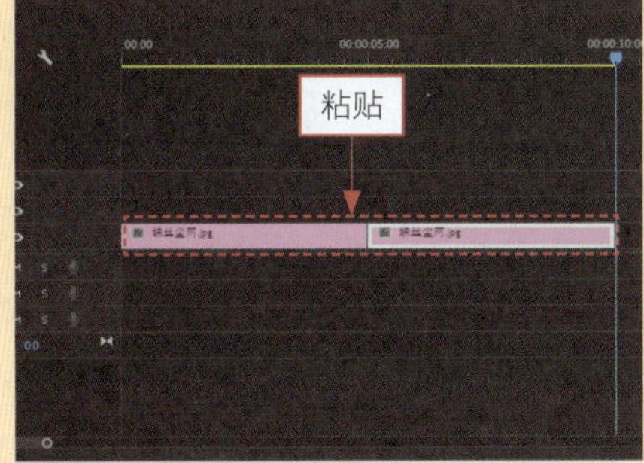

图2-19 粘贴素材

图2-20 预览视频效果

2.2.2 分离影视视频

为了使影片获得更好的音乐效果，许多影片都会在后期重新配音，这时需要用到分离影视素材的操作，下面介绍具体的操作方法。

应用案例 分离影视视频

STEP 01 按“Ctrl＋O”组合键，打开一个项目文件“素材\第2章\五彩缤纷.prproj”，如图2-21所示。

STEP 02 选择V1轨道上的视频素材，选择“剪辑”|“取消链接”命令，即可将视频与音频分离，如图2-22所示。

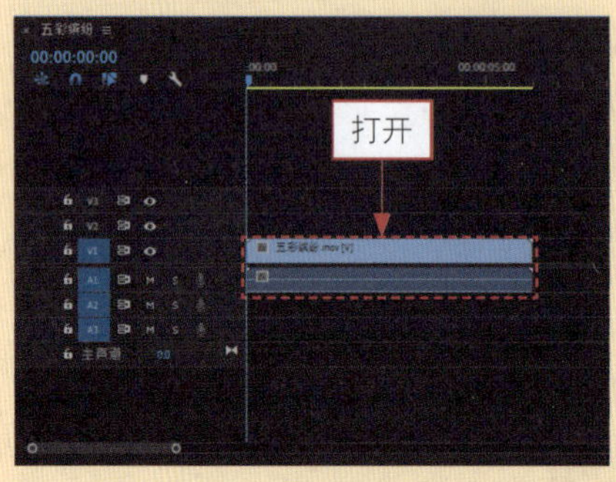

图2-21　打开一个项目文件

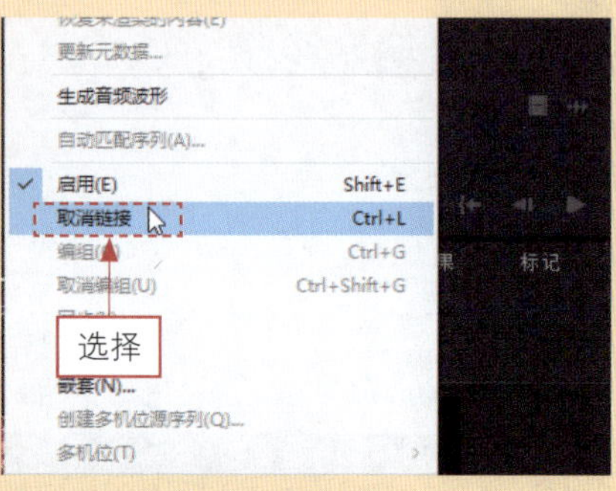

图2-22　选择“取消链接”命令

STEP 03 选择V1轨道上的视频素材，按住鼠标左键并拖曳即可单独移动视频素材，如图2-23所示。

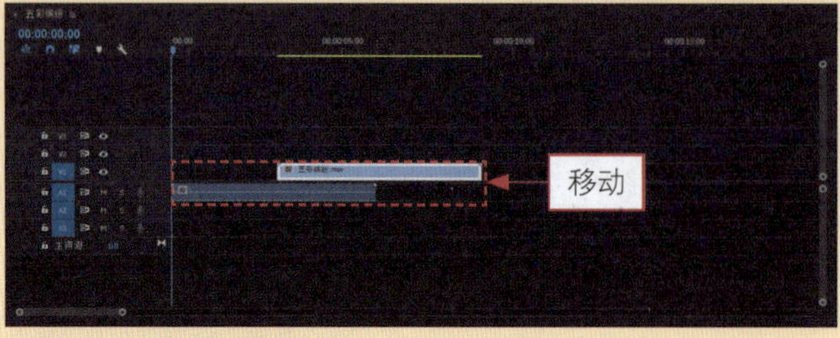

图2-23　移动视频素材

STEP 04 在“节目监视器”面板上，单击“播放-停止切换”按钮▶，预览视频效果，如图2-24所示。

图2-24　预览视频效果

专家指点

使用“取消链接”命令可以将视频素材与音频素材分离后单独进行编辑，防止编辑视频素材时，音频素材也被修改。

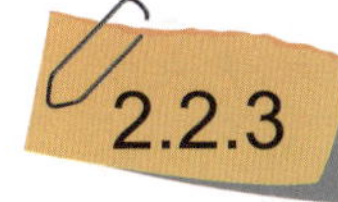

2.2.3 组合影视视频

在对视频文件和音频文件重新进行编辑后，可以将其进行组合操作。下面介绍组合影视视频的操作方法。

应用案例 组合影视视频

STEP 01 按“Ctrl + O”组合键，打开一个项目文件“素材\第2章\一枝独秀.prproj”，并预览项目文件效果，如图2-25所示。

STEP 02 在“时间轴”面板中，选择所有的素材，如图2-26所示。

图2-25　预览项目文件效果

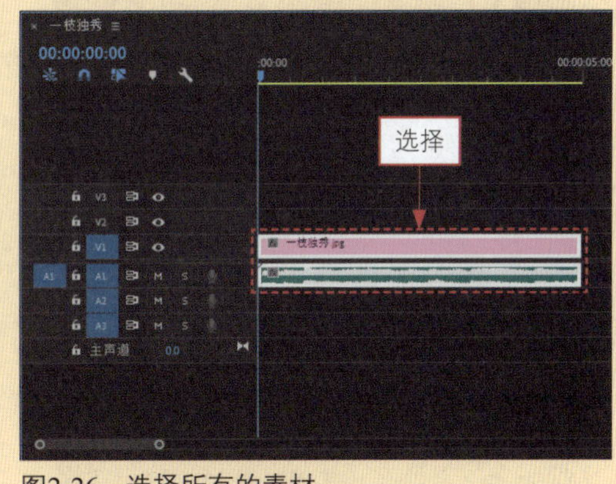

图2-26　选择所有的素材

STEP 03 选择“剪辑”|“链接”命令，如图2-27所示。

STEP 04 执行操作后，即可组合影视视频，如图2-28所示。在视频轨道中，照片素材的名称后面会自动添加一个字符。

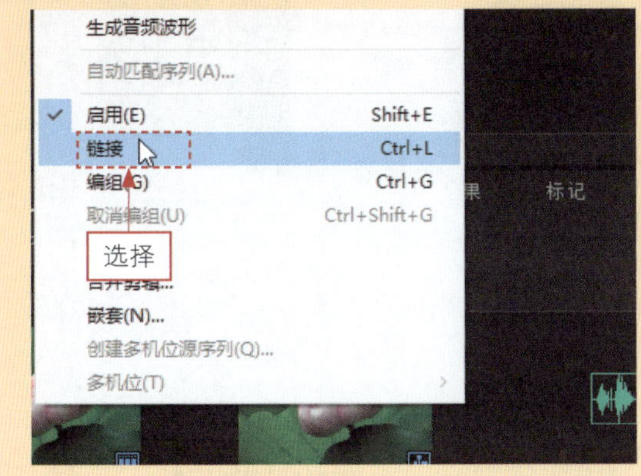

图2-27　选择“链接”命令

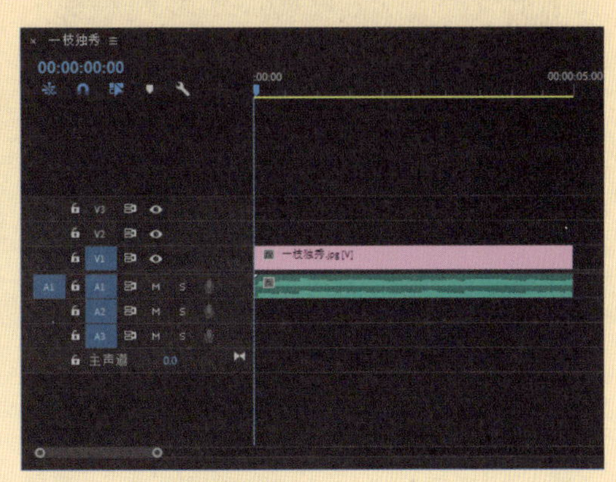

图2-28　组合影视视频

2.2.4 删除影视视频

在进行影视素材编辑的过程中，用户可能会删除一些不需要的视频素材，下面介绍具体的操作方法。

应用案例　删除影视视频

STEP 01 按“Ctrl＋O”组合键，打开一个项目文件“素材\第2章\红色枫叶.prproj”，如图2-29所示。

STEP 02 在“时间轴”面板中，选择中间的素材文件，选择“编辑”|“清除”命令，如图2-30所示。

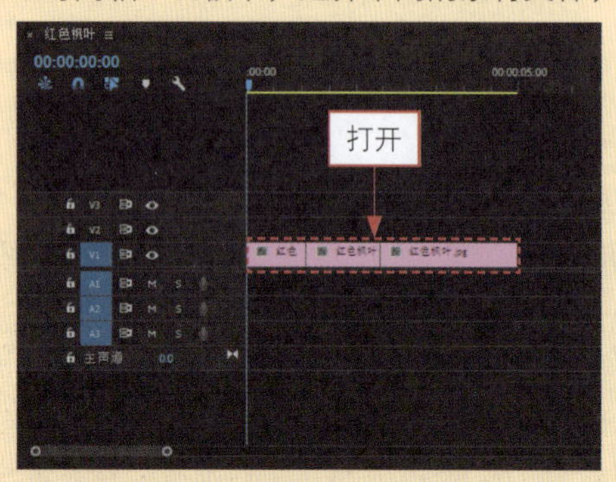

图2-29　打开一个项目文件

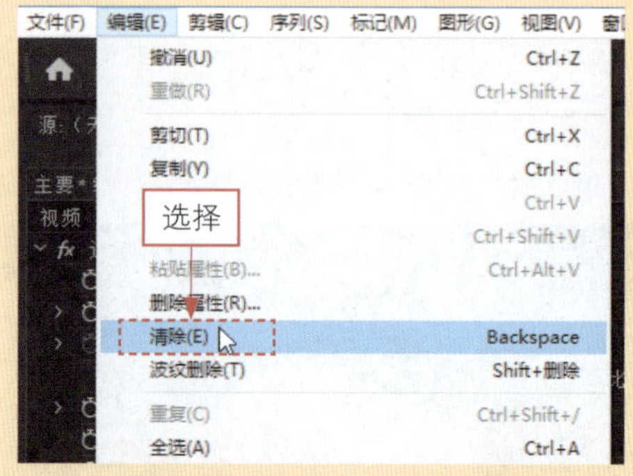

图2-30　选择“清除”命令

STEP 03 执行操作后，即可删除目标素材，在V1轨道上选择左侧的素材文件并右击，如图2-31所示。

STEP 04 在弹出的快捷菜单中选择“波纹删除”命令，如图2-32所示。

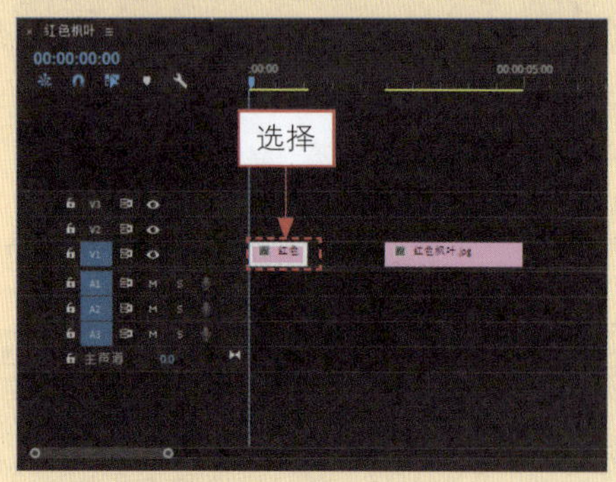

图2-31　选择左侧的素材文件

图2-32　选择“波纹删除”命令

专家指点

在 Premiere Pro 2020 中除了使用上述方法可以删除素材文件，用户还可以在选择素材文件后，使用以下快捷键删除素材文件。

- 按“Delete”键，快速删除选择的素材文件。
- 按“Backspace”键，快速删除选择的素材文件。
- 按“Shift ＋ Delete”组合键，快速对素材文件进行波纹删除操作。
- 按“Shift ＋ Backspace”组合键，快速对素材文件进行波纹删除操作。

STEP 05 执行操作后，即可在V1轨道上删除选择的素材文件，此时，第3段素材文件将会移动到第2段素材文件的位置，如图2-33所示。

STEP 06 在“节目监视器”面板上，单击“播放-停止切换”按钮▶，预览视频效果，如图2-34所示。

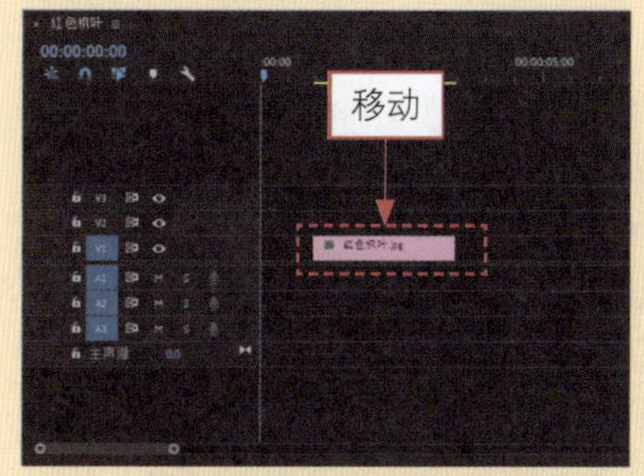

图2-33　第3段素材文件将会移动到第2段素材文件的位置

图2-34　预览视频效果

2.2.5 设置素材入点

在Premiere Pro 2020中，设置素材的入点可以标识素材起始点时间的可用部分，下面介绍具体的操作方法。

应用案例　设置素材入点

STEP 01 按“Ctrl＋O”组合键，打开一个项目文件“素材\第2章\蝴蝶采蜜.prproj”，如图2-35所示。

STEP 02 选择“项目”面板中的素材，并将其拖曳至“时间轴”面板的V1轨道中，如图2-36所示。

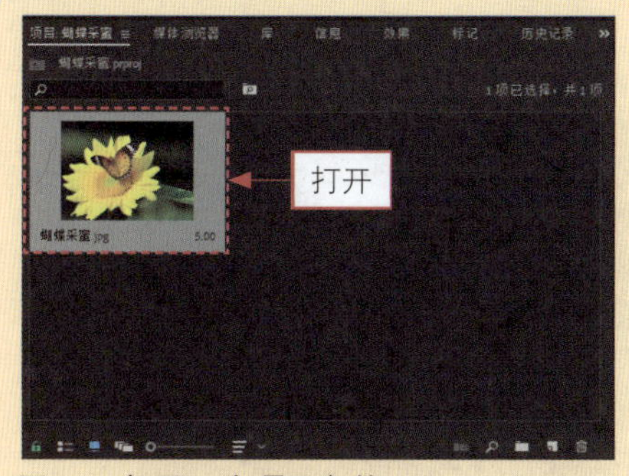

图2-35 打开一个项目文件

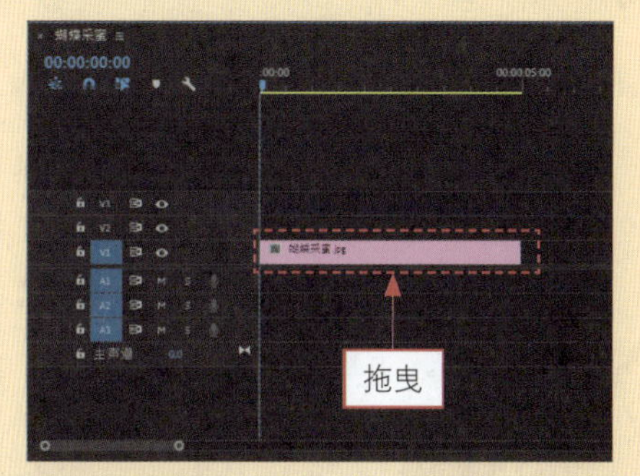

图2-36 拖曳至“时间轴”面板的V1轨道中

STEP 03 在“节目监视器”面板中拖曳时间指示器至合适位置，选择“标记”|“标记入点”命令，即可为素材添加入点，如图2-37所示。

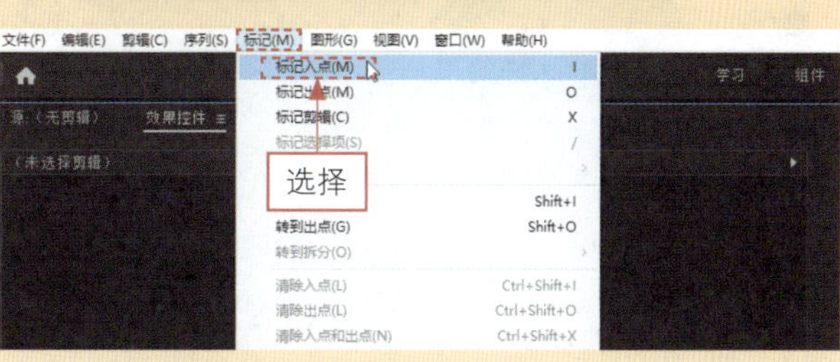

图2-37　选择“标记入点”命令

素材的入点和出点功能可以表示素材可用部分的起始时间与结束时间，其作用是让用户在添加素材之前，将素材内符合影片需求的部分挑选出来。在Premiere Pro 2020中，设置素材的出点可以标识素材结束点时间的可用部分。

在“节目监视器”面板中拖曳时间指示器至合适位置，❶选择“标记”|“标记出点”命令；❷即可为素材添加出点，如图2-38所示。

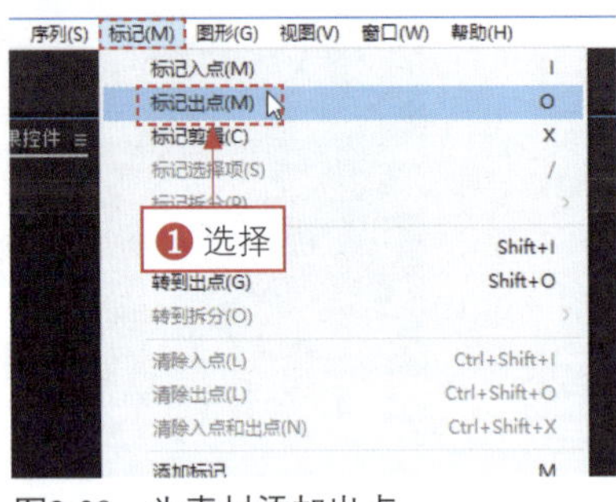

图2-38 为素材添加出点

2.2.6 设置素材标记

用户在编辑影视素材，可以在素材或时间轴中添加标记。为素材设置标记后，用户可以快速切换至标记的位置，从而快速查询视频帧，下面介绍具体的操作方法。

应用案例 设置素材标记

STEP 01 按“Ctrl＋O”组合键，打开一个项目文件“素材\第2章\白色茶具.prproj”，并预览项目文件效果，如图2-39所示。

STEP 02 在“时间轴”面板中拖曳时间指示器至合适位置，如图2-40所示。

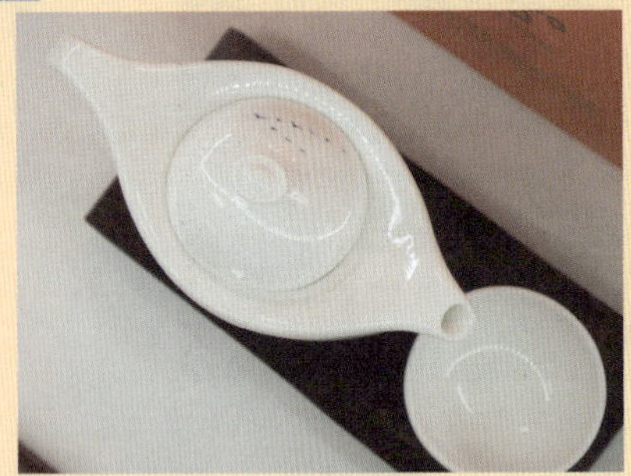

图2-39 预览项目文件效果

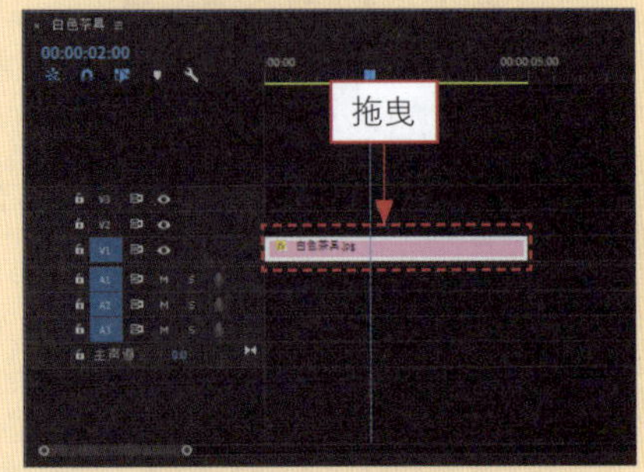

图2-40 拖曳时间指示器至合适位置

专家指点

标记能用来确定序列或素材中重要的动作或声音，有助于定位和排列素材，使用标记不会改变素材内容。标记的作用是在素材或时间轴上添加一个可以达到快速查找视频帧的记号，还可以快速对齐其他素材。在含有相关联系的音频素材和视频素材中，用户添加的编号标记将同时作用于素材的音频部分和视频部分。

STEP 03 选择“标记”|“添加标记”命令，如图2-41所示。

STEP 04 执行操作后，即可设置素材标记，如图2-42所示。

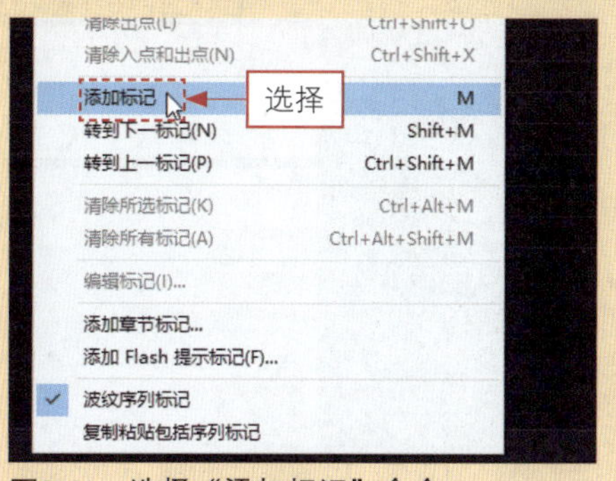

图2-41 选择“添加标记”命令

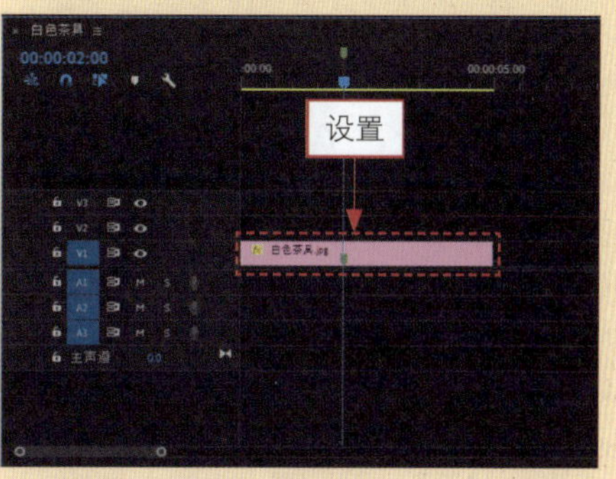

图2-42 设置素材标记

专家指点

在 Premiere Pro 2020 中，除了可以使用上述方法为素材添加标记，用户还可以使用以下两种方法为素材添加标记。

- 在“时间轴”面板中将播放指示器拖曳至合适位置，然后单击“时间轴”面板左上角的“添加标记”按钮，可以为素材添加标记。
- 在“节目监视器”面板中单击“按钮编辑器”按钮，弹出“按钮编辑器”面板，在其中将“添加标记”按钮拖曳至“节目监视器”面板的下方，即可在“节目监视器”面板中使用“添加标记”按钮为素材添加标记。

2.3 调整影视素材

在编辑影片时，有时需要调整项目尺寸来放大显示素材，有时需要调整播放时间或播放速度，这些操作可以在Premiere Pro 2020中实现。

2.3.1 调整显示方式

在编辑影片时，可以通过单击“切换轨道输出”旁边的空白位置，来调整素材的显示方式，下面介绍具体的操作方法。

应用案例 调整显示方式

STEP 01 在Premiere Pro 2020工作界面中，单击“新建项目”按钮，弹出“新建项目”对话框，❶设置项目的名称及保存位置；❷单击“确定”按钮，即可新建一个项目文件，如图2-43所示。

STEP 02 按“Ctrl + N”组合键，弹出“新建序列”对话框，在“序列名称”文本框中输入“序列01”，单击“确定”按钮，即可新建一个名为“序列01”的序列，如图2-44所示。

STEP 03 选择“文件”|“导入”命令，弹出“导入”对话框，选择相应的素材“素材\第2章\薰衣草.jpg”，如图2-45所示。

STEP 04 单击“打开”按钮，导入素材并预览效果，如图2-46所示。

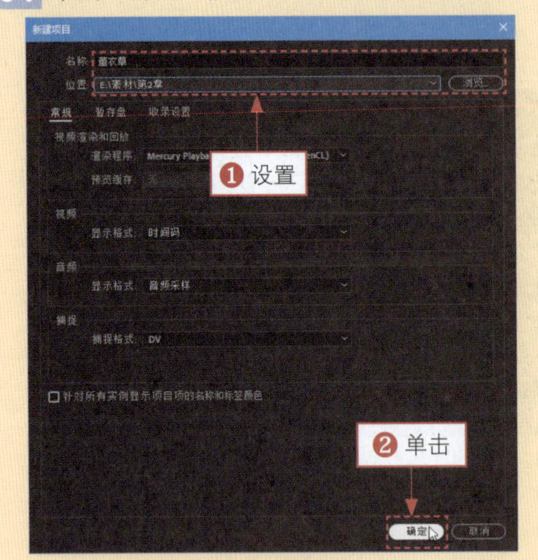

图2-43 新建一个项目文件

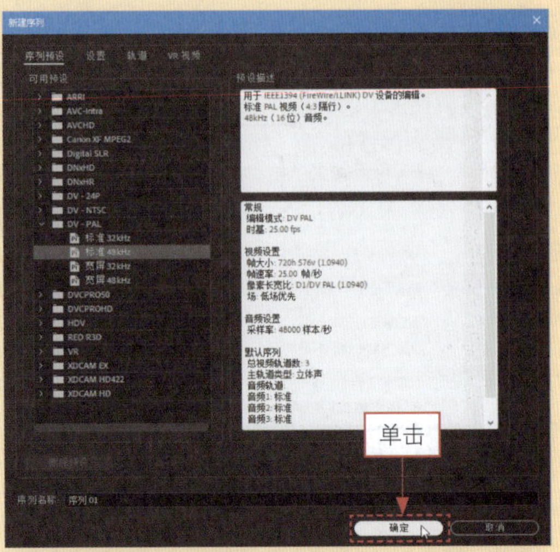

图2-44 新建一个序列

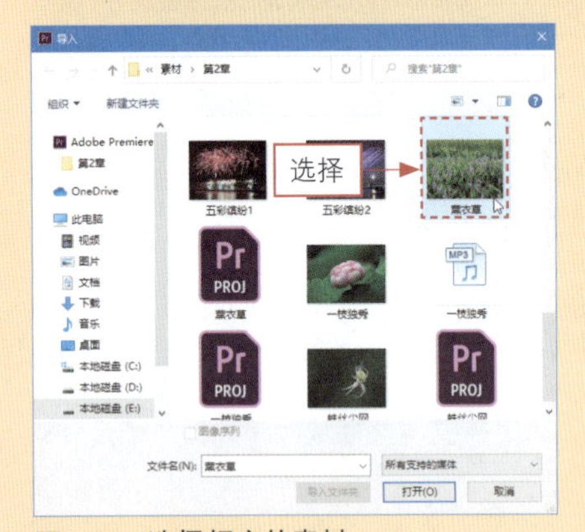

图2-45 选择相应的素材

图2-46 导入素材并预览效果

STEP 05 选择“项目”面板中的素材，并将其拖曳至“时间轴”面板的V1轨道中，如图2-47所示。

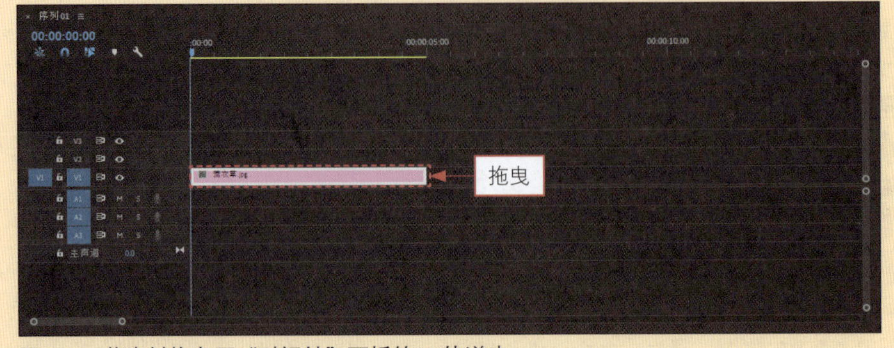

图2-47 将素材拖曳至“时间轴”面板的V1轨道中

STEP 06 ❶选择素材；❷将鼠标指针移至“切换轨道输出”旁边的空白位置并双击，如图2-48所示。

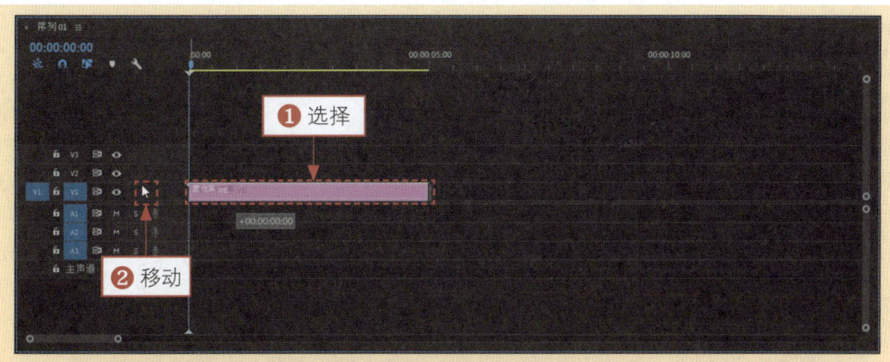

图2-48　将鼠标指针移至“切换轨道输出”旁的空白位置

STEP 07 执行操作后，即可调整素材的显示方式，如图2-49所示。

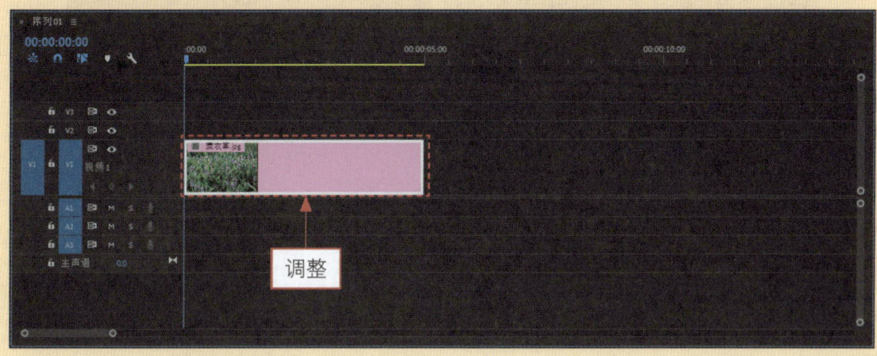

图2-49　调整素材的显示方式

“时间轴”面板由时间标尺、时间指示器、时间显示、查看区域栏、工作区栏及“无编号标记”按钮6部分组成，下面将对“时间轴”面板中的各个选项进行介绍。

时间标尺

时间标尺是一种可视化时间间隔显示工具。时间标尺位于“时间轴”面板的上面，时间标尺的单位为“帧”，即素材画面数量。在默认情况下，以每秒所播放画面的数量来划分时间线，从而对应项目的帧速率。

时间指示器

时间指示器是一个蓝色的三角形图标。时间指示器的作用是查看当前视频的帧，以及在当前序列中的位置。用户可以直接在时间标尺中拖动时间指示器来查看内容。

时间显示

显示时间指示器所在位置的时间。当拖曳时间显示区域时，时间指示器图标也会发生改变。当用户在“时间轴”面板的时间显示区域上左右拖曳时，时间指示器图标的位置也会随之改变。

查看区域栏

在查看区域栏中，确定在“时间轴”面板上视频帧的数量。用户可以通过拖曳查看区域两端的锚点，改变时间线上的时间间隔，同时改变显示视频帧的数量。

工作区栏

工作区栏位于查看区域栏和时间线之间。工作区栏的作用是导出或渲染项目文件，用户可以通过拖曳工作区栏任意一段的方式进行调整。

“无编号标记”按钮

“无编号标记”按钮的作用是在时间指示器位置添加标记，从而在编辑素材时能够快速跳转到这些点所在位置的视频帧上。

2.3.2 调整播放时间

在编辑影片的过程中，很多时候需要对素材本身的播放时间进行调整。调整播放时间的具体方法如下。

选取选择工具，选择视频轨道上的素材，并将鼠标指针拖曳至素材右端的结束点处，当鼠标指针呈红色拉伸形状时，按住鼠标左键并拖曳，即可调整素材的播放时间，如图2-50所示。

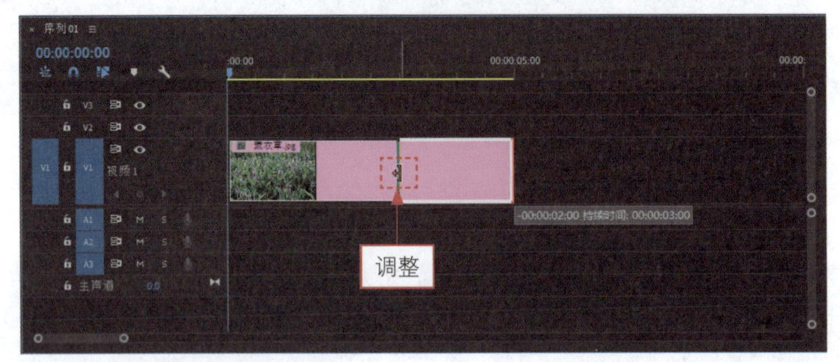

图2-50 调整素材的播放时间

2.3.3 调整播放速度

每一种素材都具有特定的播放速度，对于视频素材，用户可以通过调整视频素材的播放速度来制作快镜头或慢镜头效果，下面介绍具体的操作方法。

应用案例 调整播放速度

STEP 01 在Premiere Pro 2020工作界面中，单击“新建项目”按钮，弹出“新建项目”对话框，如图2-51所示，❶设置“名称”为“视频片头”；❷单击“确定”按钮，新建一个项目文件。

STEP 02 按“Ctrl＋N”组合键，弹出“新建序列”对话框，如图2-52所示，在“序列名称”文本框中输入“序列01”，单击“确定”按钮即可创建序列。

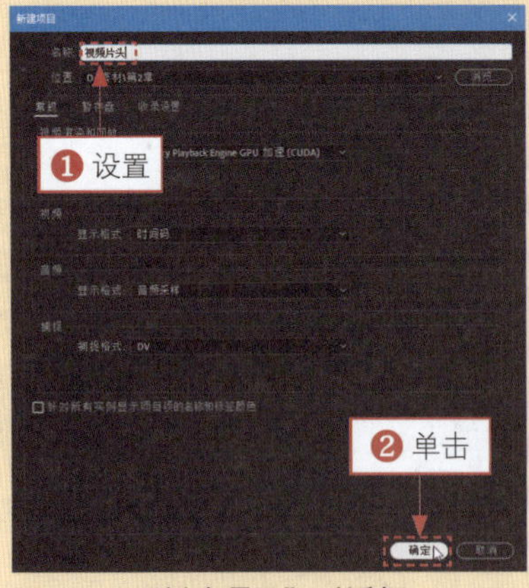

图2-51 “新建项目”对话框

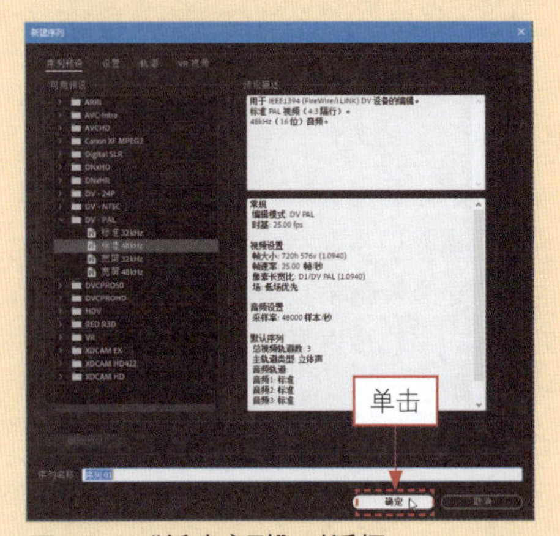

图2-52 “新建序列”对话框

STEP 03 按“Ctrl＋I”组合键，弹出“导入”对话框，选择相应文件“素材\第2章\视频片头.wmv”，如图2-53所示。

STEP 04 单击“打开”按钮，导入素材文件，如图2-54所示。

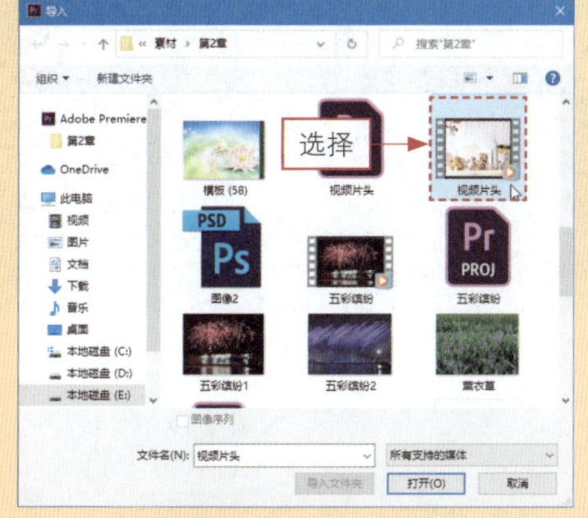

图2-53　选择相应文件

图2-54 导入素材文件

STEP 05 选择“项目”面板中的素材文件，并将其拖曳至“时间轴”面板的V1轨道中，如图2-55所示。

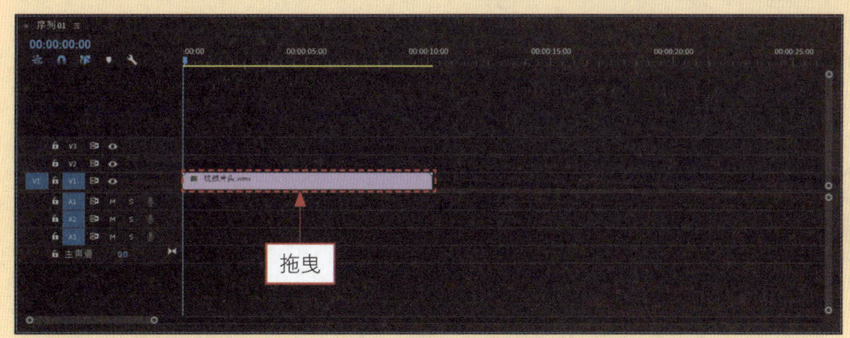

图2-55　将素材文件拖曳至“时间轴”面板的V1轨道中

STEP 06 ❶选择V1轨道上的素材文件并右击，❷在弹出的快捷菜单中选择“速度/持续时间”命令，如图2-56所示。

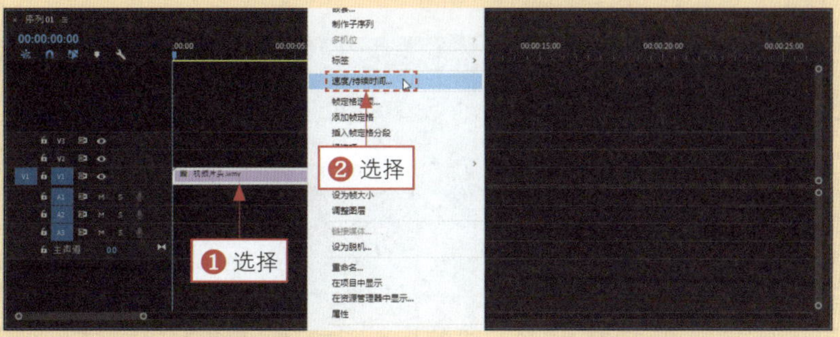

图2-56　选择“速度/持续时间”命令

STEP 07 弹出“剪辑速度/持续时间”对话框，设置“速度”为“220%”，如图2-57所示。

STEP 08 设置完成后，单击“确定”按钮，即可在“时间轴”面板中查看素材文件调整播放速度后的效果，如图2-58所示。

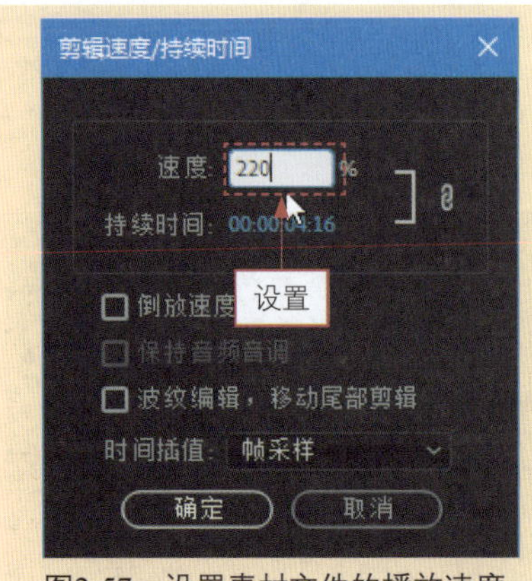

图2-57　设置素材文件的播放速度

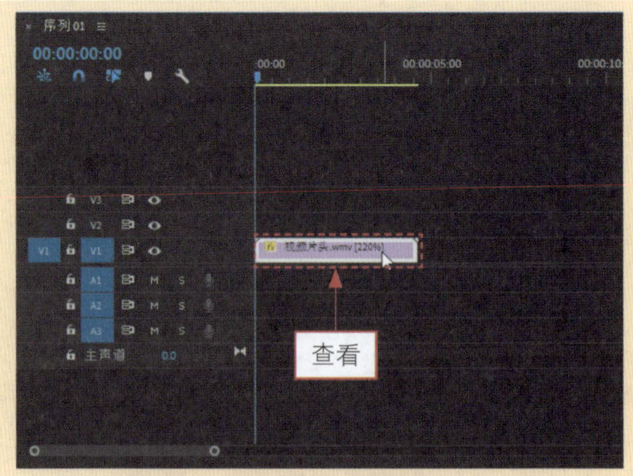

图2-58　查看素材文件调整播放速度后的效果

专家指点

在“剪辑速度 / 持续时间”对话框中，用户可以通过设置“速度”值来控制剪辑的播放时间。当“速度”值设置在 100% 以上时，值越大则速度越快，播放时间就会越短；当“速度”值设置在 100% 以下时，值越大则速度越慢，播放时间就会越长。

2.3.4 调整播放位置

如果对添加到视频轨道上的素材位置不满意，则可以根据需要对其进行调整，并且可以将素材调整到不同的轨道位置。

调整播放位置

STEP 01 在Premiere Pro 2020工作界面中，单击“新建项目”按钮，弹出“新建项目”对话框，设置“名称”为“美好时光”；单击“确定”按钮，即可新建一个项目文件，如图2-59所示。

STEP 02 按“Ctrl＋N”组合键，弹出“新建序列”对话框，在“序列名称”文本框中输入“序列01”，单击“确定”按钮，即可新建一个序列，如图2-60所示。

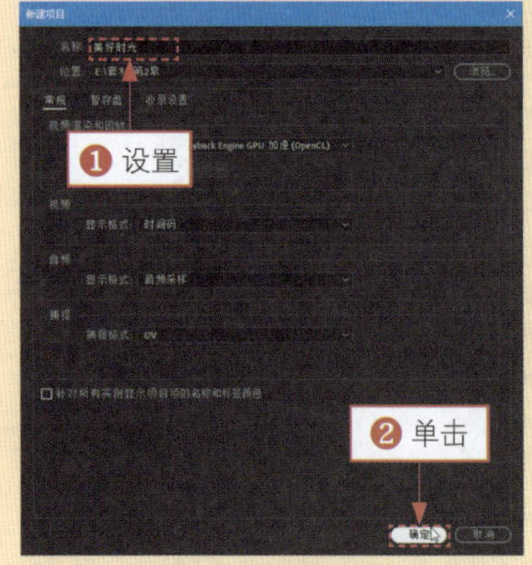

图2-59　新建一个项目文件

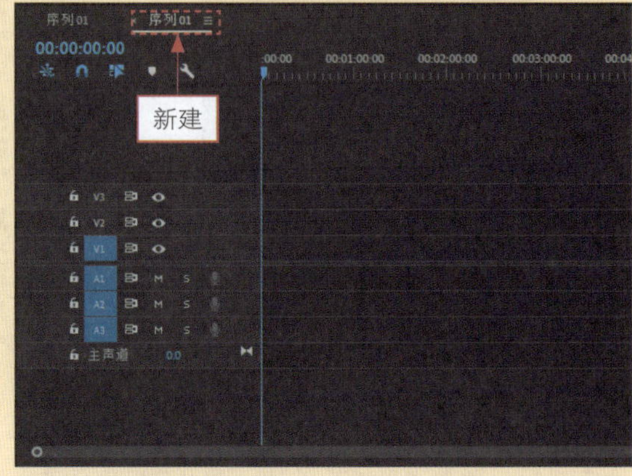

图2-60　新建一个序列

STEP 03 按“Ctrl＋I”组合键，弹出“导入”对话框，在该对话框中选择相应的文件“素材\第2章\美好时光.jpg”，如图2-61所示。

图2-61　选择相应的文件

STEP 04 单击“打开”按钮，导入素材文件并预览效果，如图2-62所示。

STEP 05 选取工具箱中的选择工具，选择“项目”面板中导入的素材文件，按住鼠标左键并拖曳至“时间轴”面板中的合适位置，如图2-63所示。

STEP 06 执行操作后，选择V1轨道中的素材文件，并将其拖曳至V2轨道中，如图2-64所示。

图2-62　导入素材文件并预览效果

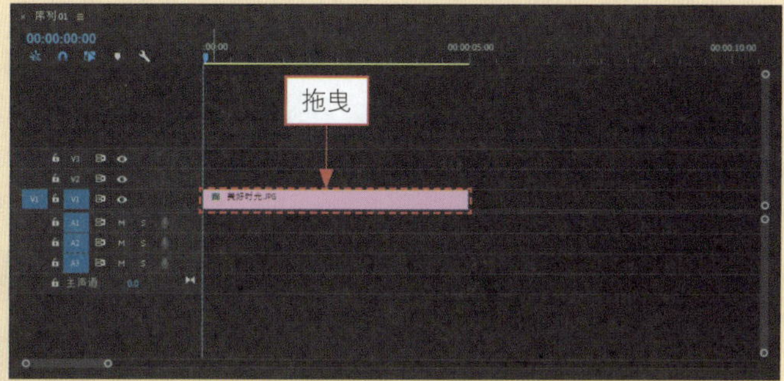

图2-63　拖曳素材文件至“时间轴”面板中的合适位置

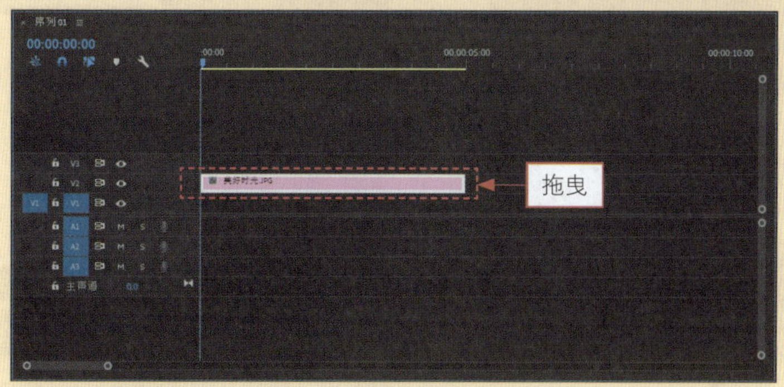

图2-64　将素材文件拖曳至V2轨道中

2.4 剪辑影视素材

剪辑就是通过为素材设置出点和入点，从而截取其中较好的片段，然后将截取的影视片段与新的素材片段组合。三点编辑技术是专业视频编辑工作中经常使用的编辑方法。本节主要介绍在Premiere Pro 2020中剪辑影视素材的方法。

2.4.1 三点剪辑技术

“三点剪辑技术”用于将素材中的部分内容替换影片剪辑中的部分内容。在进行剪辑操作时，需要以下三个重要的点。

- 素材的入点：是指素材在影片剪辑内部首先出现的帧。
- 剪辑的入点：是指剪辑内被替换部分在当前序列上的第一帧。
- 剪辑的出点：是指剪辑内被替换部分在当前序列上的最后一帧。

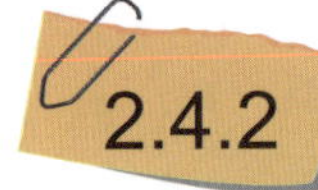

2.4.2 使用三点剪辑技术剪辑素材

下面介绍使用三点剪辑技术剪辑素材的操作方法。

应用案例 使用三点剪辑技术剪辑素材

STEP 01 在Premiere Pro 2020工作界面中，单击“新建项目”按钮，弹出“新建项目”对话框，❶设置“名称”为“优美风景”，❷单击“确定”按钮，即可新建一个项目文件，如图2-65所示。

STEP 02 按“Ctrl＋N”组合键，弹出“新建序列”对话框，在“序列名称”文本框中输入“序列01”，单击“确定”按钮，即可新建一个名为“序列01”的序列，如图2-66所示。

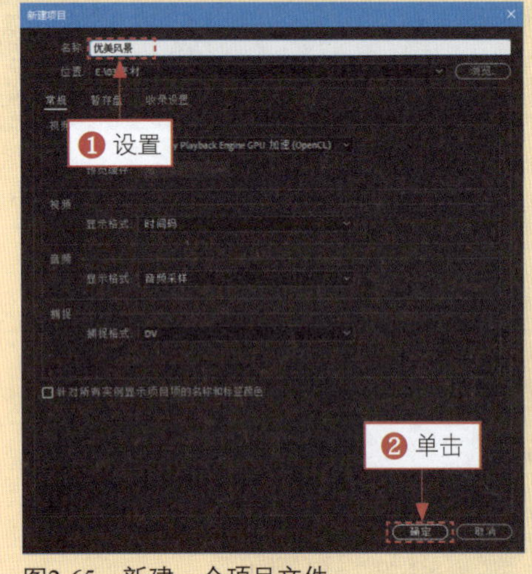

图2-65 新建一个项目文件

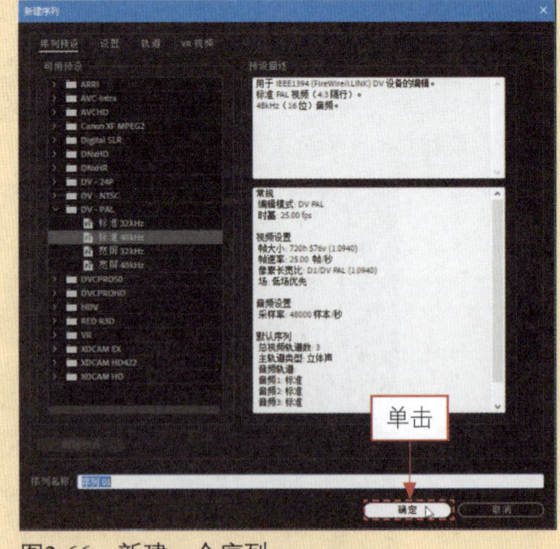

图2-66 新建一个序列

STEP 03 按“Ctrl＋I”组合键，弹出“导入”对话框，在对话框中选择相应文件“素材\第2章\优美风景.mpg”，如图2-67所示。

STEP 04 单击“打开”按钮，导入素材文件并预览效果，如图2-68所示。

STEP 05 选择“项目”面板中的视频素材文件，并将其拖曳至“时间轴”面板的V1轨道中，如图2-69所示。

STEP 06 在“节目监视器”面板中设置时间为“00:00:02:02”，单击“标记入点”按钮 ，添加标记，如图2-70所示。

STEP 07 在“节目监视器”面板中设置时间为“00:00:04:00”，并单击“标记出点”按钮 ，添加标记，如图2-71所示。

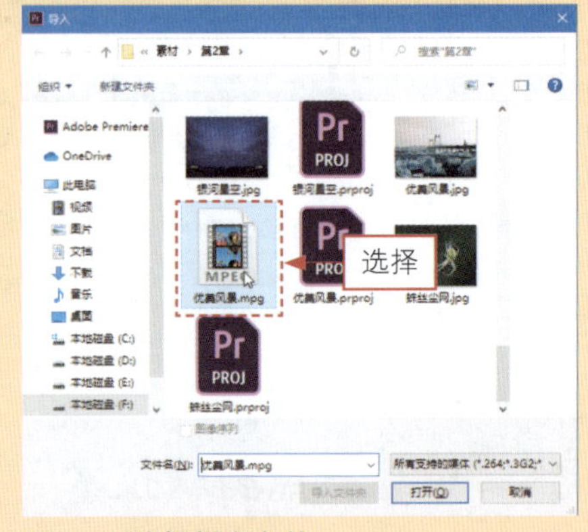

图2-67 选择相应文件

图2-68　导入素材文件并预览效果

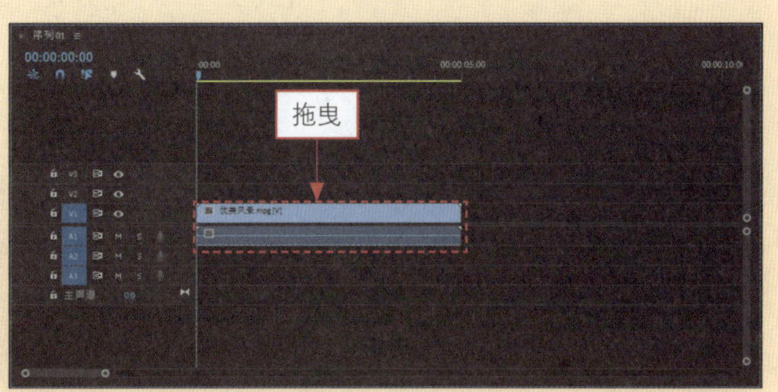

图2-69　将视频素材文件拖曳至“时间轴”面板的V1轨道中

图2-70　标记入点（1）

图2-71　标记出点

STEP 08 在“项目”面板中双击视频，在“源监视器”面板中设置时间为00:00:01:12，并单击“标记入点”按钮，添加标记，如图2-72所示。

STEP 09 执行操作后，单击“源监视器”面板中的“覆盖”按钮，即可将当前序列的00:00:02:02～00:00:04:00时间段的内容替换为从00:00:01:12为起始点至对应时间段的素材内容，如图2-73所示。

图2-72　标记入点（2）

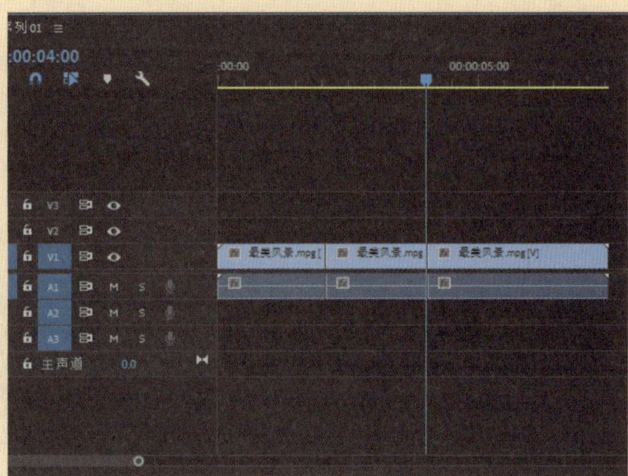

图2-73　替换素材内容

2.4.3 使用外滑工具剪辑素材

在Premiere Pro 2020中使用外滑工具时，可以同时更改“时间轴”面板中某剪辑的入点和出点，且入点和出点之间的时间间隔保持不变。下面介绍使用外滑工具剪辑素材的操作方法。

应用案例 使用外滑工具剪辑素材

STEP 01 按“Ctrl＋O”组合键，打开一个项目文件“素材\第2章\空中飞翔.prproj”，并预览项目文件效果，如图2-74所示。

STEP 02 选择“项目”面板中的“空中飞翔”素材文件，并将其拖曳至“时间轴”面板的V1轨道中，如图2-75所示。

图2-74 预览项目文件效果

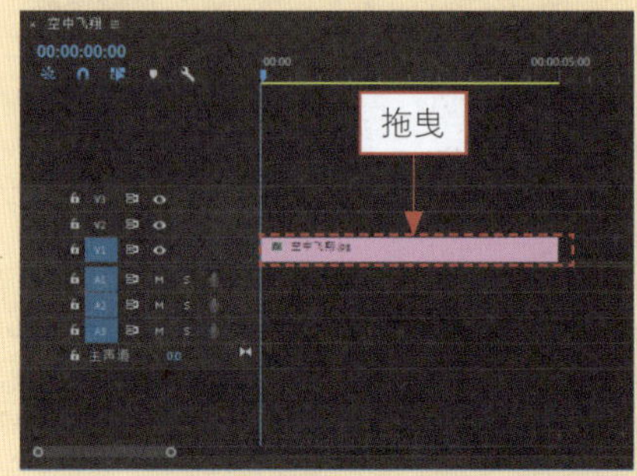

图2-75 将素材文件拖曳至“时间轴”面板的V1轨道中

STEP 03 在“时间轴”面板上，将时间指示器定位在“空中飞翔.jpg”素材文件的中间，如图2-76所示。

STEP 04 在“项目”面板中双击“空中飞翔”素材文件，在“源监视器”面板中显示素材，单击“覆盖”按钮，如图2-77所示。

STEP 05 执行操作后，即可在V1轨道中的时间指示器位置上添加“空中飞翔”素材，并覆盖位置上的原始素材，如图2-78所示。

STEP 06 将“背景素材”文件拖曳至“时间轴”面板中“空中飞翔”素材的后面，并覆盖部分“空中飞翔”素材，如图2-79所示。

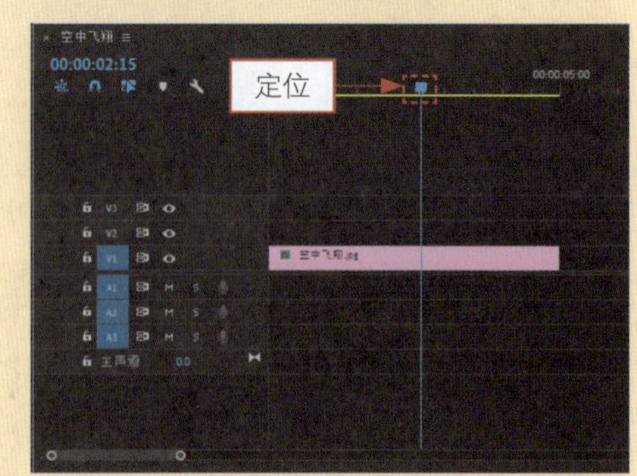

图2-76 定位时间指示器

图2-77 单击“覆盖”按钮

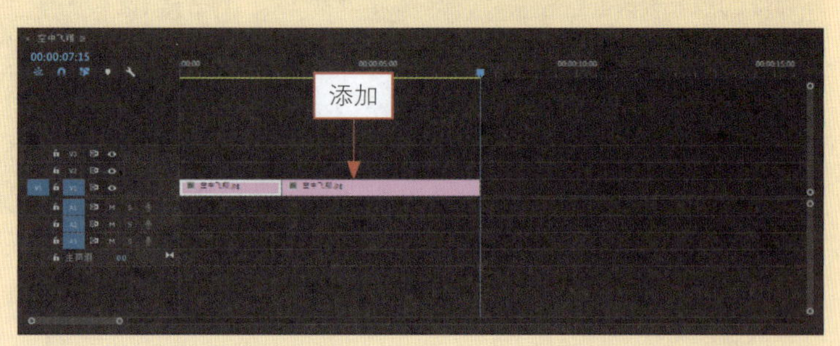

图2-78 添加相应的素材（1）

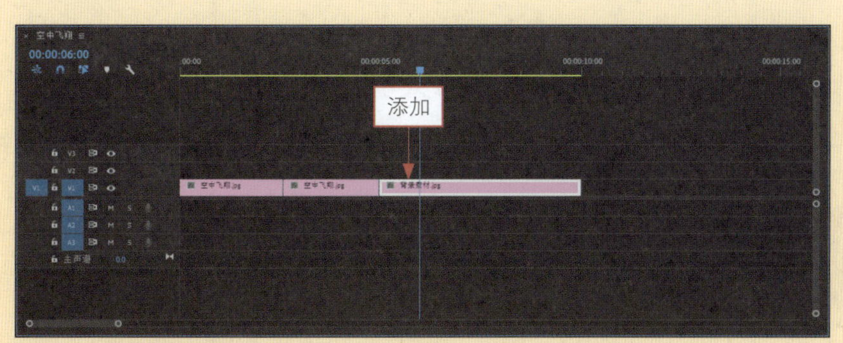

图2-79 添加相应的素材（2）

STEP 07 释放鼠标左键后，即可在V1轨道上添加“背景素材”文件，并覆盖部分“空中飞翔”素材，在工具箱中选取外滑工具，如图2-80所示。

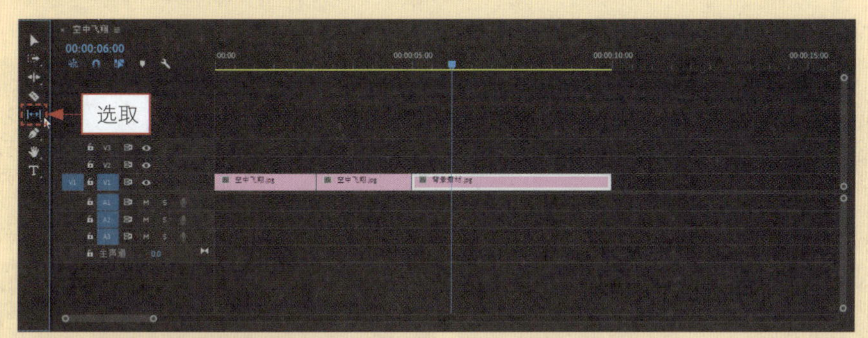

图2-80 选取外滑工具

图2-81 显示更改素材入点和出点的效果

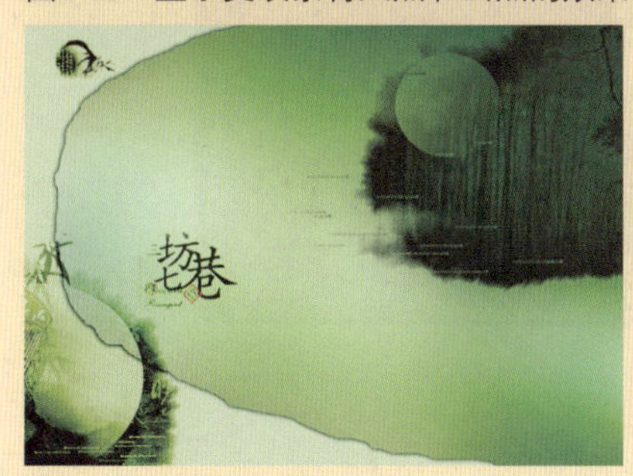
图2-82 观看更改效果

STEP 08 在V1轨道的“空中飞翔”素材上按住鼠标左键并拖曳，在“节目监视器”面板中显示更改素材入点和出点的效果，如图2-81所示。

STEP 09 确认已更改的“空中飞翔”素材的入点和出点，将时间指示器定位在“空中飞翔”素材的开始位置，在“节目监视器”面板中单击“播放”按钮▶，即可观看更改效果，如图2-82所示。

STEP 10 在工具箱中选取外滑工具，在V1轨道的“空中飞翔”素材上按住鼠标左键并拖曳，即可将“空中飞翔”素材向左或向右移动，同时修剪其周围的两个视频文件，如图2-83所示。

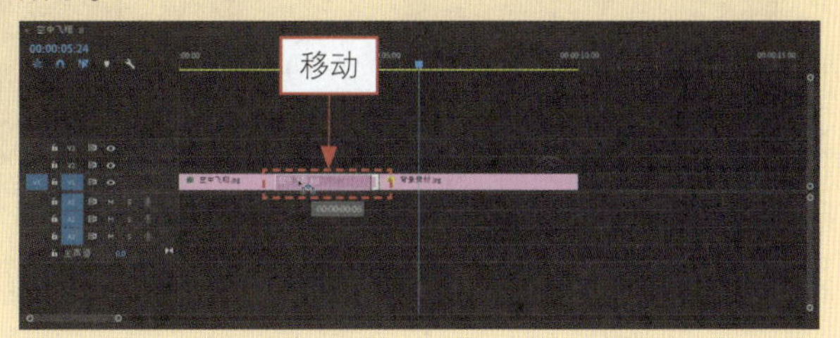

图2-83 移动素材文件

2.4.4 使用波纹编辑工具剪辑素材

使用波纹编辑工具拖曳素材的出点可以改变所选素材的长度，而轨道上其他素材的长度不会受到影响。下面介绍使用波纹编辑工具剪辑素材的操作方法。

应用案例 使用波纹编辑工具剪辑素材

STEP 01 按“Ctrl＋O”组合键，打开一个项目文件“素材\第2章\夜景大桥.prproj”，如图2-84所示。

STEP 02 在“项目”面板中选择两个素材文件，❶将其拖曳至“时间轴”面板中的V1轨道上；❷在工具箱中选取波纹编辑工具，如图2-85所示。

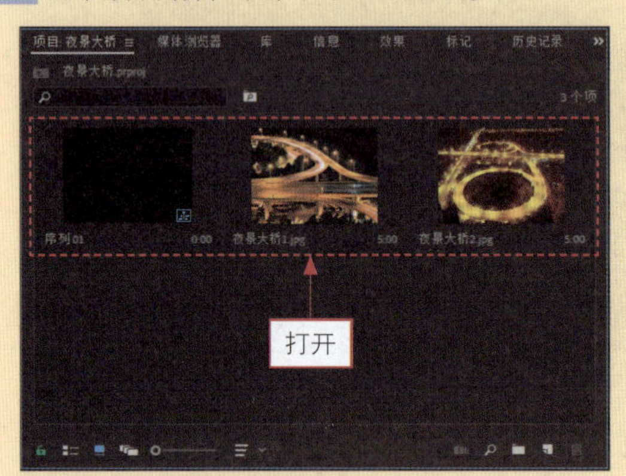

图2-84 打开一个项目文件

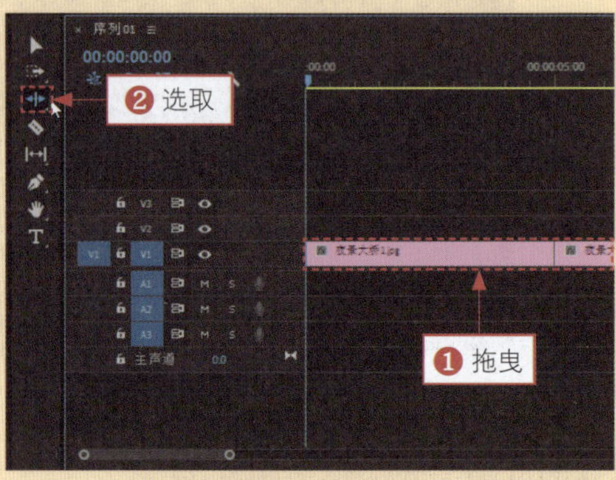

图2-85 选取波纹编辑工具

STEP 03 将鼠标指针移至“夜景大桥1”素材文件的开始位置，当鼠标指针变成波纹编辑图标时，按住鼠标左键并向右拖曳至合适位置，如图2-86所示。

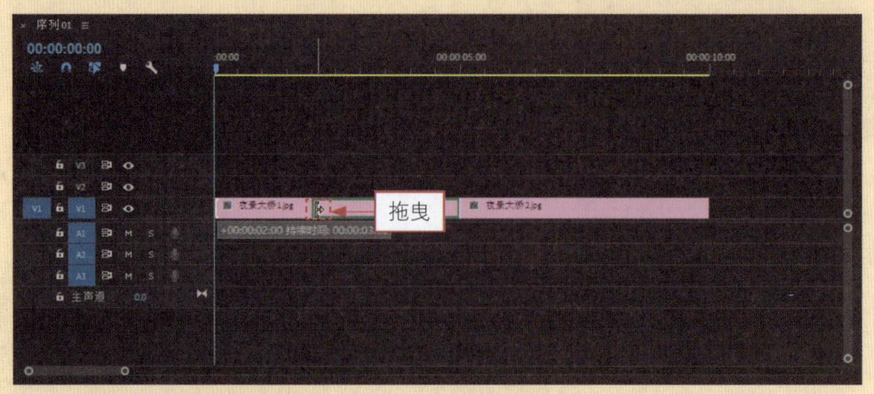

图2-86 按住鼠标左键向右拖曳

STEP 04 释放鼠标左键，即可使用波纹编辑工具剪辑素材，轨道上的其他素材也会同步进行移动，如图2-87所示。

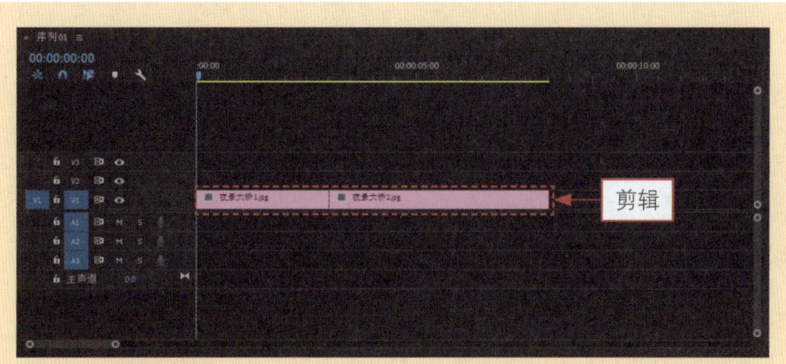

图2-87　剪辑素材

STEP 05 执行操作后，最终效果如图2-88所示。

图2-88　最终效果

专家指点

用户了解了素材的添加与编辑后，还需要对各种素材进行筛选，并根据不同的素材来选择对应的主题。

- 主题素材的选择。

当用户确定一个主题后，接下来就是选择相应的素材。在通常情况下，应该选择与主题相符合的图像或视频等素材，这样能够让视频的最终效果更加突出，其主题更加明显。

- 素材主题的设置。

很多用户习惯先收集大量的素材，并根据素材来选择接下来编辑的内容。

根据素材来选择内容也是个好的习惯，不仅扩大了选择的范围，还能扩展视野。对于素材与主题之间的选择，用户先要确定手中所拥有素材的内容。因此，用户需要根据素材来设置对应的主题。

2.5 专家支招

用户在编辑影视素材时，可以在素材或“时间轴”面板中添加标记。为素材设置标记后，可以快速切换至标记的位置，从而快速查询视频帧。

❶在“时间轴”面板中选择V1轨道中的素材文件；❷然后单击V1轨道左侧的“切换轨道锁定”按钮，即可锁定该轨道，如图2-89所示。

图2-89　锁定V1轨道

当用户需要解除V1轨道的锁定时，再次单击“切换轨道锁定”按钮，即可解除该轨道的锁定，如图2-90所示。

图2-90　解除V1轨道的锁定

虽然无法对已锁定轨道中的素材进行修改，但是当用户预览或导出序列时，这些素材也将包含在其中。锁定轨道的作用是为了防止编辑后的特效被修改，因此很多剪辑师常常会将确定不需要修改的轨道进行锁定。当用户需要再次修改锁定的轨道时，可以将轨道解锁。

2.6 总结拓展

在Premiere Pro 2020的“时间轴”面板中添加素材文件，并对素材文件进行调整、设置、剪辑等，这些都是Premiere Pro 2020最基础的操作，在视频剪辑中会经常使用这些操作技能。只有熟练掌握这些基础操作，才能快速有效地制作出精美的影视文件。

2.6.1 本章小结

本章详细讲解了在Premiere Pro 2020“时间轴”面板中添加和调整素材文件。在“时间轴”面板中，用户可以添加视频素材、复制粘贴视频、分离影视视频、删除影视视频、设置素材入点、调整素材的显示方式和播放速度，并应用编辑工具对素材文件进行剪辑操作。

2.6.2 举一反三——重命名影视素材

影视素材名称可以方便用户查询目标位置，用户可以通过重命名的操作来更改素材默认的名称，以便用户快速查找。

应用案例 举一反三——重命名影视素材

STEP 01 按“Ctrl + O”组合键，打开一个项目文件“素材\第2章\银河星空.prproj”，并预览项目文件效果，如图2-91所示。

STEP 02 在“时间轴”面板中选择“银河星空”素材文件，如图2-92所示。

图2-91 预览项目文件效果

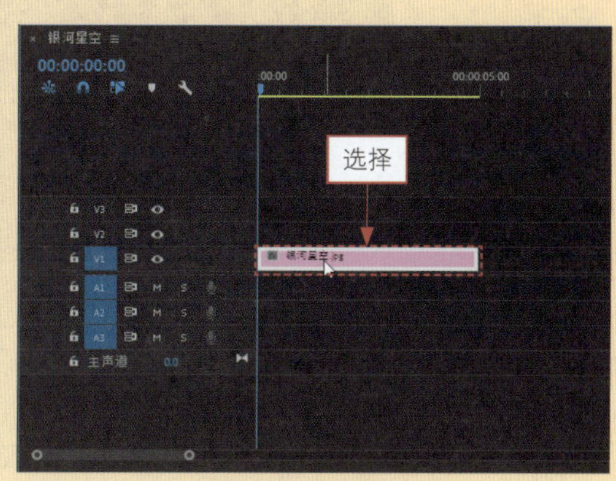

图2-92 选择“银河星空”素材文件

STEP 03 选择“剪辑”|“重命名”命令，如图2-93所示。

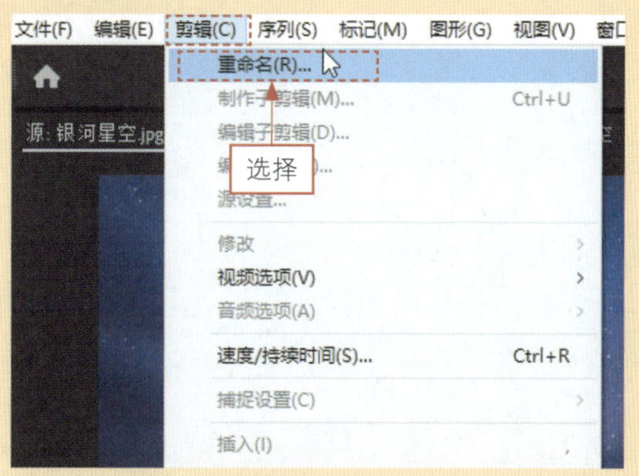

图2-93 选择“重命名”命令

STEP 04 弹出“重命名剪辑”对话框，将“剪辑名称”更改为“星空灿烂”，如图2-94所示。

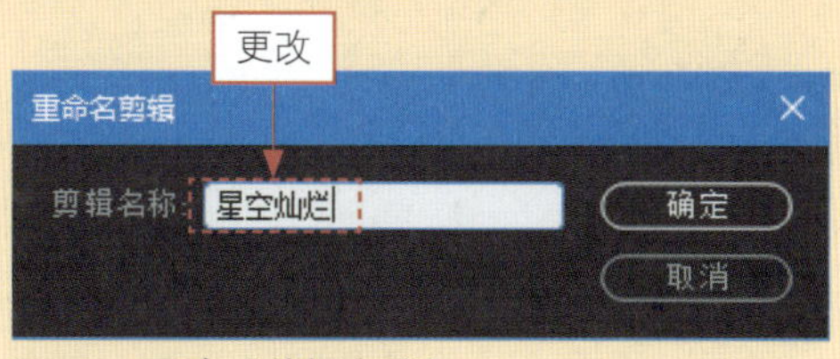

图2-94 更改“剪辑名称”

STEP 05 单击“确定”按钮，即可在V1轨道上重命名素材文件，如图2-95所示。

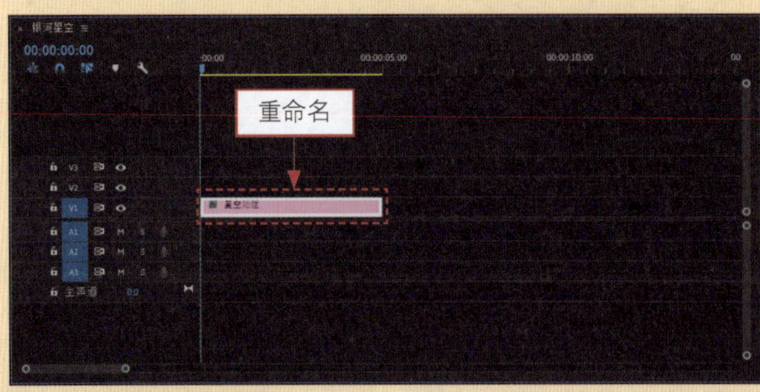

图2-95　重命名素材文件

第3章　视觉设计：色彩色调的调整技巧

色彩在影视视频的编辑中，往往可以给观众留下第一印象，并在某种程度上抒发一种情感。但由于在拍摄和采集素材的过程中，经常会遇到一些很难控制的环境光照，使拍摄出来的源素材色感欠缺、层次不明，因此需要进行后期调色处理。本章将详细介绍色彩色调的调整技巧。

本章重点

了解色彩基础

色彩的校正

图像色彩的调整

3.1 了解色彩基础

色彩在影视视频的编辑中是必不可少的一个重要元素，合理的色彩搭配加上靓丽的色彩感总能为视频增添几分亮点。因此，用户在学习调整视频素材的颜色之前，必须对色彩的基础知识有一个基本的了解。

3.1.1 色彩的概念

色彩是由于光线刺激人的眼睛而产生的一种视觉效应，因此光线是影响色彩明亮度和鲜艳度的一个重要因素。

从物理角度来讲，可见光是电磁波的一部分，其波长大致为400nm～700nm，位于该范围内的光线被称为可视光线区域。自然的光线可以分为红、橙、黄、绿、青、蓝、紫7种不同的色彩，如图3-1所示。

图3-1　色彩的划分

专家指点

在红、橙、黄、绿、青、蓝、紫 7 种不同的光谱色中，其中黄色的明度最高（最亮）；橙和绿色的明度低于黄色的明度；红色与青色的明度又低于橙色和绿色的明度；紫色的明度最低（最暗）。

自然界中的大多数物体都拥有吸收、反射和透射光线的特性，由于其本身并不能发光，因此人们看到的大多是剩余光线的混合色彩，如图3-2所示。

图3-2　自然界中的色彩

3.1.2 色相

色相是指颜色的“相貌”，主要用于区别颜色的种类和名称。

每一种颜色都会表示一种具体的色相，其区别在于它们之间的色相差别。不同的颜色可以让人产生温暖和寒冷的感觉，如红色能带给人温暖、激情的感觉；蓝色能带给人寒冷、平稳的感觉，如图3-3所示。

图3-3　色环中的冷暖色

专家指点

当人们看到红色和橙色时，便会联想到太阳、火焰，因而感到温暖，青色、蓝色、紫色等以冷色为主的画面称为冷色调画面，其中青色更“冷”。

3.1.3 亮度和饱和度

亮度是指色彩的明暗程度，几乎所有的颜色都具有亮度的属性；饱和度是指色彩的鲜艳程度，并由颜色的波长来决定。

如果想要表现出物体的立体感与空间感，则需要通过不同亮度的对比来实现。饱和度取决于色彩中含色成分与消色成分之间的比例。简单来讲，色彩的亮度越高颜色就会越淡；反之，色彩的亮度越低颜色就会越重，最终表现为黑色。从色彩的成分来讲，饱和度取决于色彩中含色成分与消色成分之间的比例。含色成分越多饱和度就会越高；反之，消色成分越多饱和度就会越低，如图3-4所示。

图3-4　不同的饱和度

3.1.4 RGB色彩模式

RGB是指由红、绿、蓝三原色组成的色彩模式，三原色中的每一种色彩都包含256种亮度，合成3个通道即可显示完整的色彩图像。在Premiere Pro 2020中可以通过对红、绿、蓝3个通道的数值调整，来调整对象的色彩。图3-5所示为RGB色彩模式的视频画面。

图3-5　RGB色彩模式的视频画面

3.1.5 灰度模式

灰度模式的图像不包含颜色，将彩色图像转换为该模式后，色彩信息都会被删除。灰度模式是一种无色模式，其中含有256种亮度级别和一个Black通道。因此，用户看到的图像都是由256种不同强度的黑色组成的。图3-6所示为灰度模式的视频画面。

图3-6　灰度模式的视频画面

3.1.6 Lab色彩模式

Lab色彩模式由一个亮度通道和两个色度通道组成，该色彩模式可以作为一个彩色测量的国际标准。

Lab色彩模式的色域最广，是唯一不依赖于设备的色彩模式。Lab色彩模式由3个通道组成，一个通道是亮度（L），另外两个通道是色彩通道，用a和b来表示。a通道包括的颜色是从深绿色到灰色再到红色；b通道包括的颜色是从亮蓝色到灰色再到黄色。因此，这种色彩混合后将会产生明亮的色彩。图3-7所示为Lab色彩模式的视频画面。

图3-7　Lab色彩模式的视频画面

3.1.7 HSL色彩模式

HSL色彩模式是一种颜色标准，通过对色调、饱和度、亮度3个颜色通道的变化及它们相互之间的叠加来得到各式各样的颜色。

HSL色彩模式是基于人对色彩的心理感受，将色彩分为色相（Hue）、饱和度（Saturation）、亮度（Luminance）3个要素，这种色彩模式更符合人的主观感受，让用户觉得更加直观。

专家指点

当用户需要使用灰色时，由于已知任何饱和度为 0 的 HSL 颜色均为中性灰色，因此用户只需要调整亮度即可。

3.2 色彩的校正

在Premiere Pro 2020中编辑影片时，往往需要对影视素材的色彩进行校正，调整素材的颜色。本节主要介绍校正视频色彩的技巧。

3.2.1 校正“RGB曲线”

“RGB曲线”特效主要是通过调整画面的明暗关系和色彩变化来实现画面的校正的，下面介绍具体操作方法。

应用案例　校正“RGB曲线”

STEP 01 在Premiere Pro 2020工作界面中，按“Ctrl＋O”组合键，打开一个项目文件“素材\第3章\水中倒影.prproj”，如图3-8所示。

STEP 02 选择“项目”面板中的素材，并将其拖曳至“时间轴”面板的V1轨道中，如图3-9所示。

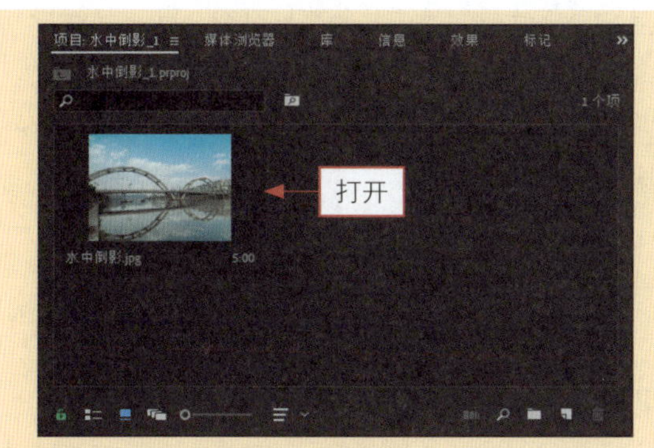

图3-8　打开一个项目文件

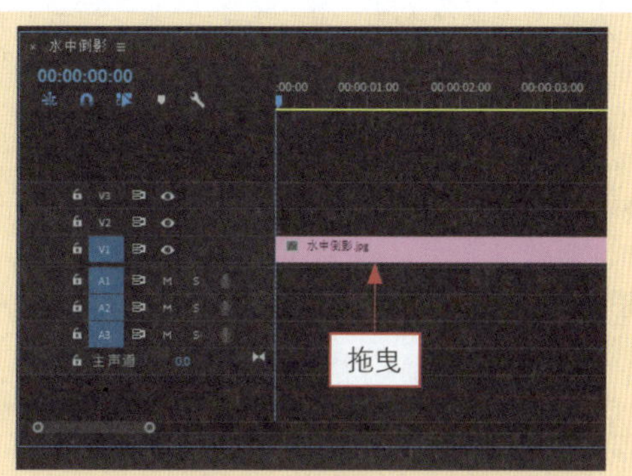

图3-9　拖曳素材至“时间轴”面板的V1轨道中

专家指点

“RGB 曲线”特效是针对每个颜色通道使用曲线调整来调整剪辑的颜色，每条曲线允许在整个图像的色调范围内可以调整多达 16 个不同的点。通过使用“辅助颜色校正”控件，还可以指定要校正的颜色范围。

STEP 03 在“时间轴”面板中添加素材后，在“节目监视器”面板中可以查看素材画面，如图3-10所示。

STEP 04 在“效果”面板中，❶依次展开“视频效果”|“过时”选项；❷在其中选择“RGB曲线”选项，如图3-11所示。

图3-10　查看素材画面

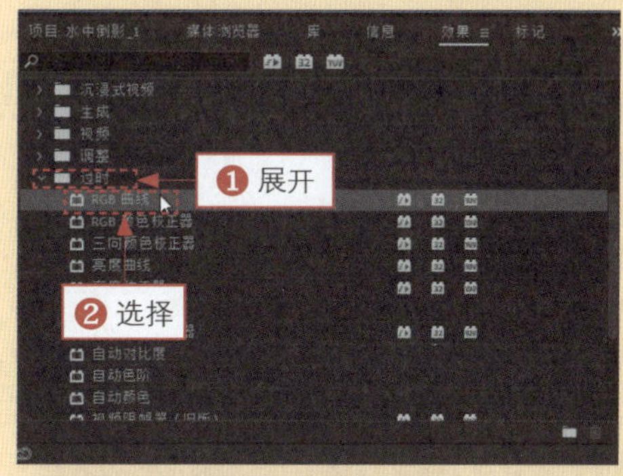

图3-11　选择“RGB曲线”选项

STEP 05 按住鼠标左键并拖曳“RGB曲线”特效至“时间轴”面板中V1轨道的素材上，如图3-12所示。释放鼠标左键即可添加视频特效。

STEP 06 选择V1轨道上的素材，在“效果控件”面板中，展开“RGB曲线”选项，如图3-13所示。

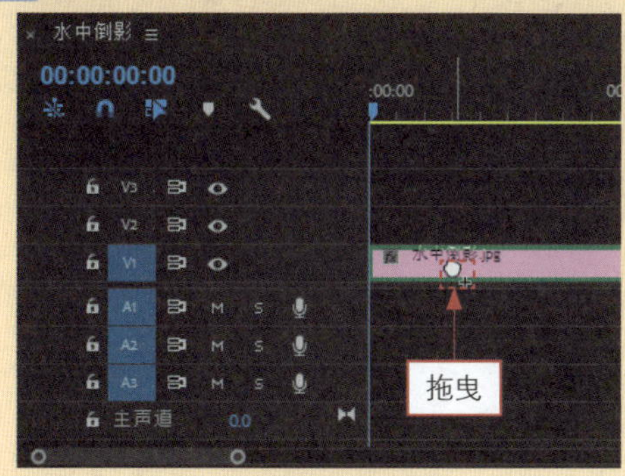

图3-12　拖曳“RGB曲线”特效

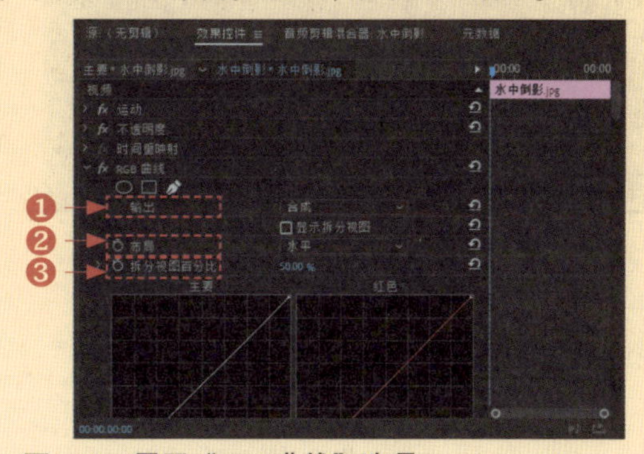

图3-13　展开“RGB曲线”选项

❶ **输出：** 选择“合成”选项，可以在“节目监视器”中查看色调值调整的最终结果，选择“亮度”选项，可以在“节目监视器”中查看色调值调整的显示效果。

❷ **布局：** 确定“拆分视图”图像是并排（水平）还是上下（垂直）布局。

❸ **拆分视图百分比：** 调整校正视图的大小，默认值为50%。

专家指点

在“RGB 曲线”选项列表中，用户还可以设置以下选项。

- 显示拆分视图：将图像的一部分显示为校正视图，而将其他图像的另一部分显示为未校正视图。
- 主通道：在更改曲线形状时改变所有通道的亮度和对比度。将曲线向上弯曲会使剪辑变亮，将曲线向下弯曲会使剪辑变暗。曲线较陡峭的部分表示图像中对比度较高的部分。通过单击可将点添加到曲线上，而通过拖动可操控形状，将点拖曳出图表可以删除点。将曲线向上弯曲会使通道变亮，将曲线向下弯曲会使通道变暗。
- 辅助颜色校正：指定由效果校正的颜色范围。可以通过色相、饱和度和明亮度定义颜色，单击三角形按钮可访问控件。
- 中央：在用户指定的范围中定义中央颜色，选取吸管工具，然后在屏幕上单击任意位置以指定颜色，此颜色会显示在色板中。使用吸管工具既可以扩大颜色范围又可以减小颜色范围。也可以单击色块来打开“拾色器”对话框，然后选择中央颜色。
- 色相、饱和度和明亮度：根据色相、饱和度和明亮度指定要校正的颜色范围。单击选项名称旁边的三角形按钮可以访问阈值和柔和度（羽化）控件，用于定义色相、饱和度和明亮度范围。
- 结尾柔和度：使指定区域的边界模糊，从而使校正更大程度上与原始图像混合。较高的值会增加指定区域的柔和度。
- 边缘细化：使指定区域有更清晰的边界，校正显得更明显，较高的值会增加指定区域的边缘清晰度。
- 反转：校正所有的颜色，用户使用“辅助颜色校正”控件设置指定的颜色范围除外。

STEP 07 在“红色”矩形区域中，按住鼠标左键拖曳创建并移动控制点，如图3-14所示。

STEP 08 执行操作后，即可使用“RGB曲线”选项校正色彩，如图3-15所示。

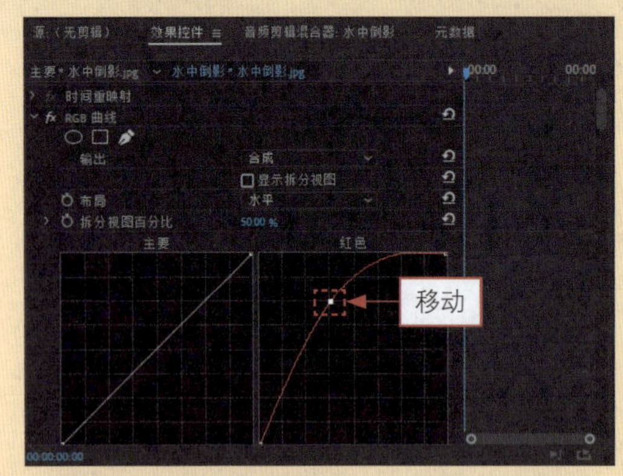

图3-14　创建并移动控制点

图3-15　使用“RGB曲线”选项校正色彩

STEP 09 双击“项目”面板中的原始素材，在“源监视器”面板和“节目监视器”面板中查看“RGB曲线”选项调整视频的前后对比效果，如图3-16所示。

图3-16 “RGB曲线”选项调整视频的前后对比效果

专家指点

“辅助颜色校正”控件用来指定使用效果校正的颜色范围。可以通过色相、饱和度和明亮度指定颜色或颜色范围。将颜色校正效果隔离到图像的特定区域。这类似于在 Photoshop 中执行选择或遮蔽图像，“辅助颜色校正”控件可供“亮度校正器”、“亮度曲线”、“RGB 颜色校正器”、“RGB 曲线”及“三向颜色校正器”等效果使用。

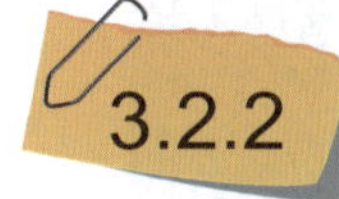

3.2.2 校正“RGB颜色校正器”

“RGB颜色校正器”特效可以通过色调调整图像，还可以通过通道调整图像。下面介绍具体的操作方法。

应用案例 校正“RGB颜色校正器”

STEP 01 在Premiere Pro 2020工作界面中，按“Ctrl+O”组合键，打开一个项目文件“素材\第3章\记忆橱窗.prproj”，如图3-17所示。

STEP 02 选择“项目”面板中的素材，并将其拖曳至“时间轴”面板的V1轨道中，如图3-18所示。

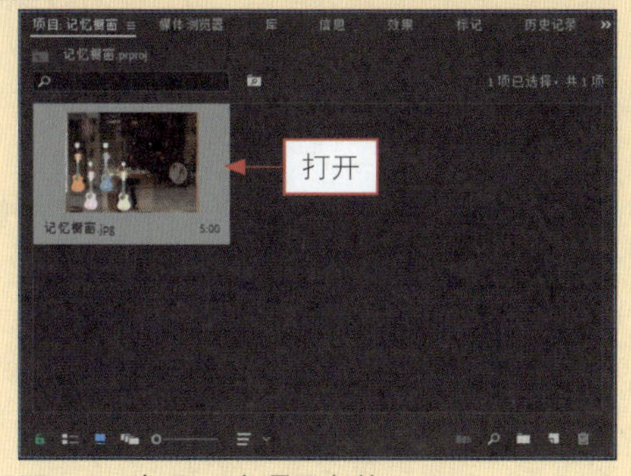

图3-17 打开一个项目文件

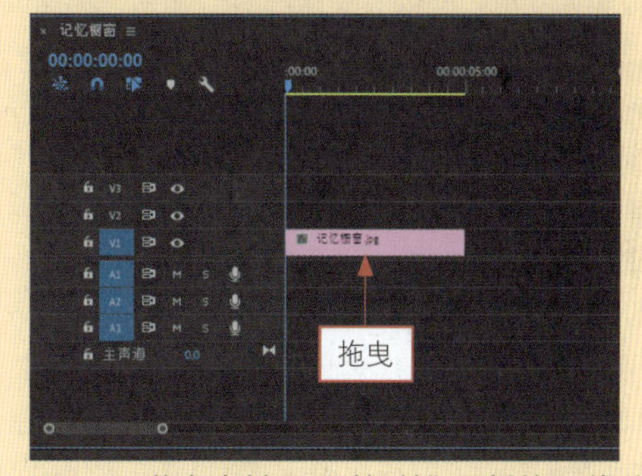

图3-18 拖曳素材至“时间轴”面板的V1轨道中

STEP 03 在“时间轴”面板中添加素材后，在“节目监视器”面板中可以查看素材画面，如图3-19所示。

STEP 04 在“效果”面板中，❶依次展开“视频效果”|“过时”选项；❷在其中选择“RGB颜色校正器”选项，如图3-20所示。

图3-19　查看素材画面

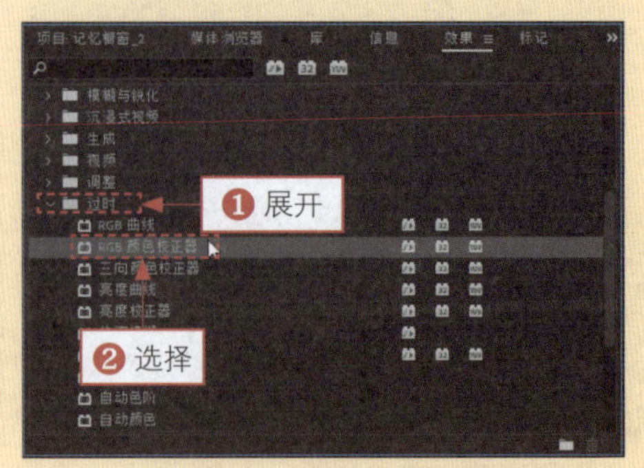

图3-20　选择“RGB颜色校正器”选项

STEP 05 按住鼠标左键并拖曳“RGB颜色校正器”特效至“时间轴”面板中V1轨道的素材上，释放鼠标左键即可添加视频特效，如图3-21所示。

STEP 06 选择V1轨道上的素材，在“效果控件”面板中，展开“RGB颜色校正器”选项，如图3-22所示。

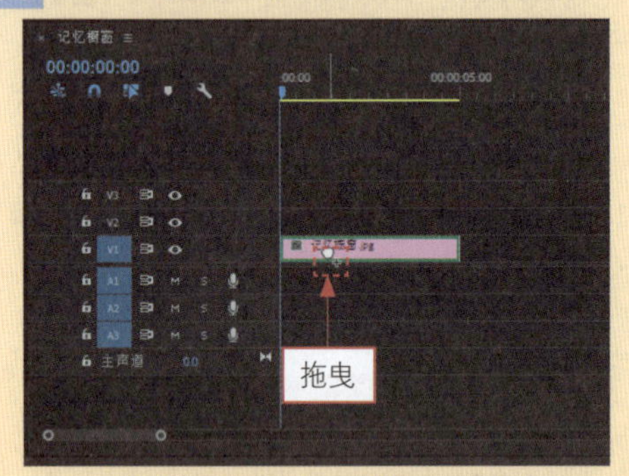

图3-21　拖曳“RGB颜色校正器”特效

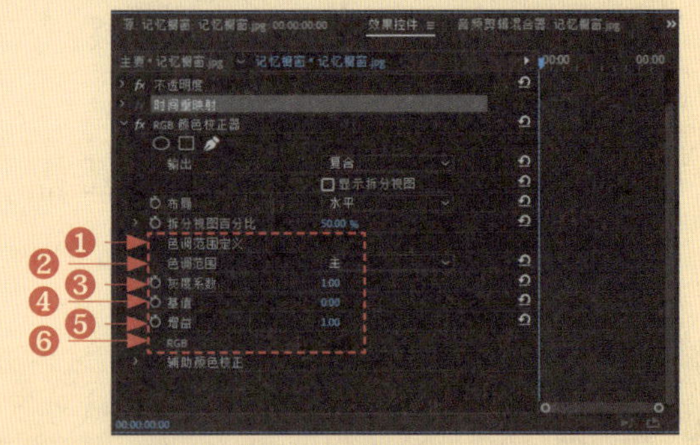

图3-22　展开“RGB颜色校正器”选项

❶ **色调范围定义：**使用“阈值”和“衰减”控件来定义阴影和高光的色调范围。（“阴影阈值”能确定阴影的色调范围；“阴影柔和度”能使用“衰减”控件确定阴影的色调范围；“高光阈值”能确定高光的色调范围；“高光柔和度”能使用“衰减”控件确定高光的色调范围。）

❷ **色调范围：**指定将颜色校正应用于整个图像（主）、高光、中间调还是阴影。

❸ **灰度系数：**在不影响黑白色阶的情况下调整图像的中间调值，使用此控件可以在不扭曲阴影和高光的情况下调整太暗或太亮的图像。

❹ **基值：**通过将固定偏移添加到图像的像素值中来调整图像。此控件与“增益”控件结合使用可以增加图像的总体亮度。

❺ **增益：**通过乘法调整亮度值，从而影响图像的总体对比度。较亮的像素受到的影响大于较暗的像素受到的影响。

❻ **RGB：**允许分别调整每个颜色通道的中间调值、对比度和亮度。单击三角形按钮可以展开用于设置每个通道的灰度系数、基值和增益的选项。（“红色灰度系数”、“绿色灰度系数”和“蓝色灰度系数”在不影响黑白色阶的情况下调整红色通道、绿色通道或蓝色通道的中间调值；“红色基值”、“绿色基值”和“蓝色基值”通过将固定的偏移添加到通道的像素值中来调整红色通道、绿色通道或蓝色通道的色调值。此控件与“增益”控件结合使用可以增加通道的总体亮度；“红色增益”、“绿色增益”和“蓝色增益”通过乘法调整红色通道、绿色通道或蓝色通道的亮度值，使较亮的像素受到的影响大于较暗的像素受到的影响。）

专家指点

在 Premiere Pro 2020 中，“RGB 颜色校正器”特效主要用于调整图像的颜色和亮度。用户使用“RGB 颜色校正器”特效来调整 RGB 颜色各通道的中间调值、色调值及亮度值，修改画面的高光、中间调和阴影定义的色调范围，从而调整剪辑中的颜色。

STEP 07 为V1轨道添加选择的特效，在“效果控件”面板中，设置“灰度系数”为“2.00”，如图3-23所示。

STEP 08 执行操作后，即可使用“RGB颜色校正器”选项校正色彩，如图3-24所示。

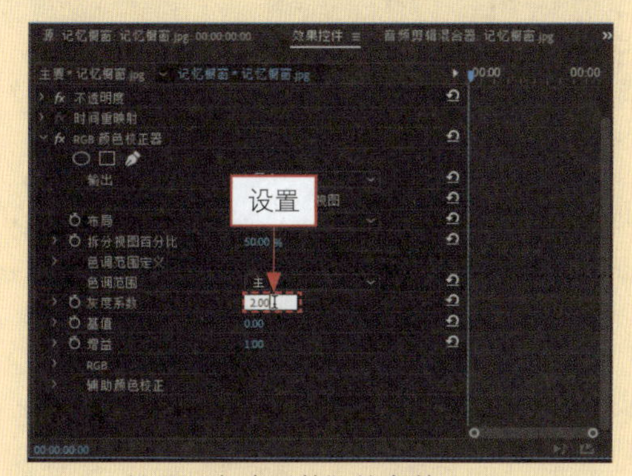

图3-23　设置“灰度系数”的参数

图3-24　使用“RGB颜色校正器”选项校正色彩

STEP 09 双击“项目”面板中的原始素材，在“源监视器”面板和“节目监视器”面板中查看“RGB颜色校正器”选项调整视频的前后对比效果，如图3-25所示。

图3-25　“RGB颜色校正器”选项调整视频的前后对比效果

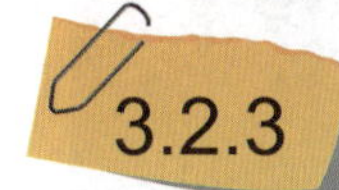

3.2.3 校正“三向颜色校正器”

“三向颜色校正器”特效的主要作用是用于调整暗度、中间色和亮度的颜色，用户可以通过精确调整参数来指定颜色范围，下面介绍具体的操作方法。

校正“三向颜色校正器”

STEP 01 按“Ctrl＋O”组合键，打开一个项目文件“素材\第3章\小加湿器.prproj”，如图3-26所示。

STEP 02 打开项目文件后，在“节目监视器”面板中，单击“播放-停止切换”按钮▶，可以查看素材画面，如图3-27所示。

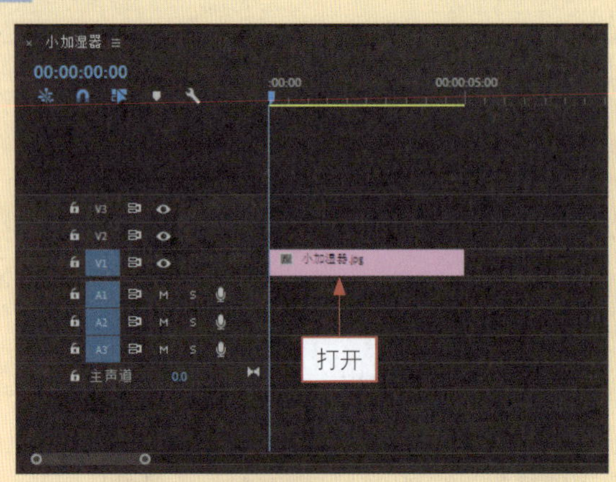

图3-26　打开一个项目文件

图3-27　单击“播放-停止切换”按钮

专家指点

色彩的三要素分别为色相、亮度及饱和度。色相是指颜色的相貌，用于区别颜色的种类和名称；饱和度是指色彩的鲜艳程度，并由颜色的波长来决定；亮度是指色彩的明暗程度。调色就是通过调节色相、亮度与饱和度来调节影视画面的色彩的。

STEP 03 在“效果”面板中，❶依次展开“视频效果”|“过时”选项；❷在其中选择“三向颜色校正器”选项，如图3-28所示。

STEP 04 按住鼠标左键并拖曳“三向颜色校正器”特效至“时间轴”面板中V1轨道的素材上，释放鼠标左键即可添加视频特效，如图3-29所示。

图3-28　选择“三向颜色校正器”选项

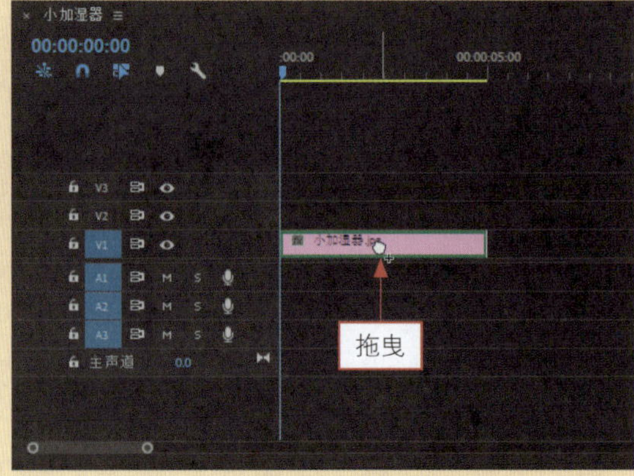

图3-29　拖曳“三向颜色校正器”特效

STEP 05 选择V1轨道上的素材，在“效果控件”面板中，展开“三向颜色校正器”选项，如图3-30所示。

STEP 06 再展开“三向颜色校正器”|“主要”选项，设置“主色相角度”为“16.0°”、“主平衡数量级”为“50.00”、“主平衡增益”为“80.00”，如图3-31所示。

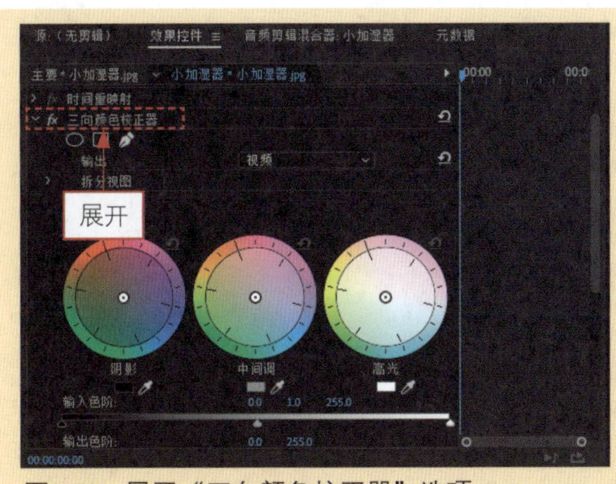

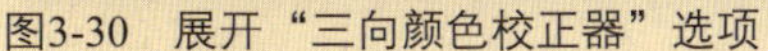

图3-30　展开“三向颜色校正器”选项

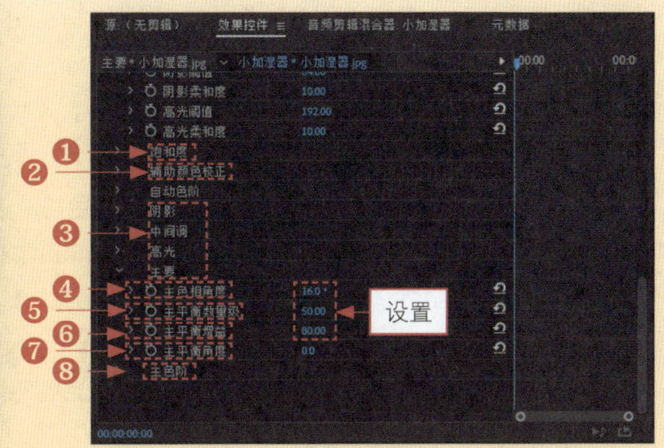

图3-31　设置相应选项的参数

❶ **饱和度：** 调整主饱和度、阴影饱和度、中间调饱和度或高光饱和度的颜色。默认值为100，当饱和度的值为100时表示不会影响颜色；当饱和度的值小于100时表示降低饱和度；当饱和度的值为0时表示完全移除颜色；当饱和度的值大于100时表示提高的颜色。

❷ **辅助颜色校正：** 指定由效果校正的颜色范围。可以通过色相、饱和度和明亮度定义颜色。通过“柔化”、“边缘细化”和“反转限制颜色”调整校正效果。（“柔化”使指定区域的边界模糊，从而使校正更大程度上与原始图像混合，较高的值会增加柔和度；“边缘细化”使指定区域有更清晰的边界，校正显得更明显，较高的值会增加指定区域的边缘清晰度；“反转限制颜色”校正所有颜色，用户使用“辅助颜色校正”选项设置指定的颜色范围除外。）

❸ **阴影/中间调/高光：** 通过调整“主色相角度”、“主平衡数量级”、“主平衡增益”及“主平衡角度”选项调整相应的色调范围。

❹ **主色相角度：** 控制高光、中间调或阴影中的色相旋转，默认值为0°。当其值为负数时向左旋转色轮；当其值为正数向右旋转色轮。

❺ **主平衡数量级：** 控制由“主平衡角度”确定的颜色平衡校正量。可对高光、中间调和阴影应用调整。

❻ **主平衡增益：** 通过乘法调整亮度值，使较亮的像素受到的影响大于较暗的像素受到的影响。可对高光、中间调和阴影应用调整。

❼ **主平衡角度：** 控制高光、中间调或阴影中的色相转换。

❽ **主色阶：** 输入黑色阶、输入灰色阶、输入白色阶用来调整高光、中间调或阴影的黑场、中间调和白场输入色阶。输出黑色阶、输出白色阶用来调整输入黑色对应的映射输出色阶及高光、中间调或阴影对应的输出白色阶。

在“三向颜色校正器”选项列表中，用户还可以设置以下选项。

- 三向色相平衡和角度：使用对应于阴影（左轮）、中间调（中轮）和高光（右轮）的3个色轮来控制色相和饱和度调整。一个圆形缩略图围绕色轮中心移动，并控制色相（UV）转换。缩略图上的垂直手柄控制主平衡数量级，而主平衡数量级将影响控件的相对粗细度。色轮的外环控制色相旋转。左上角像素颜色用于删除图像左上角像素颜色的区域。
- 输入色阶：外面的两个输入色阶滑块将黑场和白场映射到输出滑块的设置。中间输入滑块用于调整图像中的灰度系数，此滑块移动中间调并更改灰色调的中间范围的强度值，但不会显著改变高光和阴影。
- 输出色阶：将黑场和白场输入色阶滑块映射到指定值。在默认情况下，输出滑块分别位于色阶0（此时阴影是全黑的）和色阶255（此时高光是全白的）。因此，在输出滑块的默认位置，移动黑色输入滑块会将阴影值映射到色阶0，而移动白场滑块会将高光值映射到色阶255。其余色阶将在色阶0和255之间重新分布。这种重新分布将会增大图像的色调范围，实际上也是提高图像的总体对比度。

- 色调范围定义：定义剪辑中的阴影、中间调和高光的色调范围。拖动方形滑块可以调整阈值。拖动三角形滑块可以调整柔和度（羽化）的程度。
- 自动黑色阶：提升剪辑中的黑色阶，使最黑的色阶高于3.5IRE。一部分阴影会被剪切，而中间像素值将按比例重新分布。因此，使用自动黑色阶会使图像中的阴影变亮。
- 自动对比度：同时应用自动黑色阶和自动白色阶，将会使高光变暗而阴影部分变亮。
- 自动白色阶：降低剪辑中的白色阶，使最亮的色阶不超过100IRE。一部分高光会被剪切，而中间像素值将按比例重新分布。因此，使用自动白色阶会使图像中的高光变暗。
- 黑色阶、灰色阶、白色阶：使用不同的吸管工具来采样图像中的目标颜色或监视器面板上的任意位置，以设置最暗阴影、中间调灰色和最亮高光的色阶。也可以单击色块打开“拾色器”对话框，然后选择颜色来定义黑色、中间调灰色和白色。
- 输入黑色阶、输入灰色阶、输入白色阶：指定由效果校正的颜色范围。可以通过色相、饱和度和明亮度定义颜色。单击三角形按钮可以访问控件调整高光、中间调或阴影的黑场、中间调和白场输入色阶。

STEP 07 执行操作后，即可使用“三向颜色校正器”选项校正色彩，可以查看素材画面效果，如图3-32所示。

STEP 08 在“效果控件”面板中，单击“三向颜色校正器”选项左侧的“切换效果开关”按钮，如图3-33所示。即可隐藏“三向颜色校正器”的校正效果，对比查看校正前后的视频画面效果。

图3-32　查看素材画面效果

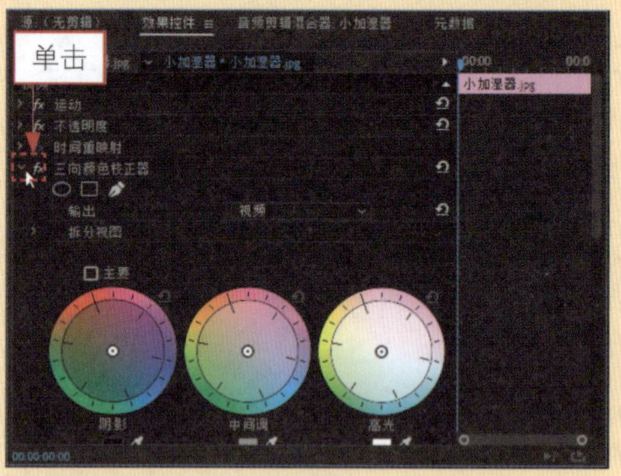

图3-33　单击“切换效果开关”按钮

STEP 09 单击“播放-停止切换”按钮，预览视频前后对比效果，如图3-34所示。

图3-34　预览视频前后对比效果

专家指点

在 Premiere Pro 2020 中，使用色轮进行相应调整的方法如下。

- 主色相角度：将颜色向目标颜色旋转。向左移动外环会将颜色向绿色旋转。向右移动外环会将颜色向红色旋转。

- 主平衡数量级：控制引入视频的颜色强度。从中心向外移动圆形会增加主平衡数量级（强度）。通过移动“主平衡增益”手柄可以微调强度。
- 主平衡增益：影响“主平衡数量级”和“主平衡角度”调整的相对粗细度。保持此控件的垂直手柄靠近色轮中心会进行精细调整，向外环移动手柄会进行粗略调整。
- 主平衡角度：向目标颜色移动视频颜色。向特定色相移动“主平衡数量级”圆形会相应地移动颜色。移动的强度取决于“主平衡数量级”和“主平衡增益”的共同调整。

专家指点

在 Premiere Pro 2020 中，使用“三向颜色校正器”选项可以进行以下调整。

- 快速消除色偏：“三向颜色校正器”选项中的一些控件可以快速平衡颜色，使白色、灰色和黑色保持中性。
- 快速进行明亮度校正：“三向颜色校正器”选项中具有可快速调整剪辑明亮度的自动控件。
- 调整颜色平衡和饱和度：“三向颜色校正器”选项提供了“色相平衡和角度”色轮和“饱和度”控件，用于平衡视频中的颜色。颜色平衡可以平衡红色、绿色和蓝色分量，从而在图像中产生所需的白色和中性灰色，也可以为特定的场景设置特殊色调。
- 替换颜色：使用“三向颜色校正器”中的“辅助颜色校正”选项可以帮助用户将更改应用于单个颜色或一系列颜色。

3.2.4 校正“亮度曲线”

“亮度曲线”特效可以通过单独调整画面的亮度，让整个画面的明暗得到统一控制，这种调整方法无法单独调整每个通道的亮度。下面介绍具体的操作方法。

应用案例 校正“亮度曲线”

STEP 01 按“Ctrl＋O”组合键，打开一个项目文件“素材\第3章\天空之美.prproj”，如图3-35所示。

STEP 02 打开项目文件后，在“节目监视器”面板中可以查看素材画面，如图3-36所示。

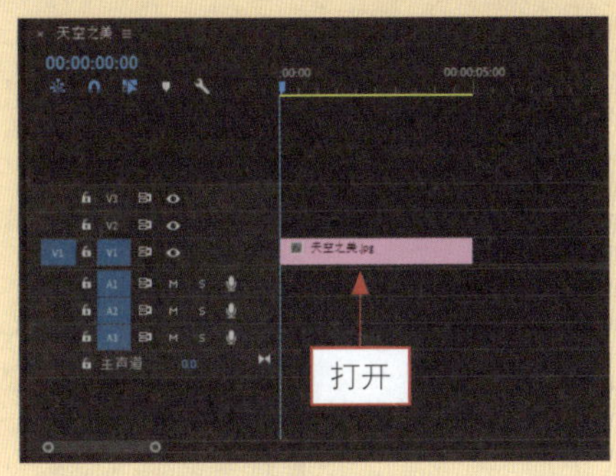

图3-35 打开一个项目文件

图3-36 查看素材画面

专家指点

在 Premiere Pro 2020 中，“亮度曲线”和“RGB 曲线”可以调整视频剪辑中的整个色调范围或仅调整选定颜色的色调范围。

但与色阶不同，色阶只有 3 种调整（黑色阶、灰色阶和白色阶），而“亮度曲线”和“RGB 曲线”允许在整个图像的色调范围内调整多达 16 个不同的点（从阴影到高光）。

STEP 03 在“效果”面板中，❶依次展开“视频效果”|“过时”选项，❷在其中选择“亮度曲线”选项，如图3-37所示。

STEP 04 按住鼠标左键并拖曳“亮度曲线”特效至“时间轴”面板中V1轨道的素材上，释放鼠标左键即可添加视频特效，如图3-38所示。

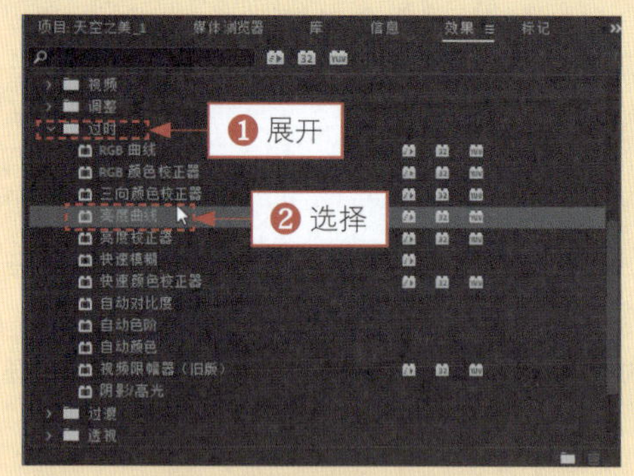

图3-37　选择“亮度曲线”选项

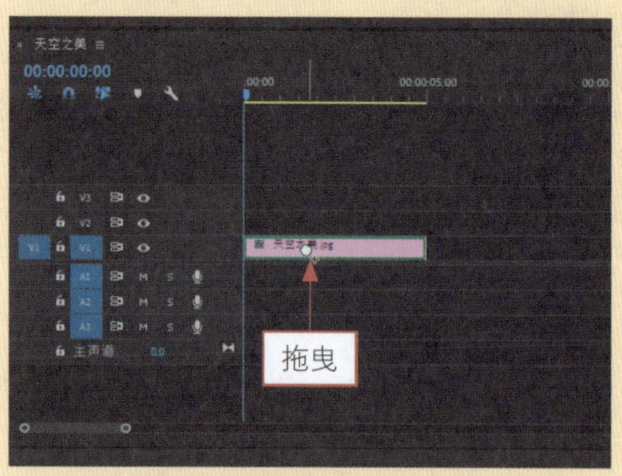

图3-38　拖曳“亮度曲线”特效

STEP 05 选择V1轨道上的素材，在“效果控件”面板中，展开“亮度曲线”选项，如图3-39所示。

STEP 06 将鼠标指针移至“亮度波形”矩形区域中，在曲线上按住鼠标左键并拖曳，❶添加控制点并调整控制点的位置；重复以上操作，❷添加第二个控制点并调整位置，如图3-40所示。

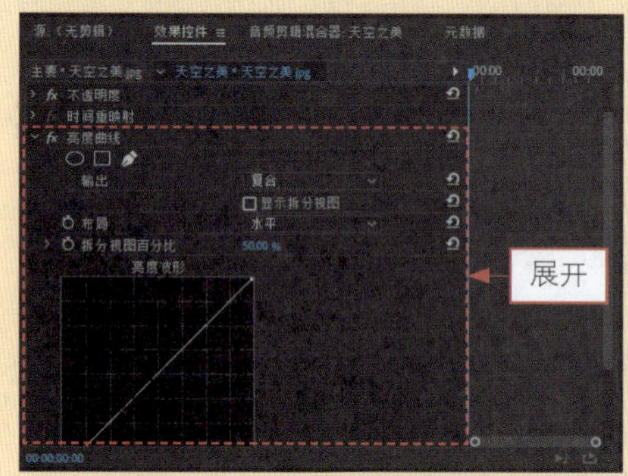

图3-39　展开“亮度曲线”选项

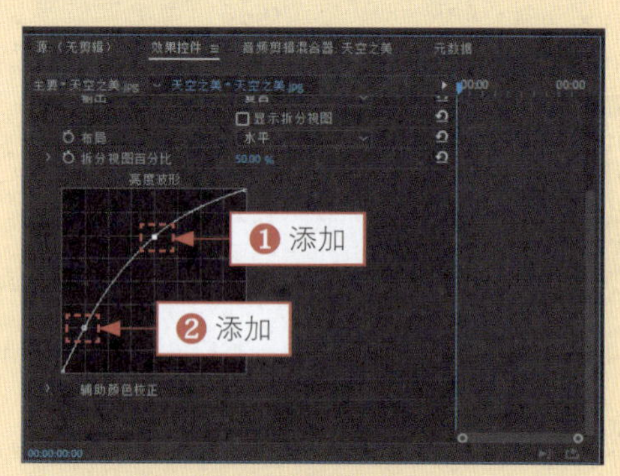

图3-40　添加控制点并调整位置

STEP 07 执行操作后，即可使用“亮度曲线”选项校正色彩，单击“播放-停止切换”按钮▶，预览视频前后对比效果，如图3-41所示。

图3-41　预览视频前后对比效果

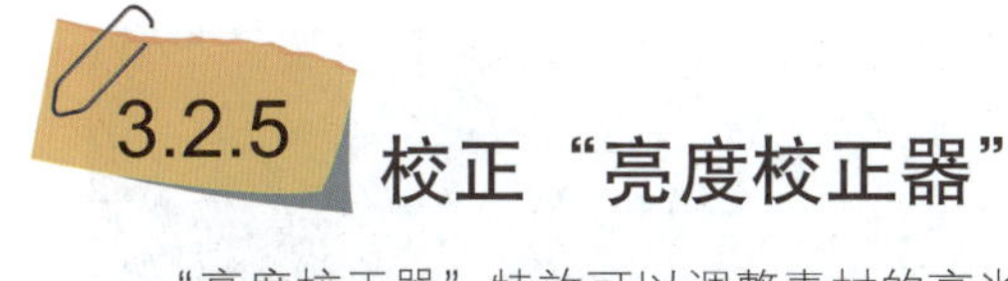

3.2.5 校正“亮度校正器”

“亮度校正器”特效可以调整素材的高光、中间值、阴影状态下的亮度与对比度参数，也可以使用“辅助颜色校正”来指定色彩范围，下面介绍具体的操作方法。

应用案例 校正“亮度校正器”

STEP 01 按“Ctrl+O”组合键，打开一个项目文件“素材\第3章\狐狸吊坠.prproj”，如图3-42所示。

STEP 02 打开项目文件后，在“节目监视器”面板中可以查看素材画面，如图3-43所示。

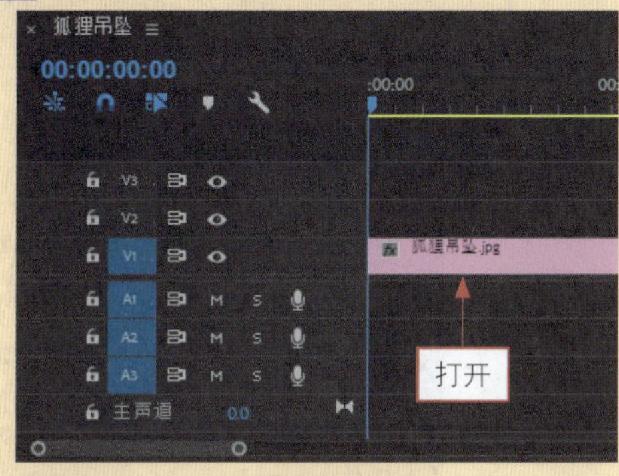

图3-42　打开一个项目文件

图3-43　查看素材画面

STEP 03 在“效果”面板中，❶依次展开“视频效果”|“过时”选项；❷在其中选择“亮度校正器”选项，如图3-44所示。

STEP 04 将“亮度校正器”特效拖曳至“时间轴”面板中V1轨道的素材上，如图3-45所示。

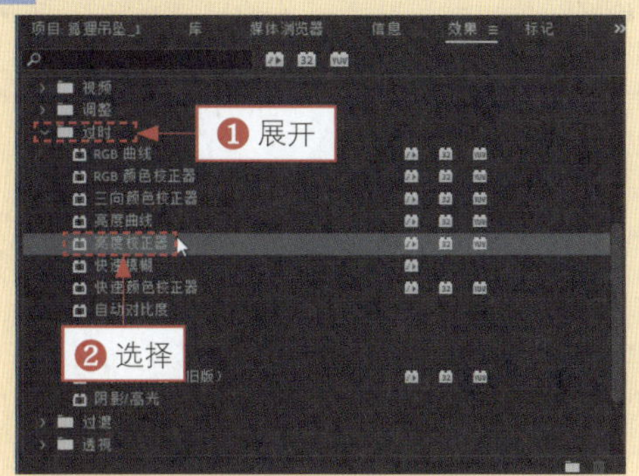

图3-44　选择“亮度校正器”选项

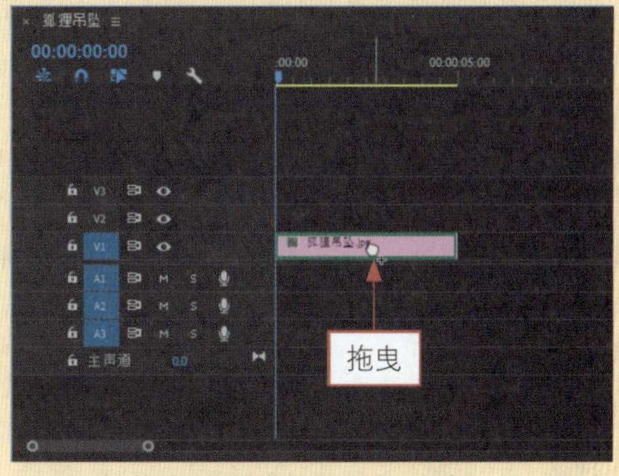

图3-45　拖曳“亮度校正器”特效

STEP 05 选择V1轨道上的素材，在“效果控件”面板中，❶展开“亮度校正器”选项；❷单击“色调范围”右侧的下拉按钮，在弹出的下拉列表框中选择“主”选项；❸设置“亮度”为“40.00”、“对比度”为“10.00”，如图3-46所示。

STEP 06 单击“色调范围”右侧的下拉按钮，在弹出的下拉列表框中选择“阴影”选项；设置“亮度”为“-4.00”、“对比度”为“-10.00”，如图3-47所示。

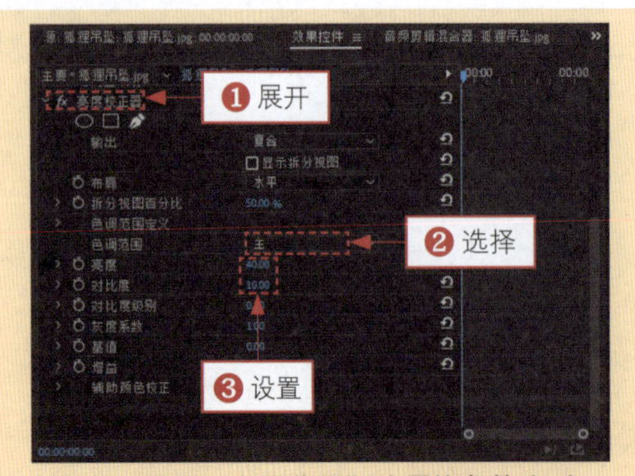

图3-46 设置“色调范围”选项的参数（1）

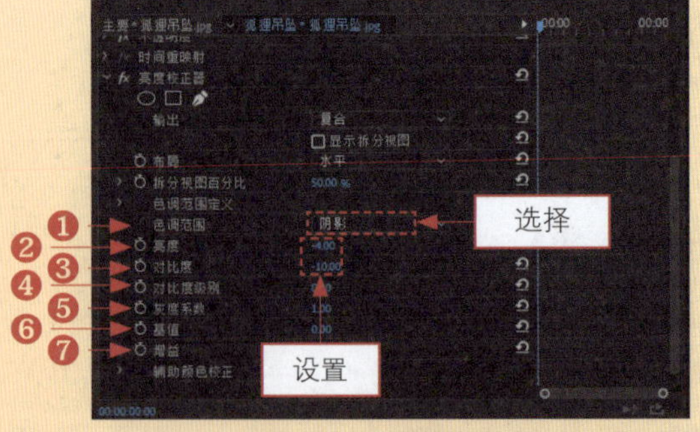

图3-47 设置“色调范围”选项的参数（2）

❶ **色调范围：** 指定将明亮度调整应用于整个图像（主）、高光、中间调还是阴影。

❷ **亮度：** 调整剪辑中的黑色阶。使用此控件确保剪辑中的黑色画面内容显示为黑色。

❸ **对比度：** 通过调整相对于剪辑原始对比度值的增益来影响图像的对比度。

❹ **对比度级别：** 设置剪辑的原始对比度值。

❺ **灰度系数：** 在不影响黑白色阶的情况下调整图像的中间调值。此控件会导致对比度变化，类似于在亮度曲线效果中更改曲线的形状。使用此控件可以在不扭曲阴影和高光的情况下调整太暗或太亮的图像。

❻ **基值：** 通过将固定偏移添加到图像的像素值中来调整图像。此控件与“增益”控件结合使用可以增加图像的总体亮度。

❼ **增益：** 通过乘法调整亮度值，从而影响图像的总体对比度。较亮的像素受到的影响大于较暗的像素受到的影响。

图3-48 预览视频前后对比效果

STEP 07 执行操作后，即可使用“亮度校正器”选项调整色彩，单击“播放-停止切换”按钮▶，预览视频前后对比效果，如图3-48所示。

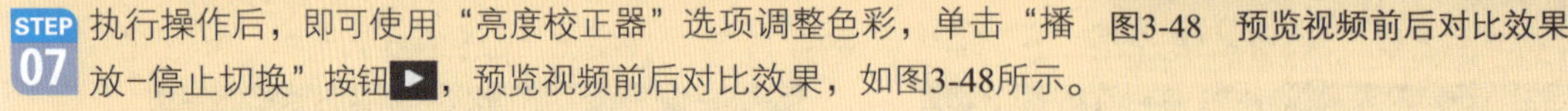

3.2.6 校正“快速颜色校正器”

“快速颜色校正器”特效不仅可以通过调整素材的色调饱和度校正素材的颜色，还可以调整素材的白平衡，下面介绍具体的操作方法。

应用案例 校正“快速颜色校正器”

STEP 01 按“Ctrl＋O”组合键，打开一个项目文件“素材\第3章\镜头相框.prproj”，如图3-49所示。

STEP 02 打开项目文件后，在“节目监视器”面板中可以查看素材画面，如图3-50所示。

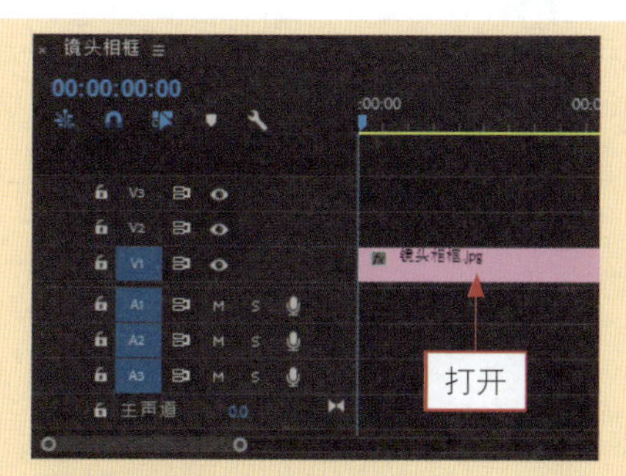

图3-49　打开一个项目文件

图3-50　查看素材画面

STEP 03 在“效果”面板中，❶依次展开“视频效果”|“过时”选项；❷在其中选择“快速颜色校正器”选项，如图3-51所示。

STEP 04 按住鼠标左键并拖曳“快速颜色校正器”特效至“时间轴”面板中V1轨道的素材上，释放鼠标左键即可添加视频特效，如图3-52所示。

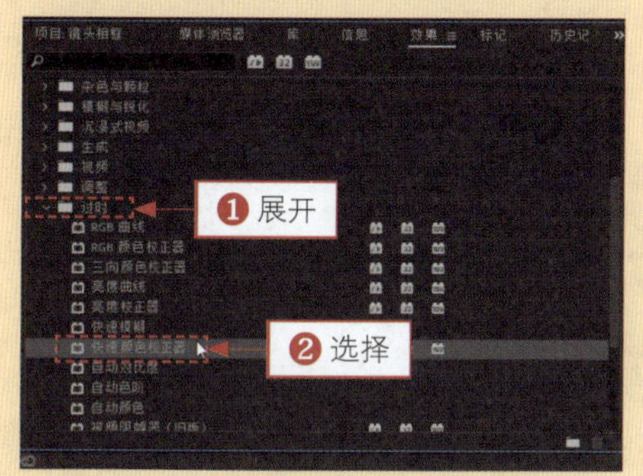

图3-51　选择“快速颜色校正器”选项

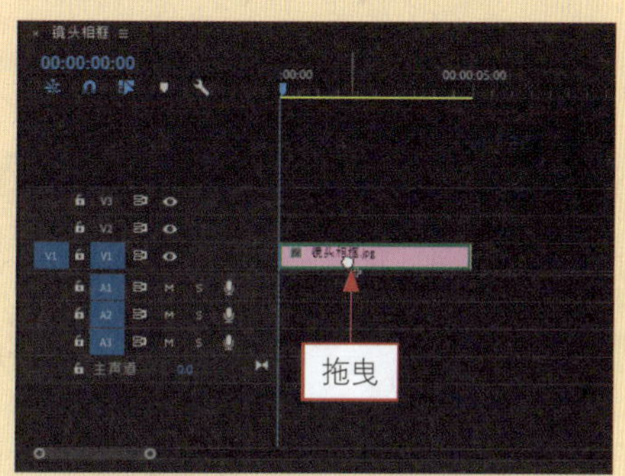

图3-52　拖曳“快速颜色校正器”特效

专家指点

在 Premiere Pro 2020 中，用户也可以使用白平衡吸管工具，对“节目监视器”面板中的区域进行采样，最好对白色的区域采样。“快速颜色校正器”特效将会对采样的颜色进行白色调整，从而校正素材画面的白平衡。

STEP 05 选择V1轨道上的素材，在“效果控件”面板中，展开“快速颜色校正器”选项；单击“白平衡”选项右侧的色块，如图3-53所示。

STEP 06 在弹出的“拾色器”对话框中，设置RGB参数值分别为“119”、“198”和“187”，如图3-54所示。

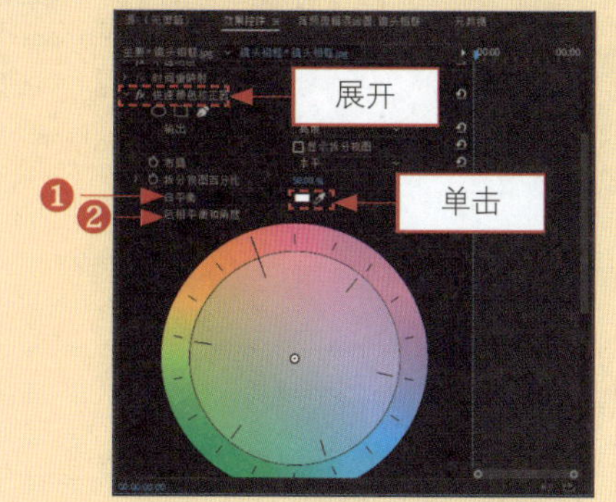

图3-53　单击“白平衡”选项右侧的色块

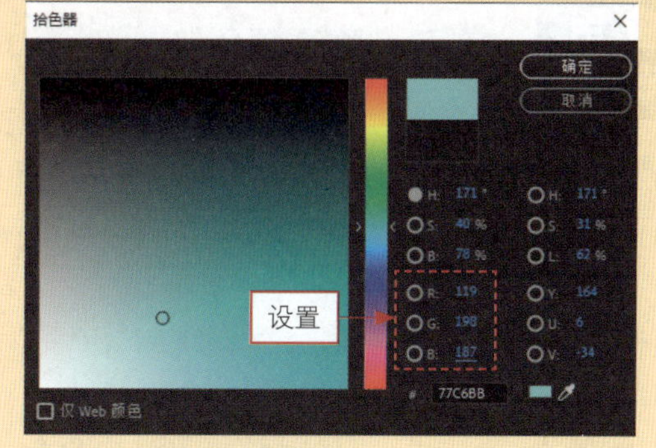

图3-54　设置RGB参数值

❶ **白平衡**：通过使用吸管工具来采样图像中的目标颜色或监视器桌面上的任意位置，将白平衡分配给图像。也可以单击色块打开“拾色器”对话框，在该对话框中选择颜色来定义白平衡。

❷ **色相平衡和角度：**使用色轮控制色相平衡和色相角度，小圆形围绕色轮中心移动，并控制色相（UV）转换，这将会改变主平衡数量级和主平衡角度，小垂线可以设置控件的相对粗精度，而此控件可以控制主平衡增益。

专家指点

在"快速颜色校正器"选项列表中，用户还可以设置以下选项。

- 主色相角度：控制色相旋转，默认值为0，当值为负数时向左旋转色轮，当值为正数时向右旋转色轮。
- 主平衡数量级：控制由"主平衡角度"确定的颜色平衡校正量。
- 主平衡增益：通过乘法来调整亮度值，使较亮的像素受到的影响大于较暗的像素受到的影响。
- 主平衡角度：控制所需的色相值的选择范围。
- 饱和度：调整图像的颜色饱和度，默认值为100。当饱和度的值为100时表示不会影响颜色；当饱和度的值小于100时表示降低饱和度；当饱和度的值为0时表示完全移除颜色；当饱和度的值大于100时表示提高饱和度。

STEP 07 单击"确定"按钮，即可使用"快速颜色校正器"选项调整色彩，单击"播放-停止切换"按钮▶，预览视频前后对比效果，如图3-55所示。

图3-55 预览视频前后对比效果

3.2.7 校正"更改颜色"

更改颜色是指通过指定一种颜色，然后将另一种新的颜色来替换用户指定的颜色，达到色彩转换的效果，下面介绍具体的操作方法。

应用案例 校正"更改颜色"

STEP 01 按"Ctrl+O"组合键，打开一个项目文件"素材\第3章\蝴蝶与花.prproj"，如图3-56所示。

STEP 02 打开项目文件后，在"节目监视器"面板中可以查看素材画面，如图3-57所示。

STEP 03 在"效果"面板中，❶依次展开"视频效果"|"颜色校正"选项；❷在其中选择"更改颜色"选项，如图3-58所示。

STEP 04 按住鼠标左键并拖曳"更改颜色"特效至"时间轴"面板中V1轨道的素材上，释放鼠标左键即可添加视频特效，如图3-59所示。

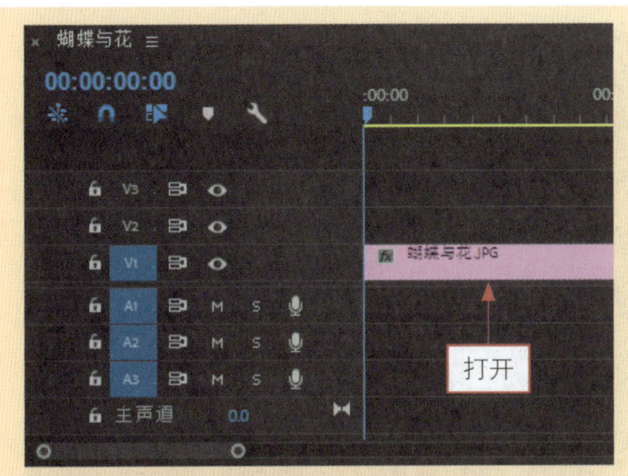

图3-56　打开一个项目文件

图3-57　查看素材画面

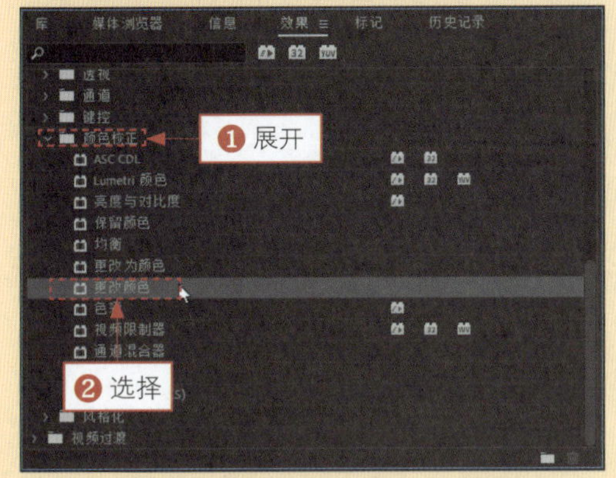

图3-58　选择“更改颜色”选项

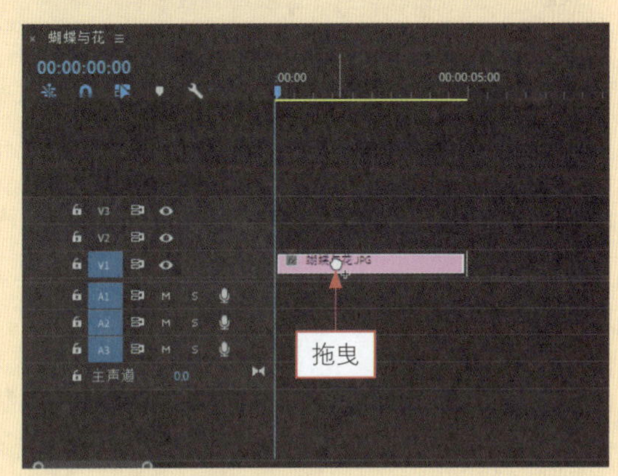

图3-59　拖曳“更改颜色”特效

STEP 05 选择V1轨道上的素材，❶在“效果控件”面板中，展开“更改颜色”选项；❷选取“要更改的颜色”选项右侧的吸管工具，如图3-60所示。

STEP 06 在“节目监视器”中的合适位置单击进行采样，如图3-61所示。

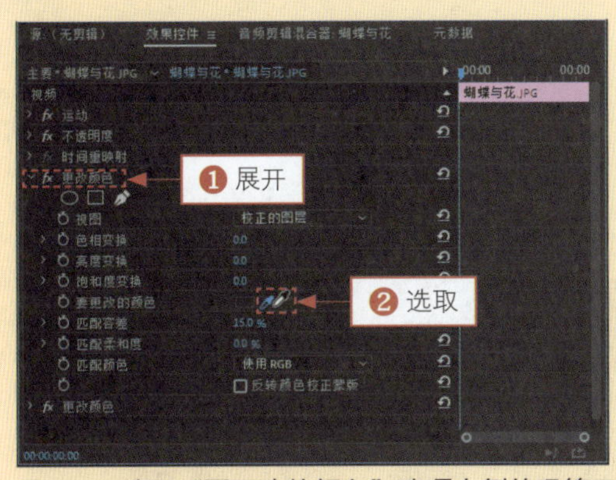

图3-60　选取“要更改的颜色”选项右侧的吸管工具

图3-61　进行采样

STEP 07 采样完成后，在“效果控件”面板中，展开“更改颜色”选项，设置“色相变换”为“80.0”、“亮度变换”为“8.0”、“匹配容差”为“28.0%”，如图3-62所示。

STEP 08 执行操作后，即可使用“更改颜色”选项调整色彩，如图3-63所示。

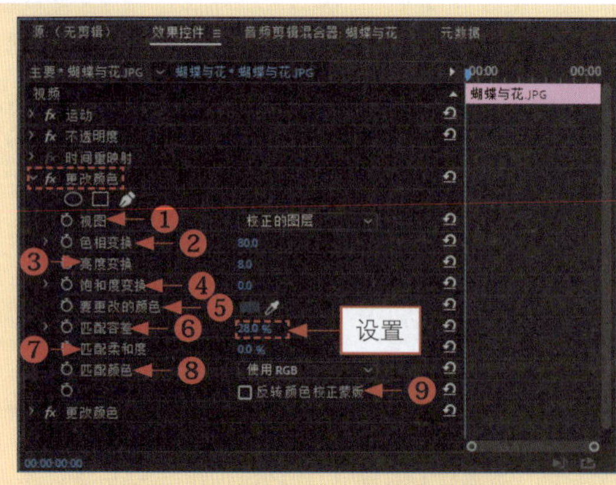

图3-62　设置“更改颜色”选项的参数

图3-63　使用“更改颜色”选项调整色彩

❶ **视图：**“校正的图层”显示更改颜色效果的结果。“颜色校正遮罩”显示将要更改的图层的区域。“颜色校正遮罩”中的白色区域的变化最大，黑暗区域变化最小。

❷ **色相变换：**色相的调整量（读数）。

❸ **亮度变换：**正值使匹配的像素变亮，负值使匹配的像素变暗。

❹ **饱和度变换：**正值增加匹配的像素的饱和度（向纯色移动），负值降低匹配的像素的饱和度（向灰色移动）。

❺ **要更改的颜色：**范围中要更改的中央颜色。

❻ **匹配容差：**指定遮罩必须在多大程度上匹配前景颜色才能被抠像。

❼ **匹配柔和度：**不匹配像素受效果影响的程度，与“要匹配的颜色”的相似性成比例。

❽ **匹配颜色：**将一个图像的颜色与另一个色彩空间相似的图像颜色相匹配。RGB在RGB色彩空间中比较颜色。色相在颜色的色相上进行比较，忽略饱和度和明亮度：因此鲜红和浅粉匹配。色度使用两个色度分量来确定相似性，忽略明亮度（亮度）。

❾ **反转颜色校正蒙版：**反转用于确定哪些颜色受影响的蒙版。

专家指点

当用户第一次确认需要修改的颜色时，只需要选择近似的颜色即可，因为在了解颜色替换效果后才能精确调整替换的颜色。“更改颜色”特效通过调整素材色彩范围内色相、明亮度及饱和度的数值，以改变色彩范围内的颜色。

STEP 09 单击“播放-停止切换”按钮▶，预览视频前后对比效果，如图3-64所示。

图3-64　预览视频前后对比效果

在Premiere Pro 2020中，用户也可以使用“更改为颜色”特效，使用色相、亮度和饱和度（HLS）的值将用户在图像中选择的颜色更改为另一种颜色，保持其他颜色不会受到影响。

“更改为颜色”提供了“更改颜色”效果未能提供的灵活性和选项。这些选项包括用于精确颜色匹配的色相、亮度和饱和度容差滑块，以及选择用户希望更改成的目标颜色的精确RGB值的功能，“更改为颜色”选项如图3-65所示。

将素材添加到“时间轴”面板的轨道上后，为素材添加“更改为颜色”特效，在“效果控件”面板中，展开“更改为颜色”选项，单击“自”右侧的色块，在弹出的“拾色器”对话框中设置RGB参数分别为“3”、“231”和“72”；单击“至”右侧的色块，在弹出的“拾色器”对话框中设置RGB参数分别为“251”、“275”和“80”；设置“色相”为“20”、“亮度”为“60”、“饱和度”为“20”、“柔和度”为“20”，调整效果如图3-66所示。

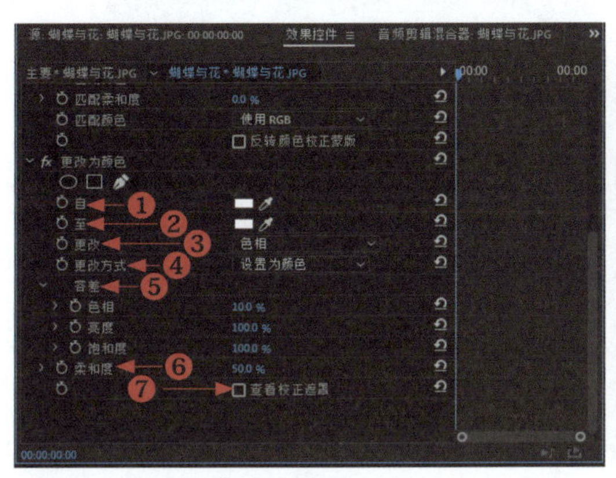

图3-65　“更改为颜色”选项

图3-66　调整效果

❶ **自：**要更改的颜色范围的中心。

❷ **至：**将匹配的颜色范围更改为指定的颜色。（请为“至”颜色设置关键帧。）

❸ **更改：**选择受影响的通道。

❹ **更改方式：**如何更改颜色，“设置为颜色”将受影响的像素直接更改为目标颜色；“变换为颜色”使用HLS插值向目标颜色变换受影响的像素值，每个像素的更改量取决于像素的颜色与“自”颜色的接近程度。

❺ **容差：**颜色可以在多大程度上不同于“自”颜色并且仍然匹配，展开此控件可以显示色相、亮度和饱和度值的单独滑块。

❻ **柔和度：**用于校正遮罩边缘的羽化量，较高的值将会在受颜色更改影响的区域与不受颜色更改影响的区域之间创建更平滑的过渡。

❼ **查看校正遮罩：**显示灰度遮罩，表示效果影响每个像素的程度，白色区域的变化最大，黑暗区域的变化最小。

3.2.8 校正“颜色平衡（HLS）”

HLS分别表示色相、亮度及饱和度3个颜色通道的简称。“颜色平衡（HLS）”特效能够通过调整画面的色相、饱和度及明度来起到平衡素材颜色的作用，下面介绍具体的操作方法。

应用案例 校正“颜色平衡（HLS）”

STEP 01 按“Ctrl＋O”组合键，打开一个项目文件“素材\第3章\蛋香奶茶.prproj”，如图3-67所示。

STEP 02 打开项目文件后，在“节目监视器”面板中可以查看素材画面，如图3-68所示。

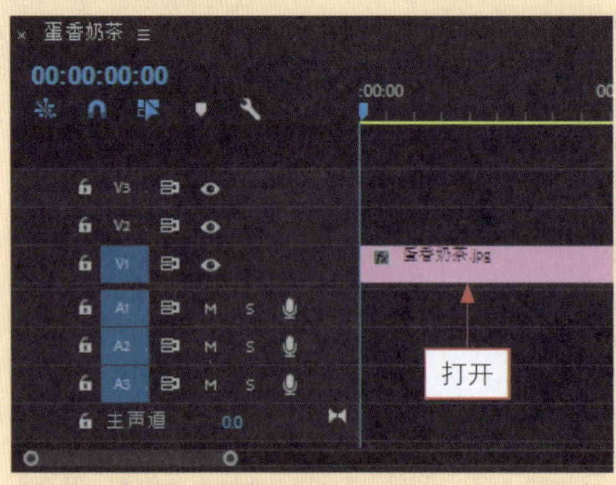

图3-67　打开一个项目文件

图3-68　查看素材画面

STEP 03 在“效果”面板中，依次展开“视频效果”|“颜色校正”选项，在其中选择“颜色平衡（HLS）”选项，如图3-69所示。

STEP 04 按住鼠标左键并拖曳“颜色平衡（HLS）”特效至“时间轴”面板中V1轨道的素材上，释放鼠标左键即可添加视频特效，如图3-70所示。

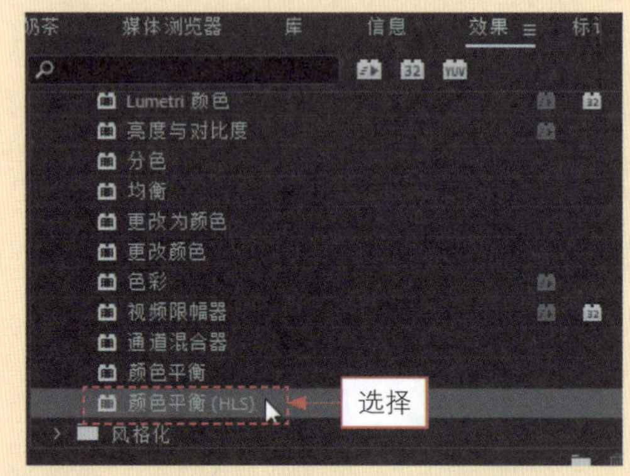

图3-69 选择“颜色平衡（HLS）”选项

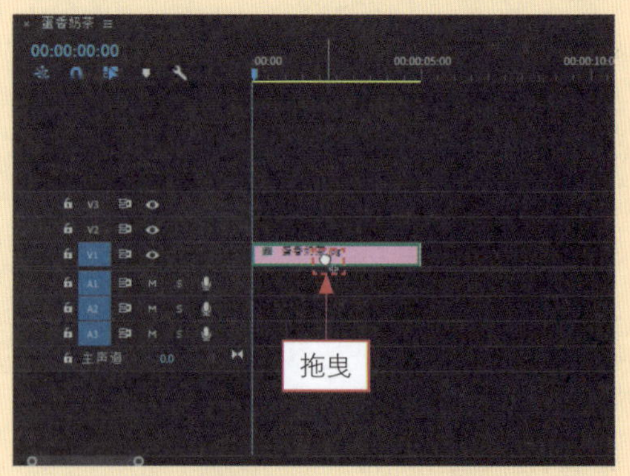

图3-70 拖曳“颜色平衡（HLS）”特效

STEP 05 选择V1轨道上的素材，在“效果控件”面板中，展开“颜色平衡（HLS）”选项，如图3-71所示。

STEP 06 在“效果控件”面板中，设置“色相”为“10.0°”、“亮度”为“20.0”、“饱和度”为“25.0”，如图3-72所示。

STEP 07 执行操作后，即可使用“颜色平衡（HLS）”选项调整色彩，单击“播放-停止切换”按钮▶，预览视频前后对比效果，如图3-73所示。

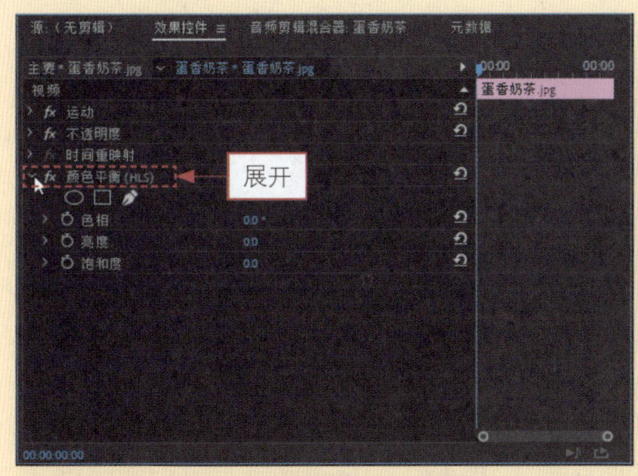

图3-71 展开“颜色平衡（HLS）”选项

图3-72 设置“颜色平衡（HLS）”选项的参数

图3-73 预览视频前后对比效果

3.2.9 校正“保留颜色”

“保留颜色”特效可以将素材中除选中颜色及类似色以外的颜色分离，并以灰度模式显示，下面介绍具体操作方法。

应用案例 校正“保留颜色”

STEP 01 按“Ctrl+O”组合键，打开一个项目文件“素材\第3章\数字字幕.prproj”，如图3-74所示。

STEP 02 打开项目文件后，在“节目监视器”面板中可以查看素材画面，如图3-75所示。

STEP 03 在“效果”面板中，❶依次展开“视频效果”|“颜色校正”选项；❷在其中选择“保留颜色”选项，如图3-76所示。

STEP 04 按住鼠标左键并拖曳“保留颜色”特效至“时间轴”面板中V1轨道的素材上，释放鼠标左键即可添加视频特效，如图3-77所示。

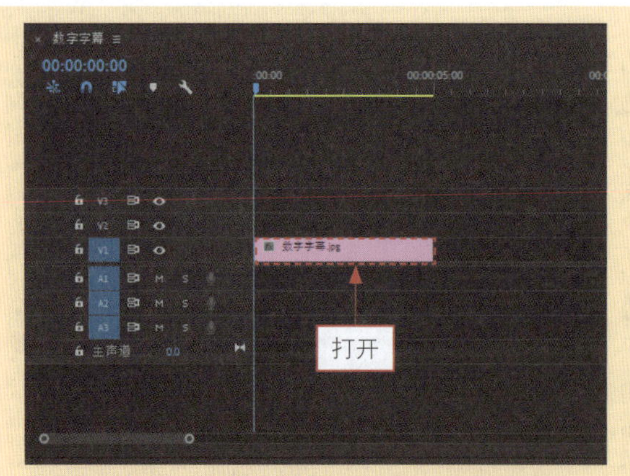

图3-74 打开一个项目文件

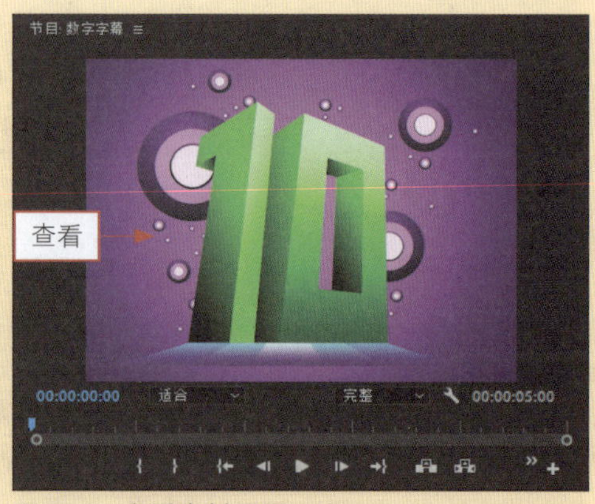

图3-75 查看素材画面

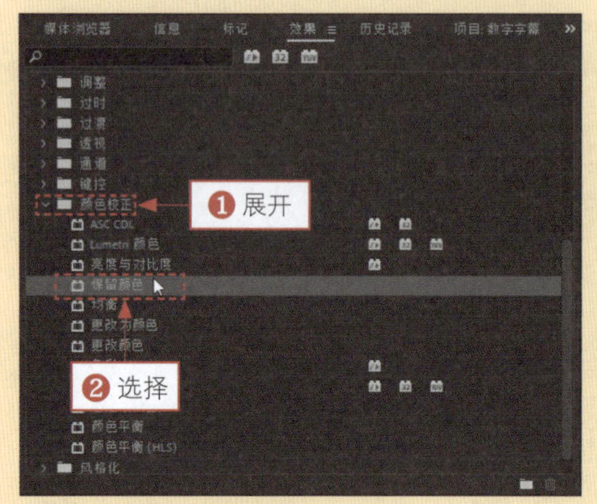

图3-76 选择“保留颜色”选项

图3-77 拖曳“保留颜色”特效

STEP 05 选择V1轨道上的素材，在“效果控件”面板中，❶展开“保留颜色”选项；❷选取“要保留的颜色”选项右侧的吸管工具，如图3-78所示。

STEP 06 在“节目监视器”的素材背景中单击，进行采样，如图3-79所示。

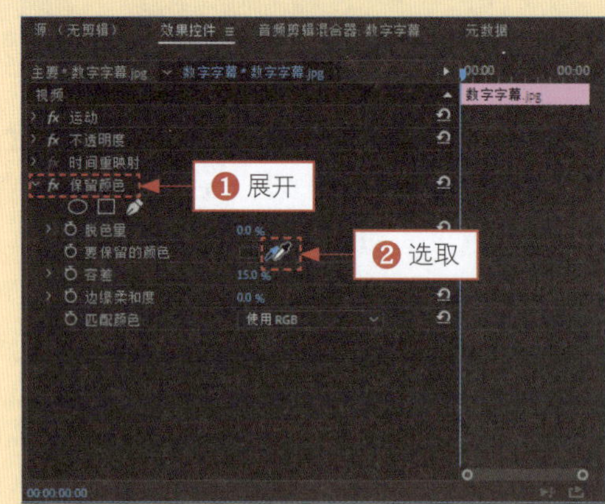

图3-78 选取吸管工具

图3-79 进行采样

STEP 07 采样完成后，在“效果控件”面板中，❶展开“保留颜色”选项；❷设置“脱色量”为“100.0%”、“容差”为“33.0%”，如图3-80所示。

STEP 08 执行操作后，即可使用“保留颜色”选项调整色彩，如图3-81所示。

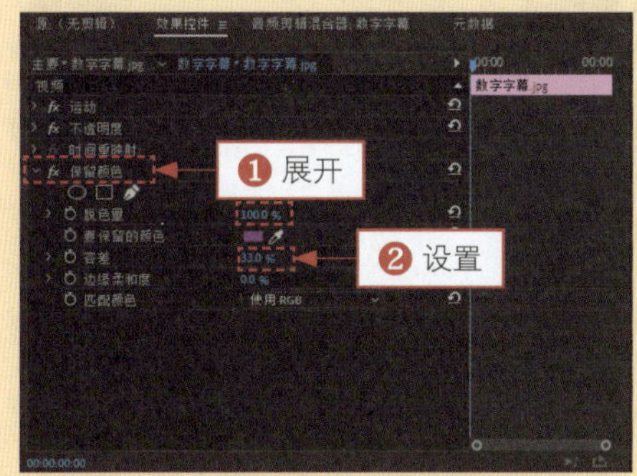

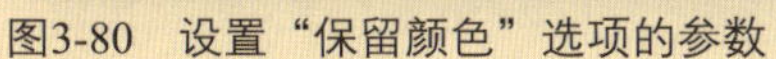

图3-80　设置“保留颜色”选项的参数　　图3-81　使用“保留颜色”选项调整色彩

STEP 09 单击“播放-停止切换”按钮，预览视频前后对比效果，如图3-82所示。

图3-82　预览视频前后对比效果

3.3 图像色彩的调整

色彩的调整主要是针对素材中的对比度、亮度、颜色及通道等项目进行特殊的调整和处理。在Premiere Pro 2020中，系统为用户提供了多种特殊效果，本节将对其中几种常用特效进行介绍。

3.3.1 调整自动颜色

在Premiere Pro 2020中，用户可以根据需要使用“自动颜色”选项调整图像的色彩。下面介绍具体的操作方法。

应用案例　调整自动颜色

STEP 01 选择“文件”|“打开项目”命令，打开一个项目文件“素材\第3章\精美饰品. prproj”，如图3-83所示。

STEP 02 打开项目文件后，在“节目监视器”面板中可以查看素材画面，如图3-84所示。

STEP 03 在“效果”面板中，❶依次展开“视频效果”|“过时”选项；❷在其中选择“自动颜色”选项，如图3-85所示。

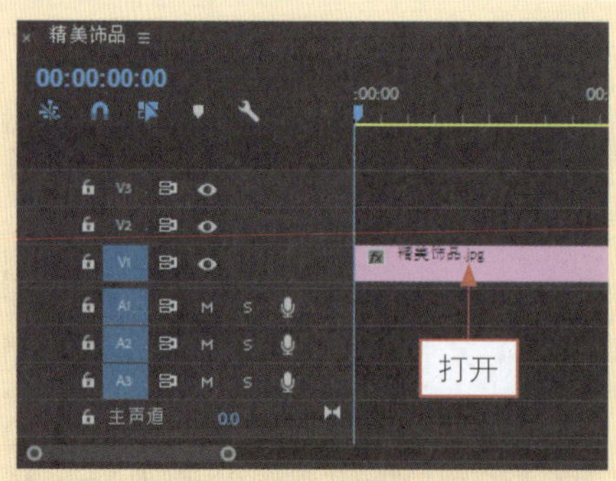

图3-83　打开一个项目文件

图3-84　查看素材画面

STEP 04 按住鼠标左键并拖曳“自动颜色”特效至“时间轴”面板中V1轨道的素材上，释放鼠标左键即可添加视频特效，如图3-86所示。

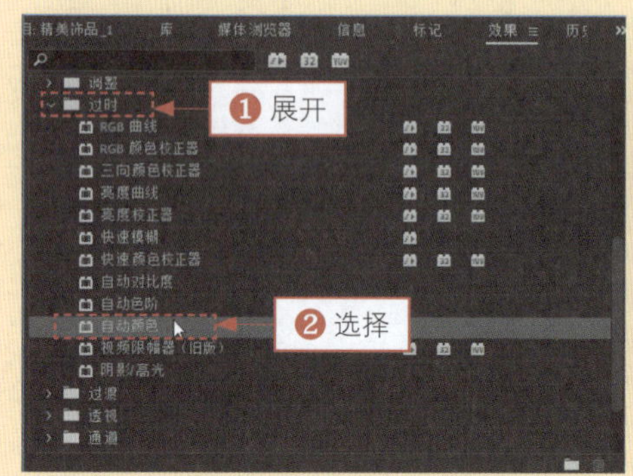

图3-85　选择“自动颜色”选项

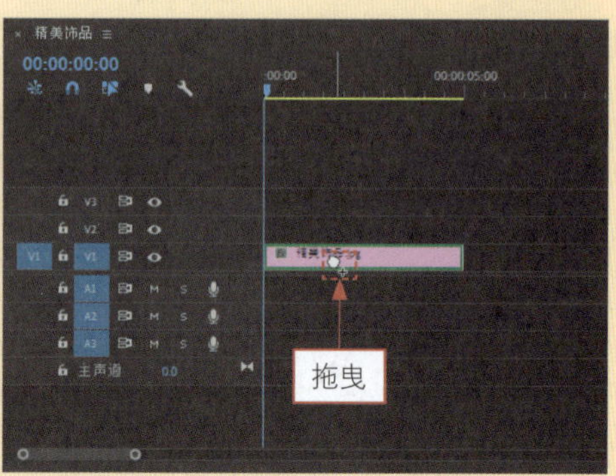

图3-86　拖曳“自动颜色”特效

专家指点

在 Premiere Pro 2020 中，使用“自动颜色”视频特效，用户可以通过搜索图像的方式来标识暗调、中间调和高光，以便调整图像的对比度和颜色。

STEP 05 选择V1轨道上的素材，在“效果控件”面板中，展开“自动颜色”选项，如图3-87所示。

STEP 06 在“效果控件”面板中，设置“减少黑色像素”和“减少白色像素”均为“10.00%”，如图3-88所示。

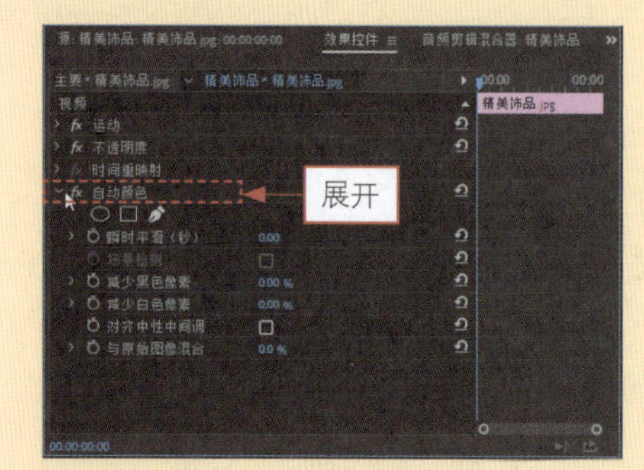

图3-87　展开“自动颜色”选项

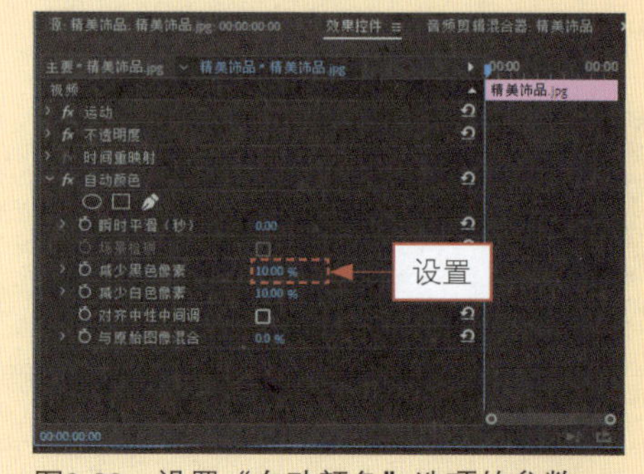

图3-88　设置“自动颜色”选项的参数

STEP 07 执行操作后，即可使用“自动颜色”选项调整色彩，单击“播放-停止切换”按钮▶，预览视频前后对比效果，如图3-89所示。

图3-89　预览视频前后对比效果

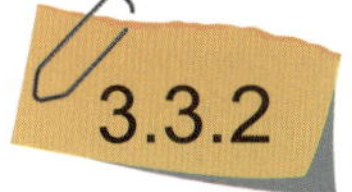

3.3.2 调整自动色阶

在Premiere Pro 2020中，“自动色阶”特效可以自动调整素材画面的高光、阴影，并可以调整每一个位置的颜色。下面介绍使用“自动色阶”选项调整图像的操作方法。

应用案例　调整自动色阶

STEP 01 选择“文件”|“打开项目”命令，打开一个项目文件“素材\第3章\心形花朵.prproj”，如图3-90所示。

STEP 02 打开项目文件后，在“节目监视器”面板中可以查看素材画面，如图3-91所示。

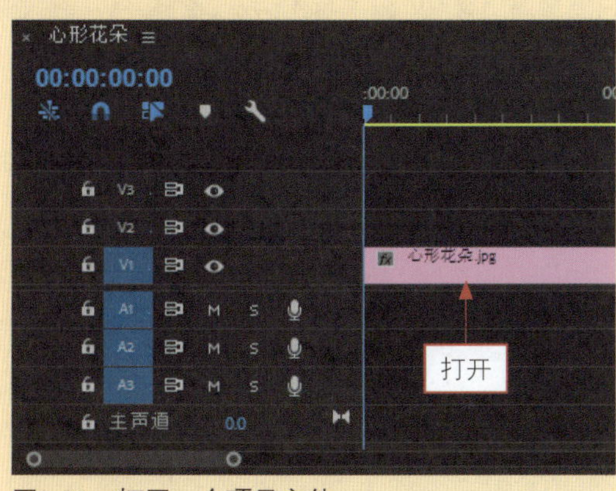

图3-90　打开一个项目文件

图3-91　查看素材画面

STEP 03 在“效果”面板中，❶依次展开“视频效果”|“过时”选项；❷在其中选择“自动色阶”选项，如图3-92所示。

STEP 04 按住鼠标左键并拖曳“自动色阶”特效至“时间轴”面板中V1轨道的素材上，释放鼠标左键即可添加视频特效，如图3-93所示。

STEP 05 选择V1轨道上的素材，在“效果控件”面板中，展开“自动色阶”选项，如图3-94所示。

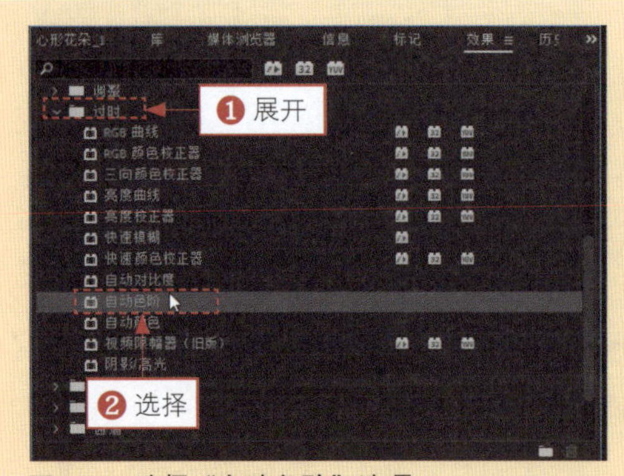

图3-92　选择“自动色阶”选项

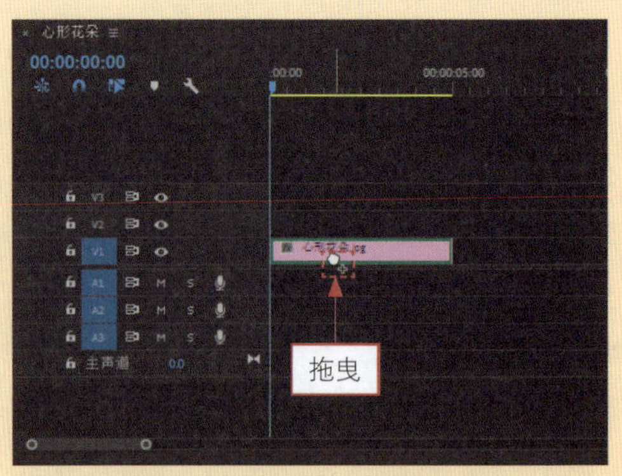

图3-93　拖曳“自动色阶”特效

STEP 06 在“效果控件”面板中，设置“减少白色像素”为“10.00%”、“与原始图像混合”为“20.0%”，如图3-95所示。

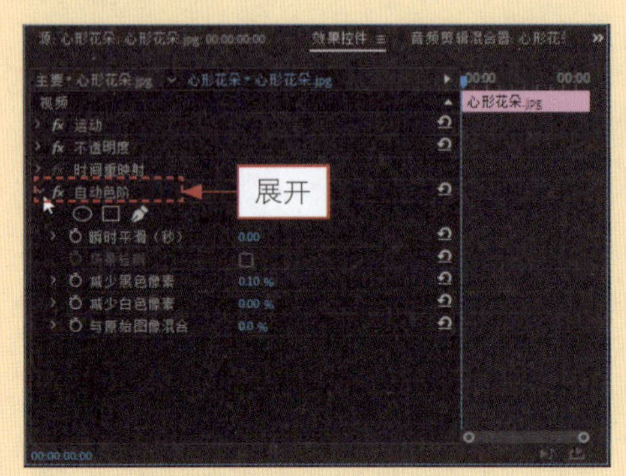

图3-94　展开“自动色阶”选项

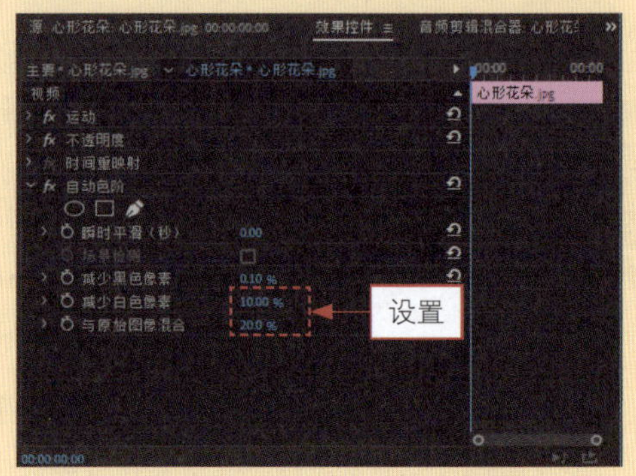

图3-95　设置“自动色阶”选项的参数

STEP 07 执行操作后，即可使用“自动色阶”选项调整色彩，单击“播放-停止切换”按钮▶，预览视频前后对比效果，如图3-96所示。

图3-96　预览视频前后对比效果

3.3.3 运用卷积内核

在Premiere Pro 2020中，“卷积内核”特效可以根据数学卷积分的运算来改变素材中的每一个像素。下面介绍使用“卷积内核”选项调整图像的操作方法。

运用卷积内核

STEP 01 选择“文件”|“打开项目”命令，打开一个项目文件“素材\第3章\彩色铅笔.prproj”，如图3-97所示。

STEP 02 打开项目文件后，在“节目监视器”面板中可以查看素材画面，如图3-98所示。

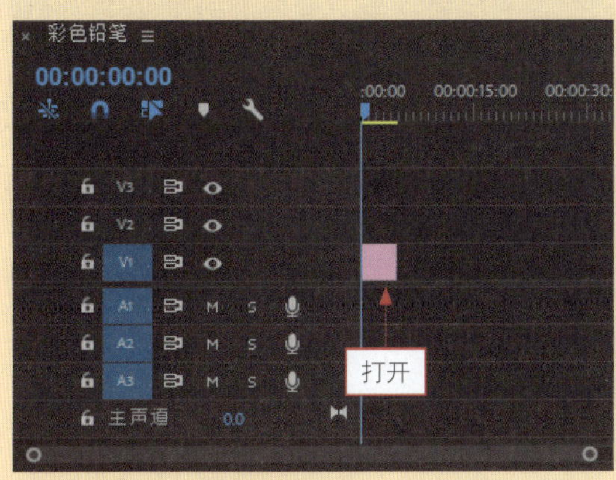

图3-97 打开一个项目文件

图3-98 查看素材画面

STEP 03 在“效果”面板中，❶依次展开“视频效果”|“调整”选项；❷在其中选择“卷积内核”选项，如图3-99所示。

STEP 04 按住鼠标左键并拖曳“卷积内核”特效至“时间轴”面板中V1轨道的素材上，释放鼠标左键即可添加视频特效，如图3-100所示。

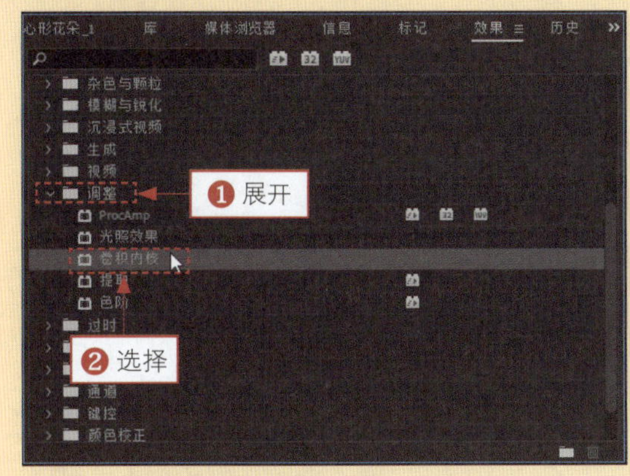

图3-99 选择“卷积内核”选项

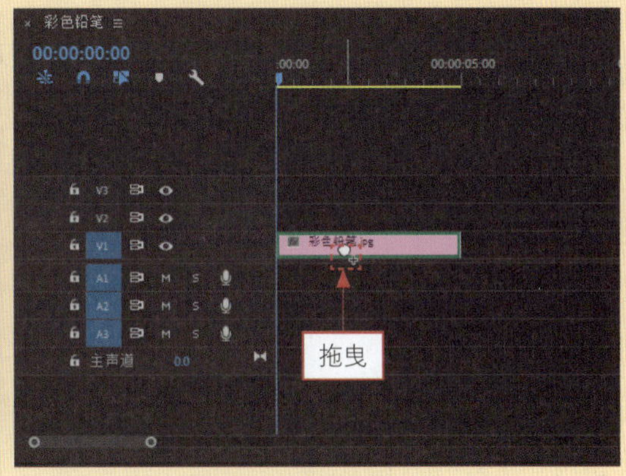

图3-100 拖曳“卷积内核”特效

专家指点

在 Premiere Pro 2020 中，“卷积内核”特效主要用于以某种预先指定的数字计算方法来改变图像中像素的亮度值，从而得到丰富的视频效果。在“效果控件”面板的“卷积内核”选项下，单击各选项前的三角形按钮，在其下方可以通过拖动滑块来调整数值。

STEP 05 选择V1轨道上的素材，在“效果控件”面板中，展开“卷积内核”选项，如图3-101所示。

STEP 06 在“效果控件”面板中，设置“M11”为“-1”，如图3-102所示。

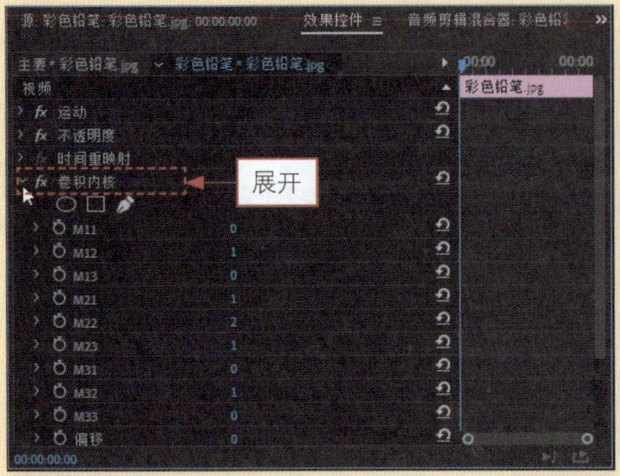

图3-101 展开“卷积内核”选项

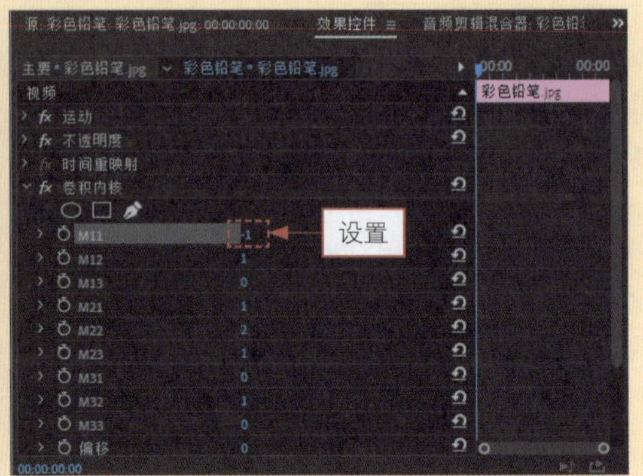

图3-102 设置“卷积内核”选项的参数

专家指点

在“卷积内核”选项列表中，每项以字母M开头的设置均表示3×3矩阵中的一个单元格。例如，M11表示第1行第1列的单元格，M22表示矩阵中心的单元格。单击任何单元格即可设置旁边的数字，可以输入要作为该像素亮度值的倍数的值。

在“卷积内核”选项列表中，单击“偏移”选项右侧的数字并输入一个值，此值将与缩放计算的结果相加；单击“缩放”选项右侧的数字并输入一个值，计算中的像素亮度值总和将除以此值。

STEP 07 执行操作后，即可使用“卷积内核”选项调整色彩，单击“播放-停止切换”按钮▶，预览视频前后对比效果，如图3-103所示。

图3-103 预览视频前后对比效果

3.3.4 运用光照效果

“光照效果”特效可以用来在图像中制作并应用多种照明效果，下面介绍具体的操作方法。

运用光照效果

STEP 01 选择“文件”|“打开项目”命令，打开一个项目文件“素材\第3章\珠宝广告.prproj”，如图3-104所示。

STEP 02 打开项目文件后，在“节目监视器”面板中可以查看素材画面，如图3-105所示。

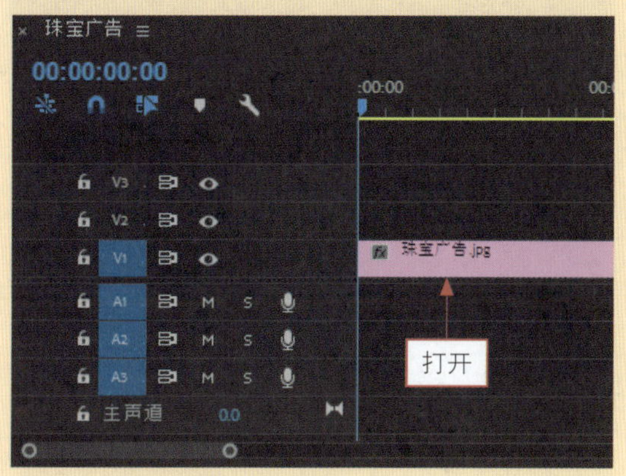

图3-104 打开一个项目文件

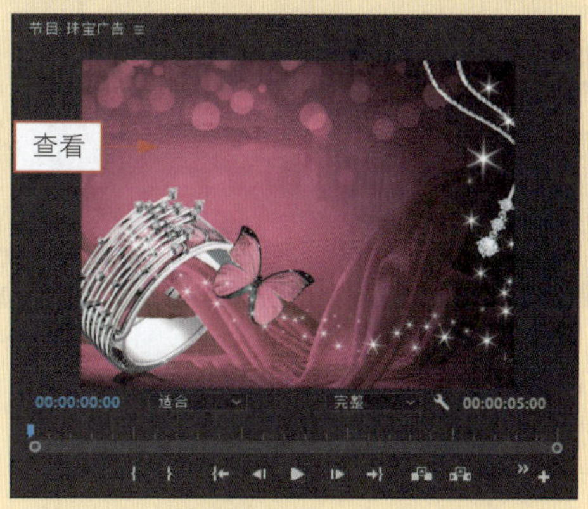

图3-105 查看素材画面

STEP 03 在“效果”面板中，❶依次展开“视频效果”|“调整”选项；❷在其中选择“光照效果”选项，如图3-106所示。

STEP 04 按住鼠标左键并拖曳“光照效果”特效至“时间轴”面板中V1轨道的素材上，释放鼠标左键即可添加视频特效，如图3-107所示。

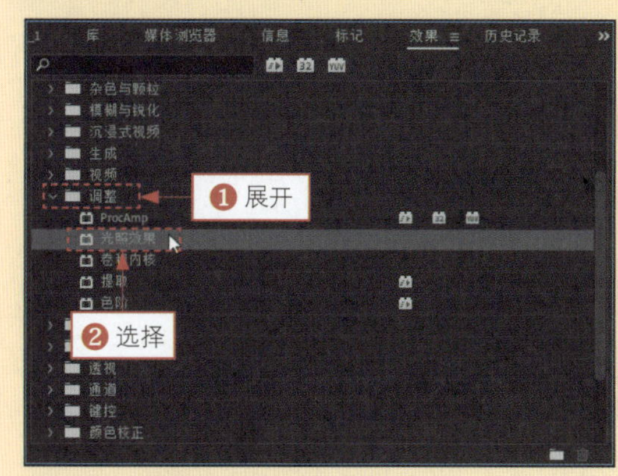

图3-106 选择“光照效果”选项

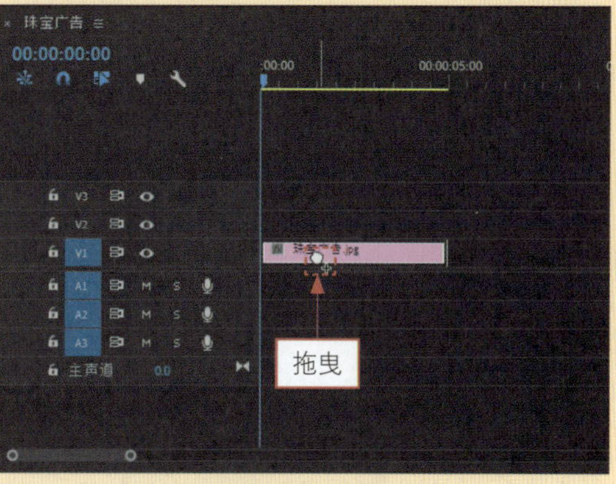

图3-107 拖曳“光照效果”特效

专家指点

在 Premiere Pro 2020 中，对剪辑应用“光照效果”时，最多可采用 5 个光照来产生有创意的光照。“光照效果”可用于控制光照属性，如光照类型、方向、强度、颜色、光照中心和光照传播，Premiere Pro 2020 还有一个“凹凸层”控件可以使用其他素材中的纹理或图案产生特殊光照效果，类似 3D 表面的效果。

STEP 05 选择V1轨道上的素材，在“效果控件”面板中，展开“光照效果”选项；单击“光照1”左侧的下拉按钮，展开相应面板，如图3-108所示。

STEP 06 设置“光照类型”为“点光源”、“中央”为“16.0”“126.0”、“主要半径”为“85.0”、“次要半径”为“85.0”、“角度”为123.0°、“强度”为“18.0”、“聚焦”为“16.0”，如图3-109所示。

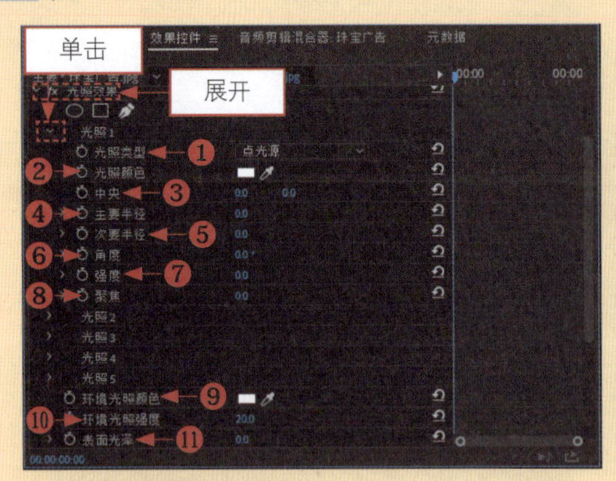

图3-108 展开相应面板

图3-109 设置“光照效果”选项的参数

❶ **光照类型：**选择光照类型以指定光源。“无”用来关闭光照；“方向型”从远处提供光照，使光线角度不变；“全光源”直接在图像上方提供四面八方的光照，类似于灯泡照在一张纸上的情形；“聚光”投射椭圆形光束。

❷ **光照颜色：**用来指定光照颜色。可以单击色块打开“拾色器”对话框，在该对话框中选择颜色，然后单击“确定”按钮；也可以选取吸管工具，然后单击计算机桌面上的任意位置以选择颜色。

❸ **中央：**使用光照中心的 X 和 Y 坐标值移动光照，也可以在“节目监视器”面板中拖动中心圆来定位光照。

❹ **主要半径：**调整全光源或点光源的长度，也可以在“节目监视器”面板中拖动手柄来调整。

❺ **次要半径：**用于调整点光源的宽度。将光照变为圆形后，增加次要半径也就会增加主要半径，也可以在“节目监视器”面板中拖动手柄来调整。

❻ **角度：**用于更改平行光或点光源的方向。通过指定度数值可以调整此项控制，也可在“节目监视器”中将鼠标指针移至控制柄之外，直至其变成双头弯箭头形状，再进行拖动以旋转光。

❼ **强度：**用于控制光照的明亮强度。

❽ **聚焦：**用于调整点光源的最明亮区域的大小。

❾ **环境光照颜色：**用于更改环境光的颜色。

❿ **环境光照强度：**提供漫射光，就像该光照与室内其他光照（如日光或荧光）相混合一样。当环境光照强度的值为100时表示仅使用光源；当环境光照强度的值-100时表示移除光源，想要更改环境光的颜色，可以单击色块在打开的“拾色器”对话框中进行设置。

⓫ **表面光泽：**决定表面反射多少光，取值范围为-100（低反射）~100（高反射）。

专家指点

在“光照效果”选项列表中，用户还可以设置以下选项。

- 表面材质：用于确定反射率较高者是光本身还是光照对象。当值为 -100 时表示反射光的颜色；当值为 100 时表示反射对象的颜色。
- 曝光：用于增加（正值）或减少（负值）光照的亮度。光照的默认亮度值为 0。

STEP 07 执行操作后，即可使用“光照效果”选项调整色彩，单击“播放-停止切换”按钮▶，预览视频前后对比效果，如图3-110所示。

图3-110　预览视频前后对比效果

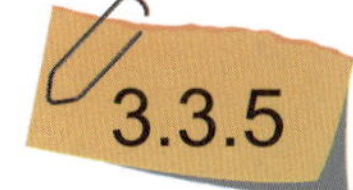

调整图像的黑白

“黑白”特效主要用于将素材画面转换为灰度图像，下面将介绍调整图像的黑白效果的操作方法。

调整图像的黑白

STEP 01 选择“文件”|“打开项目”命令，打开一个项目文件“素材\第3章\海底世界.prproj”文件，如图3-111所示。

STEP 02 打开项目文件后，在“节目监视器”面板中可以查看素材画面，如图3-112所示。

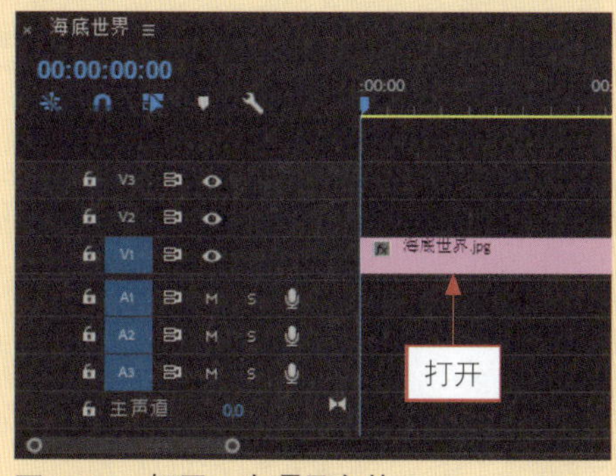

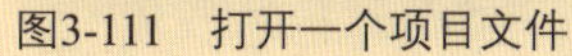

图3-111　打开一个项目文件

图3-112　查看素材画面

STEP 03 在“效果”面板中，❶依次展开“视频效果”|“图像控制”选项；❷在其中选择“黑白”选项，如图3-113所示。

STEP 04 按住鼠标左键并拖曳“黑白”特效至“时间轴”面板中V1轨道的素材上，释放鼠标左键即可添加视频特效，如图3-114所示。

STEP 05 选择V1轨道上的素材，在“效果控件”面板中，展开“黑白”选项，保持默认设置即可，如图3-115所示。

STEP 06 执行操作后，即可使用“黑白”选项调整色彩，单击“播放-停止切换”按钮▶，预览视频效果，如图3-116所示。

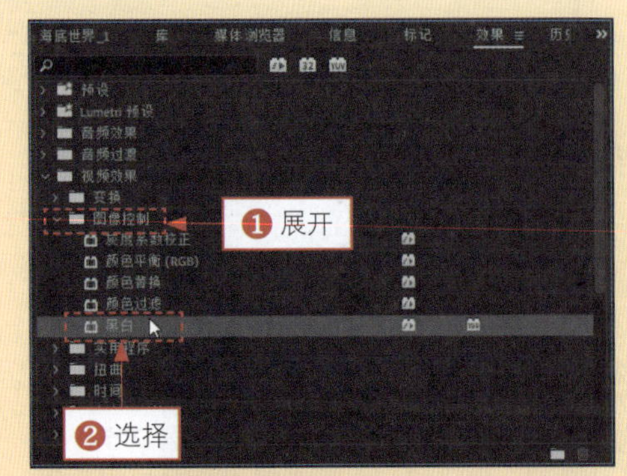

图3-113　选择“黑白”选项

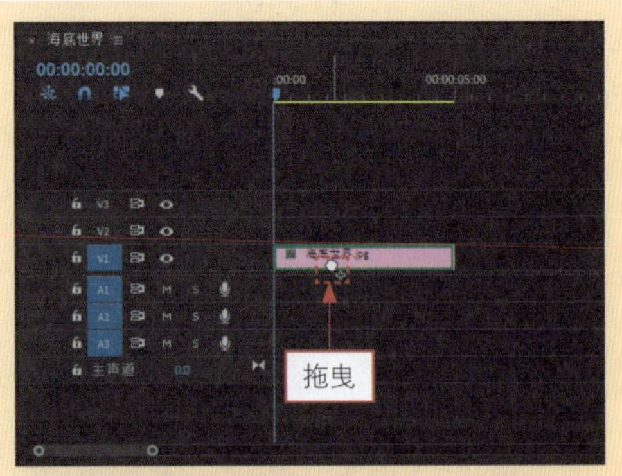

图3-114　拖曳“黑白”特效

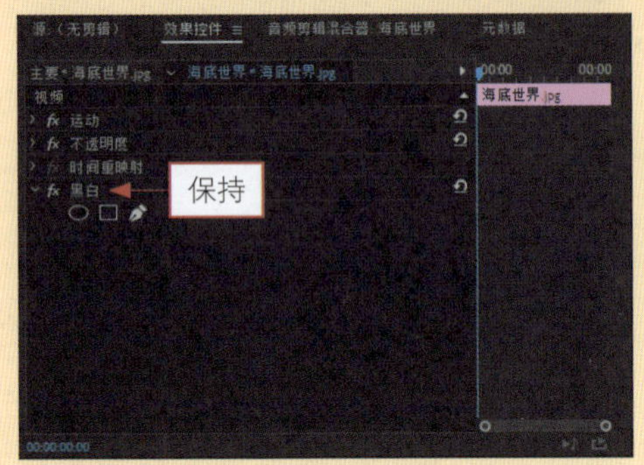

图3-115　保持默认设置

图3-116　预览视频效果

3.3.6 调整图像的颜色过滤

在Premiere Pro 2020中，“颜色过滤”特效主要用于将图像中某一指定单一颜色外的其他部分转换为灰度图像，下面介绍具体的操作方法。

应用案例　调整图像的颜色过滤

STEP 01 选择“文件”|“打开项目”命令，打开一个项目文件“素材\第3章\小花盆.prproj”，如图3-117所示。

STEP 02 打开项目文件后，在“节目监视器”面板中可以查看素材画面，如图3-118所示。

STEP 03 在“效果”面板中，❶依次展开“视频效果”|“图像控制”选项；❷在其中选择“颜色过滤”选项，如图3-119所示。

STEP 04 按住鼠标左键并拖曳“颜色过滤”特效至“时间轴”面板中V1轨道的素材上，释放鼠标左键即可添加视频特效，如图3-120所示。

STEP 05 选择V1轨道上的素材，在“效果控件”面板中，展开“颜色过滤”选项，如图3-121所示。

STEP 06 在“效果控件”面板中，选取“颜色”右侧的吸管工具，在“节目监视器”的素材背景中的紫色上单击，进行颜色采样，如图3-122所示。

图3-117 打开一个项目文件

图3-118 查看素材画面

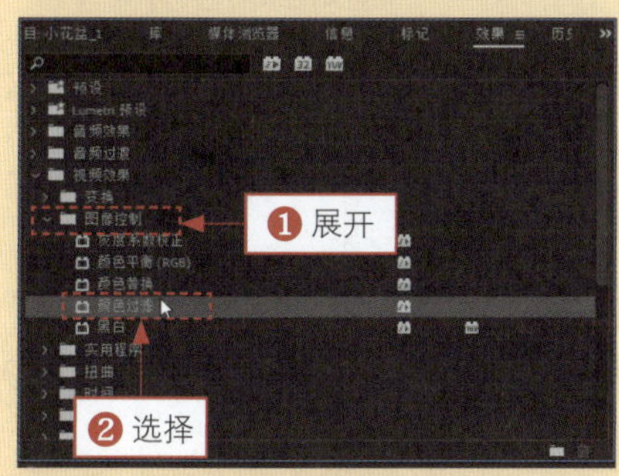

图3-119 选择“颜色过滤”选项

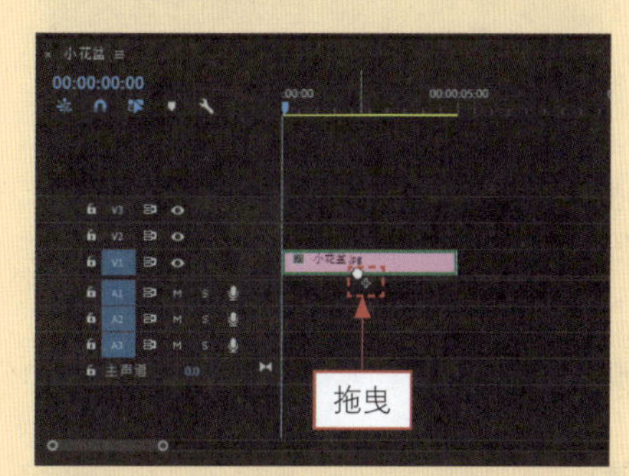

图3-120 拖曳“颜色过滤”特效

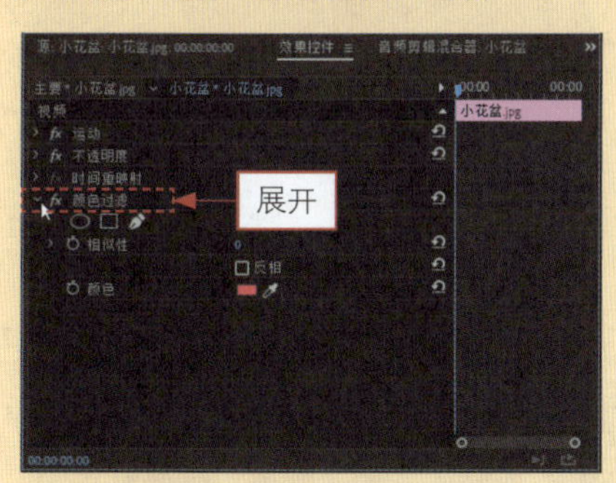

图3-121 展开“颜色过滤”选项

图3-122 进行颜色采样

STEP 07 采样完成后，在“效果控件”面板中，设置“相似性”为“20”，如图3-123所示。

STEP 08 执行操作后，即可使用“颜色过滤”选项调整色彩，如图3-124所示。

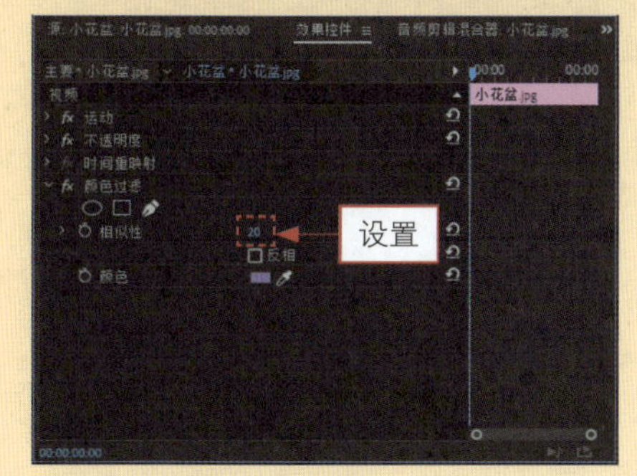

图3-123 设置相应选项

图3-124 使用“颜色过滤”选项调整色彩

STEP 09 单击“播放-停止切换”按钮▶，预览视频前后对比效果如图3-125所示。

图3-125　预览视频前后对比效果

3.3.7 调整图像的颜色替换

“颜色替换”特效主要通过目标颜色来改变素材中的颜色，下面将介绍调整图像的颜色替换的操作方法。

应用案例　调整图像的颜色替换

STEP 01 选择“文件”|“打开项目”命令，打开一个项目文件“素材\第3章\摆拍花朵.prproj”，如图3-126所示。

STEP 02 打开项目文件后，在“节目监视器”面板中可以查看素材画面，如图3-127所示。

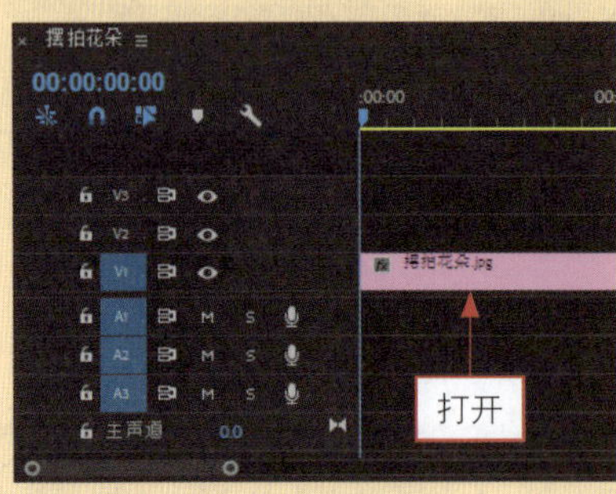

图3-126　打开一个项目文件

图3-127　查看素材画面

STEP 03 在“效果”面板中，❶依次展开“视频效果”|“图像控制”选项；❷在其中选择“颜色替换”选项，如图3-128所示。

STEP 04 按住鼠标左键并拖曳“颜色替换”特效至“时间轴”面板中V1轨道的素材上，释放鼠标左键即可添加视频特效，如图3-129所示。

STEP 05 选择V1轨道上的素材，在“效果控件”面板中，展开“颜色替换”选项，如图3-130所示。

STEP 06 在“效果控件”面板中，选取“目标颜色”右侧的吸管工具，并在“节目监视器”的素材背景中吸取枝干颜色进行采样，如图3-131所示。

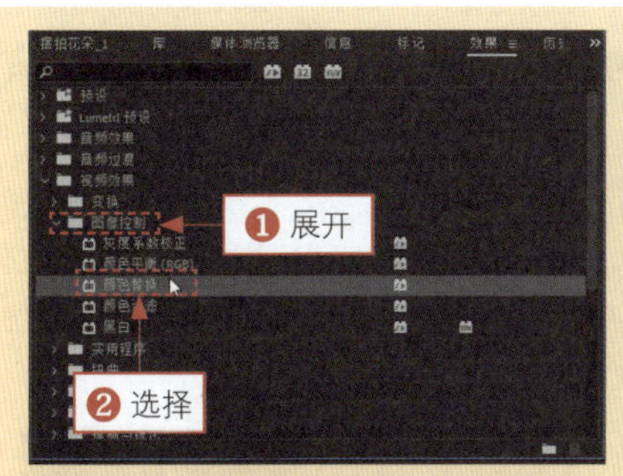

图3-128　选择“颜色替换”选项

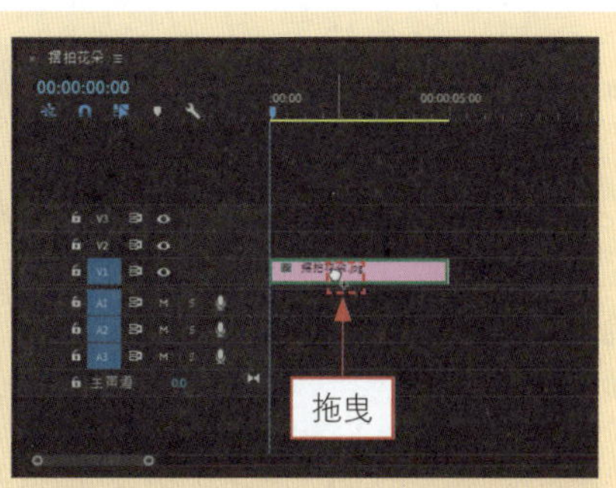

图3-129　拖曳“颜色替换”特效

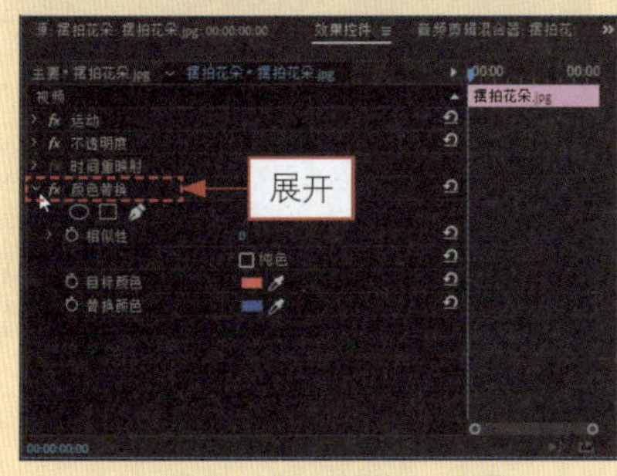

图3-130　展开“颜色替换”选项

图3-131　进行采样

STEP 07 采样完成后，在“效果控件”面板中，设置“替换颜色”为“黑色”，设置“相似性”为“30”，如图3-132所示。

STEP 08 执行操作后，即可使用“颜色替换”选项调整色彩，如图3-133所示。

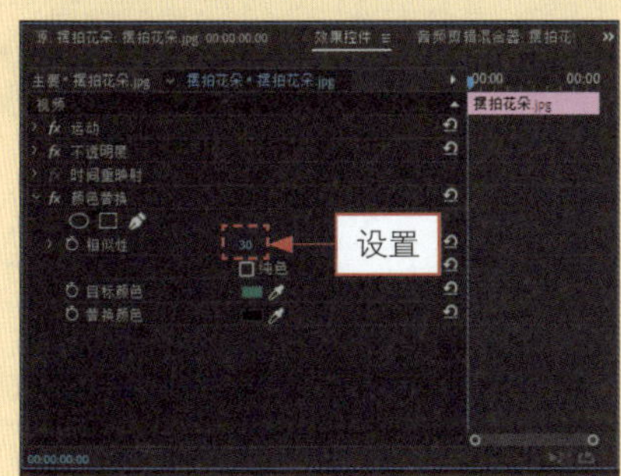

图3-132　设置“颜色替换”选项的参数

图3-133　使用“颜色替换”选项调整色彩

STEP 09 单击“播放-停止切换”按钮▶，预览视频前后对比效果，如图3-134所示。

图3-134　预览视频前后对比效果

3.4 专家支招

在Premiere Pro 2020中，用户在为影视文件调整色彩色调时，需要在“效果”面板中，❶逐一打开文件夹选择相应的特效选项，如图3-135所示。除了使用这个方法，❷用户还可以在“效果”面板中的搜索栏文本框中输入关键字进行搜索，如图3-136所示。在下方面板中会列出含有关键字的特效选项，可以节省用户在子面板中逐一查找特效选项的时间。

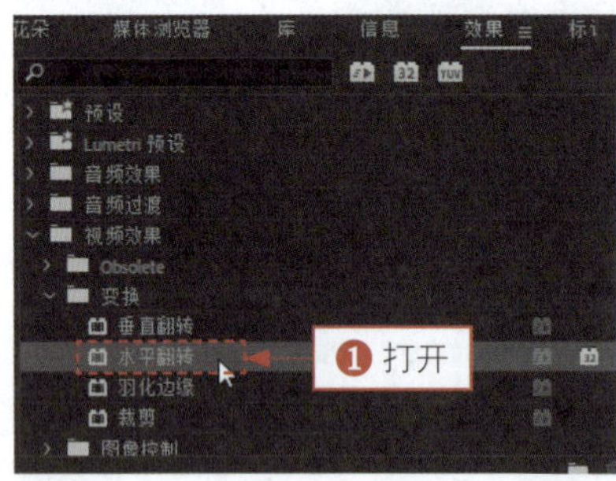

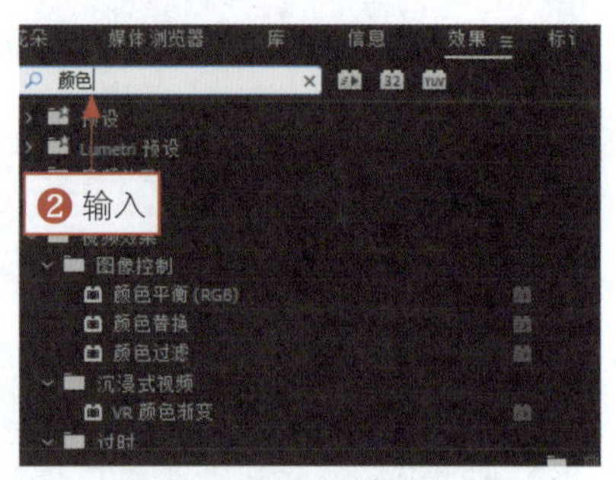

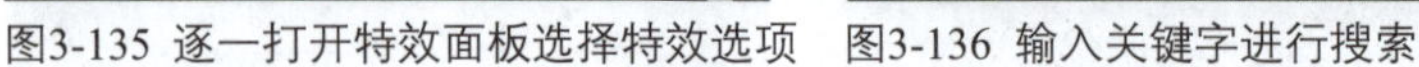
图3-135 逐一打开特效面板选择特效选项　图3-136 输入关键字进行搜索

专家指点

在 Premiere Pro 2020 的“效果”面板中许多原有的特效选项都已经被升级优化，有的被删除，有的被合并添加到了其他的文件夹中，如果用户找不到该特效选项，可以在搜索栏中搜索关键字寻找，如果没有找到，就是被删除了，用户可以使用其他的特效选项制作影视文件，也能制作出独特的作品效果。

3.5 总结拓展

Premiere Pro 2020的“效果”面板提供了多种多样的特效效果，用户可以根据需要，为素材文件添加相应的特效，在“时间轴”面板中，选择已经添加特效的素材文件，在“效果控件”面板中，用户可以根据需要在其中为素材文件设置参数，制作出特殊效果的影视文件，制作完成后即可将项目文件保存。

3.5.1 本章小结

本章详细讲解了在Premiere Pro 2020中色彩色调的调整技巧，包括了解色彩基础、色彩的校正及图像色彩的调整等内容，通过学习本章内容，用户可以熟练掌握“效果”面板中的每个特效的使用方法和作用，设置不同的参数，最终呈现的效果也会各有不同。学完本章内容后，用户可以学以致用，为日后熟练应用各个特效打下最坚实的基础。

3.5.2 举一反三——校正“视频限幅器（旧版）”

“视频限幅器（旧版）”特效用于限制剪辑中的明亮度和颜色，使它们位于用户定义的参数范围，这些参数可用于在视频信号满足广播限制的情况下尽可能保留视频，下面介绍具体的操作方法。

应用案例 举一反三——校正“视频限幅器（旧版）”

STEP 01 按“Ctrl＋O”组合键，打开一个项目文件“素材\第3章\多彩光线.prproj”，如图3-137所示。

STEP 02 打开项目文件后，在“节目监视器”面板中可以查看素材画面，如图3-138所示。

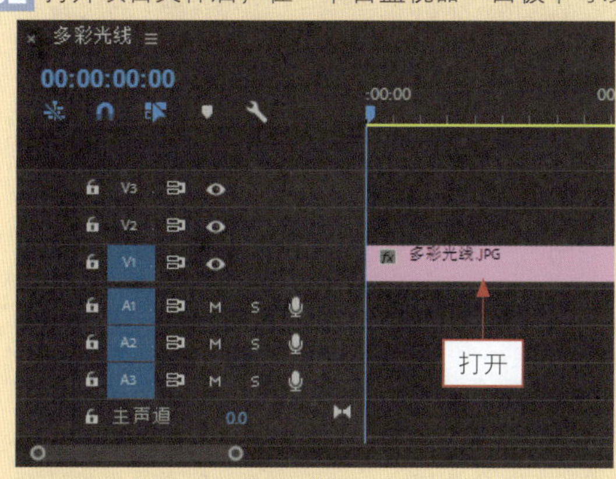

图3-137 打开一个项目文件

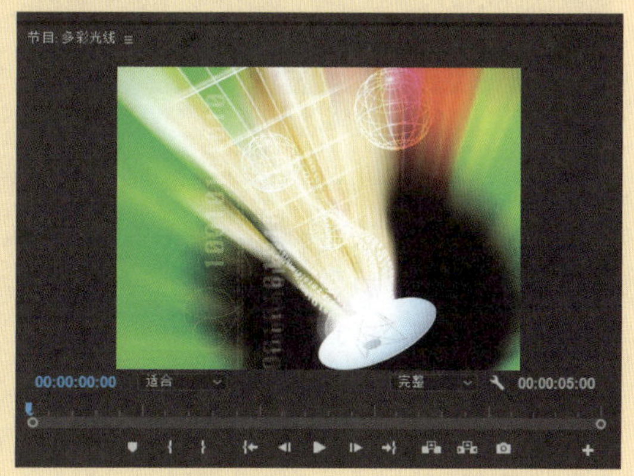

图3-138 查看素材画面

STEP 03 在“效果”面板中，❶依次展开“视频效果”|“过时”选项，❷在其中选择“视频限幅器（旧版）”选项，如图3-139所示。

STEP 04 按住鼠标左键并拖曳“视频限幅器（旧版）”特效至“时间轴”面板中V1轨道的素材上，释放鼠标左键即可添加视频特效，如图3-140所示。

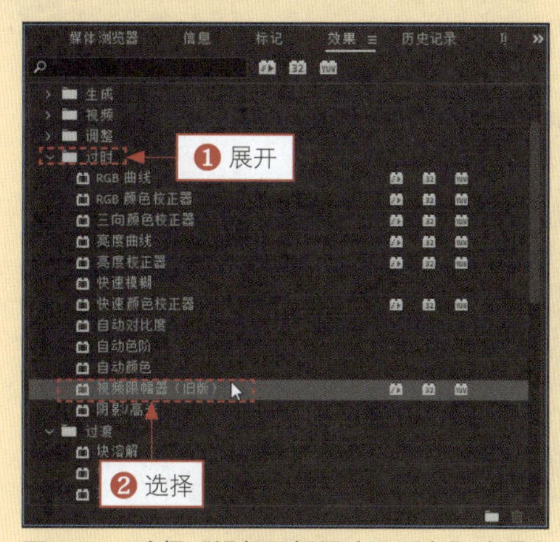

图3-139 选择“视频限幅器（旧版）”选项

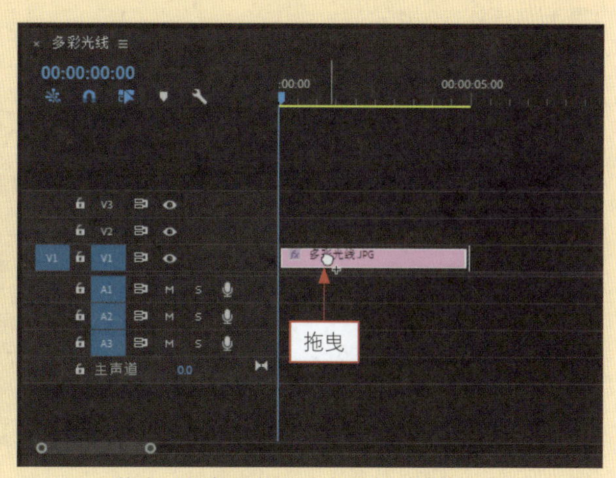

图3-140 拖曳“视频限幅器（旧版）”特效

STEP 05 选择V1轨道上的素材，在“效果控件”面板中，展开“视频限幅器（旧版）”选项，如图3-141所示。

STEP 06 在“效果控件”面板中，设置“信号最大值”为“70.00%”，如图3-142所示。

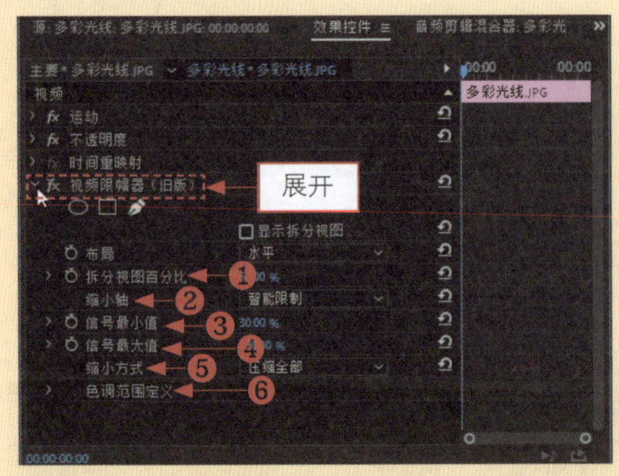

图3-141 展开“视频限幅器（旧版）”选项

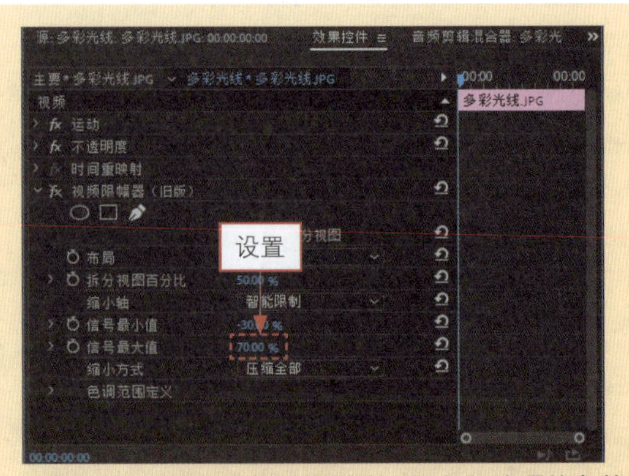

图3-142 设置“视频限幅器（旧版）”选项的参数

❶ **拆分视图百分比：** 将图像的一部分显示为校正视图，而将其他图像的另一部分显示为未校正视图。

❷ **缩小轴：** 允许设置多项限制，以定义明亮度的范围（亮度）、颜色（色度）或总体视频信号（智能限制）。“信号最小值”控件和“信号最大值”控件的可用性取决于用户所选择的“缩小轴”选项。

❸ **信号最小值：** 指定最小的视频信号，包括亮度和饱和度。

❹ **信号最大值：** 指定最大的视频信号，包括亮度和饱和度。

❺ **缩小方式：** 允许压缩特定的色调范围以保留重要色调范围中的细节（“高光压缩”、“中间调压缩”、“阴影压缩”或“高光和阴影压缩”）或压缩所有的色调范围（“压缩全部”），默认选项为“压缩全部”。

❻ **色调范围定义：** 定义剪辑中的阴影、中间调和高光的色调范围，拖动方形滑块可以调整阈值，拖动三角形滑块可以调整柔和度（羽化）的程度。阴影阈值、阴影柔和度、高光阈值、高光柔和度确定剪辑中的阴影、中间调和高光的阈值与柔和度。

STEP 07 执行操作后，即可使用“视频限幅器（旧版）”选项调整色彩，单击“播放-停止切换”按钮▶，预览视频前后对比效果，如图3-143所示。

图3-143 预览视频前后对比效果

专家指点

进行颜色校正之后，应用“视频限幅器（旧版）”特效会使视频信号符合广播标准，同时尽可能保持较高的图像质量。建议使用 YC 波形范围，以确保视频信号的等级范围为 3.5IRE ~ 100IRE。

第4章 完美过渡：编辑与设置转场效果

转场主要利用某些特殊的效果，在素材与素材之间产生自然、平滑、美观及流畅的过渡效果，可以让视频画面更富有表现力。合理地运用转场效果，可以制作出让人赏心悦目的影视片段。本章将详细介绍编辑与设置转场的方法，帮助用户掌握可以制作出更多影视转场特效的操作技巧。

本章重点

- 转场的基础知识
- 转场效果的编辑
- 转场效果属性的设置
- 常用的转场效果

4.1 转场的基础知识

在两个镜头之间添加转场效果，使得镜头与镜头之间的过渡更为平滑。本节将对转场的相关基础知识进行介绍。

4.1.1 认识转场功能

视频影片是由镜头与镜头之间的链接组建起来的，因此在许多镜头与镜头之间的切换过程中，难免会显得过于僵硬。在许多镜头之间的切换过程中，需要选择不同的转场来达到过渡效果，如图4-1所示。转场除了可以平滑两个镜头的过渡，还可以起到画面和视角之间的切换作用。

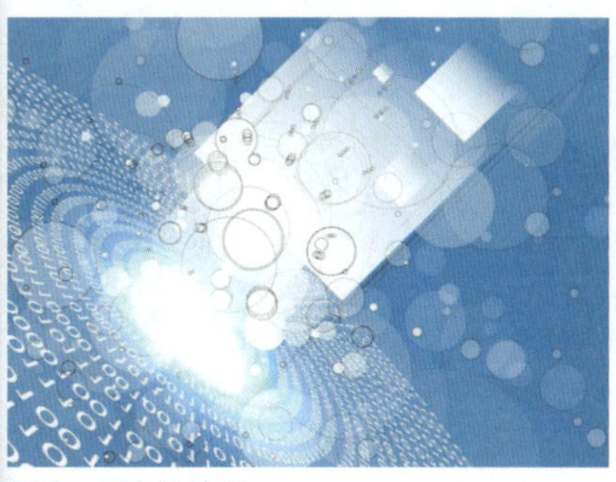

图4-1 转场效果

4.1.2 认识转场分类

Premiere Pro 2020提供了多种多样的典型转换效果，根据不同的类型，系统将其分别归类在不同的文件夹中。

Premiere Pro 2020的转场效果分别为3D运动效果、划像效果、擦除效果、沉浸式视频效果、溶解效果、内滑效果、缩放效果、页面剥落效果及其他的特殊效果等。图4-2所示为“页面剥落”转场效果。

图4-2　“页面剥落”转场效果

4.1.3 认识转场应用

构成电视片的最小单位是镜头，一个个镜头连接在一起形成的镜头序列叫作段落。每个段落都具有某个单一的、相对完整的意思，如表现一个动作过程，表现一种相关关系，表现一种含义等。而段落与段落之间、场景与场景之间的过渡或转换叫作转场。不同的转场效果应用在不同的领域，可以使其效果更佳，如图4-3所示。

图4-3　“百叶窗”转场效果

在影视科技不断发展的今天，转场的应用已经从单纯的影视效果发展到许多商业的动态广告、游戏开场动画的制作及一些网络视频的制作中。例如，3D运动转场中的“翻转”转场，多用于娱乐节目的MTV中，让节目看起来更加生动。在溶解转场中的“渐隐为白色”与“渐隐为黑色”转场效果就常用在影视节目的片头和片尾处，这种缓慢的过渡可以避免让观众产生过于突然的感觉。

4.2 转场效果的编辑

视频影片是由镜头与镜头之间的连接组建起来的，因此在许多镜头与镜头之间的切换过程中，难免会显得过于僵硬。此时，用户可以在两个镜头之间添加转场效果，使得镜头与镜头之间的过渡更为平滑。本节主要介绍转场效果编辑的基本操作方法。

4.2.1 添加转场效果

在Premiere Pro 2020中，转场效果被放置在“效果”面板的“视频过渡”文件夹中，用户只需将转场效果拖入视频轨道中即可。下面介绍添加转场效果的具体操作方法。

添加转场效果

专家指点

在 Premiere Pro 2020 中，添加完转场效果后，按“Space”键，也可以播放转场效果。

STEP 01 选择“文件”|“打开项目”命令，打开一个项目文件“素材\第4章\斑斓金鱼.prproj”，如图4-4所示。

STEP 02 在“效果控件”面板中调整素材的缩放比例，在“效果”面板中展开“视频过渡”选项，如图4-5所示。

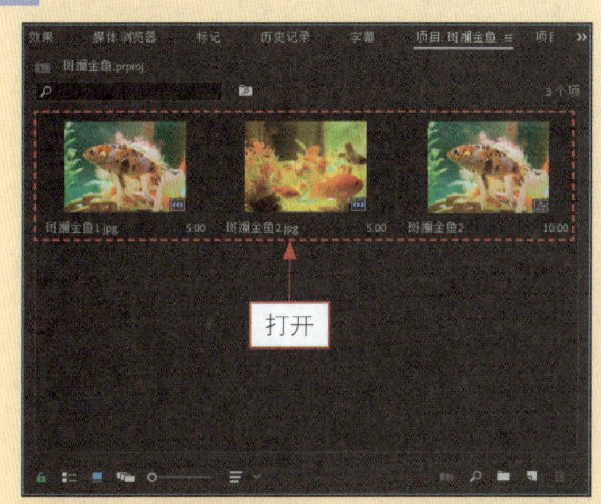

图4-4　打开一个项目文件

图4-5　展开“视频过渡”选项

STEP 03 执行操作后，❶在其中展开“划像”选项；❷在下方选择“圆划像”转场效果，如图4-6所示。

STEP 04 按住鼠标左键并将其拖曳至V1轨道的两个素材之间，添加转场效果，如图4-7所示。

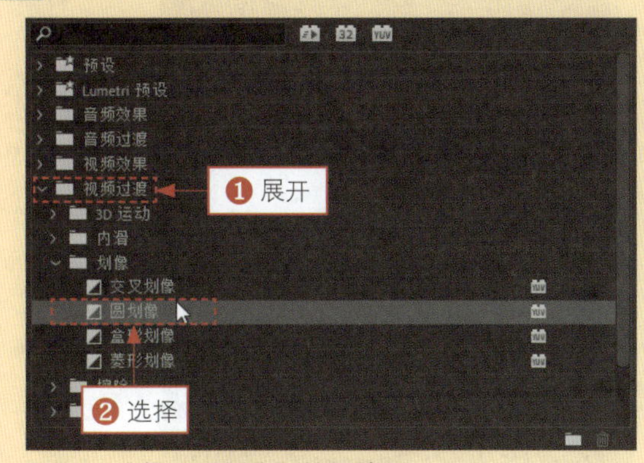

图4-6　选择“圆划像”转场效果

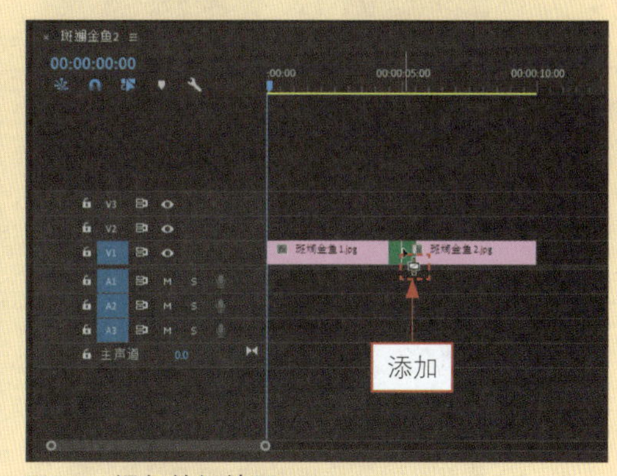

图4-7　添加转场效果

STEP 05 执行操作后，单击“节目监视器”面板中的“播放-停止切换”按钮▶，即可预览转场效果，如图4-8所示。

图4-8　预览转场效果

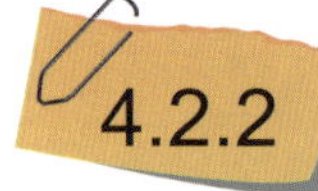

4.2.2 为不同的轨道添加转场效果

在Premiere Pro 2020中，不仅可以在同一个轨道中添加转场效果，还可以在不同的轨道中添加转场效果。下面介绍为不同的轨道添加转场效果的操作方法。

应用案例 为不同的轨道添加转场效果

STEP 01 选择“文件”|“打开项目”命令，打开一个项目文件“素材\第4章\动画特效.prproj”，如图4-9所示。

STEP 02 拖曳“项目”面板中的素材至V1轨道和V2轨道上，并调整V2轨道中的素材至合适的位置，使其与下方V1轨道中的素材交叉，在“效果控件”面板中调整素材的缩放比例，如图4-10所示。

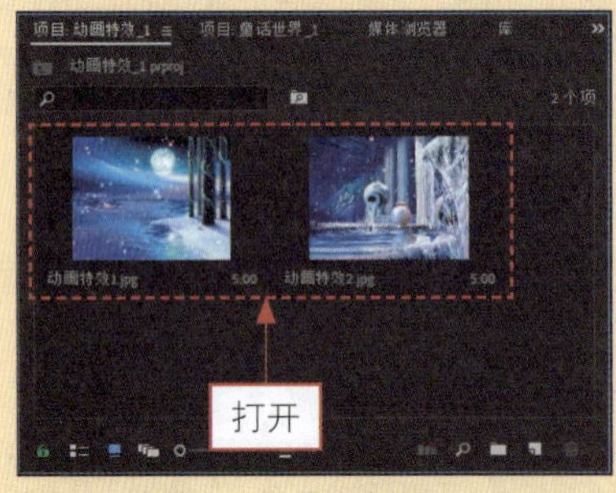

图4-9　打开一个项目文件

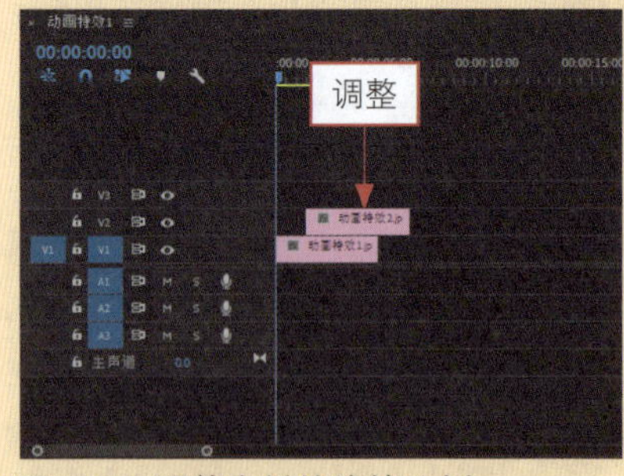

图4-10　调整素材的缩放比例

STEP 03 ❶在“效果”面板中展开“视频过渡”|“内滑”选项；❷选择“推”转场效果，如图4-11所示。

STEP 04 按住鼠标左键将其拖曳至V2轨道的素材上，即可添加转场效果，如图4-12所示。

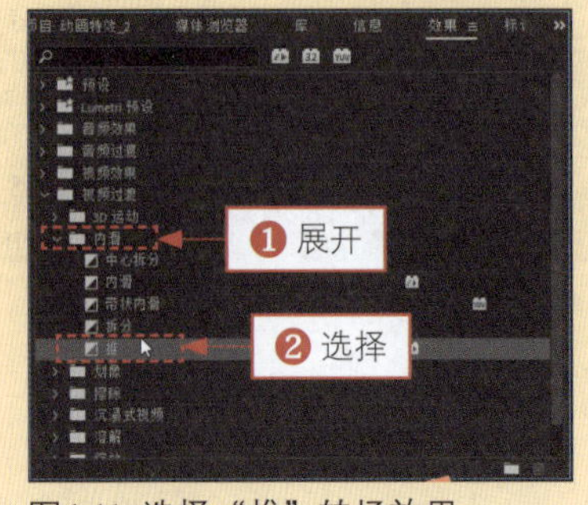

图4-11 选择“推”转场效果

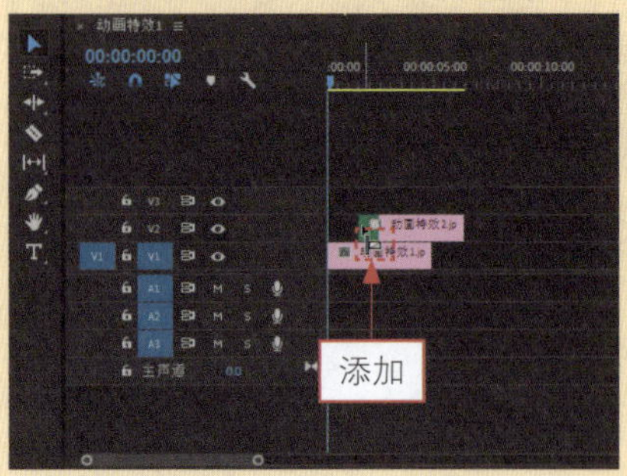

图4-12 添加转场效果

专家指点

在 Premiere Pro 2020 中为不同的轨道添加转场效果时，需要注意将不同轨道的素材进行合适的交叉，否则会出现黑屏过渡效果。

STEP 05 执行操作后，单击“节目监视器”面板中的“播放-停止切换”按钮▶，即可预览转场效果，如图4-13所示。

图4-13 预览转场效果

专家指点

在 Premiere Pro 2020 中，将多个素材依次在轨道中连接时，注意前一个素材的最后一帧与后一个素材的第一帧之间的衔接性，两个素材一定要紧密地连接在一起。如果中间留有时间空隙，则会在最终的影片播放中出现黑场。

4.2.3 替换和删除转场效果

在Premiere Pro 2020中，当用户发现添加的转场效果并不满意时，可以替换或删除转场效果。下面介绍替换和删除转场效果的操作方法。

应用案例 替换和删除转场效果

STEP 01 选择“文件”|“打开项目”命令，打开一个项目文件“素材\第4章\演奏乐器.prproj”，并预览项目效果，如图4-14所示。

STEP 02 在“时间轴”面板的V1轨道中可以查看转场效果，如图4-15所示。

图4-14 预览项目效果

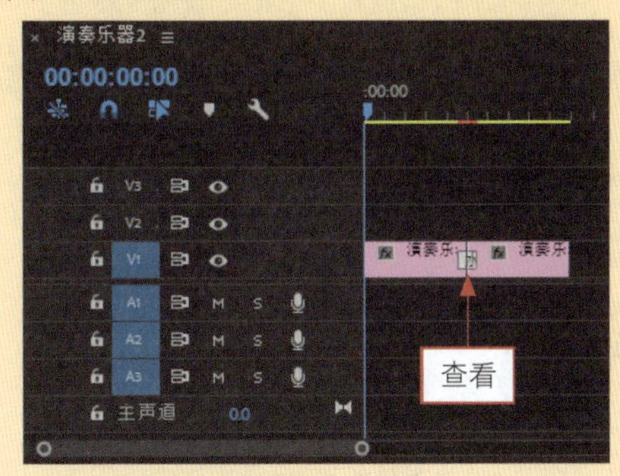

图4-15 查看转场效果

专家指点

在 Premiere Pro 2020 中，如果用户不再需要某个转场效果，则可以在“时间轴”面板中选择该转场效果，按“Delete”键删除即可。

STEP 03 在“效果”面板中，❶展开“视频过渡”|“划像”选项；❷选择“盒形划像”转场效果，如图4-16所示。

STEP 04 按住鼠标左键并将其拖曳至V1轨道的原始转场效果所在位置，即可替换转场效果，如图4-17所示。

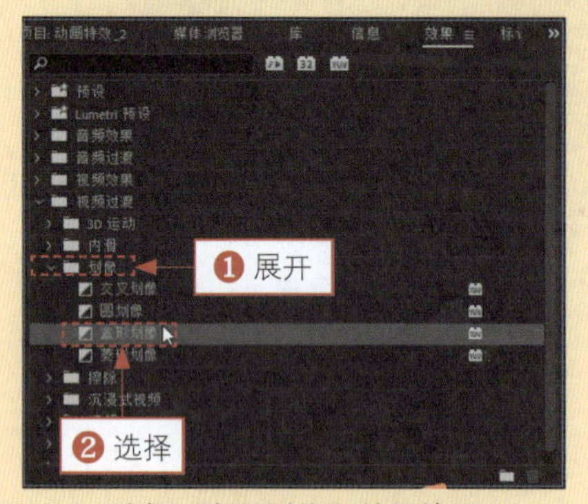

图4-16　选择“盒形划像”转场效果

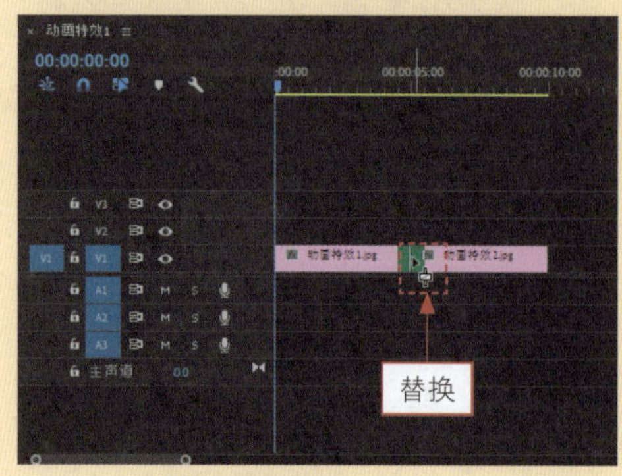

图4-17　替换转场效果

STEP 05 执行操作后，单击“节目监视器”面板中的“播放-停止切换”按钮▶，即可预览替换后的转场效果，如图4-18所示。

STEP 06 在“时间轴”面板中选择转场效果并右击，在弹出的快捷菜单中选择“清除”命令，如图4-19所示，即可删除转场效果。

图4-18　预览替换后的转场效果

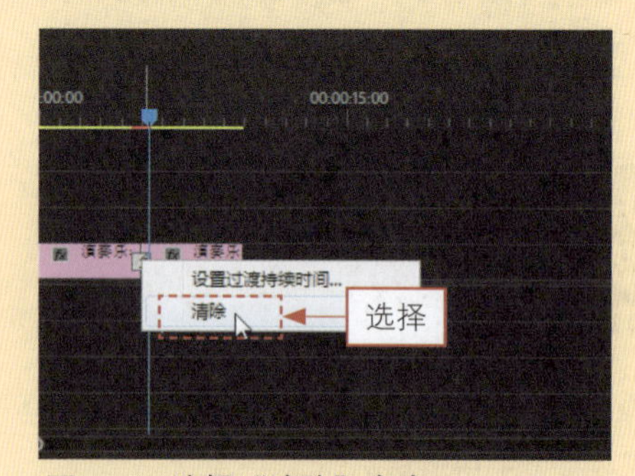

图4-19　选择“清除”命令

4.3 转场效果属性的设置

在Premiere Pro 2020中，用户可以对添加后的转场效果进行相应的设置，从而达到美化转场效果的目的。本节主要介绍设置转场效果属性的操作方法。

4.3.1 设置转场时间

在默认情况下，添加视频转场效果的播放时间的默认值为1秒，用户可以根据需要对转场的播放时间进行调整。下面介绍设置转场播放时间的操作方法。

应用案例 设置转场时间

STEP 01 在Premiere Pro 2020工作界面中，选择“文件”|“打开项目”命令，打开一个项目文件“素材\第4章\清凉夏日.prproj”，并预览项目效果，如图4-20所示。

STEP 02 在“效果控件”面板中调整素材的缩放比例，❶在“效果”面板中展开“视频过渡”|“划像”选项；❷选择“交叉划像”转场效果，如图4-21所示。

图4-20 预览项目效果

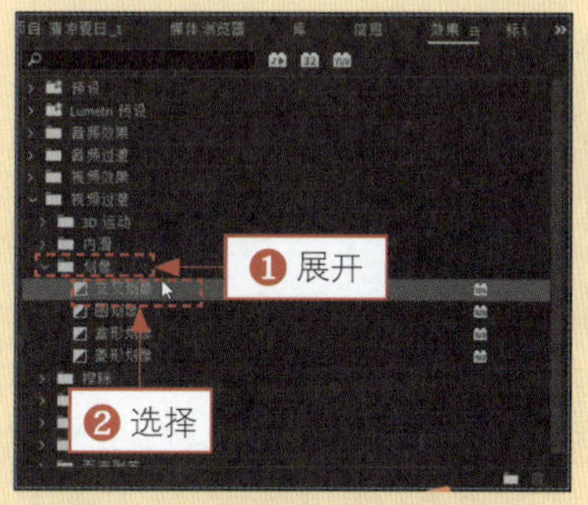

图4-21 选择“交叉划像”转场效果

STEP 03 按住鼠标左键并将其拖曳至V1轨道的两个素材之间，即可添加“交叉划像”转场效果，如图4-22所示。

STEP 04 在“时间轴”面板的V1轨道中选择添加的“交叉划像”转场效果，在“效果控件”面板中设置“持续时间”为“00:00:03:00”，如图4-23所示。

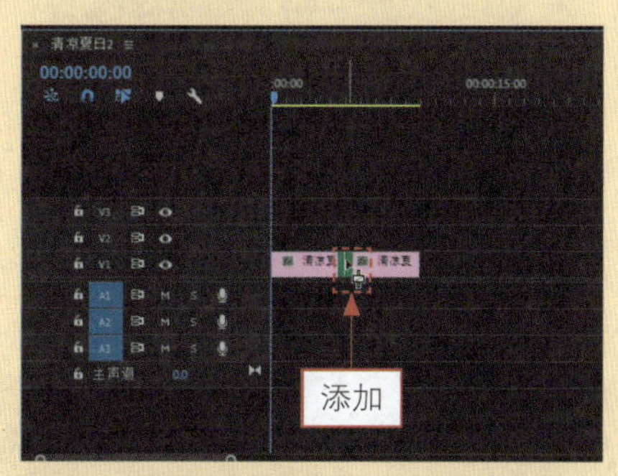

图4-22 添加“交叉划像”转场效果

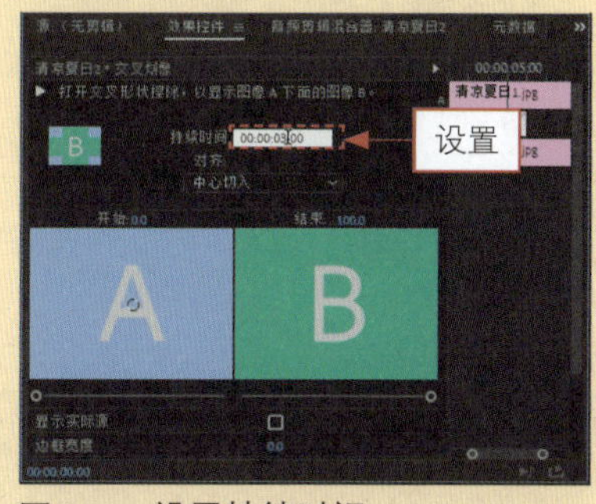

图4-23 设置持续时间

STEP 05 执行操作后，单击“节目监视器”面板中的“播放-停止切换”按钮▶，即可预览转场效果，如图4-24所示。

图4-24 预览转场效果

专家指点

在 Premiere Pro 2020 的“效果控件”面板中，不仅可以设置转场效果的持续时间，还可以显示素材的实际来源、边框、边色、反向及抗锯齿品质等。

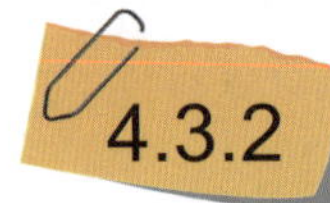

4.3.2 对齐转场效果

在Premiere Pro 2020中，用户可以根据需要对添加的转场效果设置对齐方式。下面介绍对齐转场效果的操作方法。

应用案例 对齐转场效果

STEP 01 在Premiere Pro 2020工作界面中，选择“文件”|“打开项目”命令，打开一个项目文件“素材\第4章\春秋之景.prproj”，并预览项目效果，如图4-25所示。

图4-25 预览项目效果

STEP 02 在“项目”面板中拖曳素材至V1轨道中，在“效果控件”面板中调整素材的缩放比例，❶在“效果”面板中展开“视频过渡”|“擦除”选项；❷选择“插入”转场效果，如图4-26所示。

STEP 03 按住鼠标左键并将其拖曳至V1轨道的两个素材之间，即可添加“插入”转场效果，如图4-27所示。

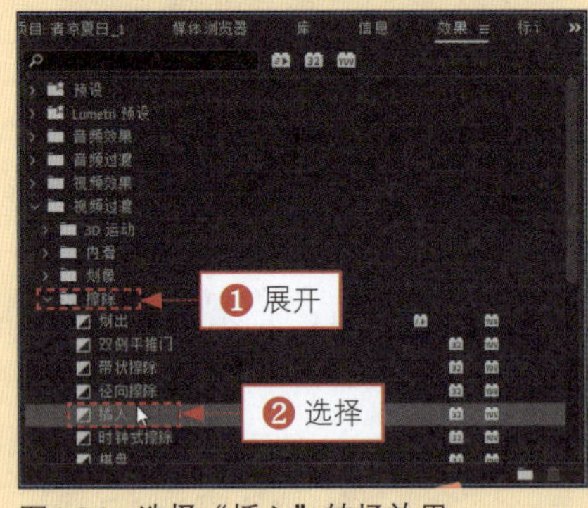

图4-26 选择“插入”转场效果

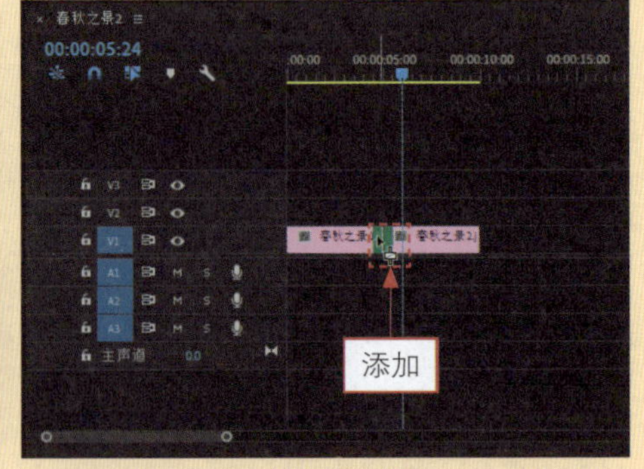

图4-27 添加“插入”转场效果

STEP 04 双击添加的“插入”转场效果，❶在“效果控件”面板中单击“对齐”右侧的下拉按钮，❷在弹出的下拉列表中选择“起点切入”选项，如图4-28所示。

STEP 05 执行操作后，V1轨道上的“插入”转场效果即可对齐到“起点切入”位置，如图4-29所示。

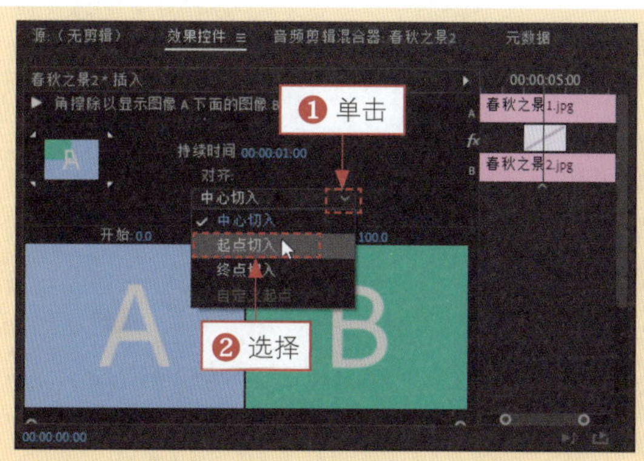

图4-28 选择“起点切入”选项

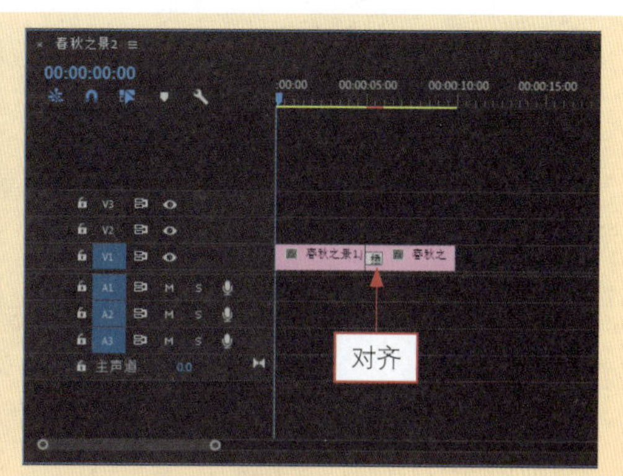

图4-29 对齐转场效果

专家指点

在 Premiere Pro 2020 的“效果控件”面板中，系统默认的对齐方式为中心切入，用户还可以设置起点切入、终点切入及自定义起点 3 种对齐方式，设置完成后“时间轴”面板中的素材会随即发生变化。

STEP 06 单击“节目监视器”面板中的“播放-停止切换”按钮▶，即可预览转场效果，如图4-30所示。

图4-30 预览转场效果

4.3.3 反向转场效果

在Premiere Pro 2020中，用户可以在“效果控件”面板中，将转场效果设置为反向，预览转场效果时可以反向预览显示效果。下面介绍反向转场效果的操作方法。

反向转场效果

STEP 01 在Premiere Pro 2020工作界面中，选择“文件”|“打开项目”命令，打开一个项目文件“素材\第4章\水果缤纷.prproj”，并预览项目效果，如图4-31所示。

STEP 02 在“时间轴”面板中，选择转场效果，如图4-32所示。

STEP 03 执行操作后，展开“效果控件”面板，如图4-33所示。

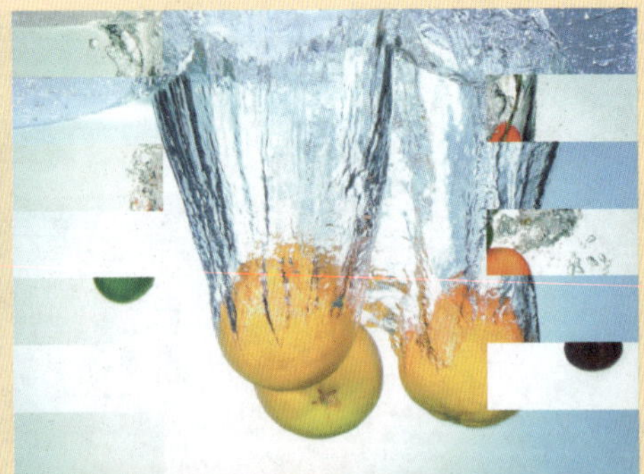

图4-31　预览项目效果

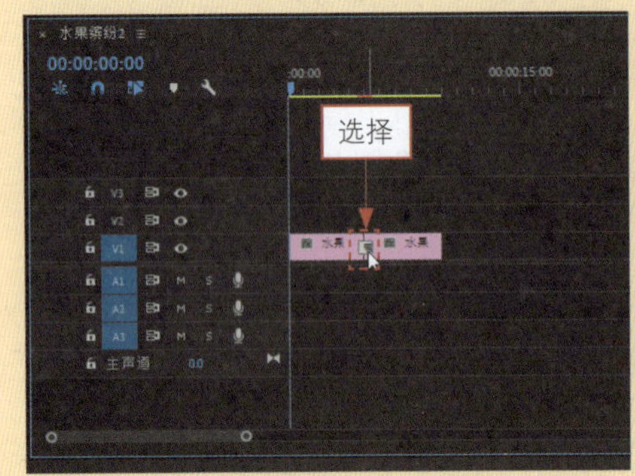

图4-32　选择转场效果

图4-33　展开“效果控件”面板

STEP 04 向下拖曳“效果控件”面板右侧的滑块或滑动鼠标滑轮，勾选“反向”复选框，如图4-34所示。

STEP 05 执行操作后，单击“节目监视器”面板中的“播放-停止切换”按钮▶，即可预览反向转场效果，如图4-35所示。

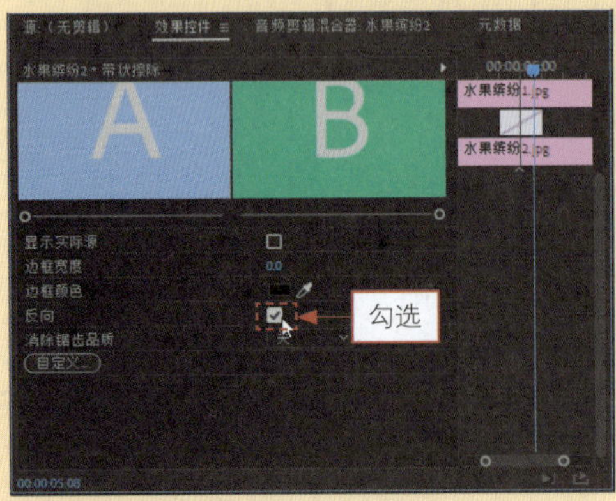

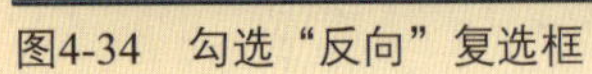
图4-34　勾选“反向”复选框

图4-35　预览反向转场效果

4.3.4 显示实际素材来源

在Premiere Pro 2020中，系统默认的转场效果并不会显示原始素材，用户可以通过设置“效果控件”面板来显示素材来源。下面介绍显示实际素材来源的操作方法。

应用案例 显示实际素材来源

STEP 01 在Premiere Pro 2020工作界面中，选择“文件”|“打开项目”命令，打开一个项目文件“素材\第4章\午后咖啡.prproj”，并预览项目效果，如图4-36所示。

图4-36　预览项目效果

专家指点

在“效果控件”面板中勾选“显示实际源”复选框，大写字母A和B两个预览区中显示的分别是视频轨道上第一段素材转场的开始帧和第二段素材的结束帧。

STEP 02 在“时间轴”面板的V1轨道中选择转场效果，展开“效果控件”面板，如图4-37所示。

STEP 03 在其中勾选中“显示实际源”复选框，如图4-38所示。执行操作后，即可显示实际素材来源，查看到转场的开始与结束点。

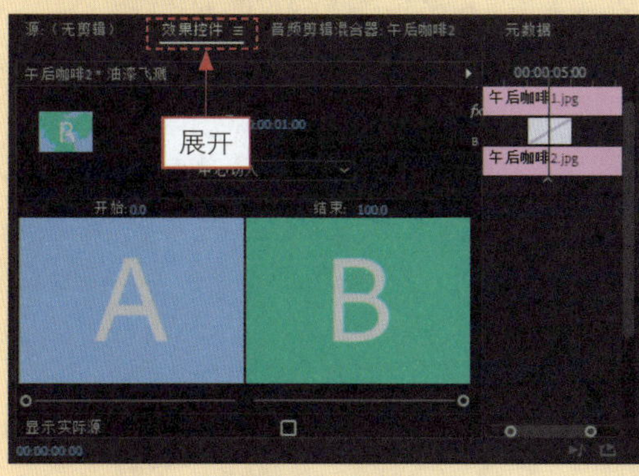

图4-37　展开“效果控件”面板

图4-38　勾选“显示实际源”复选框

4.3.5 设置转场边框

在Premiere Pro 2020中，不仅可以设置对齐转场、转场播放时间及反向效果等，还可以设置转场边框宽度和边框颜色。下面介绍设置转场边框和边框颜色的操作方法。

应用案例　设置转场边框

STEP 01 在Premiere Pro 2020工作界面中，选择“文件”|“打开项目”命令，打开一个项目文件“素材\第4章\书有花香.prproj”，并预览项目效果，如图4-39所示。

STEP 02 在“时间轴”面板中，选择转场效果，如图4-40所示。

图4-39　预览项目效果

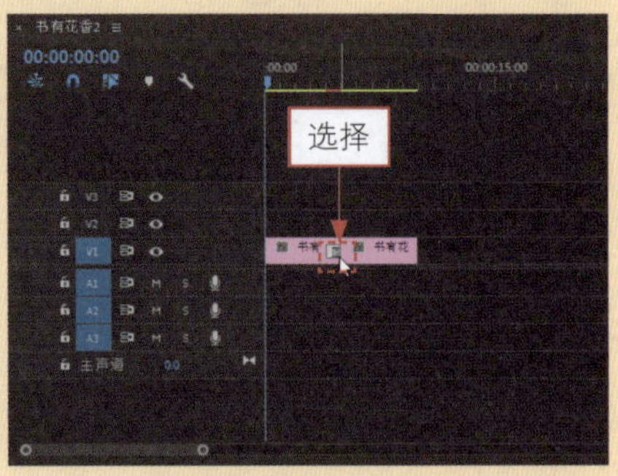

图4-40　选择转场效果

STEP 03 在“效果控件”面板中，单击“边框颜色”选项右侧的色块，弹出“拾色器”对话框，在其中设置RGB颜色值为“248”、“252”和“247”，如图4-41所示。

STEP 04 设置完成后，单击“确定”按钮，在“效果控件”面板中设置“边框宽度”为“5.0”，如图4-42所示。

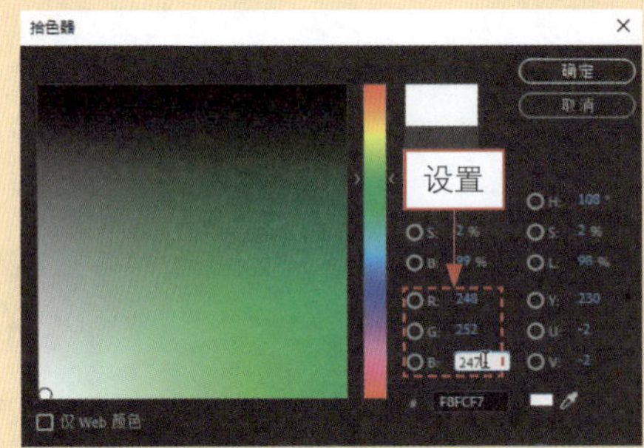

图4-41　设置RGB颜色值

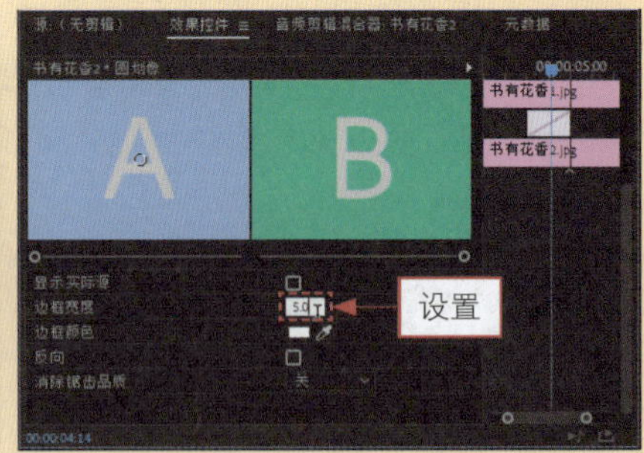

图4-42　设置边框宽度

STEP 05 执行操作后，单击“节目监视器”面板中的“播放-停止切换”按钮▶，即可预览设置边框宽度和边框颜色后的转场效果，如图4-43所示。

图4-43 预览设置边框宽度和边框颜色后的转场效果

4.4 常用的转场效果

添加过渡效果可以使得镜头与镜头之间的过渡显得更为平滑。

4.4.1 叠加溶解

“叠加溶解”转场效果是将第一个镜头的画面融化消失，第二个镜头的画面同时出现的转场效果，下面介绍具体操作方法。

应用案例　叠加溶解

STEP 01 在Premiere Pro 2020工作界面中，按“Ctrl＋O”组合键，打开一个项目文件“素材\第4章\美丽新娘.prproj”，如图4-44所示。

STEP 02 打开项目文件后，在“节目监视器”面板中可以查看素材画面，如图4-45所示。

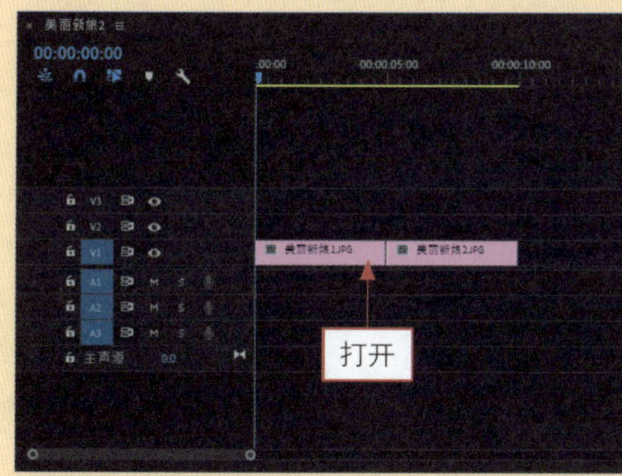

图4-44　打开一个项目文件

图4-45　查看素材画面

STEP 03 在“效果”面板中，❶依次展开“视频过渡”|“溶解”选项；❷在其中选择“叠加溶解”过渡转场，如图4-46所示。

STEP 04 将“叠加溶解”过渡转场拖曳到“时间轴”面板的V1轨道中相应的两个素材文件之间，如图4-47所示。

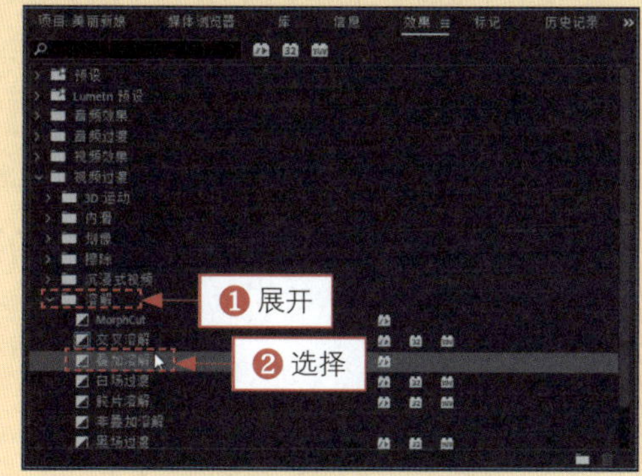

图4-46　选择“叠加溶解”过渡转场

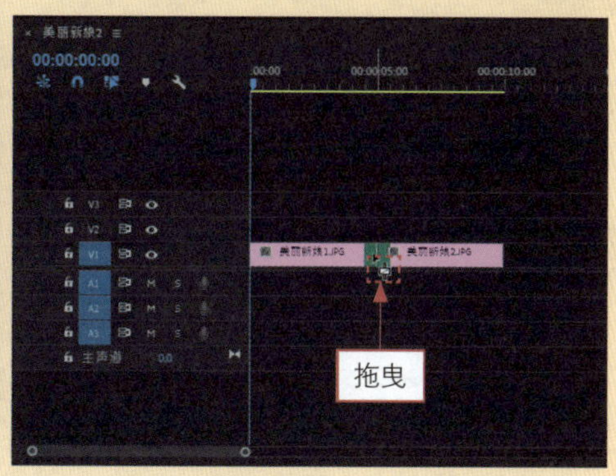

图4-47　拖曳“叠加溶解”过渡转场

STEP 05 在“时间轴”面板的V1轨道中选择“叠加溶解”过渡转场，切换至“效果控件”面板，将鼠标指针移至效果fx右侧的过渡转场效果上，当鼠标指针呈红色拉伸形状时，按住鼠标左键并向右拖曳，即可调整过渡转场效果的播放时间，如图4-48所示。

STEP 06 执行操作后，即可设置“叠加溶解”转场效果，如图4-49所示。

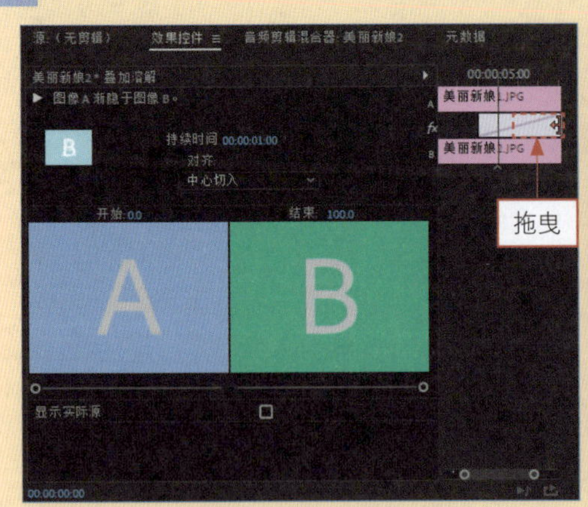

图4-48 调整过渡转场效果的播放时间

图4-49 设置“叠加溶解”转场效果

STEP 07 在“节目监视器”面板中，单击“播放-停止切换”按钮，预览视频效果，如图4-50所示。

图4-50 预览视频效果

专家指点

在“时间轴”面板中也可以对视频过渡效果进行简单的设置，将鼠标指针移至过渡转场效果图标上，当鼠标指针呈白色三角形状时，按住鼠标左键并拖曳，可以调整过渡转场效果的切入位置，将鼠标指针移至过渡转场效果图标的右侧，当鼠标指针呈红色拉伸形状时，按住鼠标左键并拖曳，可以调整过渡转场效果的播放时间。

4.4.2 中心拆分

“中心拆分”转场效果是将第一个镜头的画面从中心拆分为4个画面，并向4个角落移动，逐渐过渡到第二个镜头的转场效果，下面介绍具体操作方法。

应用案例 中心拆分

STEP 01 在Premiere Pro 2020工作界面中，按“Ctrl＋O”组合键，打开一个项目文件“素材\第4章\周年庆典.prproj”，如图4-51所示。

STEP 02 在“节目监视器”面板中可以查看素材画面，如图4-52所示。

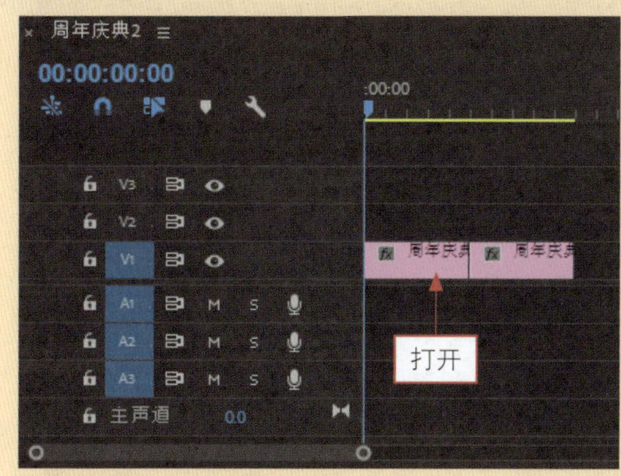

图4-51　打开一个项目文件

图4-52　查看素材画面

STEP 03 在“效果”面板中，❶依次展开“视频过渡”|“内滑”选项；❷在其中选择“中心拆分”过渡转场，如图4-53所示。

STEP 04 将“中心拆分”过渡转场拖曳到“时间轴”面板的V1轨道中相应的两个素材文件之间，如图4-54所示。

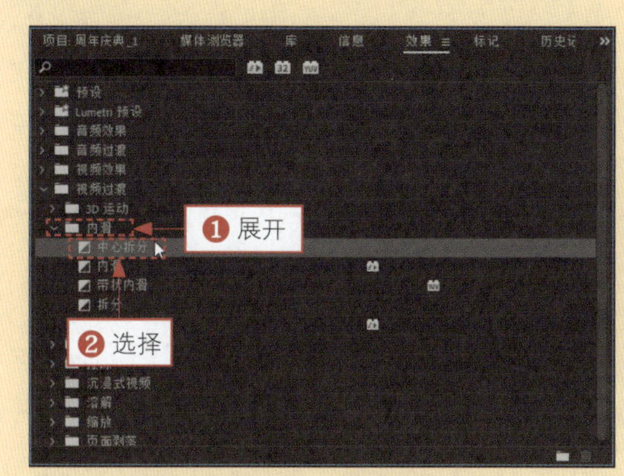

图4-53　选择“中心拆分”过渡转场

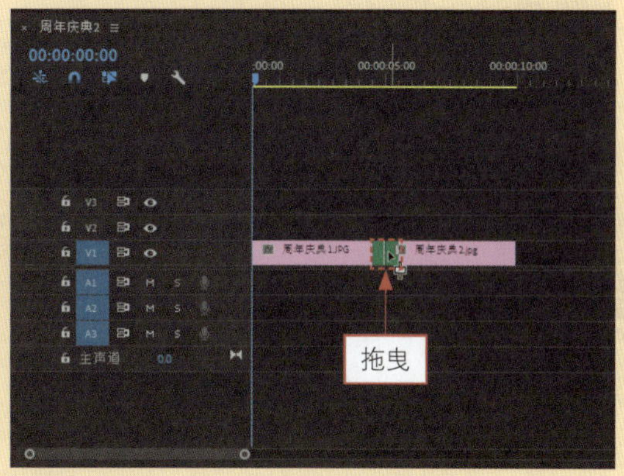

图4-54　拖曳“中心拆分”过渡转场

STEP 05 在“时间轴”面板的V1轨道中选择“中心拆分”过渡转场，切换至“效果控件”面板，设置“边框宽度”为“2.0”、“边框颜色”为“白色”，如图4-55所示。

STEP 06 执行操作后，即可设置“中心拆分”转场效果，如图4-56所示。

STEP 07 在“节目监视器”面板中，单击“播放-停止切换”按钮▶，预览视频效果，如图4-57所示。

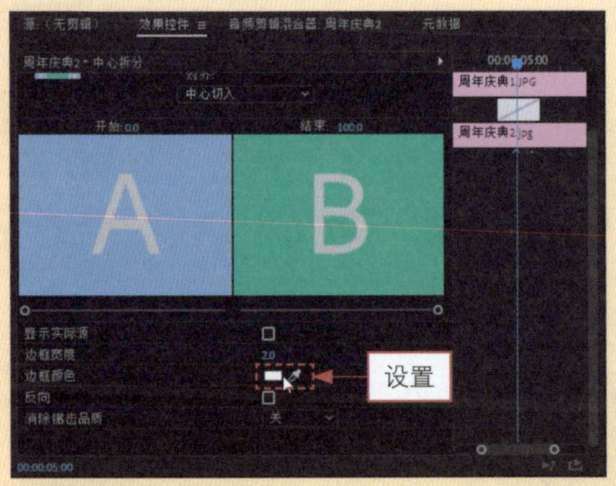

图4-55 设置边框颜色

图4-56 设置“中心拆分”转场效果

图4-57 预览视频效果

4.4.3 渐变擦除

“渐变擦除”转场效果是将第二个镜头的画面以渐变的方式逐渐取代第一个镜头的转场效果，下面介绍具体操作方法。

应用案例 渐变擦除

STEP 01 在Premiere Pro 2020工作界面中，按“Ctrl+O”组合键，打开一个项目文件“素材\第4章\美丽枫叶.prproj”，如图4-58所示。

STEP 02 打开项目文件后，在“节目监视器”面板中可以查看素材画面，如图4-59所示。

STEP 03 在“效果”面板中，❶依次展开“视频过渡”|“擦除”选项；❷在其中选择“渐变擦除”过渡转场，如图4-60所示。

STEP 04 将“渐变擦除”过渡转场拖曳到“时间轴”面板的V1轨道中相应的两个素材文件之间，如图4-61所示。

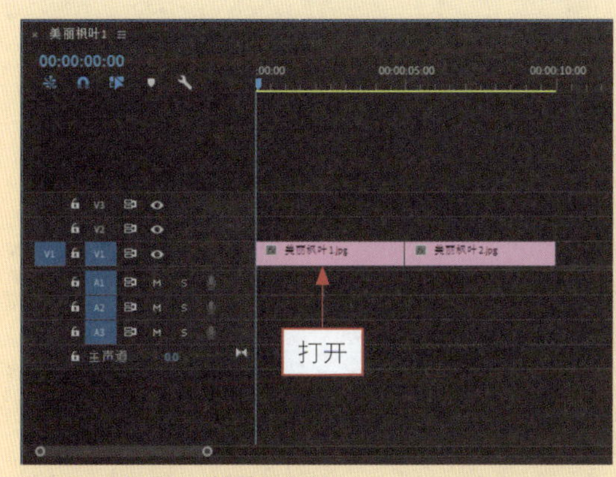

图4-58　打开一个项目文件

图4-59　查看素材画面

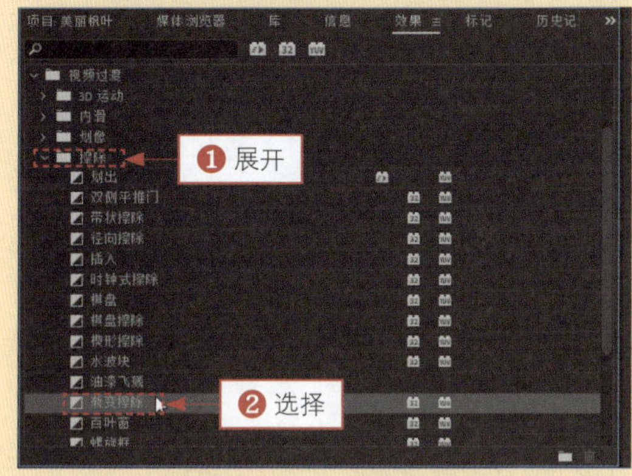

图4-60　选择“渐变擦除”过渡转场

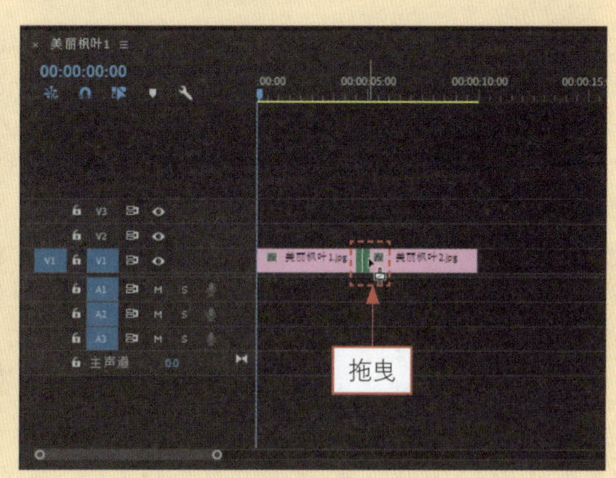

图4-61　拖曳“渐变擦除”过渡转场

STEP 05 释放鼠标左键，弹出“渐变擦除设置”对话框，在对话框中设置“柔和度”为“0”，如图4-62所示。

STEP 06 单击“确定”按钮，即可设置“渐变擦除”转场效果，如图4-63所示。

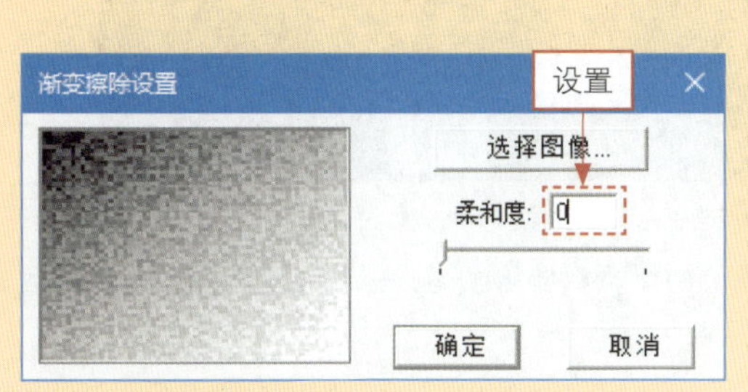

图4-62　设置柔和度

图4-63　设置“渐变擦除”转场效果

STEP 07 单击“播放-停止切换”按钮▶，预览视频效果，如图4-64所示。

图4-64 预览视频效果

4.4.4 翻页

“翻页”转场效果主要是将第一幅图像以翻页的形式从一角卷起，最终将第二幅图像显示出来，下面介绍具体操作方法。

应用案例 翻页

STEP 01 按“Ctrl＋O”组合键，打开一个项目文件“素材\第4章\电影海报.prproj”，如图4-65所示。

STEP 02 打开项目文件后，在“节目监视器”面板中可以查看素材画面，如图4-66所示。

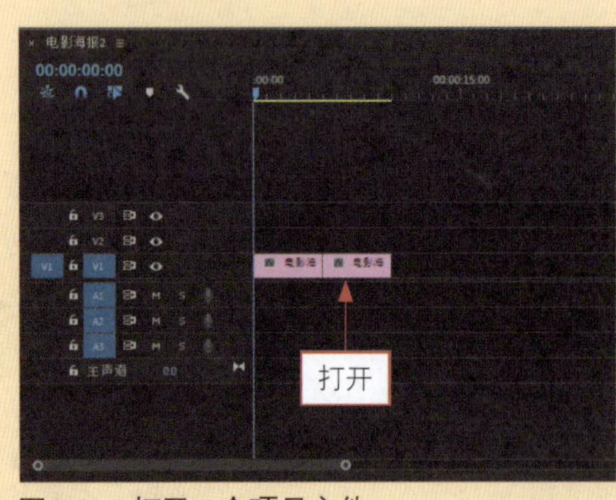

图4-65 打开一个项目文件

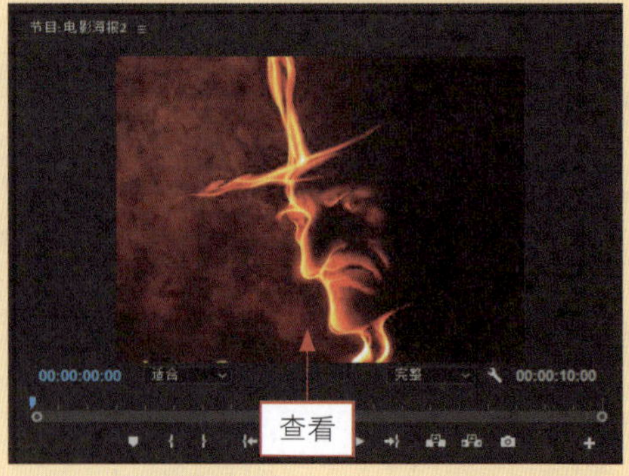

图4-66 查看素材画面

STEP 03 在“效果”面板中，❶依次展开“视频过渡”|“页面剥落”选项；❷在其中选择“翻页”过渡转场，如图4-67所示。

STEP 04 将“翻页”过渡转场拖曳到“时间轴”面板的V1轨道中相应的两个素材文件之间，如图4-68所示。

专家指点

用户在“效果”面板的“页面剥落”列表中，选择“翻页”转场效果后并右击，在弹出的快捷菜单中选择“设置所选择为默认过渡”命令，即可将“翻页”转场效果设置为默认转场。

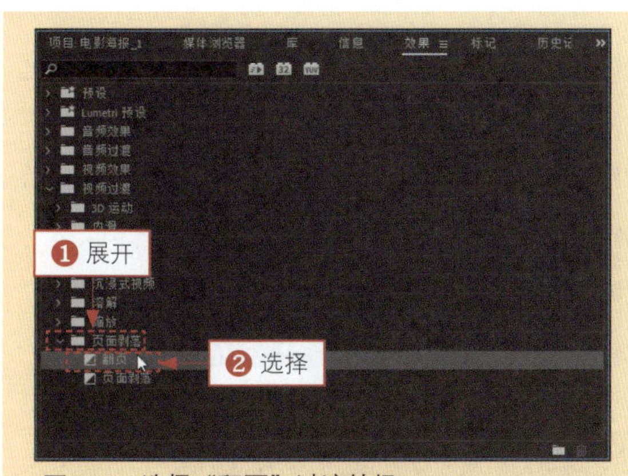

图4-67　选择“翻页”过渡转场

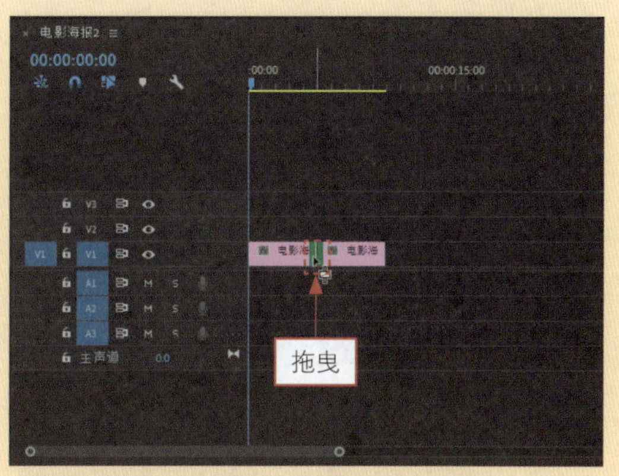

图4-68　拖曳“翻页”过渡转场

STEP 05 执行操作后，即可添加“翻页”转场效果，在“节目监视器”面板中，单击“播放-停止切换”按钮▶，预览视频效果，如图4-69所示。

图4-69　预览视频效果

4.4.5 带状内滑

“带状内滑”转场效果能够将第二个镜头画面从预览窗口中的左右两边以带状形式向中间滑动拼接显示出来，下面介绍具体操作方法。

应用案例　带状内滑

STEP 01 按“Ctrl＋O”组合键，打开一个项目文件“素材\第4章\山脉风景.prproj”，如图4-70所示。

STEP 02 打开项目文件后，在“节目监视器”面板中可以查看素材画面，如图4-71所示。

STEP 03 在“效果”面板中，❶依次展开“视频过渡”|“内滑”选项；❷在其中选择“带状内滑”过渡转场，如图4-72所示。

STEP 04 将“带状内滑”过渡转场拖曳到“时间轴”面板的V1轨道中相应的两个素材文件之间，如图4-73所示。

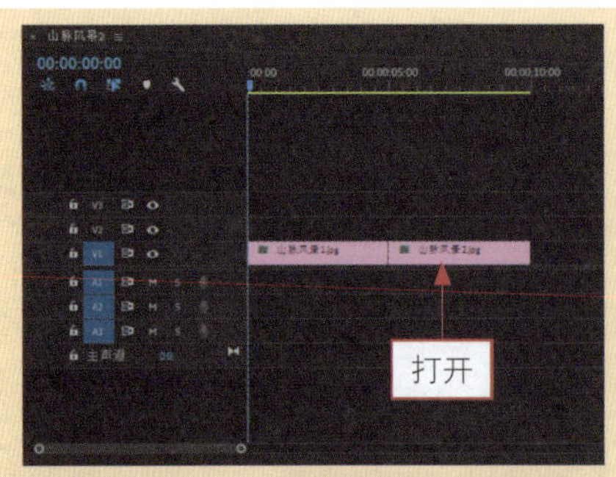

图4-70　打开一个项目文件

图4-71　查看素材画面

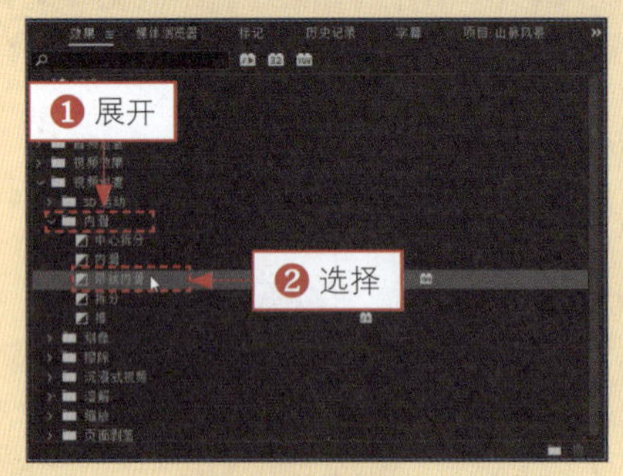

图4-72　选择“带状内滑”过渡转场

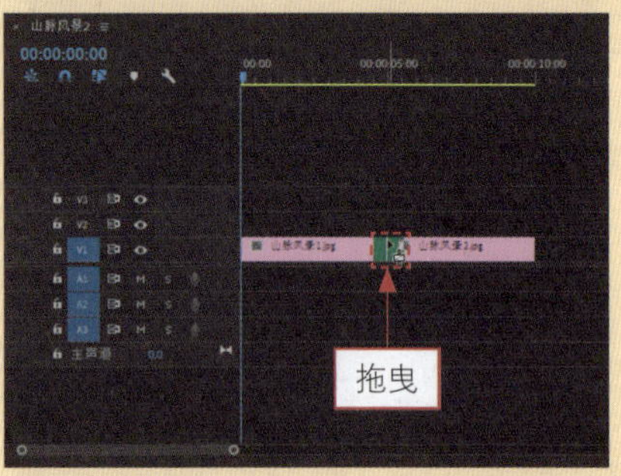

图4-73　拖曳“带状内滑”过渡转场

STEP 05 在添加的“带状内滑”过渡转场上右击，在弹出的快捷菜单中选择“设置过渡持续时间”命令，如图4-74所示。

STEP 06 在弹出的“设置过渡持续时间”对话框中，设置“持续时间”为“00:00:03:00”，如图4-75所示。

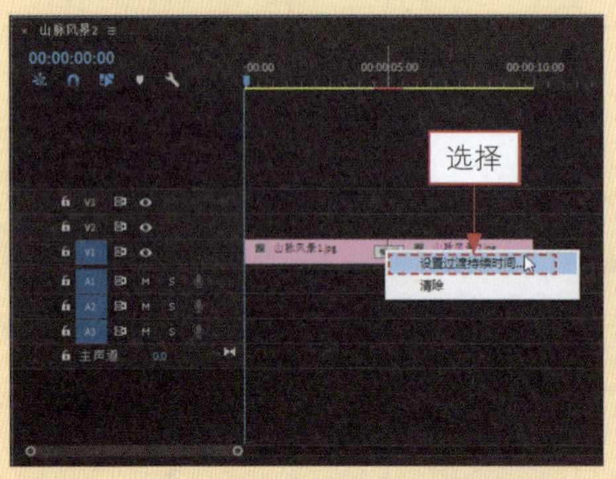

图4-74　选择“设置过渡持续时间”命令

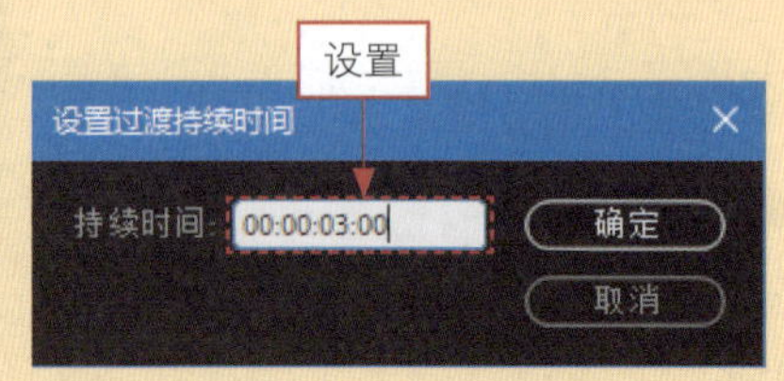

图4-75　设置过渡持续时间

STEP 07 单击“确定”按钮，V1轨道显示效果如图4-76所示。

STEP 08 执行操作后，即可设置“带状内滑”转场效果，如图4-77所示。

STEP 09 在“节目监视器”面板中，单击“播放-停止切换”按钮▶，预览视频效果，如图4-78所示。

专家指点

在 Premiere Pro 2020 中，“滑动”转场效果是以画面滑动的方式进行转换的，共有 12 种转场效果。

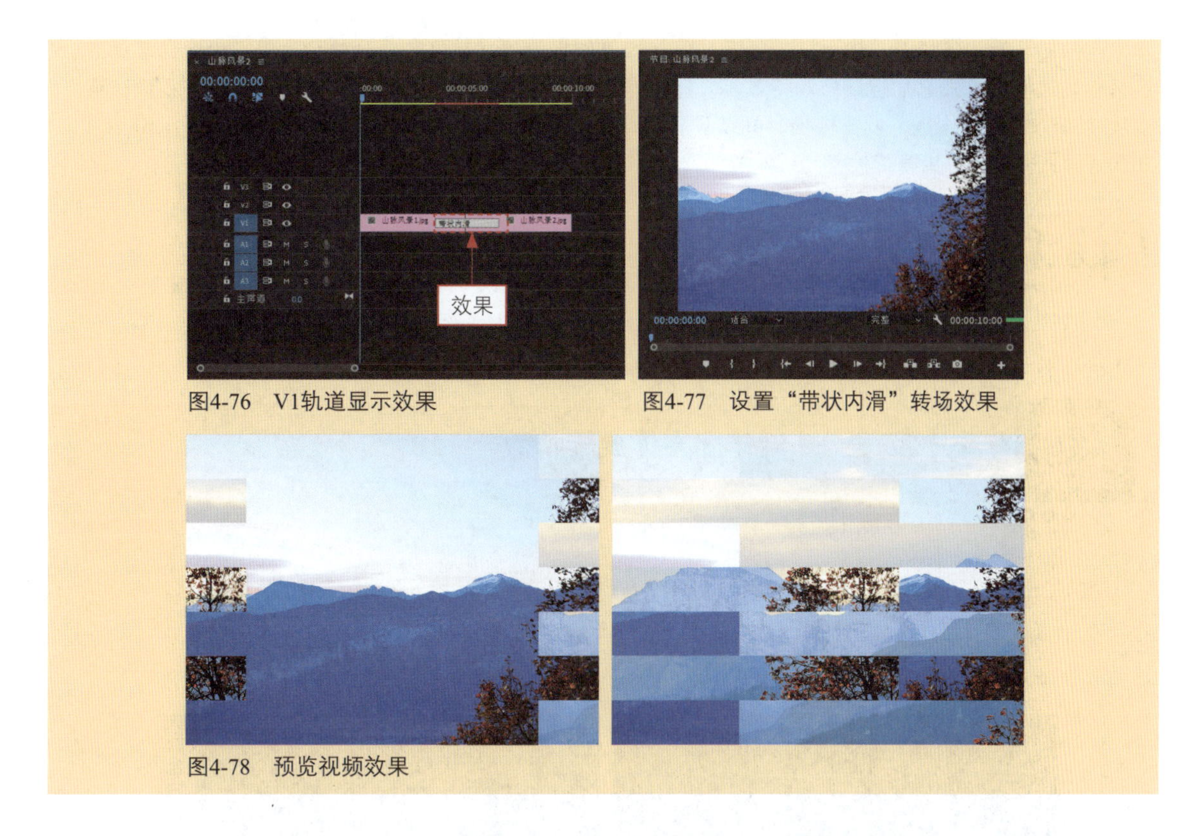

图4-76　V1轨道显示效果

图4-77　设置“带状内滑”转场效果

图4-78　预览视频效果

4.5 专家支招

在Premiere Pro 2020的“时间轴”面板中，视频过渡转场通常应用在同一轨道上两个相邻的素材文件之间，也可以应用在素材文件的开始或结尾处，在结尾处经常添加的是“渐隐为黑色”转场效果。

在已添加视频过渡转场的素材文件上，会出现相应的视频过渡转场图标，图标的宽度会根据视频过渡转场的持续时间长度而变化，选择相应的视频过渡转场图标，此时图标变成灰色，切换至“效果控件”面板，可以对视频过渡转场进行详细设置，勾选“显示实际源”复选框，即可在“效果控件”面板中的预览区内预览实际素材效果。

4.6 总结拓展

在Premiere Pro 2020中的“效果”|“视频过渡”选项中，提供了多种转场特效，包括了“翻页”、“交叉划像”、“双侧平推门”、“百叶窗”、“螺旋框”、“风车”、“交叉溶解”、“渐隐为白色”、“交叉缩放”及“页面剥落”等转场，它在两个影视素材文件之间起到过渡作用，可以使素材画面切换时不会显得生硬，运用这些转场效果，可以让素材与素材之间过渡得更加完美、自然和流畅，从而制作出绚丽多彩的影视作品。

4.6.1 本章小结

本章详细讲解了在Premiere Pro 2020中转场效果的基础知识、转场效果的编辑、转场效果属性的设置及常用的转场效果等内容，包括认识转场功能、添加转场效果、替换和删除转场效果、设置转场时间、设置转场边框及添加叠加溶解转场特效等。通过学习本章的内容，希望读者能够熟练掌握“视频过渡”选项中各个转场的作用，设置转场时间及设置转场边框等操作技巧。除了本章所述内容，Premiere Pro 2020还有更多转场效果有待读者自行探索和发掘，制作出更加漂亮的影视作品。

4.6.2 举一反三——制作立方体旋转特效

“立方体旋转”转场效果是将第一个镜头以立体旋转的方式显示第二个镜头画面，将两幅图像映射在立方体的两个面。

应用案例 举一反三——制作立方体旋转特效

STEP 01 按“Ctrl＋O”组合键，打开一个项目文件“素材\第4章\动画片段.prproj”，如图4-79所示。

STEP 02 在“效果”面板中，依次展开“视频过渡”|“3D运动”选项，在其中选择“立方体旋转”转场效果，并将其拖曳到“时间轴”面板的V1轨道中相应的两个素材文件之间，如图4-80所示。

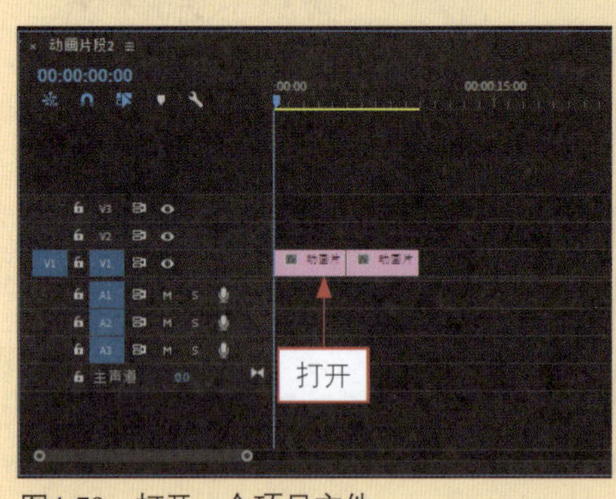

图4-79　打开一个项目文件

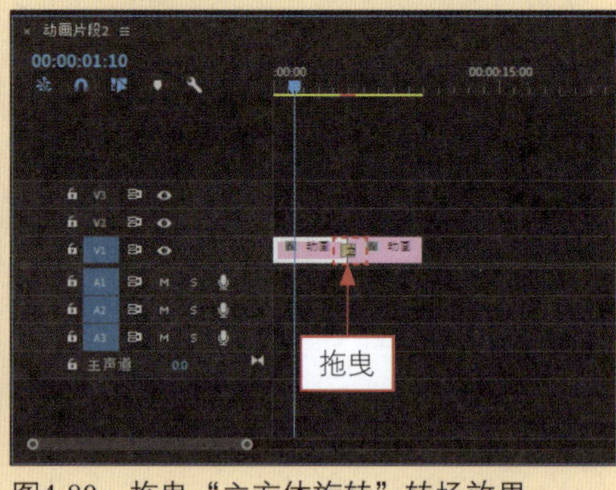

图4-80　拖曳“立方体旋转”转场效果

STEP 03 执行操作后，即可添加“立方体旋转”转场效果，在“节目监视器”面板中，单击“播放-停止切换”按钮▶，预览视频效果，如图4-81所示。

图4-81　预览视频效果

第5章 酷炫特效：精彩视频特效的制作

随着数字时代的发展，添加影视效果这一复杂的工作已经得到了简化。在Premiere Pro 2020强大的视频效果的帮助下，可以对视频、图像及音频等多种素材进行处理和加工，从而得到令人满意的影视文件，本章将讲解Premiere Pro 2020提供的多种视频效果的添加与制作方法。

本章重点

视频效果的操作

设置效果参数

常用的视频效果

5.1 视频效果的操作

Premiere Pro 2020根据视频效果的作用，将提供的130多种视频效果分为"变换"、"图像控制"、"实用程序"、"扭曲"、"时间"、"杂色与颗粒"、"模糊与锐化"、"沉浸式视频"、"生成"、"视频"、"调整"、"过时"、"过渡"、"透视"、"通道"、"键控"、"颜色校正"及"风格化"等18个文件夹，放置在"效果"面板中的"视频效果"选项中，如图5-1所示。为了可以更好地应用这些绚丽的效果，用户先要掌握视频效果的基本操作方法。

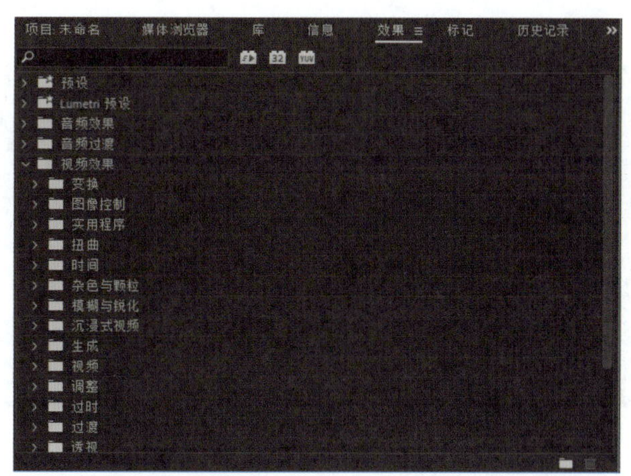

图5-1 "视频效果"选项

5.1.1 添加单个视频效果

已经添加视频效果的素材右侧的"不透明度"按钮fx都会变成紫色fx，以便用户区分素材是否添加了视频效果，在紫色"不透明度"按钮fx上右击，即可在弹出的快捷菜单中查看添加的视频效果，如图5-2所示。

在Premiere Pro 2020中，添加到"时间轴"面板的每个视频都会预先应用或内置固定效果。固定效果可控制剪辑的固有属性，用户可以在"效果控件"面板中调整所有的固定效果属性来激活它们。固定效果包括以下内容。

- 运动：包括多种属性，用于旋转和缩放视频，调整视频的防闪烁属性，或者将这些视频与其他视频进行合成。

- 不透明度：允许降低视频的不透明度，用于实现叠加、淡化和溶解之类的效果。
- 时间重映射：允许针对视频的任何部分进行减速、加速、倒放或将帧冻结。通过进行微调控制使这些变化加速或减速。

图5-2　查看添加的视频效果

5.1.2 添加多个视频效果

在Premiere Pro 2020中，将素材拖入“时间轴”面板后，用户可以将“效果”面板中的视频效果依次拖曳至“时间轴”面板的素材中，实现多个视频效果的添加。下面介绍添加多个视频效果的操作方法。

选择“窗口”|“效果”命令，展开“效果”面板，如图5-3所示。展开“视频效果”选项，为素材添加“扭曲”子选项中的“放大”视频效果，如图5-4所示。

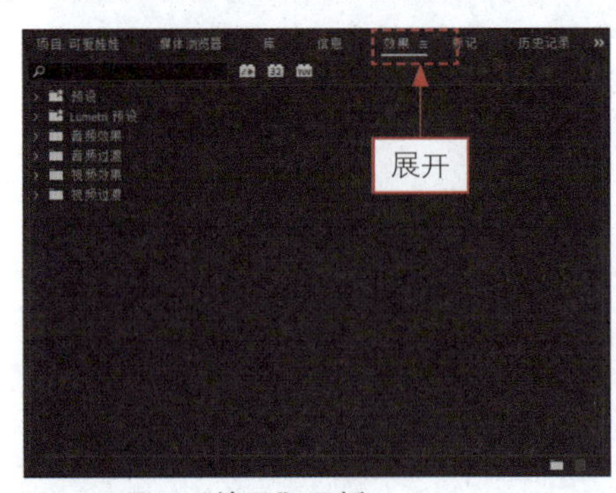

图5-3　展开“效果”面板

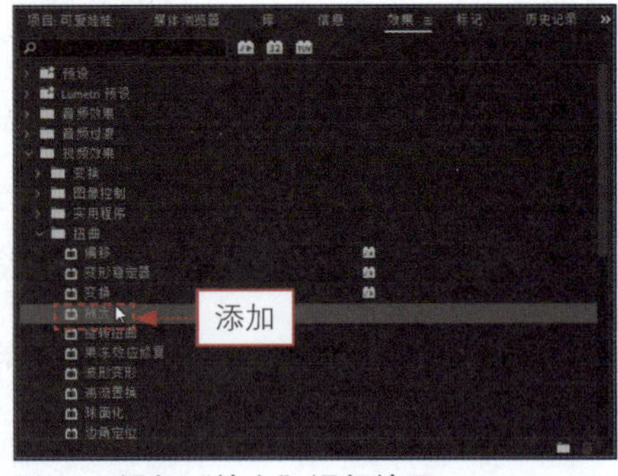

图5-4　添加“放大”视频效果

当用户完成单个视频效果的添加后，可以在“效果控件”面板中查看到已经添加的视频效果，如图5-5所示。接下来，用户可以继续拖曳其他视频效果来完成多视频效果的添加，执行操作后，在“效果控件”面板中即可显示添加的其他视频效果，如图5-6所示。

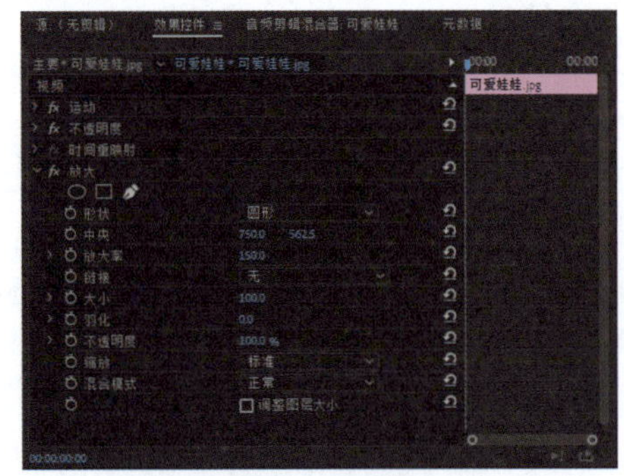

图5-5　查看添加的单个视频效果

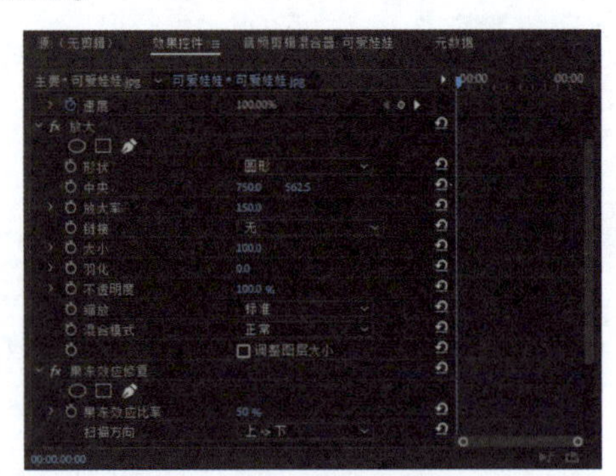

图5-6　显示添加的其他视频效果

复制与粘贴视频

使用“复制”命令可以对使用的视频效果进行复制操作。用户可以在“时间轴”面板中选择已经添加视频效果的源素材，并在“效果控件”面板中选择视频效果后右击，在弹出的快捷菜单中选择“复制”命令即可进行复制操作，下面介绍具体操作方法。

应用案例　复制与粘贴视频

STEP 01 在Premiere Pro 2020工作界面中，按“Ctrl＋O”组合键，打开一个项目文件“素材\第5章\心心相印.prproj”，如图5-7所示。

STEP 02 在“节目监视器”面板中可以查看素材画面，如图5-8所示。

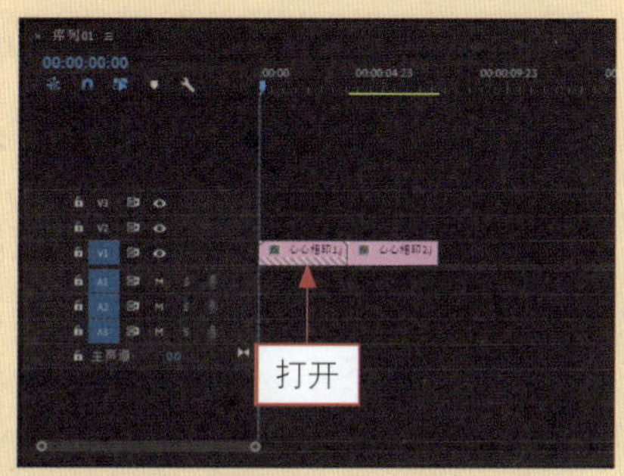

图5-7　打开一个项目文件

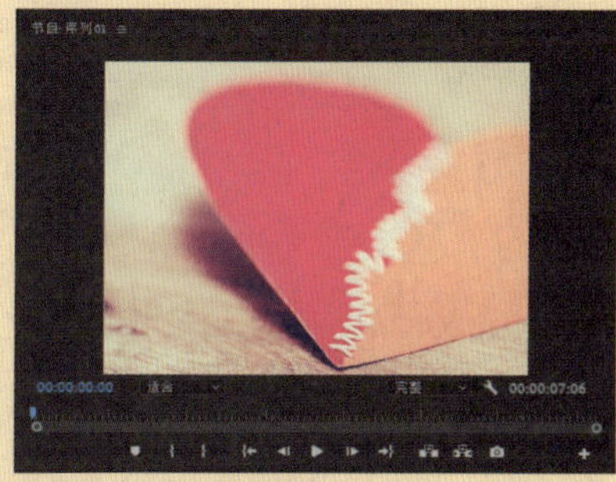

图5-8　查看素材画面

STEP 03 在“效果”面板中，❶依次展开“视频效果”|“调整”选项；❷在其中选择“ProcAmp”视频效果，如图5-9所示。

STEP 04 将“ProcAmp”视频效果拖曳至“时间轴”面板中V1轨道的“心心相印1”素材上，切换至“效果控件”面板，设置“亮度”为“1.0”、“对比度”为“108.0”、“饱和度”为“155.0”，在“ProcAmp”选项上右击，在弹出的快捷菜单中选择“复制”命令，如图5-10所示。

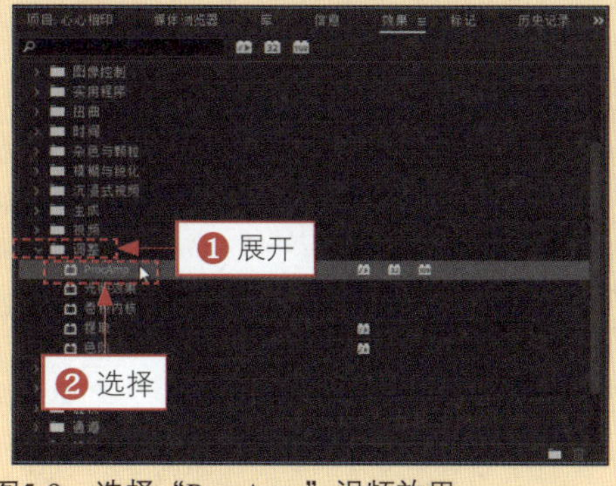

图5-9　选择“ProcAmp”视频效果

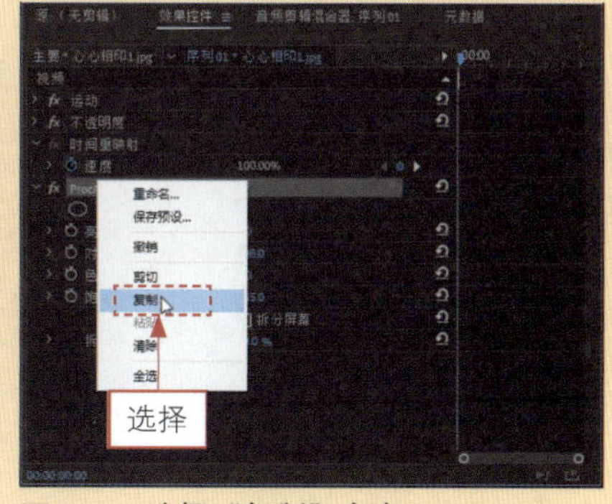

图5-10　选择“复制”命令

STEP 05 在“时间轴”面板的V1轨道中，选择“心心相印2”素材，如图5-11所示。

STEP 06 在“效果控件”面板中的空白位置处右击，在弹出的快捷菜单中选择“粘贴”命令，如图5-12所示。

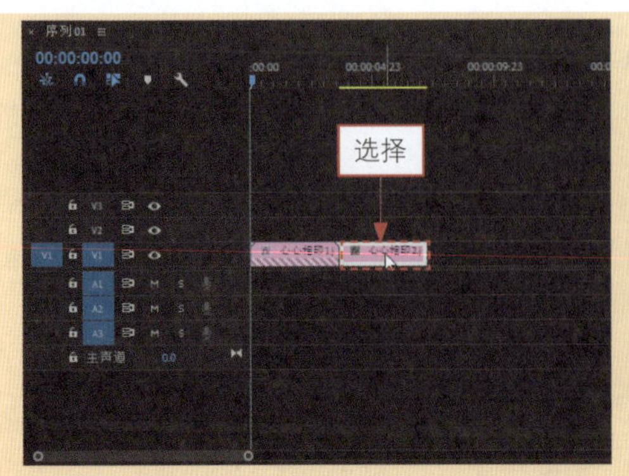

图5-11　选择“心心相印2”素材

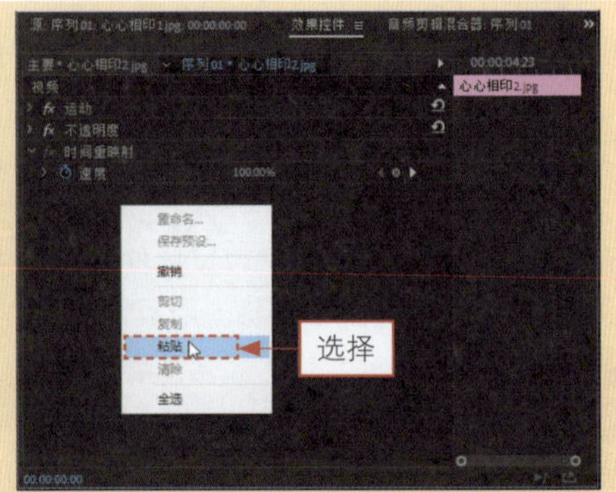

图5-12　选择“粘贴”命令

STEP 07 执行操作后，即可将复制的视频效果粘贴到“心心相印2”素材中，如图5-13所示。

STEP 08 单击“播放-停止切换”按钮▶，预览视频效果，如图5-14所示。

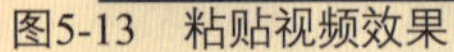

图5-13　粘贴视频效果

图5-14　预览视频效果

5.1.4 删除视频效果

用户在进行视频效果添加的过程中，如果对添加的视频效果不满意，则可以通过“清除”命令来删除效果，下面介绍具体操作方法。

应用案例　**删除视频效果**

STEP 01 在Premiere Pro 2020工作界面中，按“Ctrl＋O”组合键，打开一个项目文件“素材\第5章\儿童服装.prproj”，如图5-15所示。

STEP 02 在“节目监视器”面板中可以查看素材画面，如图5-16所示。

STEP 03 切换至“效果控件”面板，在“湍流置换”选项上右击，在弹出的快捷菜单中选择“清除”命令，如图5-17所示。

STEP 04 执行操作后，即可清除“湍流置换”视频效果。在“效果控件”面板中选择“色彩”选项，如图5-18所示。

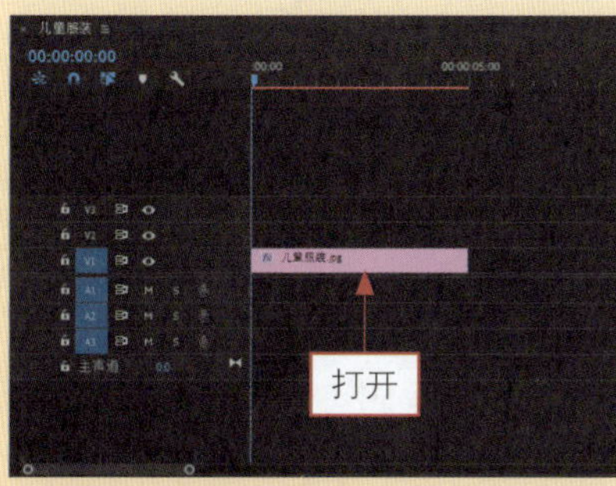

图5-15　打开一个项目文件

图5-16　查看素材画面

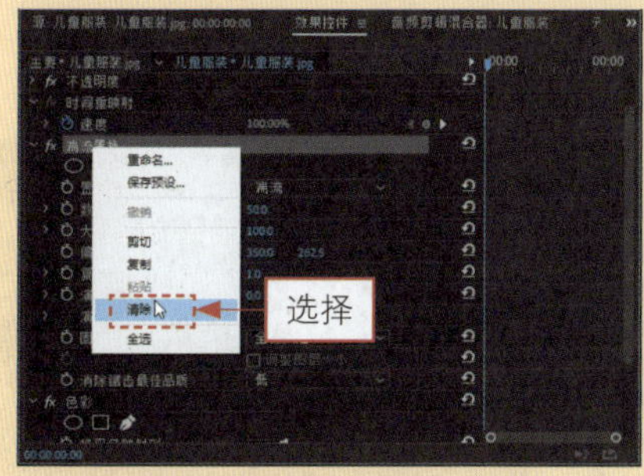

图5-17　选择“清除”命令

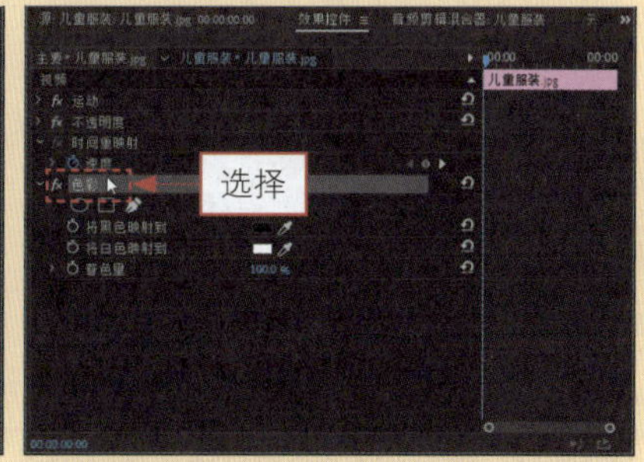

图5-18　选择“色彩”选项

STEP 05 在菜单栏中选择“编辑”|“清除”命令，如图5-19所示。

STEP 06 执行操作后，即可清除“色彩”视频效果，如图5-20所示。

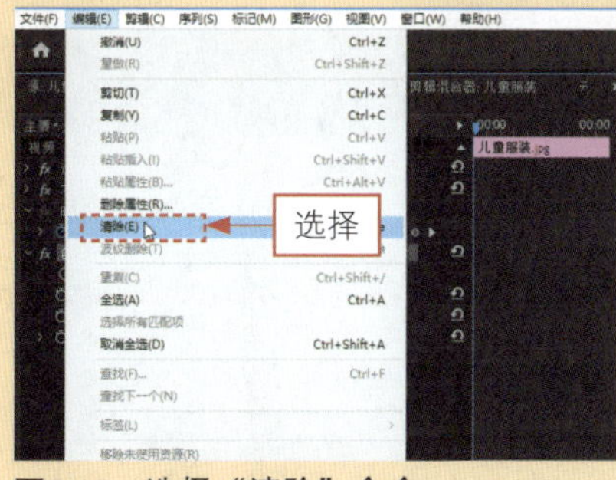

图5-19　选择“清除”命令

图5-20　清除“色彩”视频效果

STEP 07 单击“播放-停止切换”按钮▶，预览视频效果，如图5-21所示。

图5-21　预览视频效果

 专家指点

除了可以使用上述方法删除视频效果，用户还可以选中相应的视频效果后，按“Delete”键将其删除。

5.1.5 关闭视频效果

关闭视频效果是指将已添加的视频效果暂时隐藏，如果需要则再次显示该效果，用户可以重新启用，而无须再次添加。

在Premiere Pro 2020中，用户可以单击“效果控件”面板中的“切换效果开关”按钮，即可隐藏该素材的视频效果，如图5-22所示。当用户再次单击“切换效果开关”按钮时，即可重新显示视频效果，如图5-23所示。

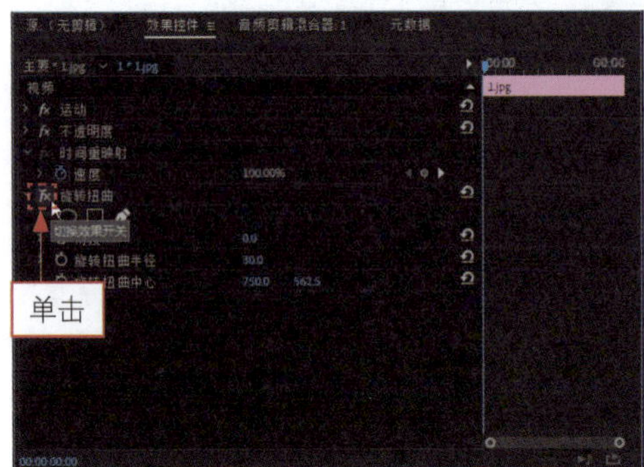

图5-22　单击“切换效果开关”按钮（1）

图5-23　单击“切换效果开关”按钮（2）

5.2 设置效果参数

在Premiere Pro 2020中，每一个独特的效果都具有各自的参数，用户可以通过合理设置这些参数，使其达到最佳效果。本节主要介绍视频效果参数的设置方法。

5.2.1 设置对话框参数

在Premiere Pro 2020中，用户可以根据需要使用对话框设置视频效果的参数。下面介绍使用对话框设置视频效果参数的操作方法。

应用案例　设置对话框参数

STEP 01 按“Ctrl+O”组合键，打开一个项目文件“素材\第5章\特色壁钟.prproj”，如图5-24所示。

STEP 02 在V1轨道上选择素材，展开“效果控件”面板，在其中单击“相机模糊”选项右侧的“设置”按钮，如图5-25所示。

STEP 03 弹出“相机模糊设置”对话框，向左拖动滑块，直至参数显示为“3%”，单击“确定”按钮，如图5-26所示。

STEP 04 执行操作后，即可通过对话框设置视频效果参数，预览视频效果，如图5-27所示。

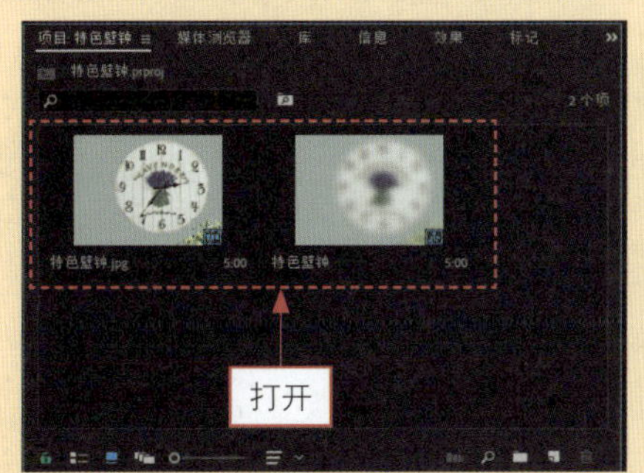

图5-24 打开一个项目文件

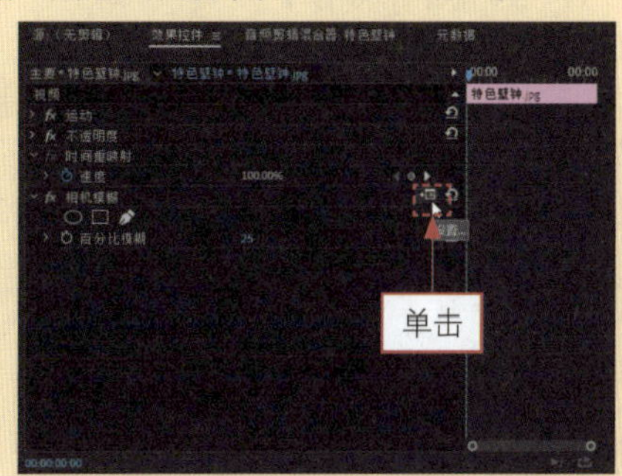

图5-25 单击“设置”按钮

图5-26 单击“确定”按钮

图5-27 预览视频效果

5.2.2 设置效果控件参数

在Premiere Pro 2020中，除了可以使用对话框设置参数，用户还可以使用效果控制区设置视频效果的参数，下面介绍具体操作方法。

应用案例 设置效果控件参数

STEP 01 按“Ctrl+O”组合键，打开一个项目文件“素材\第5章\花间风车.prproj”，如图5-28所示。

STEP 02 在V1轨道上选择素材，展开“效果控件”面板，单击“Cineon转换器”选项左侧的按钮，展开“Cineon转换器”效果，如图5-29所示。

图5-28 打开一个项目文件

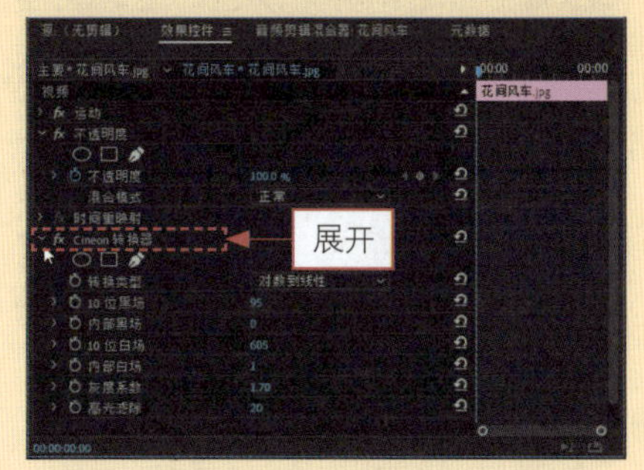

图5-29 展开“Cineon转换器”效果

STEP 03 单击“转换类型”右侧的下拉按钮，❶选择“对数到对数”选项；❷设置“灰度系数”参数为“5.00”，如图5-30所示。

STEP 04 执行操作后，即可使用效果控件设置视频效果参数，预览视频效果，如图5-31所示。

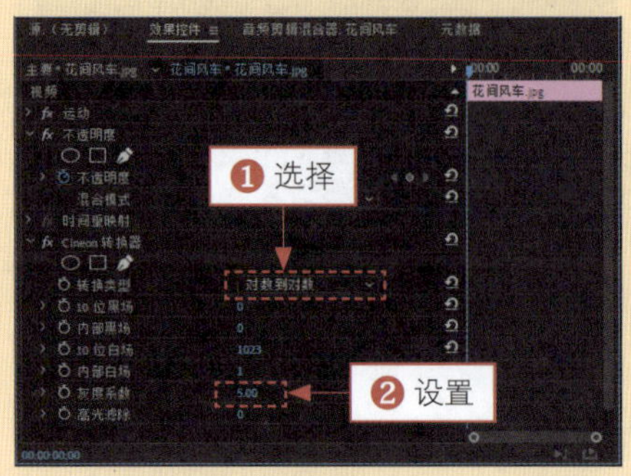

图5-30 设置“灰度系数”参数

图5-31 预览视频效果

5.3 常用的视频效果

系统根据视频效果的作用将其分为“变换”、“图像控制”、“实用程序”、“扭曲”及“时间”等多种类别。下面将为读者介绍几种常用的视频效果。

5.3.1 添加键控视频效果

“键控”视频效果主要针对视频图像的特定键进行处理。下面介绍添加“颜色键”视频效果的操作方法。

应用案例 添加键控视频效果

STEP 01 按“Ctrl+O”组合键，打开一个项目文件“素材\第5章\电视节目.prproj”，如图5-32所示。

STEP 02 在“节目监视器”面板中可以查看素材画面，如图5-33所示。

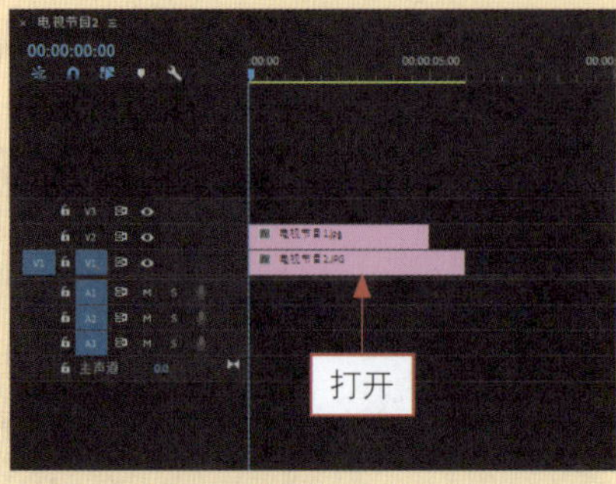

图5-32 打开一个项目文件

图5-33 查看素材画面

STEP 03 在“效果”面板中，❶依次展开“视频效果”|“键控”选项；❷在其中选择“颜色键”视频效果，如图5-34所示。

STEP 04 将“颜色键”特效拖曳至“时间轴”面板中V2轨道的“电视节目1”素材上，如图5-35所示。

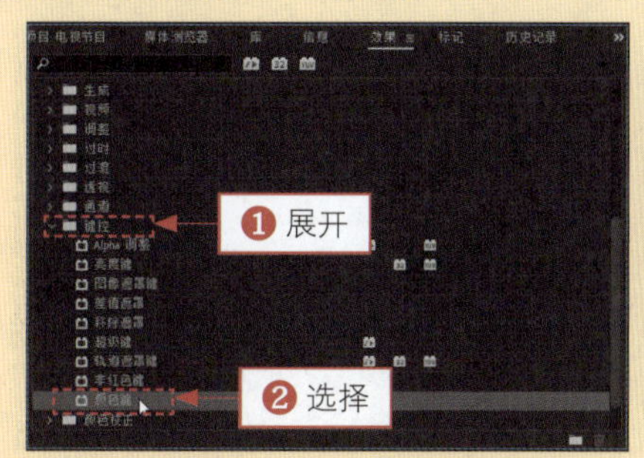

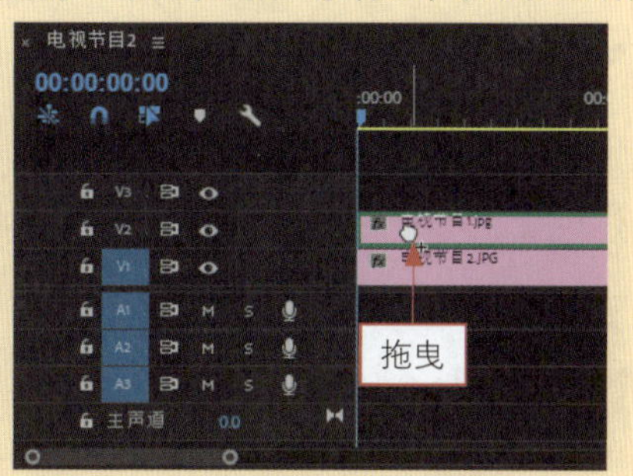

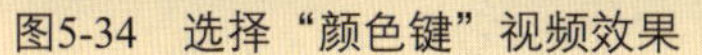
图5-34　选择“颜色键”视频效果　　图5-35　拖曳“颜色键”视频效果

专家指点

在“键控”选项中，用户可以设置以下视频效果。

- Alpha 调整：当需要更改固定效果的默认渲染顺序时，可以使用“Alpha 调整”视频效果代替不透明度效果，更改不透明度百分比可以创建透明度级别。
- 亮度键：“亮度键”视频效果可以抠出图层中指定明亮度或亮度的所有区域。
- 图像遮罩键：“图像遮罩键”视频效果根据静止视频剪辑（充当遮罩）的明亮度值抠出剪辑视频的区域。透明区域显示下方轨道上的剪辑产生的视频，可以指定项目中要充当遮罩的任何静止视频剪辑，不必位于序列中。
- 差值遮罩：“差值遮罩”视频效果创建透明度的方法是将源剪辑和差值剪辑进行比较，然后在源视频中抠出与差值视频中的位置和颜色均匹配的像素。通常，此效果用于抠出移动物体后面的静态背景，然后放在不同的背景上。差值剪辑通常是背景素材的帧。
- 移除遮罩：“移除遮罩”视频效果从某种颜色的剪辑中移除颜色边纹。将 Alpha 通道与独立文件中的填充纹理相结合时，此视频效果很有用。如果导入具有预乘 Alpha 通道的素材，或者使用 After Effects 创建的 Alpha 通道，则可能需要从图像中移除光晕。光晕源于视频的颜色和背景之间或遮罩与颜色之间较大的对比度，移除或更改遮罩的颜色可以移除光晕。
- 超级键：“超级键”视频效果在具有支持 NVIDIA 显卡的计算机上采用 GPU 加速，从而提高视频的播放和渲染性能。
- 轨道遮罩键：使用“轨道遮罩键”视频效果移动或更改透明区域。“轨道遮罩键”视频效果通过一个剪辑（叠加的剪辑）显示另一个剪辑（背景剪辑），此过程中使用第三个文件作为遮罩，在叠加的剪辑中创建透明区域。此视频效果需要两个剪辑和一个遮罩，每个剪辑位于自身的轨道上。遮罩中的白色区域在叠加的剪辑中是不透明的，防止底层剪辑显示出来。遮罩中的黑色区域是透明的，而灰色区域是部分透明的。
- 非红色键：“非红色键”视频效果基于绿色或蓝色背景创建透明度。此键视频效果类似于蓝屏键视频效果，但是它还允许用户混合两个剪辑。此外，“非红色键”视频效果有助于减少不透明对象边缘的边纹。在需要控制混合时，或者在蓝屏键视频效果无法产生满意结果时，可以使用“非红色键”视频效果来抠除绿屏或蓝屏。
- 颜色键：“颜色键”视频效果抠出所有类似于指定的主要颜色的视频像素。

STEP 05 在“效果控件”面板中，❶展开“颜色键”选项；❷选取吸管工具，如图5-36所示。

STEP 06 在“节目监视器”面板中，将吸管工具移动至画面中的白色区域上，如图5-37所示。

STEP 07 单击鼠标左键吸取颜色，即可使用“键控”视频效果编辑素材，如图5-38所示。

STEP 08 单击“播放-停止切换”按钮▶，预览视频效果，如图5-39所示。

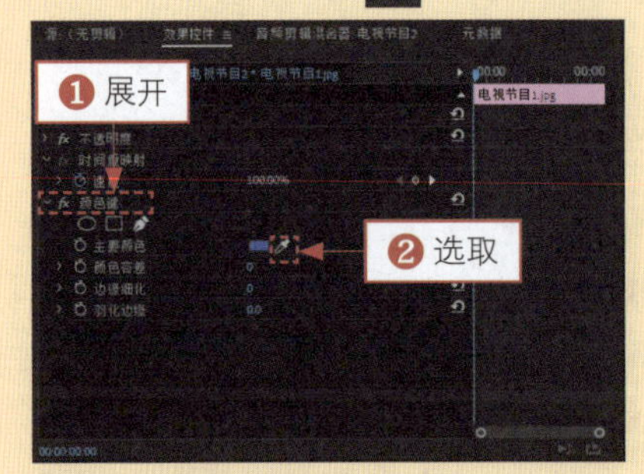

图5-36　选取吸管工具

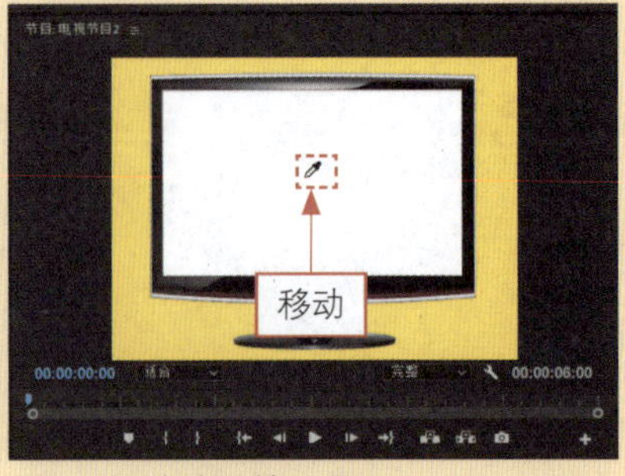

图5-37　移动吸管工具

图5-38　使用“键控”视频效果编辑素材

图5-39　预览视频效果

5.3.2 添加垂直翻转视频效果

“垂直翻转”视频效果用于将视频进行上下垂直翻转，下面将介绍添加垂直翻转视频效果的操作方法。

应用案例　添加垂直翻转视频效果

STEP 01 按“Ctrl＋O”组合键，打开一个项目文件“素材\第5章\可爱小狗.prproj”，如图5-40所示。

STEP 02 打开项目文件后，在“节目监视器”面板中可以查看素材画面，如图5-41所示。

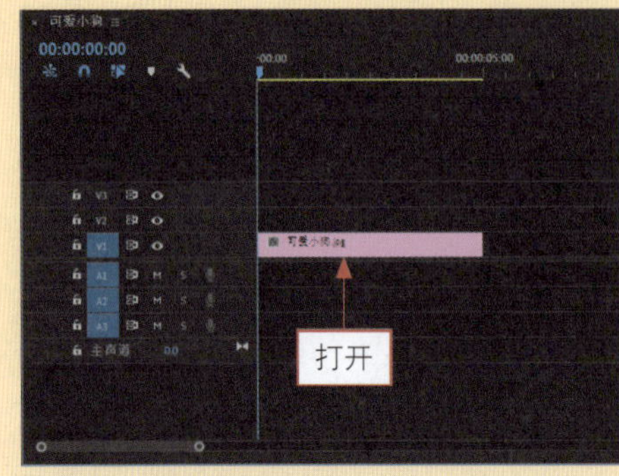

图5-40　打开一个项目文件

图5-41　查看素材画面

STEP 03 在“效果”面板中，❶依次展开“视频效果”|“变换”选项；❷在其中选择“垂直翻转”视频效果，如图5-42所示。

STEP 04 将“垂直翻转”视频效果拖曳至“时间轴”面板中V1轨道的素材上，如图5-43所示。

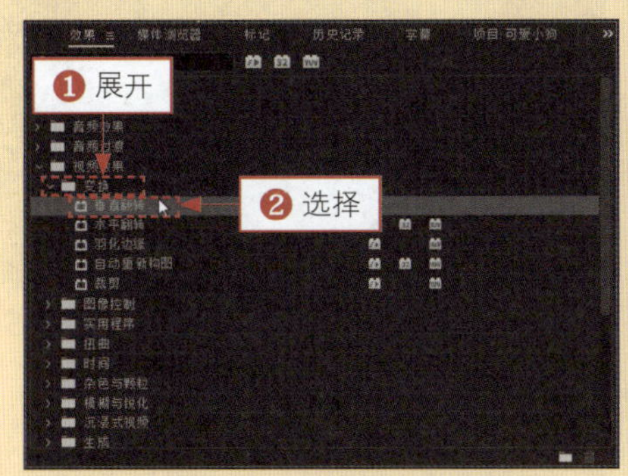

图5-42　选择“垂直翻转”视频效果

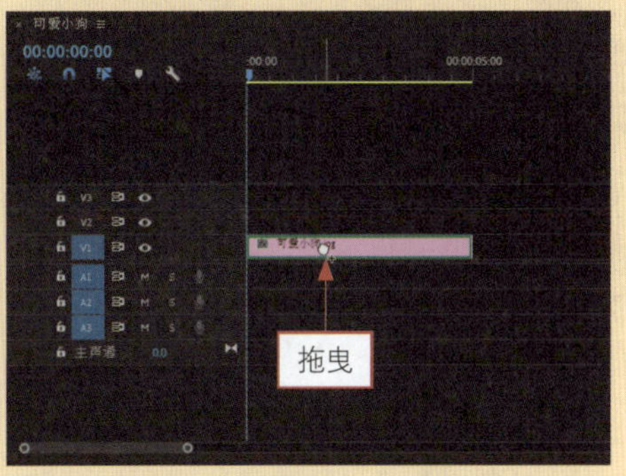

图5-43　拖曳“垂直翻转”视频效果

STEP 05 在“节目监视器”面板中，单击“播放-停止切换”按钮▶，预览视频效果，如图5-44所示。

图5-44　预览视频效果

5.3.3 制作抖音水平翻转视频效果

“水平翻转”视频效果用于将视频中的每一帧从左向右翻转，下面将介绍制作抖音水平翻转视频效果的操作方法。

制作抖音水平翻转视频效果

STEP 01 按“Ctrl + O”组合键，打开一个项目文件“素材\第5章\放飞梦想.prproj”，如图5-45所示。

STEP 02 打开项目文件后，在“节目监视器”面板中可以查看素材画面，如图5-46所示。

专家指点

在 Premiere Pro 2020 中，“变换”列表框中的视频效果主要是使素材的形状产生二维或三维的变化，其视频效果包括“垂直翻转”、“水平翻转”、“羽化边缘”及“裁剪”等。

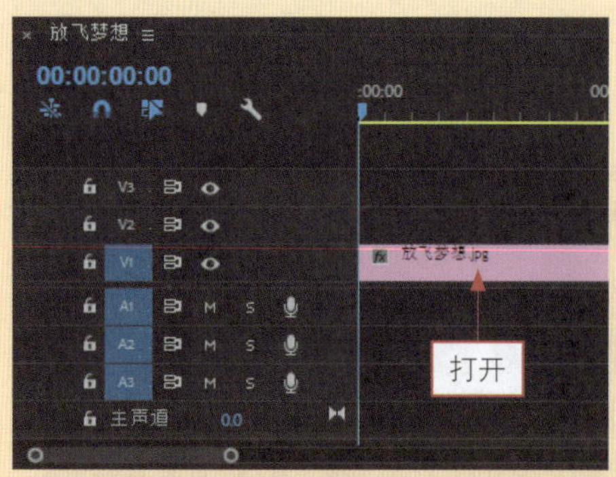

图5-45　打开一个项目文件

图5-46　查看素材画面

STEP 03 在“效果”面板中，❶依次展开“视频效果”|“变换”选项；❷在其中选择“水平翻转”视频效果，如图5-47所示。

STEP 04 按住鼠标左键，将“水平翻转”视频效果拖曳至“时间轴”面板中V1轨道的素材上，如图5-48所示。

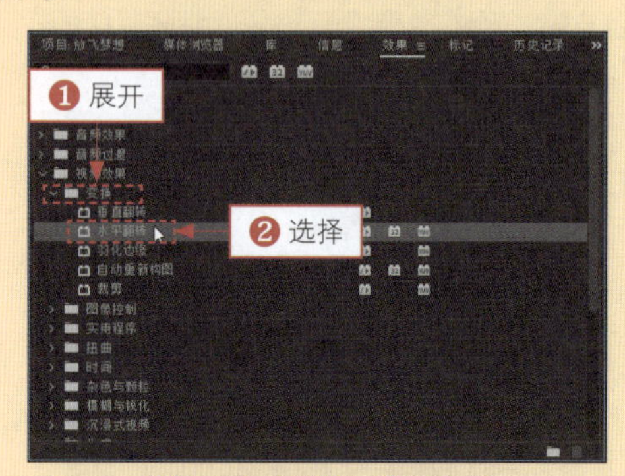

图5-47　选择“水平翻转”视频效果

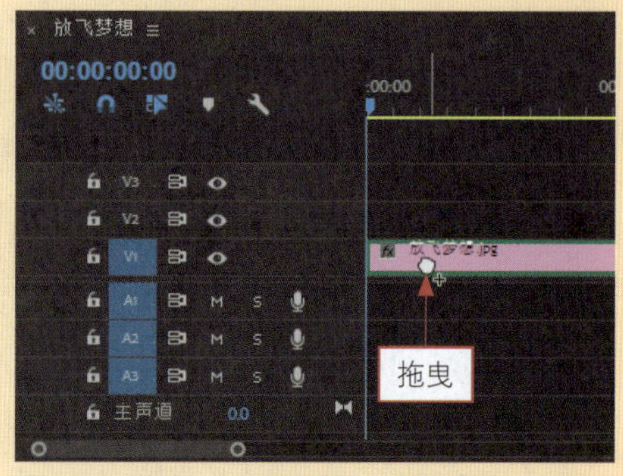

图5-48　拖曳“水平翻转”视频效果

STEP 05 在“节目监视器”面板中，单击“播放-停止切换”按钮▶，预览视频效果，如图5-49所示。

图5-49　预览视频效果

5.3.4 制作抖音高斯模糊视频效果

“高斯模糊”视频效果用于修改明暗分界点的差值，以产生模糊效果，下面介绍制作抖音高斯模糊视频效果的操作方法。

应用案例 制作抖音高斯模糊视频效果

STEP 01 按“Ctrl＋O”组合键，打开一个项目文件“素材\第5章\城市夜景.prproj”，并预览项目效果，如图5-50所示。

STEP 02 在“效果”面板中，❶依次展开“视频效果”|“模糊与锐化”选项；❷在其中选择“高斯模糊”视频效果，如图5-51所示。

图5-50　预览项目效果

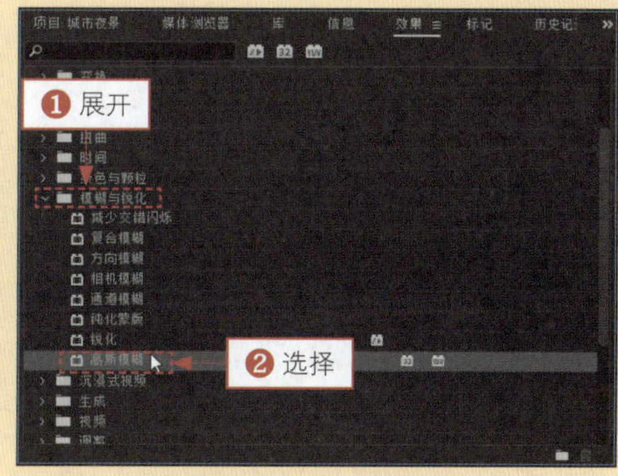

图5-51　选择“高斯模糊”视频效果

STEP 03 并将其拖曳至V1轨道上，在“效果控件”面板展开“高斯模糊”选项，设置“模糊度”为“20.0”，如图5-52所示。

STEP 04 执行操作后，即可添加“高斯模糊”视频效果，如图5-53所示。

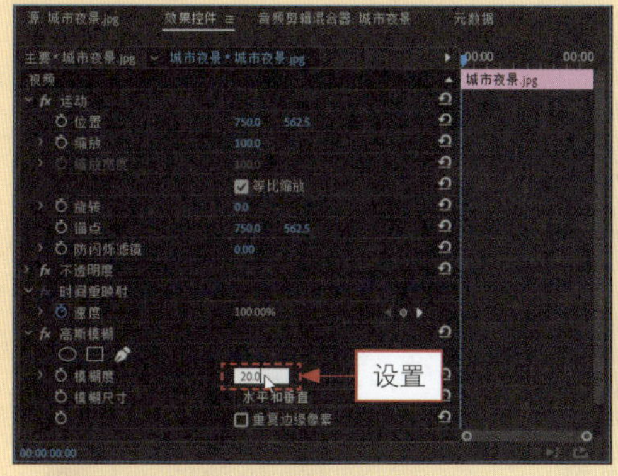

图5-52　设置“模糊度”参数值

图5-53　添加“高斯模糊”视频效果

5.3.5 制作抖音镜头光晕视频效果

“镜头光晕”视频效果能够生成各种镜头闪光，变形眩光、星场和发光等效果。下面介绍制作抖音镜头光晕视频效果的操作方法。

应用案例　制作抖音镜头光晕视频效果

STEP 01 按"Ctrl+O"组合键，打开一个项目文件"素材\第5章\小花绽放.prproj"，并预览项目效果，如图5-54所示。

STEP 02 在"效果"面板中，❶依次展开"视频效果"|"生成"选项；❷在其中选择"镜头光晕"视频效果，如图5-55所示。

图5-54　预览项目效果

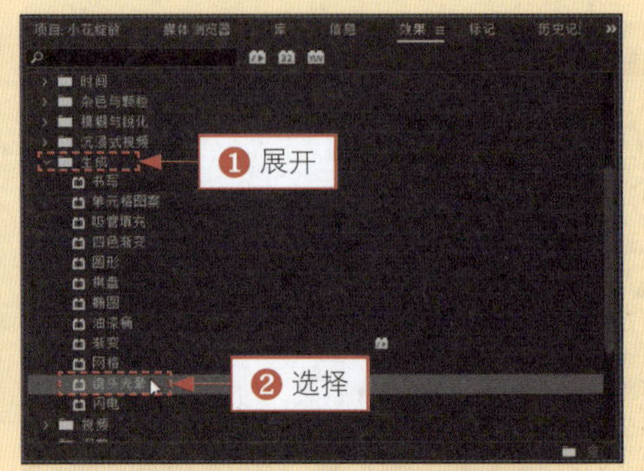

图5-55　选择"镜头光晕"视频效果

专家指点

在 Premiere Pro 2020 中，"生成"列表框中的视频效果主要用于在素材上创建具有特色的图形或渐变颜色，并可以与素材合成。

STEP 03 按住鼠标左键将其拖曳至V1轨道上，在"效果控件"面板上展开"镜头光晕"选项，设置"光晕中心"分别为"600.0""500.0"、"光晕亮度"为"136%"，如图5-56所示。

STEP 04 执行操作后，即可添加"镜头光晕"视频效果，并预览视频效果，如图5-57所示。

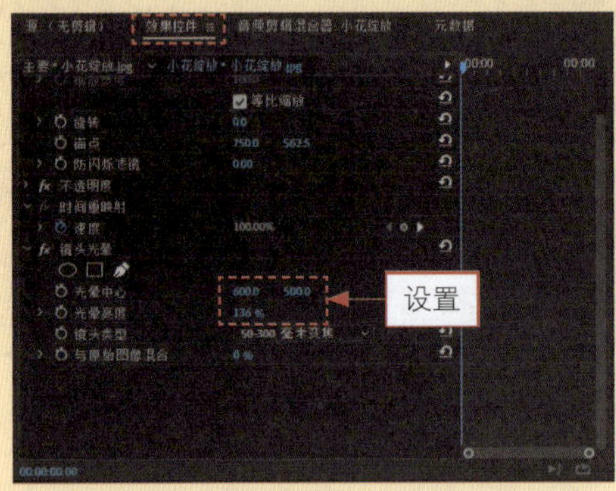

图5-56　设置"镜头光晕"选项的参数

图5-57　预览视频效果

5.3.6 制作抖音波形变形视频效果

"波形变形"视频效果用于使视频形成波浪式的变形效果，下面介绍制作抖音波形变形视频效果的操作方法。

应用案例　制作抖音波形变形视频效果

STEP 01 按“Ctrl＋O”组合键，打开一个项目文件“素材\第5章\可爱小猫.prproj”，并预览项目效果，如图5-58所示。

STEP 02 在“效果”面板中，❶依次展开“视频效果”｜“扭曲”选项；❷在其中选择“波形变形”视频效果，如图5-59所示。

图5-58　预览项目效果

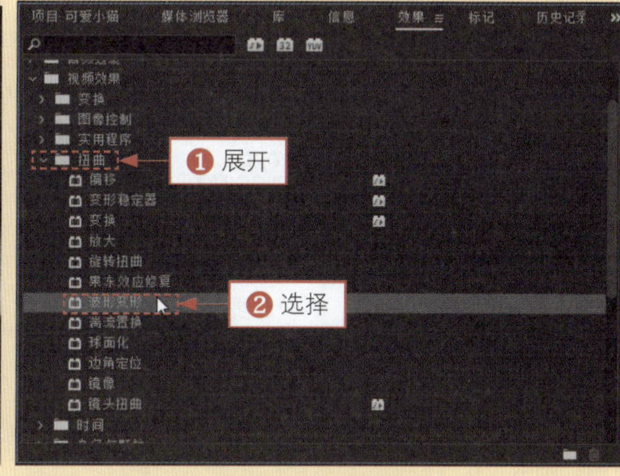

图5-59　选择“波形变形”视频效果

STEP 03 并将其拖曳至V1轨道上，执行操作后，在“效果控件”面板上展开“波形变形”选项，在其中设置“波形宽度”为“50”，如图5-60所示。

STEP 04 执行操作后，即可添加“波形变形”视频效果，并预览视频效果，如图5-61所示。

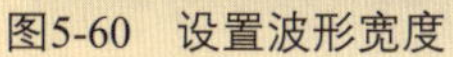

图5-60　设置波形宽度

图5-61　预览视频效果

5.3.7 制作抖音纯色合成视频效果

“纯色合成”视频效果用于将一种颜色与视频混合，下面介绍制作抖音纯色合成视频效果的操作方法。

应用案例 制作抖音纯色合成视频效果

STEP 01 按“Ctrl + O”组合键，打开一个项目文件“素材\第5章\落日晚霞.prproj”，如图5-62所示。

STEP 02 在“效果”面板中，❶依次展开“视频效果”|“通道”选项；❷在其中选择“纯色合成”视频效果，如图5-63所示。

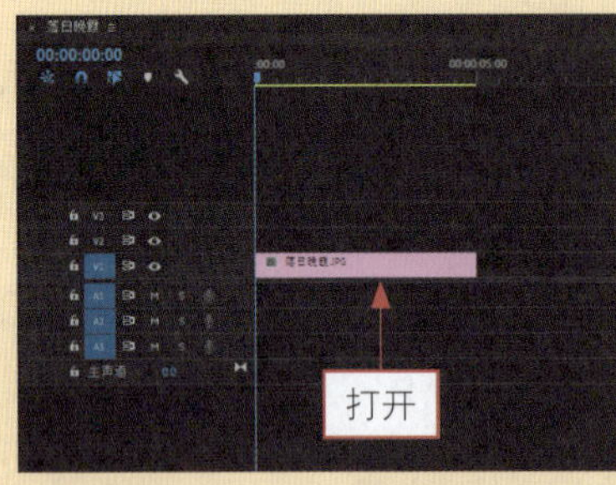

图5-62 打开一个项目文件

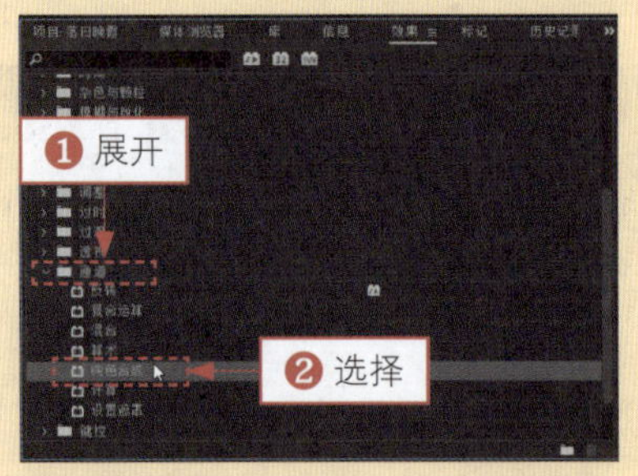

图5-63 选择“纯色合成”视频效果

STEP 03 将其拖曳至V1轨道素材上，在“效果控件”面板上展开“纯色合成”选项，依次单击“源不透明度”和“颜色”所对应的“切换动画”按钮，如图5-64所示。

STEP 04 ❶移动时间至“00:00:03:00”位置；❷设置“源不透明度”为“50.7%”、“颜色”RGB参数为“0”、“204”和“255”，如图5-65所示。

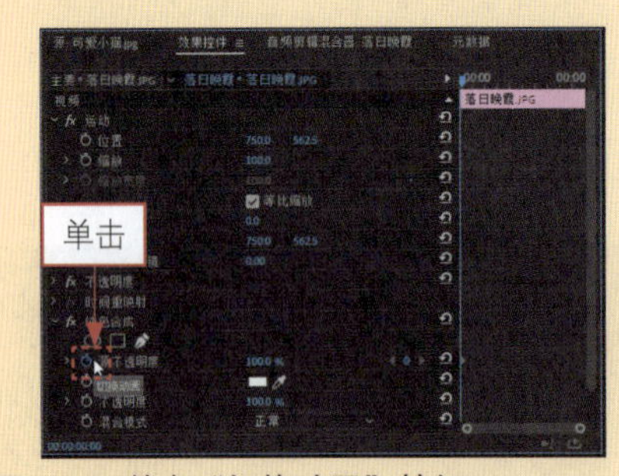

图5-64 单击“切换动画”按钮

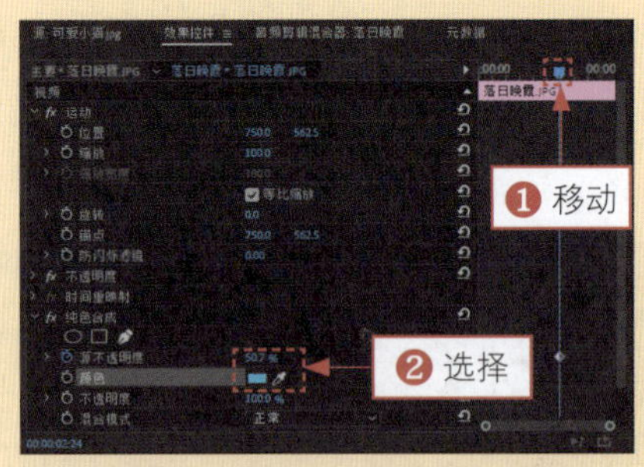

图5-65 设置“纯色合成”选项的参数

STEP 05 执行操作后，即可添加“纯色合成”视频效果，单击“播放-停止切换”按钮▶，预览视频效果，如图5-66所示。

图5-66 预览视频效果

专家指点

非线性编辑是指应用计算机图形、图像技术等，在计算机中对各种原始素材进行编辑操作，并将最终结果输出到硬盘等记录设备上的一系列完整工艺过程。

5.3.8 添加蒙尘与划痕视频效果

“蒙尘与划痕”视频效果主要用于产生一种朦胧的模糊效果，下面介绍添加“蒙尘与划痕”视频效果的操作方法。

应用案例 添加蒙尘与划痕视频效果

STEP 01 按“Ctrl＋O”组合键，打开一个项目文件“素材\第5章\多肉植物.prproj”，并预览项目效果，如图5-67所示。

STEP 02 在“效果”面板中，❶依次展开“视频效果”｜“杂色与颗粒”选项；❷在其中选择“蒙尘与划痕”视频效果，如图5-68所示。

图5-67 预览项目效果

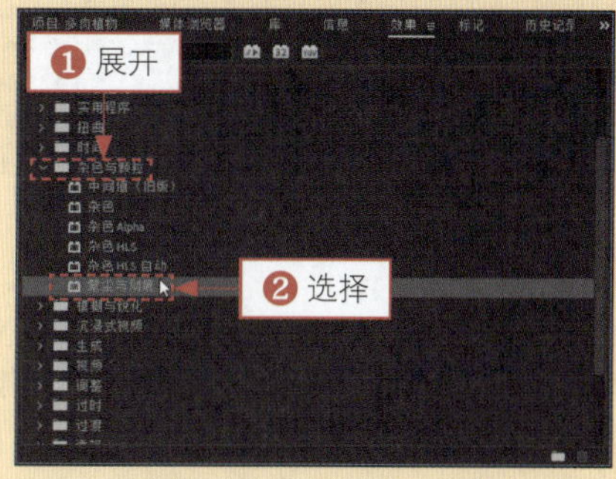

图5-68 选择“蒙尘与划痕”视频效果

STEP 03 并将其拖曳至V1轨道上，在“效果控件”面板上展开“蒙尘与划痕”选项，设置“半径”为15，如图5-69所示。

STEP 04 执行操作后，即可添加“蒙尘与划痕”视频效果，单击“播放-停止切换”按钮▶，预览视频效果如图5-70所示。

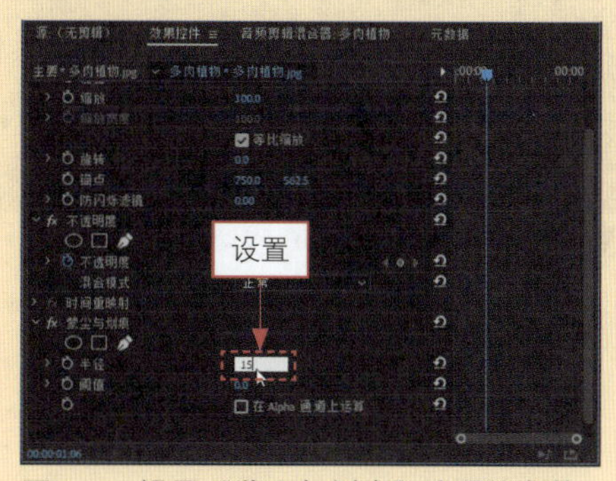

图5-69 设置“蒙尘与划痕”选项的参数

图5-70 预览视频效果

5.3.9 添加透视视频效果

“透视”视频效果主要用于在视频画面上添加透视效果。下面介绍“透视”选项中“基本3D”视频效果的添加方法。

应用案例 添加透视视频效果

STEP 01 按“Ctrl＋O”组合键，打开一个项目文件“素材\第5章\美丽鹦鹉.prproj”，如图5-71所示。

STEP 02 在“节目监视器”面板中可以查看素材画面，如图5-72所示。

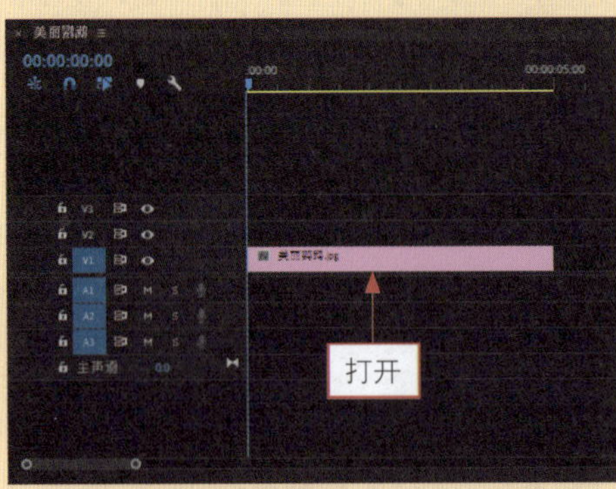

图5-71　打开一个项目文件

图5-72　查看素材画面

STEP 03 在“效果”面板中，❶依次展开“视频效果”|“透视”选项；❷在其中选择“基本3D”视频效果，如图5-73所示。

STEP 04 将“基本3D”视频效果拖曳至“时间轴”面板中V1轨道的素材上，选择V1轨道上的素材，如图5-74所示。

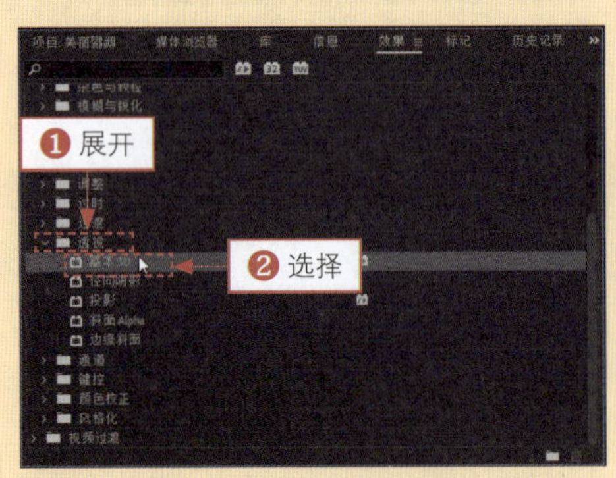

图5-73　选择“基本3D”视频效果

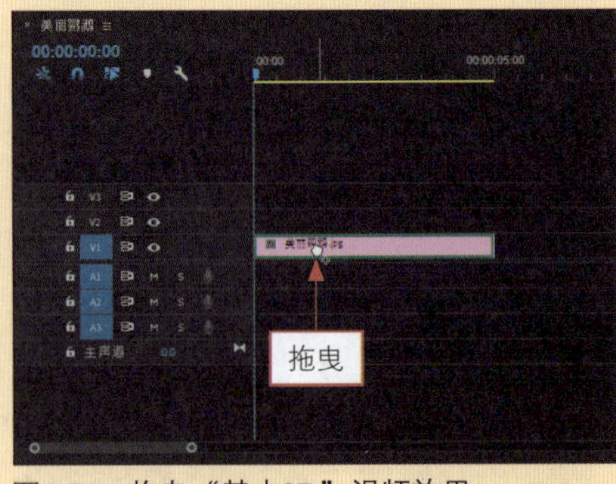

图5-74　拖曳“基本3D”视频效果

STEP 05 在“效果控件”面板中，展开“基本3D”选项，如图5-75所示。

STEP 06 ❶设置“旋转”选项为“−100.0°”；❷单击“旋转”选项左侧的“切换动画”按钮，如图5-76所示。

专家指点

在“透视”选项中，用户可以设置以下视频效果。

- 基本 3D：“基本 3D”视频效果在 3D 空间中操控剪辑，可以围绕水平轴和垂直轴旋转视频，以及朝靠近或远离用户的方向移动剪辑，此外还可以创建镜面高光来表现由旋转表面反射的光感。
- 径向阴影：“径向阴影”视频效果在剪辑上创建来自点光源的阴影，而不是来自无限光源的阴影（如同“投影”视频效果）。此阴影是从源剪辑的 Alpha 通道投射的，因此在光透过半透明区域时，该剪辑的颜色可以影响阴影的颜色。

- 投影：“投影”视频效果添加出现在剪辑后面的阴影，投影的形状取决于剪辑的 Alpha 通道。

- 斜面 Alpha：“斜面 Alpha”视频效果将斜缘和光添加到图像的 Alpha 边界，通常可以将 2D 元素呈现出 3D 外观，如果剪辑没有 Alpha 通道或剪辑完全不透明，则此视频效果将应用于剪辑的边缘。“斜面 Alpha”视频效果创建的边缘比“边缘斜面”视频效果创建的边缘柔和，此视频效果适用于包含 Alpha 通道的文本。

- 边缘斜面：“边缘斜面”视频效果为视频边缘提供凿刻和光亮的 3D 外观，边缘位置取决于源视频的 Alpha 通道。与“斜面 Alpha”视频效果不同，在此视频效果中创建的边缘始终为矩形，因此具有非矩形 Alpha 通道的视频无法形成适当的外观。所有的边缘具有同样的厚度。

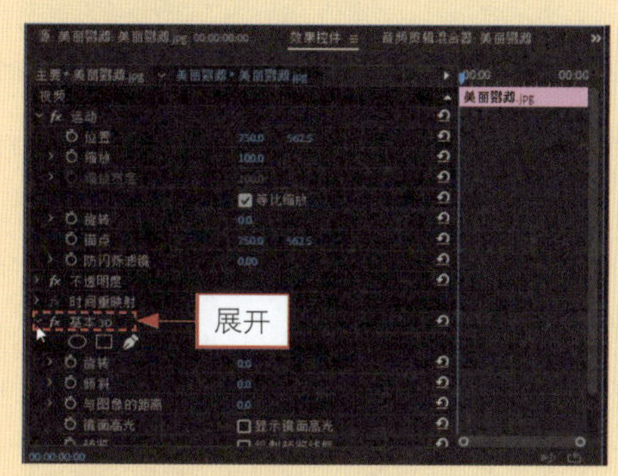

图5-75　展开“基本3D”选项

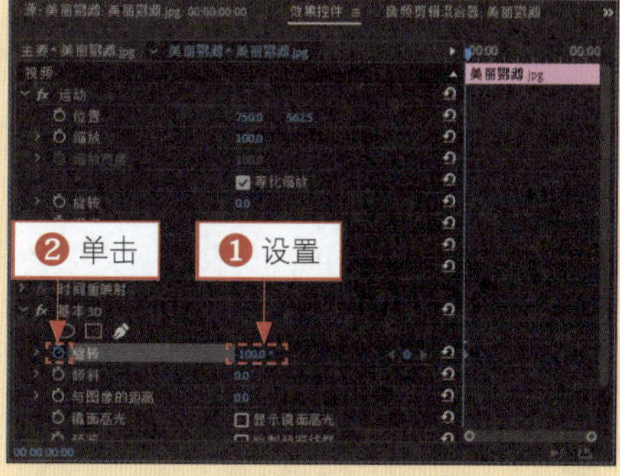

图5-76　单击“切换动画”按钮

STEP 07 ❶拖曳时间指示器至“00:00:03:00”位置；❷设置“旋转”为“0.0°”，如图5-77所示。

STEP 08 执行操作后，即可使用“基本3D”视频效果调整素材，如图5-78所示。

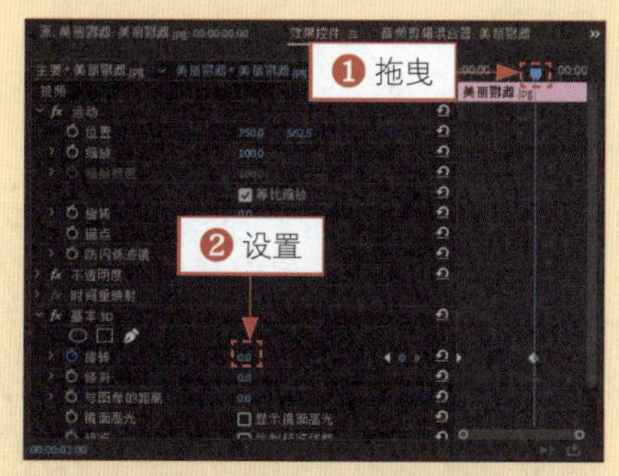

图5-77　设置“旋转”选项的参数

图5-78　使用“基本3D”视频效果调整素材

STEP 09 单击“播放-停止切换”按钮▶，预览视频效果，如图5-79所示。

图5-79　预览视频效果

专家指点

在“效果控件”面板的“基本 3D”选项区中，用户可以设置以下选项。

- 旋转：控制水平轴旋转（围绕垂直轴旋转）。可以旋转 90° 以上来查看视频的背面（是前方的镜像视频）。
- 倾斜：控制垂直轴旋转（围绕水平轴旋转）。
- 与图像的距离：指定视频离观看者的距离。随着距离变大，视频会后退。
- 镜面高光：添加闪光来反射所旋转视频的表面，就像在表面上方有一盏灯照亮。在勾选“绘制预览线框”复选框的情况下，如果镜面高光在剪辑上不可见（高光的中心与剪辑不相交），则以红色加号（+）作为指示。如果镜面高光在剪辑上可见，则以绿色加号（+）作为指示。“镜面高光”视频效果在“节目监视器”面板中变为可见之前，必须渲染一个预览。
- 预览：绘制 3D 视频的线框轮廓，线框轮廓可以被快速渲染。想要查看最终结果，可以在完成操控线框视频时取消勾选“绘制预览线框”复选框。

5.3.10 添加时间码视频效果

“时间码”视频效果可以在视频画面中添加一个时间码，用以表示小时、分钟、秒钟和帧数。下面介绍添加时间码视频效果的操作方法。

应用案例　添加时间码视频效果

STEP 01 按“Ctrl＋O”组合键，打开一个项目文件“素材\第5章\感恩教师节.prproj”，并预览项目效果，如图5-80所示。

STEP 02 在“效果”面板中，❶依次展开“视频效果”|“视频”选项；❷在其中选择“时间码”视频效果，如图5-81所示。

图5-80　预览项目效果

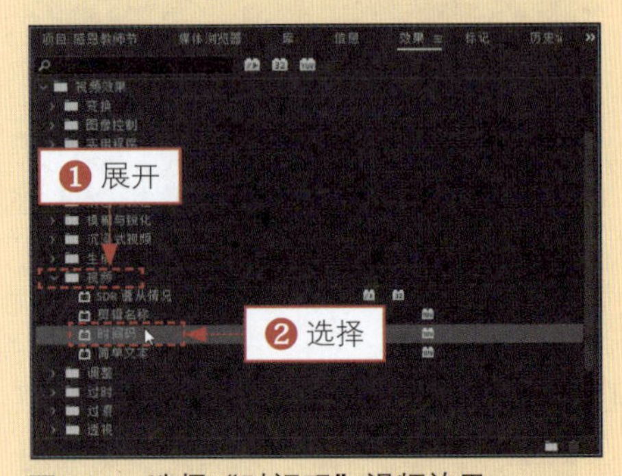

图5-81　选择“时间码”视频效果

专家指点

在后期工作中，正确地使用“时间码”视频效果能够高效同步合并视频及声音文件，节省时间。一般来说，时间码是一系列数字，通过定时系统形成控制序列，而且无论这个定时系统是集成在了视频、音频还是其他装置中。尤其是在视频项目中，时间码可以添加到录制中，帮助实现同步、文件组织和搜索等。

STEP 03 将其拖曳至V1轨道上，在“效果控件”面板上展开“时间码”选项，设置“位置”分别为“399.0”“50.0”，如图5-82所示。

STEP 04 执行操作后，即可添加“时间码”视频效果，单击“播放-停止切换”按钮▶，预览视频效果，如图5-83所示。

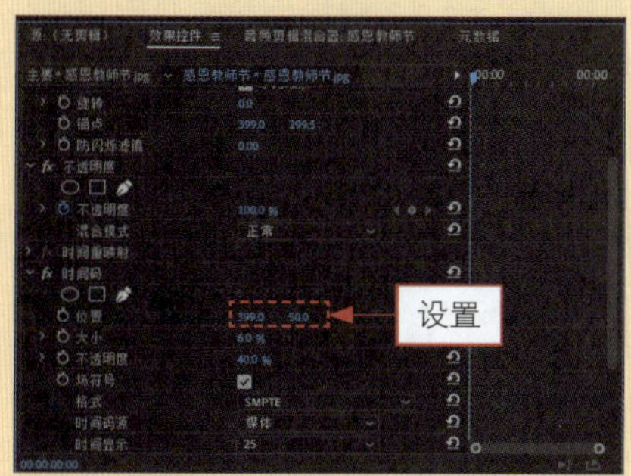

图5-82 设置位置参数

图5-83 预览视频效果

5.4 专家支招

在Premiere Pro 2020的“效果控件”面板中，将时间线切换至适当的位置后，❶通过单击“切换动画”按钮；❷可以为素材添加关键帧，为效果添加动画属性，关键帧显示的位置与时间线一致，如图5-84所示。将鼠标指针移至关键帧上，左右拖动关键帧，可以调整关键帧的时间线位置。如果不需要关键帧，则再次单击“切换动画”按钮，弹出“警告”对话框，提示用户是否删除现有关键帧，单击“确定”按钮，即可将添加的关键帧删除。

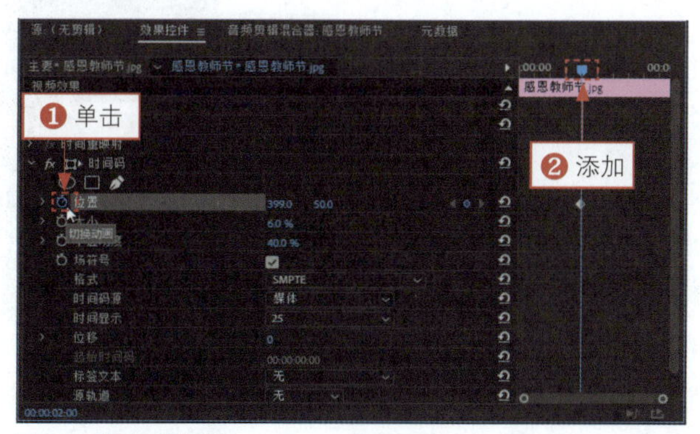

图5-84 添加关键帧

5.5 总结拓展

在Premiere Pro 2020中，使用“视频效果”选项中的视频效果，不仅可以有效修补有瑕疵缺陷的素材，还可以为素材添加多彩多样、变幻莫测的效果。Premiere Pro 2020提供了上百种视频效果，在素材上添加视频效果后，通过设置其属性，能够让制作出来的影片文件更加绚丽多彩、引人夺目，熟练掌握视频效果的添加，可以帮助用户快速制作出与众不同的影片。

5.5.1 本章小结

本章详细讲解了在Premiere Pro 2020中视频效果的添加、复制粘贴、删除、参数设置及一些常用视频

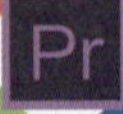

效果的制作方法等，添加不同的特效可以制作出各种不同的视频效果。Premiere Pro 2020所提供的视频效果，根据其特性分别分配在了18个选项中，因此需要熟知每一种特效的作用及其所在的选项位置，才能将其合理应用到相应的素材文件中，制作出满意的影片。通过学习本章的内容，希望用户可以熟练掌握视频效果的作用、特点和使用方法，以便能制作出精彩的影片。

5.5.2 举一反三——添加彩色浮雕视频效果

“彩色浮雕”视频效果用于生成彩色的浮雕效果，视频中颜色对比越强烈，浮雕效果就会越明显。下面介绍具体的操作方法。

应用案例　举一反三——添加彩色浮雕视频效果

STEP 01 按“Ctrl＋O”组合键，打开一个项目文件“素材\第5章\金鱼跳跃.prproj”，并预览项目效果，如图5-85所示。

STEP 02 在“效果”面板中，❶依次展开“视频效果”|“风格化”选项；❷在其中选择“彩色浮雕”视频效果，如图5-86所示。

图5-85　预览项目效果

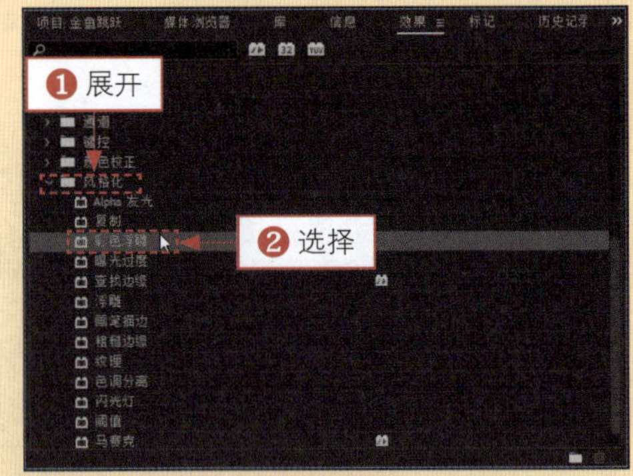

图5-86　选择“彩色浮雕”视频效果

STEP 03 将其拖曳至V1轨道上，在“效果控件”面板上展开“彩色浮雕”选项，设置“起伏”为“15.00”，如图5-87所示。

STEP 04 执行操作后，即可添加“彩色浮雕”视频效果，单击“播放-停止切换”按钮▶，预览视频效果，如图5-88所示。

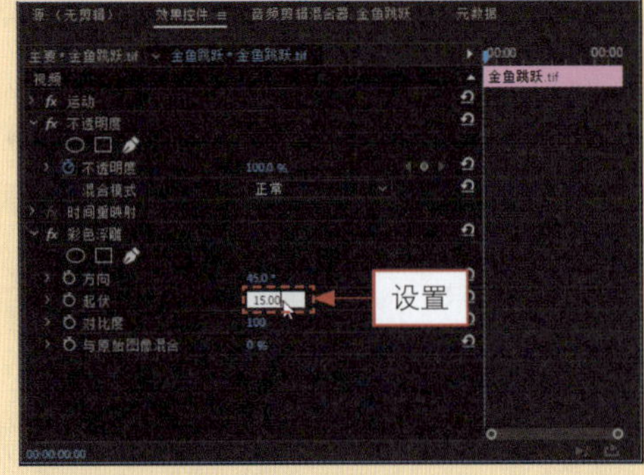

图5-87　设置起伏参数

图5-88　预览视频效果

第6章 玩转字幕：编辑与设置影视字幕

在各种影视画面中，字幕是不可缺少的一个重要组成部分，起着解释画面、补充内容的作用，有画龙点睛之效。Premiere Pro 2020可以制作出各种不同样式的字幕效果。本章将向读者详细介绍编辑与设置影视字幕的操作方法，希望读者可以学以致用，制作出精彩的影视文件。

本章重点

- 了解字幕简介和面板
- 编辑字幕样式
- 字幕属性的设置
- 设置字幕外观效果

6.1 了解字幕简介和面板

字幕是以各种字体、样式和动画等形式出现在画面中的文字总称。在现代影片中，字幕的应用越来越频繁，这些精美的标题字幕不仅能以起到为影片增色的目的，还能够很好地向观众传递影片信息或制作理念。Premiere Pro 2020提供了便捷的字幕编辑功能，可以使用户在短时间内制作出专业的标题字幕。

6.1.1 标题字幕简介

字幕可以以各种字体、样式和动画等形式出现在影视画面中，如电视剧或电影的片头、演员表、对白及片尾字幕等，字幕设计与书写是影视造型的艺术手段之一。在通过实例学习创建字幕之前，先来了解一下制作的标题字幕效果，如图6-1所示。

图6-1 制作的标题字幕效果

6.1.2 了解字幕属性面板

在Premiere Pro 2020“效果控件”面板中，展开“源文本”选项面板（又称为“源文件”选项的属性面板），如图6-2所示。可以设置字幕“字体”、

“字体大小”、“字距调整”、“基线位移”、“填充”、“描边”、“阴影”、“位置”、“缩放”、“旋转”及“对齐方式”等属性，熟悉这些设置对制作标题字幕有着事半功倍的效果。

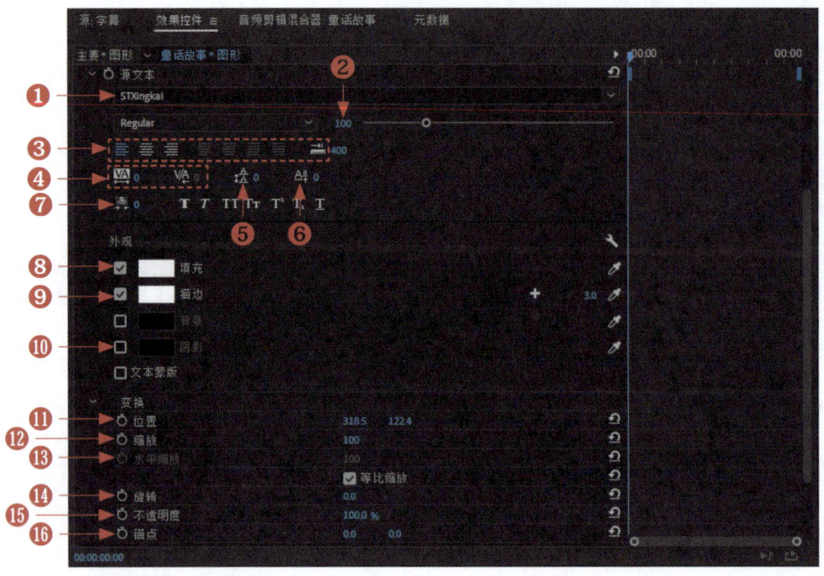

图6-2　“源文本”选项面板

❶ **字体：**单击“字体”右侧的下拉按钮，在弹出的下拉列表中可以选择所需要的字体。

❷ **字体大小：**用于设置当前选择的文本字体大小。

❸ **对齐方式：**用于设置文本的对齐方式，主要有“左对齐文本”、“居中对齐文本”、“右对齐文本”、“最后一行左对齐”、“最后一行居中对齐”、“对齐”及“最后一行右对齐”7种对齐方式。

❹ **字距调整/字偶间距：**用于设置文本的字距，数值越大，文字的间距越大。

❺ **行距：**用于设置文本中行与行之间的距离，数值越大，行距越大。

❻ **基线位移：**在保持文本行距和大小不变的情况下，改变文本在文字块内的位置，或者将文本更远地偏离路径。

❼ **比例间距：**用于设置文本的字距，数值越大，文字的间距越小。

❽ **填充：**单击颜色色块，可以调整文本的颜色，选取右侧的吸管工具，可以吸取相应的颜色更改字幕文本的颜色。

❾ **描边：**可以为字幕添加描边效果。

❿ **阴影：**勾选“阴影”复选框，将激活“阴影”选项区中的各参数，为字幕设置阴影属性。

⓫ **位置：**用于设置字幕在 X 轴和 Y 轴的位置。

⓬ **缩放：**可以将文本缩小或放大显示，当取消勾选“水平缩放”下方的“等比缩放”复选框后，其名称自动跳转为“垂直缩放”，可以将文本垂直放大或缩小。

⓭ **水平缩放：**取消勾选“等比缩放”复选框，在数值框中输入参数，可以将文本横向拉长或缩短。

⓮ **旋转：**用于设置字幕的旋转角度。

⓯ **不透明度：**用于设置字幕的不透明度。

⓰ **锚点：**默认为图像的中心坐标，设置相应参数，字幕会相应移动所在位置。

6.2 编辑字幕样式

标题字幕的设计与书写是视频编辑的重要手段之一，Premiere Pro 2020提供了完善的标题字幕编辑功能，用户可以对文本或其他字幕对象进行编辑和美化。本节主要向读者介绍添加标题字幕的操作方法。

6.2.1 创建水平字幕

水平字幕是指沿水平方向进行分布的字幕类型。用户可以使用工具箱中的“文字工具”进行创建，下面介绍具体操作方法。

应用案例　创建水平字幕

STEP 01 按“Ctrl + O”组合键，打开一个项目文件“素材\第6章\舞动夕阳.prproj”，并预览项目效果，如图6-3所示。

STEP 02 选取“时间轴”面板左侧“工具箱”面板中的“文字工具”，如图6-4所示。

图6-3　预览项目效果

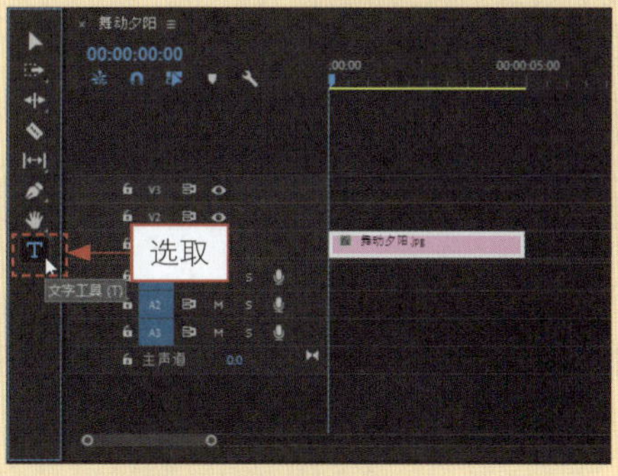

图6-4　选取“文字工具”

STEP 03 在“节目监视器”面板中的合适位置单击，在文本框中输入标题字幕，如图6-5所示。

STEP 04 输入完成后，在“时间轴”面板的V2轨道中会显示一个字幕文件，在“节目监视器”面板中可以查看创建的水平字幕效果，如图6-6所示。

图6-5　输入标题字幕

图6-6　查看创建的水平字幕效果

6.2.2 创建垂直字幕

用户在了解如何创建水平字幕后，创建垂直字幕的方法就会变得十分简单了。下面介绍创建垂直字幕的操作方法。

应用案例 创建垂直字幕

STEP 01 按“Ctrl + O”组合键，打开一个项目文件“素材\第6章\花开并蒂.prproj”，并预览项目效果，如图6-7所示。

STEP 02 单击“时间轴”面板左侧“工具箱”面板中的“文字工具”下拉按钮，如图6-8所示。

图6-7 预览项目效果

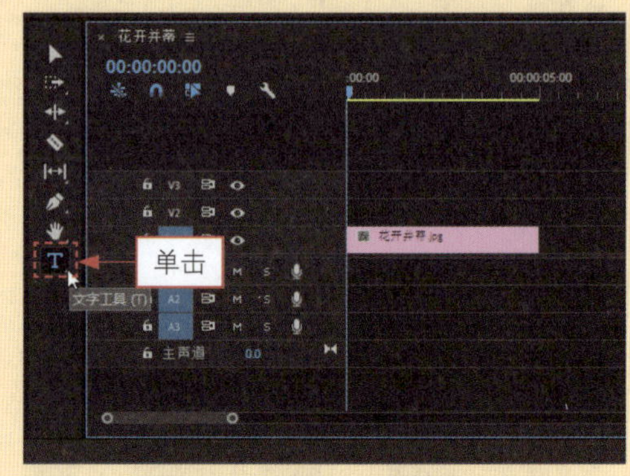

图6-8 单击“文字工具”下拉按钮

STEP 03 执行操作后，在弹出的下拉列表中选择“垂直文字工具”选项，如图6-9所示。

STEP 04 在“节目监视器”面板中的合适位置单击，在文本框中输入标题字幕，如图6-10所示。

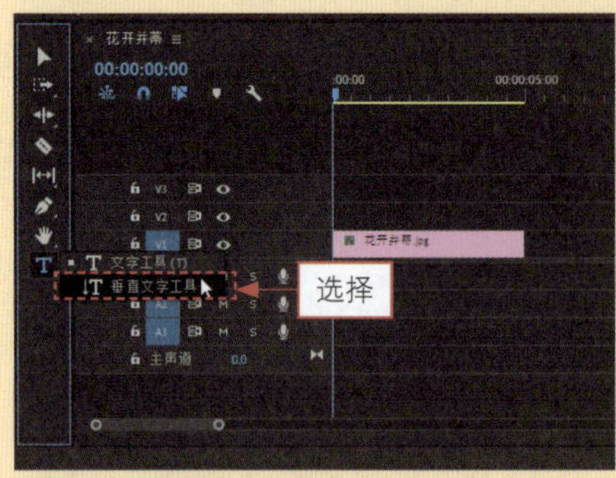

图6-9 选择“垂直文字工具”选项

图6-10 输入标题字幕

STEP 05 执行操作后，在工具箱中选取“选择工具”，如图6-11所示。

STEP 06 在“节目监视器”面板中可以调整字幕位置，执行操作后，即可查看制作的垂直字幕效果，如图6-12所示。

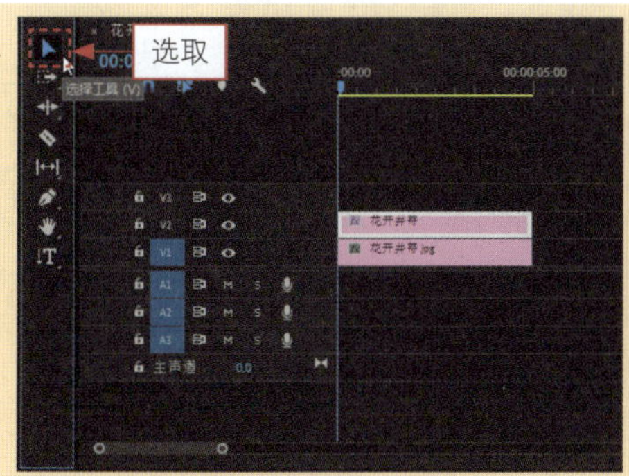

图6-11　选取“选择工具”

图6-12　查看制作的垂直字幕效果

专家指点

选取“工具箱”中的“文字工具”后，“节目监视器”面板中的文本框将会变为红色；选取“工具箱”中的“选择工具”后，“节目监视器”面板中的文本框将会变为蓝色。

6.2.3 创建多个字幕文本

在Premiere Pro 2020中，除了可以创建单排标题字幕文本，还可以创建多个字幕文本，使影视文件内容更加丰富，下面介绍具体操作方法。

应用案例　创建多个字幕文本

STEP 01 按“Ctrl+O”组合键，打开一个项目文件“素材\第6章\时光旅途.prproj”，并预览项目效果，如图6-13所示。

STEP 02 选取“工具箱”中的“文字工具”T，在“节目监视器”面板中的合适位置单击，在文本框中输入标题字幕，如图6-14所示。

图6-13　预览项目效果

图6-14　输入标题字幕

STEP 03 使用与上面同样的方法，在“节目监视器”面板中的合适位置单击，并在文本框中输入相应的字幕内容，如图6-15所示。

STEP 04 输入完成后，即可完成多个字幕文本的创建，如图6-16所示。执行操作后，即可导出字幕文件。

图6-15　输入字幕内容

图6-16　完成多个字幕文本的创建

6.3 字幕属性的设置

为了让字幕的整体效果更加具有吸引力和感染力，需要用户对字幕属性进行精心调整。本节介绍字幕属性的作用与调整的技巧。

6.3.1 设置字体样式

Premiere Pro 2020提供了多种字体，让用户能够制作出贴合心意的影视文件。下面介绍设置字体样式的具体操作方法。

应用案例　**设置字体样式**

STEP 01 按“Ctrl＋O”组合键，打开一个项目文件“素材\第6章\海阔天空.prproj”，如图6-17所示。

STEP 02 在“节目监视器”面板中，查看打开的项目效果，如图6-18所示。

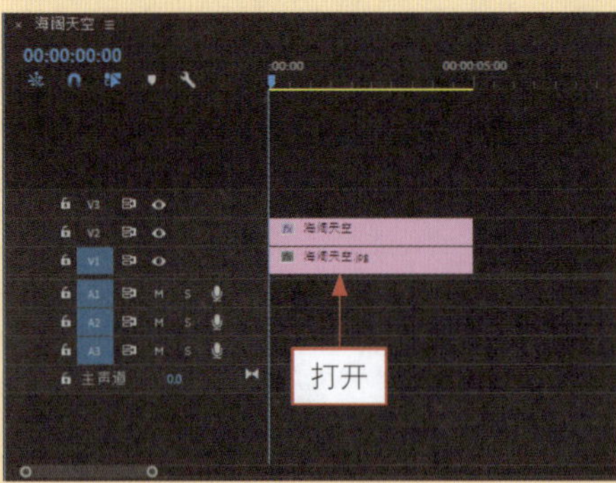

图6-17　打开一个项目文件

图6-18　查看打开的项目效果

STEP 03 在“时间轴”面板中，选择V2轨道中的字幕文件，如图6-19所示。

STEP 04 ❶切换至“效果控件”面板；❷单击“源文本”选项左侧的下拉按钮；❸展开“源文本”选项的属性面板，如图6-20所示。

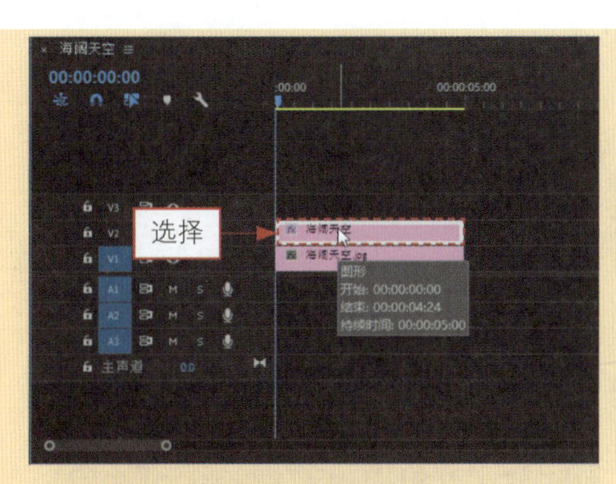

图6-19　选择V2轨道中的字幕文件

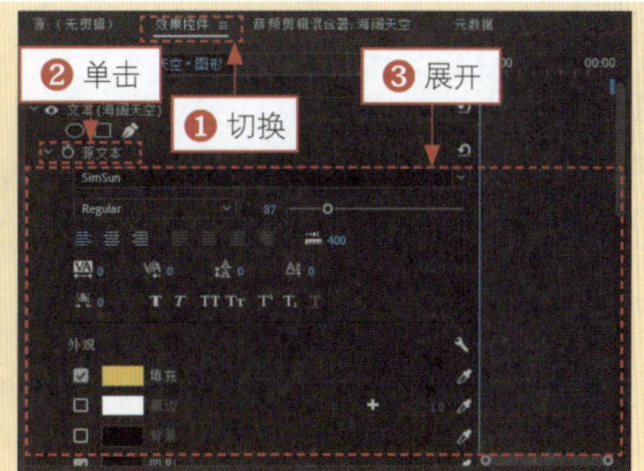

图6-20　展开“源文本”选项面板

STEP 05 在“源文本”选项面板中，单击“字体”右侧的下拉按钮，如图6-21所示。

STEP 06 在弹出的下拉列表中，选择“KaiTi”选项，如图6-22所示。

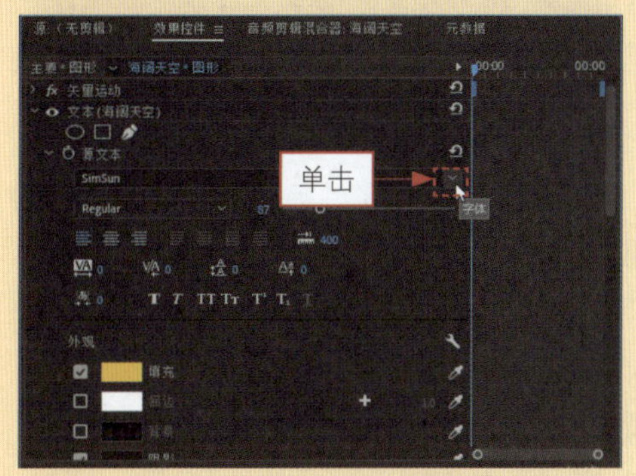

图6-21　单击“字体”右侧的下拉按钮

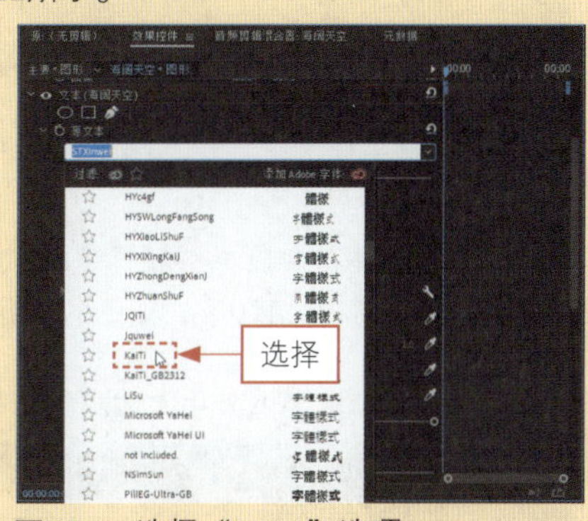

图6-22　选择“KaiTi”选项

STEP 07 执行操作后，即可更改字体样式，如图6-23所示。

STEP 08 在“节目监视器”面板中，即可查看设置的字体样式效果，如图6-24所示。

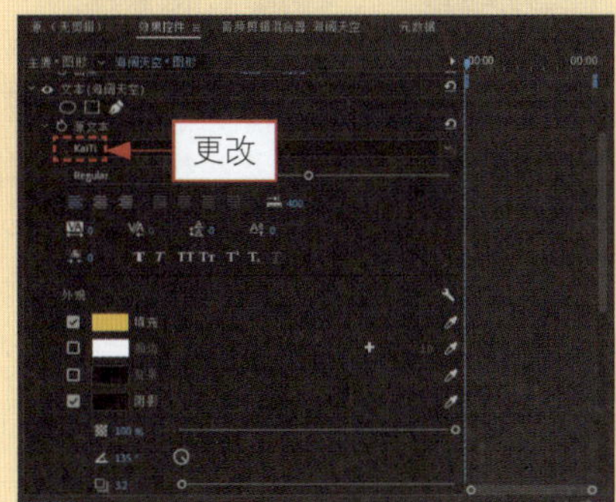

图6-23　更改字体样式

图6-24　查看设置的字体样式效果

6.3.2 设置字体大小

在Premiere Pro 2020中，如果字幕中的字体太小，则可以对其进行设置，下面将介绍设置字幕中字体大小的操作方法。

应用案例

设置字体大小

STEP 01 按“Ctrl+O”组合键，打开一个项目文件“素材\第6章\节日快乐.prproj”，并预览项目效果，如图6-25所示。

STEP 02 在“时间轴”面板中的V2轨道中，选择字幕文件，如图6-26所示。

图6-25　预览项目效果

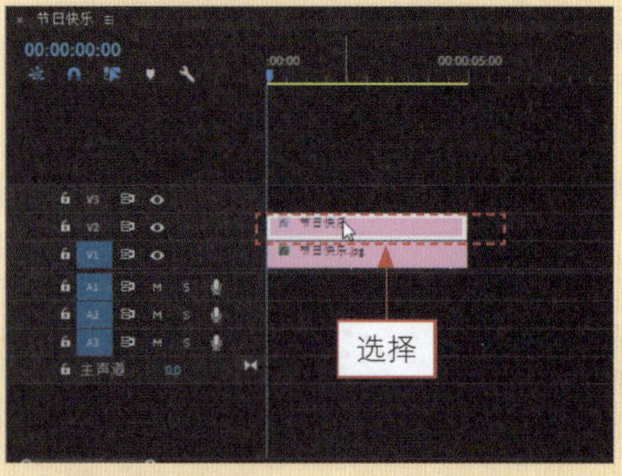

图6-26　选择字幕文件

STEP 03 ❶切换至“效果控件”面板；❷展开“源文本”选项面板；❸在其中拖曳“字体”滑块至“130”，或者设置文本参数值为“130”，如图6-27所示。

STEP 04 执行操作后，即可设置字体大小，效果如图6-28所示。

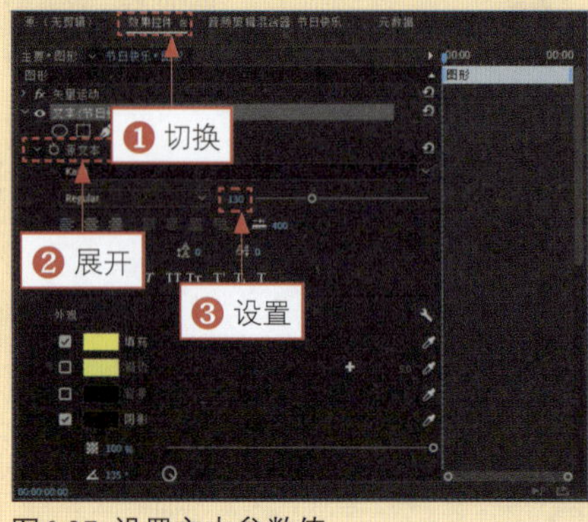

图6-27 设置文本参数值

图6-28 设置字体大小后的效果

6.3.3 设置字幕间距效果

字幕间距主要是指文字之间的间隔距离，下面将介绍设置字幕间距的操作方法。

设置字幕间距效果

STEP 01 按“Ctrl+O”组合键，打开一个项目文件“素材\第6章\童话故事.prproj”，并预览项目效果，如图6-29所示。

STEP 02 在“时间轴”面板中的V2轨道中，选择字幕文件，如图6-30所示。

图6-29　预览项目效果

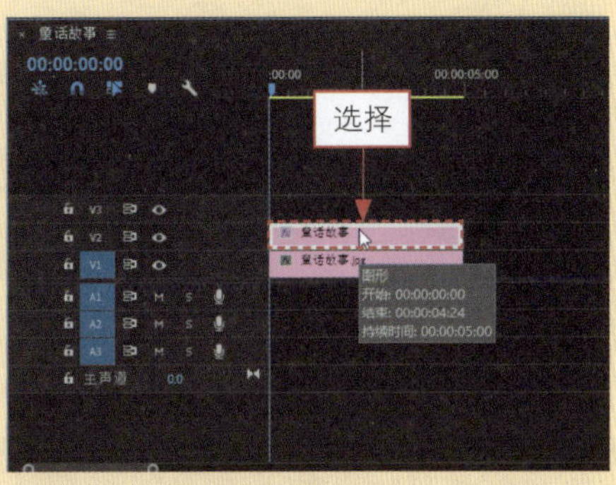

图6-30　选择字幕文件

STEP 03 ❶打开“效果控件”面板；❷在“源文本”选项面板中设置“字距调整”参数值为“80”，如图6-31所示。

STEP 04 执行操作后，即可设置字幕的间距，效果如图6-32所示。

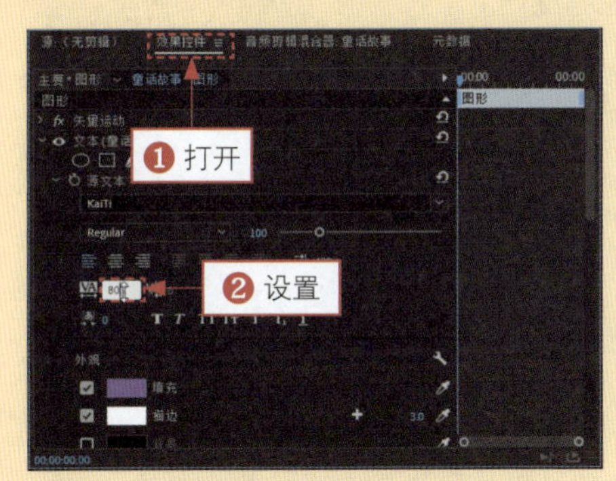

图6-31　设置“字距调整”参数值

图6-32　设置字幕间距后的效果

6.3.4 设置字幕行间距效果

在“源文本”选项面板中，用户可以重新设置字幕的行间距，下面介绍设置字幕行间距的操作方法。

设置字幕行间距效果

STEP 01 按“Ctrl+O”组合键，打开一个项目文件“素材\第6章\爱心抱枕.prproj”，并预览项目效果，如图6-33所示。

STEP 02 在“时间轴”面板中的V2轨道中，选择字幕文件，如图6-34所示。

STEP 03 ❶打开“效果控件”面板；❷在“源文本”选项面板中设置“行距”参数值为“40”，如图6-35所示。

STEP 04 执行操作后，即可设置字幕行间距，效果如图6-36所示。

图6-33　预览项目效果

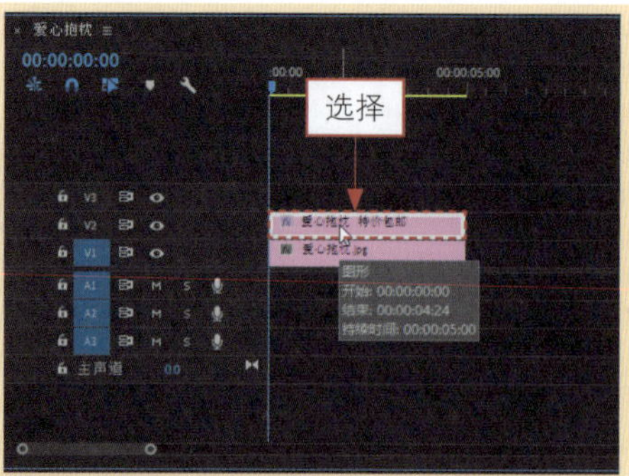

图6-34　选择字幕文件

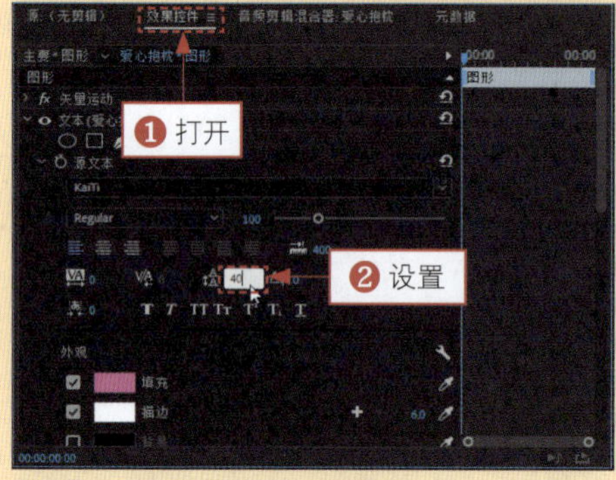

图6-35　设置“行距”参数值

图6-36　设置字幕行间距后的效果

6.3.5 设置字幕对齐方式

在创建字幕对象后，可以调整字幕对象的对齐方式，以得到更好的字幕效果，下面介绍具体操作方法。

设置字幕对齐方式

STEP 01 按“Ctrl + O”组合键，打开一个项目文件“素材\第6章\舒适座椅.prproj”，并预览项目效果，如图6-37所示。

STEP 02 在“时间轴”面板中的V2轨道中，选择字幕文件，如图6-38所示。

图6-37　预览项目效果

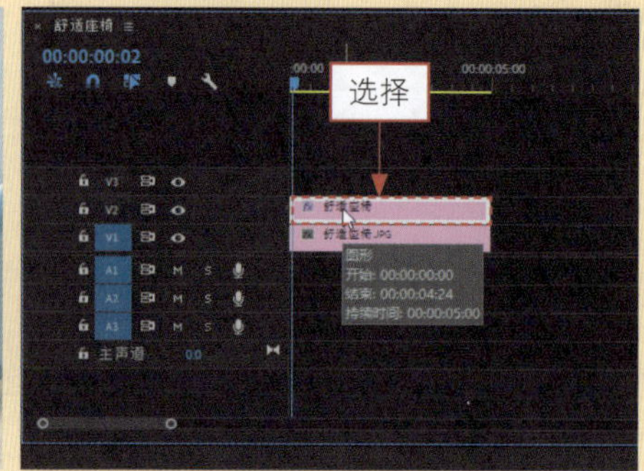

图6-38　选择字幕文件

专家指点

在 Premiere Pro 2020 中，“锚点”是图像的中心坐标，是对齐、旋转等动作属性设置的中心，所有动作都会围绕“锚点”而变化，所以当用户在对字幕文件进行对齐或其他属性设置时，先要确定“锚点”的所在位置，或者在“效果控件”面板中设置好“锚点”的坐标再进行操作，否则可能达不到理想效果。

STEP 03 ❶打开“效果控件”面板；❷在“源文本”选项面板中单击“右对齐文本”按钮，如图6-39所示。

STEP 04 执行操作后，即可完成设置字幕对齐方式，效果如图6-40所示。

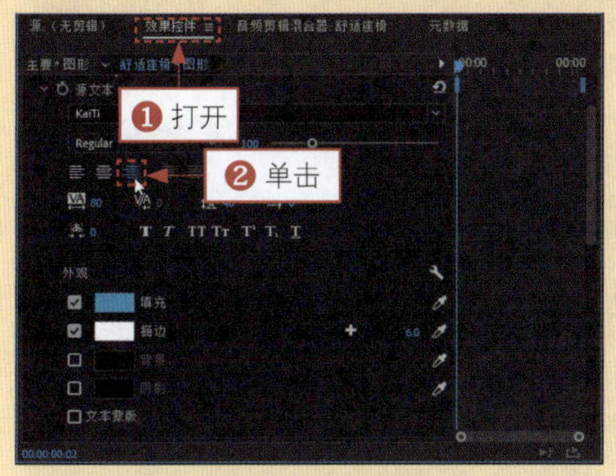

图6-39　单击“右对齐文本”按钮

图6-40　设置字幕对齐方式后的效果

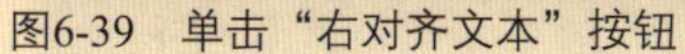

6.4 设置字幕外观效果

在Premiere Pro 2020中，如果用户对默认的字幕文本不满意，则可以在“源文本”选项面板下方的“外观”选项区中，更改字幕文本的外观样式，在“外观”选项区中有“填充”、“描边”及“阴影”等设置选项，本节将详细介绍设置字幕外观效果的操作方法。

6.4.1 设置字幕颜色填充

在默认状态下，创建的字幕文本的字体颜色为白色，用户可以在“外观”选项区中，设置字幕的颜色，在字体内填充一种单独的颜色，下面介绍设置字幕颜色填充的操作方法。

应用案例　设置字幕颜色填充

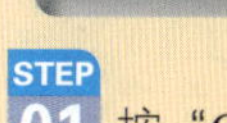

STEP 01 按“Ctrl＋O”组合键，打开一个项目文件“素材\第6章\人间仙境.prproj”，如图6-41所示。

STEP 02 打开项目文件后，在“节目监视器”面板中可以查看素材画面，如图6-42所示。

STEP 03 选取“时间轴”面板左侧“工具箱”面板中的“文字工具”，如图6-43所示。

STEP 04 在“节目监视器”面板中画面的合适位置单击，如图6-44所示。

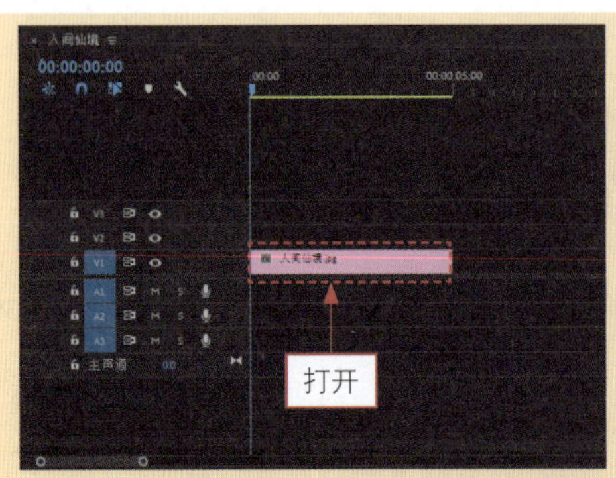

图6-41　打开一个项目文件

图6-42　查看素材画面

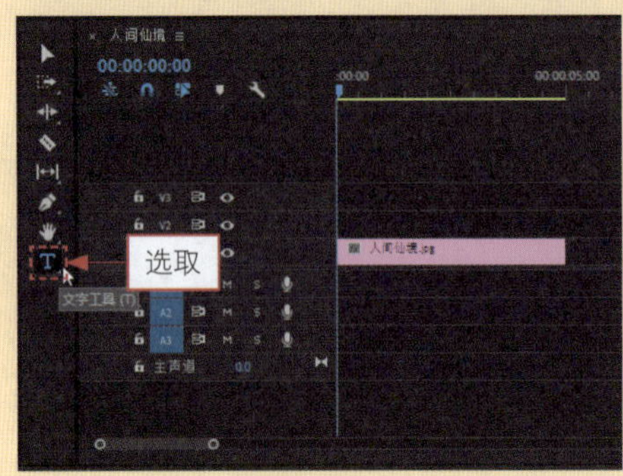

图6-43　选取“文字工具”

图6-44　在“监视器”面板中画面的合适位置单击

STEP 05 在红色文本框中，输入相应的文本内容，如图6-45所示。

STEP 06 ❶打开“效果控件”面板；❷在其中展开“源文本”选项面板，如图6-46所示。

图6-45　输入相应的文本内容

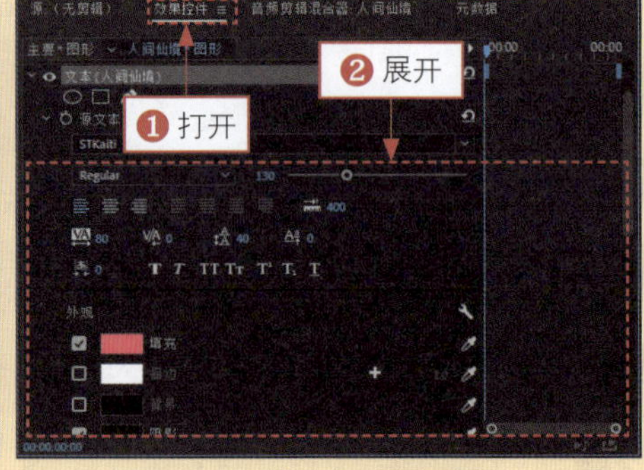

图6-46　展开“源文本”选项面板

专家指点

在“字幕编辑”窗口中输入汉字时，有时使用的字体样式不支持该文字，导致输入的汉字无法显示，此时用户可以选择输入的文字，将字体样式设置为常用的汉字字体，即可解决该问题。

STEP 07 在“源文本”选项面板下方的“外观”选项区中，单击“填充”左侧的颜色色块，如图6-47所示。

STEP 08 执行操作后，弹出“拾色器”对话框，如图6-48所示。

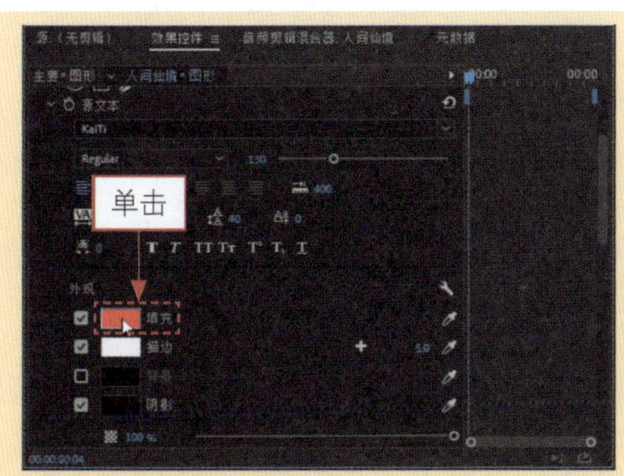

图6-47　单击颜色色块

图6-48　弹出“拾色器”对话框

专家指点

Premiere Pro 2020 会以从上到下的顺序渲染视频，如果将字幕文件添加到 V1 轨道，将影片素材文件添加到 V2 及以上的轨道，则将会使渲染的影片素材挡住了字幕文件，导致无法显示字幕。

STEP 09 在弹出的“拾色器”对话框中，分别设置颜色RGB参数值为“255”、“6”和“0”，如图6-49所示。

STEP 10 单击“确定”按钮应用设置，在“节目监视器”中，可以查看设置字幕颜色填充后的效果，如图6-50所示。

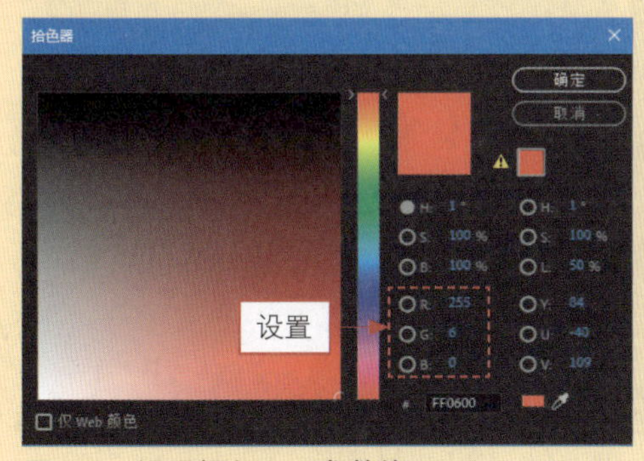

图6-49　设置颜色RGB参数值

图6-50　查看设置字幕颜色填充效果

STEP 11 在“工具箱”中选取“选择工具”，如图6-51所示。

STEP 12 在“节目监视器”面板中，选择字幕文件并调整位置，执行操作后，即可查看最终效果，如图6-52所示。

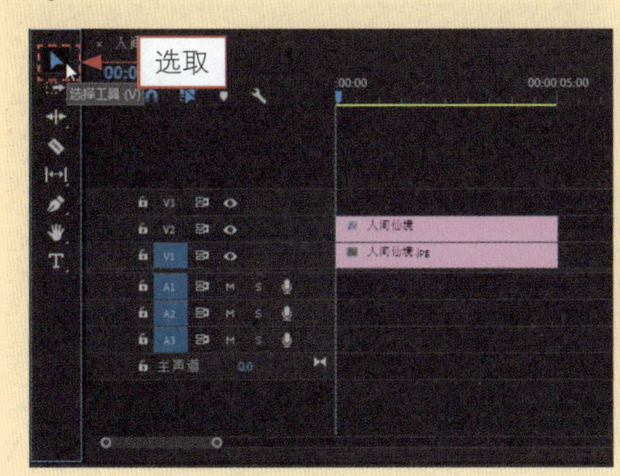

图6-51　选取“选择工具”

图6-52　查看最终效果

专家指点

在 Premiere Pro 2020 中，为字体填充颜色时，除了可以在“拾色器”对话框中输入参数进行调整，也可以直接在“拾色器”对话框左侧的颜色面板中直接选取颜色，或者使用“拾色器”对话框右下角的吸管工具选取颜色。

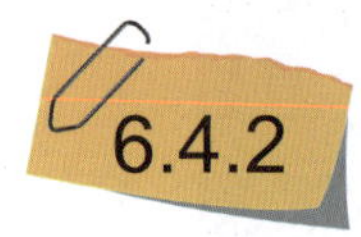

6.4.2 设置字幕描边效果

在Premiere Pro 2020中，字幕的“描边”功能可以给文本中的字体添加一件外衣，使字幕更加吸引眼球，不会显得单调。因此，用户可以有选择性地添加或删除字幕中的描边效果，下面介绍设置字幕描边效果的操作方法。

应用案例 设置字幕描边效果

STEP 01 按“Ctrl＋O”组合键，打开一个项目文件“素材\第6章\沙滩爱情.prproj”，如图6-53所示。

STEP 02 在“节目监视器”面板中可以查看素材画面，如图6-54所示。

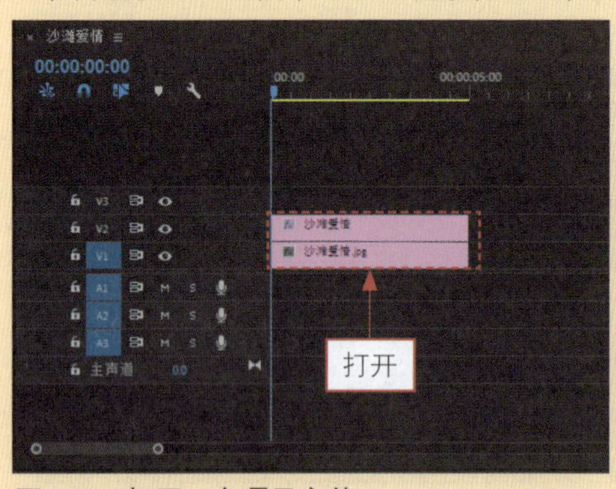

图6-53　打开一个项目文件

图6-54　查看素材画面

STEP 03 在“时间轴”面板中，选择V2轨道中的字幕文件，如图6-55所示。

STEP 04 ❶打开“效果控件”面板；❷在“源文本”选项面板下方勾选“描边”复选框，如图6-56所示。

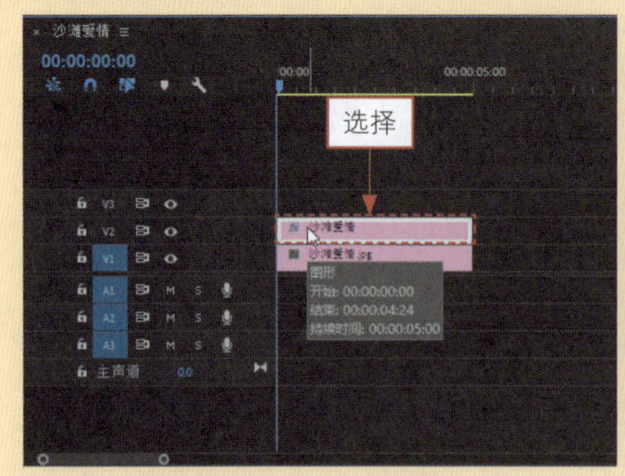

图6-55　选择V2轨道中的字幕文件

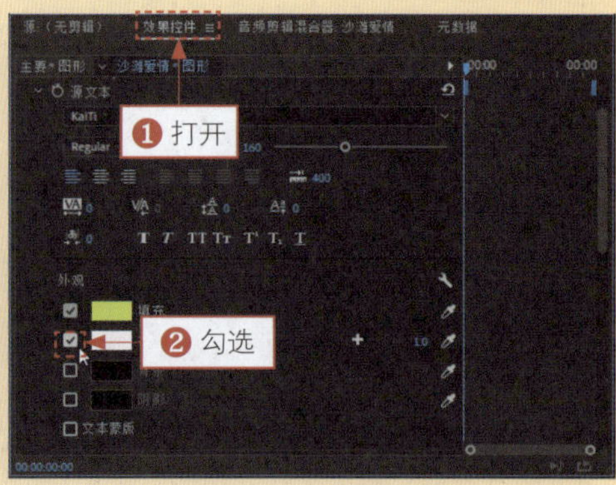

图6-56　勾选“描边”复选框

STEP 05 执行操作后，单击“描边”复选框左侧的颜色色块，如图6-57所示。

STEP 06 在弹出的“拾色器”对话框中，分别设置颜色RGB参数值为“194”、“59”和“59”，如图6-58所示。

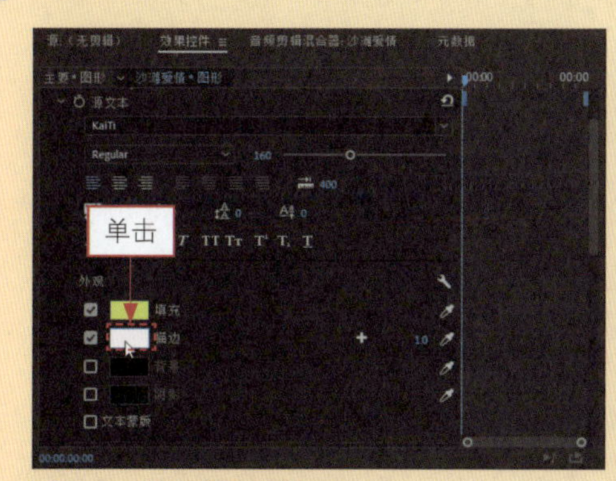

图6-57 单击颜色色块

图6-58 设置颜色RGB参数值

STEP 07 单击“确定”按钮应用设置，在“节目监视器”中，可以查看设置字幕描边后的效果，如图6-59所示。可以看到，设置字幕描边后的效果不是很明显，需要调整描边宽度。

STEP 08 在“描边”复选框的最右侧，设置“描边宽度”为“8.0”，如图6-60所示。

图6-59 查看设置字幕描边后的效果

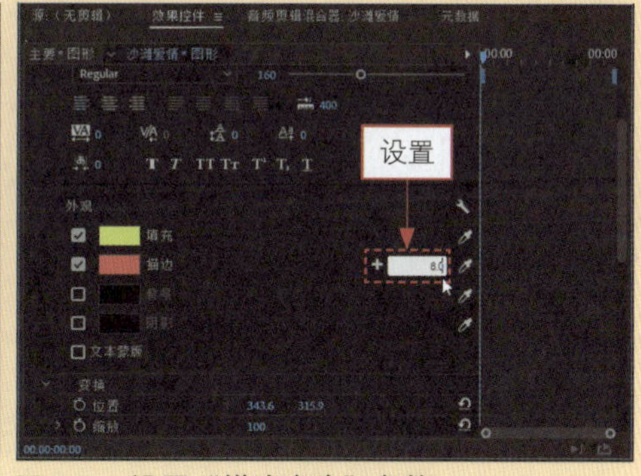

图6-60 设置“描边宽度”参数

STEP 09 在“工具箱”中选取“选择工具”，如图6-61所示。

STEP 10 在“节目监视器”面板中，选择字幕文件并调整位置，执行操作后，即可查看最终效果，如图6-62所示。

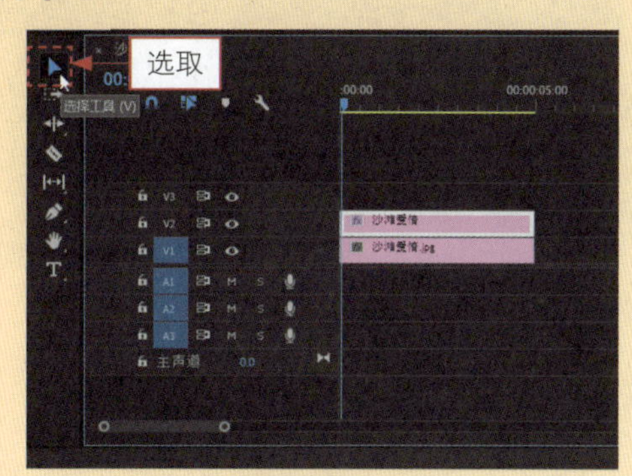

图6-61 选取“选择工具”

图6-62 查看最终效果

6.4.3 设置字幕阴影效果

在Premiere Pro 2020中，为字幕文本设置阴影效果，可以使字幕在影视画面中更加突出、明显，下面介绍设置字幕阴影效果的操作方法。

应用案例 设置字幕阴影效果

STEP 01 按“Ctrl+O”组合键，打开一个项目文件“素材\第6章\成功起点.prproj”，如图6-63所示。

STEP 02 打开项目文件后，在“节目监视器”面板中可以查看素材画面，如图6-64所示。

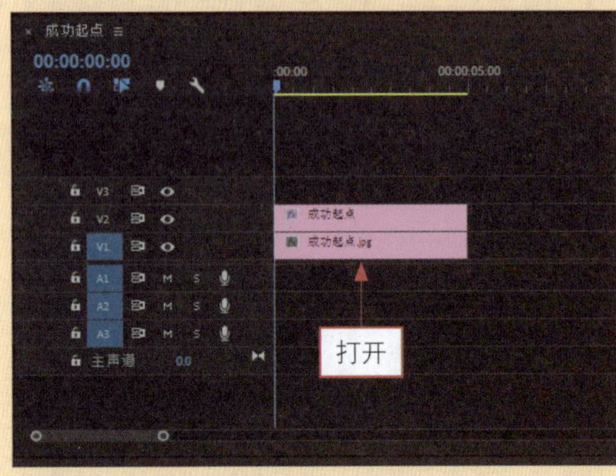

图6-63 打开一个项目文件

成功起点

图6-64 查看素材画面

STEP 03 在“时间轴”面板中，选择V2轨道中的字幕文件，如图6-65所示。

STEP 04 ❶打开“效果控件”面板；❷在“源文本”选项面板下方勾选“阴影”复选框，如图6-66所示。

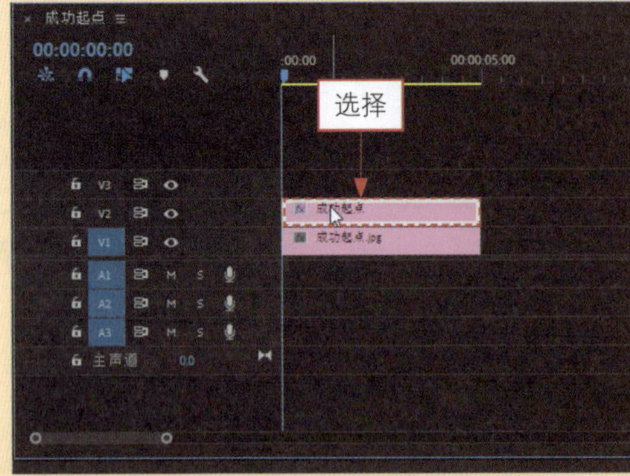

图6-65 选择V2轨道中的字幕文件

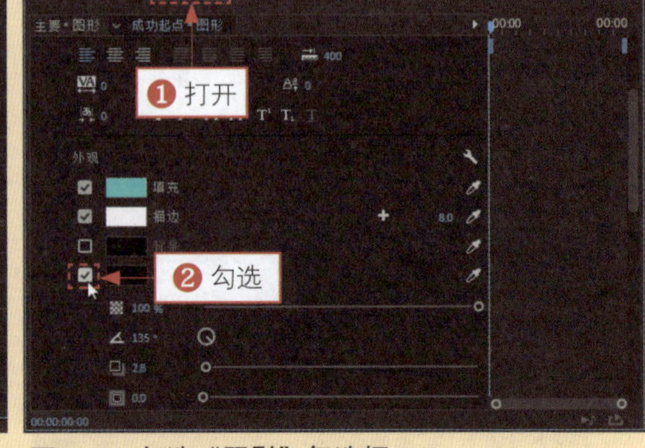

图6-66 勾选“阴影”复选框

STEP 05 执行操作后，单击“阴影”复选框左侧的颜色色块，如图6-67所示。

STEP 06 在弹出的“拾色器”对话框中，分别设置颜色RGB参数值为“211”、“157”和“40”，如图6-68所示。

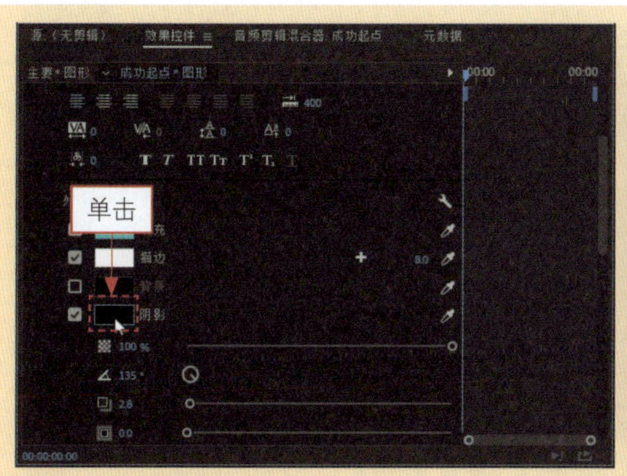

图6-67　单击颜色色块

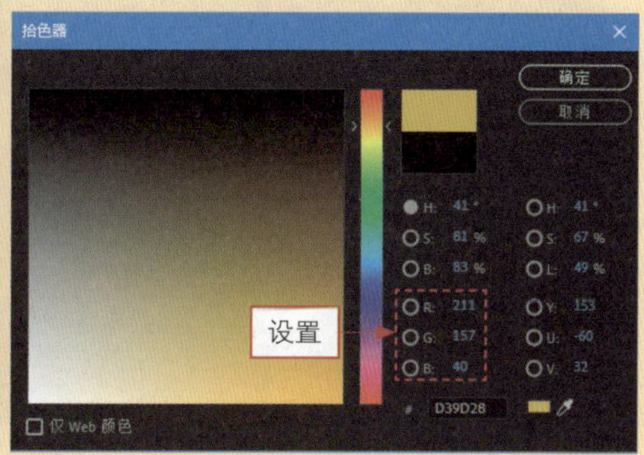

图6-68　设置颜色RGB参数值

STEP 07 单击“确定”按钮应用设置，在“节目监视器”面板中，可以查看设置字幕阴影后的效果，如图6-69所示。可以看到，设置字幕阴影后的效果不是很明显，需要调整阴影设置参数。

STEP 08 在“阴影”复选框下方，拖曳“距离”右侧的滑块，直至参数显示为“7.9”，调整阴影偏离距离，如图6-70所示。

图6-69　查看设置字幕阴影后的效果

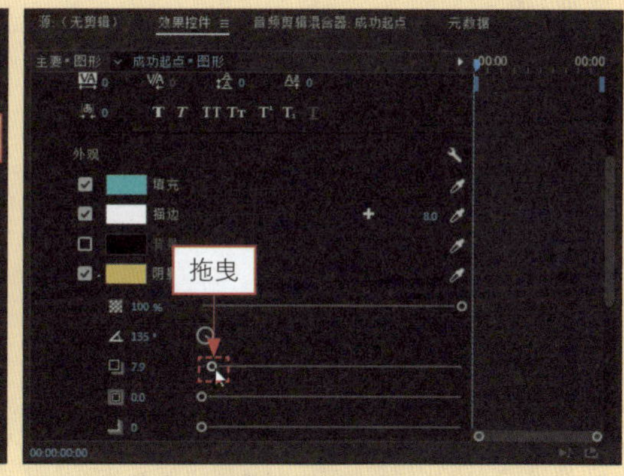

图6-70　拖曳“距离”右侧的滑块

专家指点

在“阴影”复选框下方，有4个选项可以设置“阴影”属性参数，用户可以根据画面效果进行设置。

- 不透明度：可以调整阴影透明度，参数值越小，阴影越淡。
- 角度：可以调整阴影投射角度。
- 距离：可以调整阴影与文字的偏离距离，参数值越大，距离越远，参数值越小，距离越近。
- 模糊：可以调整阴影的背景模糊度，参数值越大，阴影背景越模糊。

STEP 09 选取“工具箱”中的“选择工具”，在“节目监视器”面板中，选择字幕文件并调整位置，如图6-71所示。

STEP 10 执行操作后，即可查看最终效果，如图6-72所示。

图6-71　选择字幕文件并调整位置

图6-72　查看最终效果

6.5 专家支招

在Premiere Pro 2020中，如果一行字幕在窗口中显示不完整，可以制作多行同框字幕文本。首先打开一个项目文件，然后在"节目监视器"面板的素材画面上创建一个字幕文本，输入第一行字幕内容后，按"Enter"键换行，继续输入第二行的字幕内容，即可制作多行同框字幕文本，如图6-73所示。

图6-73　制作多行同框字幕文本

6.6 总结拓展

在任何一个影视作品中，字幕都是不可或缺的存在，没有字幕的影视作品是不完整的。在影视作品中，字幕可以将作品所要表达的意思准确无误地传达给观看者，漂亮的字幕设计可以使影片更具有吸引力和感染力，Premiere Pro 2020高质量的字幕功能，让用户使用起来能够更加得心应手。

6.6.1 本章小结

字幕制作在视频编辑中是一种重要的艺术手段，好的标题字幕不仅可以传达画面以外的信息，还可以增强影片的艺术效果。本章详细讲解了在Premiere Pro 2020中编辑与设置字幕的操作方法，包括创建水平字幕、创建垂直字幕、设置字体样式、设置字体大小、设置字幕间距效果、设置字幕对齐方式、设置字幕颜色填充、设置字幕描边效果及设置字幕阴影效果等内容。通过学习本章内容，希望用户可以熟练掌握字幕文件的编辑操作与属性设置方法，并能够合理运用将其添加到影视作品中。

6.6.2 举一反三——调整字幕阴影投射角度

在Premiere Pro 2020中，勾选“阴影”复选框即可显示用户添加的字幕阴影效果。在添加字幕阴影效果后，可以对“阴影”选项区中各参数进行设置，以得到更好的阴影效果。

应用案例 举一反三——调整字幕阴影投射角度

STEP 01 按“Ctrl+O”组合键，打开一个项目文件“素材\第6章\含苞待放.prproj”，如图6-74所示。

STEP 02 打开项目文件后，在“节目监视器”面板中可以查看素材画面，如图6-75所示。

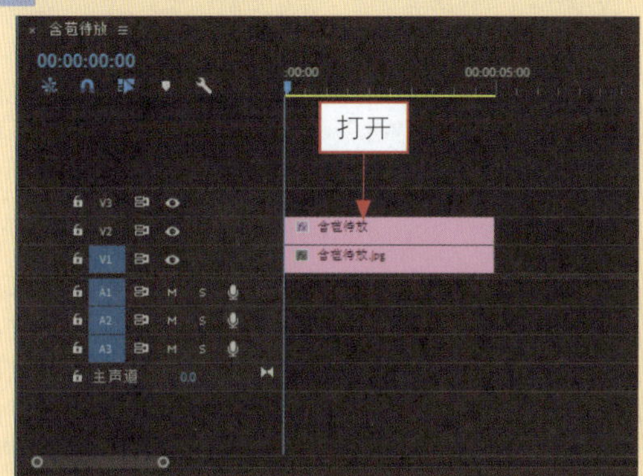

图6-74 打开一个项目文件

图6-75 查看素材画面

STEP 03 在“时间轴”面板中，选择V2轨道中的字幕文件，如图6-76所示。

STEP 04 ❶切换至“效果控件”面板；❷在其中展开“源文本”选项面板，如图6-77所示。

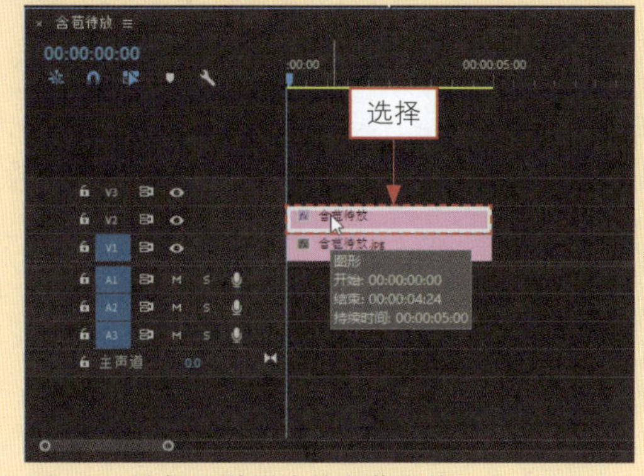

图6-76 选择V2轨道中的字幕文件

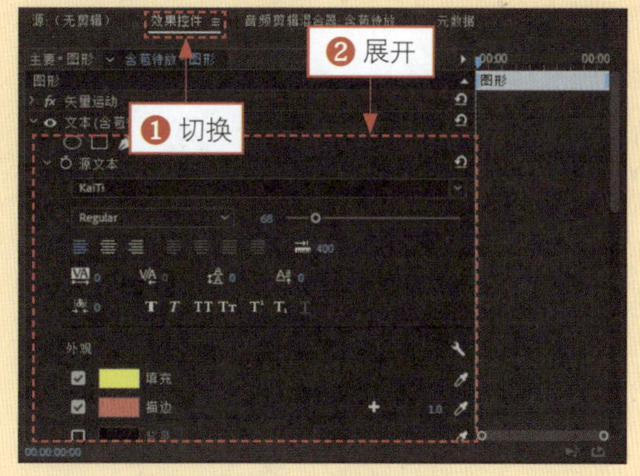

图6-77 展开“源文件”选项面板

STEP 05 在“外观”选项区中，勾选“阴影”复选框，如图6-78所示。

STEP 06 在“节目监视器”面板中可以查看添加阴影后的素材画面，如图6-79所示。

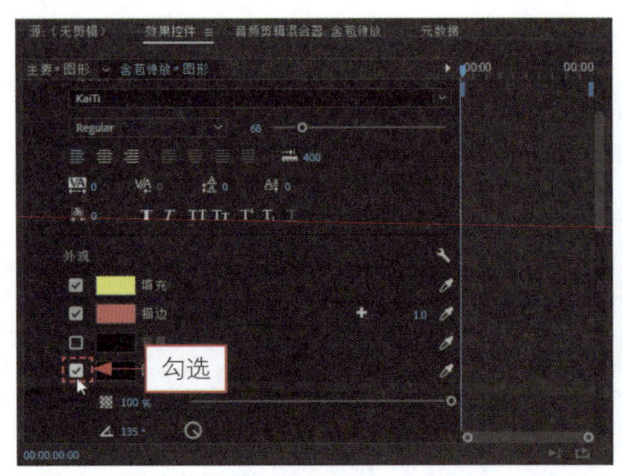

图6-78　勾选“阴影”复选框

图6-79　查看添加阴影后的素材画面

STEP 07 执行操作后，在“阴影”复选框下方，单击“角度”右侧的数值框并输入“210”，更改字幕阴影投射角度，如图6-80所示。

STEP 08 设置完成后，即可查看调整字幕阴影投射角度后的效果，如图6-81所示。

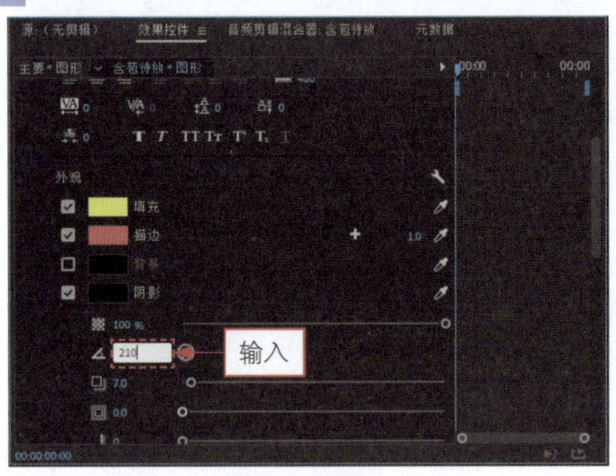

图6-80　设置“角度”的参数值

图6-81　查看调整字幕阴影投射角度后的效果

专家指点

用户还可以通过以下3种方法调整字幕阴影投射角度。

- 将鼠标指针移至“阴影”复选框右侧的图标上，滑动鼠标滑轮，圆形内的指针会相应转动，用户可以根据需要调整至合适的位置。
- 在“阴影”复选框右侧的图标上的任意一个角度单击，圆形内的指针会跳转至相应位置，阴影投射角度就会更改。
- 单击“阴影”复选框右侧的图标内的指针并以圆形中心为轴旋转，在合适的角度释放鼠标左键，即可调整阴影投射角度。

第7章 打造大片：创建与制作字幕特效

在影视节目中，字幕具有解释画面、补充内容等作用。由于字幕本身是静止的，因此在某些时候无法完美地表达画面的主题。本章将运用Premiere Pro 2020制作各种文字运动特效，让画面中的文字显得更加生动。

本章重点

了解字幕运动特效

创建字幕遮罩动画

制作精彩字幕特效

7.1 了解字幕运动特效

字幕是影片的重要组成部分，不仅可以传达画面以外的文字信息，还可以有效帮助观众理解影片。在Premiere Pro 2020中，字幕被分为“静态字幕”和“动态字幕”两大类型。通过前面章节的学习，用户已经可以轻松创建静态字幕及静态的复杂图形。本节将介绍如何在Premiere Pro 2020中创建动态字幕。

7.1.1 字幕运动原理

字幕的运动是通过关键帧实现的，为对象指定的关键帧越多，所产生的运动变化就会越复杂。在Premiere Pro 2020中，用户可以通过关键帧对不同的时间点来引导目标运动、缩放、旋转等，并在计算机中随着时间点而发生变化，如图7-1所示。

图7-1 字幕运动原理

7.1.2 “运动”面板

Premiere Pro 2020的运动设置是通过“效果控件”面板来实现的，当用户将素材拖入轨道后，可以切换到“效果控件”面板，此时可以看到Premiere Pro

2020的“运动”设置面板。为了使文字在画面中运动，用户必须为字幕添加关键帧，通过设置字幕的关键帧得到一个运动的字幕效果，如图7-2所示。

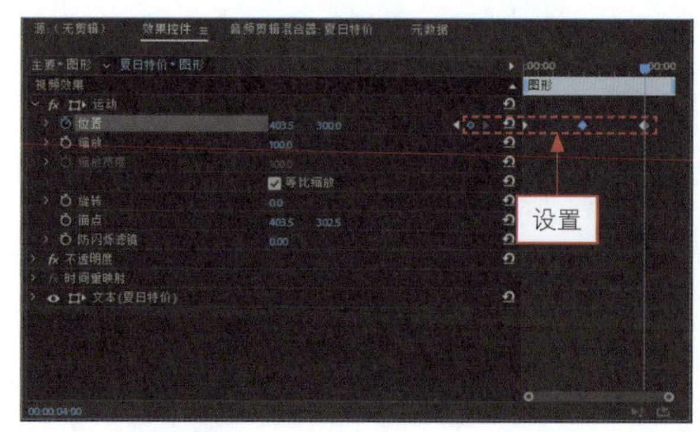

图7-2　设置关键帧

 **专家指点**

在 Premiere Pro 2020 中，用户在制作动态字幕时，在“效果控件”面板中，除了可以添加“运动”特效的关键帧，还可以添加缩放、旋转、透明度等选项的关键帧。添加完成后，用户可以通过设置关键帧的各项参数，制作出更具有丰富动态及生动有趣的字幕效果。

7.2 创建字幕遮罩动画

随着动态视频的发展，动态字幕的应用也越来越频繁了，这些精美的字幕特效不仅能够点明影视视频的主题，让影片更加生动，具有感染力，还能够为观众传递一种艺术信息。在Premiere Pro 2020中，通过蒙版工具可以创建字幕的遮罩动画效果，本节主要介绍创建字幕遮罩动画的制作方法。

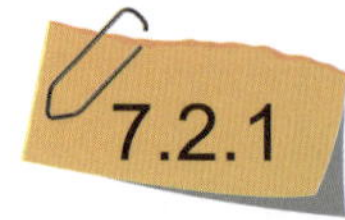

7.2.1 创建椭圆形蒙版动画

在Premiere Pro 2020中使用“创建椭圆形蒙版”工具，可以为字幕创建椭圆形遮罩动画效果，下面介绍具体操作方法。

应用案例　**创建椭圆形蒙版动画**

STEP 01 按“Ctrl＋O”组合键，打开一个项目文件“素材\第7章\夏日特价.prproj”，如图7-3所示。

STEP 02 在“节目监视器”面板中可以查看素材画面，如图7-4所示。

STEP 03 在“时间轴”面板中，选择V2轨道中的字幕文件，如图7-5所示。

STEP 04 ❶切换至“效果控件”面板；❷在“文本”选项区下方单击“创建椭圆形蒙版”按钮，如图7-6所示。

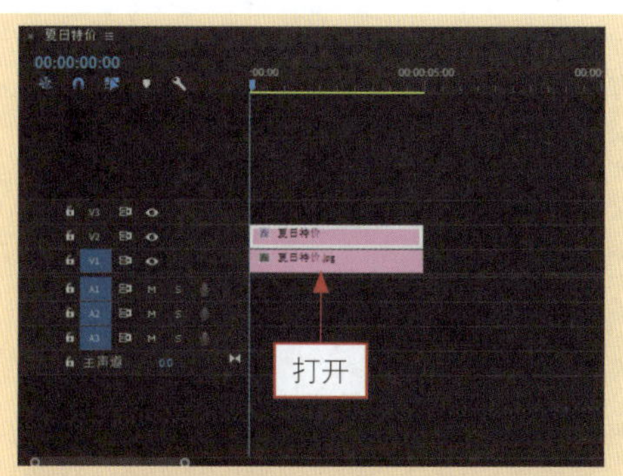

图7-3　打开一个项目文件

图7-4　查看素材画面

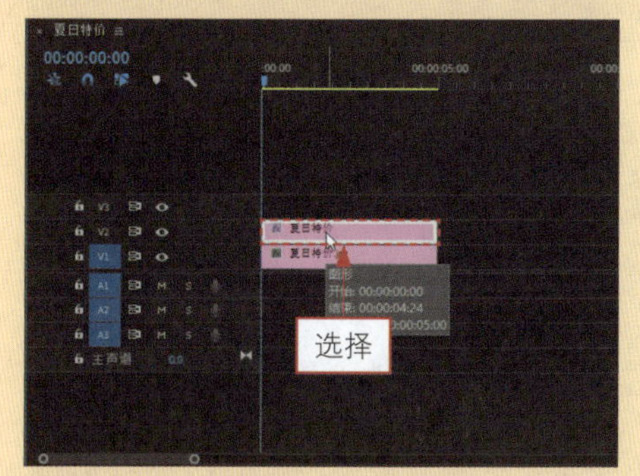

图7-5　选择V2轨道中的字幕文件

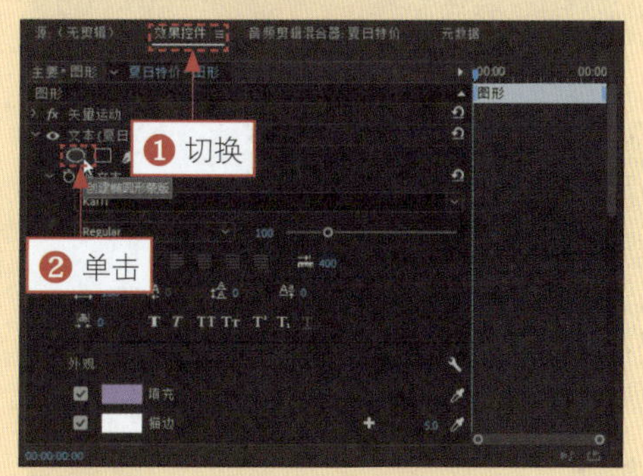

图7-6　单击“创建椭圆形蒙版”按钮

STEP 05 执行操作后，在“节目监视器”面板中的画面上会出现一个椭圆图形，如图7-7所示。

STEP 06 按住鼠标左键并拖曳椭圆图形至字幕文件位置，如图7-8所示。

图7-7　出现一个椭圆图形

图7-8　拖曳椭圆图形至字幕文件位置

STEP 07 在“效果控件”面板中的“文本”选项区下方，❶单击“蒙版扩展”选项左侧的“切换动画”按钮；❷在视频的开始处添加一个关键帧，如图7-9所示。

STEP 08 添加完成后，在“蒙版扩展”选项右侧的数值框中，设置“蒙版扩展”参数为“-100”，如图7-10所示。

STEP 09 设置完成后，将时间线切换至“00:00:04:00”的位置，如图7-11所示。

STEP 10 在“蒙版扩展”选项右侧，❶单击“添加/移除关键帧”按钮，❷再次添加一个关键帧，如图7-12所示。

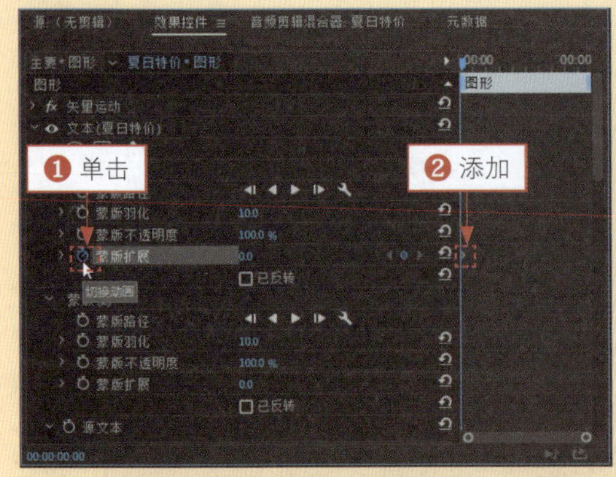

图7-9　在视频的开始处添加一个关键帧

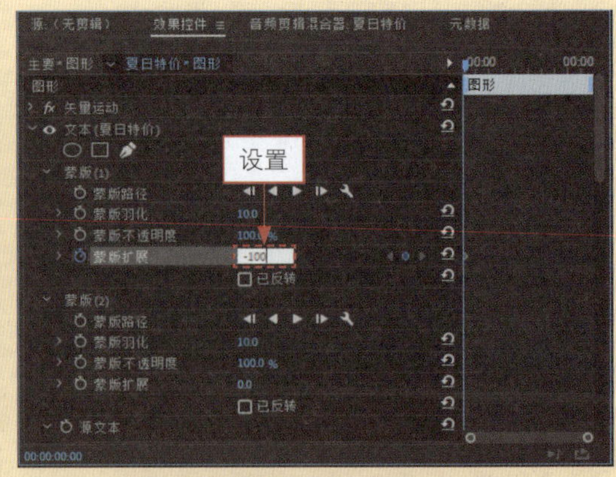

图7-10　设置“蒙版扩展”参数（1）

图7-11　切换时间线

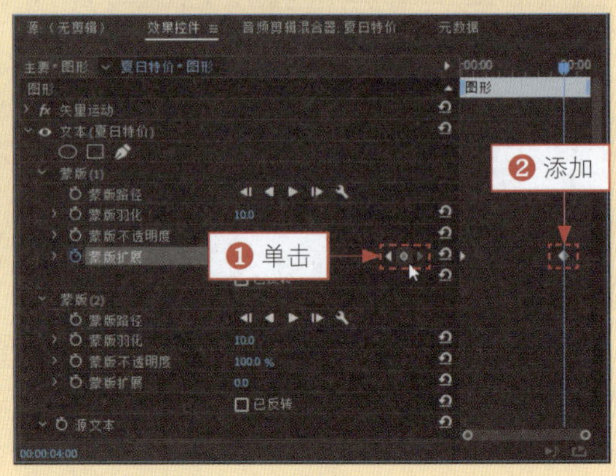

图7-12　再次添加一个关键帧

STEP 11 添加完成后，设置“蒙版扩展”参数为“50”，如图7-13所示。

STEP 12 执行操作后，即可完成椭圆形蒙版动画的设置，如图7-14所示。

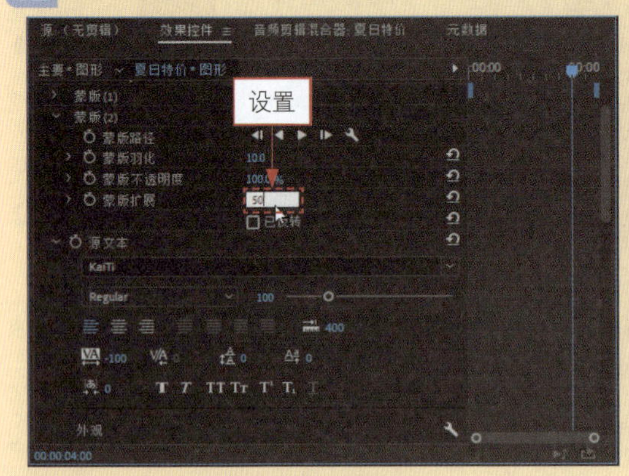

图7-13　设置“蒙版扩展”参数（2）

图7-14　完成椭圆形蒙版动画的设置

STEP 13 在“节目监视器”面板中单击“播放–停止切换”按钮▶，可以查看素材画面的效果，如图7-15所示。

图7-15　查看素材画面的效果

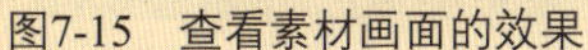

7.2.2 创建 4 点多边形蒙版动画

用户在了解了如何创建椭圆形蒙版动画后，创建4点多边形蒙版动画的方法就变得十分简单了。下面将介绍创建4点多边形蒙版动画的操作方法。

创建4点多边形蒙版动画

STEP 01 按“Ctrl＋O”组合键，打开一个项目文件“素材\第7章\传统文化.prproj”，如图7-16所示。

STEP 02 在“节目监视器”面板中可以查看素材画面，如图7-17所示。

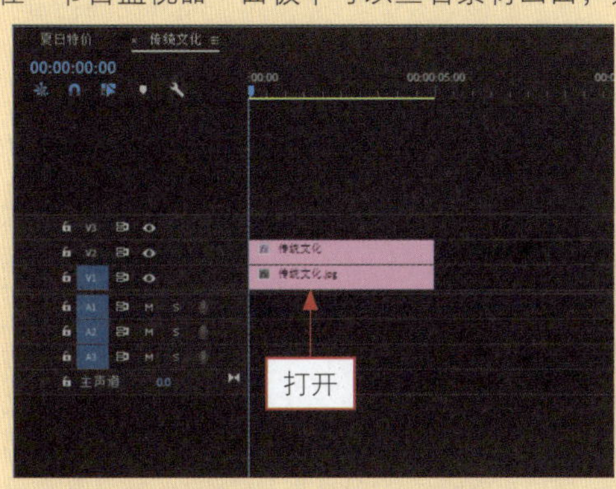

图7-16　打开一个项目文件

图7-17　查看素材画面

STEP 03 在“时间轴”面板中，选择V2轨道中的字幕文件，如图7-18所示。

STEP 04 ❶切换至“效果控件”面板；❷在“文本”选项区下方单击“创建4点多边形蒙版”按钮■，如图7-19所示。

STEP 05 执行操作后，在“节目监视器”面板中的画面上会出现一个矩形图形，如图7-20所示。

STEP 06 按住鼠标左键并拖曳矩形图形至字幕文件位置，如图7-21所示。

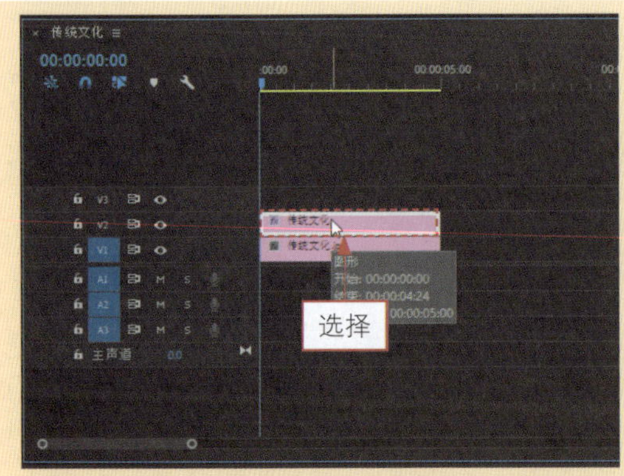

图7-18　选择V2轨道中的字幕文件

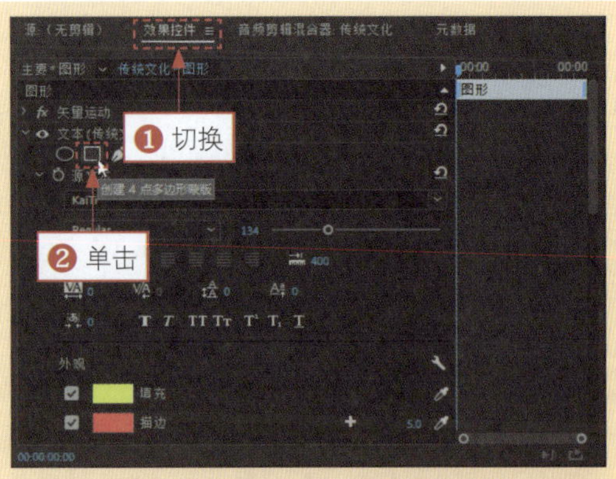

图7-19　单击“创建4点多边形蒙版”按钮

图7-20　出现一个矩形图形

图7-21　拖曳矩形图形至字幕文件位置

STEP 07 在“效果控件”面板中的“文本”选项区下方，❶单击“蒙版扩展”选项左侧的“切换动画”按钮，❷在视频的开始处添加一个关键帧，如图7-22所示。

STEP 08 添加完成后，在“蒙版扩展”选项右侧的数值框中，设置“蒙版扩展”参数为“180”，如图7-23所示。

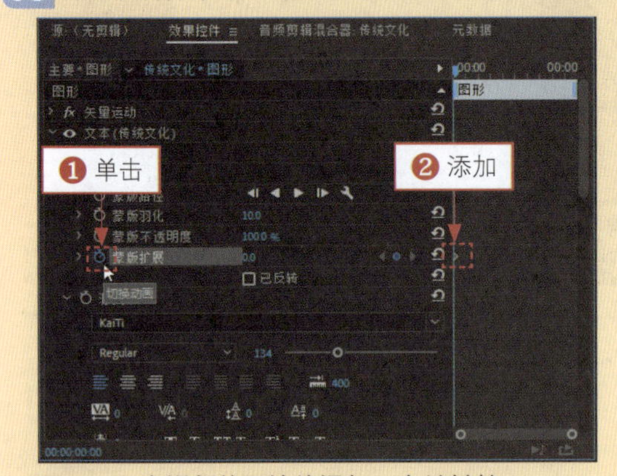

图7-22　在视频的开始处添加一个关键帧

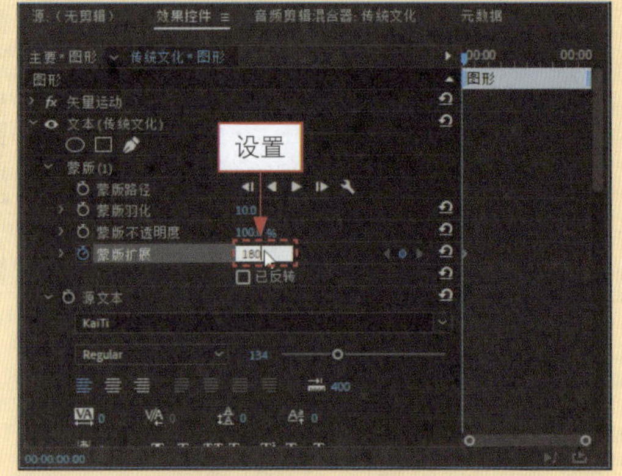

图7-23　设置“蒙版扩展”参数（1）

STEP 09 设置完成后，将时间线切换至“00:00:02:00”的位置，如图7-24所示。

STEP 10 在“蒙版扩展”选项右侧，❶单击“添加/移除关键帧”按钮，❷再次添加一个关键帧，如图7-25所示。

图7-24　切换时间线

图7-25　再次添加一个关键帧

STEP 11 添加完成后，设置“蒙版扩展”参数为“−50”，如图7-26所示。

STEP 12 使用与上面相同的方法，❶在“00:00:04:00”的位置再次添加一个关键帧；❷并设置“蒙版扩展”参数为“180”，完成4点多边形蒙版动画的设置，如图7-27所示。

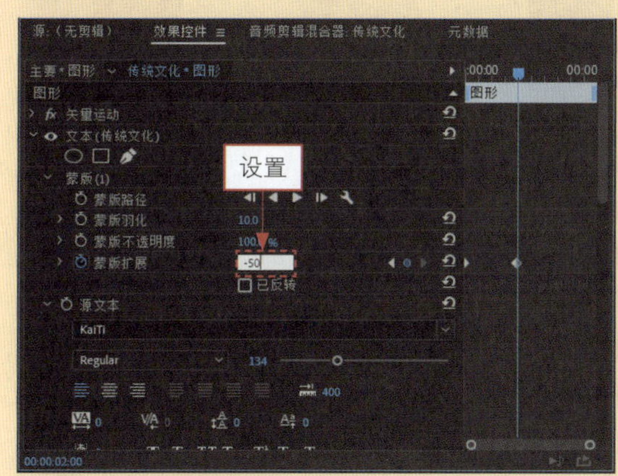

图7-26　设置“蒙版扩展”参数（2）

图7-27　设置“蒙版扩展”参数（3）

STEP 13 在“节目监视器”面板中单击“播放-停止切换”按钮▶，可以查看素材画面的效果，如图7-28所示。

图7-28　查看素材画面的效果

7.2.3 创建自由曲线蒙版动画

在Premiere Pro 2020中，除了可以创建椭圆形蒙版动画和4点多边形蒙版动画，还可以创建自由曲线蒙版动画，使影视文件的内容更加丰富。

应用案例 创建自由曲线蒙版动画

STEP 01 按“Ctrl＋O”组合键，打开一个项目文件“素材\第7章\冬季礼品.prproj”，如图7-29所示。

STEP 02 在“节目监视器”面板中可以查看素材画面，如图7-30所示。

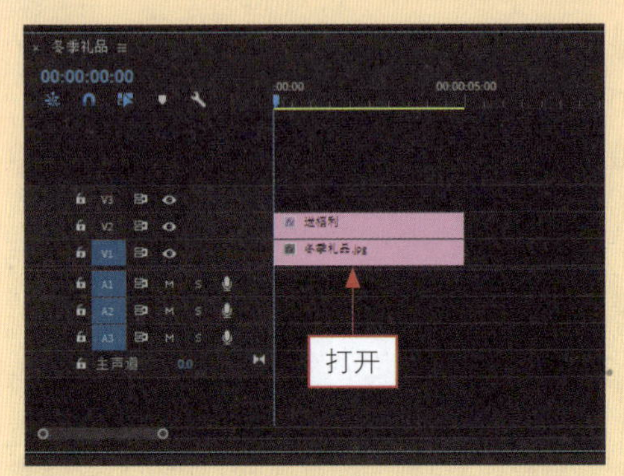

图7-29　打开一个项目文件

图7-30　查看素材画面

STEP 03 在“时间轴”面板中，选择V2轨道中的字幕文件，如图7-31所示。

STEP 04 ❶切换至“效果控件”面板；❷在“文本”选项区下方单击“自由绘制贝塞尔曲线”按钮，如图7-32所示。

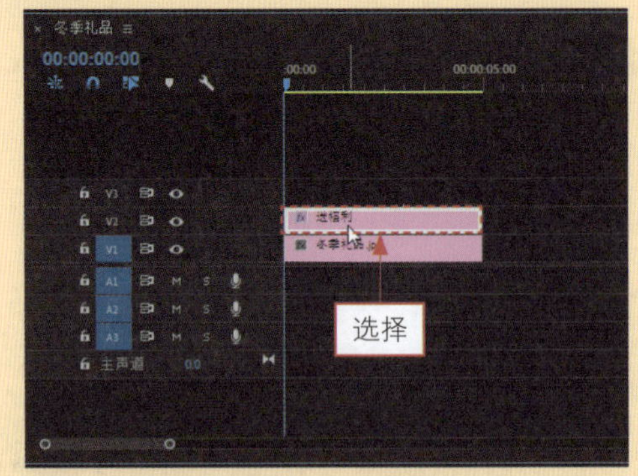

图7-31　选择V2轨道中的字幕文件

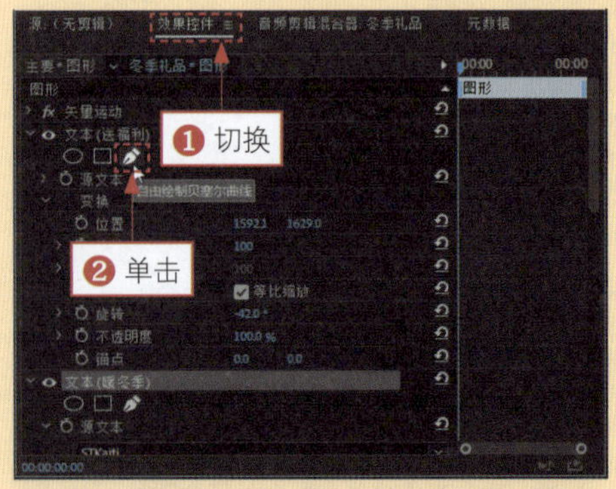

图7-32　单击“自由绘制贝赛尔曲线”按钮

STEP 05 执行操作后，在“节目监视器”面板中的字幕文件四周单击，画面中会出现点线相连的曲线，如图7-33所示。

STEP 06 围绕字幕文件四周继续单击，完成自由曲线蒙版的绘制，如图7-34所示。

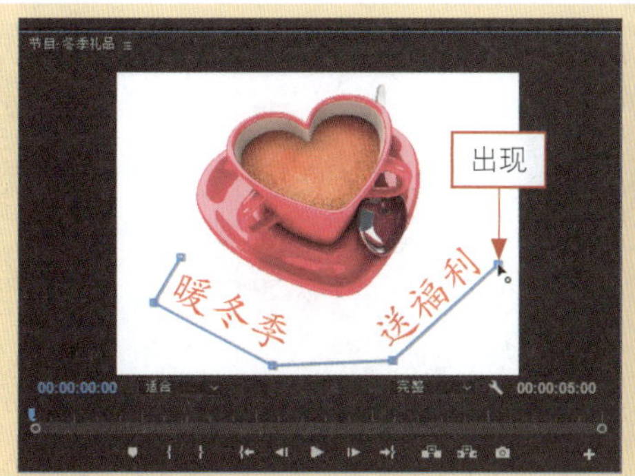

图7-33　出现点线相连的曲线　　图7-34　完成自由曲线蒙版的绘制

STEP 07 在“效果控件”面板中的“文本”选项区下方，❶单击“蒙版扩展”选项左侧的“切换动画”按钮；❷在视频的开始处添加一个关键帧，如图7-35所示。

STEP 08 添加完成后，在“蒙版扩展”选项右侧的数值框中，设置“蒙版扩展”参数为“-150”，如图7-36所示。

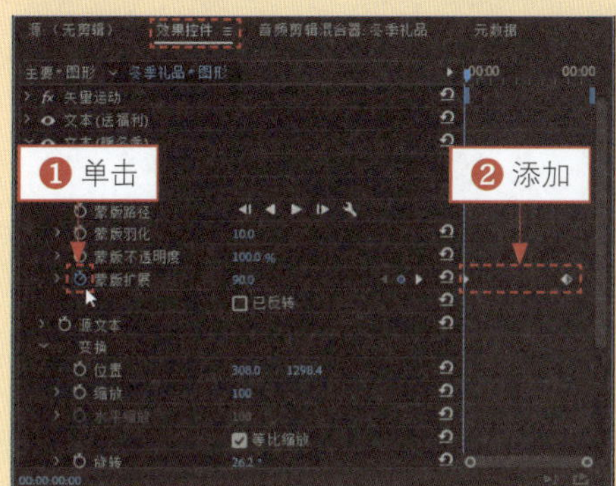

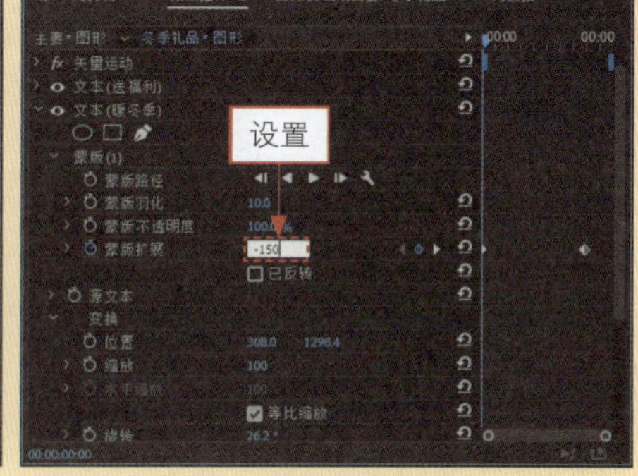

图7-35　在视频的开始处添加一个关键帧　　图7-36　设置“蒙版扩展”参数（1）

STEP 09 设置完成后，将时间线切换至“00:00:04:00”的位置，如图7-37所示。

STEP 10 在“蒙版扩展”选项右侧，❶单击“添加/移除关键帧”按钮；❷再次添加一个关键帧，如图7-38所示。

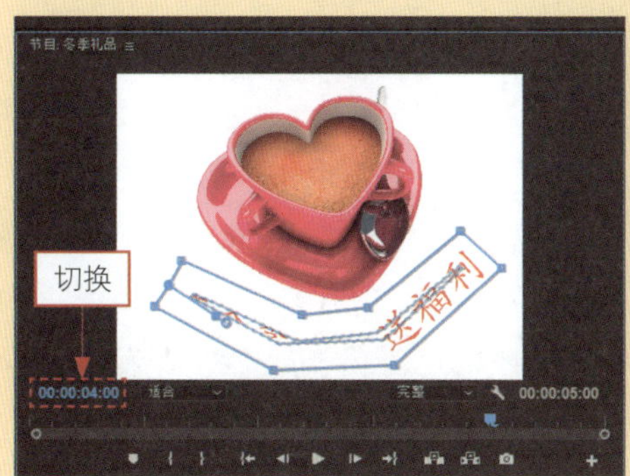

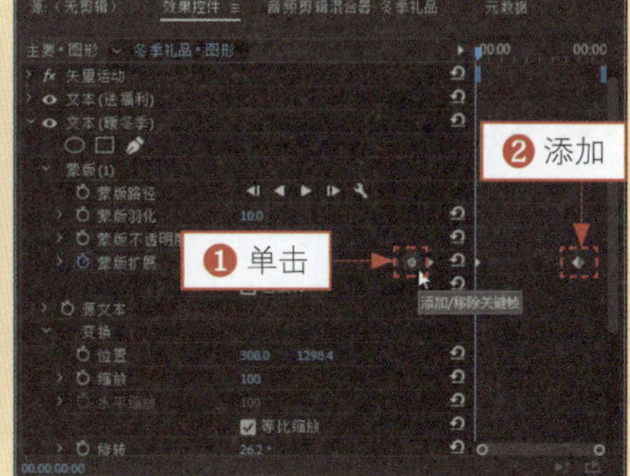

图7-37　切换时间线　　图7-38　再次添加一个关键帧

STEP 11 添加完成后，设置“蒙版扩展”参数为“0”，如图7-39所示。

STEP 12 执行操作后，即可完成自由曲线蒙版动画的设置，如图7-40所示。

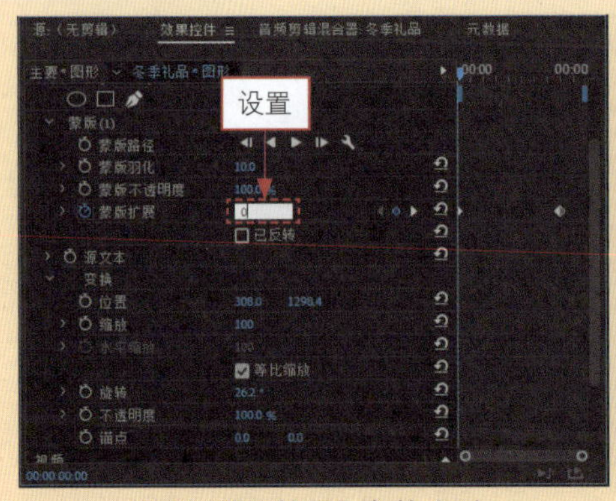

图7-39　设置“蒙版扩展”参数（2）

图7-40　完成自由曲线蒙版动画的设置

STEP 13 在“节目监视器”面板中单击“播放-停止切换”按钮▶，可以查看素材画面的效果，如图7-41所示。

图7-41 查看素材画面的效果

7.3 制作精彩字幕特效

本节主要介绍精彩字幕特效的制作方法。

7.3.1 制作抖音字幕路径特效

在Premiere Pro 2020中，通过“效果控件”面板中的属性设置并添加关键帧，可以制作抖音字幕路径特效，下面介绍具体操作方法。

制作抖音字幕路径特效

STEP 01 按“Ctrl＋O”组合键，打开一个项目文件“素材\第7章\精品礼盒.prproj”，如图7-42所示。

STEP 02 在“节目监视器”面板中，查看打开的项目效果，如图7-43所示。

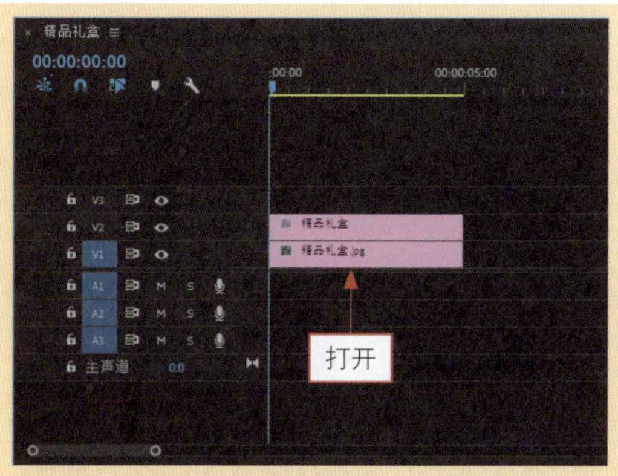

图7-42　打开一个项目文件

图7-43　查看打开的项目效果

STEP 03 在“时间轴”面板中，选择V2轨道中的字幕文件，❶展开“效果控件”面板；❷分别为“运动”选项区中的“位置”选项和“旋转”选项添加关键帧，以及为“不透明度”选项区中的“不透明度”选项添加关键帧，如图7-44所示。

STEP 04 将时间线拖曳至“00:00:05:00”的位置，❶添加一组关键帧；❷设置“位置”参数分别为“350.0”和“450.0”、“旋转”参数为“10.0°”、“不透明度”参数为“85.0%”，如图7-45所示。

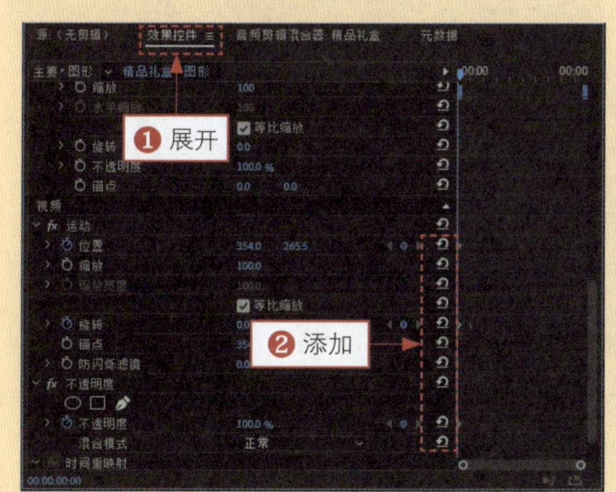

图7-44　添加关键帧

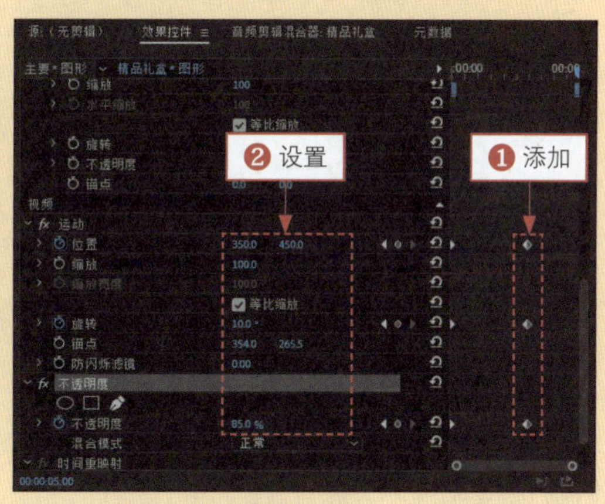

图7-45　添加一组关键帧

STEP 05 制作完成后，单击“节目监视器”面板中的“播放-停止切换”按钮▶，即可预览抖音字幕路径特效，如图7-46所示。

图7-46　预览抖音字幕路径特效

7.3.2 制作抖音字幕旋转特效

在Premiere Pro 2020中，“旋转”字幕效果主要通过设置“运动”特效中的“旋转”选项的参数，让字幕在画面中旋转。

应用案例 制作抖音字幕旋转特效

STEP 01 按“Ctrl＋O”组合键，打开一个项目文件“素材\第7章\亲近自然.prproj”，并预览项目效果，如图7-47所示。

STEP 02 在“时间轴”面板的V2轨道中，选择字幕文件，如图7-48所示。

图7-47　预览项目效果

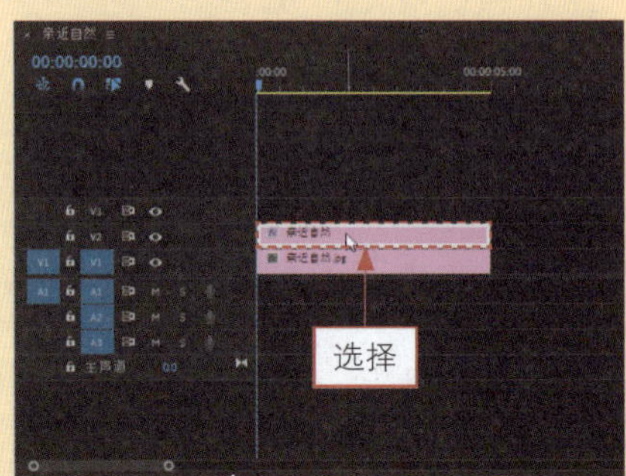

图7-48　选择字幕文件

专家指点

在 Premiere Pro 2020 中，任何属性设置都是围绕着“锚点”为中心的，因此在设置字幕旋转特效前，用户需要确认好“锚点”的位置是否在屏幕画面的中央，以确保字幕旋转时不会溢出画面。

STEP 03 在“效果控件”面板中，❶打开“运动”选项区；❷单击“旋转”选项左侧的“切换动画”按钮；❸添加一个关键帧，如图7-49所示。

STEP 04 ❶将时间线切换至“00:00:04:00”的位置；❷单击“旋转”选项右侧的“添加/移除关键帧”按钮；❸添加一个关键帧；❹并设置“旋转”参数为“360.0°”，如图7-50所示。

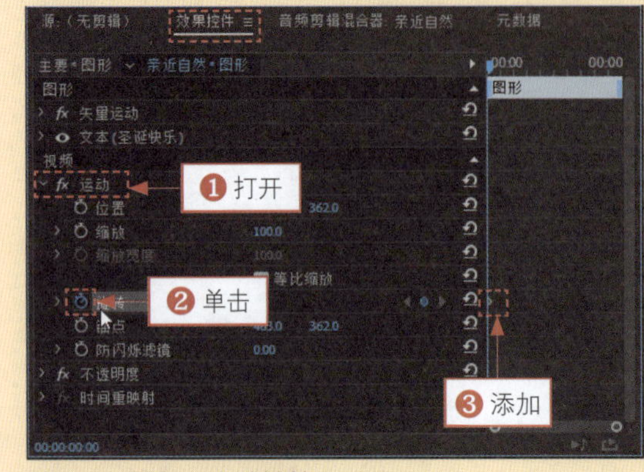

图7-49　添加一个关键帧

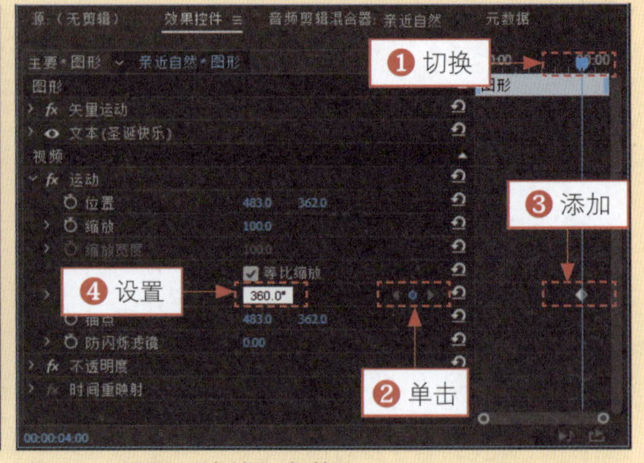

图7-50　设置“旋转”参数

STEP 05 设置完成后，单击“节目监视器”面板中的“播放-停止切换”按钮▶，即可预览抖音字幕旋转特效，如图7-51所示。

图7-51 预览抖音字幕旋转特效

7.3.3 制作抖音字幕拉伸特效

在Premiere Pro 2020中，通过设置“缩放”参数，可以制作抖音字幕拉伸特效，拉伸字幕特效常常应用于视频广告中，以聚焦观众眼球。

制作抖音字幕拉伸特效

STEP 01 按“Ctrl＋O”组合键，打开一个项目文件“素材\第7章\城市炫舞.prproj”，并预览项目效果，如图7-52所示。

STEP 02 在“时间轴”面板的V2轨道中，选择字幕文件，如图7-53所示。

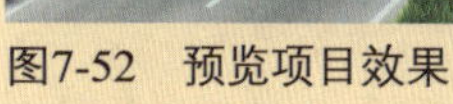
图7-52 预览项目效果

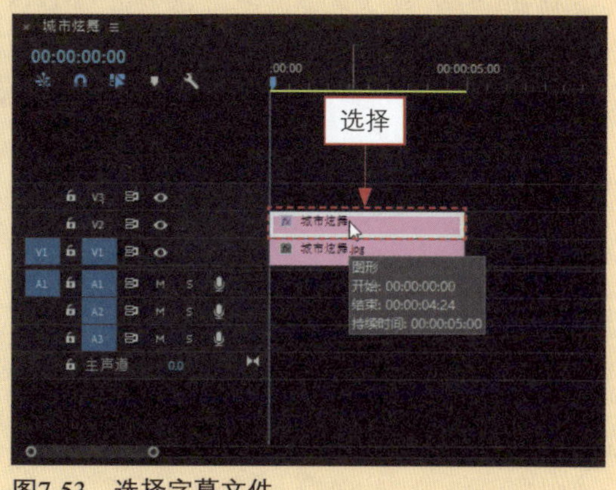

图7-53 选择字幕文件

STEP 03 在“效果控件”面板中，分别为“运动”选项区中的“位置”选项和“缩放”选项添加关键帧，如图7-54所示。

STEP 04 添加完成后，设置“缩放”参数为“50.0”，如图7-55所示。

STEP 05 ❶将时间线切换至“00:00:04:00”的位置；❷分别单击“位置”选项和“缩放”选项右侧的“添加/移除关键帧”按钮◎；❸再次添加关键帧，如图7-56所示。

STEP 06 添加完成后，❶分别设置“位置”参数为“410.0”“550.0”；❷设置“缩放”参数为“120.0”，如图7-57所示。

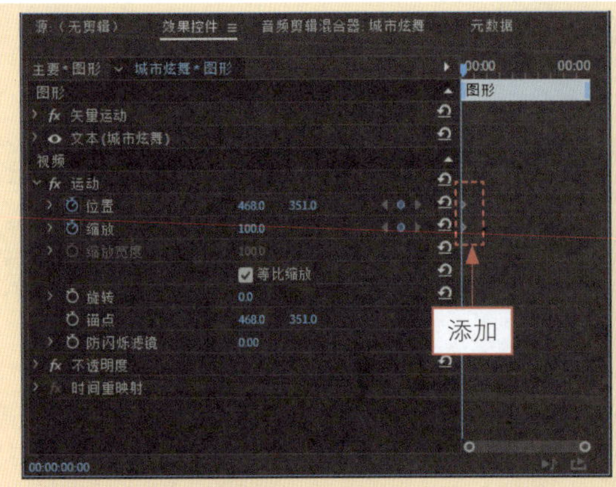

图7-54　添加关键帧

图7-55　设置“缩放”参数

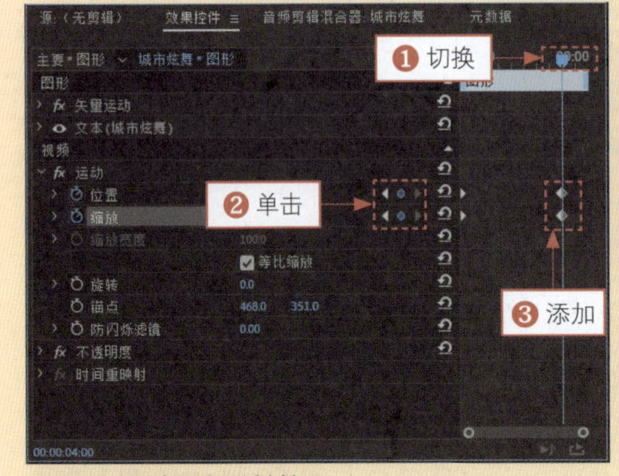

图7-56　再次添加关键帧

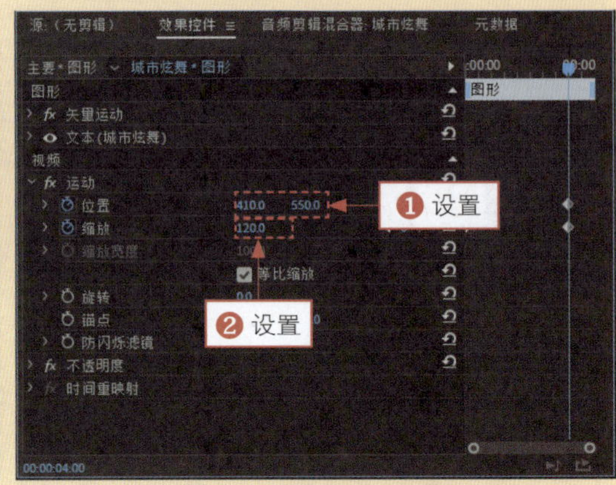

图7-57　设置“位置”参数和“缩放”参数

STEP 07 设置完成后，单击“节目监视器”面板中的“播放-停止切换”按钮▶，即可预览抖音字幕拉伸特效，如图7-58所示。

图7-58　预览抖音字幕拉伸特效

7.3.4 制作抖音字幕扭曲特效

字幕扭曲特效主要使用了“扭曲”选项组中的特效，使画面产生扭曲、变形的效果，下面介绍制作抖音字幕扭曲特效的操作方法。

应用案例　制作抖音字幕扭曲特效

STEP 01 按“Ctrl＋O”组合键，打开一个项目文件“素材\第7章\光芒四射.prproj”，并预览项目效果，如图7-59所示。

STEP 02 在“效果”面板中，❶展开“视频效果”|“扭曲”选项；❷选择“湍流置换”特效，如图7-60所示。

图7-59　预览项目效果

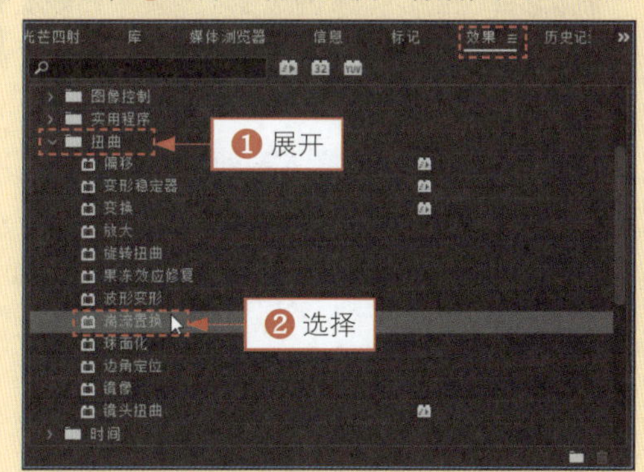

图7-60　选择“湍流置换”特效

STEP 03 按住鼠标左键将其拖曳至V2轨道上的字幕文件上，添加扭曲特效，效果如图7-61所示。

STEP 04 添加完成后，可以在“节目监视器”中预览画面效果，如图7-62所示。

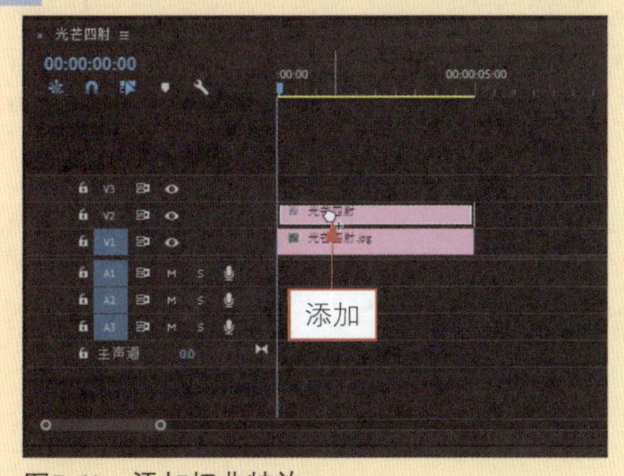

图7-61　添加扭曲特效

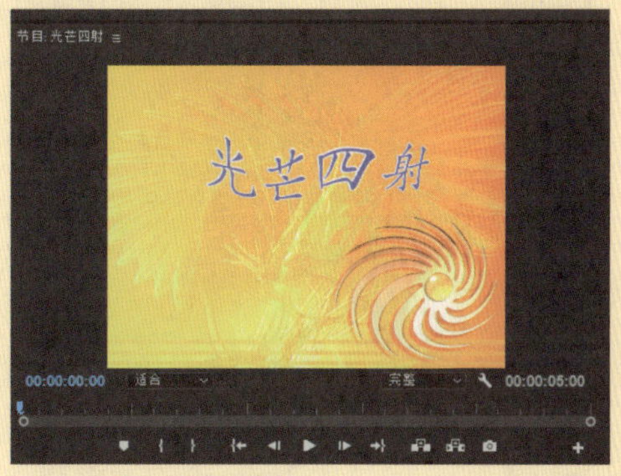

图7-62　预览画面效果

STEP 05 在“效果控件”面板中，查看“湍流置换”特效的相应参数，如图7-63所示。

STEP 06 ❶单击“置换”选项左侧的“切换动画”按钮；❷添加一个关键帧，如图7-64所示。

STEP 07 将时间线切换至“00:00:04:00”的位置，如图7-65所示。

STEP 08 设置“置换”为“凸出”，如图7-66所示。添加关键帧后，即可制作抖音字幕扭曲特效。

STEP 09 单击“节目监视器”面板中的“播放-停止切换”按钮，即可预览抖音字幕扭曲特效，如图7-67所示。

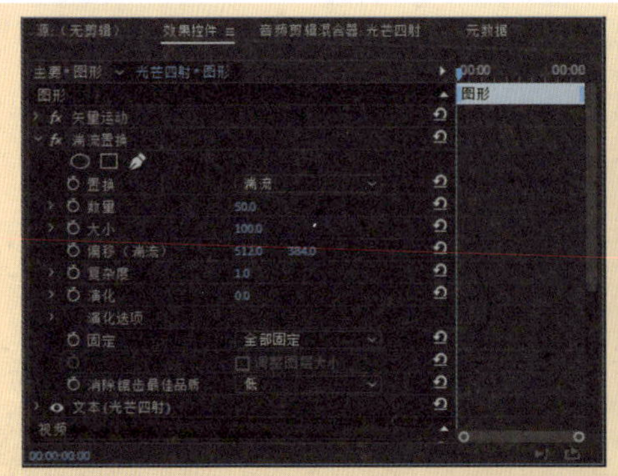

图7-63 查看"湍流置换"特效的相应参数

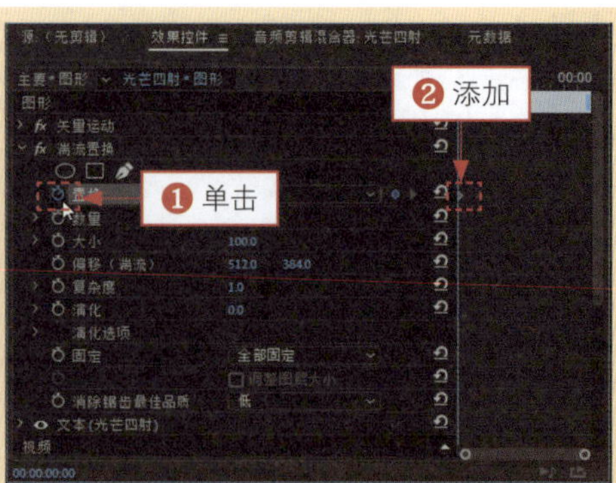

图7-64 添加一个关键帧

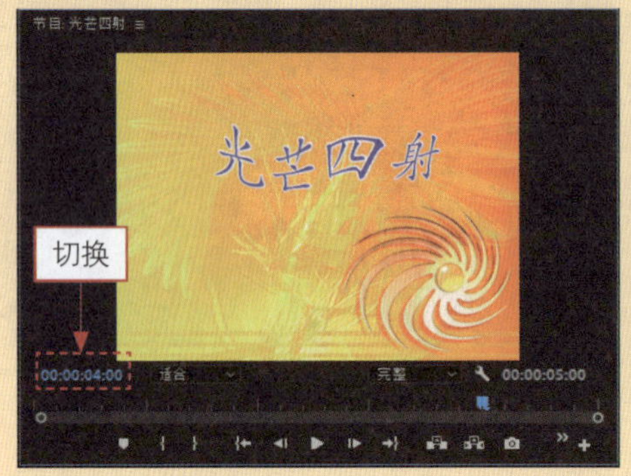

图7-65 切换时间线

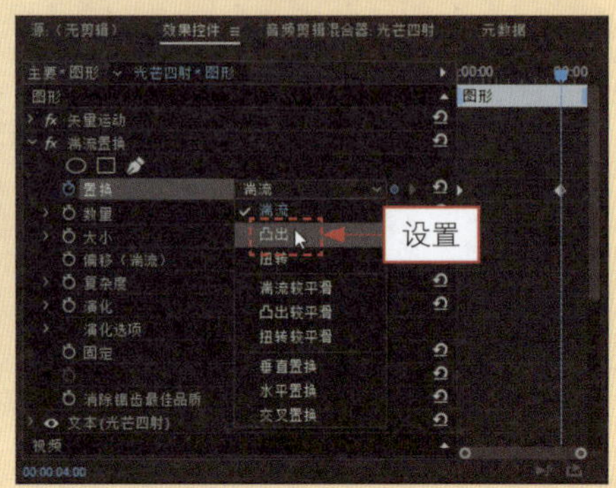

图7-66 设置"置换"为"凸出"

图7-67 预览抖音字幕扭曲特效

7.3.5 制作字幕淡入淡出特效

在Premiere Pro 2020中，通过设置"效果控件"面板中的"不透明度"选项参数，可以制作字幕淡入淡出特效，下面介绍具体操作方法。

应用案例 制作字幕淡入淡出特效

STEP 01 按"Ctrl＋O"组合键，打开一个项目文件"素材\第7章\美丽城堡.prproj"，并预览项目效果，如图7-68所示。

STEP 02 在“时间轴”面板的V2轨道中，选择字幕文件，如图7-69所示。

图7-68　预览项目效果

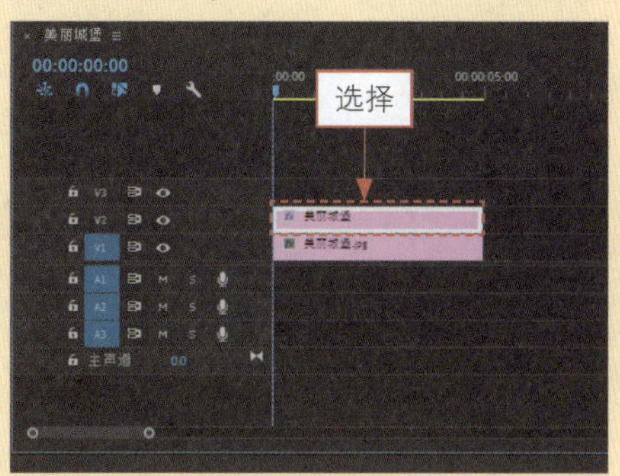

图7-69　选择字幕文件

STEP 03 ❶打开“效果控件”面板；❷在“不透明度”选项区中单击“添加/移除关键帧”按钮添加一个关键帧，如图7-70所示。

STEP 04 执行操作后，设置“不透明度”参数为“0.0%”，如图7-71所示。

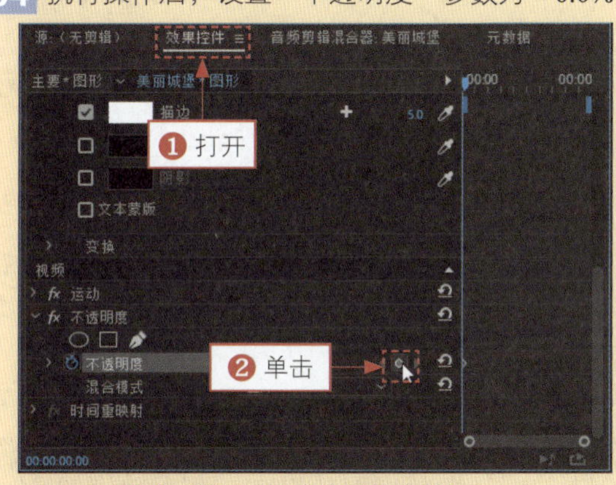

图7-70　单击“添加/移除关键帧”按钮

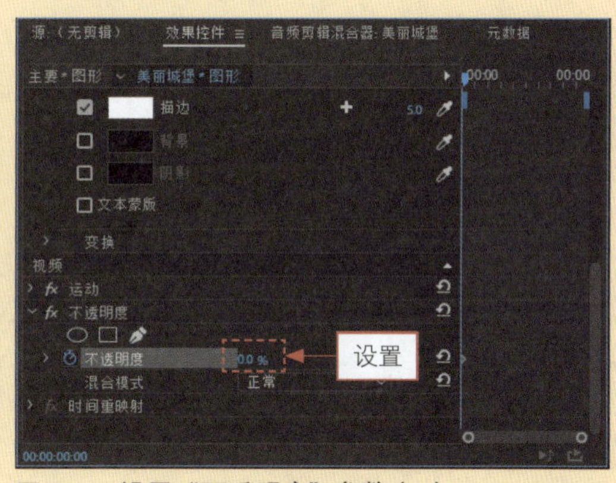

图7-71　设置“不透明度”参数（1）

STEP 05 ❶将时间线切换至“00:00:02:00”的位置；❷并设置“不透明度”参数为“100.0%”，❸再次添加一个关键帧；如图7-72所示。

STEP 06 使用与上面同样的方法，❶在“00:00:04:00”的位置再次添加一个关键帧；❷并设置“不透明度”参数为“0.0%”，如图7-73所示。

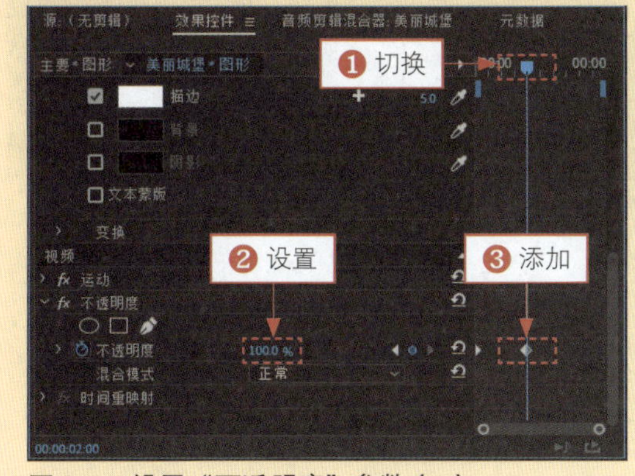

图7-72　设置“不透明度”参数（2）

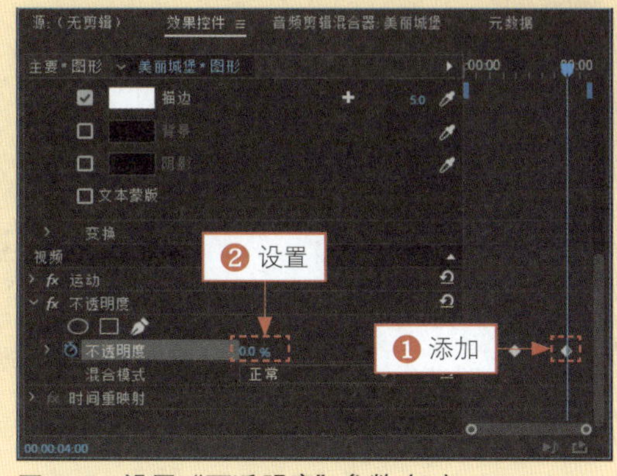

图7-73　设置“不透明度”参数（3）

STEP 07 设置完成后，单击“节目监视器”面板中的“播放-停止切换”按钮▶，即可预览字幕淡入淡出特效，如图7-74所示。

图7-74　预览字幕淡入淡出特效

7.3.6 制作字幕混合特效

在Premiere Pro 2020的“效果控件”面板中，展开“不透明度”选项区，在该选项区中，除了可以通过设置“不透明度”参数制作字幕淡入淡出特效，还可以制作字幕混合特效，下面介绍具体的操作方法。

应用案例　制作字幕混合特效

STEP 01 按“Ctrl+O”组合键，打开一个项目文件“素材\第7章\雪莲盛开.prproj”，在“节目监视器”面板中可以查看打开的项目文件效果，如图7-75所示。

STEP 02 在“时间轴”面板的V2轨道中，选择字幕文件，如图7-76所示。

图7-75　查看打开的项目文件效果

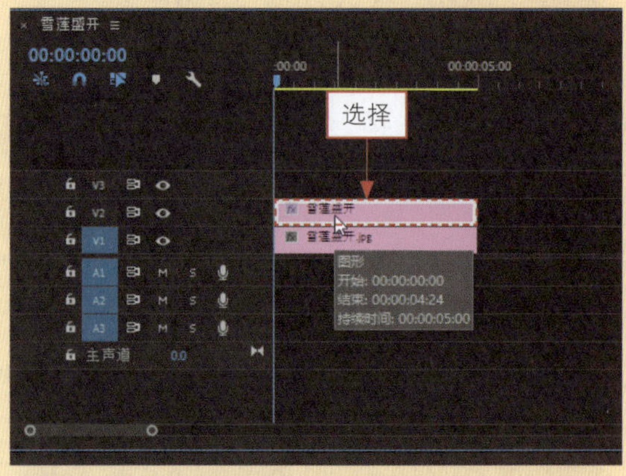

图7-76　选择字幕文件

STEP 03 ❶打开“效果控件”面板；❷在“不透明度”选项区中单击“混合模式”选项右侧的下拉按钮；❸在弹出的下拉列表框中选择“强光”选项，如图7-77所示。

STEP 04 执行操作后，即可完成字幕混合特效的制作，单击“节目监视器”面板中的“播放-停止切换”按钮▶，即可预览字幕混合特效，如图7-78所示。

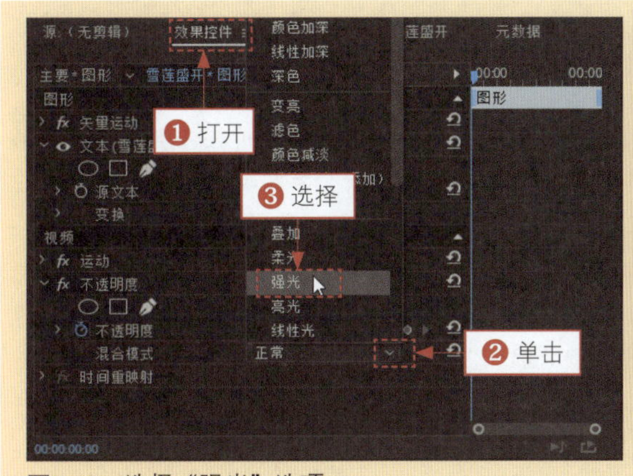

图7-77 选择“强光”选项

图7-78 预览字幕混合特效

7.4 专家支招

学完上面的内容后，大家都知道了在Premiere Pro 2020“效果控件”面板的“运动”、“不透明度”选项面板中，可以制作字幕的动画效果，除此之外，在字幕“文本”选项面板下方的“变换”选项区中，也可以制作字幕的动画效果。

在“变换”选项区中，单击“位置”选项左侧的“切换动画”按钮；在视频的开始位置和结尾位置分别添加一个关键帧，并分别设置相应的参数，如图7-79所示。执行操作后即可查看制作的动画效果，如图7-80所示。

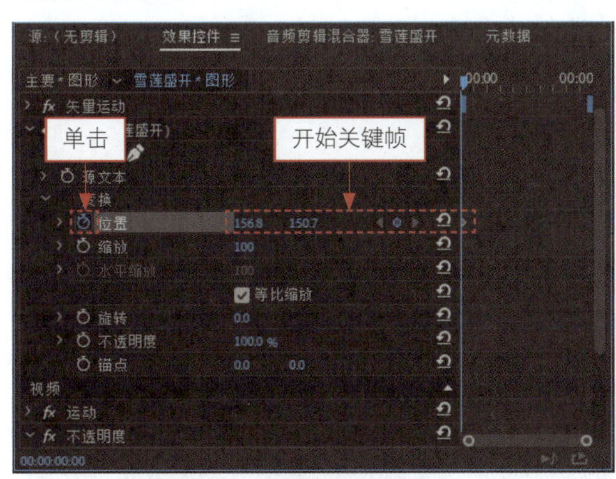

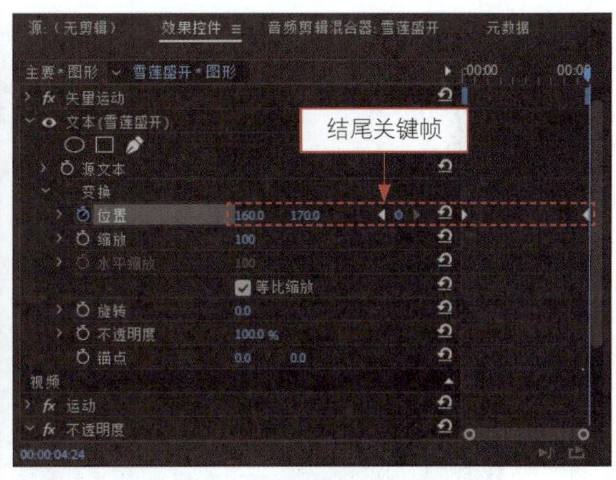

图7-79 添加关键帧并设置相应的参数

图7-80 查看制作的动画效果

7.5 总结拓展

我们都知道，在以前的电影或电视剧中是没有字幕的，随着时代的不断前进，现如今字幕已经是影片中的一个重要的组成部分。例如，有许多的外国影片在国内播放时如果没有字幕，那么能看懂影片的仅只有小部分人群。

字幕可以让观众了解到影片中的精髓，解说影片主题，使影片更加具有渲染力，带动观众情绪。当静态影片图像无法向人们表达它的主题时，用户可以为其创建字幕文件点明主题，将需要表达的意思准确地传达给观众，还可以为静态字幕添加动画效果，使影片文件播放时更加生动、鲜明，以及更加具有艺术特效。

7.5.1 本章小结

动态字幕文件的制作可以让影片更加具有渲染效果，使影片变幻多姿、生动有趣，打造出精美的影视大片。本章详细讲解了在Premiere Pro 2020中创建并制作动态字幕的操作方法，包括字幕运动原理、“运动”选项面板、创建椭圆形蒙版动画、创建自由曲线蒙版动画、制作抖音字幕路径特效、制作抖音字幕旋转特效、制作抖音字幕拉伸特效、制作抖音字幕扭曲特效及制作字幕淡入淡出特效等动画效果。通过学习本章内容，希望读者可以熟练掌握动态字幕文件的创建与操作方法，制作出更多精美华丽的影视大片。

7.5.2 举一反三——制作字幕发光特效

在Premiere Pro 2020中，为字幕添加“镜头光晕”特效，可以让字幕产生发光的效果，下面介绍具体的操作方法。

应用案例 举一反三——制作字幕发光特效

STEP 01 按“Ctrl+O”组合键，打开一个项目文件“素材\第7章\翡翠项链. prproj”，如图7-81所示。

STEP 02 打开项目文件后，在“节目监视器”面板中可以查看素材画面，如图7-82所示。

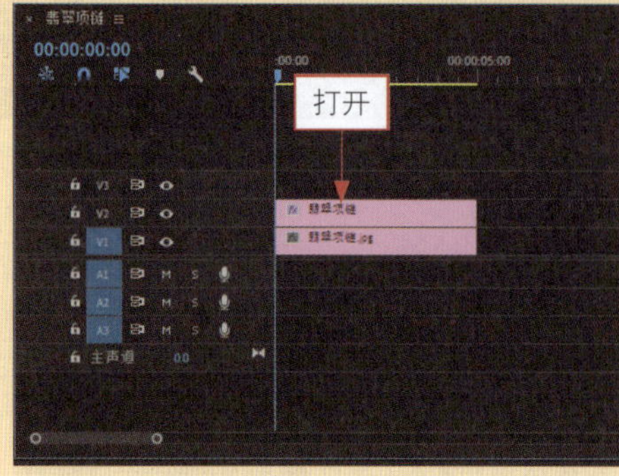

图7-81　打开一个项目文件

图7-82　查看素材画面

STEP 03 在“效果”面板中，展开“视频效果”|“生成”选项，选择“镜头光晕”视频效果，如图7-83所示。

STEP 04 将“镜头光晕”视频效果拖曳至V2轨道上的字幕素材中，如图7-84所示。

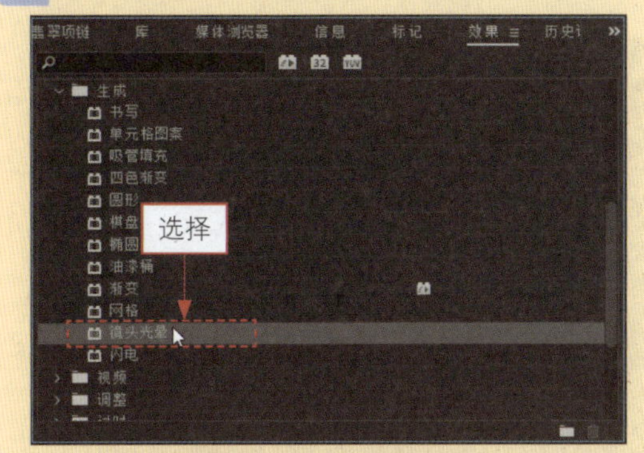

图7-83 选择“镜头光晕”视频效果

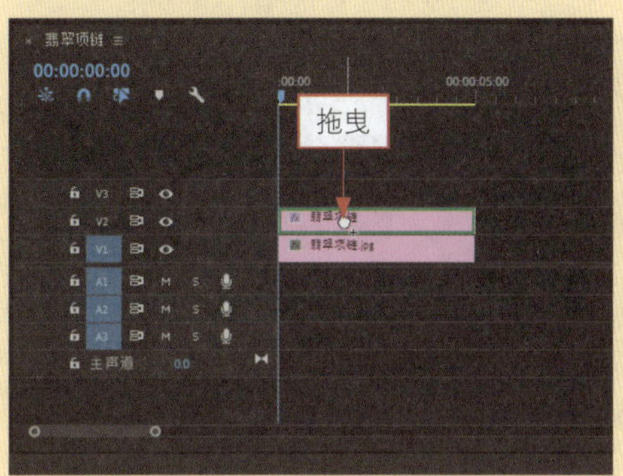

图7-84 拖曳“镜头光晕”视频效果

STEP 05 ❶将时间线拖曳至“00:00:01:00”的位置；❷选择字幕文件，如图7-85所示。

STEP 06 ❶在“效果控件”面板中分别单击“光晕中心”选项、“光晕亮度”选项和“与原始图像混合”选项左侧的“切换动画”按钮；❷添加第1组关键帧，如图7-86所示。

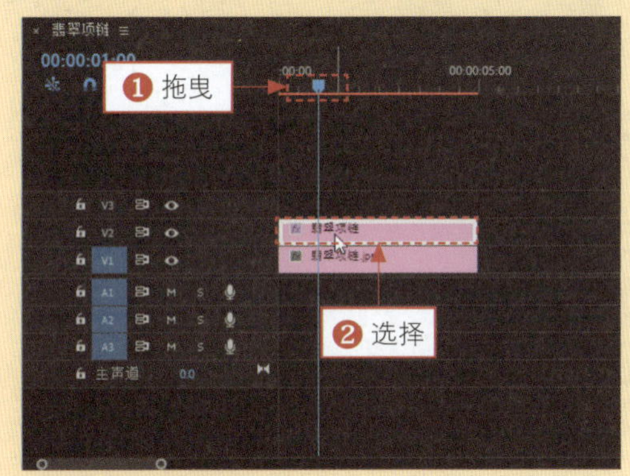

图7-85 选择字幕文件

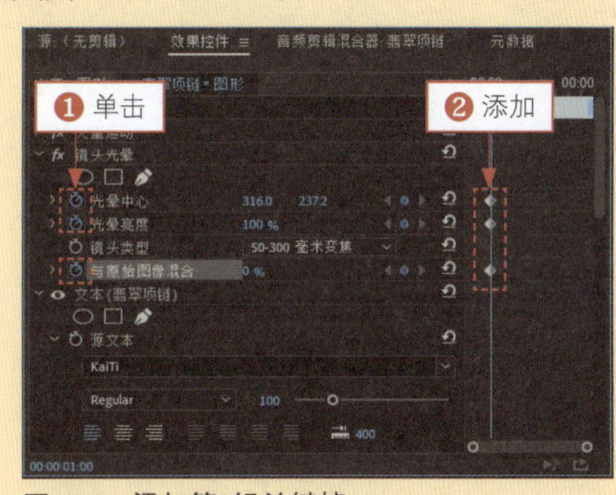

图7-86 添加第1组关键帧

STEP 07 将时间线拖曳至“00:00:03:00”的位置，如图7-87所示。

STEP 08 ❶在“效果控件”面板中设置“光晕中心”参数分别为“100.0”“400.0”、“光晕亮度”参数为“300%”、“与原始图像混合”参数为“30%”；❷添加第二组关键帧，如图7-88所示。

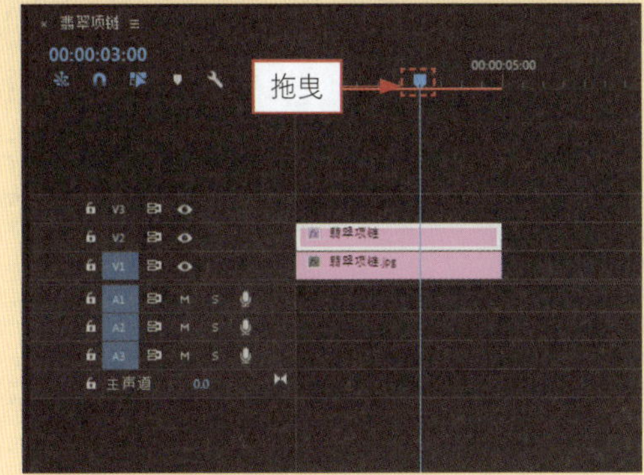

图7-87 拖曳时间线

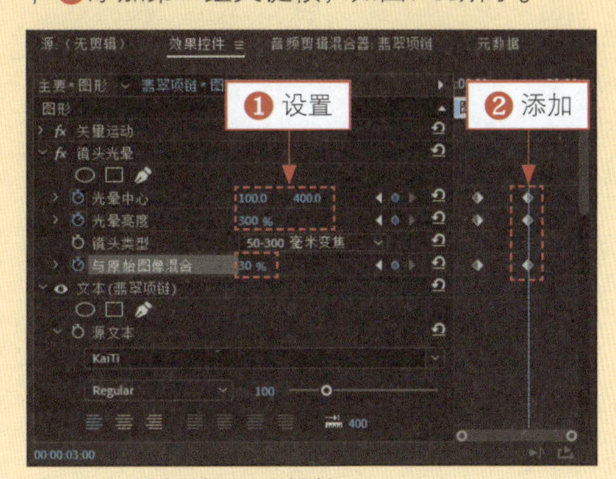

图7-88 添加第2组关键帧

STEP 09 执行操作后，即可制作字幕发光特效，单击“节目监视器”面板中的“播放-停止切换”按钮▶，即可预览字幕发光特效，如图7-89所示。

图7-89　预览字幕发光特效

第8章　聆听心声：音频文件的基础操作

在Premiere Pro 2020中，音频的制作非常重要，在影视、游戏及多媒体的制作开发中，音频和视频具有同样重要的地位，音频质量的好坏直接影响作品的质量。本章主要介绍影视背景音乐的制作方法和技巧。本章同时对音频编辑的核心技巧进行了讲解，让用户在了解声音的同时，了解如何编辑音频。

本章重点

数字音频的定义

音频的基本操作

音频特效的编辑

8.1 数字音频的定义

数字音频是一种利用数字化手段对声音进行录制、存储、编辑、压缩或播放的技术，是随着数字信号处理技术、计算机技术及多媒体技术的发展而形成的一种全新的声音处理手段，主要应用领域是音乐后期制作和录音。

8.1.1 认识声音的概念

人类听到的所有声音，如对话、唱歌及乐器等都可以被称为音频，然而这些声音都需要经过一定的处理。接下来将从声音的最基本概念开始，逐渐深入了解音频编辑的核心技巧。

1．声音原理

声音是由物体振动产生的，正在发声的物体叫作声源，声音以声波的形式传播。声音是一种压力波，当演奏乐器、拍打一扇门或敲击桌面时，它们的振动会引起介质——空气分子有节奏的振动，使周围的空气产生疏密变化，形成疏密相间的纵波，这就产生了声波，这种现象会一直延续到振动消失为止。

2．声音响度

“响度”是用于表达声音强弱程度的重要指标，其大小取决于声波振幅的大小。“响度”是人耳判别声音由轻到响的强度等级概念，它不仅取决于声音的强度（如声压级），还与它的频率及波形有关。“响度”的单位为“宋”，1宋的定义为声压级为40dB，频率为1000Hz，且来自听者正前方的平面波形的强度。如果另一个声音听起来比1宋的声音大 n 倍，则该声音的响度为 n 宋。

3．声音音高

“音高”是用于表示人耳对声音高低的主观感受。通常较大的物体振动所发出的音调会较低，而轻巧的物体振动所发出的音调会较高。

音调就是通常大家所说的“音高”，它是声音的一个重要物理特性。音调的高低决定于声音频率的高低，频率越高音调越高，频率越低音调越低。为了得到影视动画中某些特殊效果，可以将声音频率变高或变低。

4．声音音色

“音色”主要由声音波形的谐波频谱和包络决定，“音色”也被称为“音品”。音色就好像是绘图中的颜色，发音体和发音环境的不同都会影响声音的质量，声音可以分为基音和泛音，音色是由混入基音的泛音所决定的，泛音越高谐波越丰富，音色就会越有明亮感和穿透力，不同的谐波具有不同的幅值和相位偏移，由此产生各种音色。

音色的不同取决于不同的泛音，每一种乐器、不同的人及所有能发声的物体发出的声音，除了一个基音，还有许多不同频率（振动的速度）的泛音伴随，正是这些泛音决定了其不同的音色，使人能辨别出是不同的乐器甚至不同的人发出的声音。

5．失真

失真是指声音经过录制加工后产生的一种畸变，一般分为非线性失真和线性失真两种。

非线性失真是指声音在录制加工后出现了一种新的频率，与原声产生了差异。

线性失真则没有产生新的频率，但是原有声音的比例发生了变化，要么增加了高频成分的音量，要么减少了低频成分的音量等。

6．静音和增益

静音和增益也是声音中的一种表现方式。所谓静音就是无声，在影视作品中没有声音是一种具有积极意义的表现手段。增益是“放大量”的统称，它包括功率的增益、电压的增益和电流的增益。通过调整音响设备的增益量，可以对音频信号电平进行调节，使系统的信号电平处于一种最佳状态。

8.1.2 认识声音类型

在通常情况下，人类能够听到的声音频率范围为20Hz～20kHz。因此，按照内容、频率范围及时间的不同，可以将声音分为“自然音”、“纯音”、“复合音”、“协和音”及“噪音”等类型。

1．自然音

自然音是指大自然（如下雨、刮风及流水等）所发出的声音，之所以称之为“自然音”是因为其概念与名称相同。自然音结构是不以人的意志为转移的声音属性，当地球还没有出现人类时，这种现象就已经存在。

2．纯音

“纯音”是指声音中只存在一种频率的声波，此时，发出的声音便称为“纯音”。

纯音是具有单一频率的正弦波，而一般的声音是由几种频率的波组成的。常见的纯音有金属撞击的声音。

3．复合音

由基音和泛音结合在一起形成的声音被称为复合音。复合音是根据物体振动时产生的，不仅整体在振动，它的部分同时也在振动。因此，平时所听到的声音，都不只是一个声音，而是由许多个声音组合而成的，于是便产生了复合音。用户可以试着在钢琴上弹出一个较低的音，用心聆听，不难发现，除了最响的声音，还有一些非常弱的声音同时在响，这就是全弦的振动和弦的部分振动所产生的结果。

4．协和音

协和音也是声音类型的一种，“协和音”同样是由多个音频所构成的组合音频，不同之处是构成组合音频的频率是两个单独的纯音。

5. 噪音

噪音是指音高和音强变化混乱、听起来不谐和的声音，是由发音体不规则的振动产生的。噪声主要来源于交通运输、车辆鸣笛、工业噪音、建筑施工、社会噪音（如音乐厅、高音喇叭、早市和人的大声说话等）。

噪音可以对人的正常听觉起到一定的干扰，它通常是由不同频率和不同强度声波的无规律组合所形成的声音，即物体无规律的振动所产生的声音。噪音不仅由声音的物理特性决定，还与人们的生理和心理状态有关。

8.1.3 应用数字音频

随着数字音频存储和传输功能的提高，许多模拟音频已经无法与之比拟。因此数字音频技术已经广泛应用于数字录音机、数字调音台及数字音频工作站等音频制作中。

1. 数字录音机

数字录音机与模拟录音机相比，加强了其剪辑功能和自动编辑功能。数字录音机采用了数字化的方式来记录音频信号，因此实现了很高的动态范围和频率响应。

2. 数字调音台

数字调音台是一种同时拥有A/D和D/A转换器及DSP处理器的音频控制台。

数字调音台作为音频设备的新生力量已经在专业录音领域占据重要的席位，特别是近几年，数字调音台开始涉足扩声场所，因此数字调音台由模拟向数字转移是不可忽视的潮流。数字调音台主要有以下8个功能。

- 操作过程可存储性。
- 信号的数字化处理。
- 数字调音台的信噪比高和动态范围大。
- 20bit的44，1kHz取样频率，可以保证20Hz～20kHz范围内的频响不均匀度小于±1dB，总谐波失真小于0.015%。
- 每个通道都可以方便设置高度质量的数字压缩限制器和降噪扩展器。
- 数字通道的位移寄存器可以给出足够的信号延迟时间，以便对各声部的节奏同步做出调整。
- 立体声的两个通道的联动调整十分方便。

3. 数字音频工作站

数字音频工作站是计算机控制的以硬盘为主的记录媒体，其特点是性能优异和具有良好的人机交互界面。

数字音频工作站是一种可以根据需要对轨道进行扩充，从而能够方便地进行音频、视频同步编辑的设备。

与传统的模拟方式相比，数字音频工作站用于节目录制、编辑、播出时，具有节省人力、物力、提高节目质理、节目资源共享、操作简单、编辑方便、播出及时安全等优点，因此数字音频工作站的建立可以认为是声音节目制作由模拟走向数字的必由之路。

8.2 音频的基本操作

音频素材是指可以持续一段时间含有各种音乐音响效果的声音。用户在编辑音频前，先要了解音频编辑的一些基本操作，如使用“项目”面板添加音频、使用菜单命令删除音频及使用剃刀工具分割音频文件等。

8.2.1 使用“项目”面板添加音频

使用“项目”面板添加音频文件的方法与添加视频素材及图片素材的方法基本相同，下面进行详细介绍。

应用案例 使用“项目”面板添加音频

STEP 01 按“Ctrl＋O”组合键，打开一个项目文件“素材\第8章\趴趴熊音乐枕.prproj”，并预览项目效果，如图8-1所示。

STEP 02 在“项目”面板上，选择音频文件，如图8-2所示。

图8-1 预览项目效果

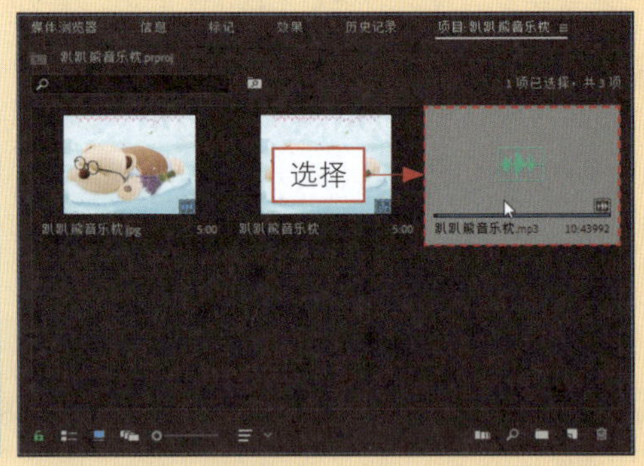

图8-2 选择音频文件

STEP 03 在选择的音频文件上右击，在弹出的快捷菜单中选择“插入”命令，如图8-3所示。

STEP 04 执行操作后，即可使用“项目”面板添加音频，如图8-4所示。

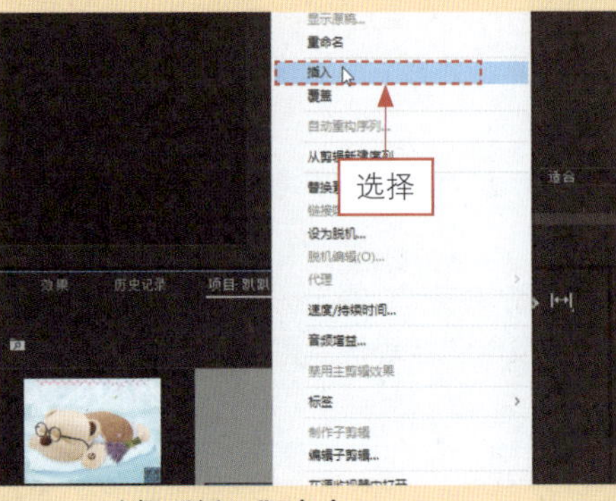

图8-3 选择“插入”命令

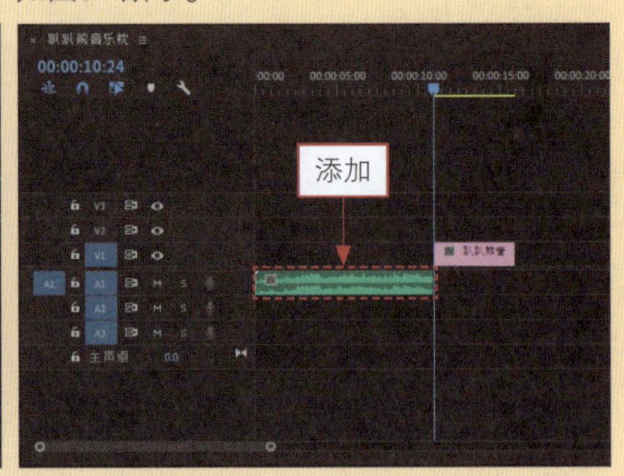

图8-4 添加音频

8.2.2 使用菜单命令添加音频

用户在使用菜单命令添加音频之前，先要激活音频轨道，下面介绍使用菜单命令添加音频的具体操作方法。

应用案例 使用菜单命令添加音频

STEP 01 按“Ctrl＋O”组合键，打开一个项目文件“素材\第8章\寿司海豹.prproj”，并预览项目效果，如图8-5所示。

STEP 02 选择“文件”|“导入”命令，如图8-6所示。

图8-5　预览项目效果

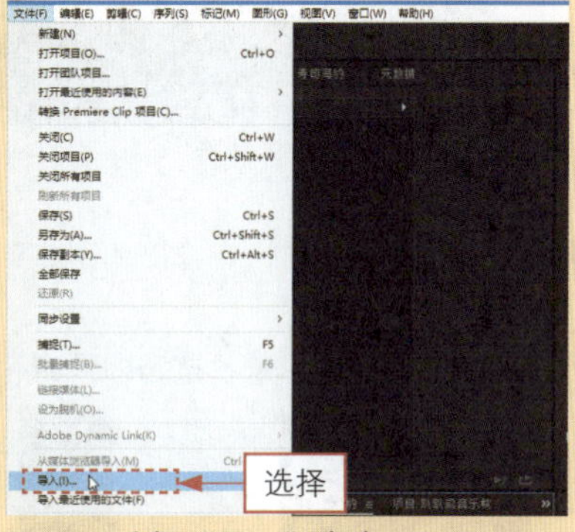

图8-6　选择“导入”命令

STEP 03 弹出“导入”对话框，选择合适的音频文件“素材\第8章\寿司海豹.mp3”，单击“打开”按钮，如图8-7所示。

STEP 04 将音频文件导入“时间轴”面板的A1轨道中，添加音频效果如图8-8所示。

图8-7　选择合适的音频文件

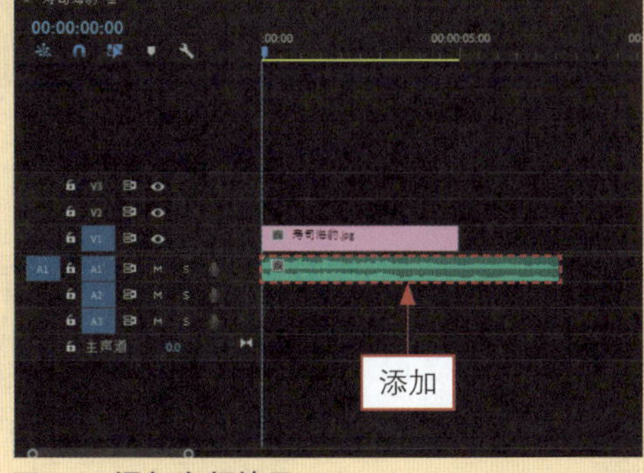

图8-8　添加音频效果

8.2.3 使用“项目”面板删除音频

如果用户想要删除多余的音频文件，则可以在“项目”面板中对音频文件进行删除，下面介绍具体操作方法。

应用案例

使用“项目”面板删除音频

STEP 01 按“Ctrl＋O”组合键，打开一个项目文件“素材\第8章\音乐书灯.prproj”，并预览项目效果，如图8-9所示。

STEP 02 在“项目”面板上，选择音频文件，如图8-10所示。

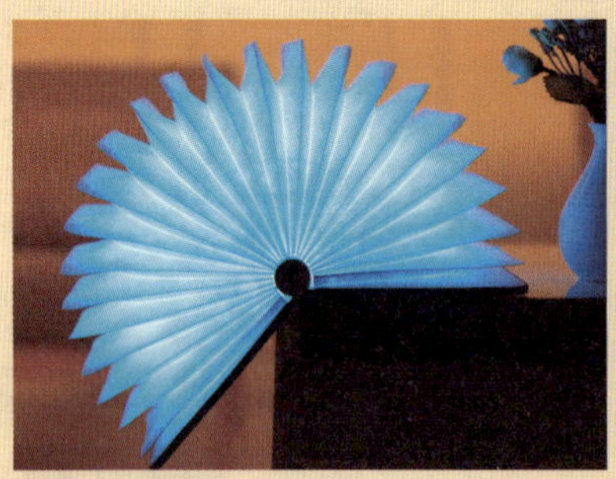

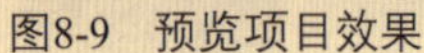

图8-9　预览项目效果

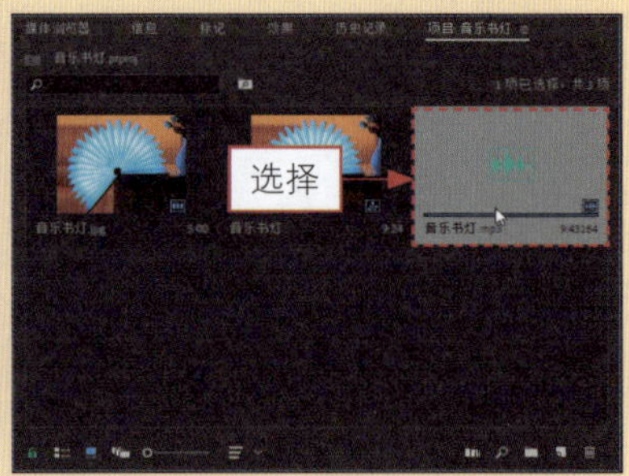

图8-10　选择音频文件

STEP 03 在选择的音频文件上右击，在弹出的快捷菜单中选择“清除”命令，如图8-11所示。

STEP 04 弹出信息提示框，单击“是”按钮即可删除音频文件，如图8-12所示。

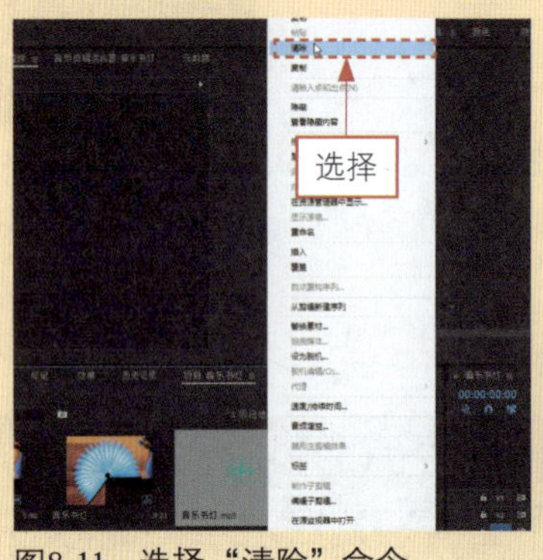

图8-11　选择“清除”命令

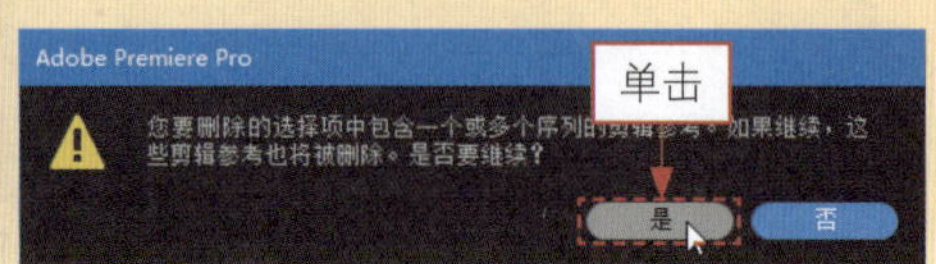

图8-12　单击“是”按钮

8.2.4 使用“时间轴”面板删除音频

在“时间轴”面板中，用户可以根据需要将多余轨道上的音频文件删除，下面介绍在“时间轴”面板中删除多余音频文件的操作方法。

使用“时间轴”面板删除音频

STEP 01 按“Ctrl＋O”组合键，打开一个项目文件“素材\第8章\音乐礼盒.prproj”，并预览项目效果，如图8-13所示。

02 在“时间”轴面板中，选择A2轨道上的音频文件，如图8-14所示。

图8-13　预览项目效果

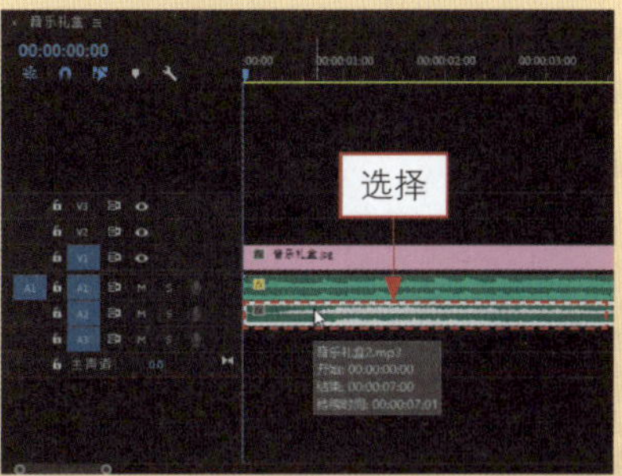

图8-14　选择A2轨道上的音频文件

03 按“Delete”键，即可删除音频文件，效果如图8-15所示。

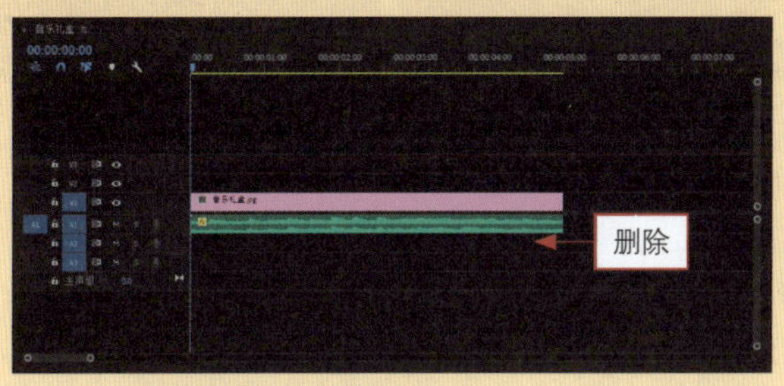

图8-15　删除音频文件的效果

8.2.5 使用菜单命令添加音频轨道

使用菜单命令添加音频轨道的具体方法是：选择“序列”|“添加轨道”命令，如图8-16所示。在弹出的“添加轨道”对话框中，设置“视频轨道”选项区中的“添加”参数为“0”、“音频轨道”选项区中的“添加”参数为“1”，如图8-17所示。单击“确定”按钮，即可完成音频轨道的添加。

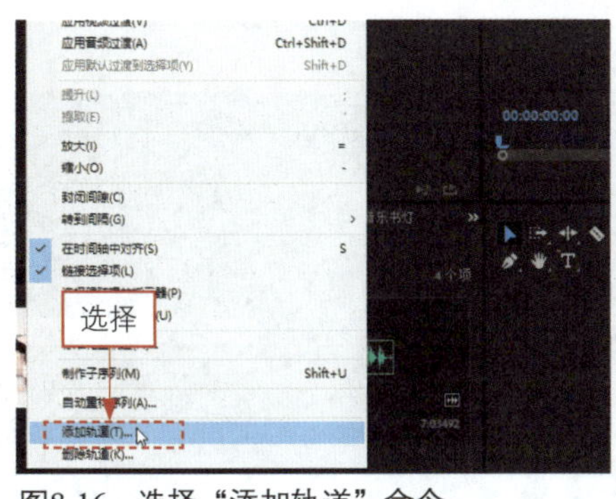

图8-16　选择“添加轨道”命令　　图8-17　“添加轨道”对话框

8.2.6 使用“时间轴”面板添加音频轨道

在“时间轴”面板中，一般会自动创建3个音频轨道和一个主音轨，当用户添加了过多的音频素材时，可以选择性地添加一个或多个音频轨道。

使用“时间轴”面板添加音频轨道的具体方法是：将鼠标指针拖曳至“时间轴”面板中的A1轨道上并右击，在弹出的快捷菜单中选择“添加轨道”命令，如图8-18所示。弹出“添加轨道”对话框，用户可以选择需要添加的音频轨道数量，单击“确定”按钮，此时用户可以在“时间轴”面板中查看到添加的音频轨道，如图8-19所示。

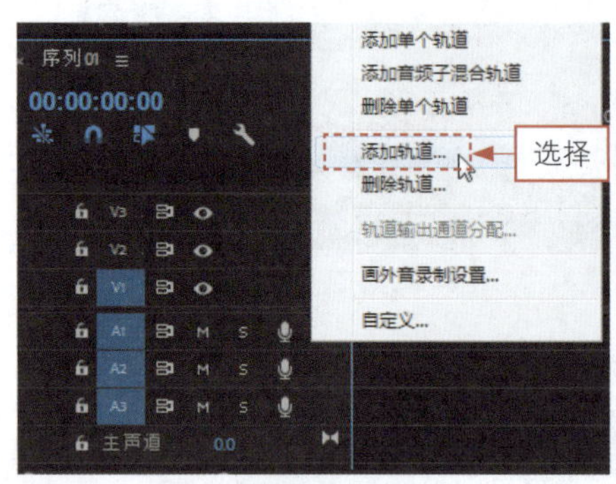

图8-18　选择“添加轨道”命令

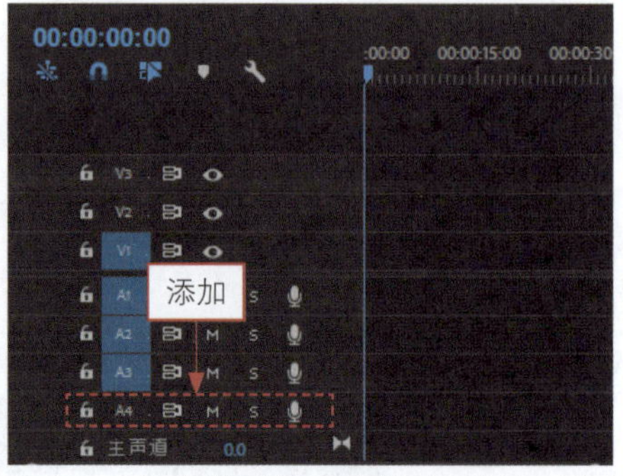

图8-19　在“时间轴”面板中查看添加的音频轨道

8.2.7 使用剃刀工具分割音频文件

分割音频文件是使用剃刀工具将音频素材分割成两段或多段音频素材，这样可以让用户更好地将音频与其他素材相结合，下面介绍具体操作方法。

应用案例　使用剃刀工具分割音频文件

STEP 01 按“Ctrl＋O”组合键，打开一个项目文件“素材\第8章\梦幻夜景.prproj”，并预览项目效果，如图8-20所示。

STEP 02 在“时间轴”面板中，选取剃刀工具，如图8-21所示。

图8-20　预览项目效果

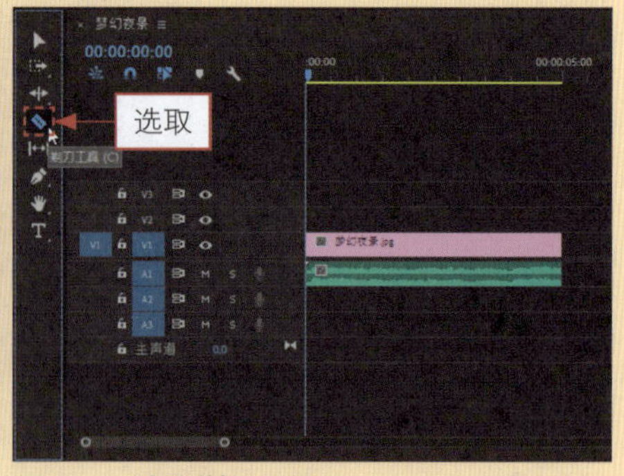

图8-21　选取剃刀工具

STEP 03 在音频文件上的合适位置单击，即可分割音频文件，如图8-22所示。

STEP 04 依次在音频文件上的合适位置单击，分割其他位置，如图8-23所示。

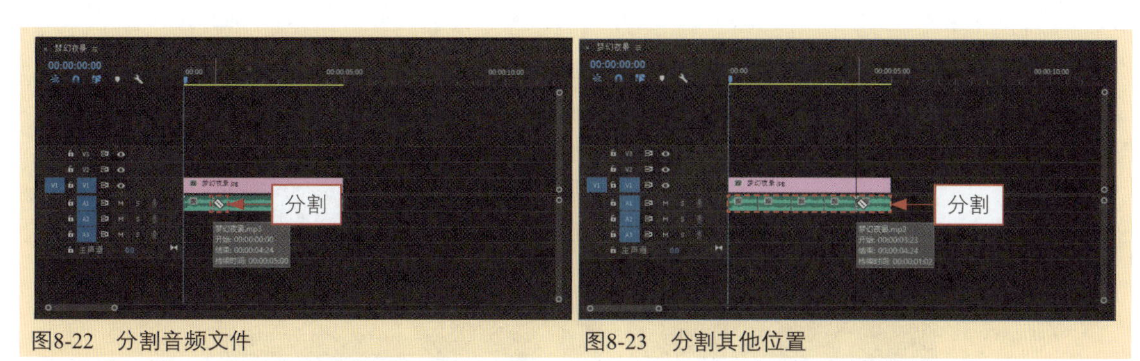

图8-22　分割音频文件　　图8-23　分割其他位置

8.2.8 删除部分音频轨道

在制作影视文件时，如果用户添加了过多的音频轨道，则可以删除部分音频轨道。下面介绍删除部分音频轨道的操作方法。

应用案例　删除部分音频轨道

STEP 01 按“Ctrl＋O”组合键，打开一个项目文件“素材\第8章\河边景色.prproj”，如图8-24所示。

STEP 02 在“节目监视器”中，查看打开的项目图像效果，如图8-25所示。

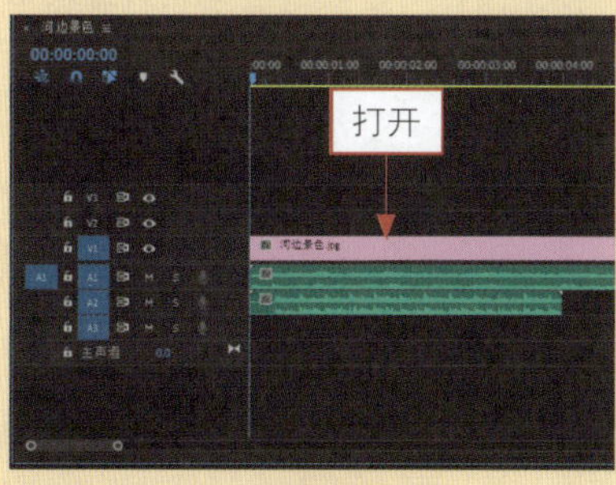

图8-24　打开一个项目文件

图8-25　查看项目图像效果

STEP 03 选择“序列”|“删除轨道”命令，如图8-26所示。

STEP 04 弹出“删除轨道”对话框，勾选“删除音频轨道”复选框，如图2-27所示。

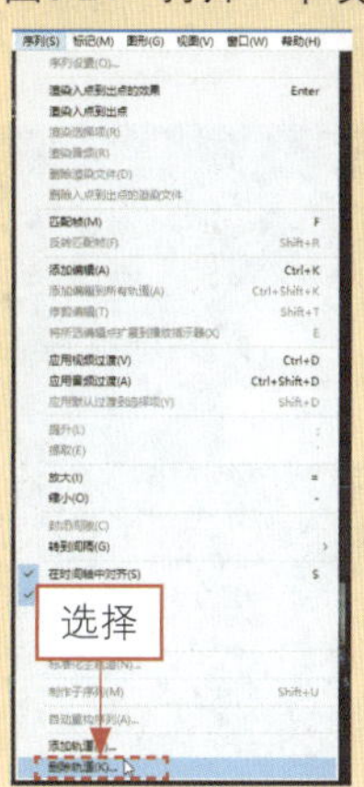

图8-26　选择“删除轨道”命令

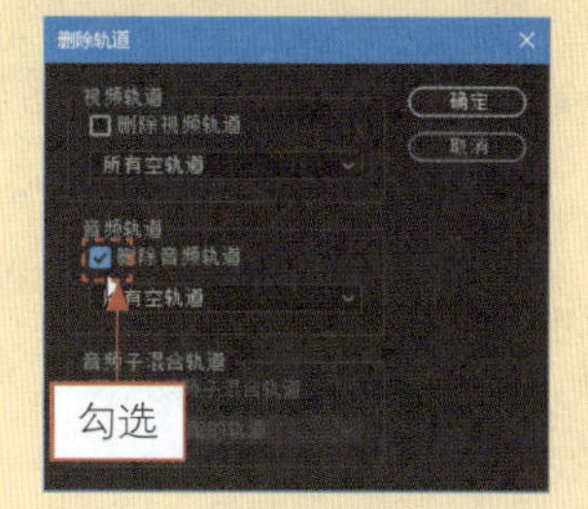

图8-27　勾选“删除音频轨道”复选框

STEP 03 单击“所有空轨道”下拉按钮，在弹出的下拉列表中选择“音频2”选项，如图8-28所示。

STEP 04 单击“确定”按钮，即可删除音频轨道，如图8-29所示。

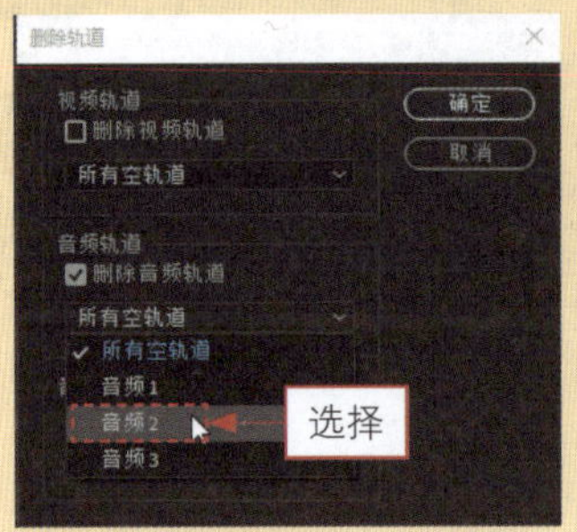

图8-28 选择“音频2”选项

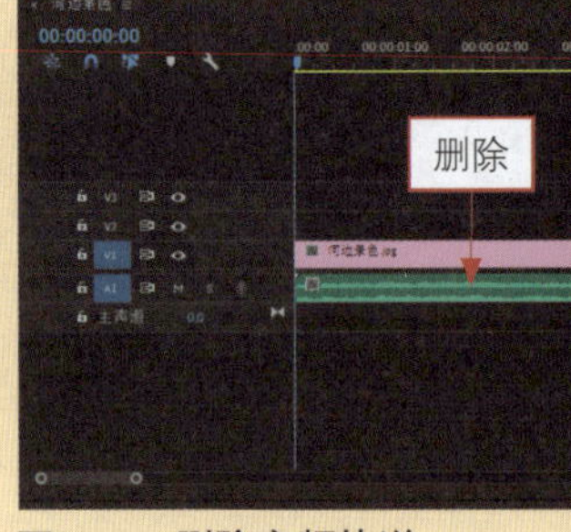

图8-29 删除音频轨道

8.3 音频特效的编辑

在Premiere Pro 2020中，用户可以对音频素材进行适当的处理，让音频达到更好的视听效果。本节将详细介绍编辑音频特效的操作方法。

8.3.1 添加音频过渡效果

Premiere Pro 2020为用户预设了“恒定功率”、“恒定增益”和“指数淡化”3种音频过渡效果，下面介绍具体操作方法。

应用案例　添加音频过渡效果

STEP 01 按“Ctrl+O”组合键，打开一个项目文件“素材\第8章\音乐1.prproj”，如图8-30所示。

STEP 02 在“效果”面板中，❶依次展开“音频过渡”|“交叉淡化”选项；❷选择“指数淡化”选项，如图8-31所示。

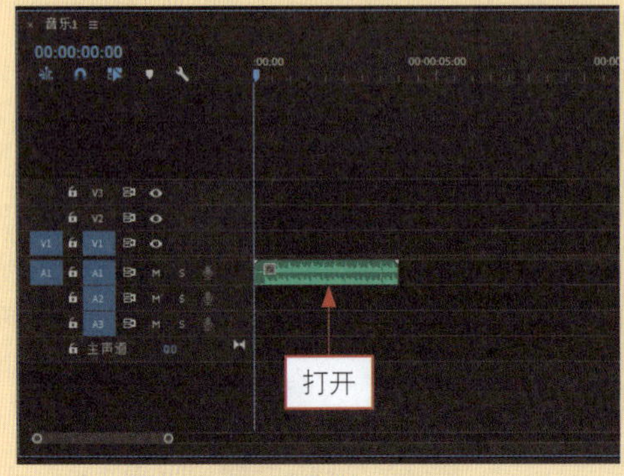

图8-30 打开一个项目文件

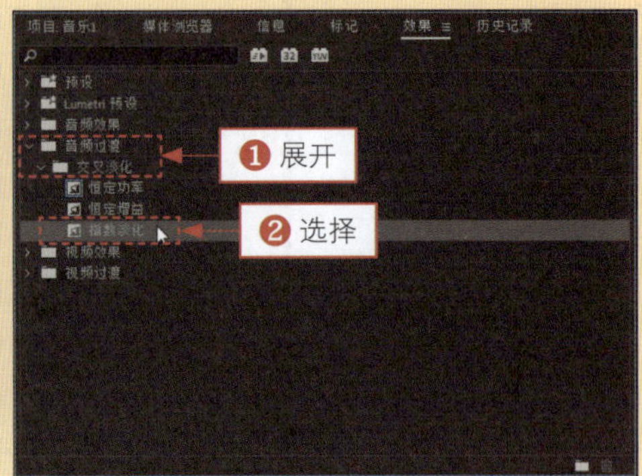

图8-31 选择“指数淡化”选项

STEP 03 按住鼠标左键将其拖曳至“时间轴”面板中的A1轨道上效果，即可添加音频过渡效果，如图8-32所示。

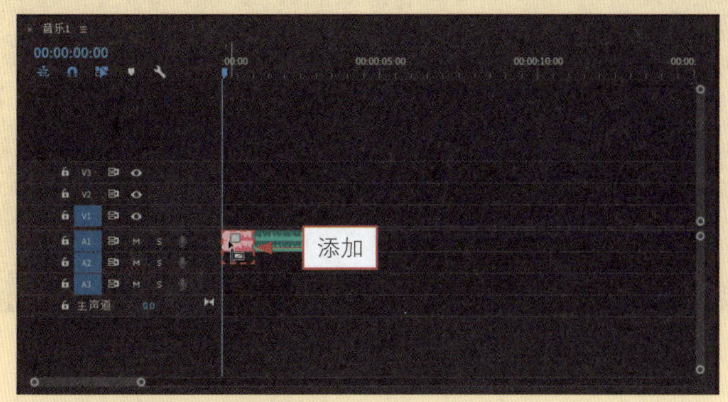

图8-32　添加音频过渡效果

8.3.2 添加音频特效

由于Premiere Pro 2020是一款视频编辑软件，因此在音频特效的编辑方面并不是表现得那么突出，但是该软件仍然提供了大量的音频特效，下面介绍添加音频特效的操作方法。

应用案例　添加音频特效

STEP 01 按“Ctrl＋O”组合键，打开一个项目文件“素材\第8章\音乐2.prproj”，如图8-33所示。

STEP 02 ❶在“效果”面板中展开“音频效果”选项；❷在展开的列表中选择“带通”选项，如图8-34所示。

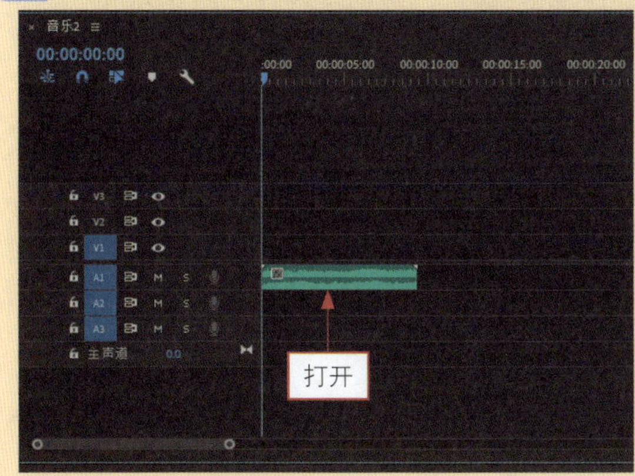

图8-33　打开一个项目文件

图8-34　选择“带通”选项

STEP 03 按住鼠标左键将其向右拖曳至“时间轴”面板中的A1轨道上，即可添加“带通”音频特效，如图8-35所示。

STEP 04 在“效果控件”面板中，可以查看“带通”音频特效的参数，如图8-36所示。

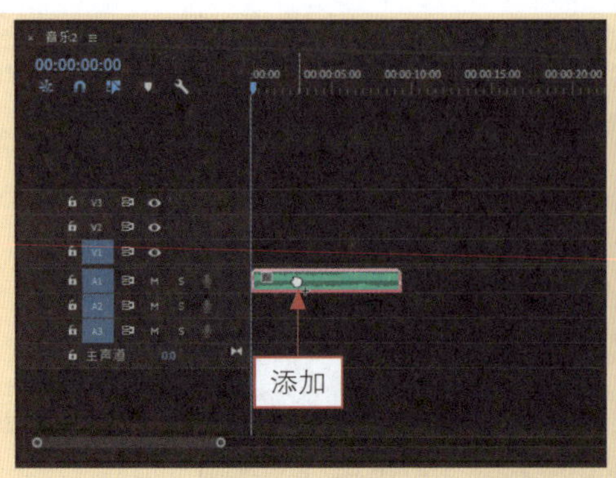

图8-35　添加“带通”音频特效

图8-36　查看“带通”音频特效的参数

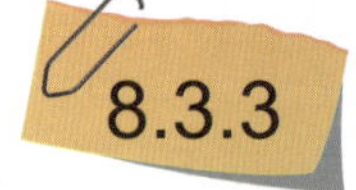

8.3.3 通过“效果控件”面板删除音频特效

如果用户对添加的音频特效不满意，则可以删除音频特效。使用“效果控件”面板删除音频特效的具体方法是：❶选择“效果控件”面板中的音频特效并右击，❷在弹出的快捷菜单中选择“清除”命令，如图8-37所示。❸即可删除添加的音频特效，如图8-38所示。

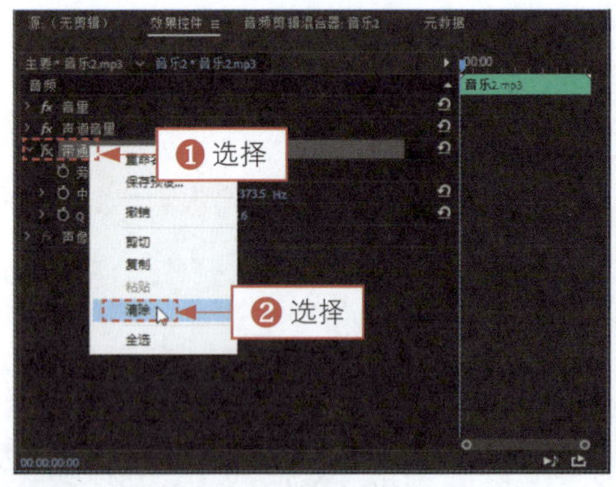

图8-37　选择“清除”命令

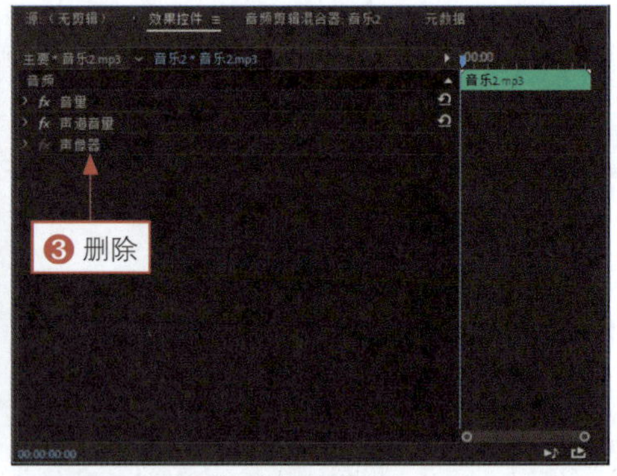

图8-38　删除添加的音频特效

专家指点

除了可以使用上述方法删除音频特效，还可以在选中音频特效的情况下，按“Delete”键，即可删除音频特效。

8.3.4 设置音频增益

在使用Premiere Pro 2020调整音频时，往往会使用多个音频素材。因此，用户需要通过调整增益效果来控制音频的最终效果。

STEP 01 按“Ctrl＋O”组合键，打开一个项目文件“素材\第8章\悬浮音响.prproj”，如图8-39所示。

STEP 02 在“节目监视器”面板中查看项目效果，如图8-40所示。

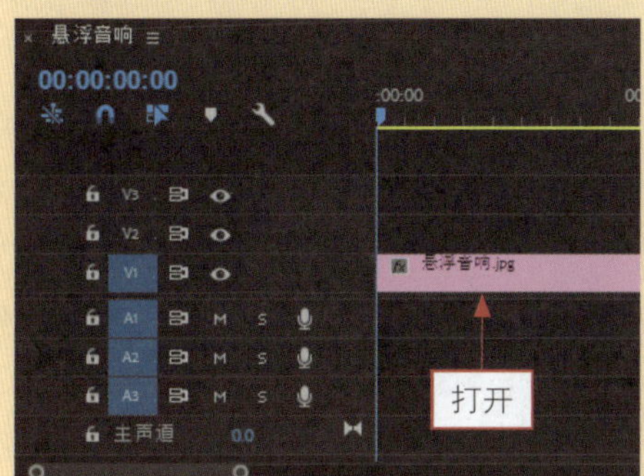

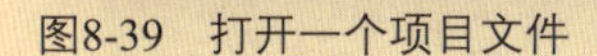

图8-39　打开一个项目文件　　图8-40　查看项目效果

STEP 03 在“项目”面板中的空白位置右击，在弹出的快捷菜单中选择“导入”命令，如图8-41所示。

STEP 04 在弹出的“导入”对话框中，❶选择相应的音频素材文件“素材\第8章\悬浮音响.mp3”；❷单击“打开”按钮，即可将音频素材导入“项目”面板中，如图8-42所示。

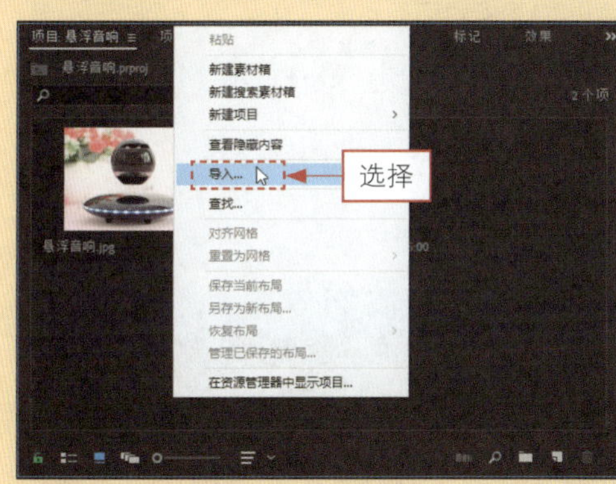

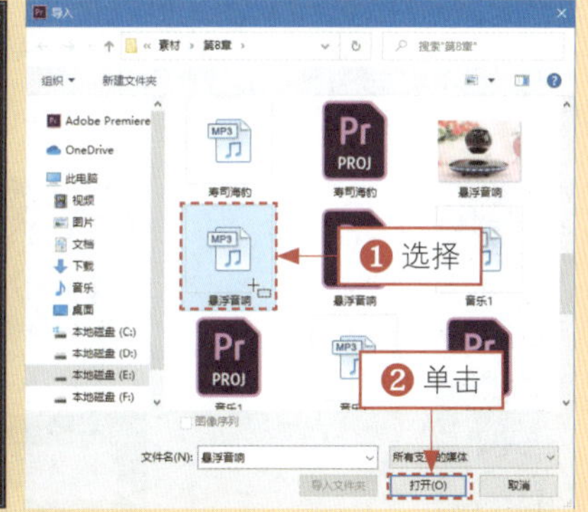

图8-41　选择“导入”命令　　图8-42　“导入”对话框

STEP 05 执行操作后，在“项目”面板中将音频素材文件拖曳至“时间轴”面板中的A1轨道上，添加音频素材，如图8-43所示。

STEP 06 ❶选择添加的音频素材并右击；❷在弹出的快捷菜单中选择“速度/持续时间”命令，如图8-44所示。

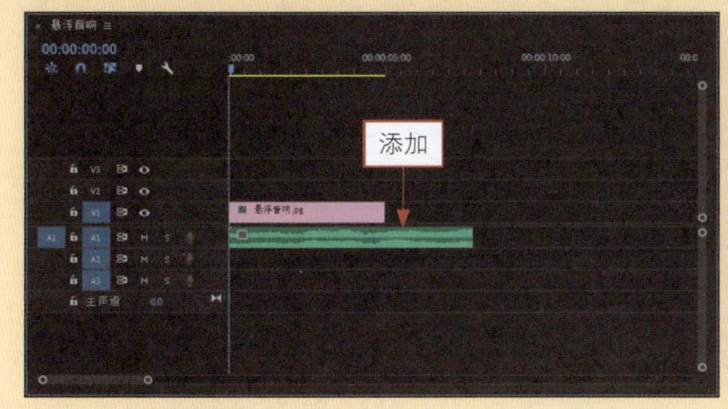

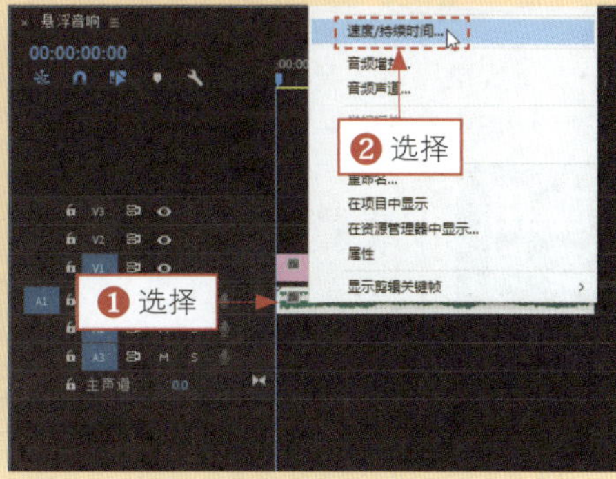

图8-43　添加音频素材　　图8-44　选择“速度/持续时间”命令

STEP 07 在弹出的“剪辑速度/持续时间”对话框中，设置“持续时间”为“00:00:05:00”，单击“确定”按钮，如图8-45所示。

STEP 08 执行操作后，即可更改音频文件的时长，选择更改时长后的音频文件，如图8-46所示。

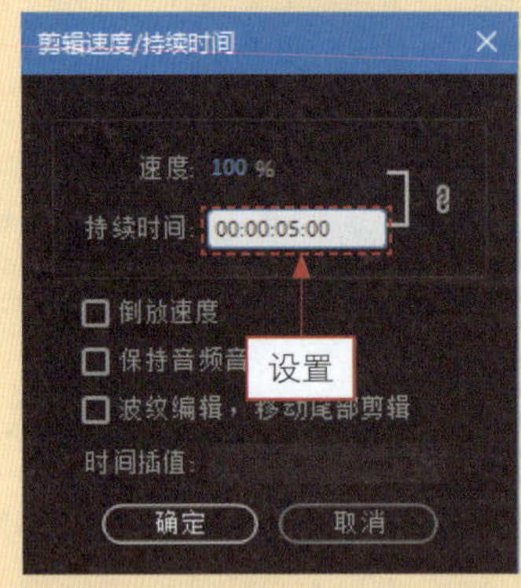

图8-45 设置“持续时间”参数

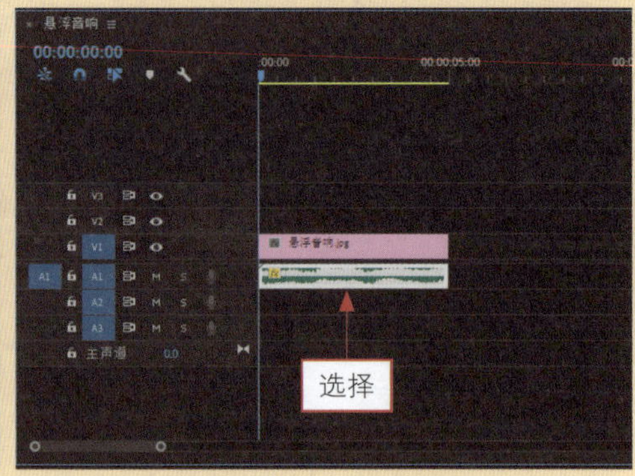

图8-46 选择更改时长后的音频文件

STEP 09 选择“剪辑”|“音频选项”|“音频增益”命令，如图8-47所示。

STEP 10 弹出“音频增益”对话框，❶选中“将增益设置为”单选按钮；❷并设置其参数为“12dB”；❸单击“确定”按钮，即可设置音频的增益，如图8-48所示。

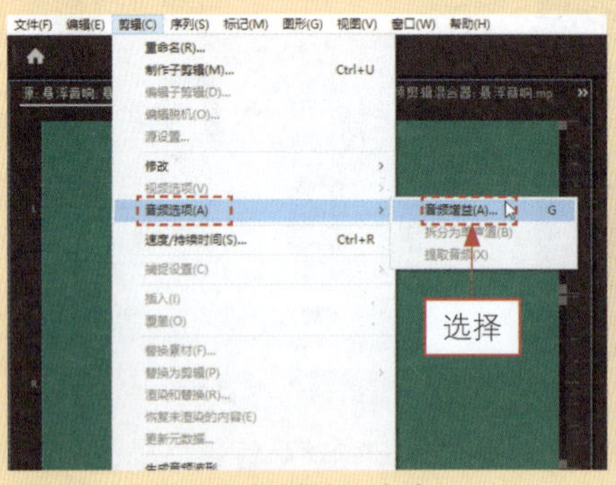

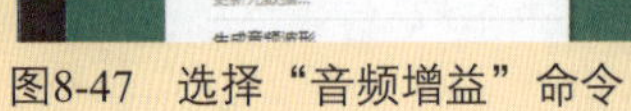

图8-47 选择“音频增益”命令

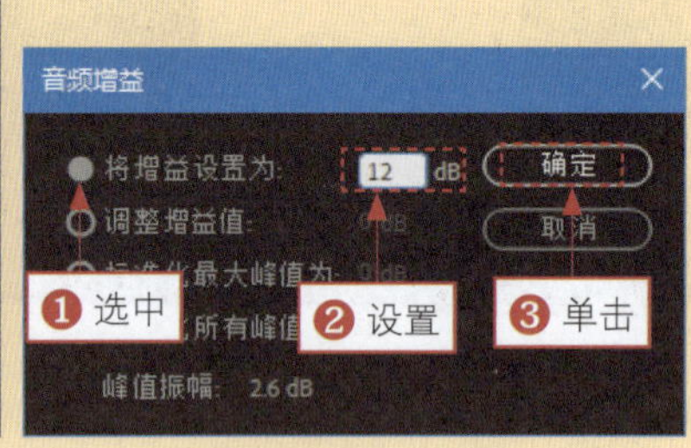

图8-48 “音频增益”对话框

8.3.5 设置音频淡化

淡化效果可以让音频随着播放的背景音乐逐渐减弱，直到完全消失。淡化效果需要通过两个以上的关键帧来实现。

应用案例 设置音频淡化

STEP 01 按“Ctrl＋O”组合键，打开一个项目文件“素材\第8章\棉花糖机.prproj”，如图8-49所示。

STEP 02 在“节目监视器”面板中，单击“播放–停止切换”按钮，查看项目效果，如图8-50所示。

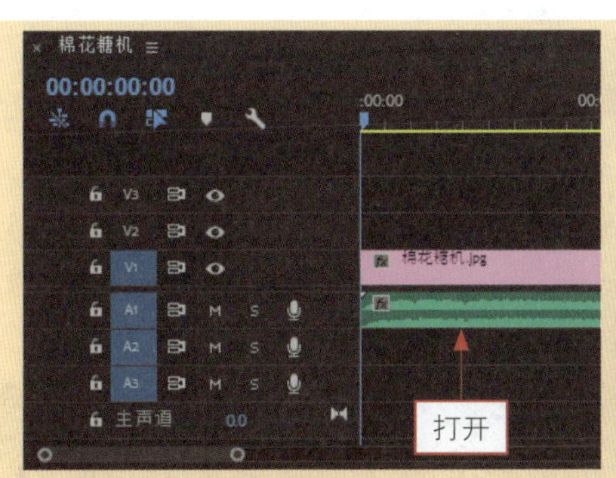

图8-49　打开一个项目文件

图8-50　查看项目效果

STEP 03 选择“时间轴”面板中A1轨道上的音频素材，如图8-51所示。

STEP 04 在“效果控件”面板中，❶展开“音量”特效面板；❷双击“级别”选项左侧的“切换动画”按钮；❸添加一个关键帧，如图8-52所示。

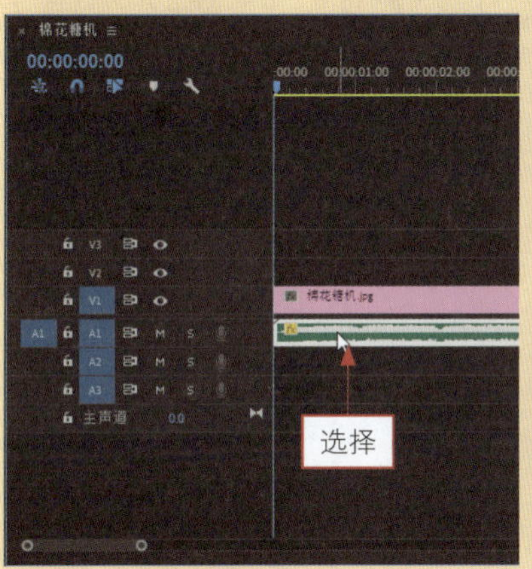

图8-51　选择音频素材

图8-52　添加一个关键帧

STEP 05 拖曳时间指示器至“00:00:04:00”的位置，如图8-53所示。

STEP 06 在“音量”特效面板中，❶设置“级别”选项的参数为“−300.0dB”；❷添加另一个关键帧，即可完成对音频素材的淡化设置，如图8-54所示。

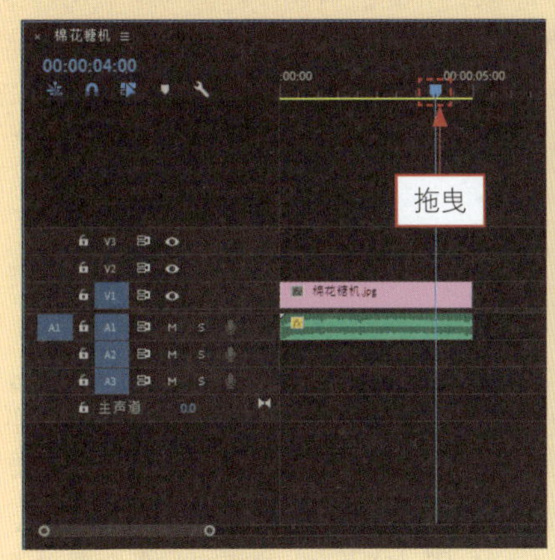

图8-53　拖曳时间指示器

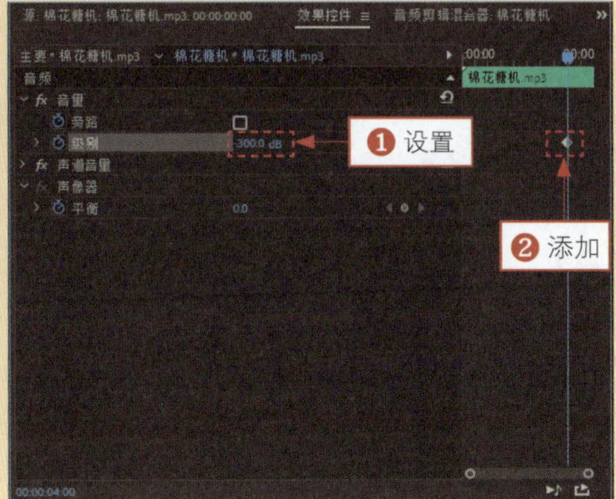

图8-54　添加另一个关键帧

8.4 专家支招

在Premiere Pro 2020中调整更改音频素材的播放时长与调整图像素材的方法是可以通用的。❶例如，在“工具栏”中选取“选择工具”▶；然后在“时间轴”面板中，❷选择A1轨道中的音频素材；❸将鼠标指针移至音频素材的末端，此时鼠标指针显示为可编辑图标，如图8-55所示。❹按住鼠标左键向左或向右拖曳；❺即可调整音频素材的播放时长，如图8-56所示。

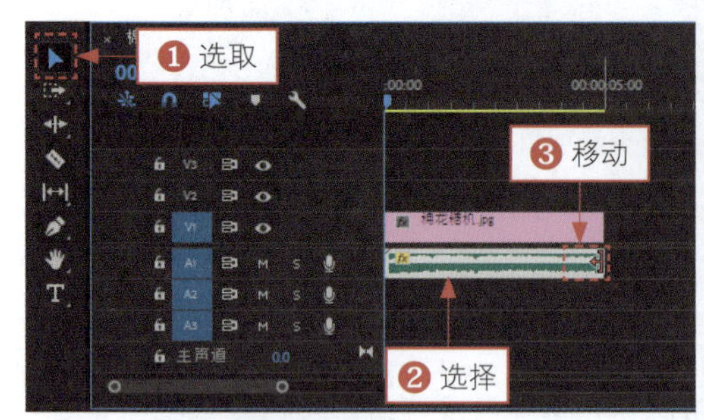

图8-55　显示可编辑图标

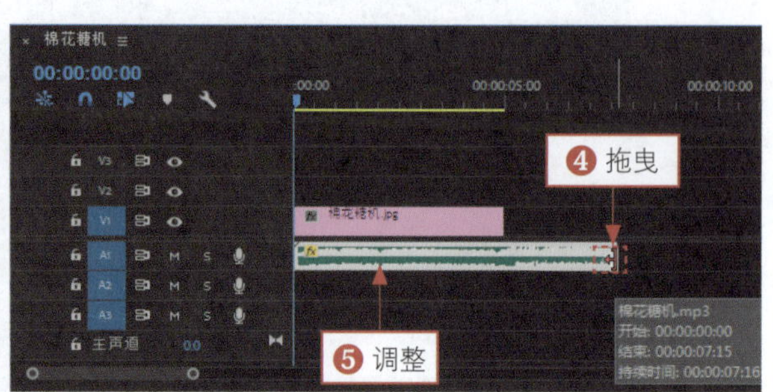

图8-56　调整音频素材的播放时长

专家指点

音频素材的持续时间是指音频的播放长度，当用户设置音频素材的出入点后，即可改变音频素材的持续时间。使用鼠标拖曳音频素材来延长或缩短音频的持续时间，这是最简单且方便的操作方法。然而，这种方法很可能会影响音频素材的完整性。因此，用户可以使用“速度 / 持续时间”命令来实现。

当用户在调整音频素材长度时，按住鼠标左键向左拖曳则可以缩短持续时间，按住鼠标左键向右拖曳则可以增长持续时间。如果该音频素材处于最长持续时间状态，则无法继续增加其长度。

8.5 总结拓展

现如今是数码时代，无论是电视剧还是电影，必定会为其添加背景音乐，甚至是静态图像的广告、游戏宣传片等，商家也会为其添加相匹配的背景音乐，以烘托主题，渲染影片气氛，带动观众情绪，引导观众置身于场景角色之中。例如，在影片中添加一段优美的钢琴曲作为背景音乐，会让人放松心情；在影片中添加一段轻快诙谐的快节奏歌曲作为背景音乐，可以让人心情愉悦；在影片中添加一段诡异的背景音乐，也会令人毛骨悚然；在影片中添加一段大气磅礴、荡气回肠的背景音乐，哪怕观众是个小孩子，也能够将其代入角色，感受激荡人心的英雄气概。不同背景音乐的添加，可以给观众带来不同的效果感受，为影片带来生机，这就是音乐的魅力。因此，学会音频文件的基础操作，对用户以后制作出精彩的影片有着非常大的帮助。

8.5.1 本章小结

音乐的魅力是无限的，它在影片中有着非常关键的作用。本章详细讲解了在Premiere Pro 2020中编辑音频文件的基础操作技巧，包括了解数字音频的定义、使用“项目”面板添加音频、使用菜单命令添加音频、使用“项目”面板删除音频、使用“时间轴”面板删除音频、使用剃刀工具分割音频文件、添加音频特效、设置音频增益及设置音频淡化等操作方法。通过学习本章内容，希望用户可以熟练掌握音频文件的添加和音频效果的编辑，为以后制作出打动人心的影片打下非常好的基础。

8.5.2 举一反三——重命名音频轨道

在Premiere Pro 2020中，为了更好地管理音频轨道，用户可以为新添加的音频轨道设置名称，下面将介绍重命名音频轨道的操作方法。

应用案例 举一反三——重命名音频轨道

STEP 01 按“Ctrl＋O”组合键，打开一个项目文件“素材\第8章\荷花绽放.prproj”，如图8-57所示。

STEP 02 打开项目文件后，在“节目监视器”面板中可以查看素材画面，如图8-58所示。

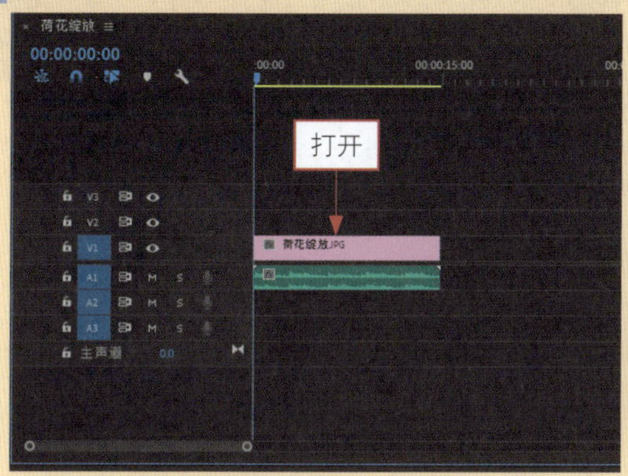

图8-57　打开一个项目文件

图8-58　查看素材画面

专家指点

在轨道上双击，可以将轨道隐藏的内容展开，如果直接在轨道名称上单击，是不会出现文本框的。

STEP 03 在“时间轴”面板中，双击A1轨道，如图8-59所示。

STEP 04 在弹出的快捷菜单中选择“重命名”命令，如图8-60所示。

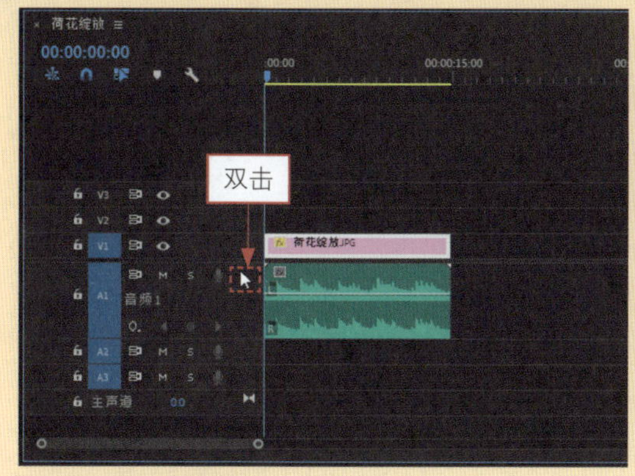

图8-59　双击A1轨道

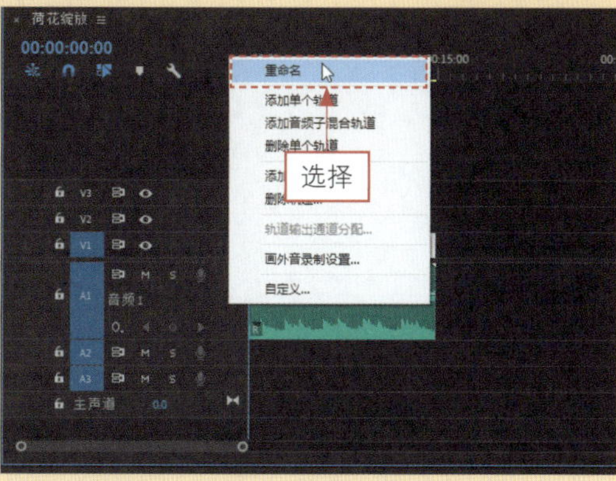

图8-60　选择“重命名”命令

STEP 05 在文本框中，输入名称“音频轨道”，如图8-61所示。

STEP 06 然后按“Enter”键确认，即可完成轨道的重命名操作，如图8-62所示。

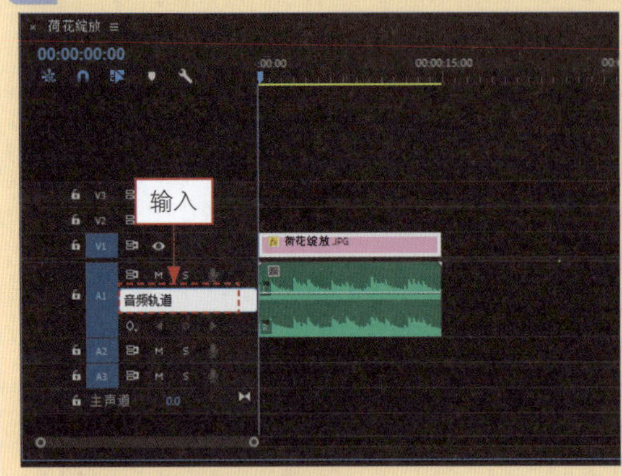

图8-61　输入名称“音频轨道”

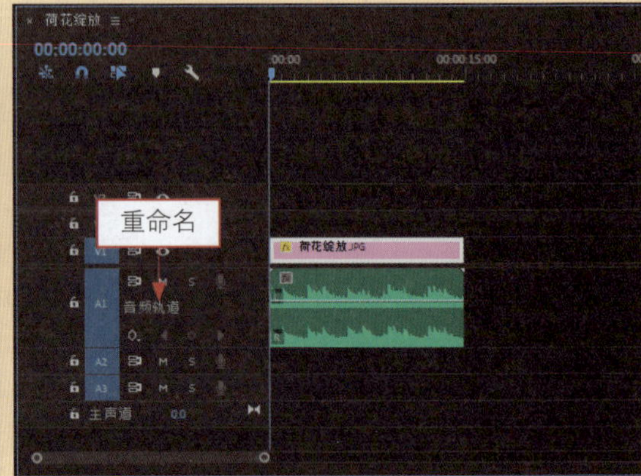

图8-62　重命名轨道

第9章　音乐享受：处理与制作音频特效

在Premiere Pro 2020中，为影片添加优美动听的音乐，可以使制作的影片更上一个台阶。声音能够带给影视节目更加强烈的震撼和冲击力，一部精彩的影视节目离不开音乐。因此，音频的编辑是影视节目编辑中必不可少的一个环节。本章主要介绍背景音乐特效的制作方法和技巧。

本章重点

- 认识音轨混合器
- 音频效果的处理
- 制作立体声音频效果
- 常用的音频效果
- 其他音频效果的制作

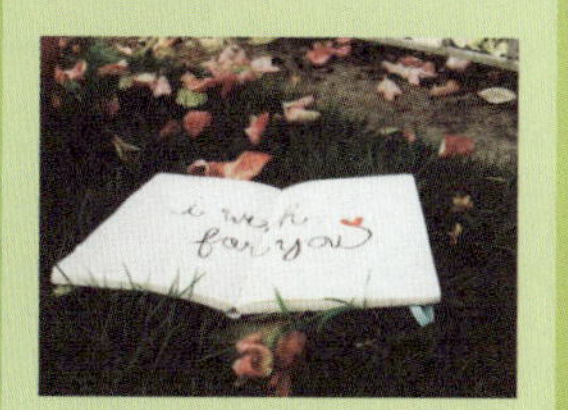

9.1 认识音轨混合器

“音轨混合器”是Premiere Pro 2020为制作高质量音频效果准备的多功能音频处理面板。下面将介绍“音轨混合器”面板的一些基本功能，并使用这些功能来调整音频素材。

9.1.1 了解“音轨混合器”面板

“音轨混合器”是由许多音频轨道控制器和播放控制器组成的。在Premiere Pro 2020工作界面中，选择“窗口”|“音轨混合器”命令，展开“音轨混合器”面板，如图9-1所示。

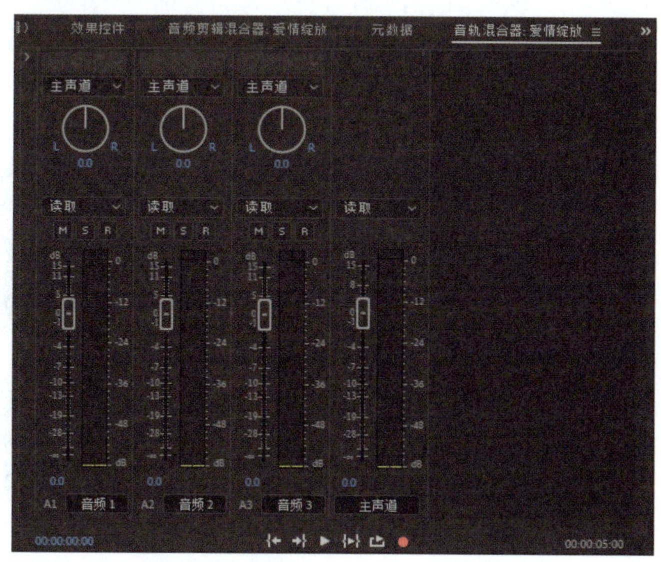

图9-1　“音轨混合器”面板

专家指点

在默认情况下，“音轨混合器”面板只会显示当前“时间轴”面板中激活的音频轨道。如果用户需要在“音轨混合器”面板中显示其他轨道，则必须将序列中的轨道激活。

9.1.2 “音轨混合器”面板的基本功能

“音轨混合器”面板中的基本功能主要用来对音频文件进行修改与编辑操作。下面将介绍“音轨混合器”面板中的主要基本功能。

- “自动模式”列表框：主要用来调节音频素材和音频轨道，如图9-2所示。当调节对象是音频素材时，调节效果只会对当前音频素材有效。当调节对象是音频轨道时，音频特效将应用于整个音频轨道。
- “轨道控制”按钮组：该按钮组包括“静音轨道”按钮、“独奏轨”按钮及“激活录制轨”按钮等，如图9-3所示。这些按钮的主要作用是在预览音频素材时，其指定的轨道完全以静音或独奏的方式进行播放。

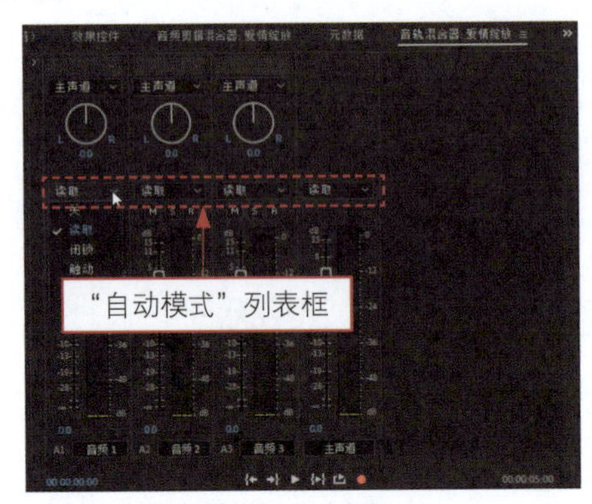

图9-2　“自动模式”列表框

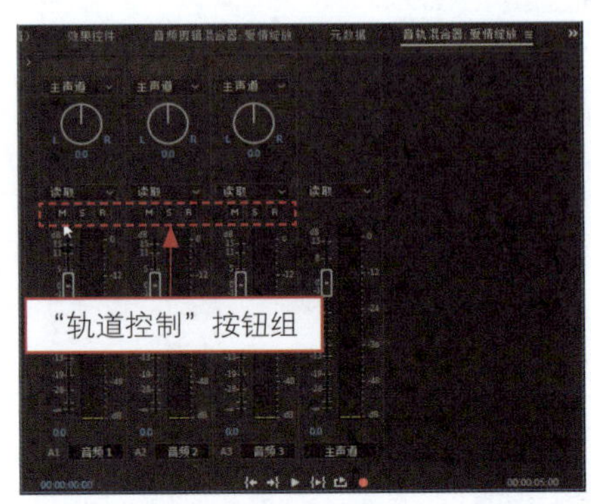

图9-3　“轨道控制”按钮组

- “声道调节”滑轮：可以用来调节只有左、右两个声道的音频素材，当用户向左拖动滑轮时，左声道音量将会提高；反之，当用户向右拖动滑轮时，右声道音量将会提高，如图9-4所示。
- “音量控制器”按钮：分别控制着音频素材播放的音量及音频素材播放的状态，如图9-5所示。

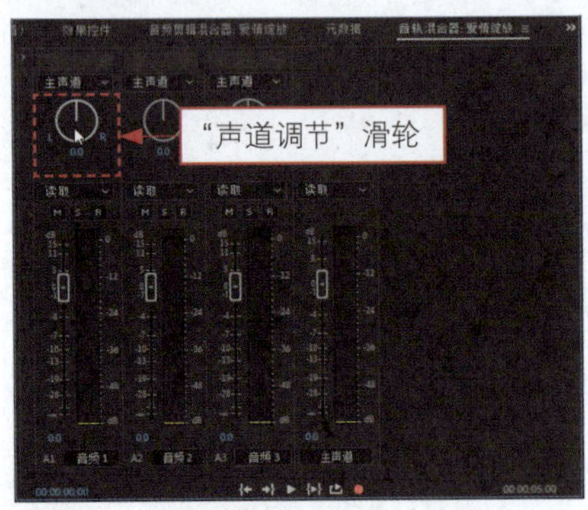

图9-4　“声道调节”滑轮

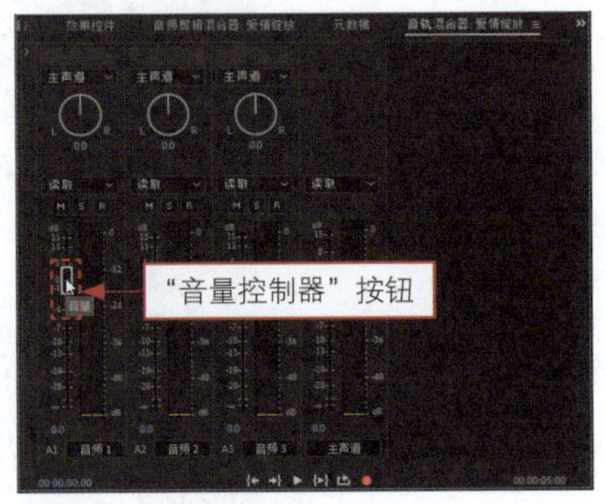

图9-5　“音量控制器”按钮

9.1.3 “音轨混合器”的面板菜单

通过对“音轨混合器”面板的基本认识，用户应该对“音轨混合器”面板的组成有了一定了解。下面将介绍“音轨混合器”的面板菜单。

在“音轨混合器”面板中，单击面板右上角的☰按钮，将会弹出面板菜单，如图9-6所示。

❶ **显示/隐藏轨道**：该命令可以对“音轨混合器”面板中的轨道进行隐藏或显示设置。选择该命令或按“Ctrl＋Alt+T”组合键，弹出“显示/隐藏轨道”对话框，如图9-7所示。在左侧列表框中，处于选中状态的轨道属于显示状态，未被选中的轨道则处于隐藏状态。

❷ **显示音频时间单位**：选择该命令，可以在“时间轴”面板的时间标尺上显示音频单位，如图9-8所示。

❸ **循环**：选择该命令，系统会循环播放音乐。

❹ **仅计量器输入**：如果在VU表上显示硬件输入电平，而不是轨道电平，则选择该命令来监控音频，以确定是否所有的轨道都被录制。

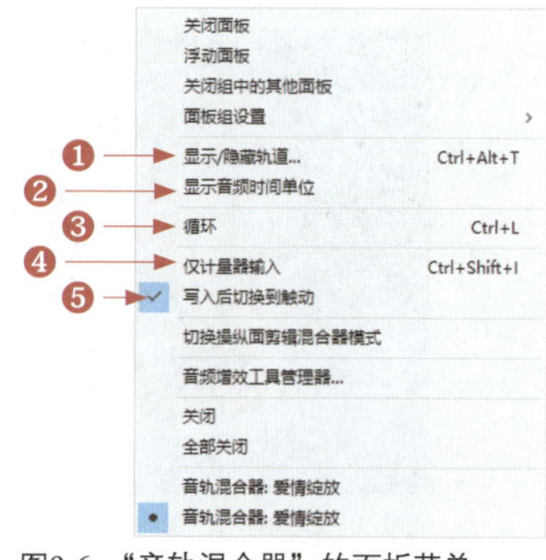

图9-6　“音轨混合器”的面板菜单

❺ **写入后切换到触动**：选择该命令，可以在回放结束后或一个回放循环完成后，所有的轨道设置将记录模式转换为接触模式。

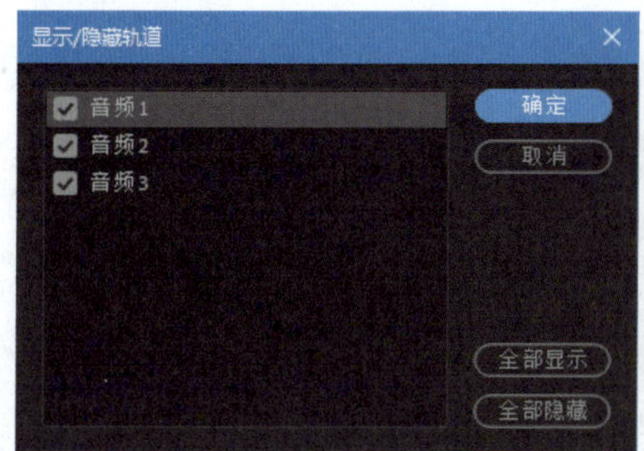

图9-7　“显示/隐藏轨道”对话框

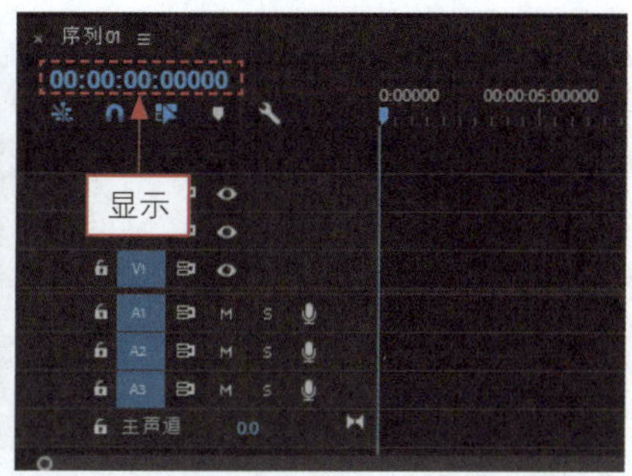

图9-8　显示音频单位

9.2 音频效果的处理

在Premiere Pro 2020中，用户可以对音频素材进行适当的处理，通过对音频高低音的调节，可以让音频素材达到更好的视听效果。

9.2.1 处理参数均衡器

“参数均衡器”特效主要用于平衡音频素材中的声音频率、波段和多重波段均衡等，下面介绍具体操作方法。

应用案例　处理参数均衡器

STEP 01 按“Ctrl＋O”组合键，打开一个项目文件“素材\第9章\爱情绽放.prproj”，并预览项目效果，如图9-9所示。

STEP 02 在“效果”面板中，展开“音频效果”选项，在其中选择“参数均衡器”选项，如图9-10所示。

图9-9 预览项目效果

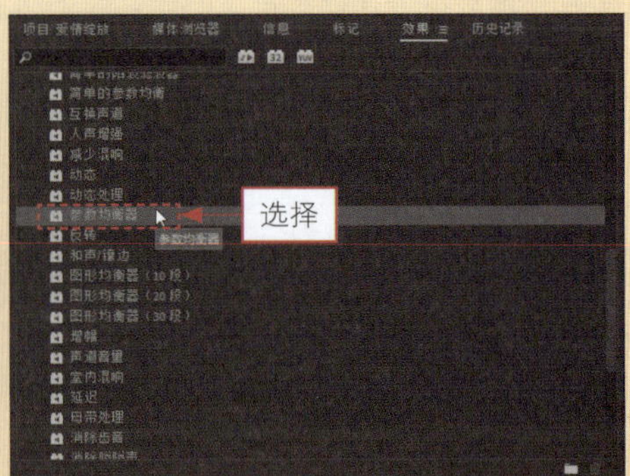

图9-10 选择“参数均衡器”选项

STEP 03 按住鼠标左键并将其拖曳至A1轨道上，添加“参数均衡器”音频特效，如图9-11所示。

STEP 04 在“效果控件”面板中，单击“自定义设置”选项右侧的“编辑”按钮，如图9-12所示。

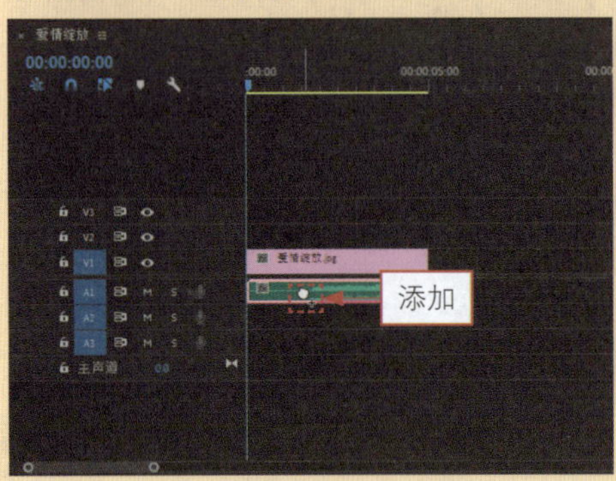

图9-11 添加“参数均衡器”音频特效

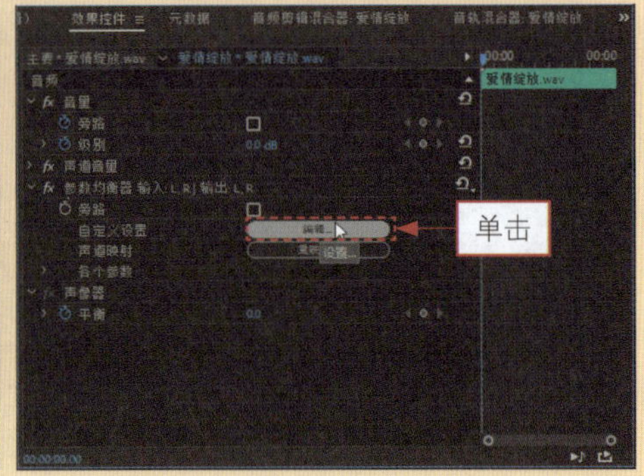

图9-12 单击“编辑”按钮

STEP 05 弹出“剪辑效果编辑器-参数均衡器”对话框，选中“宽度”单选按钮，调整控制点，即可处理参数均衡器，如图9-13所示。

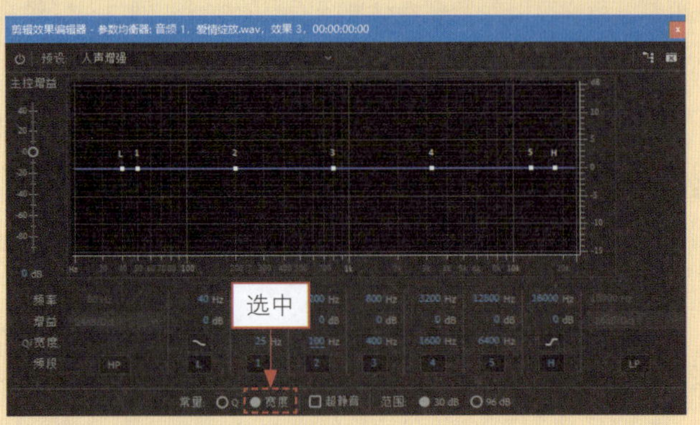

图9-13 选中“宽度”单选按钮

9.2.2 处理高低音转换

在Premiere Pro 2020中，高低音之间的转换是使用“动态”特效对组合或独立的音频进行调整，下面介绍具体操作方法。

处理高低音转换

STEP 01 按“Ctrl+O”组合键，打开一个项目文件“素材\第9章\落日夕阳.prproj”，并预览项目效果，如图9-14所示。

STEP 02 在“效果”面板中，展开“音频效果”选项，在其中选择“动态”选项，如图9-15所示。

图9-14　预览项目效果

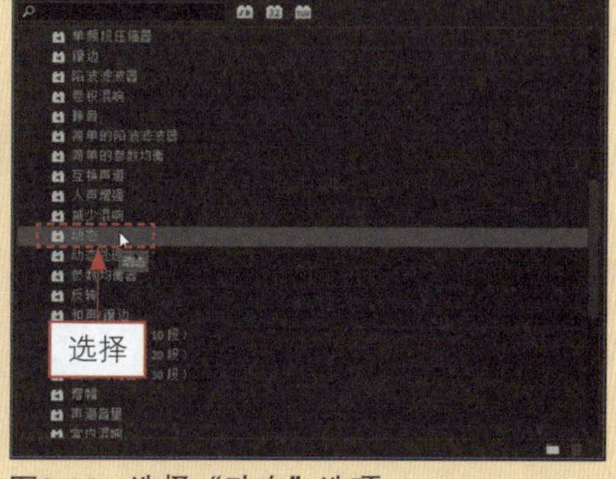

图9-15　选择“动态”选项

STEP 03 按住鼠标左键将其拖曳至A1轨道上，添加“动态”音频特效，如图9-16所示。

STEP 04 在“效果控件”面板中，单击“自定义设置”选项右侧的“编辑”按钮，如图9-17所示。

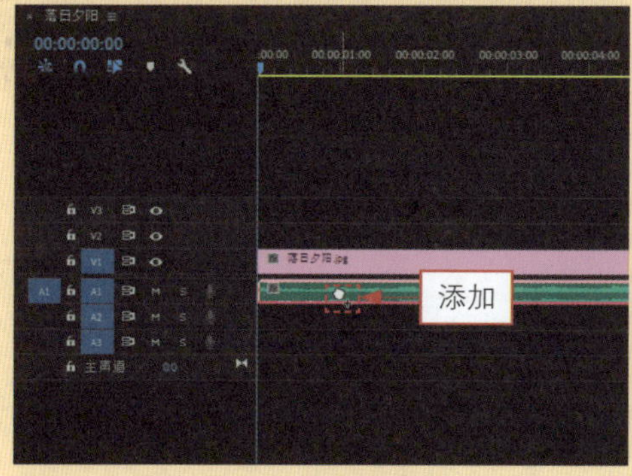

图9-16　添加“动态”音频特效

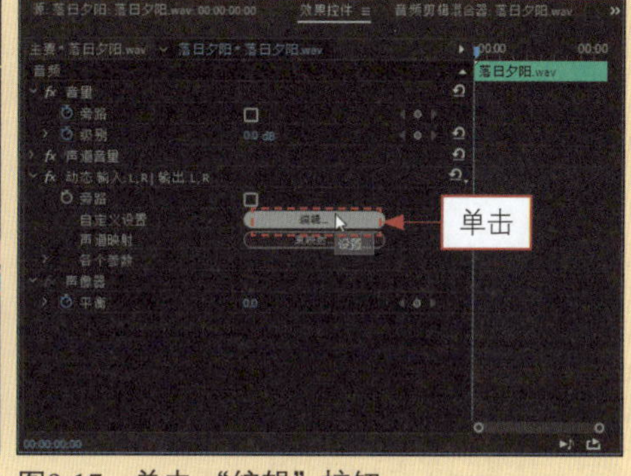

图9-17　单击“编辑”按钮

STEP 05 弹出“剪辑效果编辑器-动态”对话框，如图9-18所示。

STEP 06 单击“预设”选项右侧的下拉按钮，在弹出的下拉列表中选择“中等压缩”选项，如图9-19所示。

STEP 07 ❶展开“各个参数”选项；❷单击每一个参数选项左侧的“切换动画”按钮；❸添加关键帧，如图9-20所示。

STEP 08 ❶将时间线移至“00:00:04:00”的位置；❷单击“动态”选项右侧的“预设”下拉按钮，在弹出的下拉列表中选择“软剪辑”选项；❸此时系统将会自动添加一组关键帧，如图9-21所示。设置完成后，将时间线移至开始位置，单击“播放-停止切换”按钮，用户可以听到原本开始的柔弱音频变得具有一定的力度，而原来具有力度的后半部分音频，因为设置了“软剪辑”效果而变得柔和了。

图9-18 “剪辑效果编辑器-动态”对话框

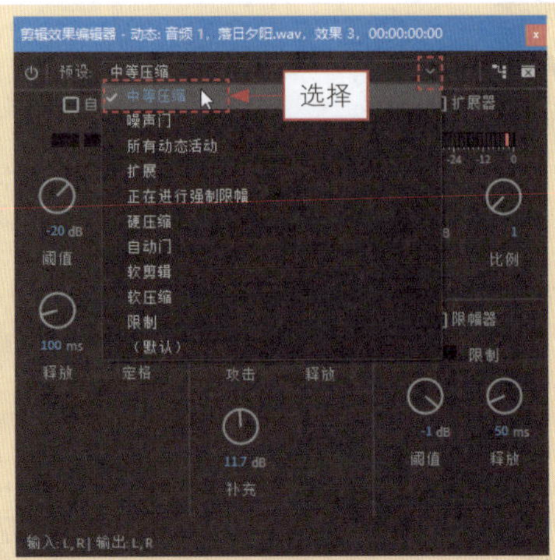

图9-19 选择“中等压缩”选项

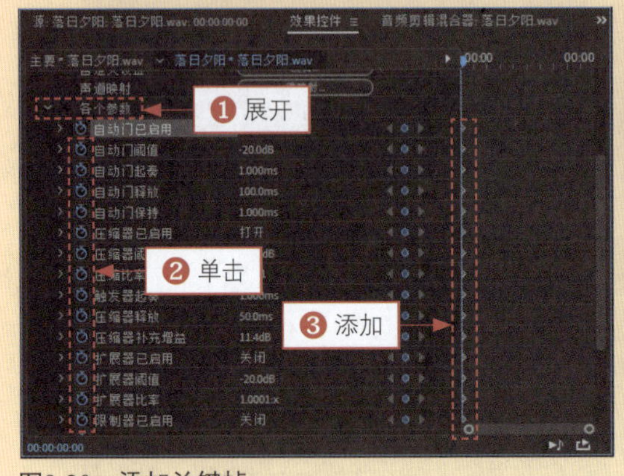

图9-20 添加关键帧

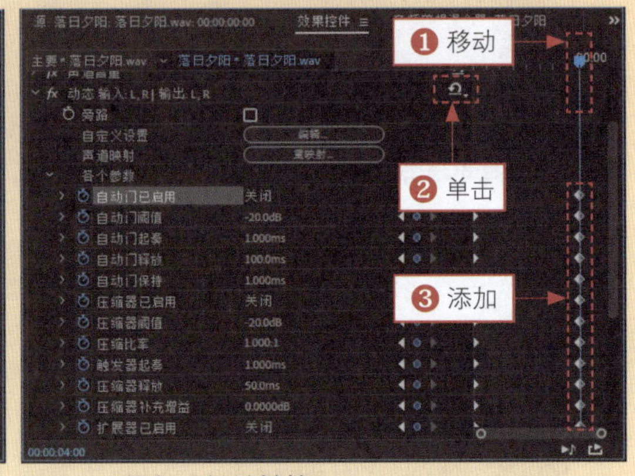

图9-21 添加一组关键帧

专家指点

尽管可以将音频素材的声音压缩到一个更小的动态播放范围，但是对于扩展而言，如果超过了音频素材所能提供的范围，就不能再进一步扩展了，除非降低原始音频素材的动态范围。

9.2.3 处理声音的波段

在Premiere Pro 2020中，可以使用“多频段压缩器”特效设置声音波段，该特效可以对音频的高、中、低3个波段进行压缩控制，让音频的效果更加理想，下面介绍具体操作方法。

处理声音的波段

STEP 01 按“Ctrl＋O”组合键，打开一个项目文件“素材\第9章\五谷丰收.prproj”，并预览项目效果，如图9-22所示。

STEP 02 在“效果”面板中，❶展开“音频效果”选项；❷在其中选择“多频段压缩器”选项，如图9-23所示。

图9-22　预览项目效果

图9-23　选择“多频段压缩器”选项

STEP 03 为音乐素材添加音频特效，在“效果控件”面板中，❶展开“各个参数”选项；❷单击每一个参数选项左侧的“切换动画”按钮；❸添加关键帧，如图9-24所示。

STEP 04 选择“自定义设置”选项右侧的“编辑”按钮，弹出“剪辑效果编辑器-多频段压缩器”对话框，设置“交叉”选项右侧“高”的参数为“12000Hz”，如图9-25所示。

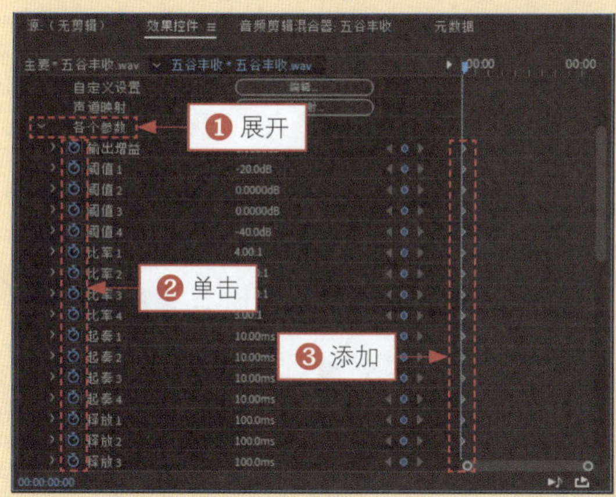

图9-24　添加关键帧

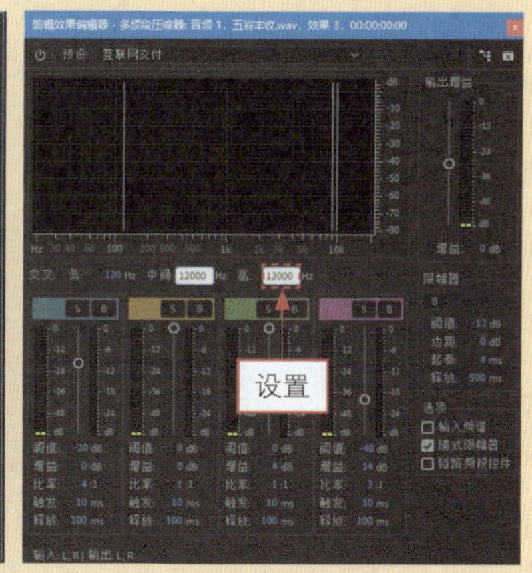

图9-25　“剪辑效果编辑器-多频段压缩器”对话框

STEP 05 ❶将时间线移至“00:00:04:00”的位置；❷单击“多频段压缩器”选项右侧的“预设”下拉按钮；❸在弹出的下拉列表中选择“提高人声”选项，如图9-26所示。

STEP 06 此时，系统可以在编辑线所在的位置自动为音频素材添加关键帧，如图9-27所示。播放音乐，即可听到修改后的音频效果。

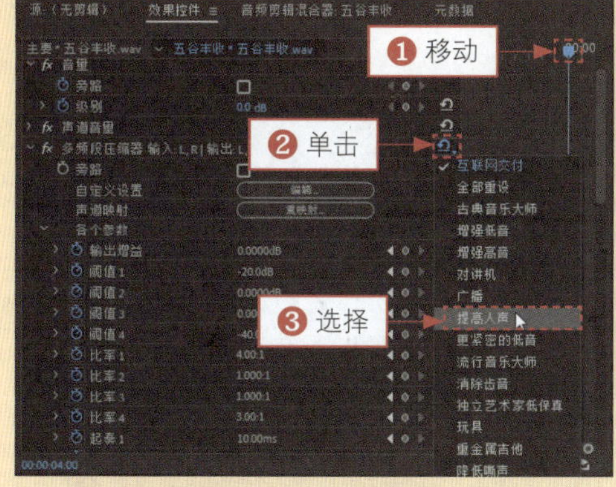

图9-26　选择“提高人声”选项

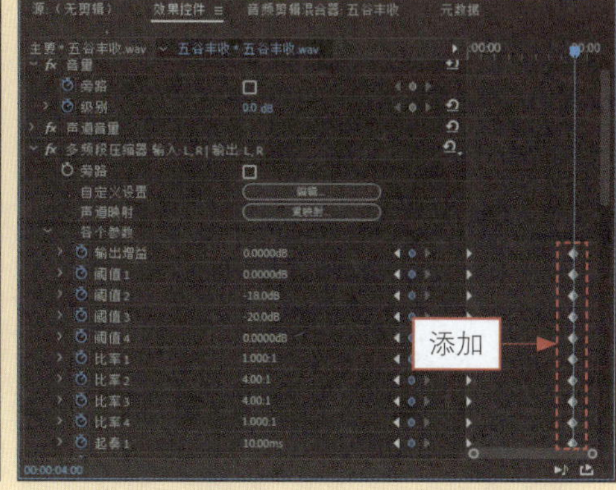

图9-27　添加关键帧

9.3 制作立体声音频效果

Premiere Pro 2020拥有强大的立体音频处理能力，当使用的音频素材为立体声道时，Premiere Pro 2020可以在两个声道之间实现立体声音频特效的效果。本节主要介绍立体声音频效果的制作方法。

9.3.1 导入视频素材

在制作立体声音频效果之前，用户需要先导入一段音频或有声音的视频素材，并将其拖曳至“时间轴”面板中的轨道上，下面介绍具体操作方法。

应用案例 导入视频素材

STEP 01 新建一个项目文件，选择“文件”|“导入”命令，如图9-28所示。

STEP 02 弹出“导入”对话框，❶在其中选择相应的视频素材“素材\第9章\风云变幻.MP4”；❷单击“打开”按钮，导入视频素材，如图9-29所示。

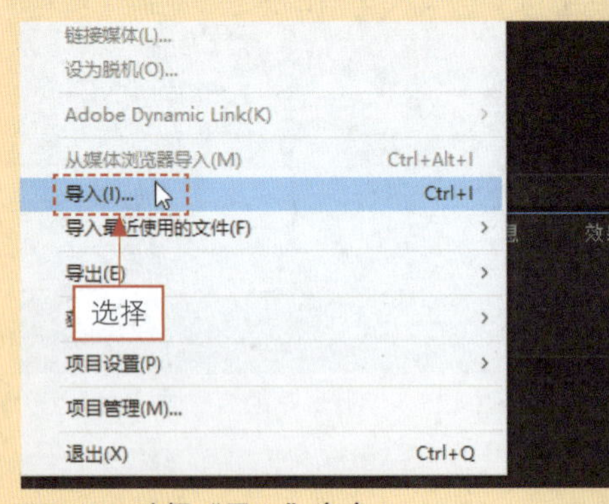

图9-28 选择“导入”命令

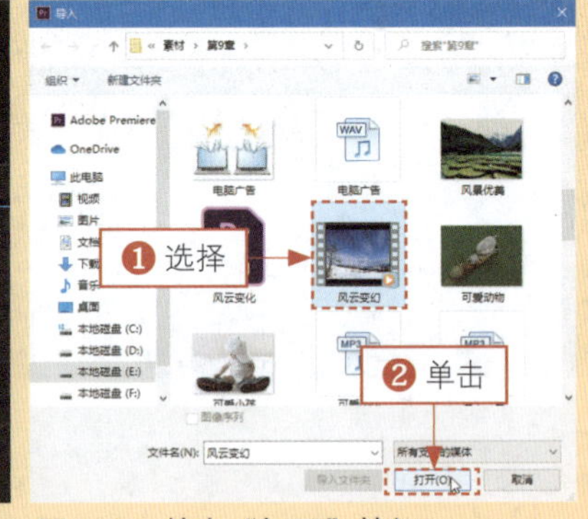

图9-29 单击“打开”按钮

STEP 03 在“项目”面板中，选择导入的视频素材，如图9-30所示。

STEP 04 然后按住鼠标左键将选择的视频素材拖曳至“时间轴”面板中的V1轨道上，即可添加视频素材，如图9-31所示。

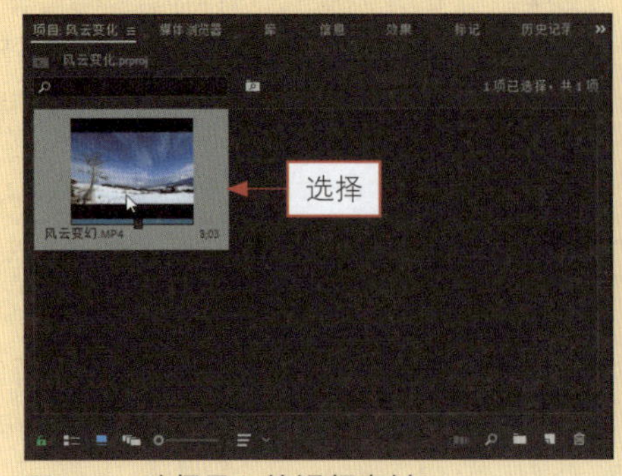

图9-30 选择导入的视频素材

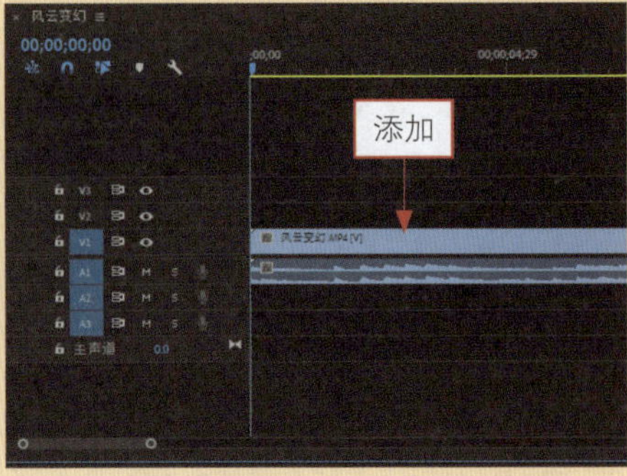

图9-31 添加视频素材

9.3.2 视频与音频的分离

在导入一段视频素材后，接下来需要对视频素材的音频与视频进行分离，下面介绍具体操作方法。

视频与音频的分离

STEP 01 以上一节的效果为例，选择“时间轴”面板中V1轨道上的视频素材并右击，如图9-32所示。

STEP 02 在弹出快捷菜单中选择“取消链接”命令，如图9-33所示。

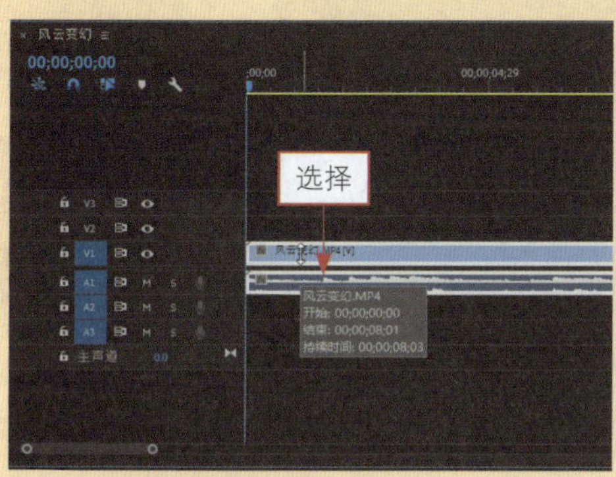

图9-32 选择视频素材并右击

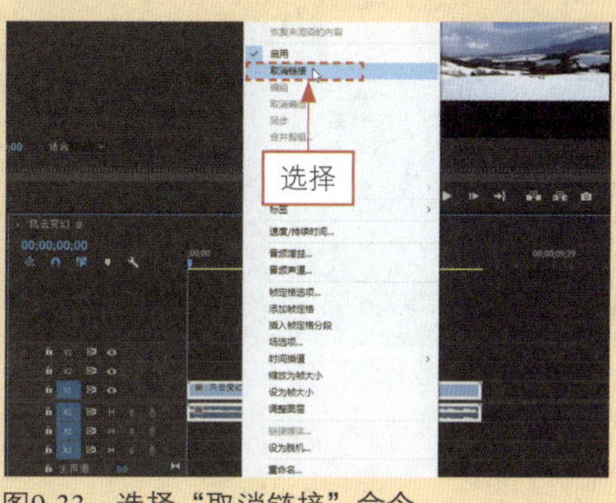

图9-33 选择“取消链接”命令

STEP 03 执行操作后，即可解除音频和视频之间的链接，如图9-34所示。

STEP 04 设置完成后，将时间线移至素材的开始位置，在“节目监视器”面板中，单击“播放-停止切换”按钮▶，预览视频效果，如图9-35所示。

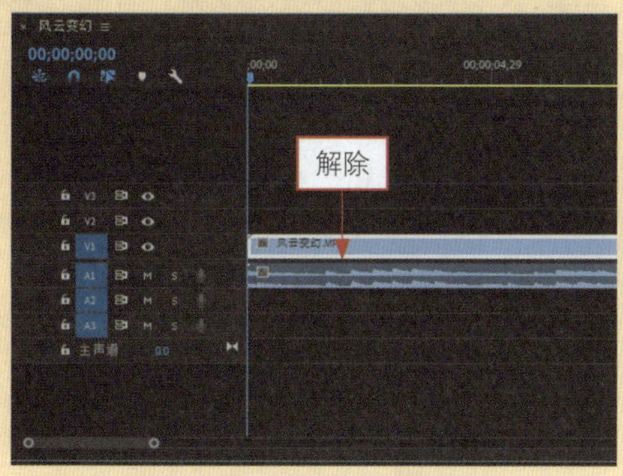

图9-34 解除音频和视频之间的链接

图9-35 预览视频效果

9.3.3 为分割的音频添加特效

在Premiere Pro 2020中，分割音频素材后，接下来可以为分割的音频素材添加音频特效，下面介绍具体操作方法。

应用案例 为分割的音频添加特效

STEP 01 以上一节的效果为例，❶在“效果”面板中展开“音频效果”选项；❷选择“多功能延迟”选项，如图9-36所示。

STEP 02 按住鼠标左键并将其拖曳至A1轨道中的音频素材上，拖曳时间线至“00:00:02:00”的位置，如图9-37所示。

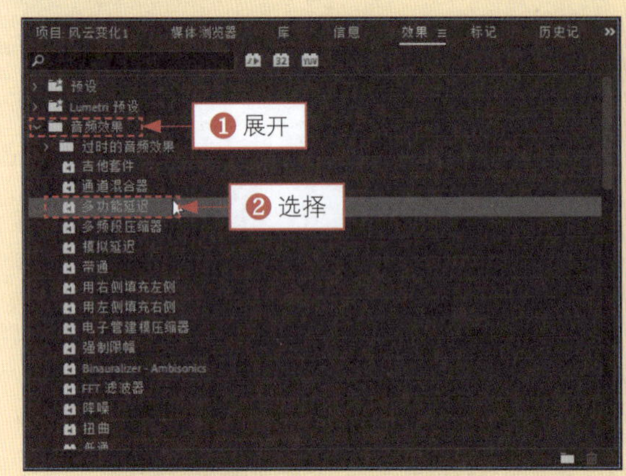

图9-36　选择“多功能延迟”选项

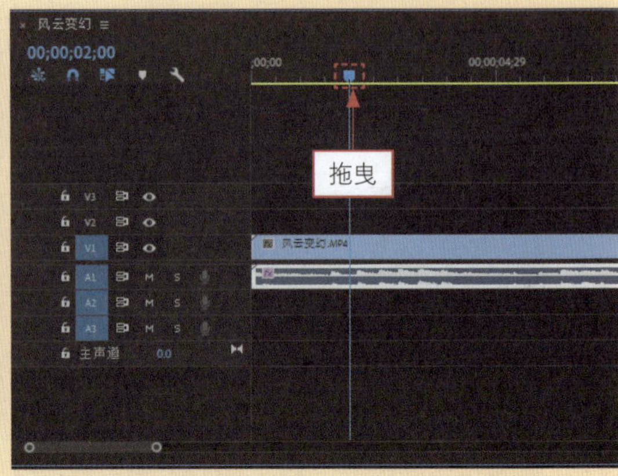

图9-37　拖曳时间线（1）

STEP 03 ❶在“效果控件”面板中展开“多功能延迟”选项；❷勾选“旁路”复选框；❸并设置“延迟1”参数为“1.000秒”，如图9-38所示。

STEP 04 ❶拖曳时间线至“00:00:04:00”的位置；❷单击“旁路”选项和“延迟1”选项左侧的“切换动画”按钮；❸添加第1个关键帧，如图9-39所示。

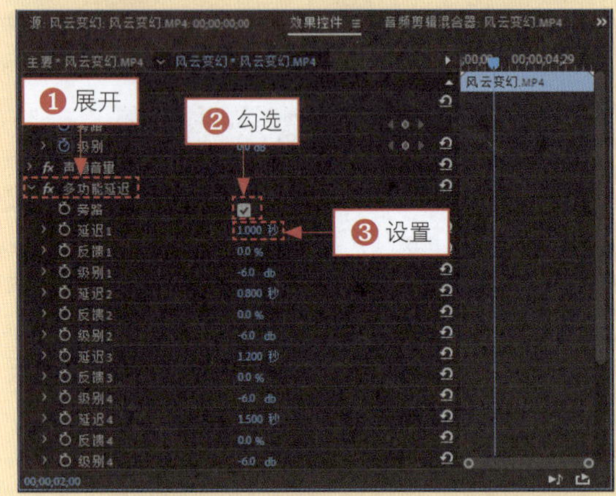

图9-38　设置“延迟1”参数

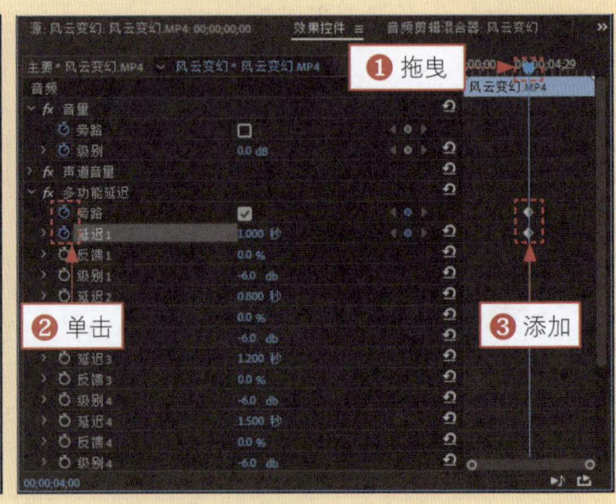

图9-39　添加第1个关键帧

STEP 05 执行操作后，在“效果控件”面板中取消勾选“旁路”复选框，并将时间线拖曳至“00:00:07:00”的位置，如图9-40所示。

STEP 06 执行操作后，❶勾选“旁路”复选框；❷添加第2个关键帧，即可添加音频特效，如图9-41所示。

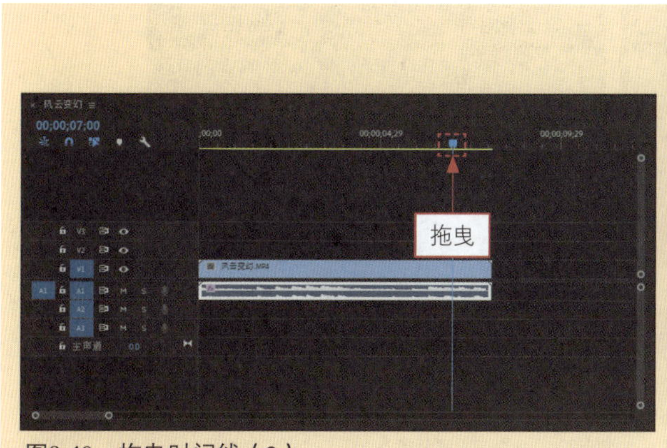

图9-40　拖曳时间线（2）

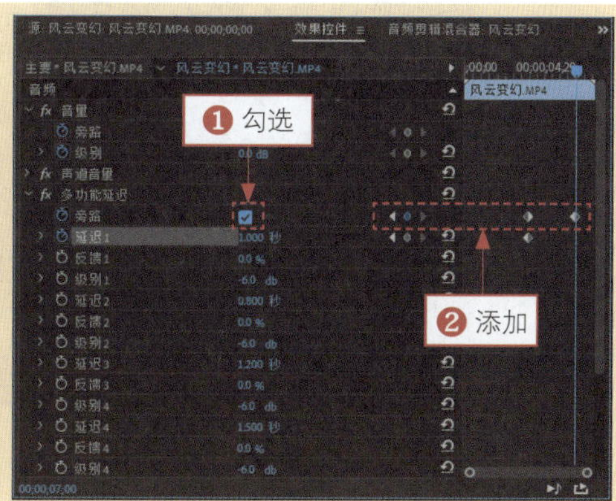

图9-41　添加第2个关键帧

9.3.4 使用“音轨混合器”面板控制音频特效

在Premiere Pro 2020中，添加完音频特效后，接下来将使用“音轨混合器”面板来控制添加的音频特效，下面介绍具体操作方法。

应用案例 使用“音轨混合器”面板控制音频特效

STEP 01 以上一节的效果为例，❶展开“音轨混合器：风云变幻”面板；❷在其中设置A1选项的参数为“3.1”；❸“左/右平衡”参数为“10.0”，如图9-42所示。

STEP 02 执行操作后，单击“音轨混合器：风云变幻”面板底部的“播放-停止切换”按钮■，即可播放音频，如图9-43所示。

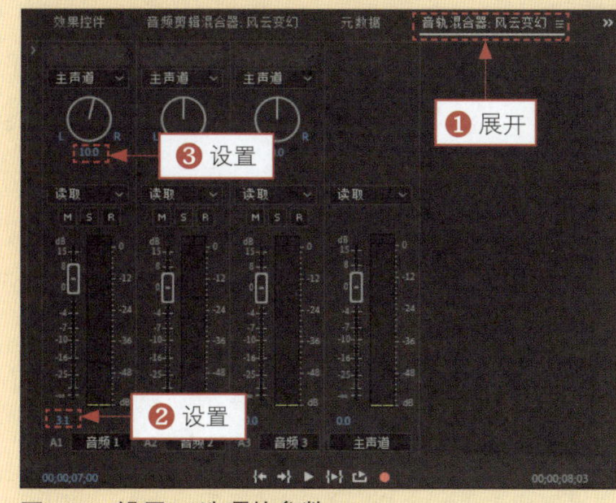

图9-42　设置A1选项的参数

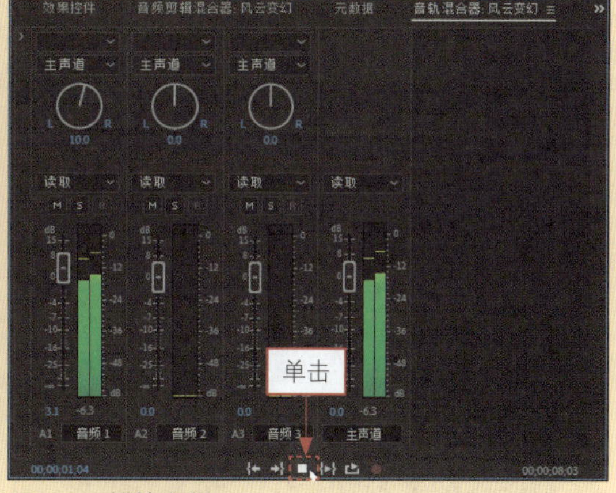

图9-43　播放音频

STEP 03 在“节目监视器”面板中，单击“播放-停止切换”按钮▶，即可预览效果，如图9-44所示。

图9-44　预览效果

9.4 常用的音频效果

在Premiere Pro 2020中，音频在影片中是一个不可或缺的元素，用户可以根据需要制作常用的音频效果。本节主要介绍常用音频效果的制作方法。

9.4.1 制作音量特效

用户在导入一段音频素材后，对应的“效果控件”面板中将会显示“音量”选项，用户可以根据需要制作音量特效，下面介绍具体操作方法。

应用案例　制作音量特效

STEP 01 按“Ctrl＋O”组合键，打开一个项目文件“素材\第9章\樱花盛开.prproj”，如图9-45所示。

STEP 02 在“项目”面板中选择图像素材，将其拖曳到“时间轴”面板中的V1轨道上，在“节目监视器”面板中可以查看素材画面，如图9-46所示。

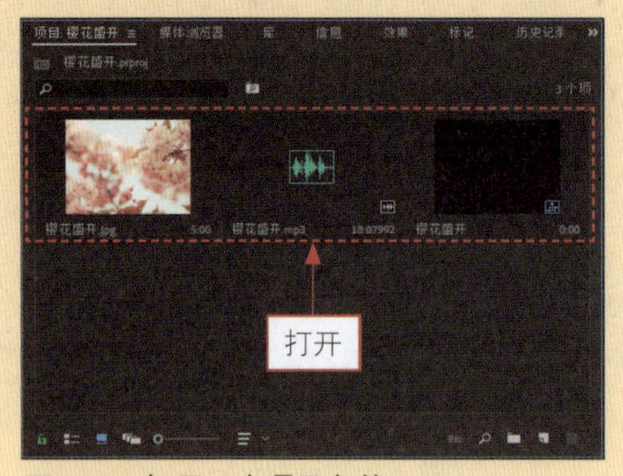

图9-45　打开一个项目文件

图9-46　查看素材画面

STEP 03 选择V1轨道上的图像素材，❶切换至“效果控件”面板；❷设置“缩放”参数为“120.0”，如图9-47所示。

STEP 04 在“项目”面板中选择音频素材，将其拖曳到“时间轴”面板中的A1轨道上，添加音频素材如图9-48所示。

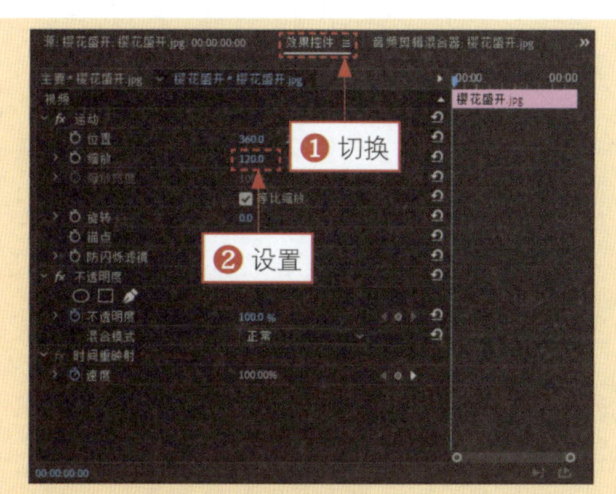

图9-47　设置“缩放”参数

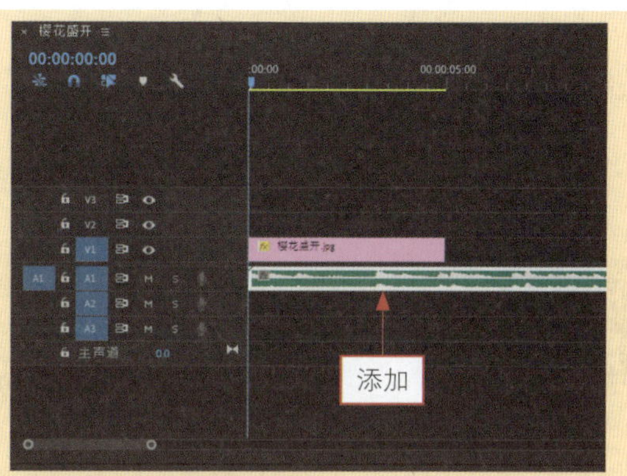

图9-48　添加音频素材

STEP 05 将鼠标指针移至音频素材的结尾处，按住鼠标左键并向左拖曳，调整音频素材的持续时间，与图像素材的持续时间保持一致，如图9-49所示。

STEP 06 选择A1轨道上的音频素材，拖曳时间指示器至“00:00:03:00”的位置，❶切换至“效果控件”面板；在“音量”选项区中；❷单击“级别”选项右侧的“添加/移除关键帧”按钮，添加一个关键帧，如图9-50所示。

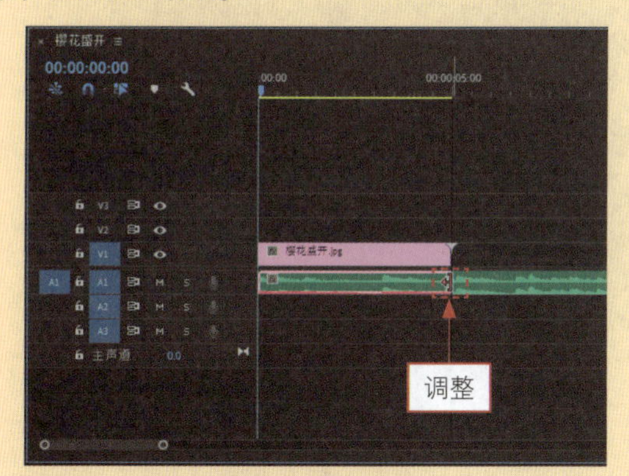

图9-49　调整音频素材的持续时间

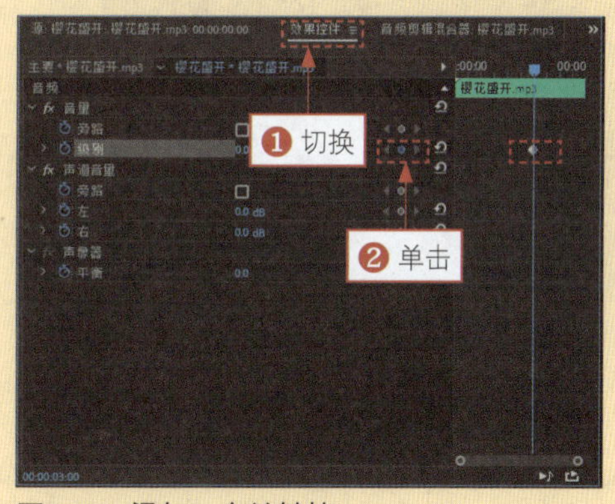

图9-50　添加一个关键帧

STEP 07 ❶拖曳时间指示器至“00:00:04:00”的位置；❷设置“级别”参数为“−20.0dB”，如图9-51所示。

STEP 08 ❶将鼠标指针移至A1轨道并双击；❷展开A1轨道并显示音量调整效果，如图9-52所示。单击“播放-停止切换”按钮，试听音量效果。

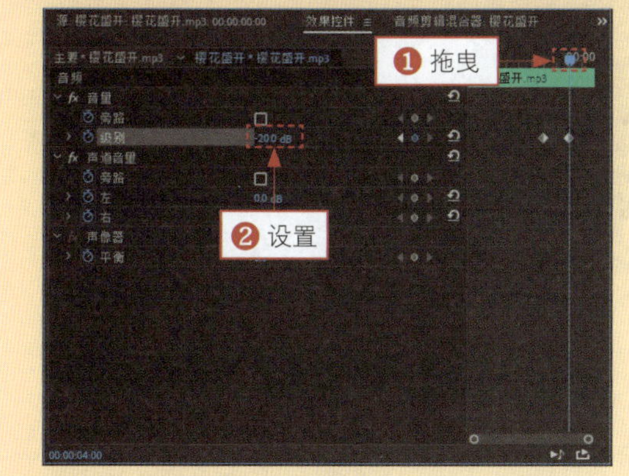

图9-51　设置“级别”参数

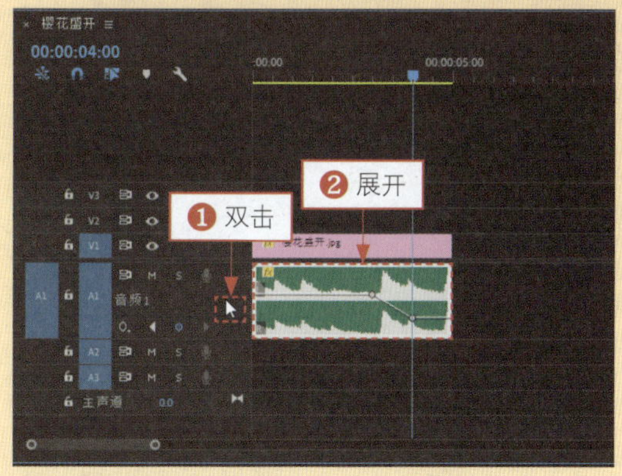

图9-52　展开A1轨道并显示音量调整效果

9.4.2 制作降噪特效

在Premiere Pro 2020中，可以通过“降噪”特效来降低音频素材中的机器噪音、环境噪音和外音等杂音，下面介绍具体操作方法。

应用案例 制作降噪特效

STEP 01 按“Ctrl＋O”组合键，打开一个项目文件“素材\第9章\可爱动物.prproj”，如图9-53所示。

STEP 02 在“项目”面板中选择“可爱动物.jpg”图像素材，并将其添加到“时间轴”面板中的V1轨道上，如图9-54所示。

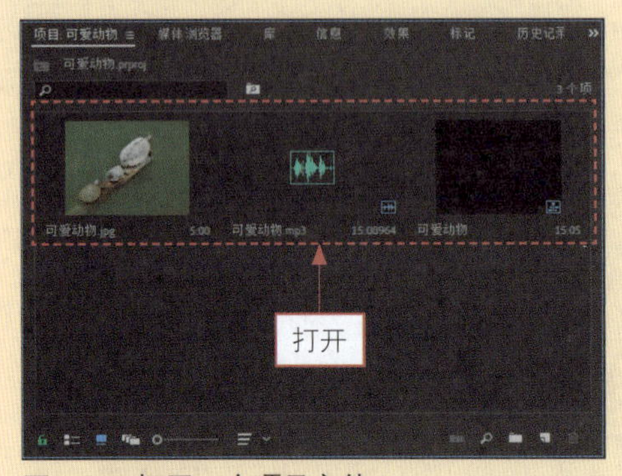

图9-53　打开一个项目文件

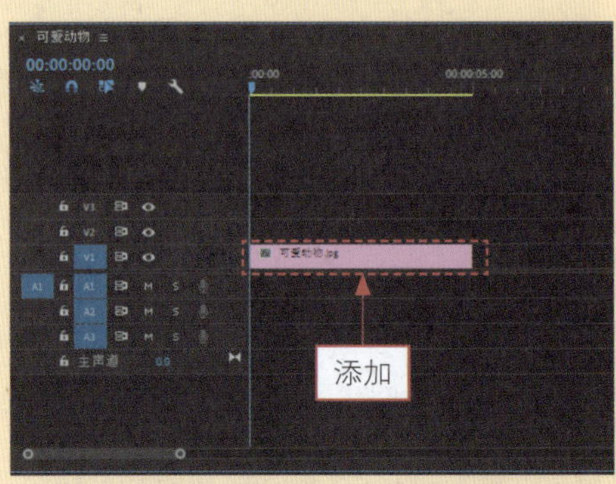

图9-54　添加“可爱动物.jpg”图像素材

STEP 03 选择V1轨道上的图像素材，❶切换至“效果控件”面板；❷设置“缩放”参数为“100.0”，如图9-55所示。

STEP 04 设置视频缩放效果后，在“节目监视器”面板中单击“播放-停止切换”按钮▶，可以查看素材画面，如图9-56所示。

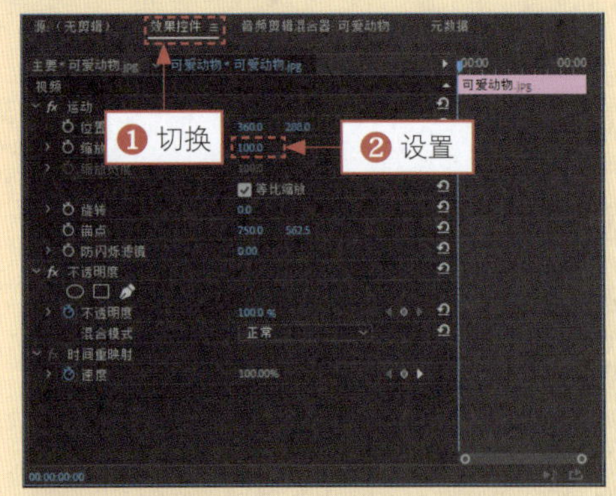

图9-55　设置“缩放”参数

图9-56　查看素材画面

STEP 05 ❶将“可爱动物.mp3”音频素材拖曳到“时间轴”面板中的A1轨道上；❷在“工具箱”面板中选取剃刀工具，如图9-57所示。

STEP 06 ❶拖曳时间指示器至“00:00:05:00”的位置；❷将鼠标指针移至A1轨道上时间指示器的位置并单击，如图9-58所示。

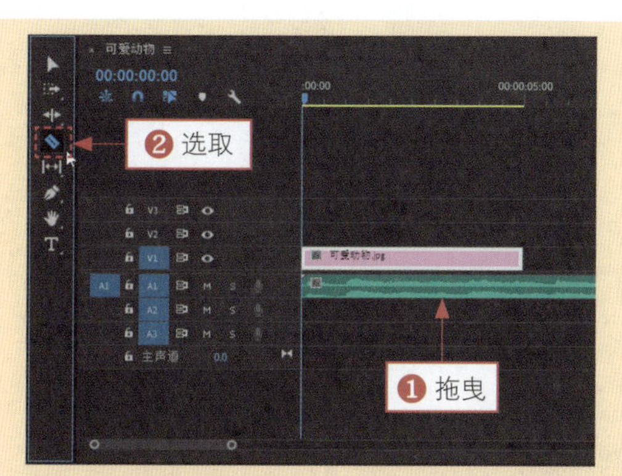

图9-57　选取剃刀工具

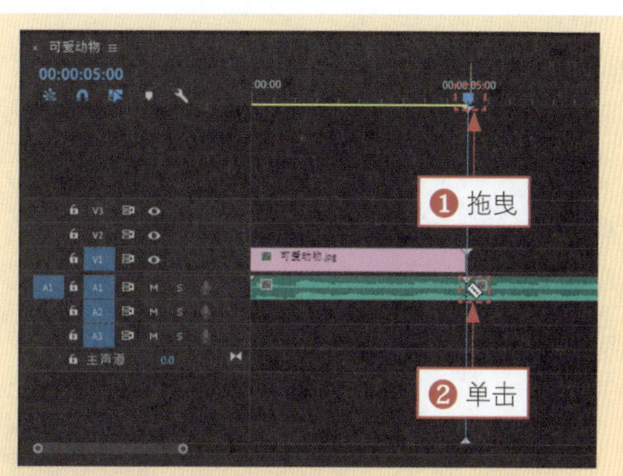

图9-58　在A1轨道上时间指示器的位置单击

STEP 07 执行操作后，即可分割音频素材，如图9-59所示。

STEP 08 在“工具箱”面板中选取选择工具，选择A1轨道上第2段音频素材，按“Delete”键删除第2段音频素材，如图9-60所示。

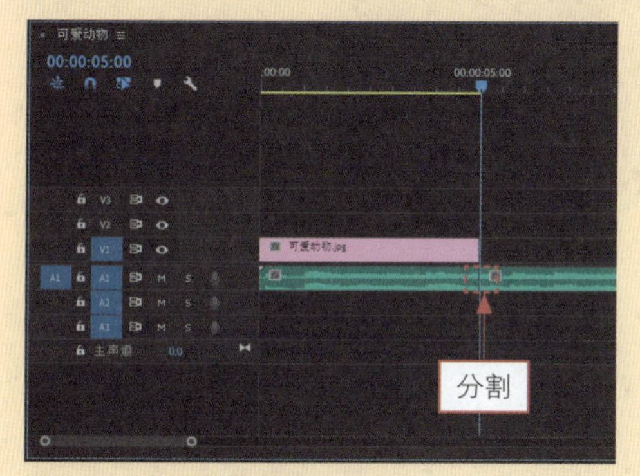

图9-59　分割音频素材

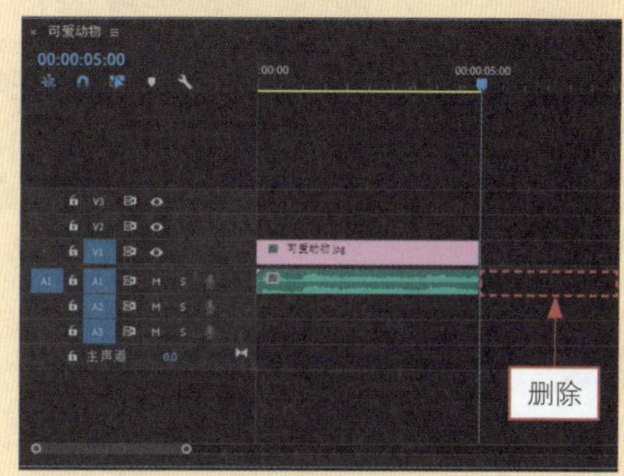

图9-60　删除第2段音频素材

STEP 09 选择A1轨道上的音频素材，在“效果”面板中展开“音频效果”选项，双击“降噪”选项，即可为选择的音频素材添加“降噪”音频效果，如图9-61所示。

STEP 10 在“效果控件”面板中，❶展开“降噪”选项，❷单击“自定义设置”选项右侧的“编辑”按钮，如图9-62所示。

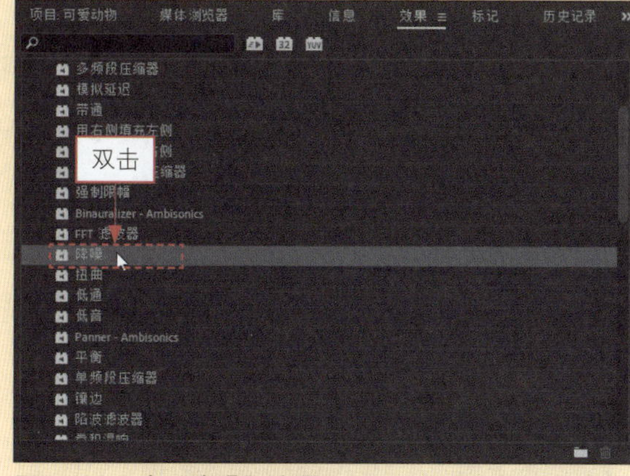

图9-61　双击“降噪”选项

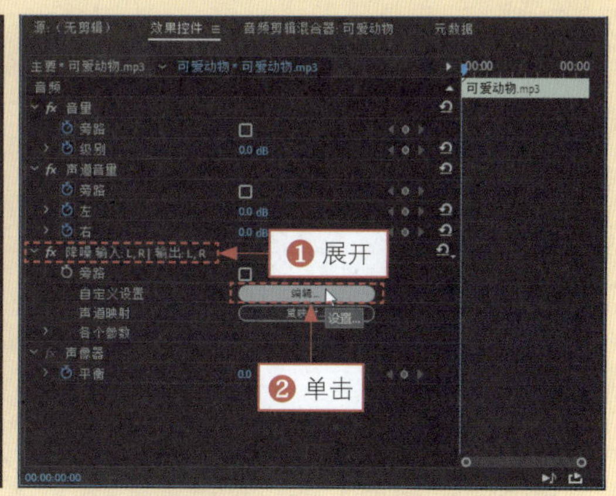

图9-62　单击“编辑”按钮

专家指点

用户在使用摄像机拍摄的素材时，常常会出现一些电流的声音，当用户在使用 Premiere Pro 2020 处理影片文件时，可以添加“降噪”特效或“消除嗡嗡声”特效消除这些噪音。

STEP 11 弹出“剪辑效果编辑器-降噪”对话框，❶单击“处理焦点”右侧的“着重于中等频率”按钮；❷拖曳“数量”右侧的白色圆圈滑块，直至参数显示为“50%”；设置完成后，❸单击“关闭”按钮，关闭“剪辑效果编辑器-降噪”对话框，如图9-63所示。在“节目监视器”面板中，单击“播放-停止切换”按钮，试听降噪效果。

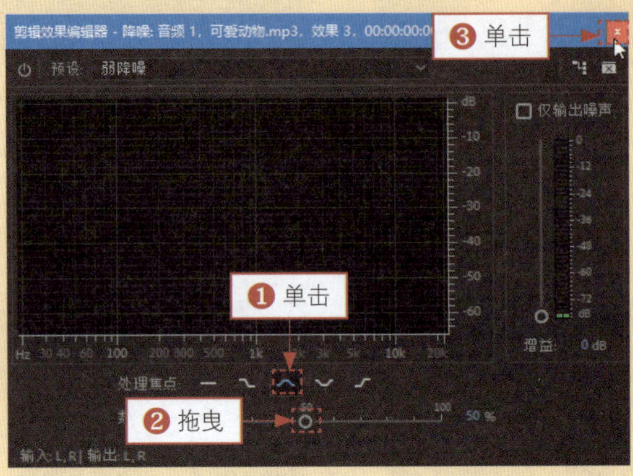

图9-63 单击“关闭”按钮

9.4.3 制作平衡特效

在Premiere Pro 2020中，通过添加“平衡”特效，可以对音频素材的频率进行音量的提升或衰减，下面将介绍制作平衡特效的操作方法。

应用案例 制作平衡特效

STEP 01 按“Ctrl+O”组合键，打开一个项目文件“素材\第9章\亲近自然.prproj”，如图9-64所示。

STEP 02 在“节目监视器”面板中可以查看素材画面，如图9-65所示。

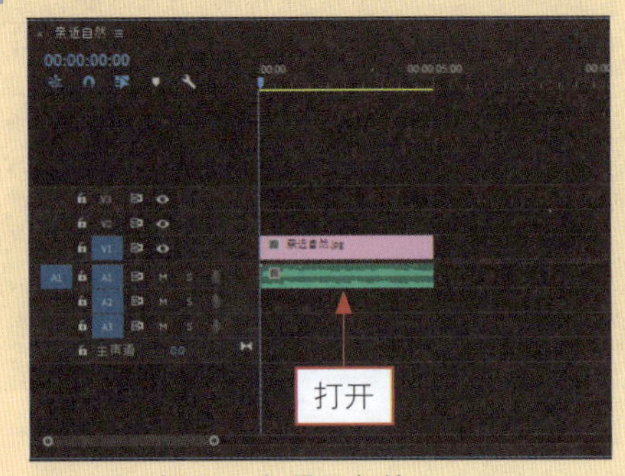

图9-64 打开一个项目文件

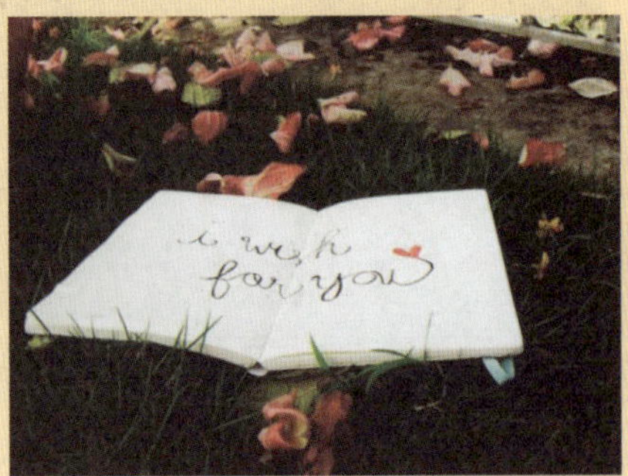

图9-65 查看素材画面

STEP 03 选择A1轨道上的音频素材，在“效果”面板中展开“音频效果”选项，双击“平衡”选项，即可为选择的音频素材添加“平衡”音频效果，如图9-66所示。

STEP 04 ❶在“效果控件”面板中展开“平衡”选项；❷勾选“旁路”复选框；❸设置“平衡”参数为“50.0”，如图9-67所示。单击“播放-停止切换”按钮▶，试听平衡特效。

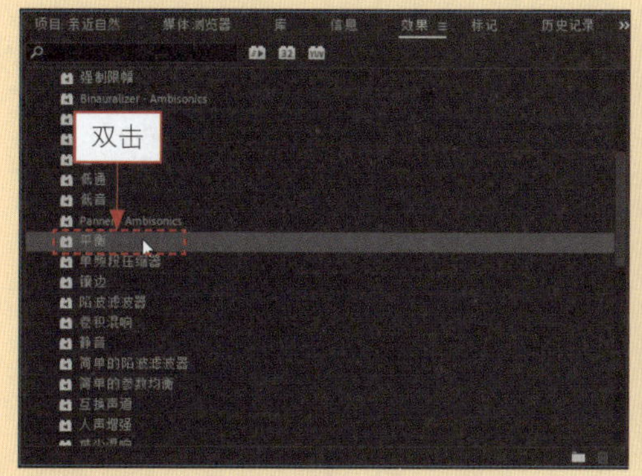

图9-66 双击“平衡”选项

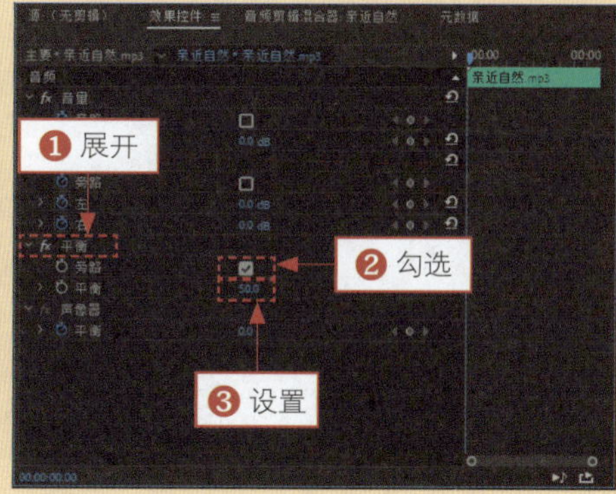

图9-67 设置“平衡”参数

9.4.4 制作延迟特效

在Premiere Pro 2020中，“延迟”音频效果是室内声音特效中常用的一种效果，下面将介绍制作延迟特效的操作方法。

应用案例 制作延迟特效

STEP 01 按“Ctrl + O”组合键，打开一个项目文件“素材\第9章\风景优美.prproj”，如图9-68所示。

STEP 02 在“节目监视器”面板中可以查看素材画面，如图9-69所示。

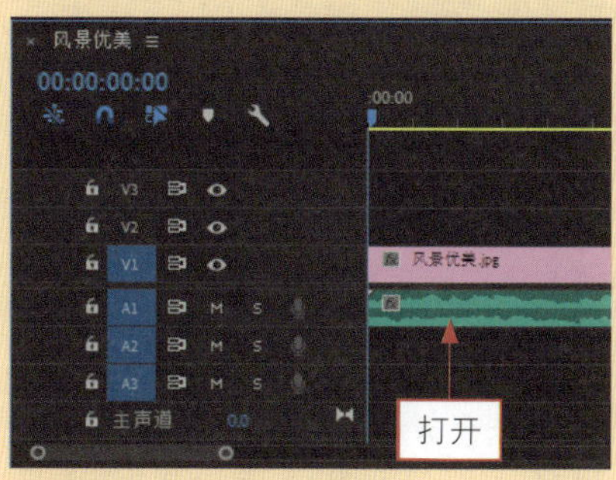

图9-68 打开一个项目文件

图9-69 查看素材画面

专家指点

声音是以一定的速度进行传播的，当遇到障碍物后就会反射回来，与原声之间形成差异。在前期录音或后期制作中，用户可以利用延时器来模拟不同的延时时间的反射声，从而造成一种空间感。使用“延迟”特效可以为音频素材添加一个回声效果，回声的长度可以根据需要进行设置。

STEP 03 选择A1轨道上的音频素材，在“效果”面板中展开“音频效果”选项，双击“延迟”选项，即可为选择的音频素材添加“延迟”音频效果，如图9-70所示。

STEP 04 拖曳时间指示器至开始位置，❶在“效果控件”面板中展开“延迟”选项；❷单击“旁路”选项左侧的“切换动画”按钮；❸并勾选“旁路”复选框，如图9-71所示。

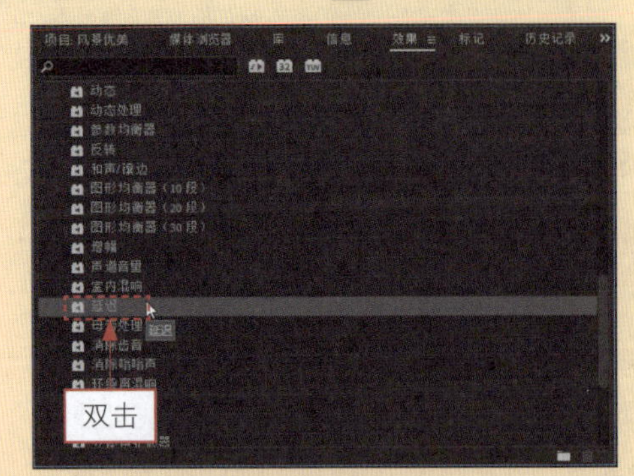

图9-70　双击“延迟”选项

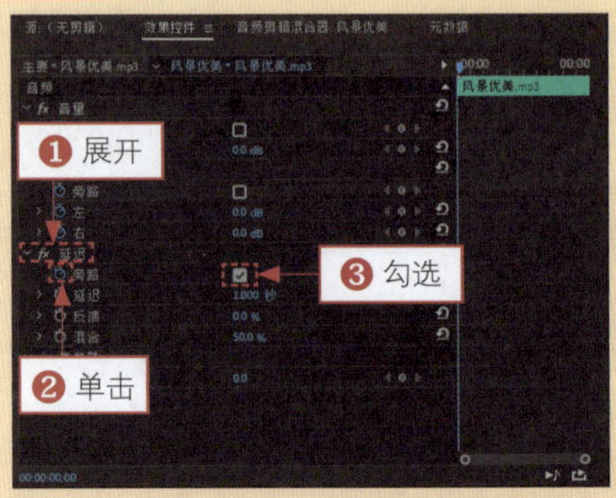

图9-71　勾选“旁路”复选框（1）

STEP 05 ❶拖曳时间指示器至“00:00:01:00”的位置；❷取消勾选“旁路”复选框，如图9-72所示。

STEP 06 ❶拖曳时间指示器至“00:00:04:00”的位置；❷再次勾选“旁路”复选框，如图9-73所示。单击“播放-停止切换”按钮，试听延迟特效。

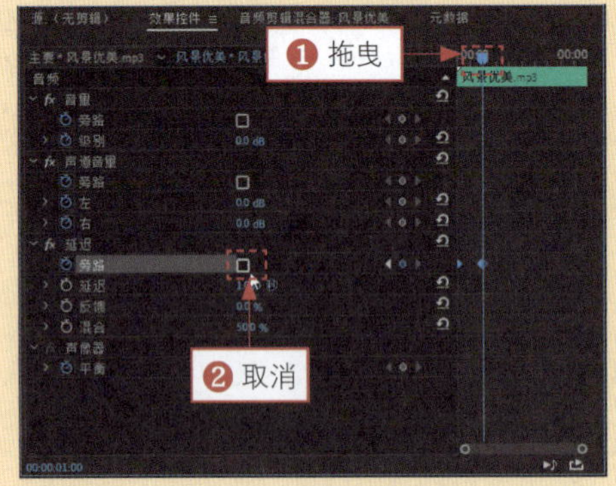

图9-72　取消勾选“旁路”复选框

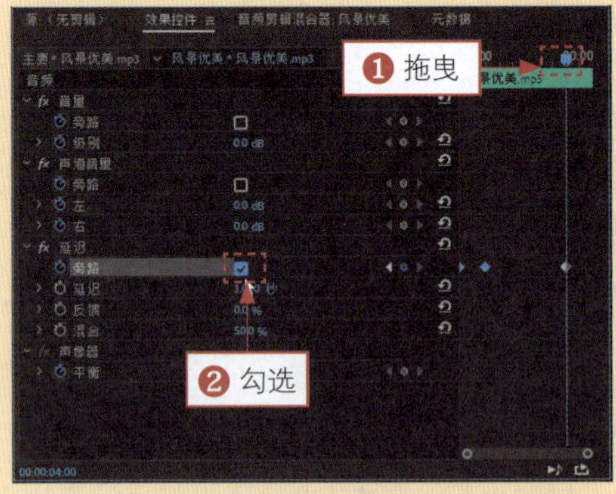

图9-73　勾选“旁路”复选框（2）

9.4.5 制作室内混响特效

在Premiere Pro 2020中，“室内混响”特效可以模拟房间内部的声波传播方式，是一种室内回声效果，能够表现出宽阔回声的真实效果，下面介绍具体操作方法。

应用案例　制作室内混响特效

STEP 01 按“Ctrl+O”组合键，打开一个项目文件“素材\第9章\可爱小孩.prproj”，如图9-74所示。

STEP 02 在“节目监视器”面板中可以查看素材画面，如图9-75所示。

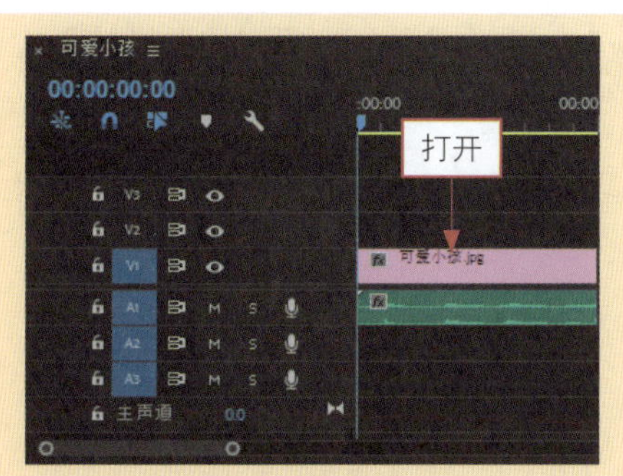

图9-74　打开一个项目文件

图9-75　查看素材画面

STEP 03 选择A1轨道上的音频素材，在“效果”面板中展开“音频效果”选项，双击“室内混响”选项，即可为选择的音频素材添加“室内混响”音频效果，如图9-76所示。

STEP 04 ❶拖曳时间指示器至“00:00:01:00”的位置；❷在“效果控件”面板中展开“室内混响”选项；❸单击“旁路”选项左侧的“切换动画”按钮；❹并勾选“旁路”复选框，如图9-77所示。

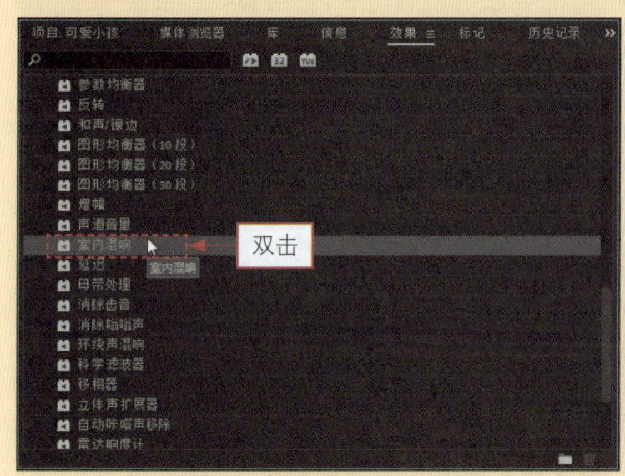

图9-76　双击“室内混响”选项

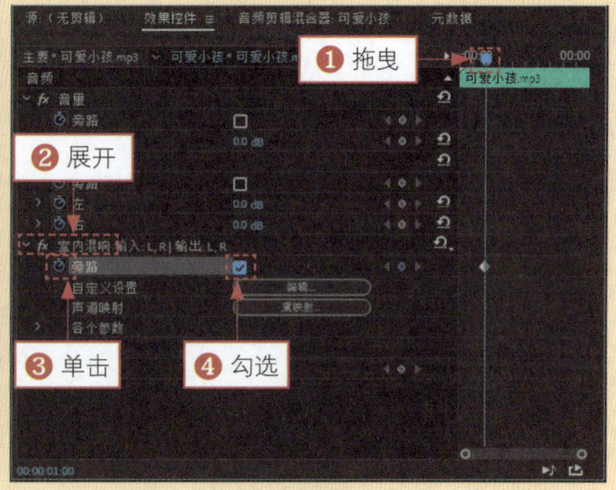

图9-77　勾选“旁路”复选框

STEP 05 ❶拖曳时间指示器至00:00:04:00的位置；❷取消勾选“旁路”复选框，如图9-78所示。单击“播放-停止切换”按钮▶，试听室内混响特效。

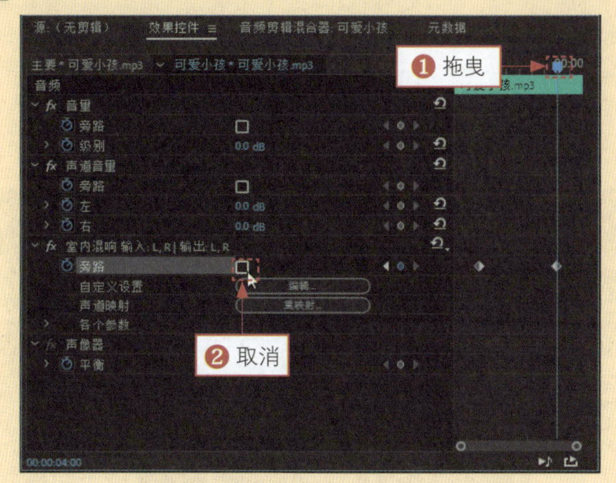

图9-78　取消勾选“旁路”复选框

9.5 其他音频效果的制作

在了解了一些常用的音频效果后，用户接下来将学习如何制作一些并不常用的音频效果，如和成特效、反转特效、低通特效及高音特效等。

9.5.1 制作合成特效

对于仅包含单一乐器或语音的音频信号来说，使用“和声/镶边”选项可以取得较好的合成特效，下面介绍具体操作方法。

应用案例　制作合成特效

STEP 01 按“Ctrl＋O”组合键，打开一个项目文件“素材\第9章\乐享所致.prproj”，并预览项目效果，如图9-79所示。

STEP 02 在“效果”面板中，选择“和声/镶边”选项，如图9-80所示。

图9-79　预览项目效果

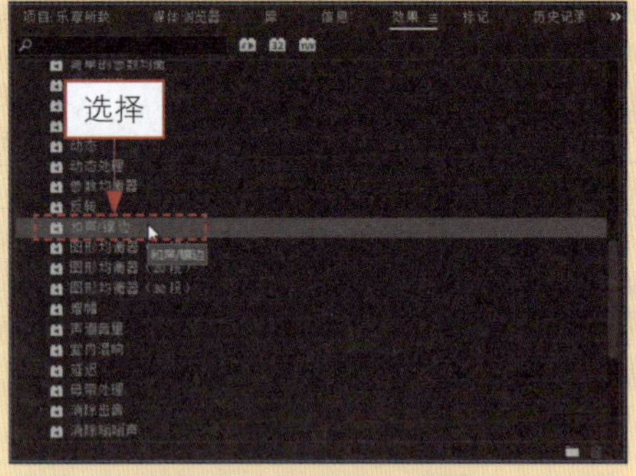

图9-80　选择“和声/镶边”选项

STEP 03 按住鼠标左键，并将其拖曳至A1轨道的音频素材上，释放鼠标左键，即可添加合成特效，如图9-81所示。

STEP 04 ❶在“效果控件”面板中展开“和声/镶边”选项；❷单击“自定义设置”选项右侧的“编辑”按钮，如图9-82所示。

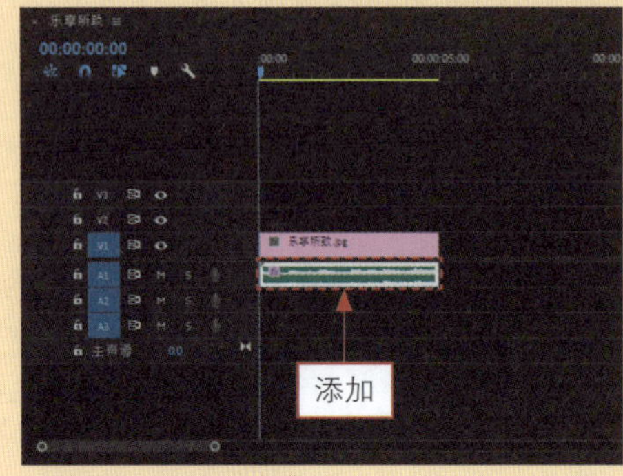

图9-81　添加合成特效

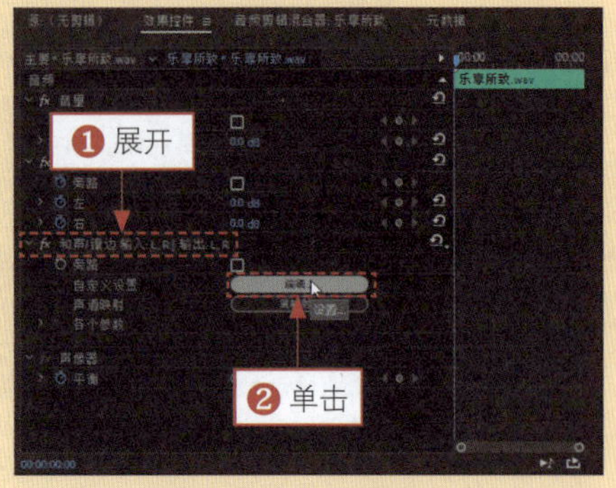

图9-82　单击“编辑”按钮

STEP 05 弹出“剪辑效果编辑-和声/镶边”对话框，设置“速度”参数为“7.6Hz”、“宽度”参数为“22%”、“强度”参数为“40%”、“瞬态”参数为“15%”，如图9-83所示。单击“关闭”按钮关闭“剪辑效果编辑-和声/镶边”对话框，单击“播放-停止切换”按钮，试听合成特效。

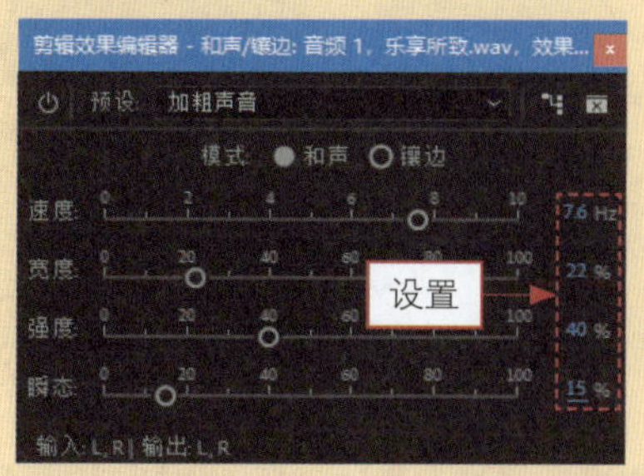

图9-83　设置“剪辑效果编辑–和声/镶边”对话框的参数

9.5.2 制作反转特效

在Premiere Pro 2020中，反转特效可以模拟房间内部的声音情况，能表现出宽阔、真实的效果，下面介绍具体操作方法。

应用案例　制作反转特效

STEP 01 按“Ctrl＋O”组合键，打开一个项目文件“素材\第9章\广告项目.prproj”，如图9-84所示。

STEP 02 在“项目”面板中选择图像素材，并将其添加到“时间轴”面板中的V1轨道上，如图9-85所示。

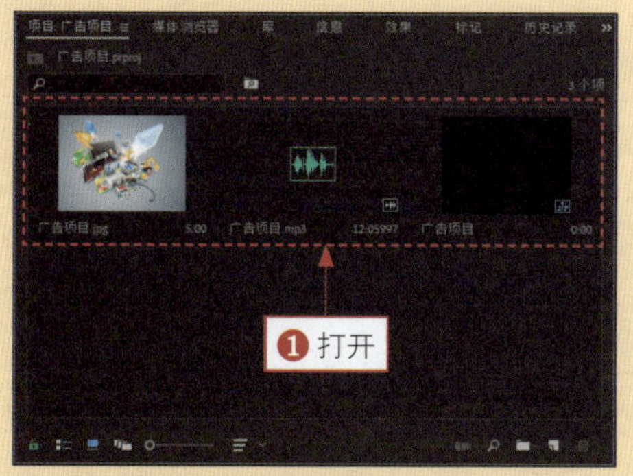

图9-84　打开一个项目文件

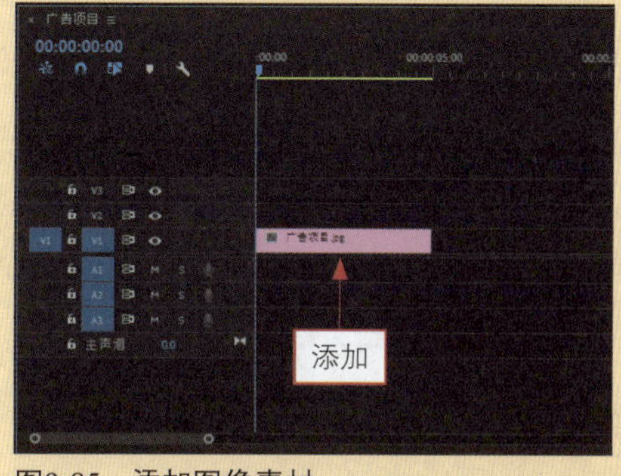

图9-85　添加图像素材

STEP 03 选择V1轨道上的图像素材，在“节目监视器”面板中可以查看素材画面，如图9-86所示。

STEP 04 将音频素材添加到“时间轴”面板中的A1轨道上，如图9-87所示。

STEP 05 拖曳时间指示器至“00:00:05:00”的位置，使用“剃刀工具”分割A1轨道上的音频素材，如图9-88所示。

STEP 06 在“工具箱”中选取“选择工具”，选择A1轨道中的第2段音频素材，按“Delete”键删除第2段音频素材，选择A1轨道中的第1段音频素材，如图9-89所示。

图9-86　查看素材画面

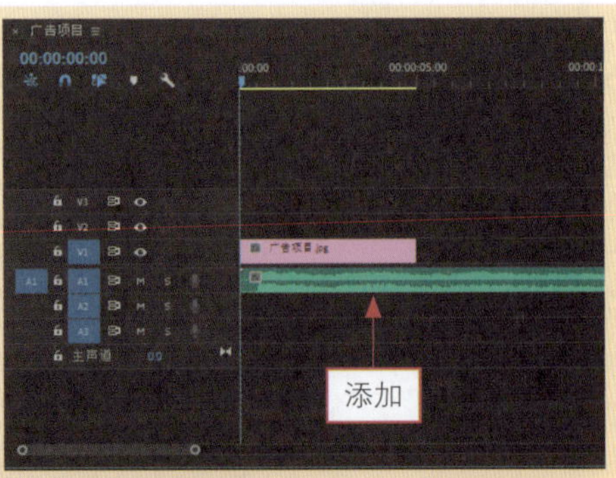

图9-87　在A1轨道上添加音频素材

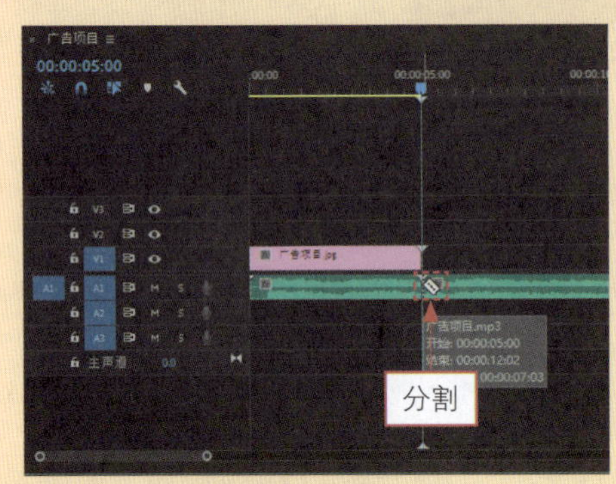

图9-88　分割A1轨道上的音频素材

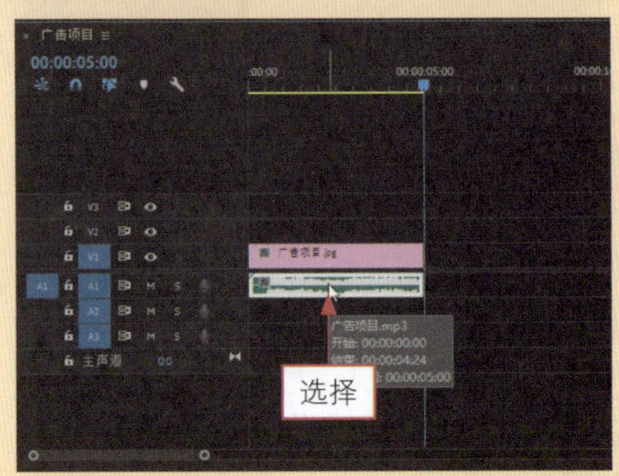

图9-89　选择A1轨道中的第1段音频素材

STEP 07 在"效果"面板中展开"音频效果"选项，双击"反转"选项，即可为选择的素材添加反转特效，如图9-90所示。

STEP 08 在"效果控件"面板中，❶展开"反转"选项；❷勾选"旁路"复选框，如图9-91所示。单击"播放-停止切换"按钮，试听反转特效。

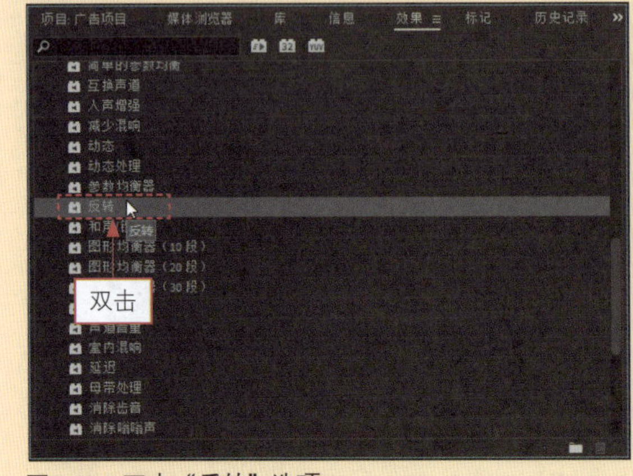

图9-90　双击"反转"选项

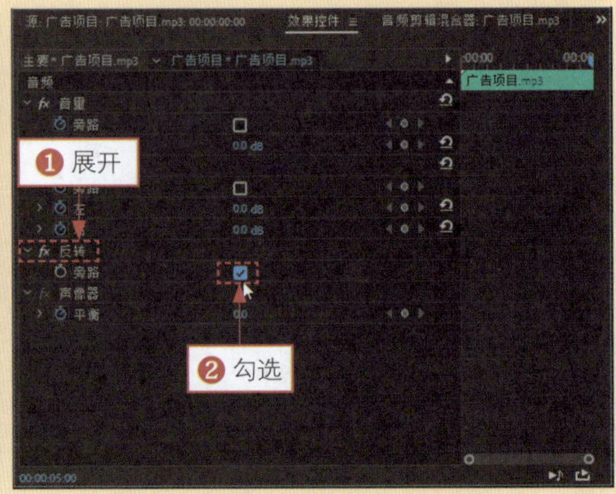

图9-91　勾选"旁路"复选框

9.5.3 制作低通特效

在Premiere Pro 2020中，低通特效主要用于去除音频素材中的高频部分，下面介绍具体操作方法。

应用案例　制作低通特效

STEP 01 按“Ctrl＋O”组合键，打开一个项目文件“素材\第9章\快乐一夏.prproj”，如图9-92所示。

STEP 02 在“项目”面板中选择图像素材，并将其添加到“时间轴”面板中的V1轨道上，如图9-93所示。

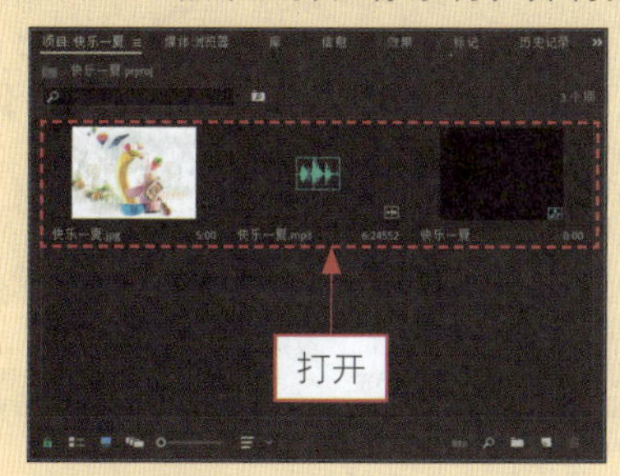

图9-92　打开一个项目文件

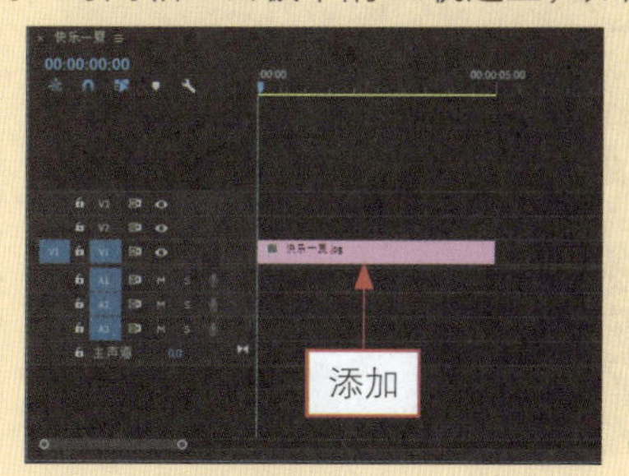

图9-93　添加图像素材

STEP 03 选择V1轨道上的图像素材，在“节目监视器”面板中可以查看素材画面，如图9-94所示。

STEP 04 将音频素材添加到“时间轴”面板中的A1轨道上，如图9-95所示。

图9-94　查看素材画面

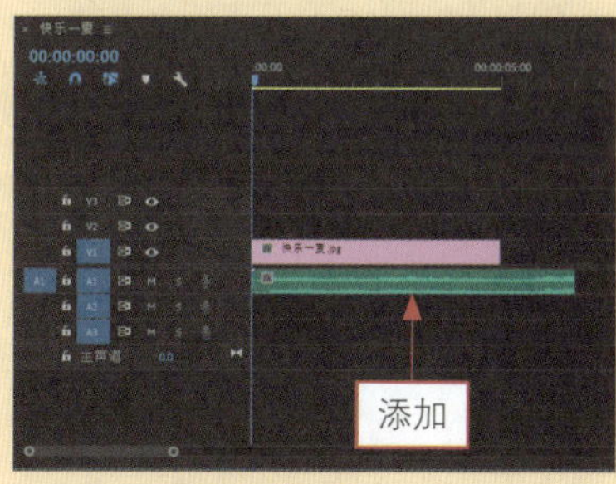

图9-95　添加音频素材

STEP 05 拖曳时间指示器至“00:00:05:00”的位置，使用“剃刀工具”分割A1轨道上的音频素材，使用“选择工具”选择A1轨道上第2段音频素材并删除，如图9-96所示。

STEP 06 选择A1轨道上的音频素材，在“效果”面板中展开“音频效果”选项，双击“低通”选项，即可为选择的音频素材添加低通特效，如图9-97所示。

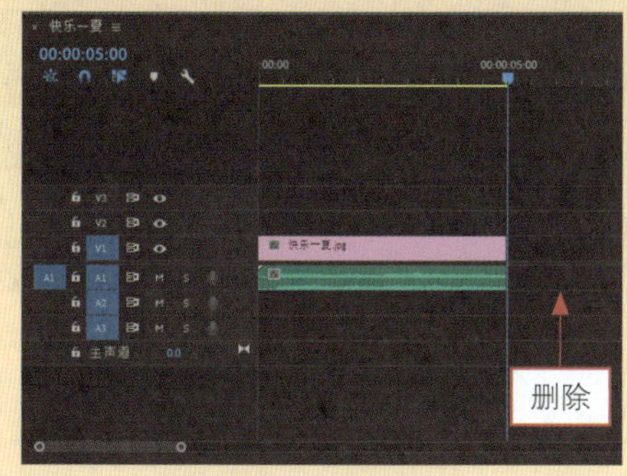

图9-96　删除第2段音频素材

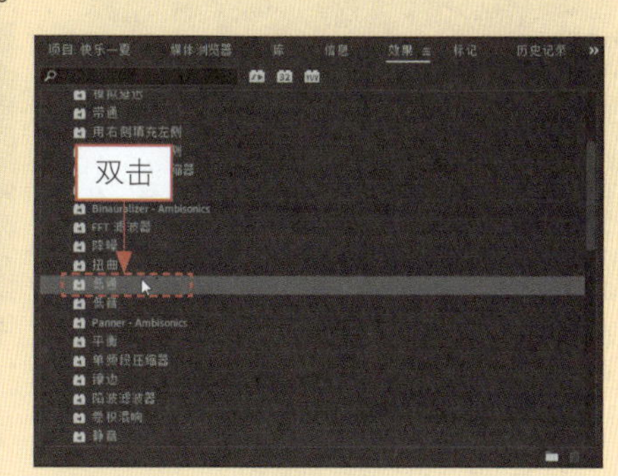

图9-97　双击“低通”选项

STEP 07 拖曳时间指示器至开始位置，❶在“效果控件”面板中展开“低通”选项；❷单击“屏蔽度”选项左侧的“切换动画”按钮；❸添加一个关键帧，如图9-98所示。

STEP 08 ❶将时间指示器拖曳至“00:00:03:00”的位置；❷设置“屏蔽度”参数为“300.0Hz”；❸再次添加一个关键帧，如图9-99所示。单击“播放-停止切换”按钮，试听低通特效。

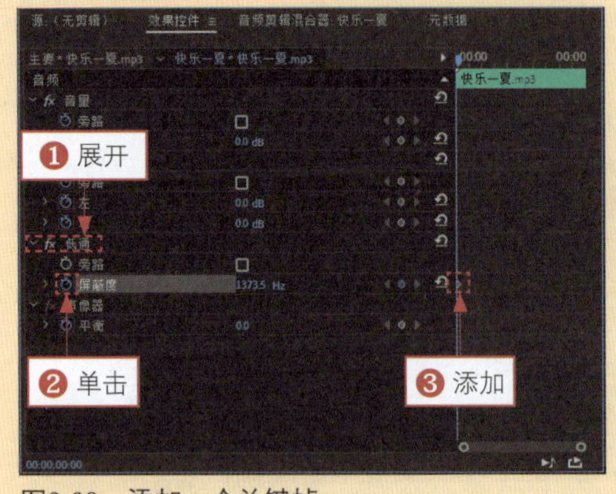

图9-98 添加一个关键帧

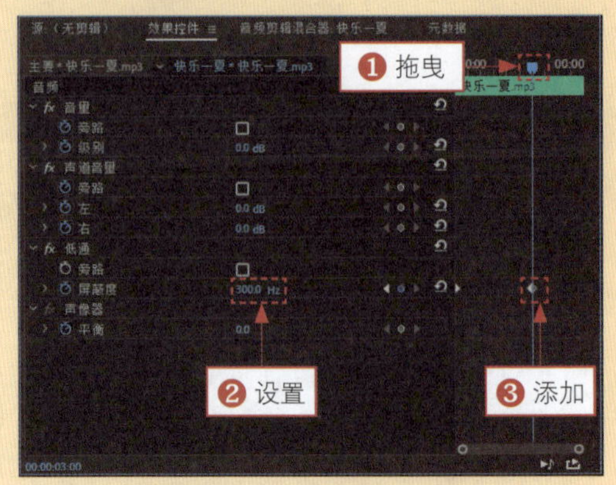

图9-99 再次添加一个关键帧

9.5.4 制作高通特效

在Premiere Pro 2020中，高通特效主要是用于去除音频素材中的低频部分，下面介绍具体操作方法。

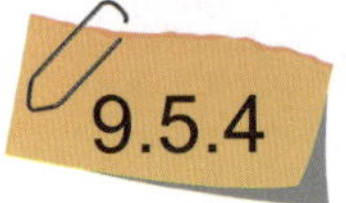

应用案例 制作高通特效

STEP 01 按“Ctrl＋O”组合键，打开一个项目文件“素材\第9章\蜻蜓飞翔.prproj”，预览项目效果，如图9-100所示。

STEP 02 在“效果”面板中展开“音频效果”选项，选择“高通”选项，如图9-101所示。

图9-100 预览项目效果

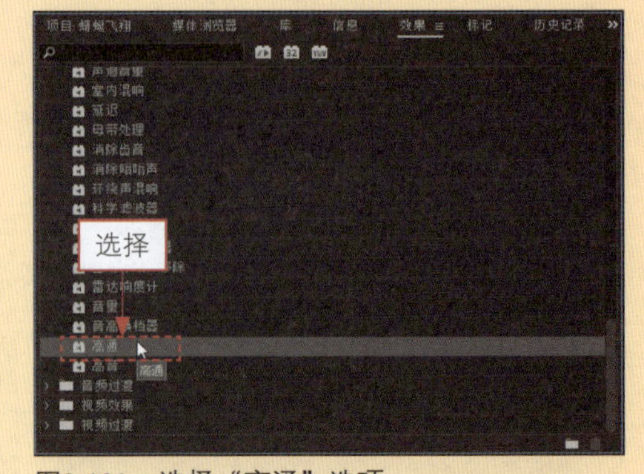

图9-101 选择“高通”选项

STEP 03 按住鼠标左键，并将其拖曳至A1轨道的音频素材上，释放鼠标左键，即可添加高通特效，如图9-102所示。

STEP 04 ❶在“效果控件”面板中展开“高通”选项；❷设置“屏蔽度”参数为“3500.0Hz”，如图9-103所示。执行操作后，即可制作高通特效。

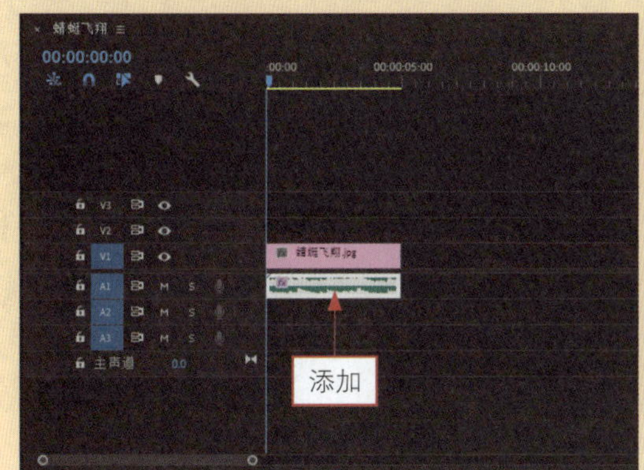

图9-102 添加高通特效

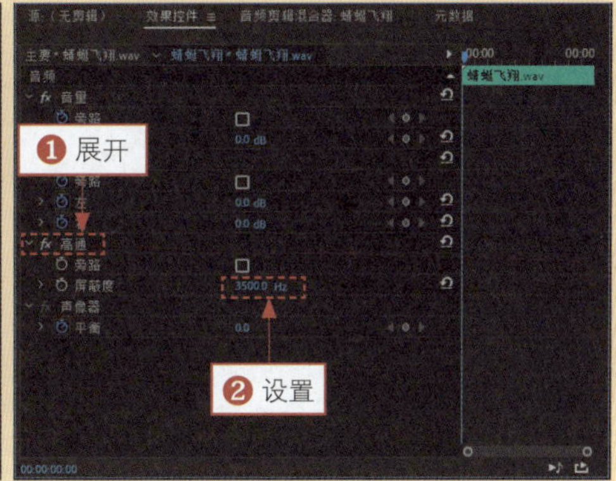

图9-103 设置“屏蔽度”参数

9.5.5 制作高音特效

在Premiere Pro 2020中，高音特效用于对音频素材中的高音部分进行处理，既可以增加也可以衰减重音部分，同时又不会影响音频素材的其他音频部分，下面介绍具体操作方法。

应用案例 制作高音特效

STEP 01 按“Ctrl＋O”组合键，打开一个项目文件“素材\第9章\雪糕广告.prproj”，并预览项目效果，如图9-104所示。

STEP 02 在“效果”面板中展开“音频效果”选项，选择“高音”选项，如图9-105所示。

图9-104 预览项目效果

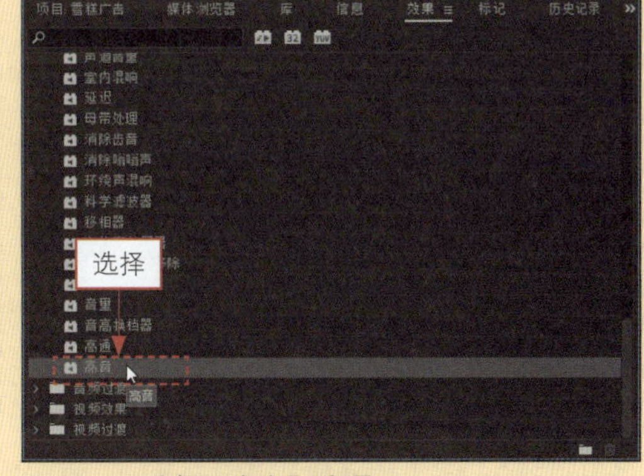

图9-105 选择“高音”选项

STEP 03 按住鼠标左键，并将其拖曳至A1轨道的音频素材上，释放鼠标左键，即可添加高音特效，如图9-106所示。

STEP 04 ❶在“效果控件”面板中展开“高音”选项；❷设置“提升”参数为“20.0dB”，如图9-107所示。执行操作后，即可制作高音特效。

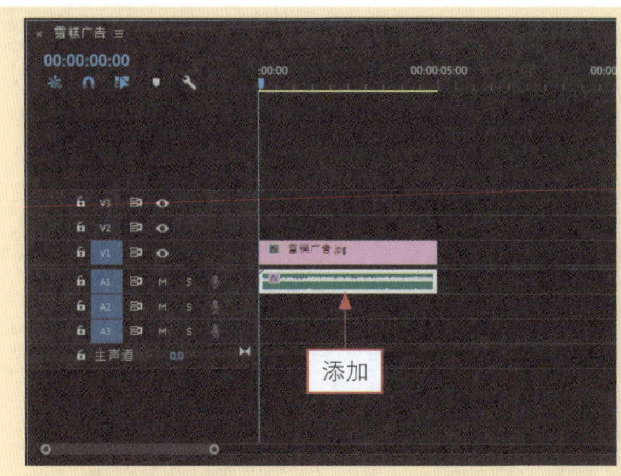

图9-106　添加高音特效

图9-107　设置“提升”参数

9.5.6 制作低音特效

在Premiere Pro 2020中，低音特效主要用于增加或减少低音频率，下面介绍具体操作方法。

应用案例　制作低音特效

STEP 01 按“Ctrl + O”组合键，打开一个项目文件“素材\第9章\田园风光.prproj”，并预览项目效果，如图9-108所示。

STEP 02 在“效果”面板中展开“音频效果”选项，选择“低音”选项，如图9-109所示。

图9-108　预览项目效果

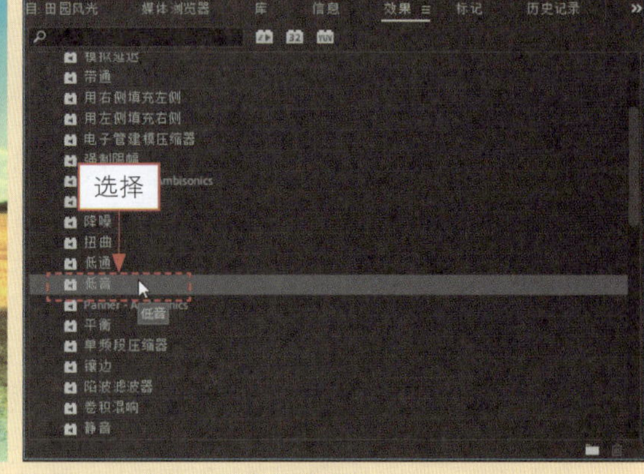

图9-109　选择“低音”选项

STEP 03 按住鼠标左键，并将其拖曳至A1轨道的音频素材上，释放鼠标左键，即可添加低音特效，如图9-110所示。

STEP 04 ❶在“效果控件”面板中展开“低音”选项；❷设置“提升”参数为“−9.0dB”，如图9-111所示。执行操作后，即可制作低音特效。

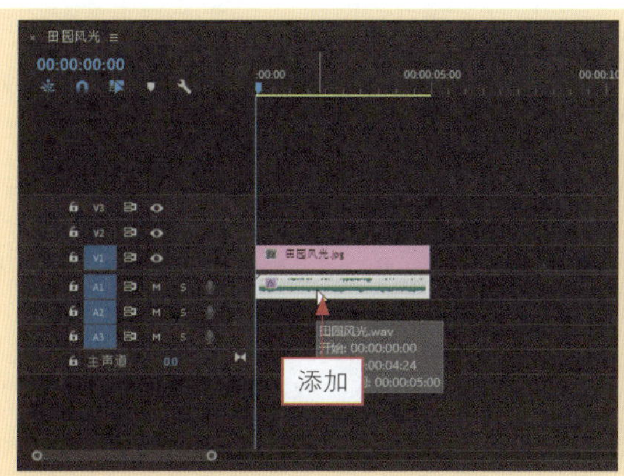

图9-110　添加低音特效

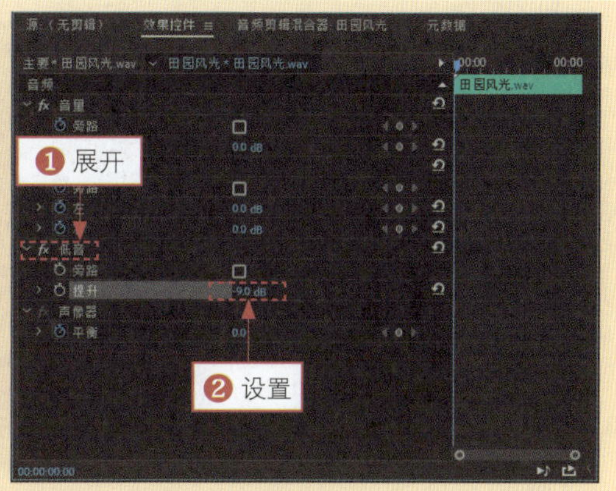

图9-111　设置“低音”参数

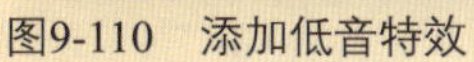

9.5.7 制作增幅特效

在Premiere Pro 2020中，增幅特效主要用于处理音频声道中存在的差异，下面介绍具体操作方法。

应用案例　**制作增幅特效**

STEP 01 按“Ctrl＋O”组合键，打开一个项目文件“素材\第9章\枫叶凉亭.prproj”，并预览项目效果，如图9-112所示。

STEP 02 在“效果”面板中展开“音频效果”选项，选择“增幅”选项，如图9-113所示。

图9-112　预览项目效果

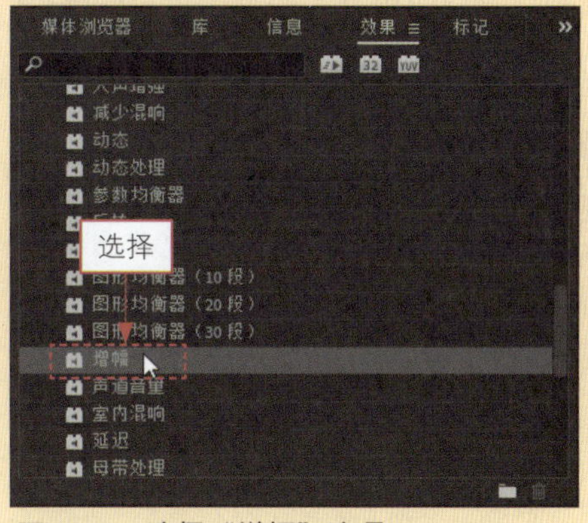

图9-113　选择“增幅”选项

STEP 03 按住鼠标左键，并将其拖曳至A1轨道的音频素材上，释放鼠标左键，即可添加增幅特效，如图9-114所示。

STEP 04 在“效果控件”面板中展开“增幅”选项，单击“自定义设置”选项右侧的“编辑”按钮，如图9-115所示。

STEP 05 弹出“剪辑效果编辑器-增幅”对话框，设置“左侧”参数为“20dB”、“右侧”参数为“20dB”，如图9-116所示。执行操作后，即可制作增幅特效。

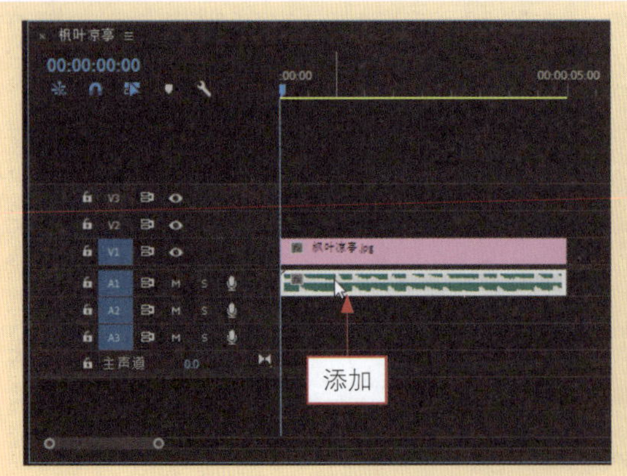

图9-114　添加增幅特效

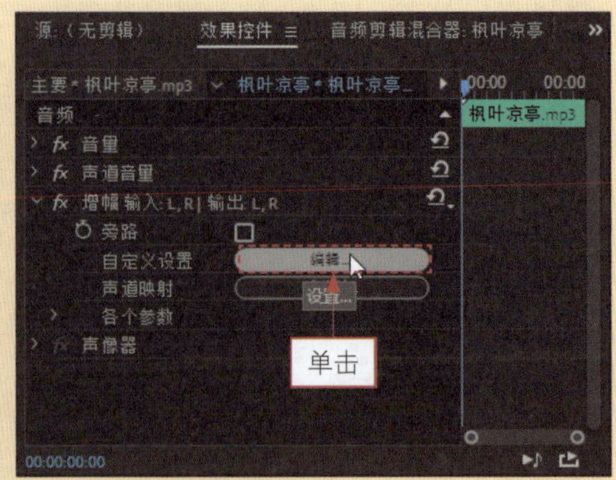

图9-115　单击“编辑”按钮

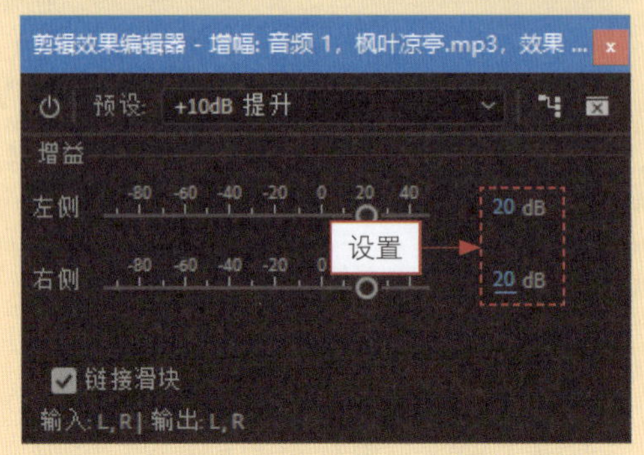

图9-116　设置“左侧”参数和“右侧”参数

9.5.8 制作科学滤波器特效

在Premiere Pro 2020中，科学滤波器特效主要用于滤除音频中特定的音波，下面介绍具体操作方法。

应用案例　制作科学滤波器特效

STEP 01 按“Ctrl + O”组合键，打开一个项目文件“素材\第9章\烟花绽放.prproj”，并预览项目效果，如图9-117所示。

STEP 02 在“效果”面板中展开“音频效果”选项，选择“科学滤波器”选项，如图9-118所示。

STEP 03 按住鼠标左键，并将其拖曳至A1轨道的音频素材上，释放鼠标左键，即可添加科学滤波器特效，如图9-119所示。

STEP 04 在“效果控件”面板中展开“科学滤波器”选项，单击“自定义设置”选项右侧的“编辑”按钮，如图9-120所示。

STEP 05 弹出“剪辑效果编辑器-科学滤波器”对话框，设置“主控增益”参数为“30dB”，如图9-121所示。执行操作后，即可制作科学滤波器特效。

图9-117　预览项目效果

图9-118　选择“科学滤波器”选项

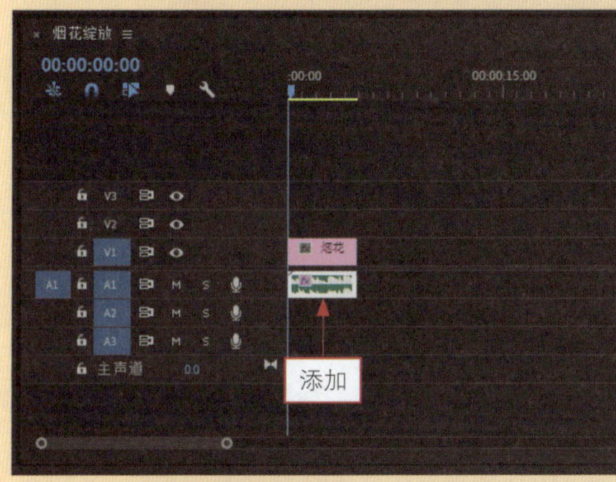

图9-119　添加科学滤波器特效

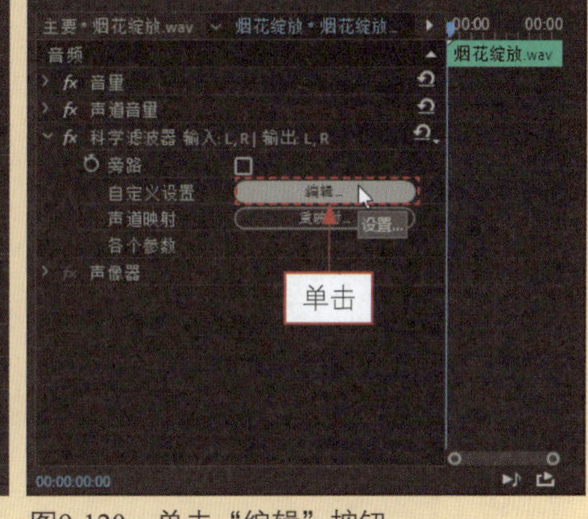

图9-120　单击“编辑”按钮

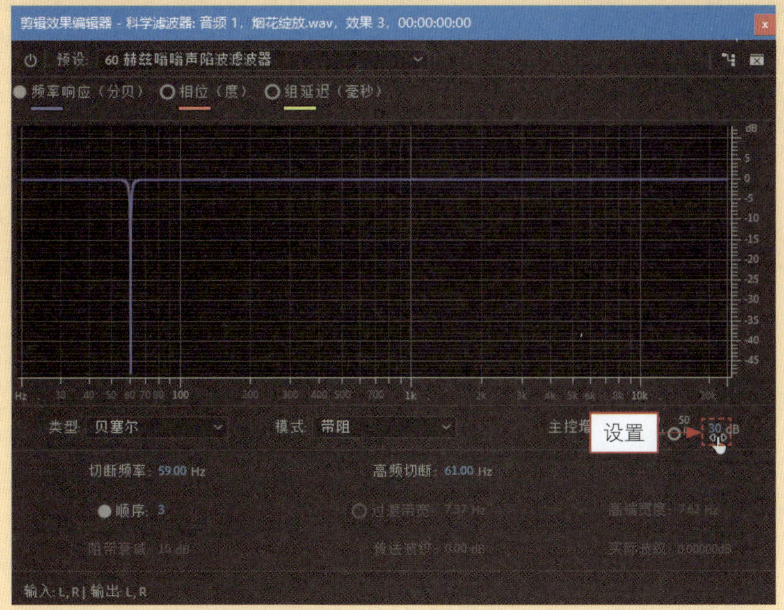

图9-121　设置“主控增益”参数

9.6 专家支招

在Premiere Pro 2020中，已经对“音频效果”面板中的效果都做了新的改进。在“音频效果”面板中，有一个“过时的音频效果”选项，展开该选项，在“过时的音频效果”选项区中的效果都是之前版本中的常用效果，在Premiere Pro 2020中已经有了新的效果进行替换，但为了方便老用户使用，所以保留了下来，如图9-122所示。

图9-122 “过时的音频效果”选项区的效果

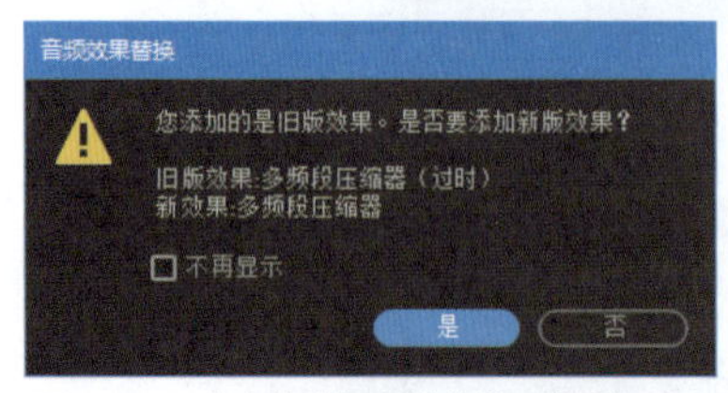

图9-123 “音频效果替换”对话框

当用户使用这些旧版的效果时，会弹出“音频效果替换”对话框，提醒用户目前添加的是旧版效果，是否要添加为新版效果，并显示新旧效果的名称，如图9-123所示。旧版效果为“多频段压缩器（过时）”，新版效果为“多频段压缩器”，用户单击“是”按钮即可添加并替换为新版效果。

9.7 总结拓展

一部好的影片，必然需要有与之相匹配的背景音乐。因此，在制作影片过程中，音乐的编辑处理是必不可少的一个重要环节。背景音乐可以增加影片的完整性，渲染观看氛围，给观众带来听觉上的享受。因此，如何处理与制作音频特效也是一个必学的课程。在Premiere Pro 2020中，用户可以在“音频效果”面板中选择需要的效果添加到音频文件中，制作出恰到好处的音频文件。

9.7.1 本章小结

为影片文件添加一段与之相匹配的背景音乐，可以起到渲染影片氛围、引起观众情感共鸣的作用。本章主要讲解了音频的编辑处理与音频特效的制作技巧，包括了解“音轨混合器”面板、“音轨混合器”面板的基本功能、处理参数均衡器、处理高低音转换、视频与音频的分离、为分割的音频添加特效、使用“音轨混合器”面板控制音频特效、制作音量特效、制作延迟特效、制作合成特效、制作高音特效等内容。通过本章的学习，希望读者熟练掌握处理与制作音频特效的方法。

9.7.2 举一反三——制作自动咔嗒声移除特效

在Premiere Pro 2020中，自动咔嗒声移除特效可以消除音频中无声部分的背景噪声，下面介绍具体的操作方法。

应用案例 举一反三——制作自动咔嗒声移除特效

STEP 01 按“Ctrl＋O”组合键，打开一个项目文件“素材\第9章\电脑广告.prproj”，并预览项目效果，如图9-124所示。

STEP 02 在“效果”面板中展开“音频效果”选项，选择“自动咔嗒声移除”选项，如图9-125所示。

图9-124　预览项目效果

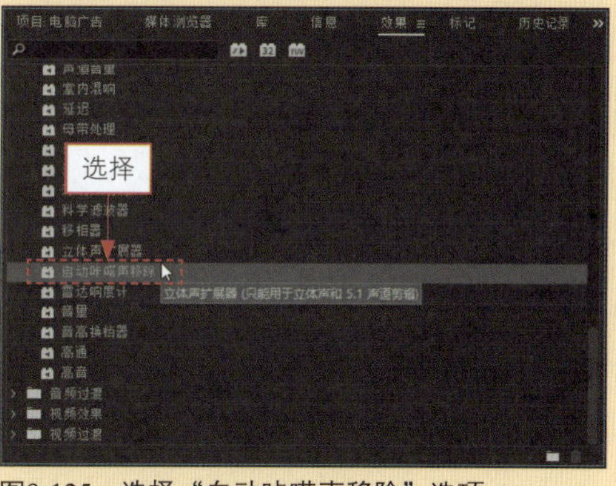

图9-125　选择“自动咔嗒声移除”选项

STEP 03 按住鼠标左键，并将其拖曳至A1轨道的音频素材上，释放鼠标左键，即可添加自动咔嗒声移除特效，如图9-126所示。

STEP 04 在“效果控件”面板中展开“自动咔嗒声移除”选项，单击“自定义设置”选项右侧的“编辑”按钮，如图9-127所示。

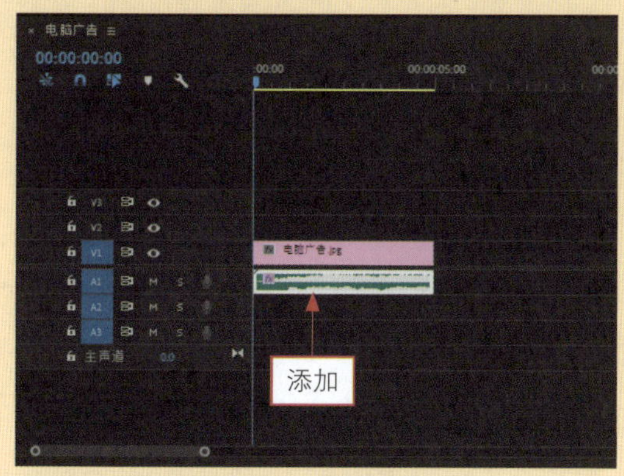

图9-126　添加自动咔嗒声移除特效

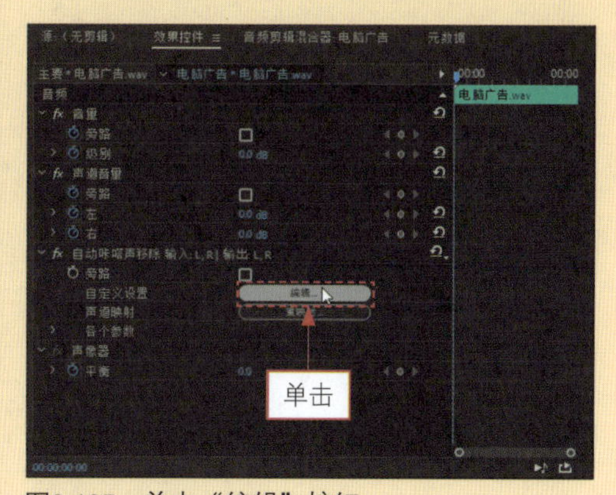

图9-127　单击“编辑”按钮

STEP 05 弹出“剪辑效果编辑器-自动咔嗒声移除”对话框，设置“阈值”参数为“45.00”、“复杂性”参数为“28.00”，如图9-128所示。执行操作后，即可制作自动咔嗒声移除特效。

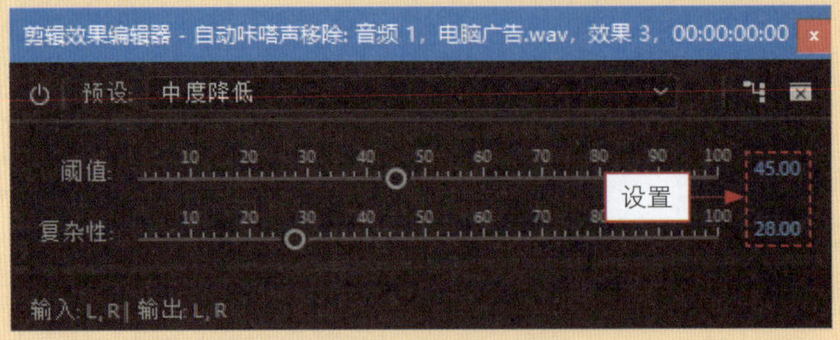

图9-128 设置“阈值”参数和“复杂性”参数

第10章　拼接瞬间：影视覆叠特效的制作

在Premiere Pro 2020中，所谓覆叠特效，是Premiere Pro 2020提供的一种视频编辑方法，它将视频素材添加到视频轨道之后，然后对视频素材的大小、位置及透明度等属性的调节，从而产生的视频画面叠加效果。本章主要介绍影视覆叠特效的制作方法与技巧。

本章重点

认识 Alpha 通道与遮罩

常用的透明叠加效果

制作其他叠加效果

10.1 认识Alpha通道与遮罩

Alpha通道是图像额外的灰度图层，利用Alpha通道可以将视频轨道中的图像、文字等素材与其他视频轨道中的素材进行组合。本节主要介绍Premiere Pro 2020中的Alpha通道与遮罩特效。

10.1.1 Alpha通道的定义

通道就如同摄影胶片一样，主要作用是用来记录图像内容和颜色信息的，然而随着图像的颜色模式改变，通道的数量也会随着改变。

在Premiere Pro 2020中，颜色模式主要以RGB模式为主，Alpha通道可以把所需要的图像分离出来，让画面达到最佳的透明效果。为了更好地理解通道的定义，下面将通过由Adobe公司开发的Photoshop CC来进行说明。

在启动Photoshop CC后，打开一张RGB颜色模式的图像。接下来，用户可以选择“窗口”|“通道”命令，展开RGB颜色模式下的“通道”面板，此时“通道”面板中除了有RGB混合通道，还分别有“红”、“绿”及“蓝”3个专色通道，如图10-1所示。

当用户打开一张CMYK颜色模式图像时，在“通道”面板中的专色通道将变为“青色”、“洋红”、“黄色”及“黑色”，如图10-2所示。

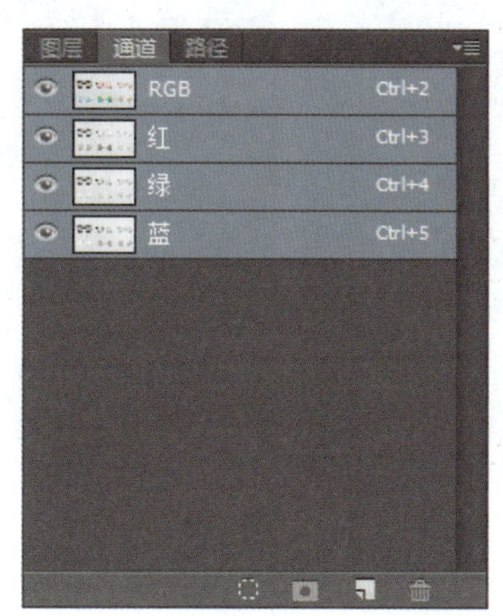

图10-1　RGB颜色模式图像的通道

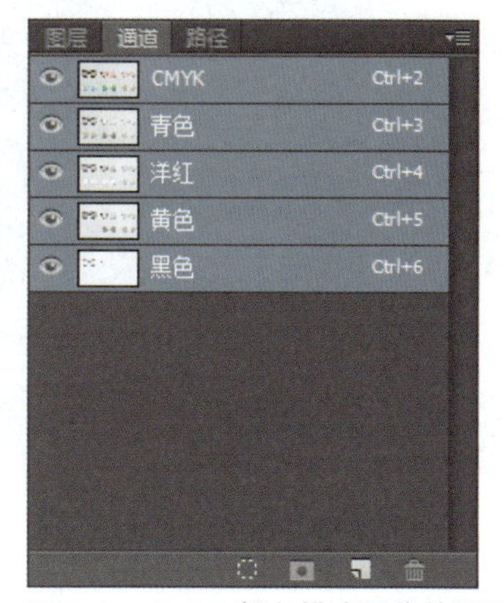

图10-2　CMYK颜色模式图像的通道

10.1.2 通过 Alpha 通道进行视频叠加

在Premiere Pro 2020中，利用通道进行视频叠加的方法很简单，用户可以根据需要使用Alpha通道进行视频叠加。Alpha通道信息都是静止的图像信息，因此需要使用Photoshop CC图像编辑软件来生成带有通道信息的图像文件。

在创建完带有通道信息的图像文件后，接下来只需要将带有Alpha通道信息的文件拖曳到Premiere Pro 2020的“时间轴”面板的视频轨道上即可，视频轨道中编号较低的内容将会自动透过Alpha通道显示出来，下面介绍具体操作方法。

应用案例 通过Alpha通道进行视频叠加

STEP 01 按“Ctrl＋O”组合键，打开一个项目文件“素材\第10章\清新淡雅.prproj”，并预览项目效果，如图10-3所示。

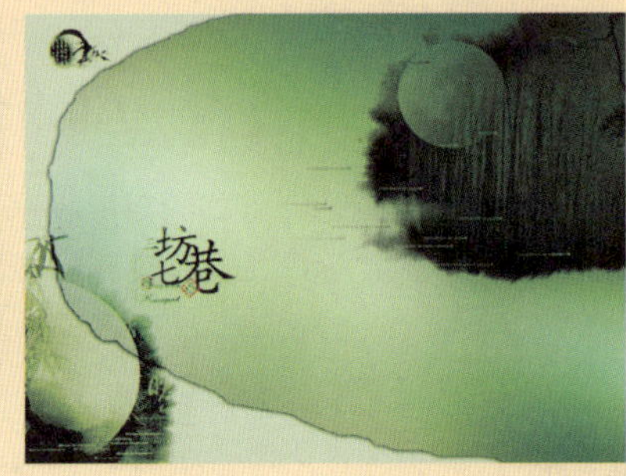

图10-3 预览项目效果

STEP 02 在“项目”面板中分别将素材添加至V1轨道和V2轨道上，拖动控制调整视图，选择V2轨道上的素材，❶在“效果控件”面板中展开“运动”选项；❷设置“缩放”参数为“510.0”，如图10-4所示。

STEP 03 ❶在“效果”面板中展开“视频效果”|“键控”选项；❷选择“Alpha调整”视频效果，如图10-5所示。按住鼠标左键，并将其拖曳至V2轨道的素材上，即可添加Alpha调整视频效果。

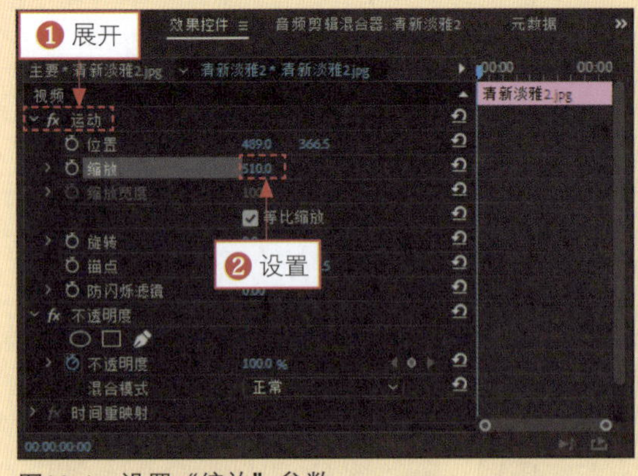

图10-4 设置“缩放”参数

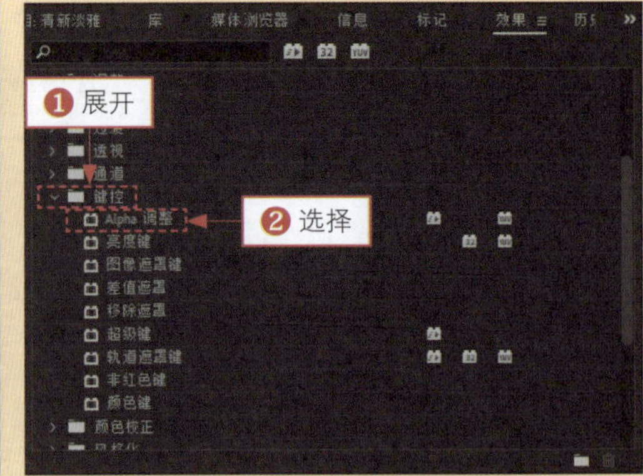

图10-5 选择“Alpha调整”视频效果

STEP 04 将时间线移至素材的开始位置，在“效果控件”面板中展开“Alpha调整”选项，单击“不透明度”、“反转Alpha”和“仅蒙版”3个选项左侧的“切换动画”按钮，如图10-6所示。

STEP 05 ❶然后将时间线移曳至“00:00:02:00”的位置；❷设置“不透明度”参数为“20.0%”；❸添加关键帧，如图10-7所示。

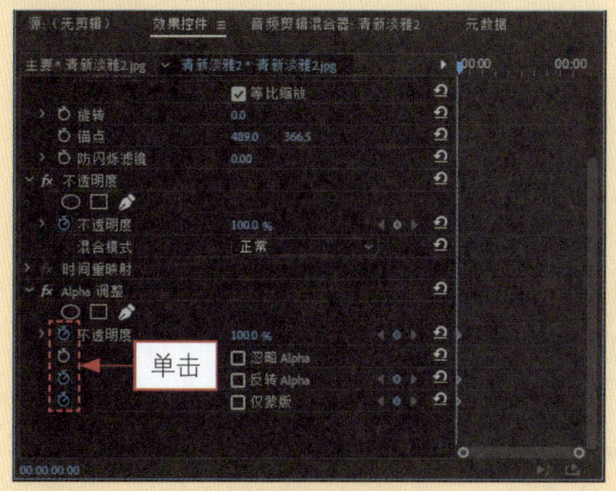

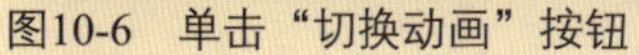

图10-6 单击“切换动画”按钮

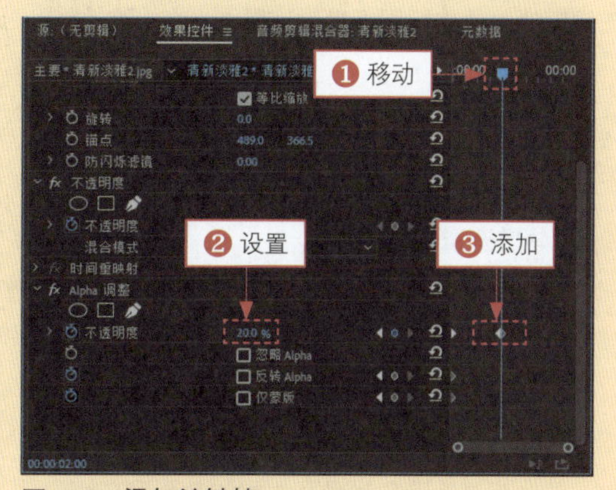

图10-7 添加关键帧

STEP 06 设置完成后，将时间线移至素材的开始位置，在“节目监视器”面板中单击“播放-停止切换”按钮▶，即可预览视频叠加后的效果，如图10-8所示。

图10-8 预览视频叠加后的效果

10.1.3 了解遮罩的概念

遮罩是一种只包含黑、白、灰3种不同色调的图像原色的特效，其功能是能够根据自身灰阶的不同，有选择地隐藏目标素材画面中的部分内容。在Premiere Pro 2020中，遮罩的作用主要用来隐藏顶层素材画面中的部分内容，并显示下一层素材画面的内容。

1. 亮度键

“亮度键”特效用于将叠加图像的灰度值设置为透明。也就是说，“亮度键”特效用于去除素材画面中较暗的部分图像，所以该特效常应用于画面明暗差异化特别明显的素材中。

2. 非红色键

“非红色键”特效的主要作用是可以把背景颜色变为透明色，不仅可以去除蓝色背景，还可以去除绿色背景。

3. 图像遮罩键

“图像遮罩键”特效可以用一张静态的图像作为蒙版。在Premiere Pro 2020中，“图像遮罩键”特效是将素材作为划定遮罩的范围，或者为图像导入一张带有Alpha通道的图像素材来指定遮罩的范围。

4. 差值遮罩

“差值遮罩”特效用于将两个图像相同区域进行叠加。“差值遮罩”特效主要作用于对比两个相似的图像剪辑，并去除图像剪辑在画面中的相似部分，最终只留下有差值的图像内容。

5. 移除遮罩

“移除遮罩”特效在Alpha通道效果中的作用并不大，其主要作用可以移除颜色的边纹，移除素材画面中的白色或黑色边纹。

6. 轨道遮罩键

“轨道遮罩键”特效是把当前素材上方轨道的图像或影片作为透明用的轨道蒙版，可以使用任何素材片段或静止的图像作为轨道蒙版，还可以通过像素的亮度值来定义轨道遮罩的透明度。

7. 颜色键

“颜色键”特效用于设置指定区域的透明效果。“颜色键”特效主要应用于大量相似颜色的素材画面中，其作用是隐藏素材画面中指定的色彩范围。

10.2 常用的透明叠加效果

在Premiere Pro 2020中可以通过对素材透明度的设置，制作出各种透明混合叠加的效果。透明度叠加是将一个素材的部分显示在另一个素材画面上，利用半透明的画面来呈现下一张画面。本节主要介绍常用透明叠加的基本操作方法。

10.2.1 透明度叠加效果

在Premiere Pro 2020中，用户可以直接在“效果控件”面板中降低或提高素材的透明度，这样可以让两个轨道的素材同时显示在画面中，下面具体介绍操作方法。

应用案例　透明度叠加效果

STEP 01 按“Ctrl + O”组合键，打开一个项目文件“素材\第10章\唐韵古风.prproj”，并查看项目效果，如图10-9所示。

STEP 02 选择V2轨道中的图像素材，如图10-10所示。

图10-9　预览项目效果

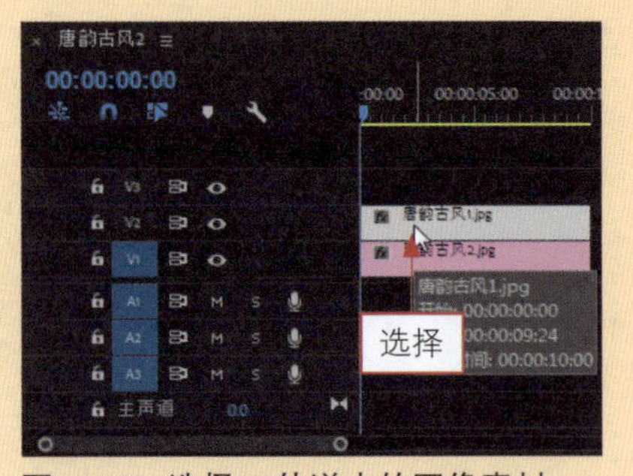

图10-10　选择V2轨道中的图像素材

STEP 03 在“效果控件”面板中，❶展开“不透明度”选项；❷单击“不透明度”选项左侧的“切换动画”按钮；❸添加关键帧，如图10-11所示。

STEP 04 ❶将时间线移至“00:00:04:00”的位置；❷设置“不透明度”参数为“50.0%”；❸添加关键帧，如图10-12所示。

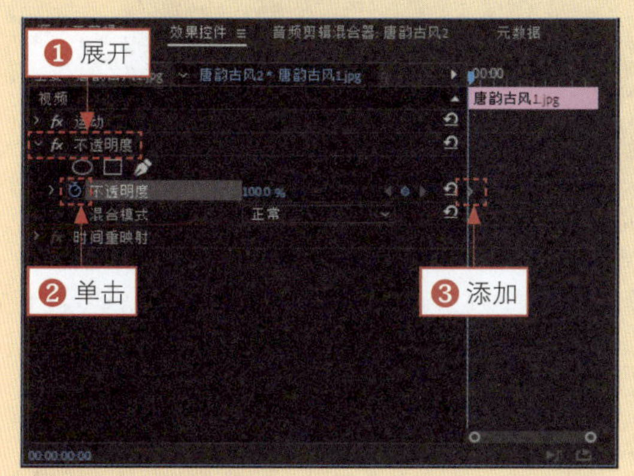

图10-11 添加关键帧（1）

图10-12 添加关键帧（2）

STEP 05 使用与上面同样的方法，分别在“00:00:06:00”、“00:00:08:00”和“00:00:09:00”的位置，为素材添加关键帧，并分别设置“不透明度”参数为“10.0%”、“40.0%”和“80.0%”，设置完成后，将时间线移至素材的开始位置，在“节目监视器”面板中，单击“播放-停止切换”按钮，预览透明度叠加效果，如图10-13所示。

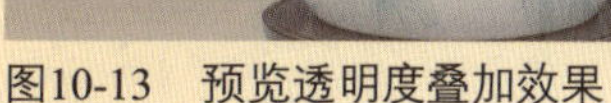

图10-13 预览透明度叠加效果

10.2.2 非红色键叠加效果

“非红色键”特效可以将图像上的背景变成透明色，下面将介绍使用“非红色键”选项叠加素材的操作方法。

应用案例 非红色键叠加效果

STEP 01 按“Ctrl＋O”组合键，打开一个项目文件“素材\第10章\数码光圈.prproj”，并预览项目效果，如图10-14所示。

STEP 02 在“效果”面板中，选择“键控”|“非红色键”选项，如图10-15所示。

图10-14　预览项目效果

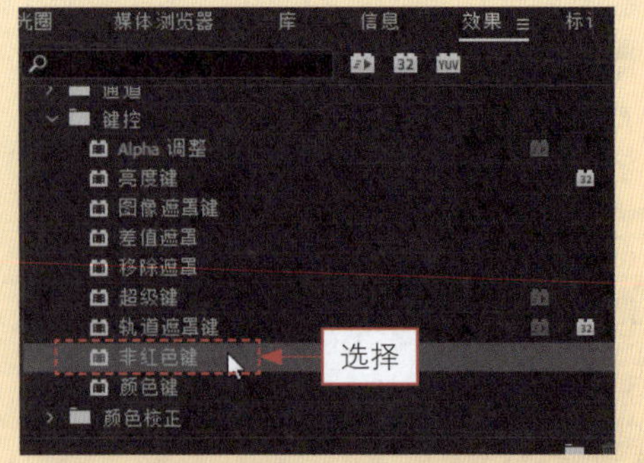

图10-15　选择“非红色键”选项

STEP 03 按住鼠标左键，并将其拖曳至V2轨道中的视频素材上，释放鼠标左键即可添加“非红色键”视频效果，如图10-16所示。

STEP 04 在“效果控件”面板中，设置“阈值”参数为“70.0%”、“屏蔽度”参数为“1.5%”，即可使用“非红色键”选项叠加素材，效果如图10-17所示。

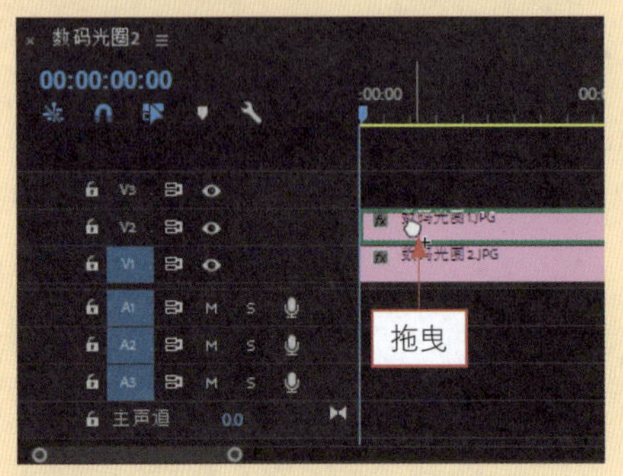

图10-16　添加“非红色键”视频效果

图10-17　使用“非红色键”选项叠加素材的效果

10.2.3 颜色键透明叠加效果

在Premiere Pro 2020中，用户可以使用“颜色键”特效制作一些比较特别的效果叠加。下面介绍使用“颜色键”选项来制作特殊效果的操作方法。

应用案例　颜色键透明叠加效果

STEP 01 按“Ctrl＋O”组合键，打开一个项目文件“素材\第10章\有机水果.prproj”，并预览项目效果，如图10-18所示。

STEP 02 在“效果”面板中，选择“键控”|“颜色键”选项，如图10-19所示。

STEP 03 按住鼠标左键，并将其拖曳至V2轨道中的图像素材上，释放鼠标左键即可添加“颜色键”视频效果，如图10-20所示。

STEP 04 在“效果控件”面板中展开“颜色键”选项，设置“主要颜色”为“绿色”（RGB参数值分别为“45”、“144”和“66”）、“颜色容差”参数为“50”，如图10-21所示。

图10-18　预览项目效果

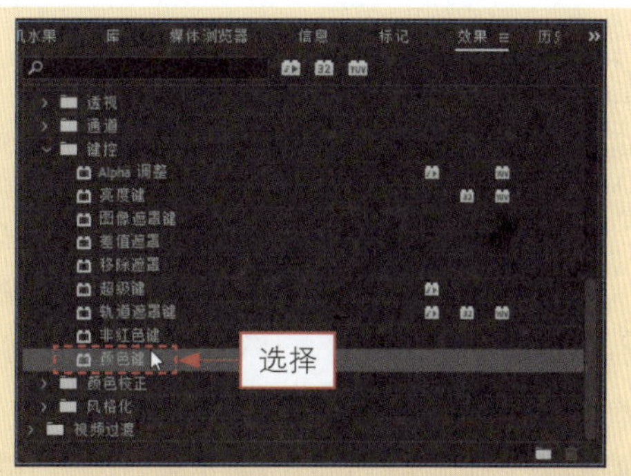

图10-19　选择“颜色键”选项

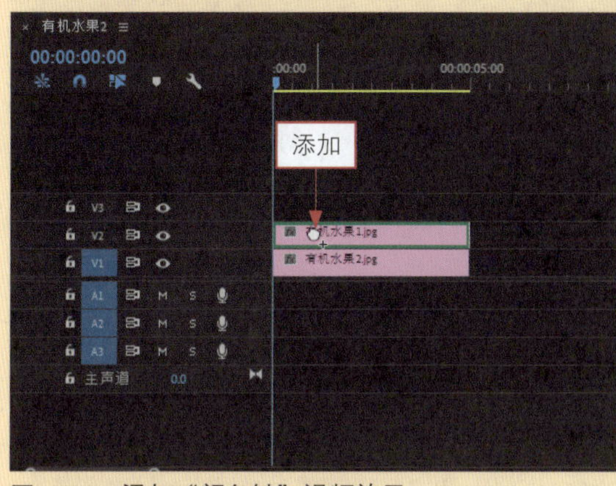

图10-20　添加“颜色键”视频效果

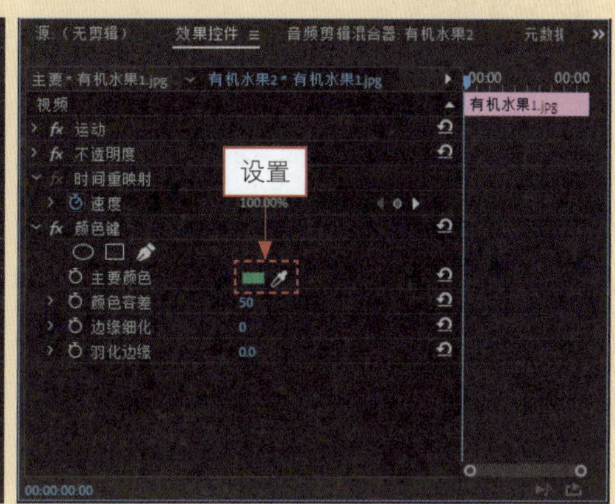

图10-21　设置“颜色键”参数

❶ **颜色容差**：主要是用于扩展所选颜色的范围。

❷ **边缘细化**：能够在选定色彩的基础上，扩大或缩小“主要颜色”的范围。

❸ **羽化边缘**：可以在图像边缘产生平滑过渡，其参数值越大，羽化的效果就会越明显。

STEP 05 执行操作后，即可使用“颜色键”选项叠加素材，效果如图10-22所示。

图10-22　使用“颜色键”选项叠加素材的效果

10.2.4 亮度键透明叠加效果

在Premiere Pro 2020中，亮度键主要用于抠出图层中指定明亮度或亮度的所有区域。下面将介绍添加“亮度键”特效去除背景中的黑色区域的操作方法。

应用案例　亮度键透明叠加效果

STEP 01 以上一节的效果为例，在“效果”面板中，选择“键控”|“亮度键”选项，如图10-23所示。

STEP 02 按住鼠标左键，并将其拖曳至V2轨道中的图像素材上，释放鼠标左键即可添加“亮度键”视频效果，如图10-24所示。

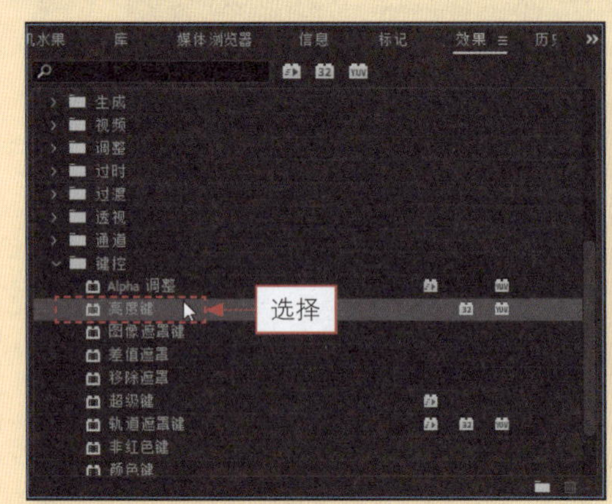

图10-23　选择“亮度键”选项

图10-24　添加“亮度键”视频效果

STEP 03 在“效果控件”面板中展开“亮度键”选项，设置“阈值”和“屏蔽度”的参数均为“100.0%”，如图10-25所示。

STEP 04 执行操作后，即可使用“亮度键”选项叠加素材，效果如图10-26所示。

图10-25　设置“阈值”和“屏蔽度”的参数

图10-26　使用“亮度键”选项叠加素材的效果

10.3 制作其他叠加效果

在Premiere Pro 2020中，除了上一节介绍的叠加效果，还有字幕叠加效果、淡入淡出叠加效果及差值遮罩叠加效果等，这些都是非常实用的叠加效果。本节主要介绍制作这些叠加效果的基本操作方法。

10.3.1 制作字幕叠加效果

在Premiere Pro 2020中，华丽的字幕效果往往会让整个影视素材显得更加耀眼。下面介绍制作字幕叠加效果的操作方法。

应用案例 制作字幕叠加效果

STEP 01 按“Ctrl + O”组合键，打开一个项目文件“素材\第10章\彩色花纹.prproj”，并预览项目效果，如图10-27所示。

图10-27 预览项目效果

STEP 02 在“效果控件”面板中展开“运动”选项，设置V1轨道中素材的“缩放”参数为“100.0”，如图10-28所示。

STEP 03 按“Ctrl + T”组合键，在“节目监视器”面板中会出现一个“新建文本图层”文本框，如图10-29所示。

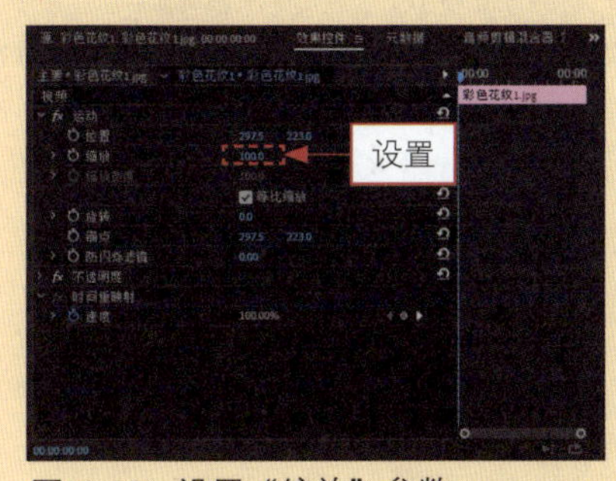

图10-28 设置“缩放”参数

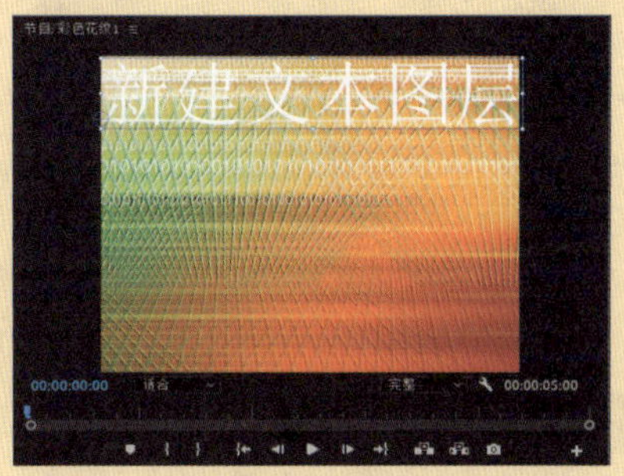

图10-29 “新建文本图层”文本框

专家指点

在创建字幕时，Premiere Pro 2020会自动加上Alpha通道，所以也能带来透明叠加的效果。在需要进行视频叠加时，利用字幕创建工具制作出文字或图形的可叠加视频内容，然后利用“时间轴”面板进行编辑即可。

STEP 04 在文本框中输入需要的字幕文字，并调整字幕位置，如图10-30所示。

STEP 05 输入完成后，在“效果控件”面板中设置文本字体属性，如图10-31所示。

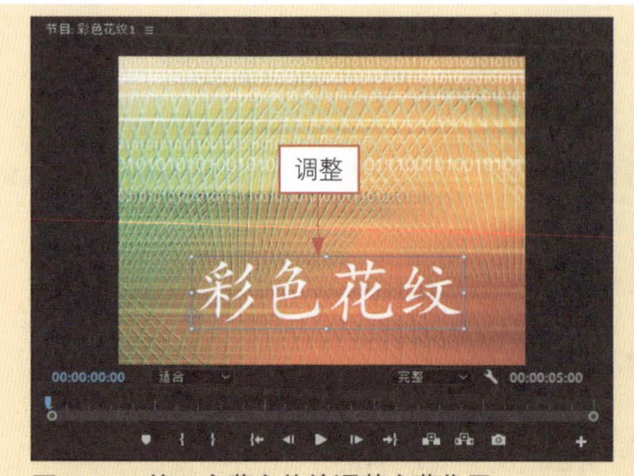

图10-30　输入字幕文件并调整字幕位置

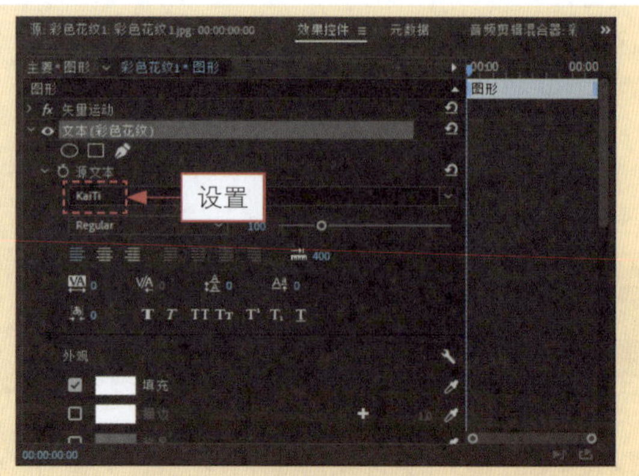

图10-31　设置文本字体属性

STEP 06 选择V2轨道中的素材，❶在“效果”面板中展开“视频效果”|“键控”选项；❷选择“轨道遮罩键”视频效果，如图10-32所示。

STEP 07 按住鼠标左键并将其拖曳至V2轨道中的素材上，添加“键控”视频效果，在“效果控件”面板中展开“轨道遮罩键”选项，设置“遮罩”选项为“视频3”，如图10-33所示。

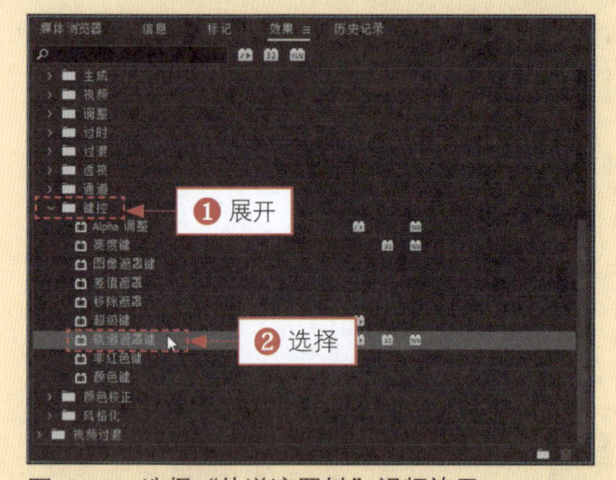

图10-32　选择“轨道遮罩键”视频效果

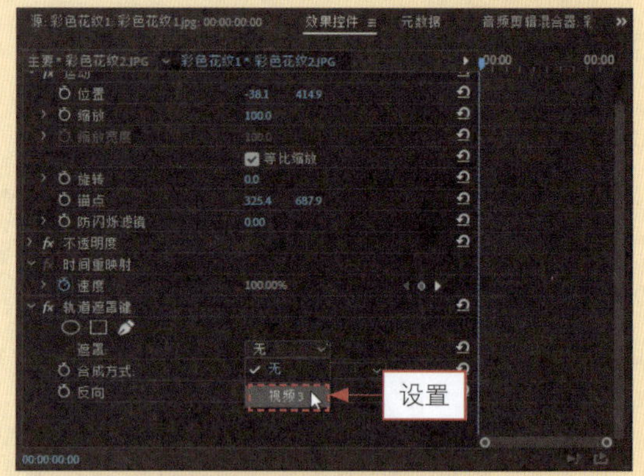

图10-33　设置“遮罩”选项为“视频3”

STEP 08 在“效果控件”面板中展开“运动”选项，设置“缩放”参数为“45.0”、“位置”参数为“400.0”“-10.0”，如图10-34所示。

STEP 09 执行操作后，即可完成字幕叠加的制作，在“节目监视器”面板中即可预览字幕叠加效果，如图10-35所示。

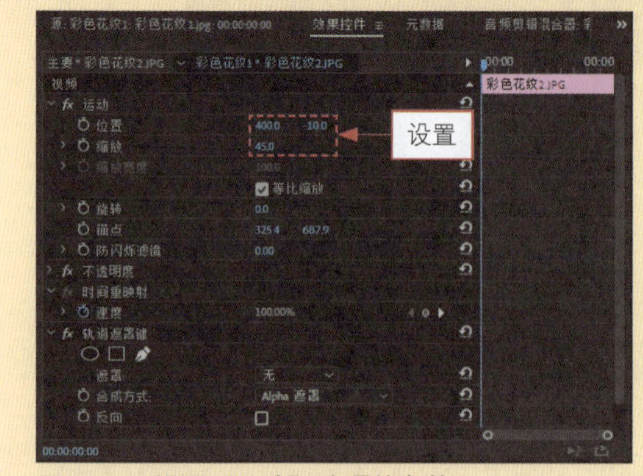

图10-34　设置“运动”选项的参数

图10-35　预览字幕叠加效果

10.3.2 制作颜色透明叠加效果

在Premiere Pro 2020中，“超级键”特效主要用于将视频素材中的一种颜色进行透明处理。下面介绍制作颜色透明叠加效果的操作方法。

应用案例 制作颜色透明叠加效果

STEP 01 按“Ctrl+O”组合键，打开一个项目文件“素材\第10章\舞动翅膀.prproj”，并预览项目效果，如图10-36所示。

图10-36 预览项目效果

STEP 02 将“项目”面板中的两个图像素材分别添加至“时间轴”面板中的V1轨道和V2轨道上，如图10-37所示。

STEP 03 选择V2轨道中的素材文件，在“效果控件”面板中展开“运动”选项，设置“缩放”参数为“130.0”，如图10-38所示。

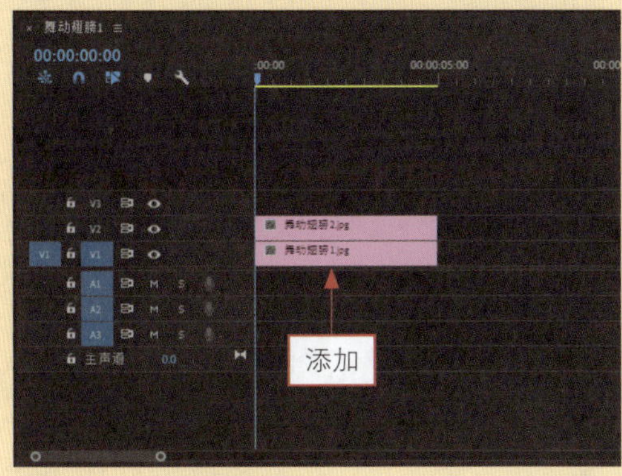

图10-37 添加图像素材

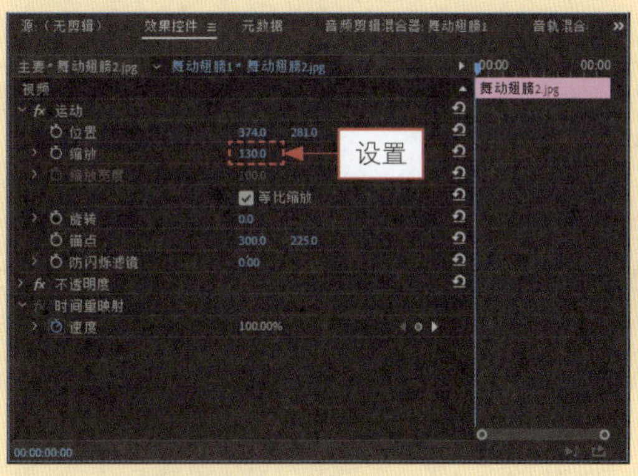

图10-38 设置“缩放”参数

STEP 04 ❶在“效果”面板中展开“视频效果”|“键控”选项，❷选择“超级键”视频效果，如图10-39所示。

STEP 05 按住鼠标左键并将其拖曳至V2轨道的图像素材上，释放鼠标左键即可添加“超级键”视频效果，如图10-40所示。

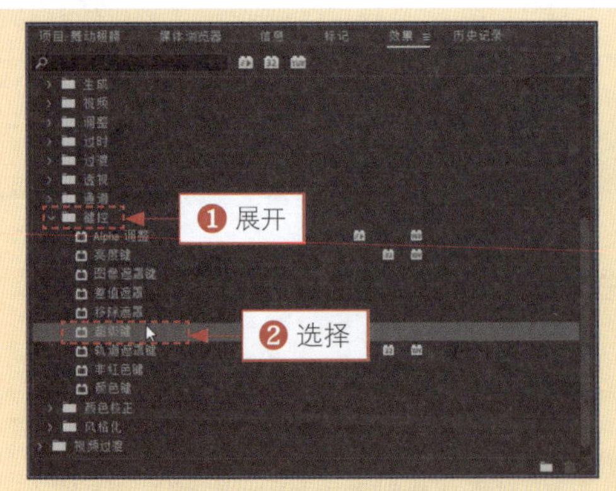

图10-39　选择“超级键”视频效果

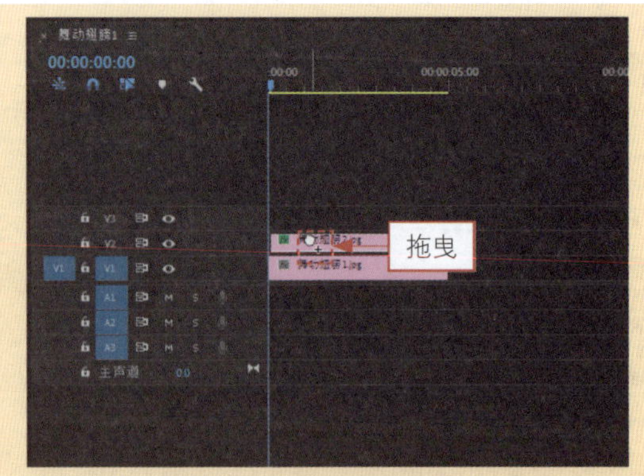

图10-40　添加“超级键”视频效果

STEP 06 在“效果控件”面板中展开“超级键”选项，设置“主要颜色”为“紫色”（RGB参数值分别为“180”、“135”和“224”），如图10-41所示。

STEP 07 执行操作后，即可使用“超级键”制作颜色透明叠加效果，在“节目监视器”面板中可以预览其效果，如图10-42所示。

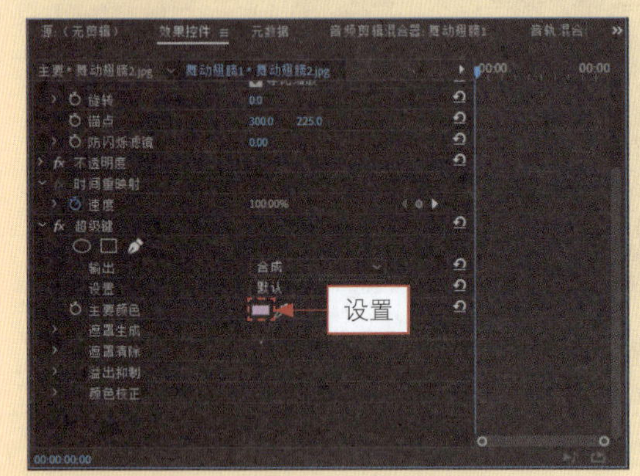

图10-41　设置“主要颜色”为“紫色”

图10-42　预览颜色透明叠加效果

10.3.3 制作淡入淡出叠加效果

在Premiere Pro 2020中，淡入淡出叠加效果通过对两个或两个以上的素材添加“不透明度”特效，并为素材添加关键帧实现素材之间的叠加转换。下面介绍制作淡入淡出叠加效果的操作方法。

应用案例　制作淡入淡出叠加效果

STEP 01 按“Ctrl＋O”组合键，打开一个项目文件“素材\第10章\空山鸟语.prproj”，并预览项目效果，如图10-43所示。

STEP 02 依次将“项目”面板中的两个图像素材添加至“时间轴”面板中的V1轨道和V2轨道上，如图10-44所示。

STEP 03 选择V2轨道中的图像素材，❶在“效果控件”面板中展开“不透明度”选项；❷设置“不透明度”参数为“0.0%”；❸添加第1个关键帧，如图10-45所示。

图10-43　预览项目效果

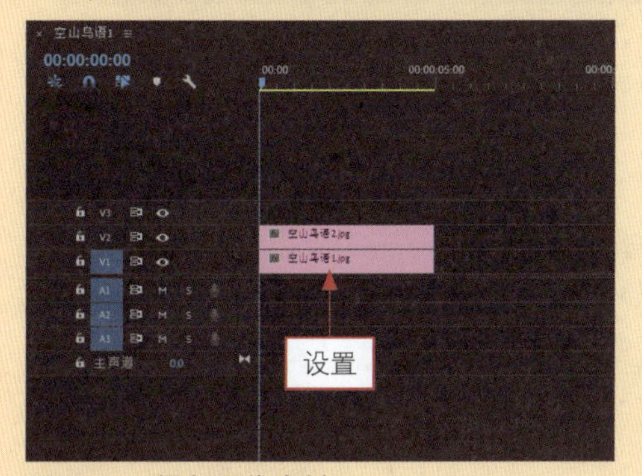

图10-44　添加图像素材

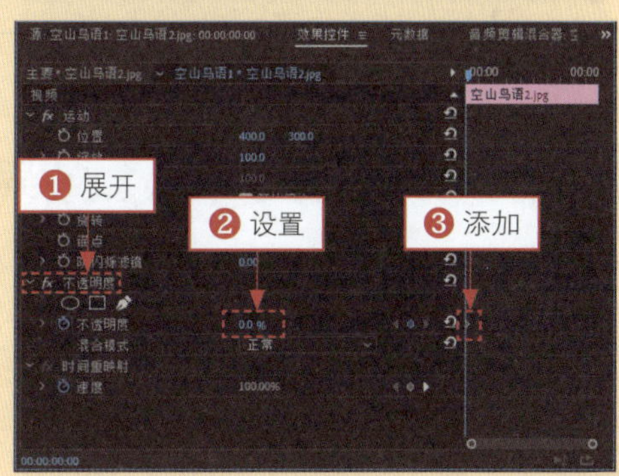

图10-45　添加第1个关键帧

专家指点

在 Premiere Pro 2020 中，淡出是指一段视频剪辑结束时由亮变暗的过程，淡入是指一段视频剪辑开始时由暗变亮的过程。淡入淡出叠加效果会增加影视内容本身的一些主观气氛，而不像无技巧剪辑显得那么生硬。另外，Premiere Pro 2020 中的淡入淡出在影视转场特效中也被称为溶入溶出或渐隐与渐显。如果用户在制作时出现参数错误，则可以单击“重置参数”按钮，重新设置参数。

STEP 04 ❶将时间线移至“00:00:02:00”的位置；❷设置“不透明度”参数为“100.0%”；❸添加第2个关键帧，如图10-46所示。

STEP 05 ❶将时间线移至“00:00:04:00”的位置；❷设置“不透明度”参数为“0.0%”；❸添加第3个关键帧，如图10-47所示。

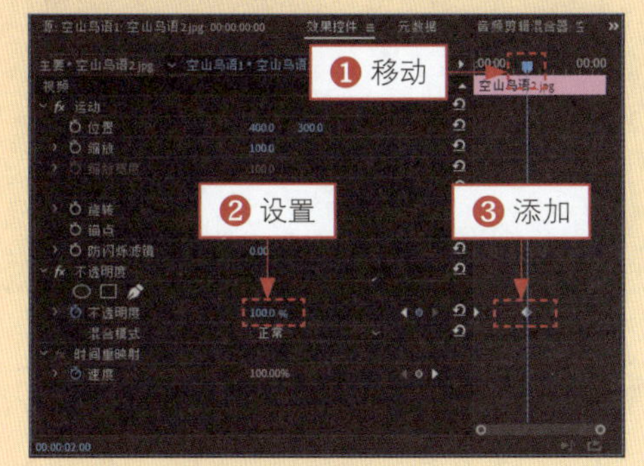

图10-46　添加第2个关键帧

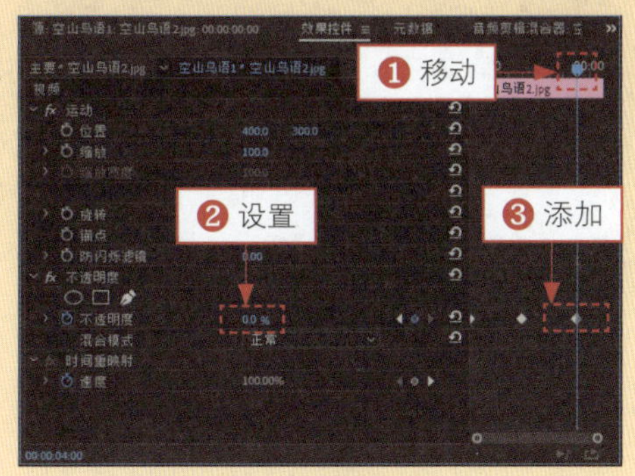

图10-47　添加第3个关键帧

STEP 06 执行操作后，将时间线移至素材的开始位置，在“节目监视器”面板中单击“播放-停止切换”按钮，即可预览淡入淡出叠加效果，如图10-48所示。

图10-48　预览淡入淡出叠加效果

10.3.4 制作差值遮罩叠加效果

在Premiere Pro 2020中，“差值遮罩”特效的作用是将两张图像素材进行差异值对比，可以将两张图像素材相同的区域进行叠加并去除，留下有差异值的部分。下面介绍制作差值遮罩叠加效果的操作方法。

应用案例　制作差值遮罩叠加效果

STEP 01 按“Ctrl+O”组合键，打开一个项目文件“素材\第10章\朦胧风景.prproj”，并预览项目效果，如图10-49所示。

图10-49　预览项目效果

STEP 02 依次将“项目”面板中的两个图像素材添加至“时间轴”面板中的V1轨道和V2轨道上，如图10-50所示。

STEP 03 选择V2轨道中的图像素材，在“效果控件”面板中展开“运动”选项，设置“缩放”参数为“60.0”，如图10-51所示。

STEP 04 ❶在“效果”面板中展开“视频效果”|“键控”选项；❷选择“差值遮罩”视频效果，如图10-52所示。

STEP 05 按住鼠标左键并将其拖曳至V2轨道的图像素材上，释放鼠标左键即可添加“差值遮罩”视频效果，如图10-53所示。

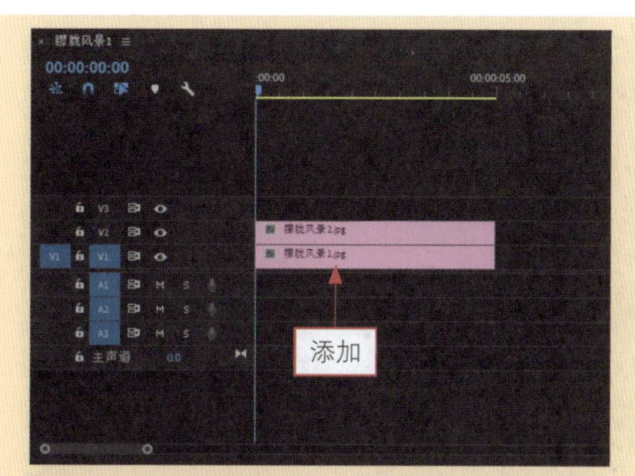

图10-50　添加图像素材

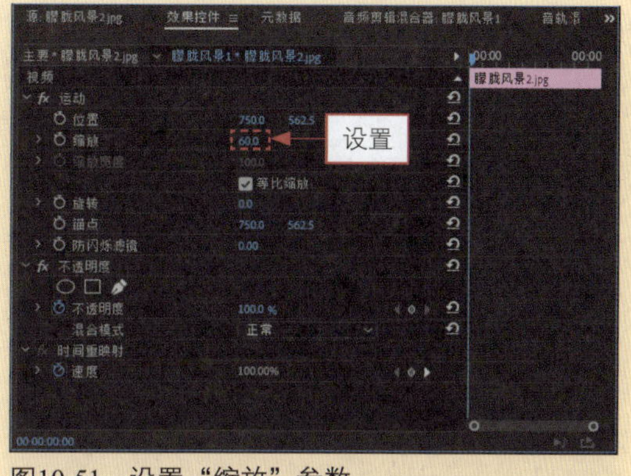

图10-51　设置“缩放”参数

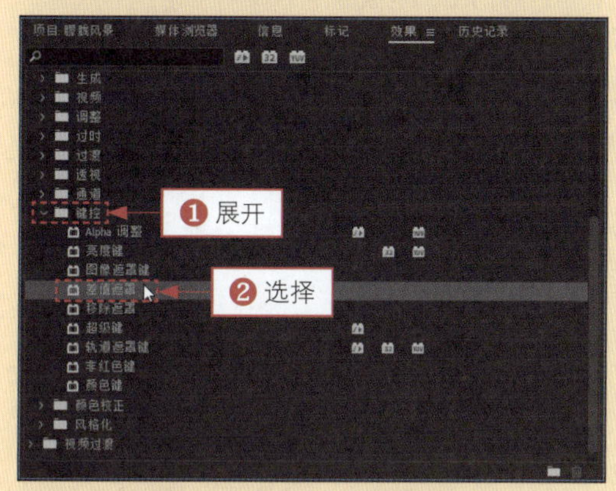

图10-52　选择“差值遮罩”视频效果

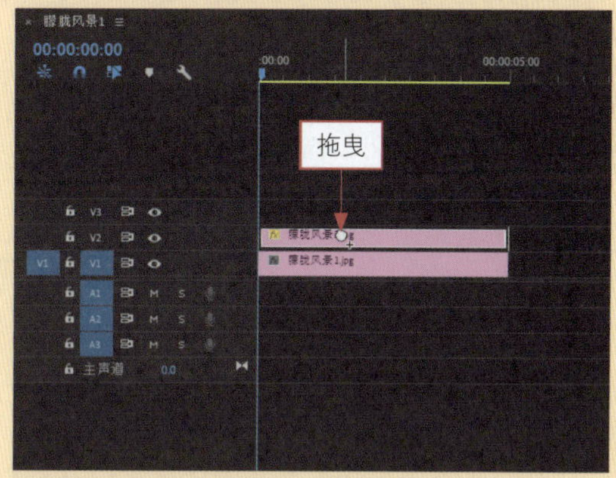

图10-53　添加“差值遮罩”视频效果

STEP 06 在“效果控件”面板中，❶展开“差值遮罩”选项；❷设置“差值图层”选项为“视频1”，如图10-54所示。

STEP 07 ❶单击“匹配容差”选项和“匹配柔和度”选项左侧的“切换动画”按钮；❷添加关键帧；❸并设置“匹配容差”参数为“0.0%”，如图10-55所示。

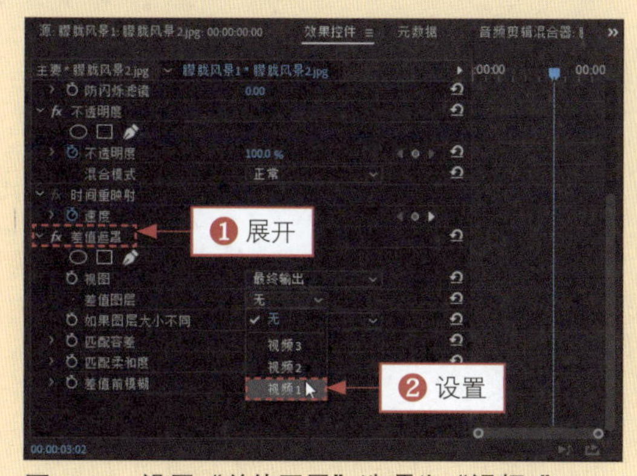

图10-54　设置“差值图层”选项为“视频1”

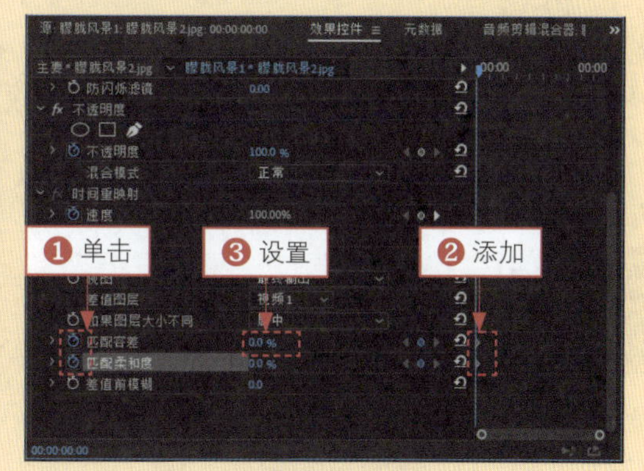

图10-55　设置“匹配容差”参数

STEP 08 执行操作后，设置“如果图层大小不同”选项为“伸缩以合适”，如图10-56所示。

STEP 09 ❶将时间线移至“00:00:02:00”的位置；❷设置“匹配容差”参数为“20.0%”、“匹配柔和度”参数为“10.0%”；❸再次添加关键帧，如图10-57所示。

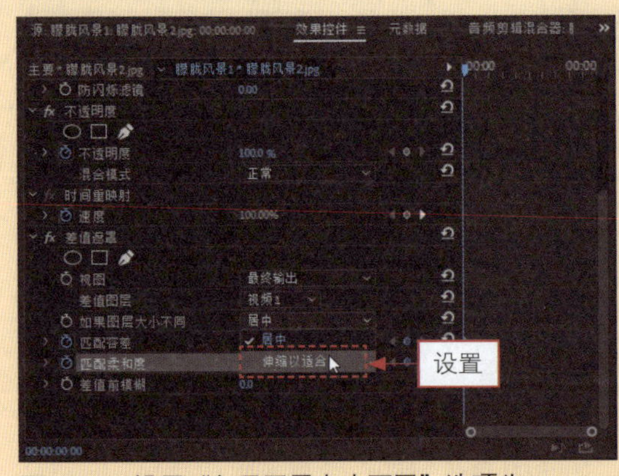

图10-56　设置“如果图层大小不同”选项为“伸缩以合适”

图10-57　再次添加关键帧

STEP 10 设置完成后，在“节目监视器”面板中，单击“播放-停止切换”按钮▶，即可预览差值遮罩叠加效果，如图10-58所示。

图10-58　预览差值遮罩叠加效果

10.3.5 制作局部马赛克遮罩效果

在Premiere Pro 2020中，“马赛克”视频效果通常用于遮盖人物脸部。下面介绍制作局部马赛克遮罩效果的操作方法。

应用案例　制作局部马赛克遮罩效果

STEP 01 按“Ctrl＋O”组合键，打开一个项目文件“素材\第10章\约会情景.prproj”，并预览项目效果，如图10-59所示。

STEP 02 在“效果”面板中，展开“视频效果”|“风格化”选项，选择“马赛克”视频效果，如图10-60所示。

STEP 03 按住鼠标左键并将其拖曳至“时间轴”面板中V1轨道的图像素材上，释放鼠标左键即可添加“马赛克”视频效果，如图10-61所示。

STEP 04 在“效果控件”面板中，❶展开“马赛克”选项；❷在其中选择“创建椭圆形蒙版”工具，如图10-62所示。

图10-59 预览项目效果

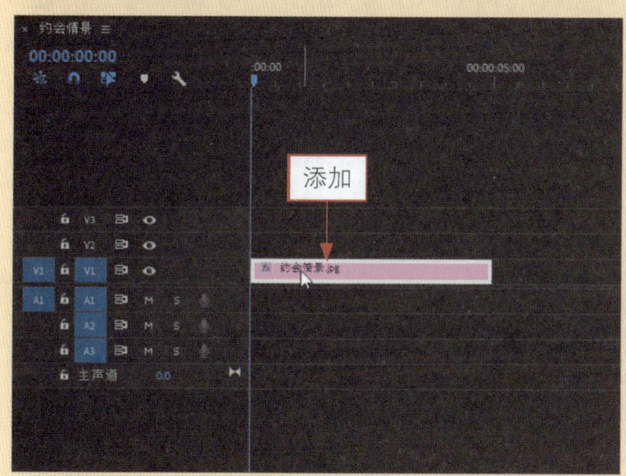

图10-61 添加“马赛克”视频效果

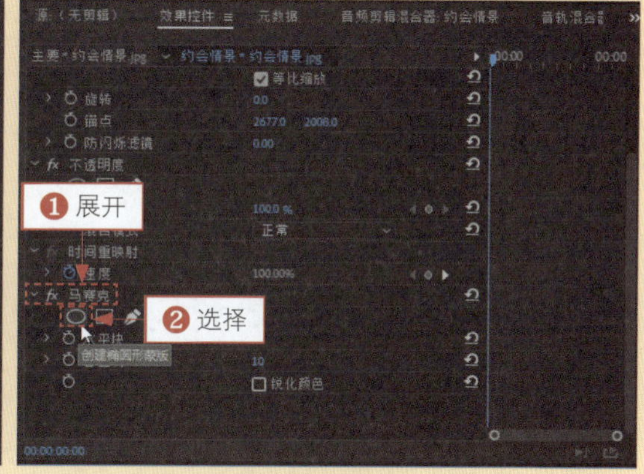

图10-60 选择“马赛克”视频效果

图10-62 选择“创建椭圆形蒙版”工具

STEP 05 然后在“节目监视器”面板中的图像素材上，调整椭圆形蒙版的遮罩大小与位置，如图10-63所示。

STEP 06 调整完成后，在“效果控件”面板中展开“马赛克”选项，设置“水平块”参数为“50”、“垂直块”参数为“50”，如图10-64所示。

图10-63 调整椭圆形蒙版的遮罩大小和位置

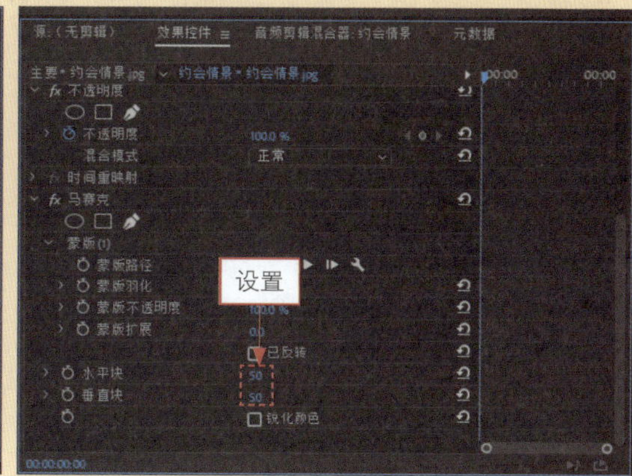

图10-64 设置“水平块”和“垂直块”的参数

专家指点

当用户为动态视频素材制作“马赛克”视频效果时，可以单击“蒙版路径”选项右侧的“向前跟踪”按钮，跟踪局部遮罩的马赛克区域。

STEP 07 执行操作后，将时间线移至图像素材的开始位置，如图10-65所示。

STEP 08 在“节目监视器”面板中单击“播放-停止切换”按钮▶，即可预览局部马赛克遮罩效果，如图10-66所示。

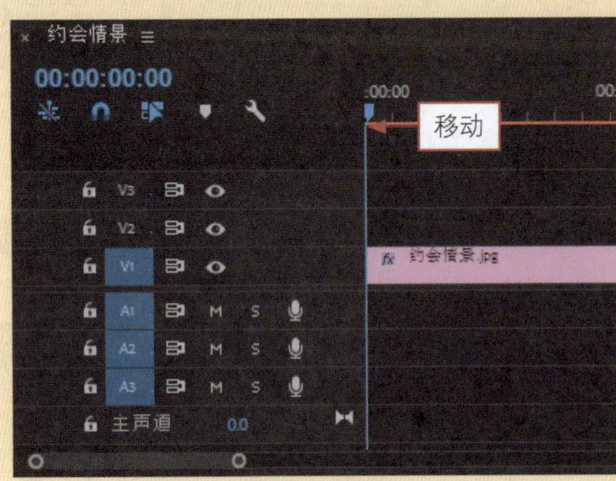

图10-65　将时间线移至图像素材的开始位置

图10-66　预览局部马赛克遮罩效果

10.4 专家支招

在Premiere Pro 2020的“节目监视器”面板中，可以将图像素材的画面放大或缩小查看效果，如图10-67所示。

图10-67　图像素材画面的放大或缩小效果

单击“节目监视器”面板下方的“选择缩放级别”下拉按钮，如图10-68所示，在弹出的下拉列表中，选择相应的素材缩放比例选项，即可查看相应比例的素材画面效果。

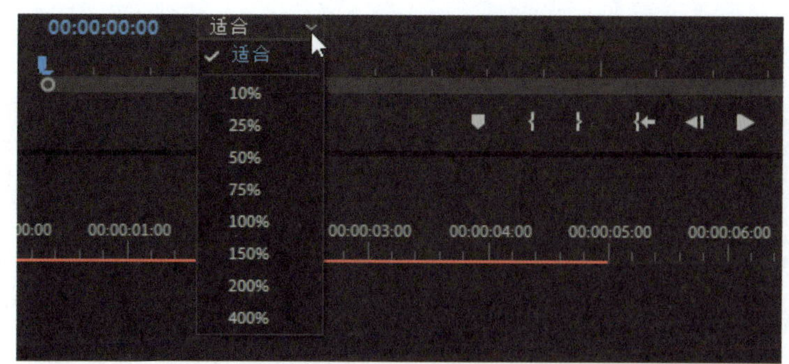

图10-68　单击“选择缩放级别”下拉按钮

10.5 总结拓展

在电视剧或电影中，经常能看到播放一段视频的同时往往还嵌套着另外一段视频画面，这就是覆叠效果。为影视文件制作覆叠特效，可以给视频带来创意和想象空间，为影片增添更多的乐趣。在Premiere Pro 2020中，用户可以将视频特效轻松应用到影片文件中进行覆叠效果的制作。

10.5.1 本章小结

在Premiere Pro 2020中，应用覆叠特效可以为影片文件制作画面叠加效果，使不同轨道中的视频与图像素材画面相互交织，组合成各式各样的视觉效果，在有限的空间中，创造了更加丰富的画面内容。本章主要介绍了制作影视覆叠特效的方法，其中包括Alpha通道的定义、了解遮罩的概念、透明度叠加效果、非红色键叠加效果、亮度键透明叠加效果、制作字幕叠加效果、制作颜色透明叠加效果、制作淡入淡出叠加效果、制作差值遮罩叠加效果、制作局部马赛克遮罩效果等操作方法，这些操作方法为用户在制作影视视频叠加效果时，提供了非常好的基础应用，使影片更加具有观赏性。

10.5.2 举一反三——设置遮罩叠加效果

在Premiere Pro 2020中，使用“设置遮罩”视频效果可以通过图层、颜色通道制作遮罩叠加效果。下面介绍设置遮罩效果的操作方法。

应用案例　举一反三——设置遮罩叠加效果

STEP 01 按“Ctrl＋O”组合键，打开一个项目文件“素材\第10章\绿意盎然.prproj”，并预览项目效果，如图10-69所示。

STEP 02 在“项目”面板中，选择两张图像素材，如图10-70所示。

STEP 03 将选择的图像素材依次拖曳至“时间轴”面板中的V1轨道和V2轨道上，如图10-71所示。

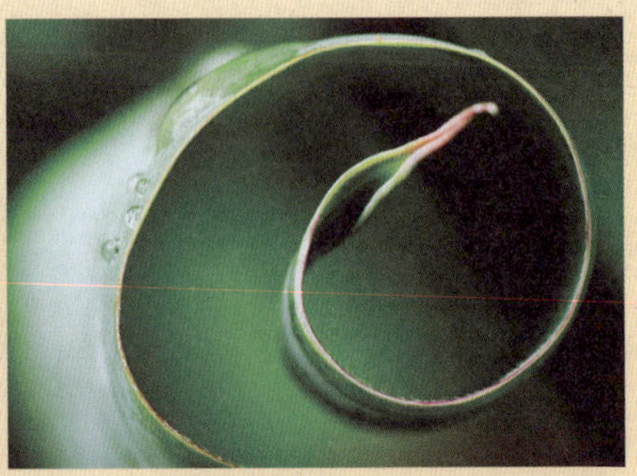

图10-69　预览项目效果

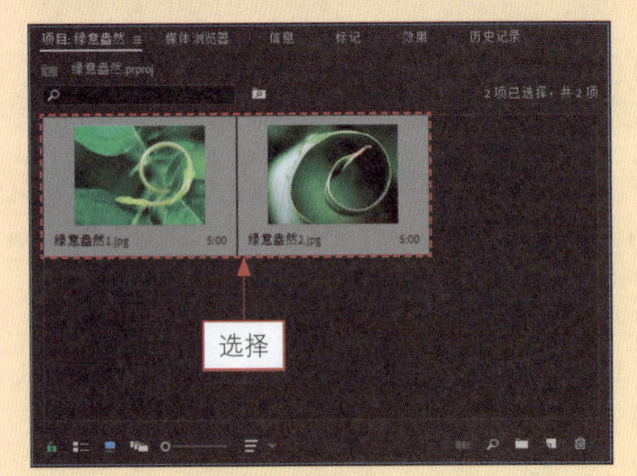

图10-70　选择两张图像素材

拖曳

图10-71　将图像素材拖曳至V1轨道和V2轨道上

STEP 04 ❶在“效果”面板中展开“视频效果”|“通道”选项；❷选择“设置遮罩”视频效果，如图10-72所示。

STEP 05 按住鼠标左键并将其拖曳至V2轨道的图像素材上，释放鼠标左键即可添加“设置遮罩”视频效果，如图10-73所示。

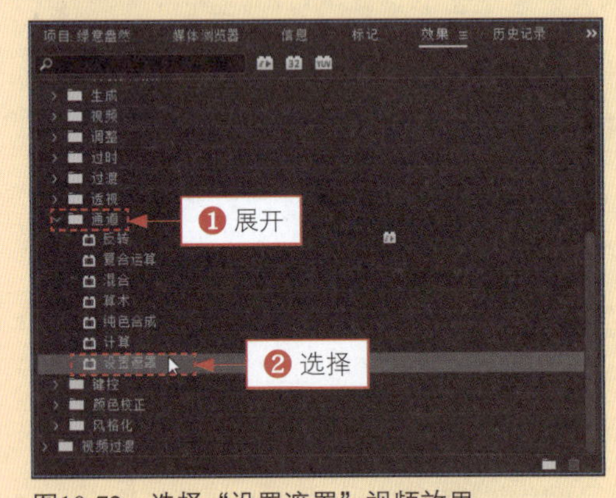

图10-72　选择“设置遮罩”视频效果

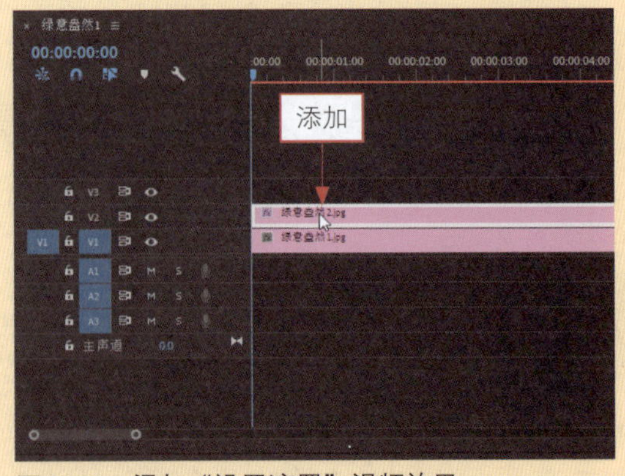

图10-73　添加“设置遮罩”视频效果

STEP 06 在“效果控件”面板中，展开“设置遮罩”选项，如图10-74所示。

STEP 07 ❶单击“用于遮罩”选项左侧的“切换动画”按钮；❷添加第1个关键帧，如图10-75所示。

STEP 08 执行操作后，将时间线移至“00:00:02:00”的位置，如图10-76所示。

STEP 09 ❶然后设置“用于遮罩”选项为“红色通道”；❷添加第2个关键帧，如图10-77所示。

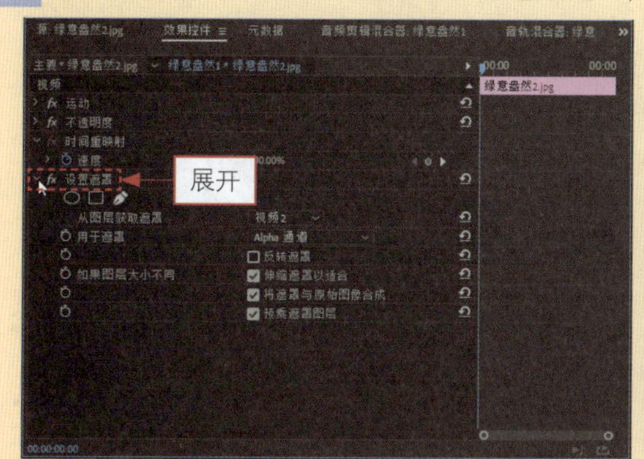

图10-74　展开“设置遮罩”选项

图10-75　添加第1个关键帧

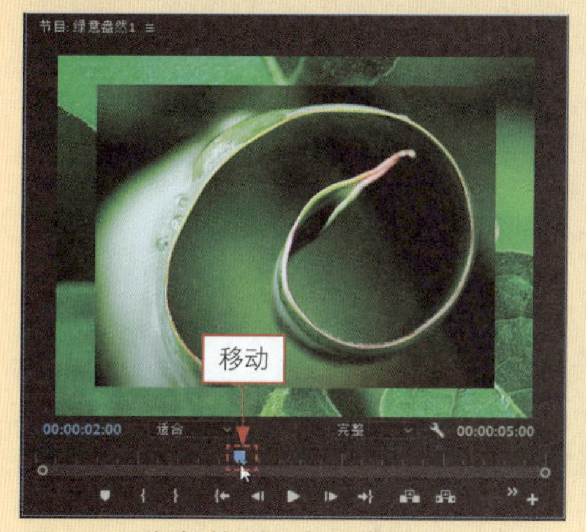

图10-76　移动时间线至相应位置（1）

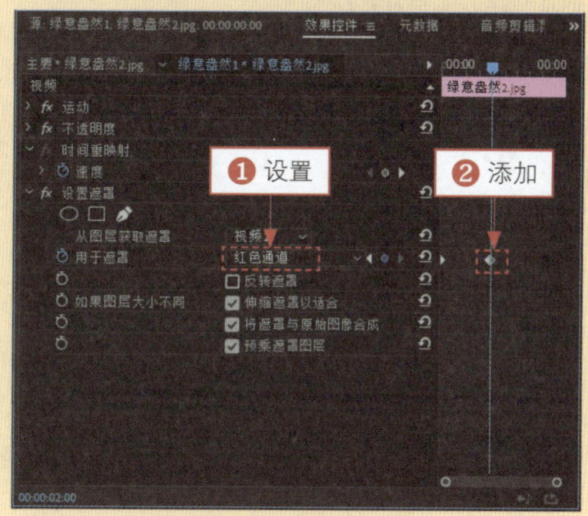

图10-77　添加第2个关键帧

STEP 10 使用与上面同样的方法，将时间线移至“00:00:04:00”的位置，如图10-78所示。

STEP 11 然后设置“用于遮罩”选项为“蓝色通道”，添加第3个关键帧，如图10-79所示。

图10-78　移动时间线至相应位置（2）

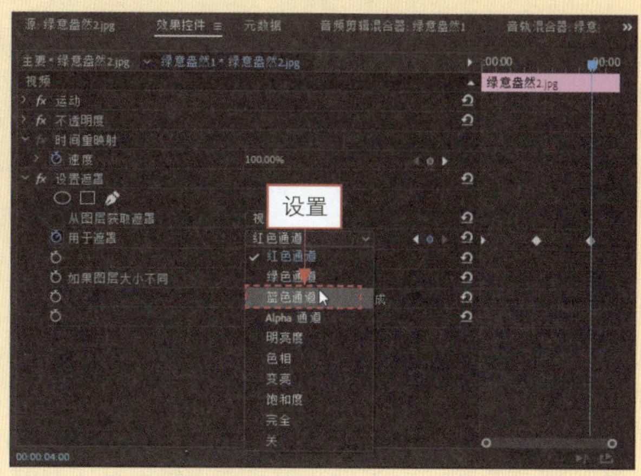

图10-79　添加第3个关键帧

STEP 12 设置完成后，在“节目监视器”面板中，单击“播放-停止切换”按钮▶，即可预览遮罩叠加效果，如图10-80所示。

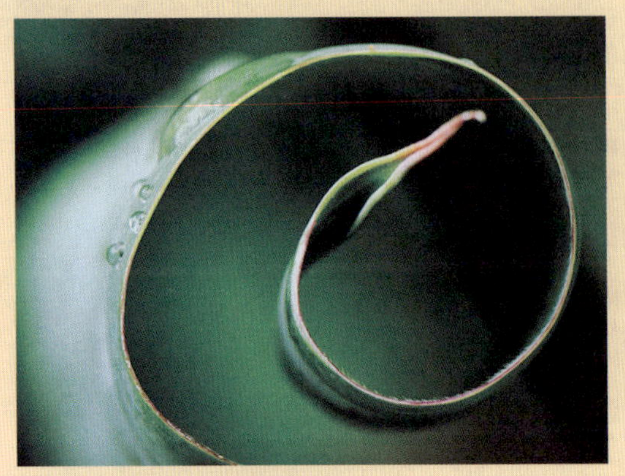
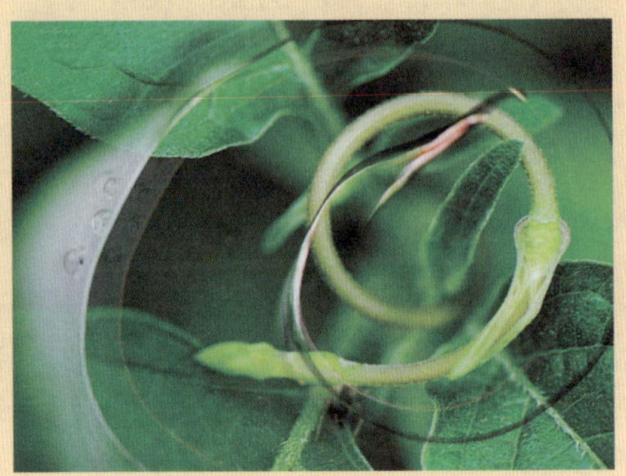

图10-80　预览遮罩叠加效果

第11章　奇妙视界：视频运动效果的制作

动态效果是指在原有的视频画面中合成或创建移动、变形和缩放等运动效果。在Premiere Pro 2020中，为静态的素材加入适当的运动效果，可以让画面活动起来，显得更加逼真、生动。本章主要介绍影视运动效果的制作方法与技巧。

本章重点

设置运动关键帧

制作运动特效

制作画中画特效

11.1 设置运动关键帧

在Premiere Pro 2020中，关键帧可以帮助用户控制视频或音频特效的变化，并形成一个变化的过渡效果。

11.1.1 通过“时间轴”面板快速添加关键帧

用户可以在“时间轴”面板中针对应用与素材的任意特效添加关键帧，也可以指定添加关键帧的可见性，下面介绍具体操作方法。

应用案例　通过“时间轴”面板快速添加关键帧

STEP 01 按“Ctrl＋O”组合键，打开一个项目文件“素材\第11章\果子酱.prproj”，在“时间轴”面板中为某个轨道上的素材文件添加关键帧之前，首先需要展开相应的轨道，然后将鼠标指针移至在V1轨道的“切换轨道输出”按钮右侧的空白处，如图11-1所示。

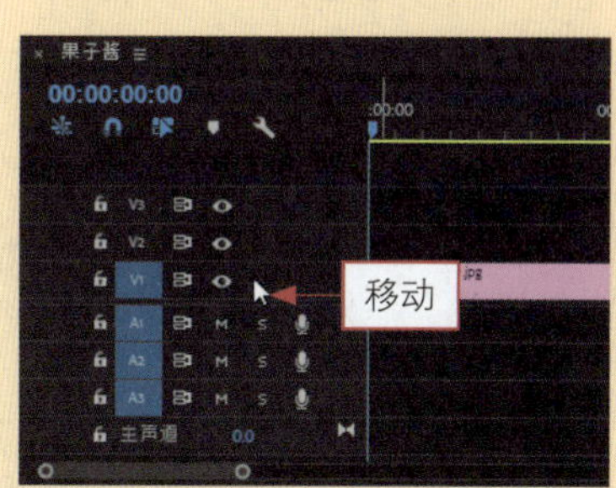

图11-1　将鼠标指针移至“切换轨道输出”按钮右侧的空白处

STEP 02 双击即可展开V1轨道，如图11-2所示。用户也可以向上滚动鼠标滚轮展开轨道，继续向上滚动鼠标滚轮显示关键帧控制按钮；向下滚动鼠标滚轮最小化轨道。

STEP 03 选择“时间轴”面板中的对应素材，❶在素材名称左侧的“不透明度”按钮上右击fx；❷在弹出的快捷菜单中选择“运动”|“缩放”命令，如图11-3所示。

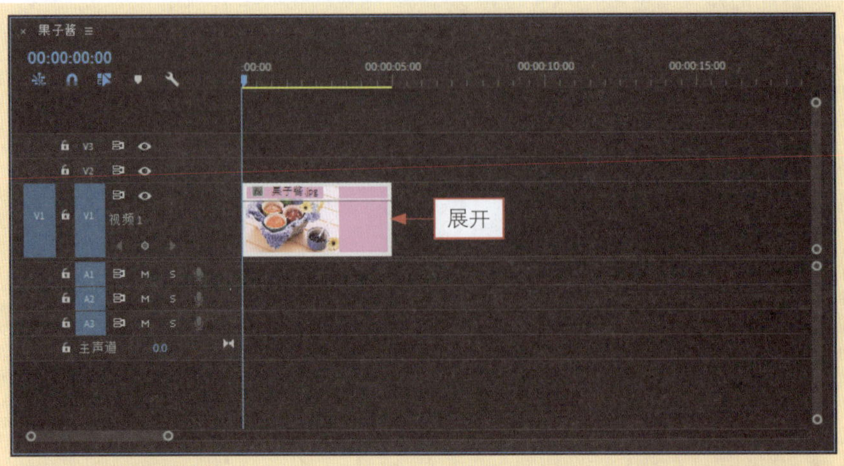

图11-2　展开V1轨道

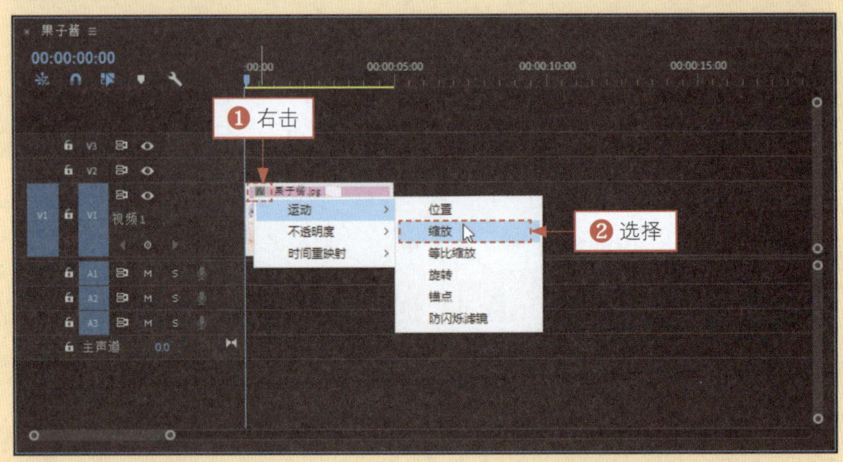

图11-3　选择“缩放”命令

STEP 04 将鼠标指针移至连接线的合适位置，按住“Ctrl”键，❶当鼠标指针呈形状时单击，❷即可添加关键帧，如图11-4所示。

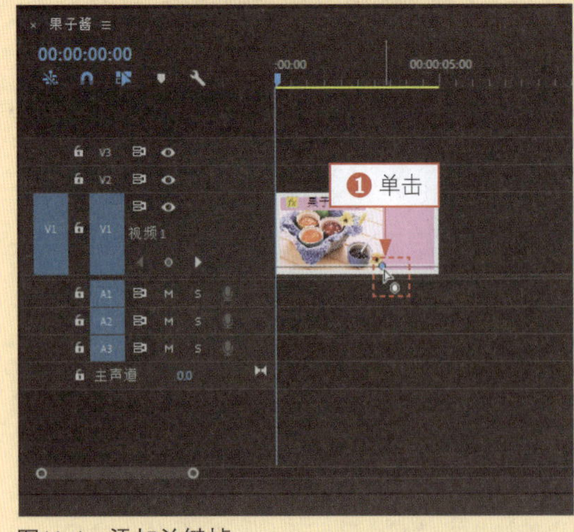

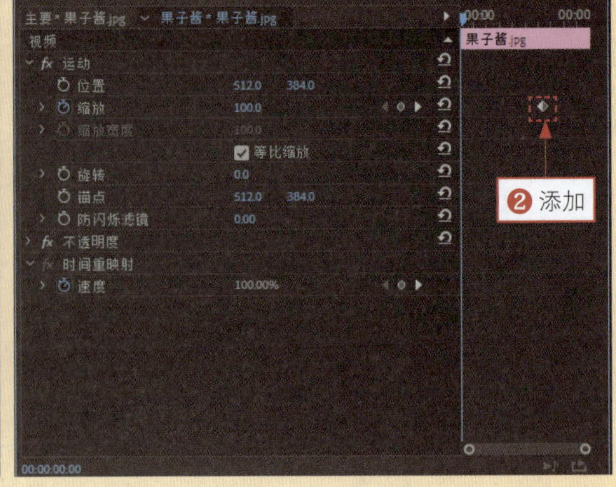

图11-4　添加关键帧

11.1.2 通过“效果控件”面板添加关键帧

在“效果控件”面板中除了可以添加各种视频和音频特效，还可以通过设置选项参数的方法添加关键帧，下面介绍具体操作方法。

应用案例 通过“效果控件”面板添加关键帧

STEP 01 按“Ctrl＋O”组合键，打开一个项目文件“素材\第11章\真爱永恒.prproj”，并预览项目效果，如图11-5所示。

STEP 02 选择“时间轴”面板中的素材，❶并展开“效果控件”面板；❷单击“旋转”选项左侧的“切换动画”按钮，如图11-6所示。

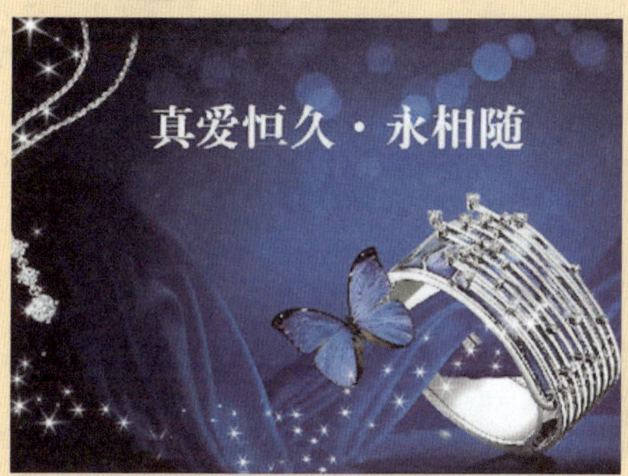

图11-5 预览项目效果

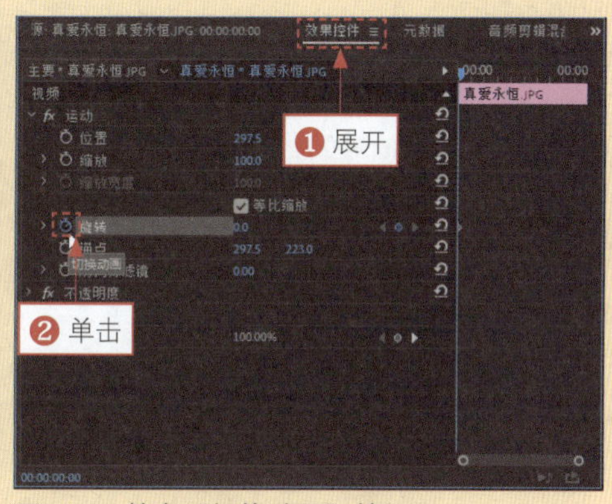

图11-6 单击“切换动画”按钮

STEP 03 ❶拖曳时间指示器至合适位置；❷并设置“旋转”参数为“30.0°”；❸即可添加对应选项的关键帧，如图11-7所示。

STEP 04 在“时间轴”面板中也可以指定展开轨道后关键帧的可见性。❶单击“时间轴显示设置”按钮；❷在弹出的下拉列表中选择“显示视频关键帧”选项，如图11-8所示。

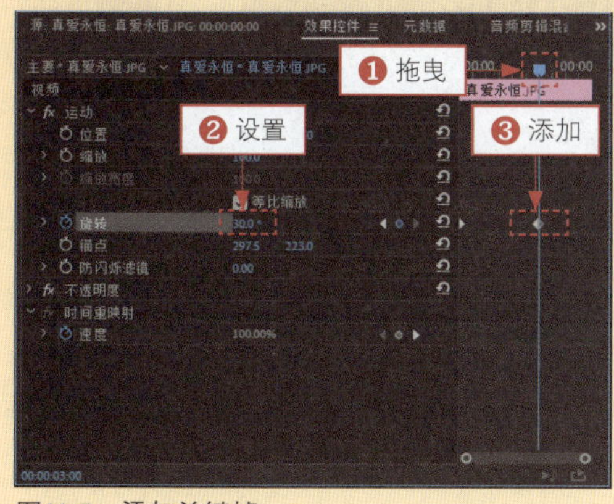

图11-7 添加关键帧

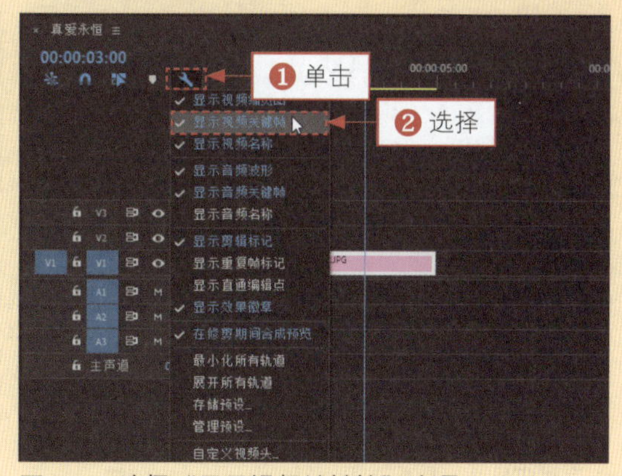

图11-8 选择“显示视频关键帧”选项

STEP 05 取消该选项的对钩符号，即可在“时间轴”面板中隐藏关键帧，效果如图11-9所示。

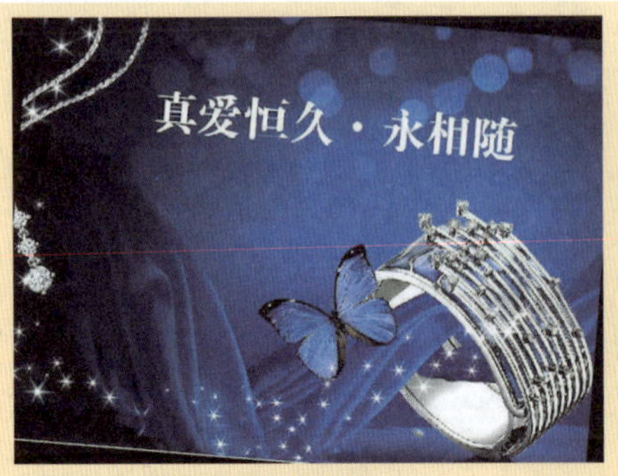

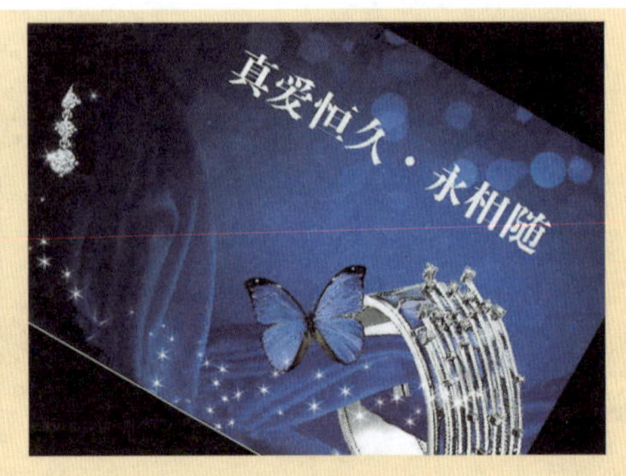

图11-9　隐藏关键帧的效果

11.1.3 关键帧的调节

用户在添加完关键帧后，可以适当调节关键帧的位置和属性，这样可以使运动效果更加流畅。在Premiere Pro 2020中，调节关键帧同样可以使用“时间轴”面板和“效果控件”面板来完成，下面介绍具体操作方法。

应用案例　关键帧的调节

STEP 01 按“Ctrl+O”组合键，打开一个项目文件“素材\第11章\加湿风扇.prproj”，并预览项目效果，如图11-10所示。

STEP 02 在“效果控件”面板中，选择需要调节的关键帧，如图11-11所示。

图11-10　预览项目效果

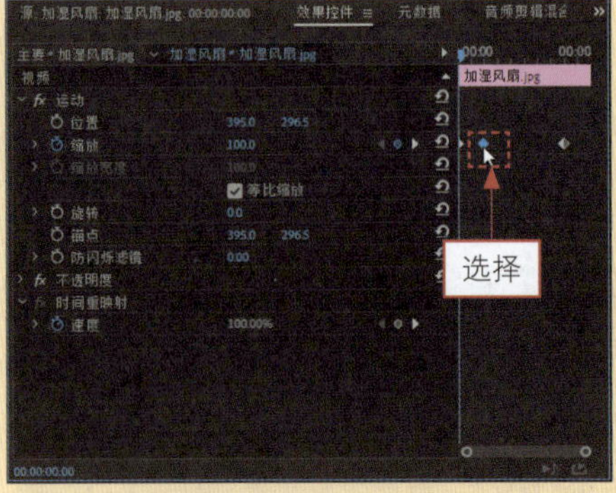

图11-11　选择需要调节的关键帧

STEP 03 然后按住鼠标左键将其拖曳至合适位置，释放鼠标左键即可完成关键帧的调节，如图11-12所示。

STEP 04 在“节目监视器”面板中，将时间线移至关键帧的位置，可以查看素材画面效果，如图11-13所示。

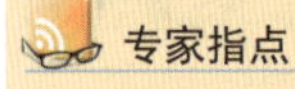

专家指点

在“时间轴”面板中，展开V1轨道，素材上关键帧的参数线在默认状态下为“不透明度”，用户可以在参数线上添加关键帧，通过拖曳关键帧可调整关键帧位置的“不透明度”参数值。

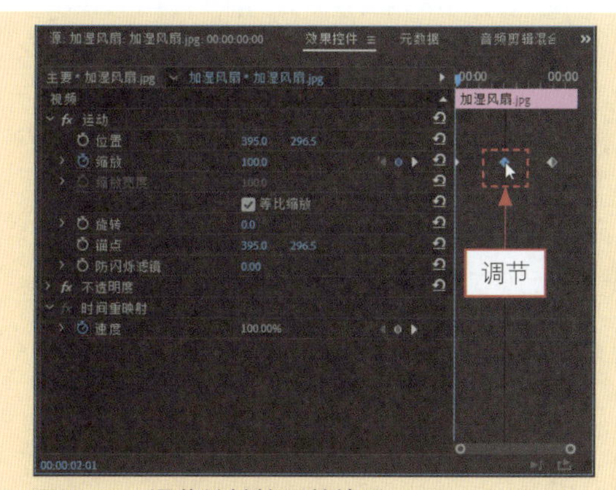

图11-12　调节关键帧及其效果

图11-13　查看素材画面效果

STEP 05 在“时间轴”面板中调节关键帧时，不仅可以调整其位置，同时还可以调节其参数的变化，当向下拖曳关键帧的参数线时，对应参数值将减少，效果如图11-14所示。

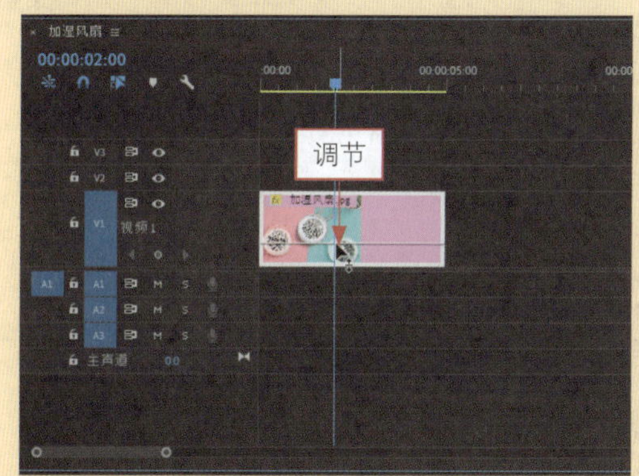

图11-14　向下调节关键帧参数线及其效果

STEP 06 反之，当向上拖曳关键帧的参数线时，对应参数值将增加，效果如图11-15所示。

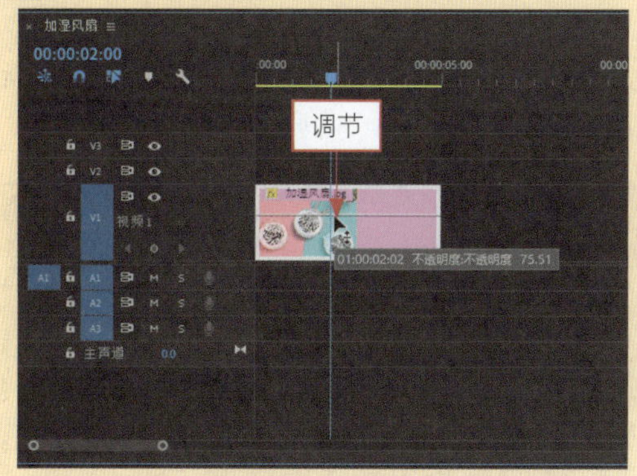

图11-15　向上调节关键帧参数线及其效果

11.1.4 关键帧的复制和粘贴

当用户需要创建多个相同参数的关键帧时，可以使用复制与粘贴关键帧的方法快速添加关键帧，下面介绍具体操作方法。

应用案例 关键帧的复制和粘贴

STEP 01 按“Ctrl+O”组合键，打开一个项目文件“素材\第11章\冬季雪景.prproj”，并预览项目效果，如图11-16所示。

STEP 02 ❶选择需要复制的关键帧并右击，❷在弹出的快捷菜单中选择“复制”命令，如图11-17所示。

专家指点

在 Premiere Pro 2020 中，用户还可以通过以下方法复制和粘贴关键帧。

- 选择“编辑”|“复制”命令或按“Ctrl + C”组合键，复制关键帧。
- 选择“编辑”|“粘贴”命令或按“Ctrl + V”组合键，粘贴关键帧。

图11-16　预览项目效果

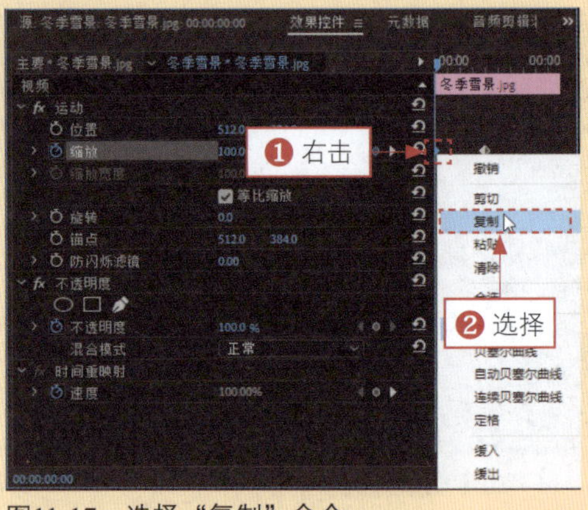

图11-17　选择“复制”命令

STEP 03 拖曳时间指示器至合适位置，如图11-18所示。

STEP 04 在“效果控件”面板中，将鼠标指针移至关键帧位置并右击，在弹出的快捷菜单中选择“粘贴”命令，如图11-19所示。执行操作后，即可复制一个相同的关键帧。

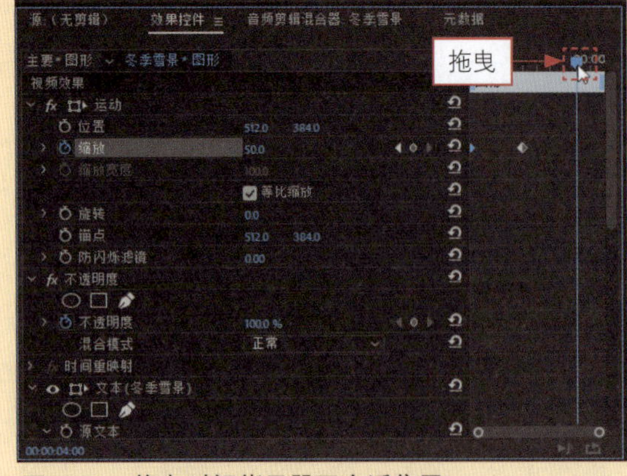

图11-18　拖曳时间指示器至合适位置

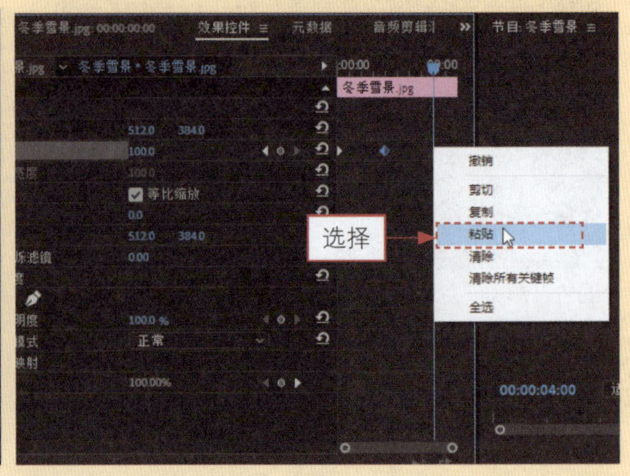

图11-19　选择“粘贴”命令

STEP 05 在“节目监视器”面板中，单击“播放-停止切换”按钮▶，查看效果，如图11-20所示。

图11-20　查看效果

11.1.5 关键帧的切换

在Premiere Pro 2020中，用户可以在已添加的关键帧之间进行快速切换，下面介绍具体操作方法。

应用案例　关键帧的切换

STEP 01 按“Ctrl+O”组合键，打开一个项目文件“素材\第11章\枫林小道.prproj”，如图11-21所示。

STEP 02 在“时间轴”面板中，选择已添加关键帧的素材，如图11-22所示。

图11-21　打开一个项目文件

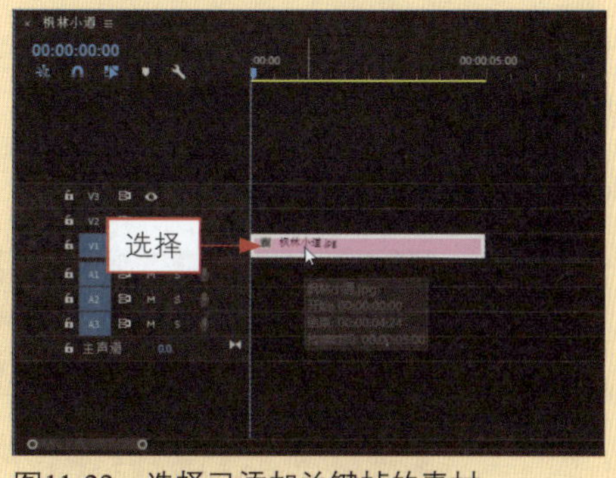

图11-22　选择已添加关键帧的素材

STEP 03 在“效果控件”面板中，❶单击“转到下一关键帧”按钮▶；❷即可快速切换至第2个关键帧，如图11-23所示。

STEP 04 在“节目监视器”面板中，可以查看转到下一关键帧的效果，如图11-24所示。

STEP 05 单击“转到上一关键帧”按钮，即可快速切换至第1个关键帧，如图11-25所示。

STEP 06 在“节目监视器”面板中，可以查看转到上一关键帧的效果，如图11-26所示。

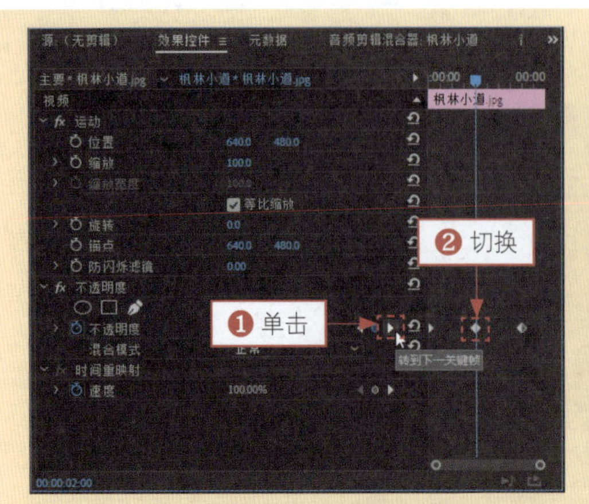

图11-23　单击“转到下一关键帧”按钮

图11-24　查看转到下一关键帧效果

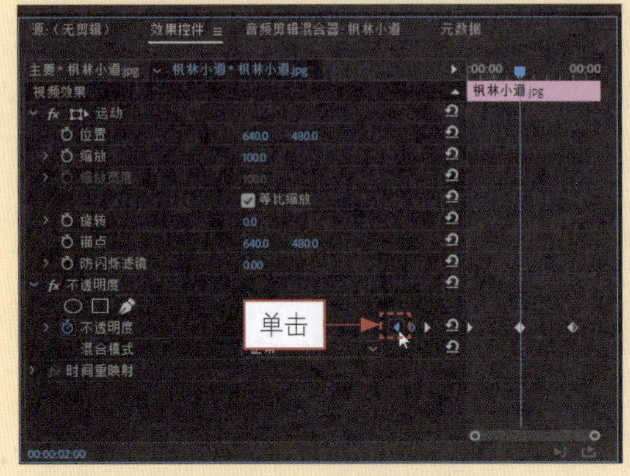

图11-25　单击“转到上一关键帧”按钮

图11-26　查看转到上一关键帧效果

专家指点

在 Premiere Pro 2020 中，当用户对添加的关键帧不满意时，可以将其删除，并重新添加新的关键帧。用户在删除关键帧时，可以在“效果控件”面板选中需要删除的关键帧并右击，在弹出的快捷菜单中选择“清除”命令，即可删除关键帧，如图 11-27 所示。

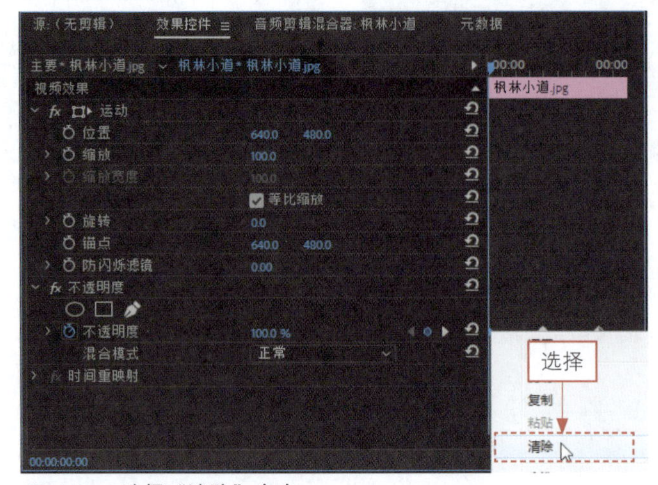

图11-27　选择“清除”命令

如果用户需要删除素材中的所有关键帧，除了可以使用上述方法，还可以直接单击“效果控件”面板中对应选项左侧的“切换动画”按钮，此时，系统将弹出“警告”信息提示框，如图 11-28 所示。单击“确定”按钮，即可清除素材中的所有关键帧。

图11-28　“警告”信息提示框

11.2 制作运动特效

通过对关键帧的学习，用户已经了解了运动特效的基本原理。在本节中，用户可以从制作运动特效的一些基本操作开始学习，并逐渐熟练掌握各种运动特效的制作方法。

11.2.1 制作飞行运动特效

在制作运动特效的过程中，用户可以通过设置“位置”选项的参数得到一段镜头飞过的画面效果。下面将介绍制作飞行运动特效的操作方法。

应用案例　制作飞行运动特效

STEP 01 按“Ctrl+O”组合键，打开一个项目文件“素材\第11章\可爱动人.prproj”，如图11-29所示。

STEP 02 选择V2轨道上的素材文件，❶在“效果控件”面板中单击“位置”选项左侧的“切换动画”按钮；❷设置“位置”参数为“500.0”“400.0”、“缩放”参数为“60.0”，添加第1个关键帧，如图11-30所示。

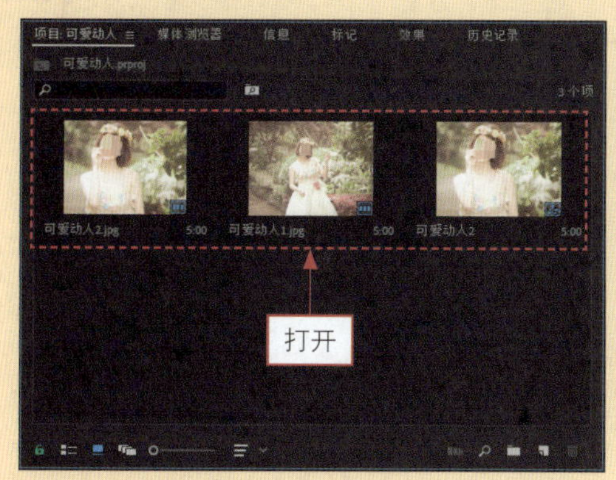

图11-29　打开一个项目文件

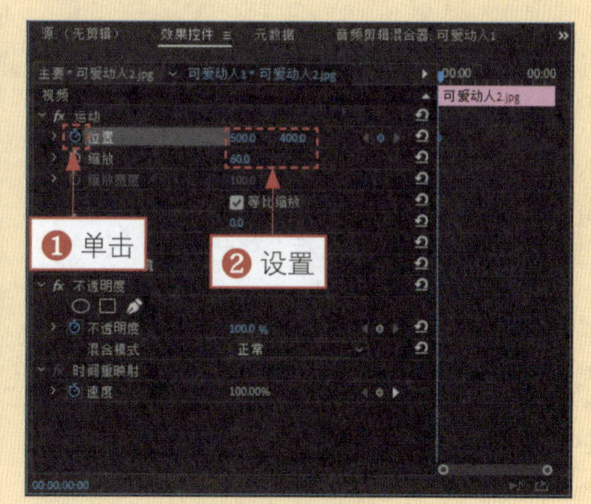

图11-30　添加第1个关键帧

专家指点

在 Premiere Pro 2020 中，用户经常会看到在一些镜头画面中飞过其他的镜头，同时两个镜头的视频内容正常播放，这就是设置了运动方向的效果。在 Premiere Pro 2020 中，视频的运动方向设置可以在“效果控件”面板的“运动”特效中得到实现，而“运动”特效是视频素材自带的特效，不需要在“效果控件”面板中选择特效即可进行应用。

STEP 03 ❶拖曳时间指示器至“00:00:02:00”的位置；❷在“效果控件”面板中设置“位置”参数为“155.0”“250.0”，添加第2个关键帧，如图11-31所示。

STEP 04 ❶拖曳时间指示器至“00:00:04:00”的位置；❷在“效果控件”面板中设置“位置”参数为“600.0”“770.0”，添加第3个关键帧，如图11-32所示。

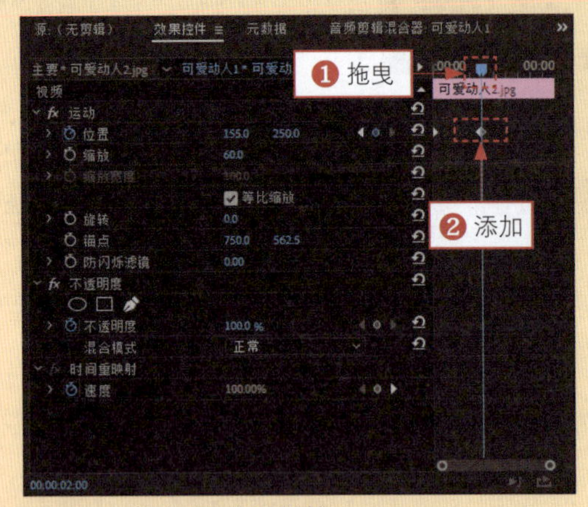

图11-31　添加第2个关键帧

图11-32　添加第3个关键帧

STEP 05 执行操作后，即可制作飞行运动特效，将时间线移至素材的开始位置，在“节目监视器”面板中，单击“播放-停止切换”按钮▶，即可预览视频效果，如图11-33所示。

图11-33　预览视频效果

11.2.2 制作缩放运动特效

缩放运动特效是指对象以从小到大或从大到小的形式展现在观众眼前，下面介绍具体操作方法。

应用案例　制作缩放运动特效

STEP 01 按“Ctrl+O”组合键，打开一个项目文件“素材\第11章\饮料广告.prproj”，并预览项目效果，如图11-34所示。

STEP 02 选择V1轨道上的素材文件，在“效果控件”面板中设置“缩放”参数为“55.0”，如图11-35所示。

图11-34　预览项目效果

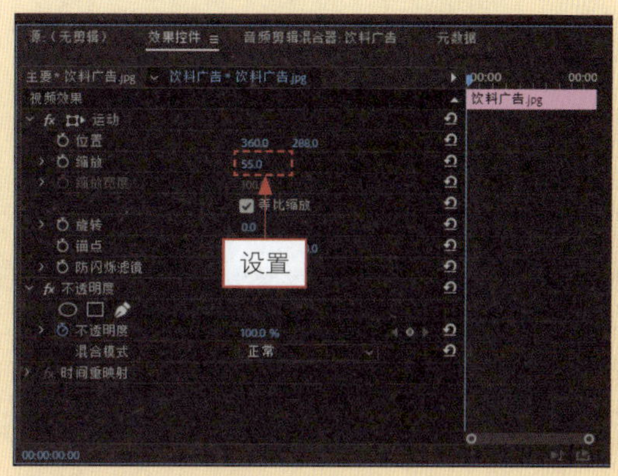

图11-35　设置“缩放”参数

专家指点

在 Premiere Pro 2020 中，缩放运动特效在影视节目中应用得比较频繁，该特效不仅操作简单，而且制作的画面对比较强，表现力丰富。

为影片素材制作缩放运动特效后，如果对其不满意，则可以展开“特效控制台”面板，在其中设置相应“缩放”参数，即可以改变缩放运动特效。

STEP 03 设置视频缩放运动特效后，在“节目监视器”面板中可以查看素材画面，如图11-36所示。

STEP 04 选择V2轨道上的素材，在“效果控件”面板中，❶分别单击“位置”、“缩放”及“不透明度”选项左侧的“切换动画”按钮；❷设置“位置”参数为“360.0”“288.0”、“缩放”参数为“0.0”、“不透明度”参数为“0.0%”；❸添加第1组关键帧，如图11-37所示。

图11-36　查看素材画面

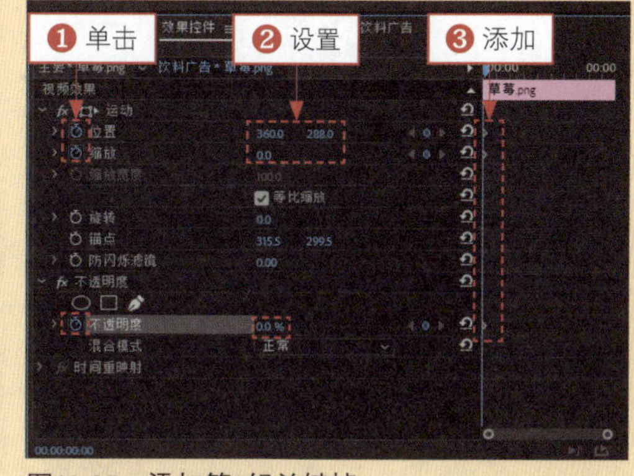

图11-37　添加第1组关键帧

STEP 05 ❶拖曳时间指示器至“00:00:02:00”的位置；❷设置“缩放”参数为“80.0”、“不透明度”参数为“100.0%”；❸添加第2组关键帧，如图11-38所示。

STEP 06 ❶单击“位置”选项右侧的“添加/移除关键帧”按钮；❷即可添加关键帧，如图11-39所示。

STEP 07 ❶拖曳时间指示器至“00:00:04:00”的位置；❷选择“运动”选项，如图11-40所示。

STEP 08 执行操作后，在“节目监视器”面板中显示运动控件，如图11-41所示。

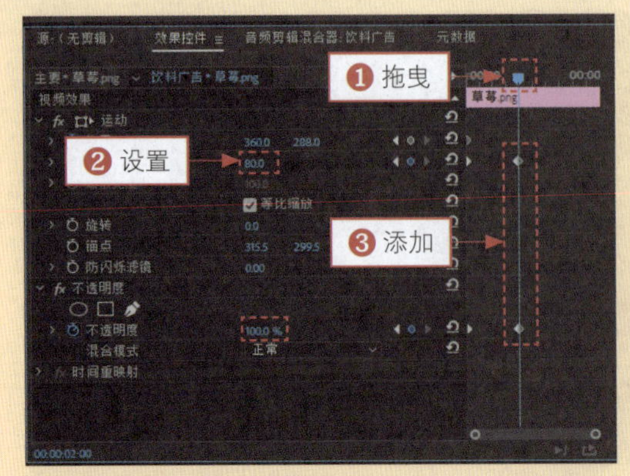

图11-38　添加第2组关键帧

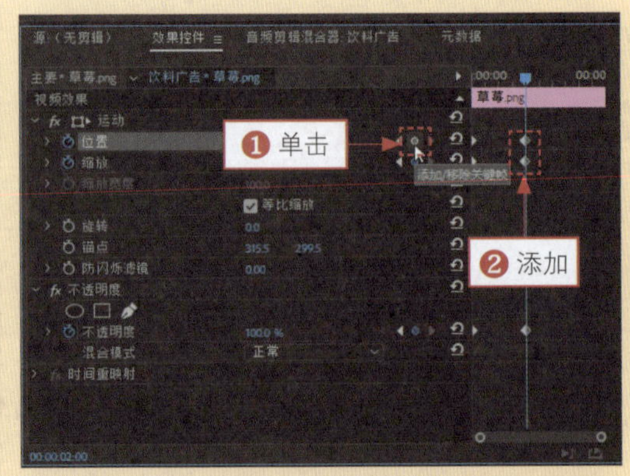

图11-39　单击“添加/移除关键帧”按钮

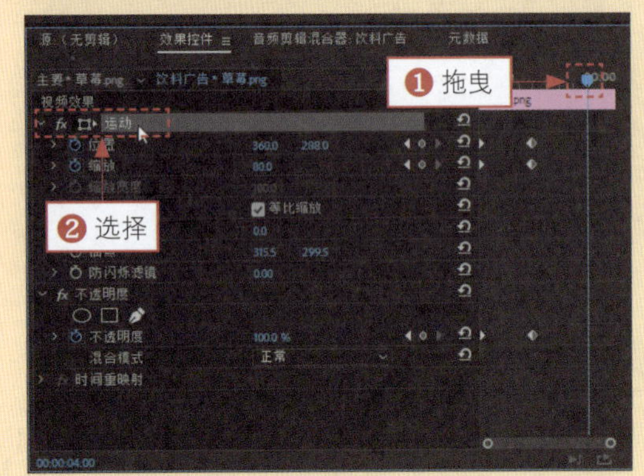

图11-40　选择“运动”选项

图11-41　显示运动控件

STEP 09 在“节目监视器”面板中，单击运动控件的中心并拖曳，调整素材位置，拖曳素材四周的控制点调整素材大小，如图11-42所示。

STEP 10 切换至“效果”面板，❶展开“视频效果”|“透视”选项；❷双击“投影”选项，即可为选择的素材添加投影效果，如图11-43所示。

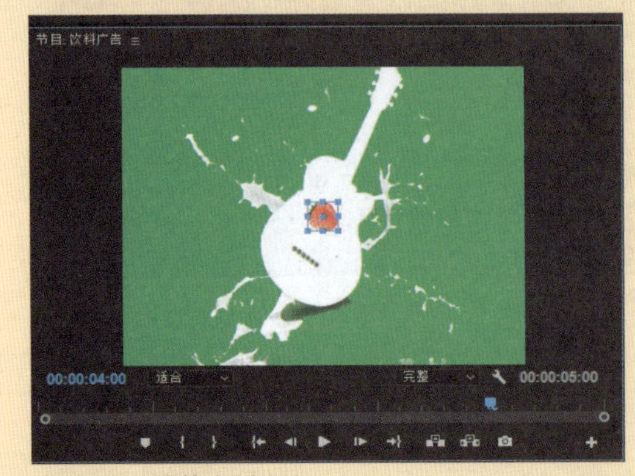

图11-42　调整素材大小

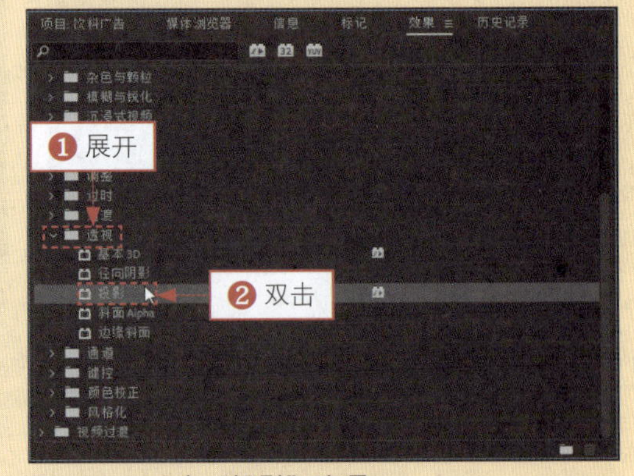

图11-43　双击“投影”选项

STEP 11 在“效果控件”面板中展开“投影”选项，设置“距离”参数为“20.0”、“柔和度”参数为“15.0”，如图11-44所示。

STEP 12 单击“播放-停止切换”按钮，预览视频效果，如图11-45所示。

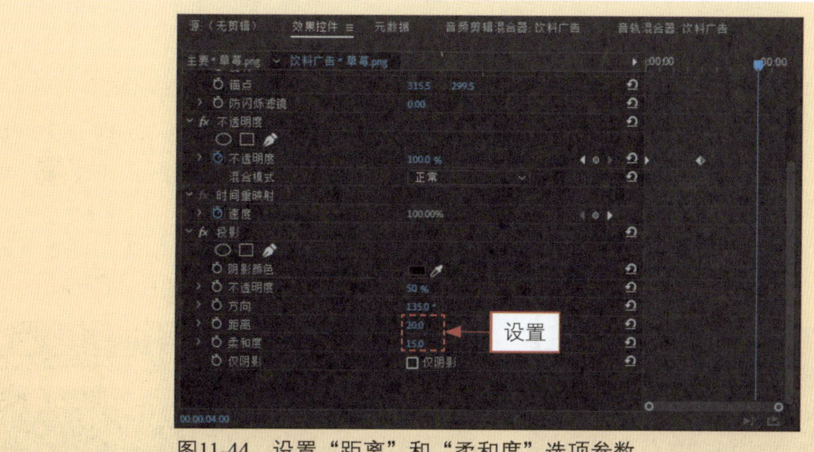

图11-44　设置“距离”和“柔和度”选项参数

图11-45　预览视频效果

11.2.3 制作抖音旋转降落特效

在Premiere Pro 2020中，旋转运动特效可以将素材围绕指定的轴进行旋转，下面介绍具体操作方法。

应用案例　制作抖音旋转降落特效

STEP 01 按“Ctrl＋O”组合键，打开一个项目文件“素材\第11章\可爱小猪.prproj”，如图11-46所示。

STEP 02 在“项目”面板中选择素材文件，分别添加到“时间轴”面板中的V1轨道与V2轨道上，如图11-47所示。

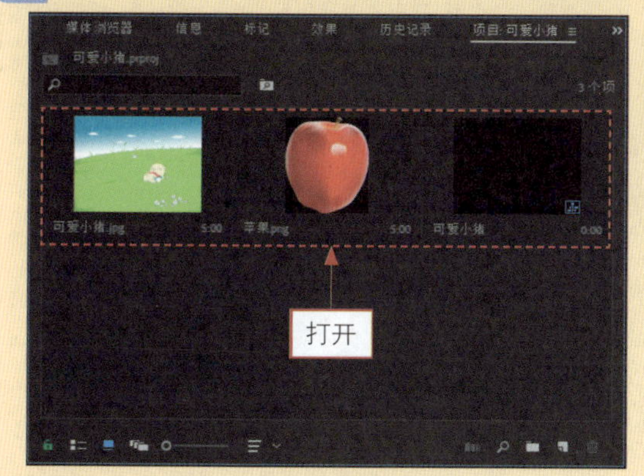

图11-46　打开一个项目文件

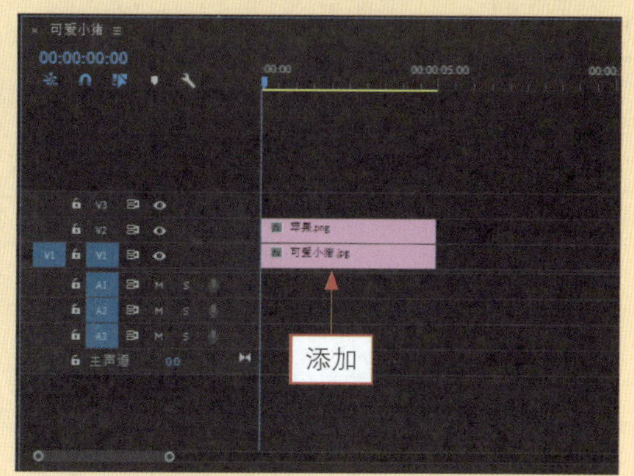

图11-47　添加素材文件

专家指点

在“效果控件”面板中，“旋转”选项是指以对象的轴心为基准，对对象进行旋转，用户可以对对象进行任意角度的旋转。

STEP 03 选择V2轨道上的素材文件，切换至“效果控件”面板，❶设置“位置”参数为“360.0”“-30.0”、“缩放”参数为“9.5”；❷单击“位置”选项与“旋转”选项左侧的“切换动画”按钮；❸添加第1组关键帧，如图11-48所示。

STEP 04 ❶拖曳时间指示器至“00:00:00:13”的位置；❷在“效果控件”面板中设置“位置”参数为“360.0”“50.0”、“旋转”参数为“-180.0°”；❸添加第2组关键帧，如图11-49所示。

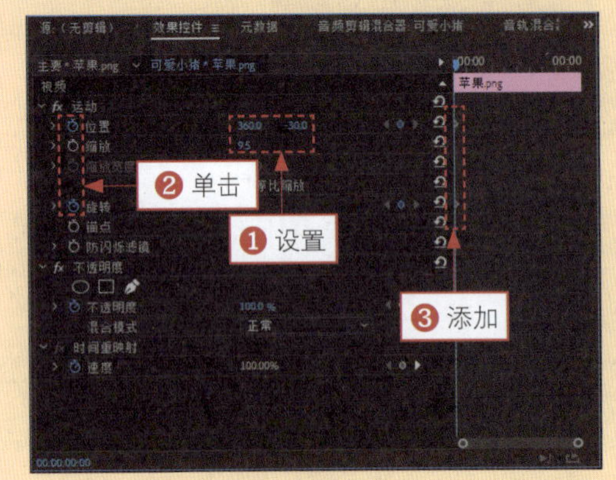

图11-48　添加第1组关键帧

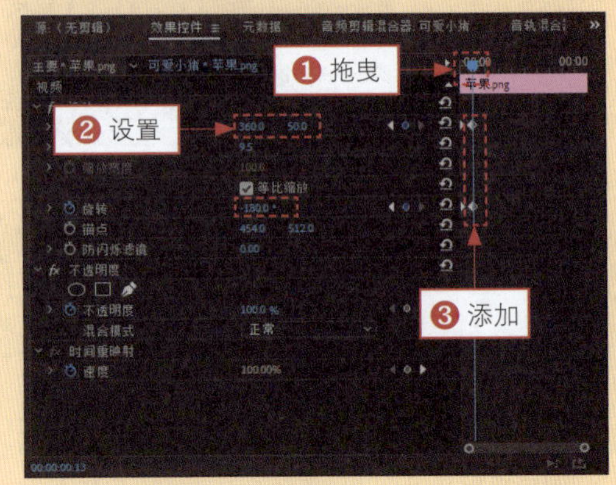

图11-49　添加第2组关键帧

STEP 05 ❶拖曳时间指示器至“00:00:03:00”的位置；❷在“效果控件”面板中设置“位置”参数为“700.0”“500.0”、“旋转”参数为“2.0°”，❸添加第3组关键帧，如图11-50所示。

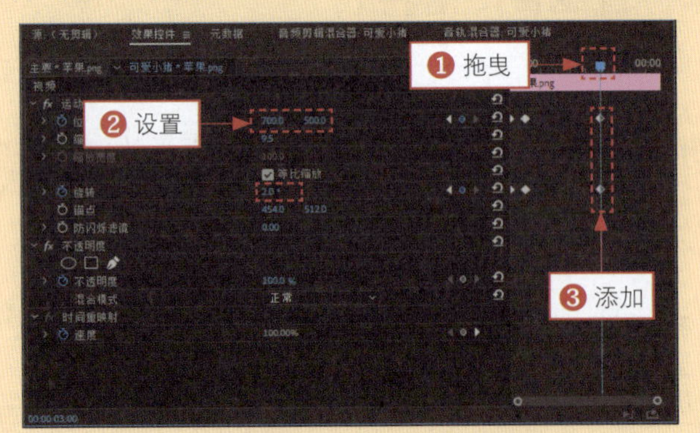

图11-50　添加第3组关键帧

STEP 06 单击“播放-停止切换”按钮，预览视频效果，如图11-51所示。

图11-51　预览视频效果

制作抖音镜头推拉特效

在视频节目中，制作镜头的推拉可以增加画面的视觉效果。下面介绍制作抖音镜头推拉特效的操作方法。

应用案例 制作抖音镜头推拉特效

STEP 01 按“Ctrl+O”组合键，打开一个项目文件“素材\第11章\爱的婚纱.prproj”，如图11-52所示。

STEP 02 在“项目”面板中选择“爱的婚纱.jpg”素材文件，并将其添加到“时间轴”面板中的V1轨道上，如图11-53所示。

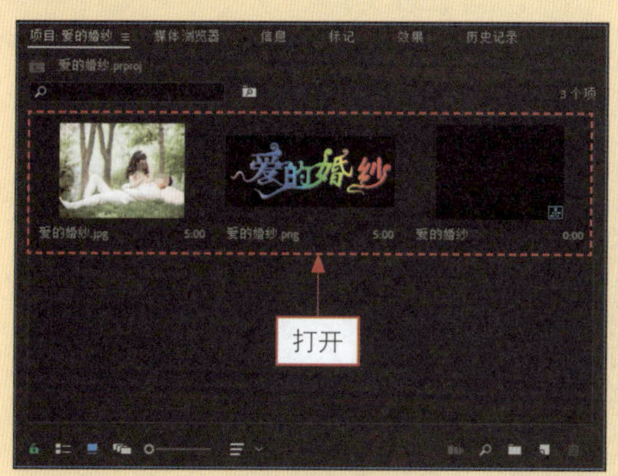

图11-52 打开一个项目文件

图11-53 添加“爱的婚纱.jpg”素材文件

STEP 03 选择V1轨道上的“爱的婚纱.jpg”素材文件，在“效果控件”面板中设置“缩放”参数为“120.0”，如图11-54所示。

STEP 04 然后将“爱的婚纱.png”素材文件添加到“时间轴”面板中的V2轨道上，如图11-55所示。

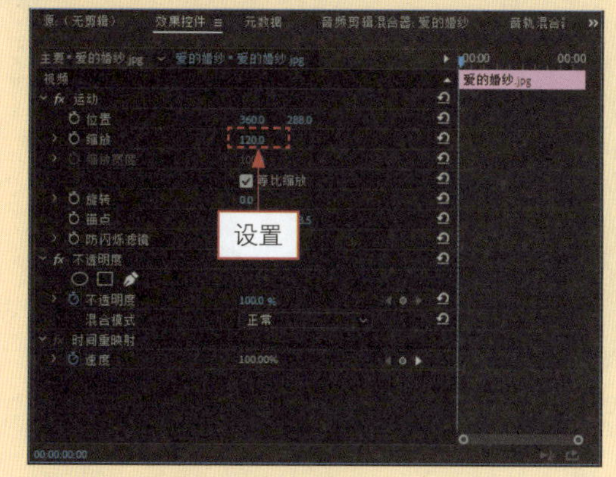

图11-54 设置“缩放”参数

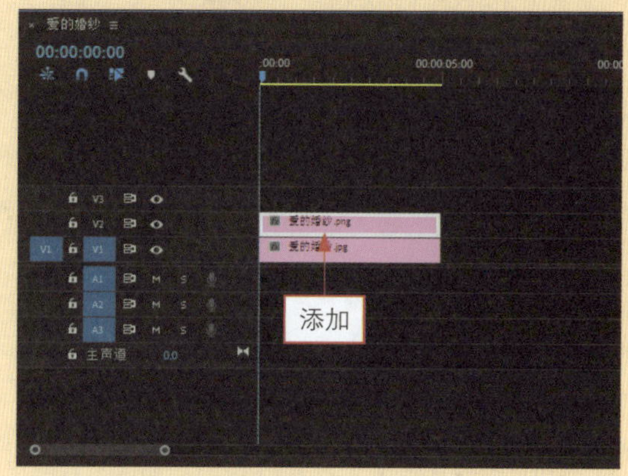

图11-55 添加“爱的婚纱.png”素材文件

STEP 05 选择V2轨道上的“爱的婚纱.png”素材文件，❶在“效果控件”面板中单击“位置”选项与“缩放”选项左侧的“切换动画”按钮；❷设置“位置”参数为“111.0”“90.0”、“缩放”参数为“11.0”；❸添加第1组关键帧，如图11-56所示。

STEP 06 ❶拖曳时间指示器至“00:00:02:00”的位置；❷设置“位置”参数为“600.0”“90.0”、“缩放”参数为“25.0”；❸添加第2组关键帧，如图11-57所示。

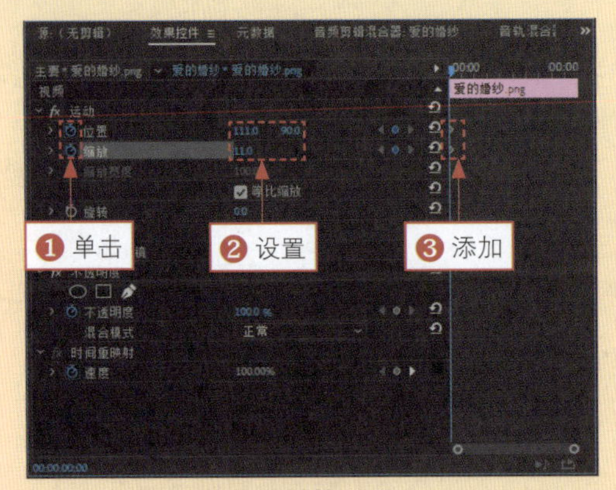

图11-56 添加第1组关键帧

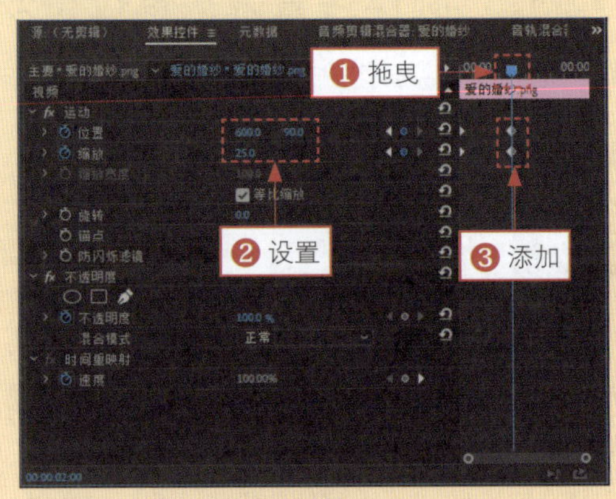

图11-57 添加第2组关键帧

STEP 07 ❶拖曳时间指示器至“00:00:04:00”的位置；❷设置“位置”参数为“350.0”“160.0”、“缩放”参数为“30.0”；❸添加第3组关键帧，如图11-58所示。

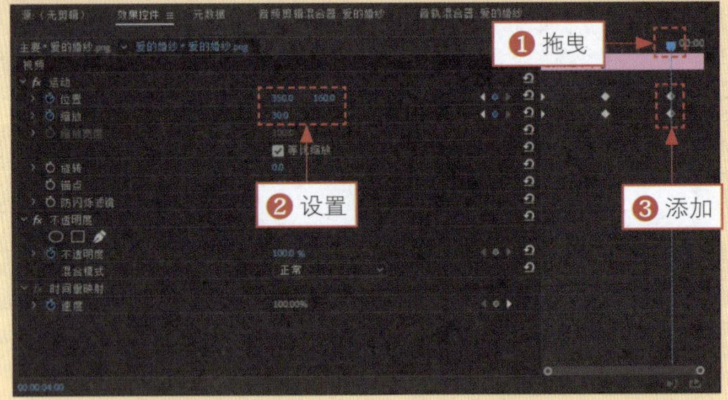

图11-58 添加第3组关键帧

STEP 08 单击“播放-停止切换”按钮▶，预览视频效果，如图11-59所示。

图11-59 预览视频效果

11.2.5 制作抖音字幕漂浮特效

字幕漂浮特效主要通过调整字幕的位置来制作运动效果，然后为字幕添加透明度效果来制作漂浮的特效，下面介绍具体操作方法。

制作抖音字幕漂浮特效

STEP 01 按“Ctrl＋O”组合键，打开一个项目文件“素材\第11章\可爱豚鼠.prproj”，如图11-60所示。

STEP 02 在项目面板中选择“可爱豚鼠.jpg”素材文件，并将其添加到“时间轴”面板中的V1轨道上，如图11-61所示。

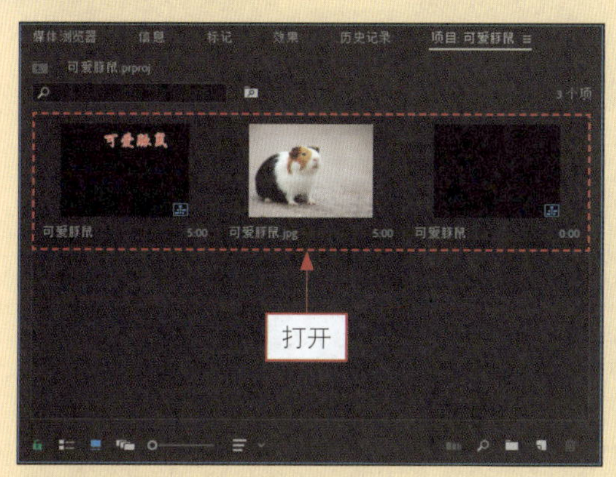

图11-60　打开一个项目文件

图11-61　添加“可爱豚鼠.jpg”素材文件

STEP 03 选择V1轨道上的“可爱豚鼠.jpg”素材文件，在“效果控件”面板中设置“缩放”参数为“102.1”，如图11-62所示。

STEP 04 将“可爱豚鼠”字幕文件添加到“时间轴”面板中的V2轨道上，调整素材的区间位置，如图11-63所示。

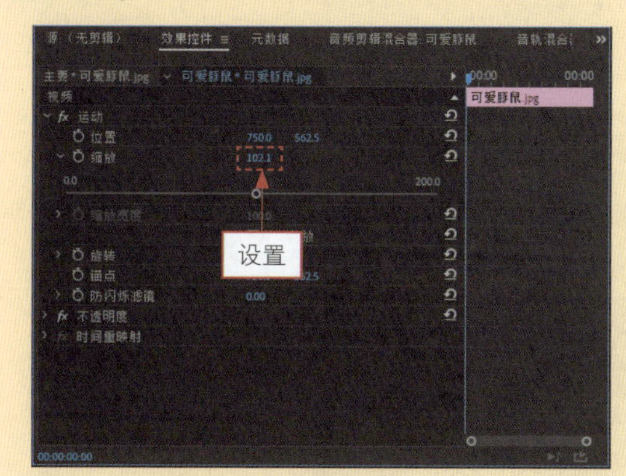

图11-62　设置“缩放”参数

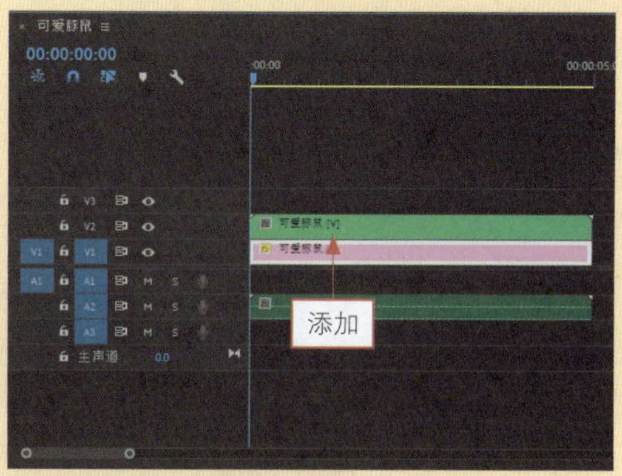

图11-63　添加“可爱豚鼠”字幕文件

STEP 05 在“时间轴”面板中添加素材后，在“节目监视器”面板中可以查看素材画面，如图11-64所示。

STEP 06 选择V2轨道上的“可爱豚鼠”，切换至“效果”面板，❶展开“视频效果”|“扭曲”选项；❷双击“波形变形”选项，即可为选择的字幕文件添加波形变形效果，如图11-65所示。

STEP 07 在“效果控件”面板中，❶单击“位置”选项与“不透明度”选项左侧的“切换动画”按钮；❷设置“位置”参数为“150.0”“280.0”、“不透明度”参数为“50.0%”；❸添加第1组关键帧，如图11-66所示。

STEP 08 ❶拖曳时间指示器至“00:00:02:00”的位置；❷设置“位置”参数为“350.0”“300.0”、“不透明度”参数为“70.0%”；❸添加第2组关键帧，如图11-67所示。

图11-64　查看素材画面

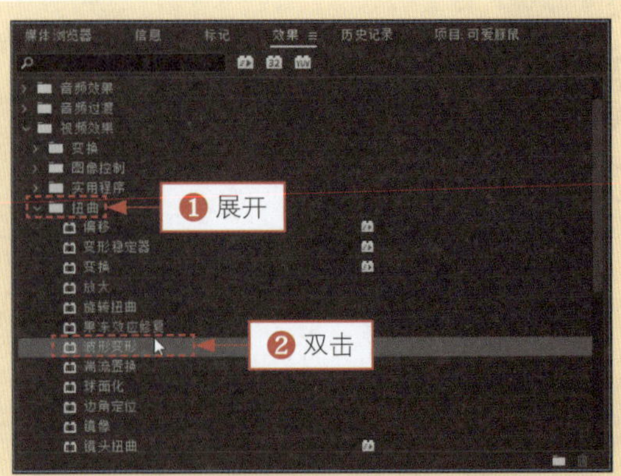

图11-65　双击“波形变形”选项

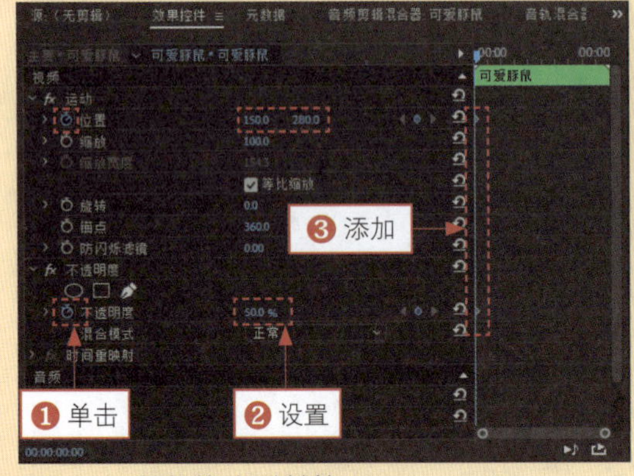

图11-66　添加第1组关键帧

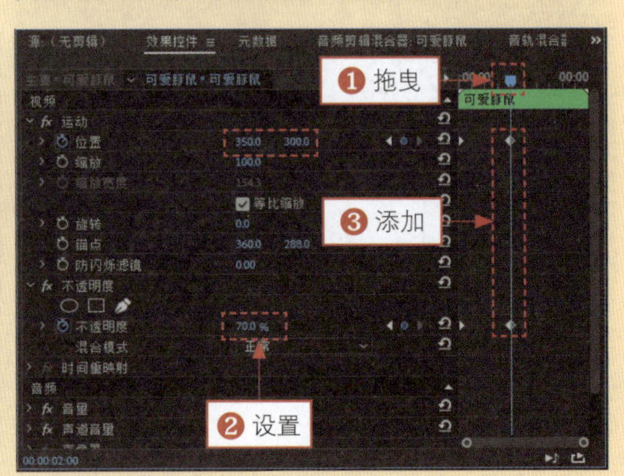

图11-67　添加第2组关键帧

专家指点

在Premiere Pro 2020中，字幕漂浮效果是指为文字添加波形变形特效后，通过设置相关的参数，可以模拟水波流动的效果，用户可以根据需要，在“效果控件”面板中调整关键帧的参数。

STEP 09 ①拖曳时间指示器至“00:00:04:00”的位置；②设置“位置”参数为“370.0”“320.0”、“不透明度”参数为“100.0%”；③添加第3组关键帧，如图11-68所示。

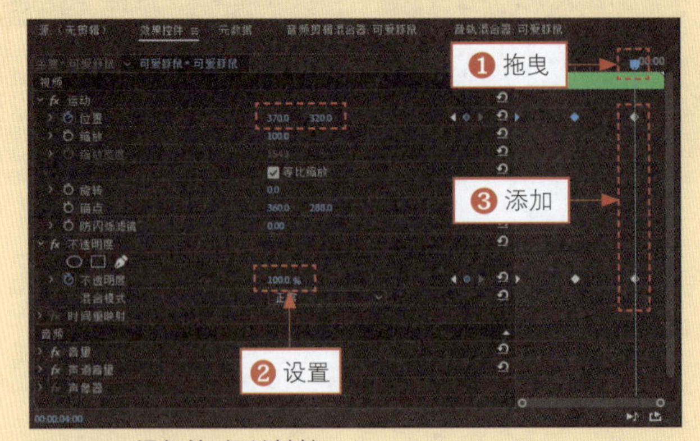

图11-68　添加第3组关键帧

STEP 10 设置完成后，将时间线拖曳至开始位置，在“节目监视器”面板中，单击“播放-停止切换”按钮▶，预览视频效果，如图11-69所示。

图11-69 预览视频效果

制作抖音字幕逐字输出特效

在Premiere Pro 2020中，用户可以通过“裁剪”特效选项制作抖音字幕逐字输出特效。下面介绍制作抖音字幕逐字输出特效的操作方法。

制作抖音字幕逐字输出特效

STEP 01 按“Ctrl＋O”组合键，打开一个项目文件“素材\第11章\幸福恋人.prproj”，如图11-70所示。

STEP 02 在“项目”面板中选择“幸福恋人.jpg”素材文件，并将其添加到“时间轴”面板中的V1轨道上，如图11-71所示。

图11-70 打开一个项目文件

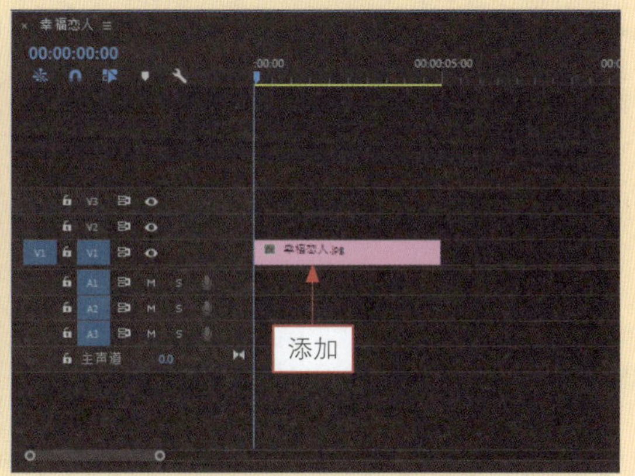

图11-71 添加“幸福恋人.jpg”素材文件

STEP 03 选择V1轨道上的“幸福恋人.jpg”素材文件，在“效果控件”面板中设置“缩放”参数为“15.0”，如图11-72所示。

STEP 04 将“幸福恋人”字幕文件添加到“时间轴”面板中的V2轨道上，选择V2轨道中的“幸福恋人”字幕文件，如图11-73所示。

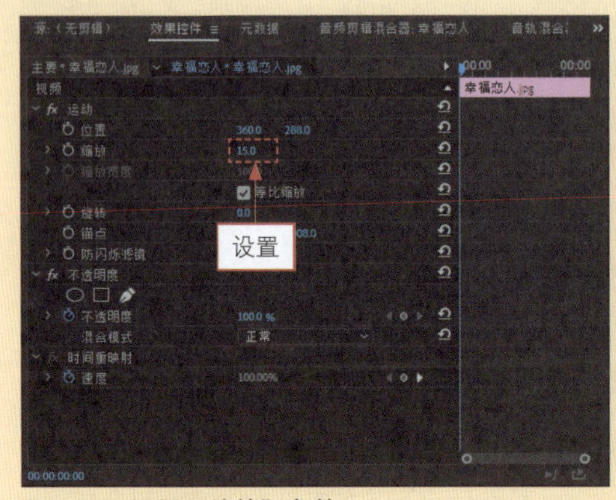

图11-72　设置“缩放”参数

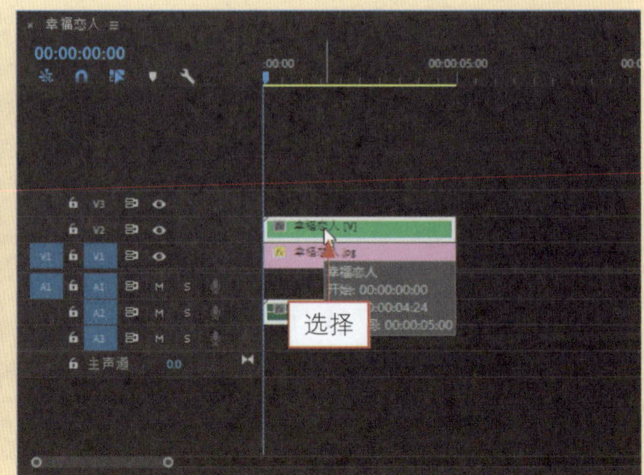

图11-73　选择V2轨道中的“幸福恋人”字幕文件

STEP 05 切换至“效果”面板，❶展开“视频效果”|“变换”选项；❷双击“裁剪”选项，即可为选择的素材添加裁剪效果，如图11-74所示。

STEP 06 在“效果控件”面板中展开“裁剪”选项，❶拖曳时间指示器至“00:00:00:12”的位置；❷单击“右侧”选项与“底部”选项左侧的“切换动画”按钮；❸设置“右侧”参数为“100.0%”、“底部”参数为“81.0%”；❹添加第1组关键帧，如图11-75所示。

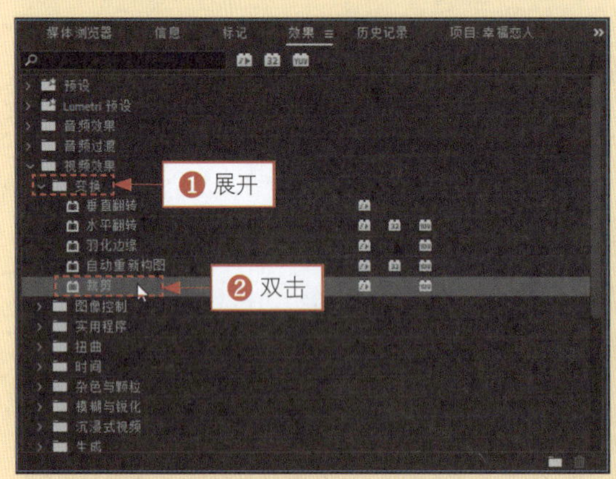

图11-74　双击“裁剪”选项

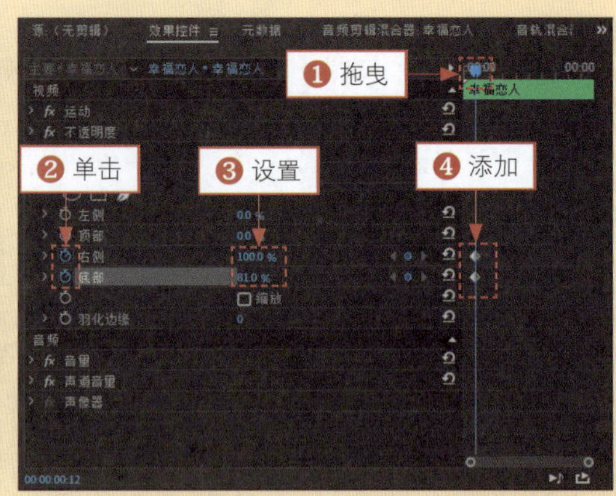

图11-75　添加第1组关键帧

专家指点

在Premiere Pro 2020中，“裁剪”特效中的其他功能选项也可以应用。例如“左侧”选项和“顶部”选项，用户可以在“效果控件”面板的“裁剪”选项区中通过添加关键帧，并设置关键帧相关参数即可应用。

STEP 07 执行操作后，在“节目监视器”面板中可以查看素材画面，如图11-76所示。

STEP 08 ❶拖曳时间指示器至“00:00:01:00”的位置；❷设置“右侧”参数为“65.0%”、“底部”参数为“10.0%”；❸添加第2组关键帧，如图11-77所示。

STEP 09 ❶拖曳时间指示器至“00:00:02:00”的位置；❷设置“右侧”参数为“45.0%”、“底部”参数为“10.0%”；❸添加第3组关键帧，如图11-78所示。

STEP 10 ❶拖曳时间指示器至“00:00:03:00”的位置；❷设置“右侧”参数为“30.0%”、“底部”参数为“10.0%”；❸添加第4组关键帧，如图11-79所示。

图11-76　查看素材画面

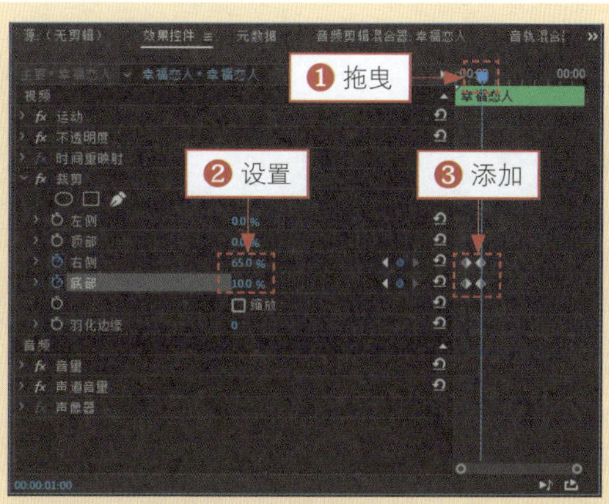

图11-77　添加第2组关键帧

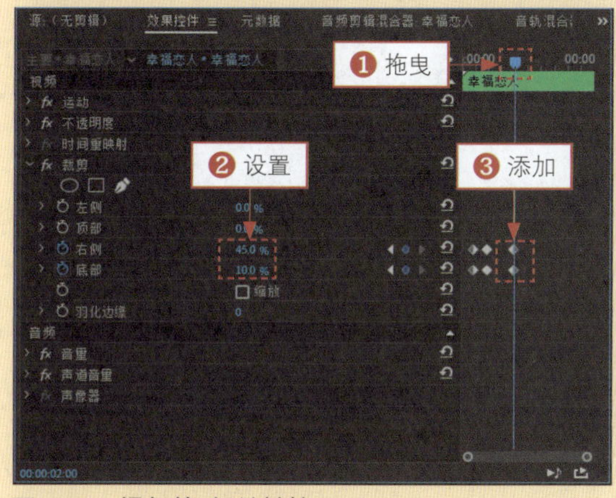

图11-78　添加第3组关键帧

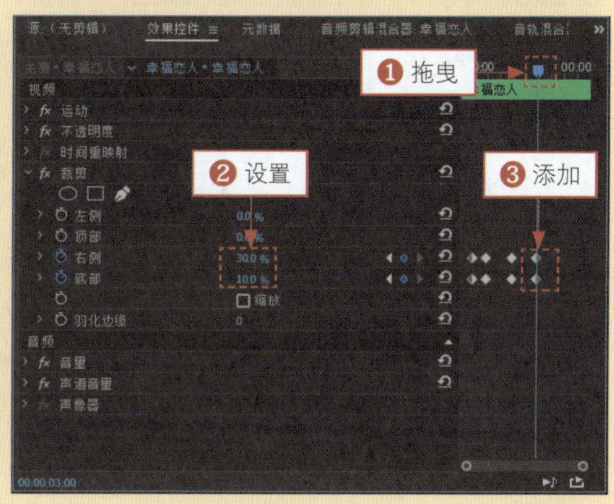

图11-79　添加第4组关键帧

STEP 11　❶拖曳时间指示器至“00:00:04:00”的位置；❷设置“右侧”参数为“15.0%”、“底部”参数为“10.0%”；❸添加第5组关键帧，如图11-80所示。

STEP 12　❶拖曳时间指示器至“00:00:04:20”的位置；❷设置“右侧”参数为“0.0%”、“底部”参数为“0.0%”；❸添加第6组关键帧，如图11-81所示。

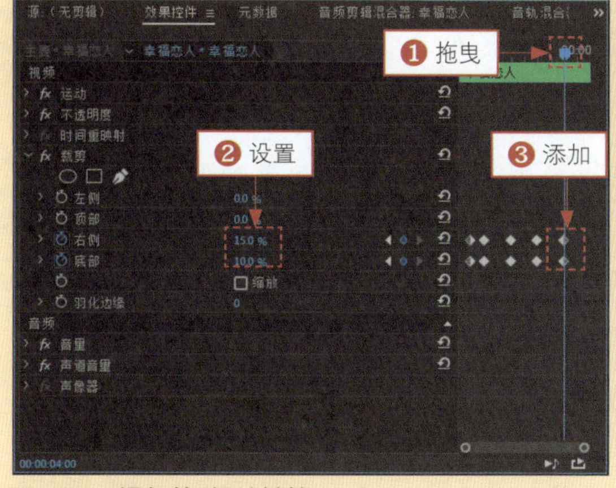

图11-80　添加第5组关键帧

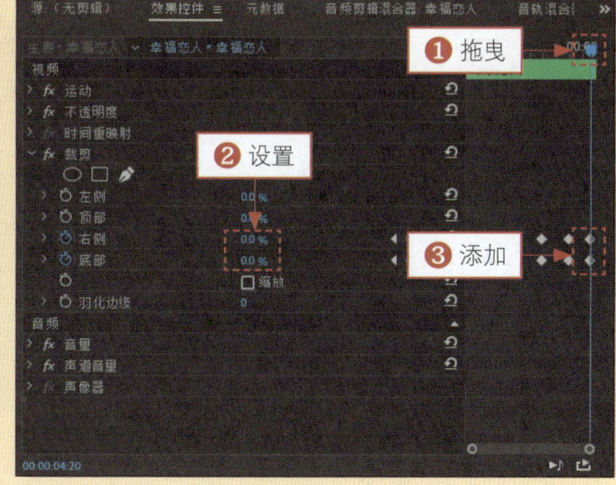

图11-81　添加第6组关键帧

STEP 13 单击“播放-停止切换”按钮▶，预览视频效果，如图11-82所示。

图11-82 预览视频效果

11.3 制作画中画特效

画中画特效是在影视节目中常用的技巧之一，是利用数字技术，在同一个屏幕上显示两个画面。本节将详细介绍画中画特效的相关基础知识及在Premiere Pro 2020中的制作方法，以供读者掌握。

11.3.1 认识画中画

画中画特效是指在正常观看的主画面上，同时插入一个或多个经过压缩的子画面，以便在欣赏主画面的同时，观看其他影视效果。通过数字化处理，生成景物远近不同、具有强烈视觉冲击力的全景图像，给人一种身在画中的全新视觉享受。

画中画特效不仅可以同步显示多个不同的画面，还可以显示两个或多个内容相同画面，让画面产生万花筒的特殊效果。

1. 画中画特效在天气预报中的应用

随着计算机的普及，画中画特效逐渐成为天气预报节目的常用播放技巧。

在天气预报节目中，几乎大部分都使用了画中画特效来进行播放。工作人员通过后期的制作，将两个画面合成到一个背景中，得到最终的天气预报效果。

2．画中画特效在新闻播放节目中的应用

画中画特效在新闻播放节目中的应用也十分广泛。在新闻播放节目中，常常会看到主持人的右上角出来一个新的画面，这些画面通常是为了配合主持人报道新闻。

3．画中画特效在影视广告宣传中的应用

影视广告是非常奏效而且覆盖面较广的广告传播方式之一。随着数码科技的发展，这种画中画特效被许多广告产业搬上了屏幕中，加入了画中画特效的宣传动画，常常可以使影视广告表现出更加明显的宣传效果。

4．画中画特效在显示器中的应用

如今网络电视正在不断普及，较大尺寸显示器的出现，使得画中画特效在显示器中的应用也越来越广泛。在市场上，以华硕VE276Q和三星P2370HN为代表的带有画中画特效功能显示器的出现，受到了顾客的一致认可，同时也进一步增强了显示器的娱乐性。

11.3.2 画中画特效的导入

在画中画特效是以高科技为载体，将普通的平面图像转化为层次分明，全景多变的精彩画面。在Premiere Pro 2020中，制作画中画特效之前，先要导入影片素材，下面介绍具体操作方法。

应用案例 画中画特效的导入

STEP 01 按“Ctrl＋O”组合键，打开一个项目文件“素材\第11章\泡脚足浴.prproj”，并预览项目效果，如图11-83所示。

图11-83 预览项目效果

STEP 02 在“时间轴”面板上，将导入的素材分别添加至V1轨道和V2轨道上，拖动控制条调整视图，如图11-84所示。

STEP 03 将时间线移至“00:00:06:00”的位置，将V2轨道上的素材向右拖曳至6秒处，设置时长，如图11-85所示。

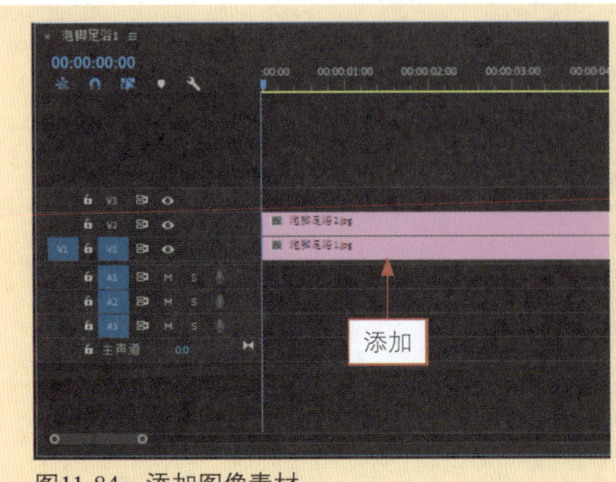

图11-84 添加图像素材

图11-85 设置时长

画中画特效的制作

在添加完素材后，用户可以继续对素材设置画中画特效。下面介绍设置画中画特效属性的具体操作方法。

应用案例 画中画特效的制作

STEP 01 打开上一节中导入的项目文件，将时间线移至素材的开始位置，选择V1轨道上的素材，如图11-86所示。

STEP 02 在“效果控件”面板中展开“运动”选项，❶单击“位置”选项和“缩放”选项左侧的“切换动画”按钮；❷添加第1组关键帧，如图11-87所示。

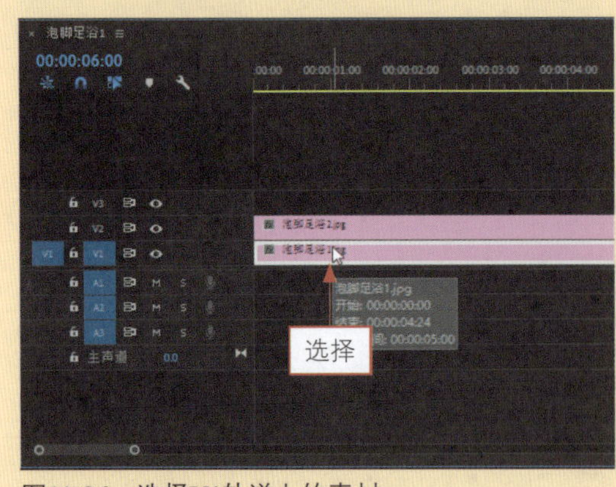

图11-86 选择V1轨道上的素材

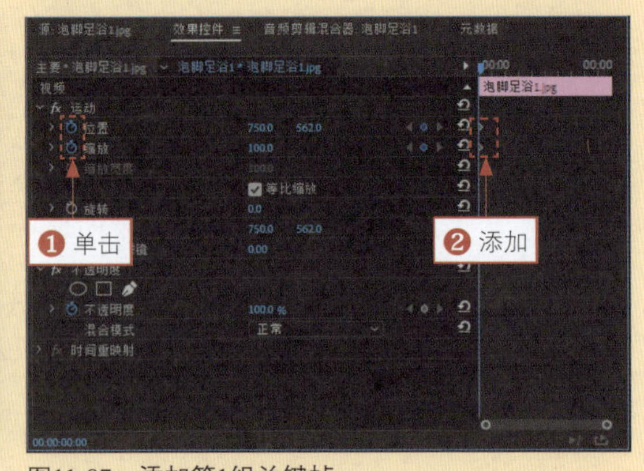

图11-87 添加第1组关键帧

STEP 03 第1组关键帧添加完成后，选择V2轨道上的素材，设置“缩放”参数为“80.0”，如图11-88所示。

STEP 04 在“节目监视器”面板中，将选择的V2轨道上的素材拖曳至该面板的左上角，❶单击“位置”选项和“缩放”选项左侧的“切换动画”按钮；❷添加第2组关键帧，如图11-89所示。

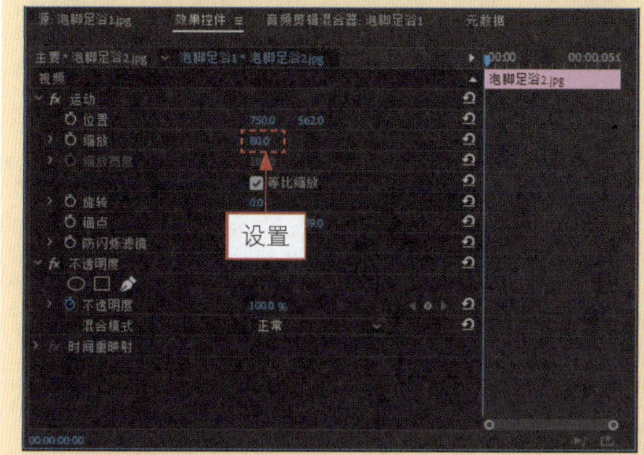

图11-88　设置“缩放”参数

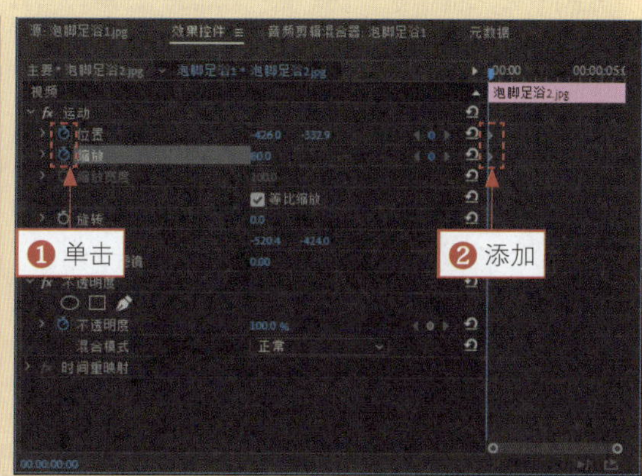

图11-89　添加第2组关键帧

STEP 05 将时间线移至“00:00:00:20”的位置，选择V2轨道中的素材，在“节目监视器”面板中沿水平方向向右拖曳素材，如图11-90所示，系统会自动添加一个关键帧。

STEP 06 将时间线移至“00:00:01:00”的位置，选择V2轨道中的素材，在“节目监视器”面板中沿垂直方向向下拖曳素材，系统会自动添加一个关键帧，如图11-91所示。

图11-90　沿水平方向向右拖曳素材

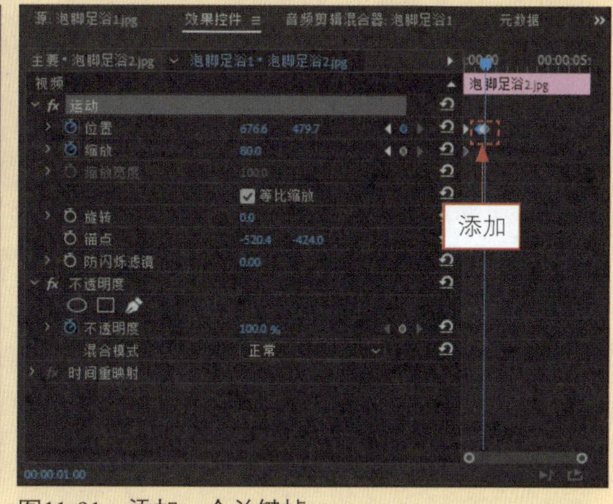

图11-91　添加一个关键帧

STEP 07 将“泡脚足浴1.jpg”图像素材添加至V3轨道的“00:00:01:00”位置，如图11-92所示。

STEP 08 选择V3轨道上的素材，将时间线移至“00:00:01:05”的位置，如图11-93所示。

STEP 09 在“效果控件”面板中展开“运动”选项，❶设置“缩放”参数为“40.0”；❷在“节目监视器”面板中向右上角拖曳素材；在“效果控件”面板中，❸单击“位置”选项和“缩放”选项左侧的“切换动画”按钮并设置相应选项的参数；❹添加第4组关键帧，如图11-94所示。

STEP 10 单击“播放-停止切换”按钮，即可预览视频效果，如图11-95所示。

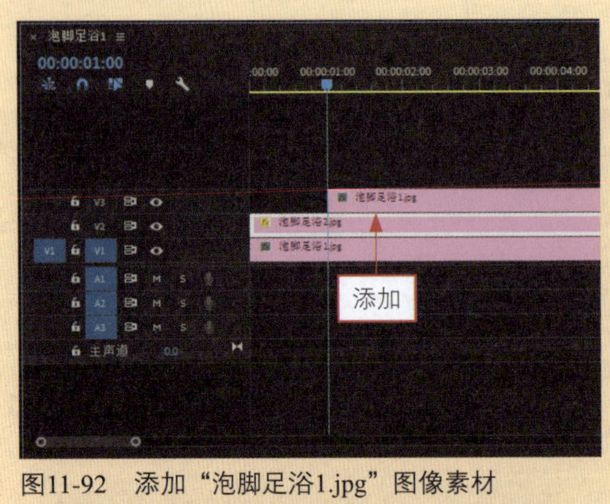

图11-92 添加“泡脚足浴1.jpg”图像素材

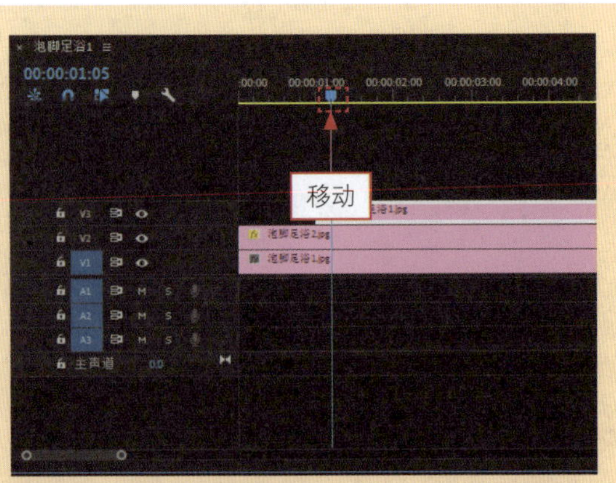

图11-93 移动时间线位置

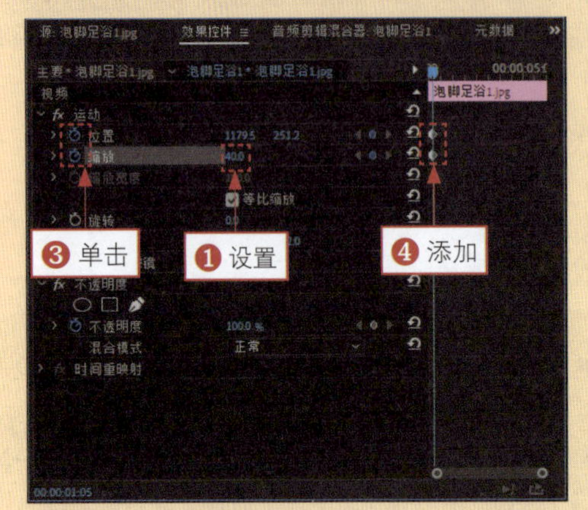

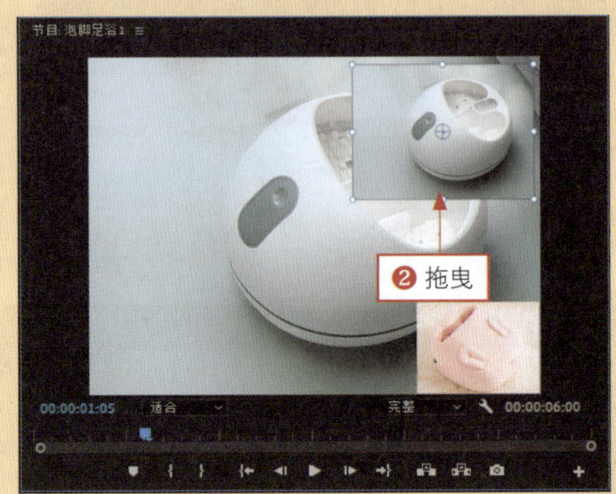

图11-94 添加第4组关键帧

图11-95 预览视频效果

11.4 专家支招

在Premiere Pro 2020“时间轴”面板中的V1轨道和V2轨道上分别添加两张图像素材，会产生覆叠遮罩效果，V2轨道中的素材会将V1轨道中的素材覆盖，因此在“节目监视器”面板中，只能看到V2轨道中的素材，如图11-96所示。

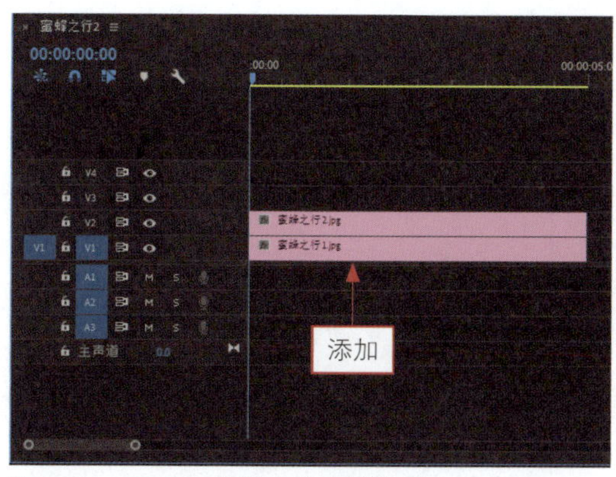

图11-96　显示V2轨道中的素材效果

在“时间轴”面板中，单击V2轨道中右侧的“切换轨道输出”按钮，在“节目监视器”面板中即可显示V1轨道中的素材，如图11-97所示。用户可以使用相同的方法在不同轨道中单击“切换轨道输出”按钮，切换查看另一个轨道中的素材画面效果。

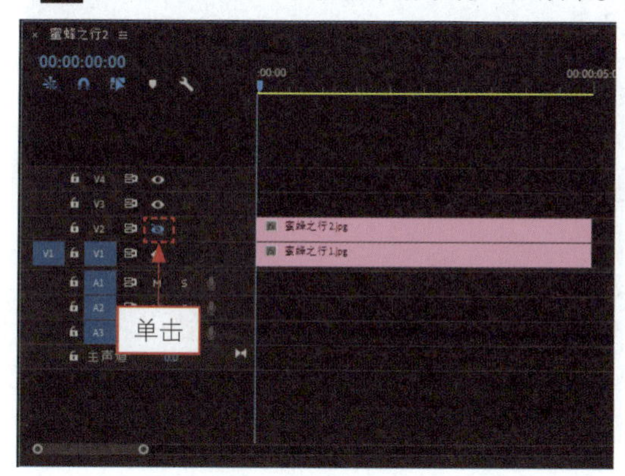

图11-97　显示V1轨道中的素材效果

11.5 总结拓展

我们在广告中经常可以看到一些视频画面飞行、镜头推拉、旋转及缩放等运动特效。在Premiere Pro 2020中，用户可以在静态图像的基础上，为其添加关键帧，设置“位置”、“缩放”、“旋转”、“不透明度”及“方向”等参数，使静态图像产生飞行、旋转等运动特效，使视频效果更加生动。

11.5.1 本章小结

在Premiere Pro 2020中，为了创造更加丰富的画面内容，用户可以通过运动关键帧参数的设置与调节等，给观众带来精彩奇妙的视觉效果。本章主要介绍了视频运动效果的制作方法，其中包括通过“时间轴”面板快速添加关键帧、通过“效果控件”面板添加关键帧、关键帧的调节、关键帧的复制和粘贴、关键帧的切换、制作飞行运动特效、制作缩放运动特效、制作抖音旋转降落特效、制作抖音镜头推拉特效、制作抖音字幕漂浮特效、制作抖音字幕逐字输出特效及制作画中画特效的操作方法。通过学习本章内容，希望读者可以灵活掌握添加关键帧及设置关键帧参数的方法，制作出令人惊叹的影视作品，为观众带来不一样的奇妙视界。

11.5.2 举一反三——制作字幕立体旋转效果

在Premiere Pro 2020中，用户可以通过“基本3D”特效制作字幕立体旋转效果。下面介绍制作字幕立体旋转效果的操作方法。

应用案例 举一反三——制作字幕立体旋转效果

STEP 01 按“Ctrl+O”组合键，打开一个项目文件“素材\第11章\汽车广告.prproj”，如图11-98所示。

STEP 02 在“项目”面板中选择“汽车广告.jpg”素材文件，并将其添加到“时间轴”面板中的V1轨道上，如图11-99所示。

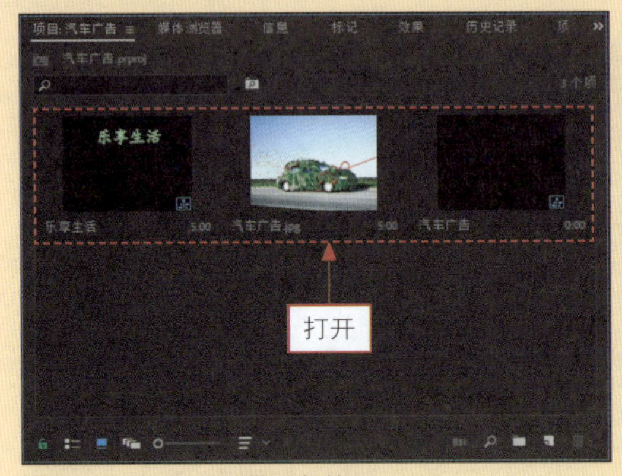

图11-98　打开一个项目文件

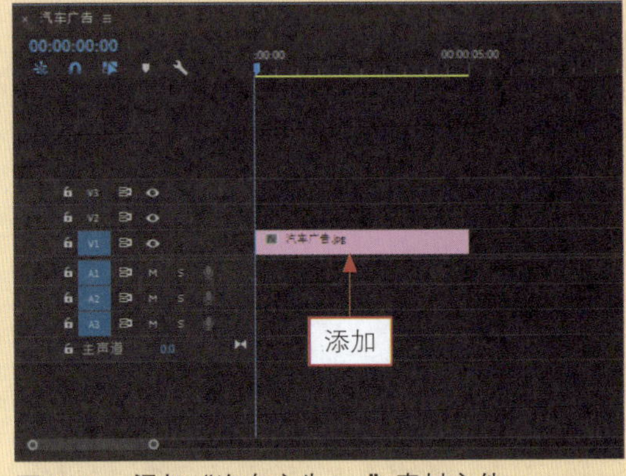

图11-99　添加“汽车广告.jpg”素材文件

STEP 03 选择V1轨道上的“汽车广告.jpg”素材文件，在“效果控件”面板中展开“运动”选项，设置“缩放”参数为“185.0”，如图11-100所示。

STEP 04 将“项目”面板中的“乐享生活”字幕文件添加到“时间轴”面板中的V2轨道上，如图11-101所示。

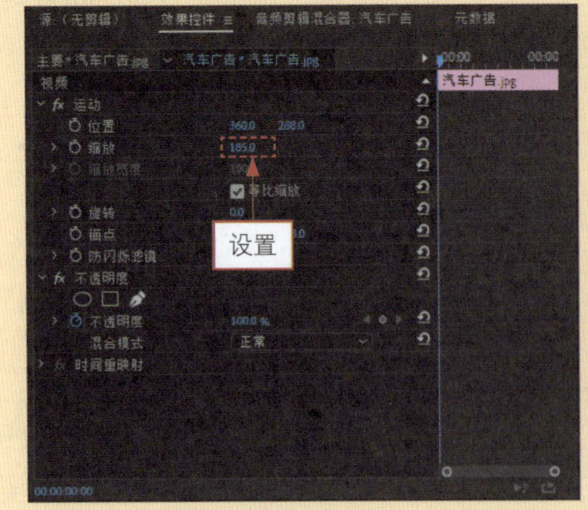

图11-100　设置“缩放”参数

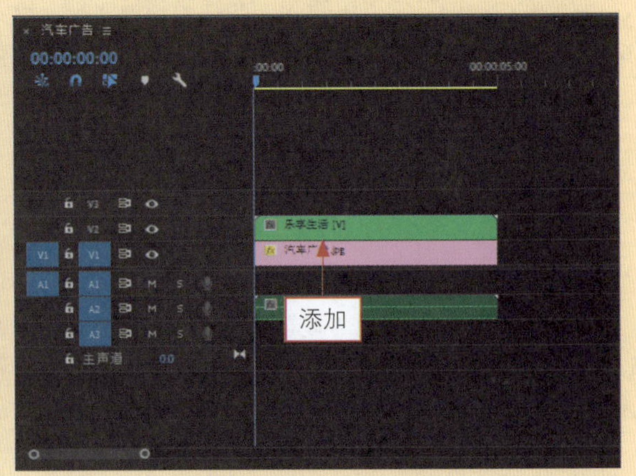

图11-101　添加“乐享生活”字幕文件

STEP 05 选择V2轨道上的“乐享生活”字幕文件，在“效果控件”面板中展开“运动”选项，设置“位置”参数为“360.0” “260.0”，如图11-102所示。

STEP 06 切换至“效果”面板，❶展开“视频效果”|“透视”选项；❷双击“基本3D”选项，即可为选择的“乐享生活”字幕文件添加“基本3D”效果，如图11-103所示。

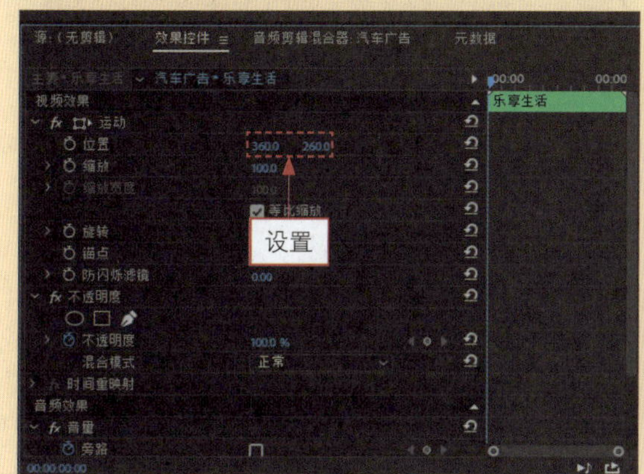

图11-102　设置“位置”参数

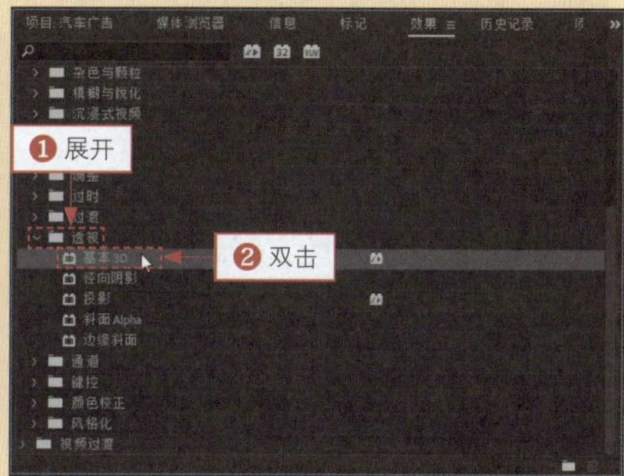

图11-103　双击“基本3D”选项

STEP 07 在“效果控件”面板中展开“基本3D”选项，❶单击“旋转”选项、“倾斜”及“与图像的距离”选项左侧的“切换动画”按钮；❷设置“旋转”参数为“0.0°”、“倾斜”参数为“0.0°”、“与图像的距离”参数为“100.0”；❸添加第1组关键帧，如图11-104所示。

STEP 08 ❶拖曳时间指示器至“00:00:01:00”的位置；❷设置“旋转”参数为“100.0°”、“倾斜”参数为“0.0°”、“与图像的距离”参数为“200.0”；❸添加第2组关键帧，如图11-105所示。

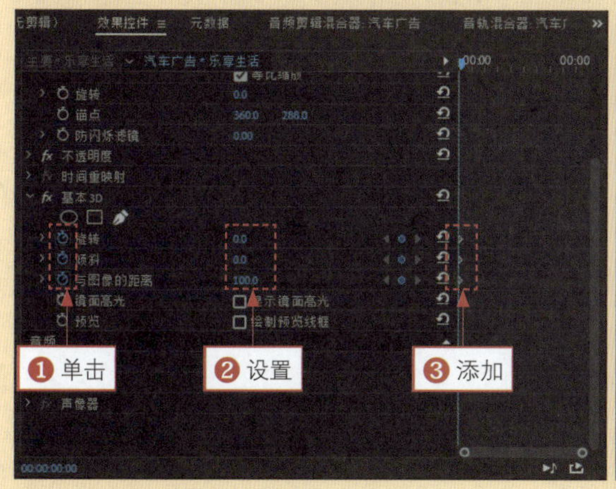

图11-104　添加第1组关键帧

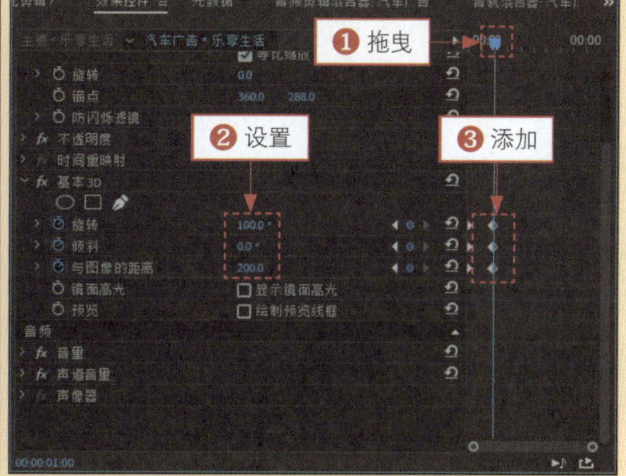

图11-105　添加第2组关键帧

STEP 09 ❶拖曳时间指示器至“00:00:02:00”的位置；❷设置“旋转”参数为“100.0°”、“倾斜”参数为“100.0°”、“与图像的距离”参数为“100.0”；❸添加第3组关键帧，如图11-106所示。

STEP 10 ❶拖曳时间指示器至“00:00:03:00”的位置；❷设置“旋转”参数为“2.0°”、“倾斜”参数为“2.0°”、“与图像的距离”参数为“0.0”；❸添加第4组关键帧，如图11-107所示。

STEP 11 单击“播放-停止切换”按钮，预览视频效果，如图11-108所示。

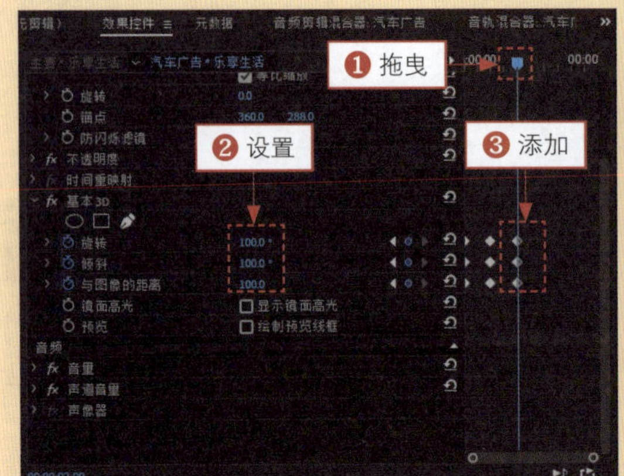

图11-106　添加第3组关键帧

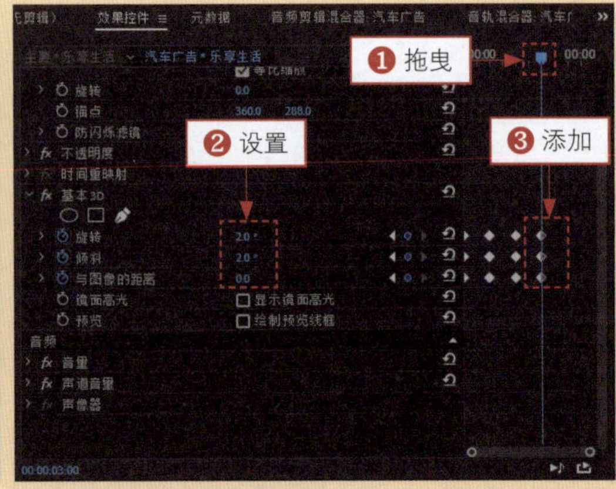

图11-107　添加第4组关键帧

图11-108　预览视频效果

第12章　一键生成：设置与导出视频文件

在Premiere Pro 2020中，当用户完成一段影视内容的编辑，并且对编辑的效果感到满意时，可以将其导出为各种不同格式的文件。在导出视频文件时，用户需要对视频的格式、预设、输出名称和位置及其他选项进行设置，本章主要介绍如何设置影片输出的参数，并将其保存为各种不同格式的文件。

本章重点

设置视频参数

设置影片导出参数

导出影视文件

12.1 设置视频参数

在导出视频文件时，用户需要对视频的格式、预设、输出名称和位置及其他选项进行设置。本节主要介绍“导出设置”对话框及导出视频文件所需要设置的参数。

12.1.1 视频预览区域

视频预览区域主要用来预览视频效果，下面将介绍设置视频预览区域的具体操作方法。

视频预览区域

STEP 01 按“Ctrl＋O”组合键，打开一个项目文件“素材\第12章\中秋月饼.prproj”，并预览项目效果，如图12-1所示。

图12-1　预览项目效果

STEP 02 在Premiere Pro 2020工作界面中，选择“文件”|“导出”|“媒体”命令，如图12-2所示。

STEP 03 弹出“导出设置”对话框，拖曳该对话框底部的时间指示器查看导出的影视效果，如图12-3所示。

STEP 04 选择“导出设置”对话框左上角的“源”选项，单击该选项下方的“裁剪输出视频”按钮，视频预览区域中的画面将显示4个调节点，拖曳其中的某个调节点，即可裁剪视频的范围，如图12-4所示。

图12-2　选择“媒体”命令

图12-3　拖曳“导出设置”对话框底部的时间指示器

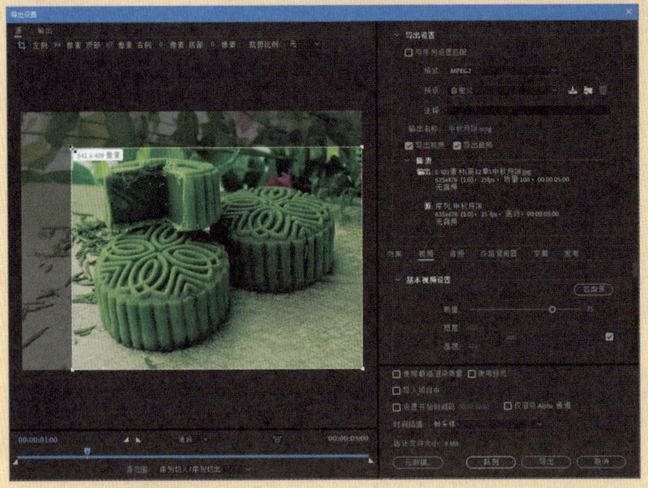
图12-4　裁剪视频的范围

参数设置区域

参数设置区域中的各个参数决定着影片的最终效果，用户可以在这里设置视频参数，下面介绍具体操作方法。

参数设置区域

STEP 01 以上一节中的素材为例，在“导出设置”对话框中选择“导出设置”选项区，❶单击“格式”选项右侧的下拉按钮；❷在弹出的下拉列表中选择“MPEG4”选项作为当前文件导出的视频格式，如图12-5所示。

STEP 02 根据导出视频格式的不同，设置“预设”选项，❶单击“预设”选项右侧的下拉按钮；❷在弹出的下拉列表中选择“3GPP 352×288 H.263”选项，如图12-6所示。

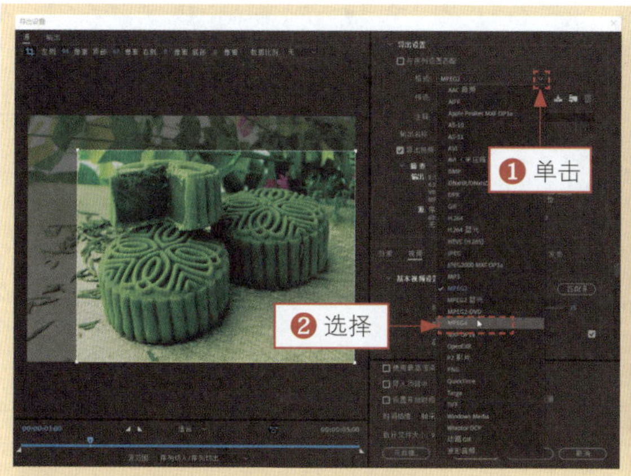

图12-5　设置当前文件导出的视频格式

图12-6　选择“3GPP 352×288 H.263”选项

STEP 03 单击“输出名称”右侧的超链接，如图12-7所示。

STEP 04 弹出“另存为”对话框，❶设置文件名、保存类型和储存位置；❷单击“保存”按钮，即可完成视频参数的设置，如图12-8所示。

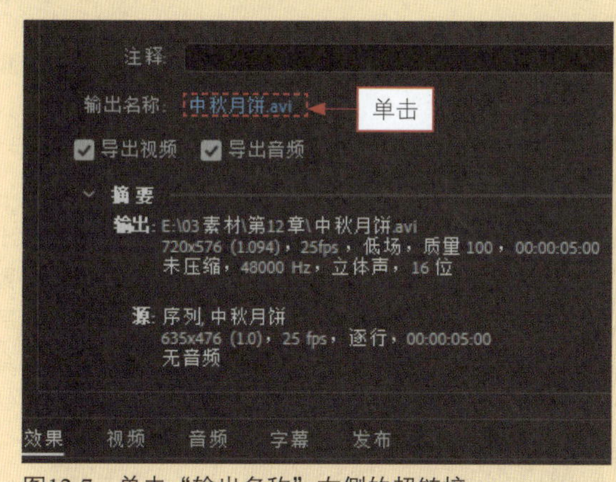

图12-7　单击“输出名称”右侧的超链接

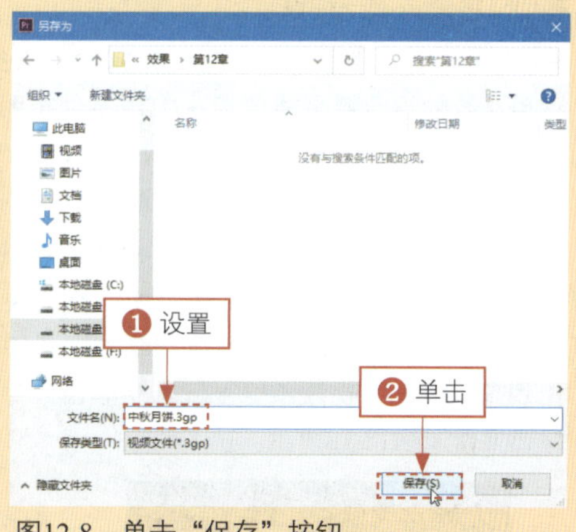

图12-8　单击“保存”按钮

12.2 设置影片导出参数

当用户完成了Premiere Pro 2020中的各项编辑操作后，即可将项目导出为各种格式类型的音频文件。本节将详细介绍影片导出参数的设置方法。

12.2.1 音频参数

通过Premiere Pro 2020，用户可以将项目文件导出为音频格式文件，下面介绍导出为MP3格式的音频文件的设置方法。

首先，❶需要在“导出设置”对话框中设置“格式”为“MP3”；❷并设置“预设”选项为“MP3 256 kbps 高品质”，如图12-9所示。然后，用户只需要设置导出音频的文件名和保存位置，单击“输出名称”右侧的相应超链接，弹出“另存为”对话框；❸设置文件名、保存类型和储存位置；❹单击“保存”按钮，即可完成音频参数的设置，如图12-10所示。

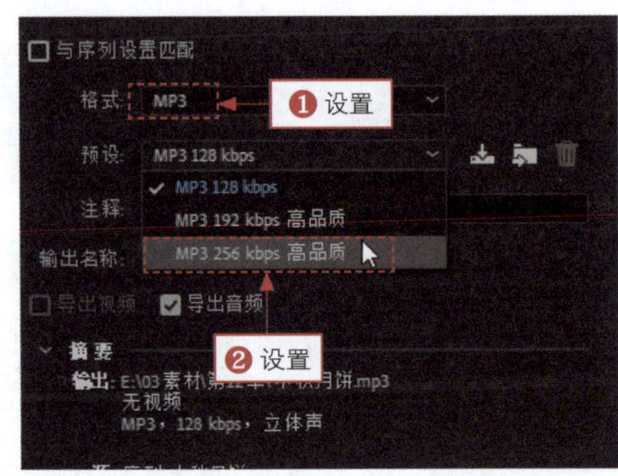

图12-9 设置“预设”选项

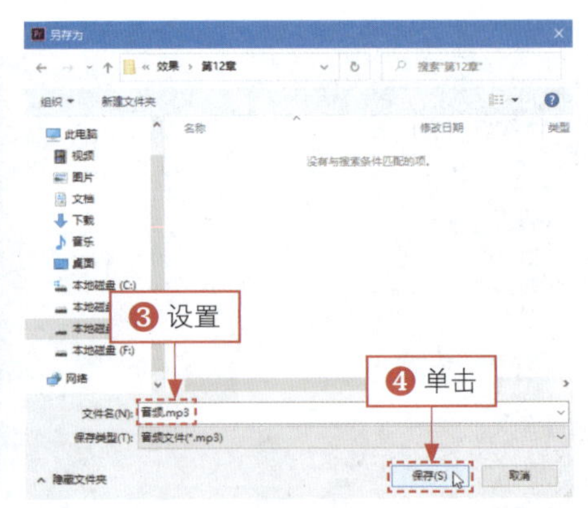

图12-10 单击“保存”按钮

12.2.2 效果参数

在Premiere Pro 2020中，“SDR遵从情况”是相对于HDR高动态图像而言的，其作用是可以将HDR图像转换为SDR图像的一种设置。

HDR高动态图像包含了非常的丰富的色彩细节，需要可以支持高动态图像格式的显示器来进行查看，使用普通的显示器来播放查看HDR高动态图像，显示的画面会失真。SDR图像在正常标准范围内，使用普通的显示器即可查看图像文件。在Premiere Pro 2020中，将HDR高动态图像转换为SDR图像，可以设置“亮度”、“对比度”及“软阈值”等参数。

在“导出设置”对话框中设置“SDR遵从情况”参数的方法非常简单。首先，❶用户需要设置导出视频的“格式”为“AVI”；然后，切换至“效果”选项卡，❷勾选“SDR遵从情况”复选框；❸设置“亮度”参数为“20”、“对比度”参数为“10”、“软阈值”参数为“80”，如图12-11所示。设置完成后，用户可以在“视频预览区域”中单击“导出”标签，加载完成后，即可在输出文件夹中播放并查看图像效果，如图12-12所示。

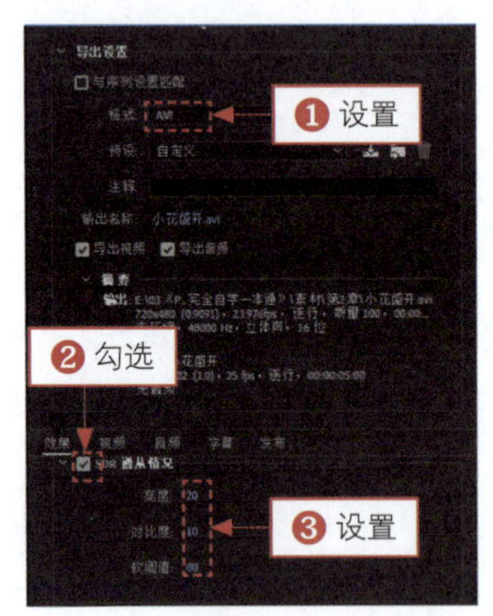

图12-11 设置“效果”选项卡的参数

图12-12 查看图像效果

专家指点

在 Premiere Pro 2020 编辑器中，用户还可以在“效果”面板中的“视频效果”|“视频”效果选项卡中选择“SDR 遵从情况”效果，将其添加至“时间轴”面板中所需要的图像素材上，在“效果控件”面板中，设置亮度、对比度及软阈值的参数，这样就不用在“导出设置”对话框中再设置参数了。

12.3 导出影视文件

随着视频文件格式的增加，Premiere Pro 2020会根据所选文件的不同，调整不同的视频输出选项，以便用户更加快捷地调整视频文件的设置。本节主要介绍在Premiere Pro 2020中影视文件的导出方法。

12.3.1 AVI 文件的导出

编码文件就是现在常见的AVI格式文件，这种格式的文件兼容性好、调用方便、图像质量好，下面介绍导出AVI文件的具体操作方法。

应用案例 AVI文件的导出

STEP 01 按“Ctrl＋O”组合键，打开一个项目文件“素材\第12章\星空轨迹.prproj”，并预览项目效果，如图12-13所示。

图12-13　预览项目效果

STEP 02 选择“文件”|“导出”|“媒体”命令，如图12-14所示。

STEP 03 执行操作后，弹出“导出设置”对话框，如图12-15所示。

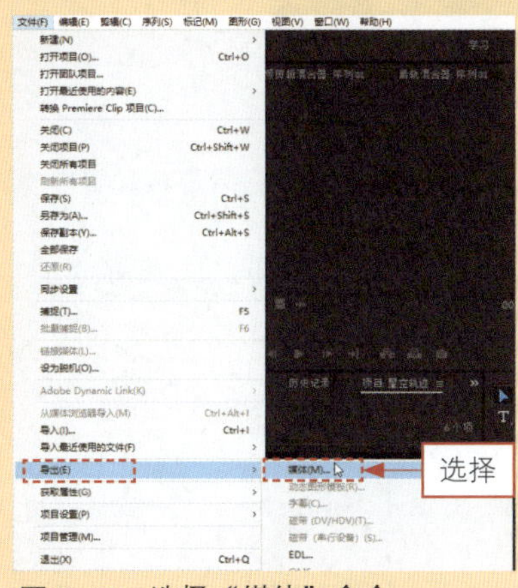

图12-14　选择“媒体”命令

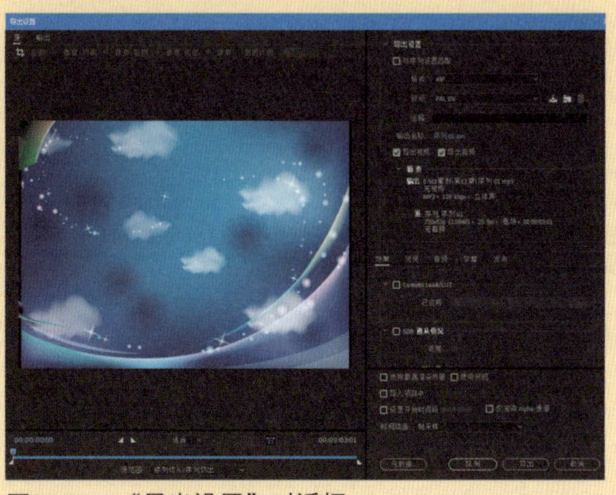

图12-15　“导出设置”对话框

STEP 04 在“导出设置”选项区中设置“格式”为“AVI”、“预设”为“NTSC DV宽银幕”，如图12-16所示。

STEP 05 单击“输出名称”右侧的超链接，弹出“另存为”对话框，在其中设置文件名和保存类型，如图12-17所示。

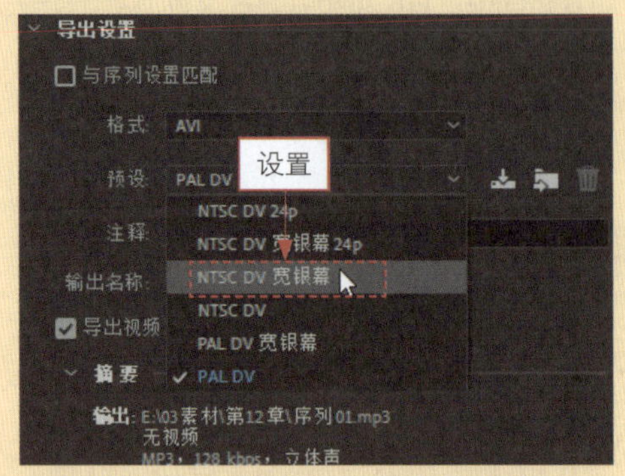

图12-16 设置“格式”和“预设”参数

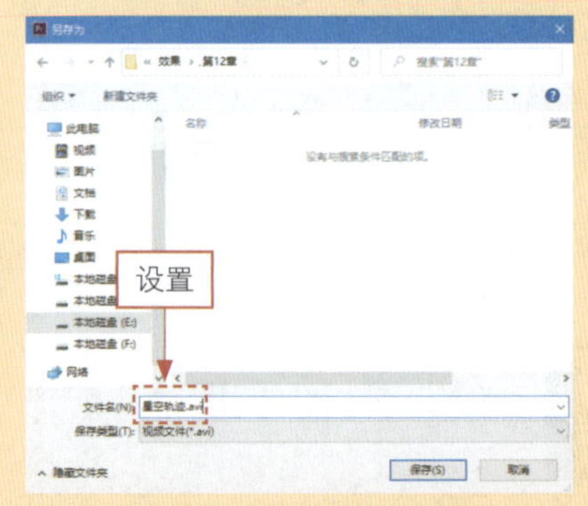

图12-17 设置文件名和保存类型

STEP 06 设置完成后，单击“保存”按钮，然后单击“导出设置”对话框右下角的“导出”按钮，如图12-18所示。

STEP 07 执行操作后，弹出“编码 序列01”对话框，开始导出编码文件，并显示文件的导出进度，如图12-19所示。导出完成后，即可完成编码文件的导出。

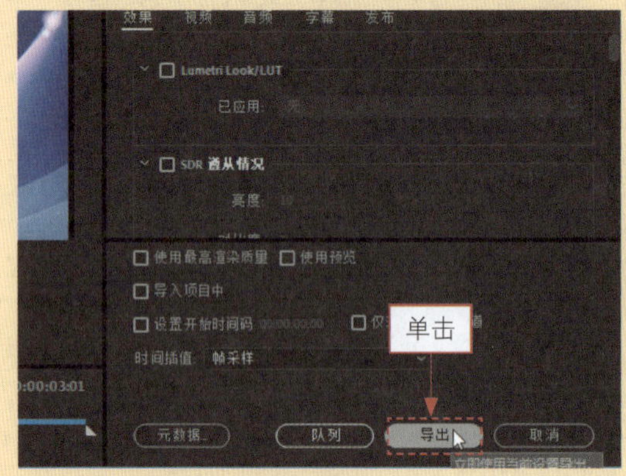

图12-18 单击“导出”按钮

图12-19 显示文件的导出进度

12.3.2 EDL 文件的导出

在Premiere Pro 2020中，用户不仅可以将视频导出为编码文件，还可以根据需要将其导出为EDL视频文件，下面介绍具体操作方法。

应用案例 EDL文件的导出

STEP 01 按“Ctrl + O”组合键，打开一个项目文件“素材\第12章\美丽山河.prproj”，并预览项目效果，如图12-20所示。

STEP 02 选择“文件”|“导出”|“EDL”命令，如图12-21所示。

图12-20　预览项目效果

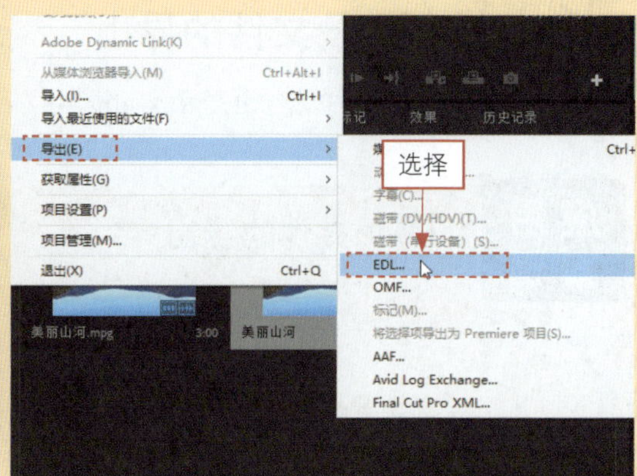

图12-21　选择“EDL”命令

专家指点

在 Premiere Pro 2020 中，EDL 是一种广泛应用于视频编辑领域的编辑交换文件，其作用是记录用户对素材的各种编辑操作。这样，用户便可以在所有支持 EDL 文件的编辑软件内共享编辑项目，或者通过替换素材来实现影视节目的快速编辑与输出。

STEP 03 弹出“EDL导出设置”对话框，单击“确定”按钮，如图12-22所示。

STEP 04 弹出“将序列另存为EDL”对话框，设置文件名和保存类型，单击“保存”按钮，即可导出EDL文件，如图12-23所示。

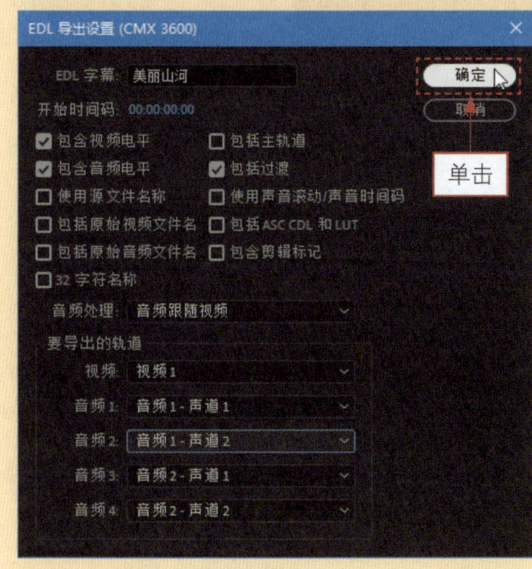

图12-22　单击“确定”按钮

图12-23　单击“保存”按钮

专家指点

在存储 EDL 文件时只保留两个轨道的初步信息，因此在用到两个轨道以上的视频时，两个轨道以上的视频信息便会丢失。

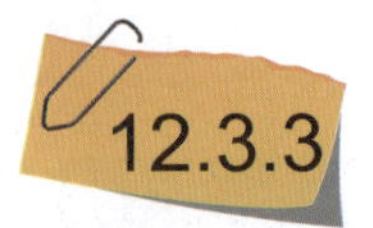 12.3.3 OMF 文件的导出

在Premiere Pro 2020中，OMF是由Avid推出的一种音频封装格式，下面介绍导出OMF文件的具体操作方法。

应用案例 OMF文件的导出

STEP 01 按“Ctrl+O”组合键，打开一个项目文件“素材\第12章\音乐1.prproj”，如图12-24所示。

STEP 02 选择“文件”|“导出”|“OMF”命令，如图12-25所示。

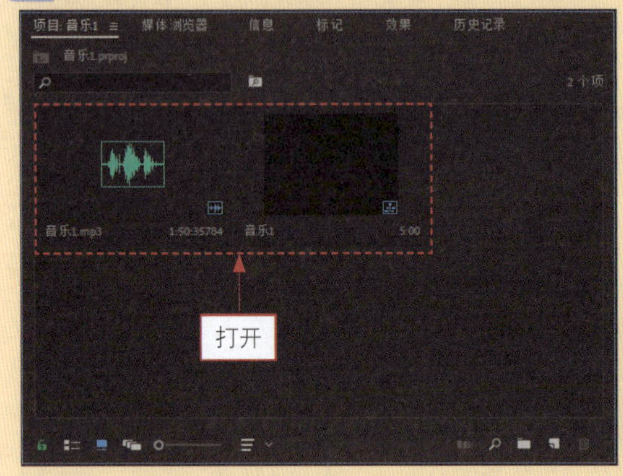

图12-24　打开一个项目文件

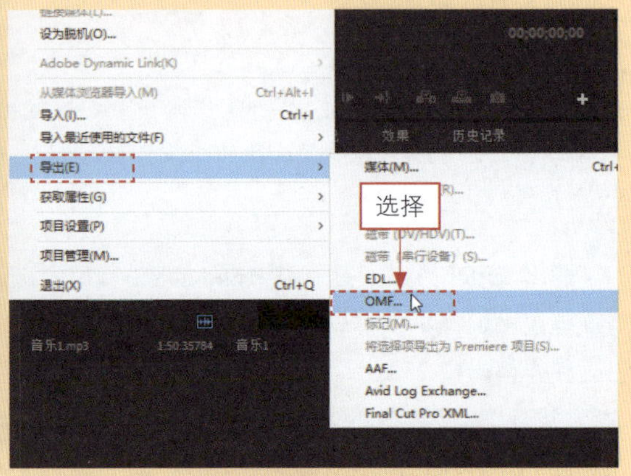

图12-25　选择“OMF”命令

STEP 03 弹出“OMF导出设置”对话框，单击“确定”按钮，如图12-26所示。

STEP 04 弹出“将序列另存为OMF”对话框，设置文件名和保存类型，如图12-27所示。

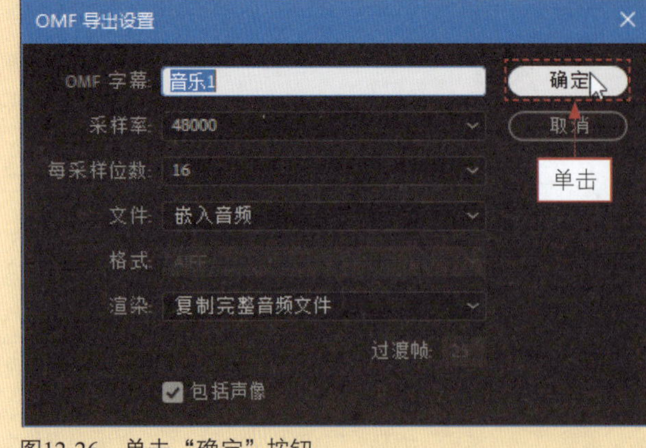

图12-26　单击“确定”按钮

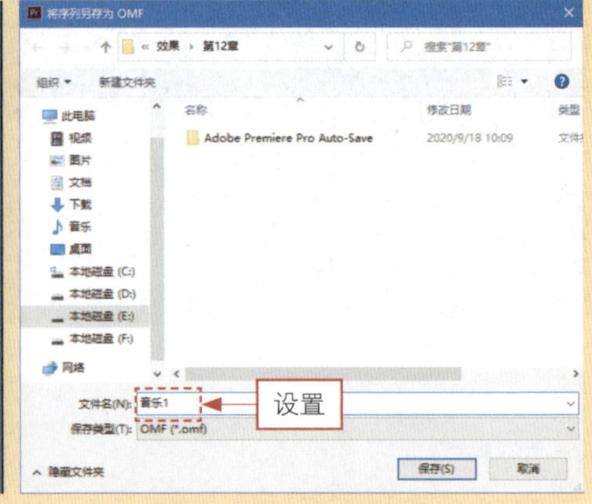

图12-27　设置文件名和保存类型

STEP 05 单击“保存”按钮，弹出“将媒体文件导出到OMF文件夹”对话框，显示文件的导出进度，如图12-28所示。

STEP 06 文件导出完成后，弹出“OMF 导出信息”对话框，显示有关OMF导出的信息，单击“确定”按钮，如图12-29所示。

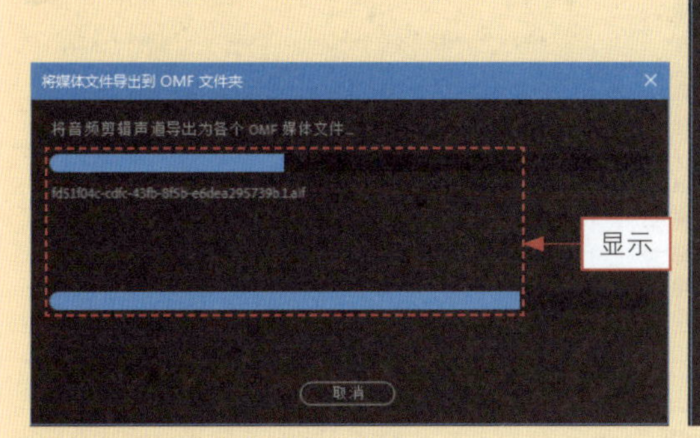

图12-28　显示文件的导出进度

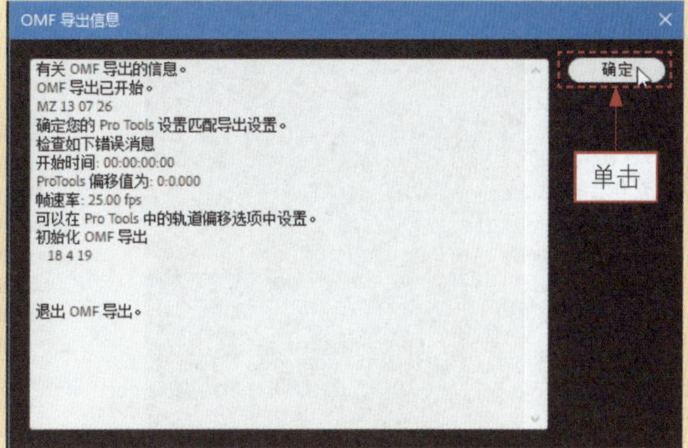

图12-29　单击“确定”按钮

12.3.4 MP3 音频文件的导出

MP3格式的音频文件凭借高采样率的音质，占用较少空间的特性，成为目前比较流行的一种音频文件，下面介绍导出MP3音频文件的具体操作方法。

应用案例　MP3音频文件的导出

STEP 01 按“Ctrl＋O”组合键，打开一个项目文件“素材\第12章\音乐2.prproj”，如图12-30所示。选择“文件”|“导出”|“媒体”命令，弹出“导出设置”对话框。

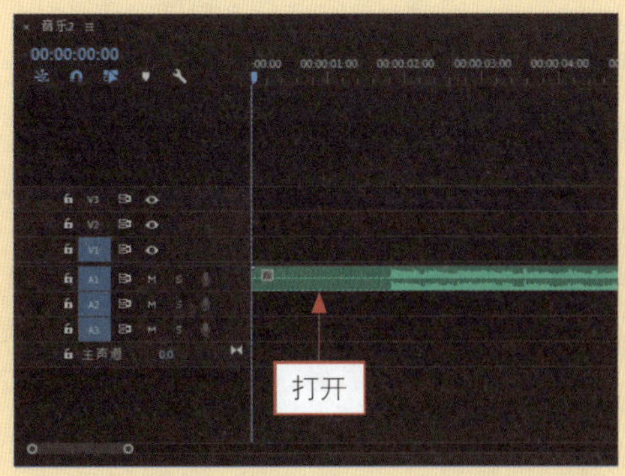

图12-30　打开一个项目文件

STEP 02 单击“格式”选项右侧的下拉按钮，在弹出的下拉列表中选择“MP3”选项，如图12-31所示。

STEP 03 单击“输出名称”右侧的超链接，弹出“另存为”对话框，❶设置文件名和保存类型；❷单击“保存”按钮，如图12-32所示。

STEP 04 返回“导出设置”对话框，单击“导出”按钮，弹出“编码 音乐2”对话框，显示文件的导出进度，如图12-33所示。导出完成后，即可完成MP3音频文件的导出。

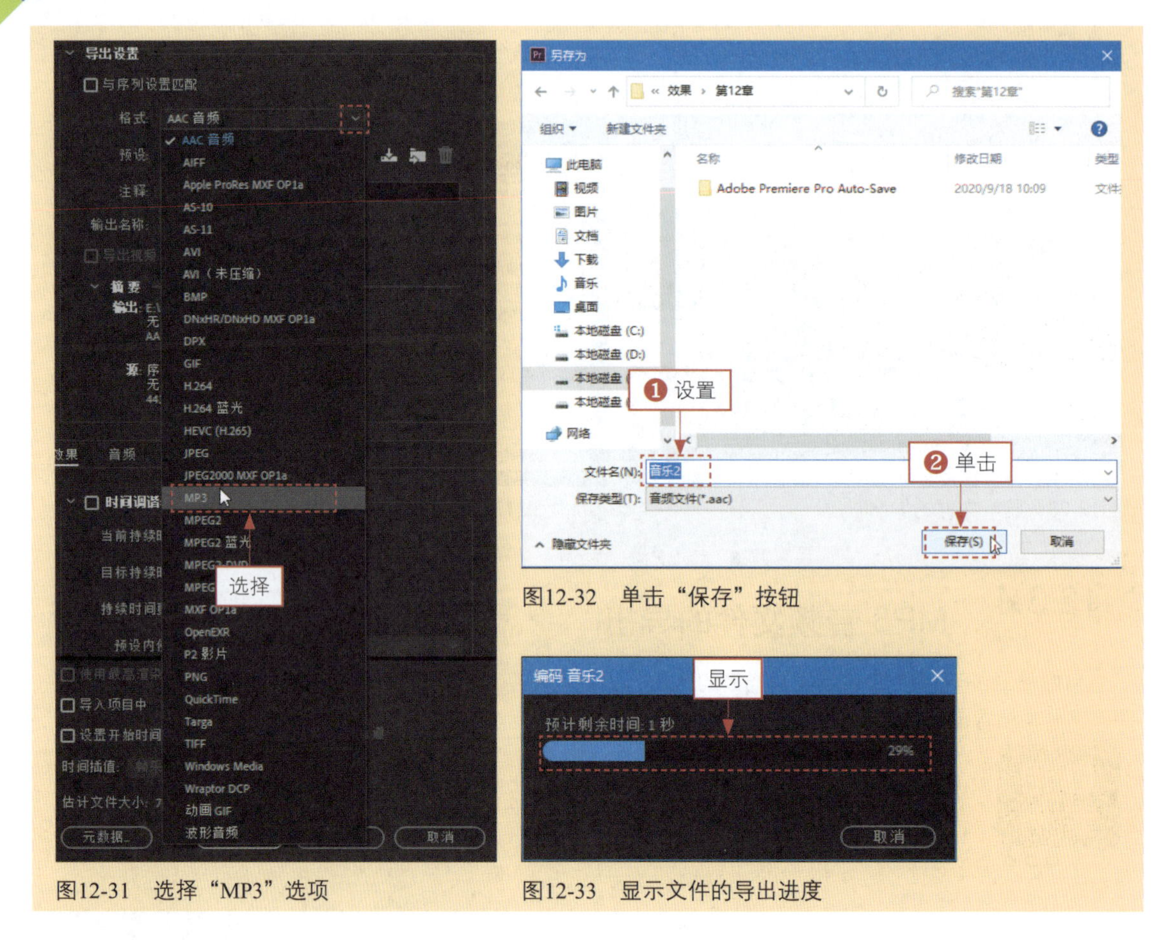

图12-31　选择“MP3”选项

图12-32　单击“保存”按钮

图12-33　显示文件的导出进度

12.3.5 WAV 音频文件的导出

WAV音频格式在互联网中使用非常频繁，深受广大用户的喜爱。下面介绍导出WAV音频文件的具体操作方法。

应用案例　WAV音频文件的导出

STEP 01 按“Ctrl＋O”组合键，打开一个项目文件“素材\第12章\音乐3.prproj”，如图12-34所示。选择“文件”|“导出”|“媒体”命令，弹出“导出设置”对话框。

STEP 02 单击“格式”选项右侧的下拉按钮，在弹出的下拉列表中选择“波形音频”选项，如图12-35所示。

STEP 03 单击“输出名称”右侧的超链接，弹出“另存为”对话框，❶设置文件名和保存类型；❷单击“保存”按钮，如图12-36所示。

STEP 04 返回“导出设置”对话框，单击“导出”按钮，弹出“编码 音乐3”对话框，显示文件的导出进度，如图12-37所示。导出完成后，即可完成WAV音频文件的导出。

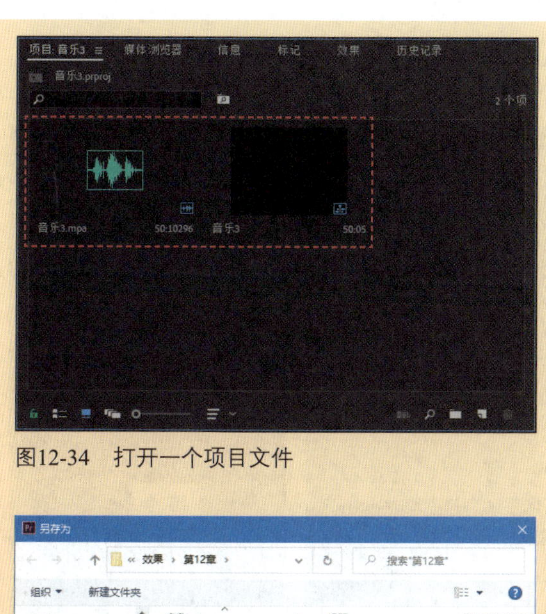

图12-34　打开一个项目文件

图12-35　选择“波形音频”选项

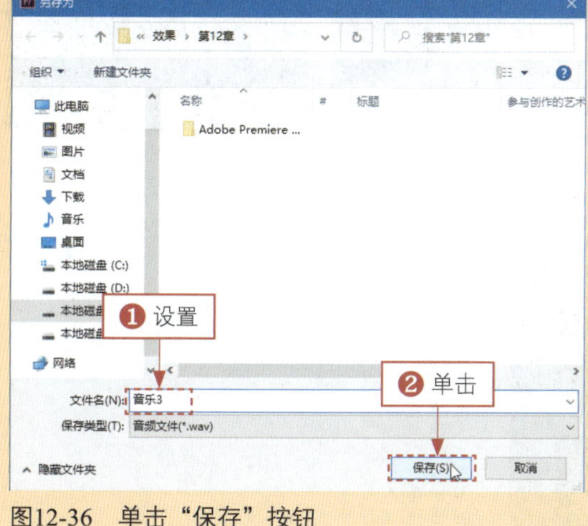

图12-36　单击“保存”按钮

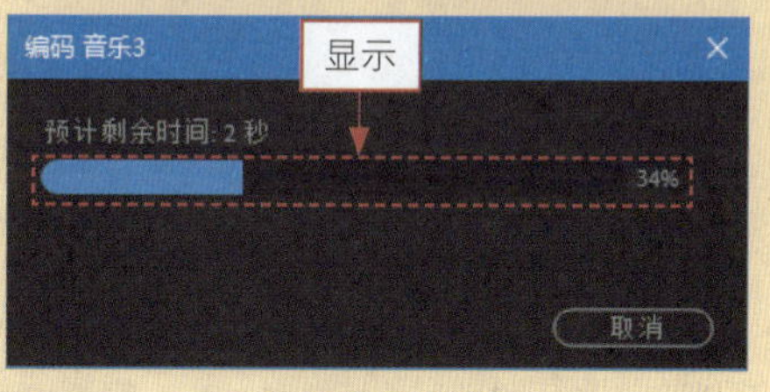

图12-37　显示文件的导出进度

12.3.6 视频文件格式的转换

随着视频文件格式的多样化，许多视频文件格式无法在指定的播放器中打开，此时用户可以根据需要对视频文件格式进行转换，下面介绍具体操作方法。

应用案例　视频文件格式的转换

STEP 01 按“Ctrl＋O”组合键，打开一个项目文件“素材\第12章\自然风光.prproj”，并预览项目效果，如图12-38所示。选择“文件”|“导出”|“媒体”命令，弹出“导出设置”对话框。

STEP 02 单击“格式”选项右侧的下拉按钮，在弹出的下拉列表中选择“Windows Media”选项，如图12-39所示。

STEP 03 取消勾选“导出音频”复选框，然后单击“输出名称”右侧的超链接，如图12-40所示。

STEP 04 弹出“另存为”对话框，❶设置文件名和保存类型；❷单击“保存”按钮，如图12-41所示。

图12-38 预览项目效果

图12-39 选择“Windows Media”选项

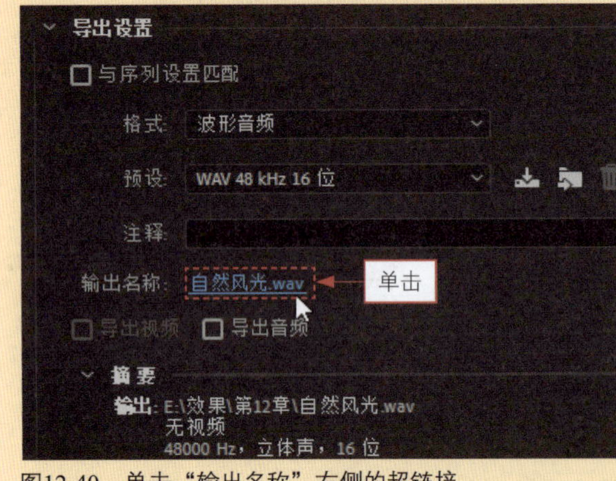

图12-40 单击“输出名称”右侧的超链接

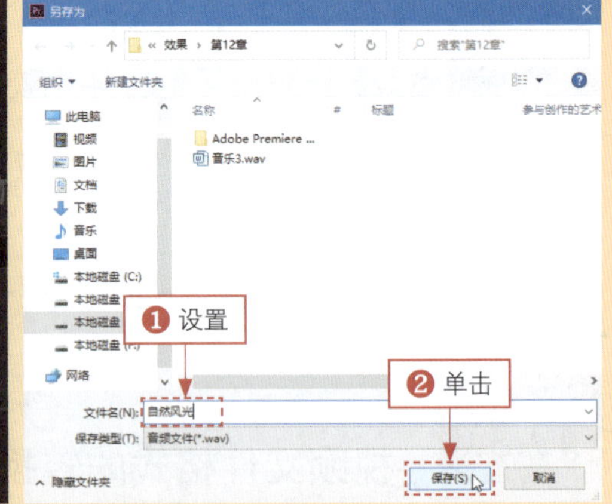

图12-41 单击“保存”按钮

STEP 05 返回“导出设置”对话框，单击“导出”按钮，弹出“编码 自然风光”对话框，并显示文件的导出进度，如图12-42所示。导出完成后，即可完成视频文件格式的转换。

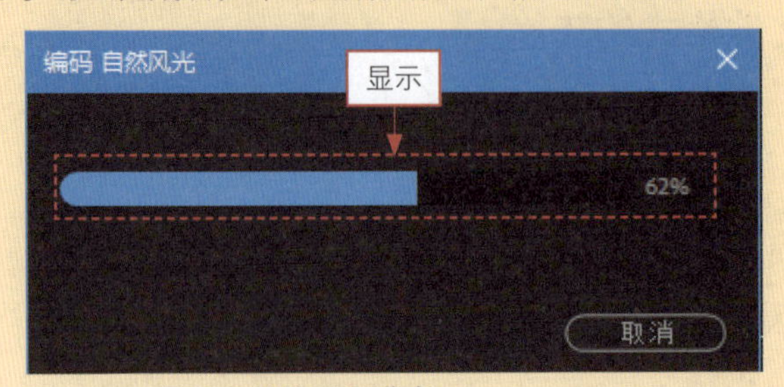

图12-42 显示文件的导出进度

12.4 专家支招

在Premiere Pro 2020的“导出设置”对话框中，通过拖曳视频预览区域画面中显示的4个调节点，可以裁剪输出视频的范围，除此之外，还可以通过设置预览区域上方的各项参数来裁剪输出视频的范围，如图12-43所示。

图12-43　设置裁剪输出视频的范围参数

在预览区域上方的各项参数的含义如下。

❶ **左侧**：在该选项右侧的文本框中输入相应参数，即可调节预览区域画面中左侧的调节线范围。参数值越大，调节线就会向右侧缩小画面范围；参数值越小，调节线就会向左扩大画面范围。

❷ **顶部**：在该选项右侧的文本框中输入相应参数，即可调节预览区域画面中最上方的调节线范围。参数值越大，调节线就会向下方缩小画面范围；参数值越小，调节线就会向上方扩大画面范围。

❸ **右侧**：在该选项右侧的文本框中输入相应参数，即可调节预览区域画面中右侧的调节线范围。参数值越大，调节线就会向左侧缩小画面范围；参数值越小，调节线就会向右侧扩大画面范围。

❹ **底部**：在该选项右侧的文本框中输入相应参数，即可调节预览区域画面中最下方的调节线范围。参数值越大，调节线就会向上方缩小画面范围；参数值越小，调节线就会向下方扩大画面范围。

❺ **裁剪比例**：单击该选项右侧的下拉按钮，在弹出的下拉列表中有11个裁剪比例选项，选择相应的裁剪比例选项，下方的裁剪区域则转变为相应的裁剪比例，当用户拖曳调节点时，裁剪区域呈比例大小进行扩缩。

12.5 总结拓展

当用户在Premiere Pro 2020中将一段影视视频文件编辑完成后，便可以将制作的项目文件导出为不同格式的影视文件，在导出视频时，可以在“导出设置”对话框中设置视频输出的格式、预设、输出名称和输出位置等参数。学会如何将制作好的影视文件导出，是使用Premiere Pro 2020的一个必不可少的课程。

12.5.1 本章小结

本章主要介绍了在Premiere Pro 2020中，将效果文件导出为不同格式的视频文件的操作方法，其中包括预览视频区域、参数设置区域、音频参数、效果参数、AVI文件的导出、EDL文件的导出、OMF文件的导出、MP3音频文件的导出、WAV音频文件的导出及视频文件格式的转换等方法。通过学习本章内容，希望读者可以结合前面章节中所学的知识内容，将自己制作的效果文件完整地导出为视频文件。

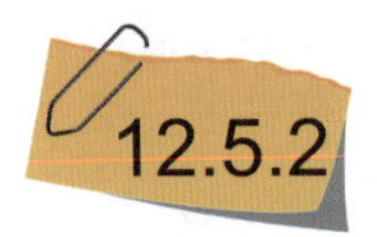

12.5.2 举一反三——JPEG 图像文件的导出

在Premiere Pro 2020中，除了可以导出视频文件，还可以将其导出为JPEG图像文件，下面介绍具体操作方法。

应用案例　举一反三——JPEG图像文件的导出

图12-44　预览项目效果

STEP 01 按“Ctrl+O”组合键，打开一个项目文件“素材\第12章\可爱动物.prproj”，并预览项目效果，如图12-44所示。选择“文件”|“导出”|“媒体”命令，弹出“导出设置”对话框。

STEP 02 单击“格式”右侧的下拉按钮，在弹出的下拉列表中选择“JPEG”选项，如图12-45所示。

STEP 03 单击“输出名称”右侧的超链接，弹出“另存为”对话框，❶设置文件名和保存类型；❷单击“保存”按钮，如图12-46所示。

STEP 04 返回“导出设置”对话框，单击“导出”按钮，弹出“编码 可爱动物”对话框，并显示文件的导出进度，如图12-47所示。导出完成后，即可完成JPEG图像文件的导出。

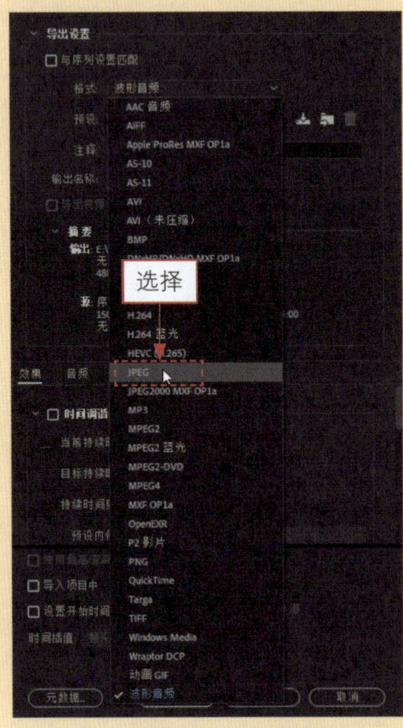

图12-45　选择“JPEG”选项

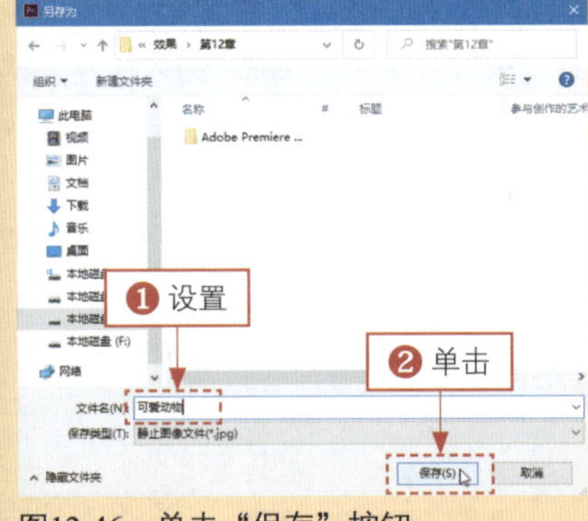

图12-46　单击“保存”按钮

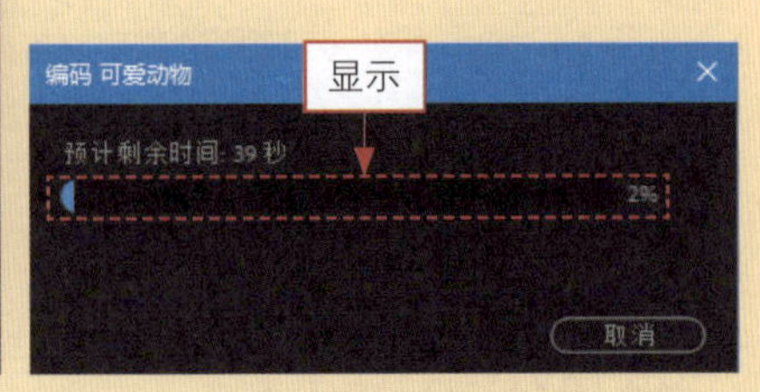

图12-47　显示文件的导出进度

第13章 综合案例：商业广告的设计实战

随着广告行业的不断发展，商业广告的宣传手段也逐渐从单纯的平面宣传模式走向了多元化的多媒体宣传模式。视频广告的出现，比静态图像更具商业化。本章将重点介绍3个综合案例，使用户在使用Premiere Pro 2020时更加得心应手。

本章重点

制作《戒指广告》

制作《婚纱相册》

制作《儿童相册》

13.1 制作《戒指广告》

戒指永远是爱情的象征，它不仅是装饰自身的物件，更是品位、地位的体现。本实例主要介绍制作戒指广告的具体操作方法，效果如图13-1所示。

图13-1 戒指广告效果

13.1.1 导入广告素材文件

用户在制作宣传广告前，需要一个合适的背景图片，这里选择了一张戒指的场景图作为背景，可以为整个广告视频增加浪漫的氛围。在选择背景图像后，用户可以导入分层图像，以增添戒指广告的特色性，下面将介绍导入广告素材的具体操作方法。

应用案例　导入广告素材文件

STEP 01 ❶新建一个名为“戒指广告”的项目文件；❷单击“新建项目”对话框中的“确定”按钮，如图13-2所示。

STEP 02 选择“文件”|“新建”|“序列”命令，新建一个序列，如图13-3所示。

STEP 03 选择“文件”|“导入”命令，弹出“导入”对话框，在该对话框中选择图像素材“素材\第13章\戒指广告\图片1.jpg、图片2.psd、图片3.png”，如图13-4所示。

STEP 04 单击“打开”按钮，弹出“导入分层文件：图片2”对话框，单击“确定”按钮，如图13-5所示。

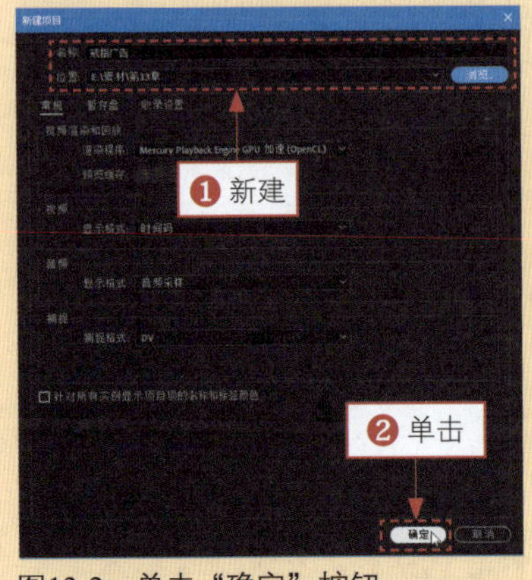

图13-2　单击“确定”按钮

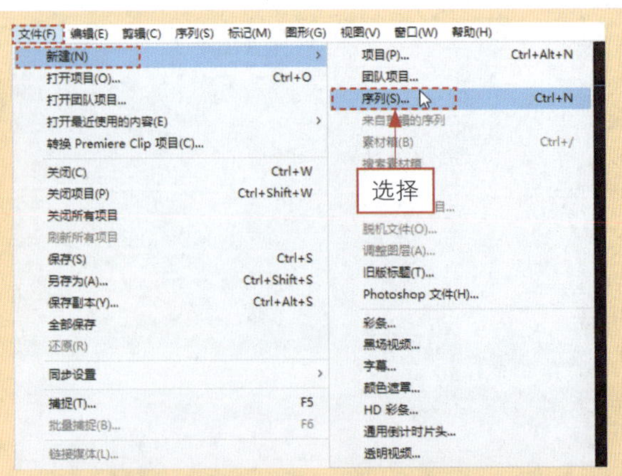

图13-3　选择“序列”命令

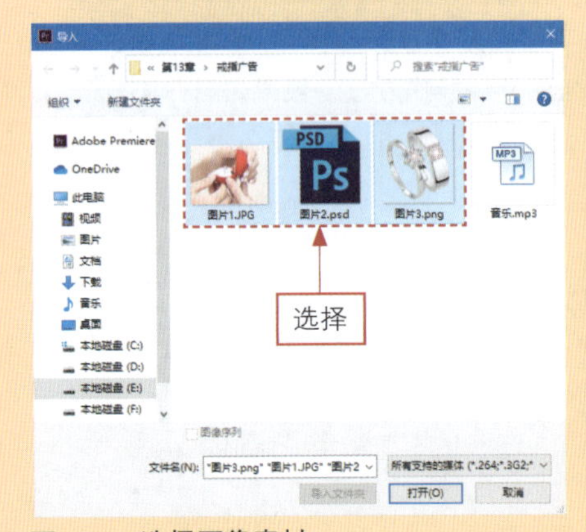

图13-4　选择图像素材

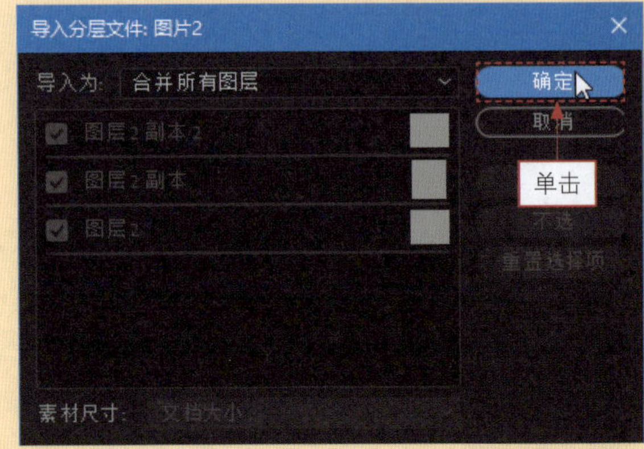

图13-5　单击“确定”按钮

STEP 05 即可将选择的图像素材导入“项目”面板，如图13-6所示。

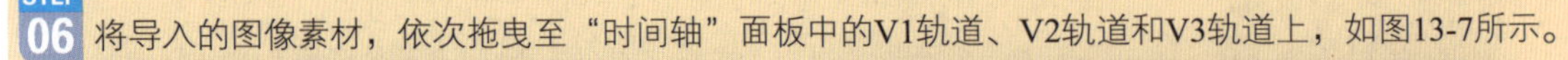

STEP 06 将导入的图像素材，依次拖曳至“时间轴”面板中的V1轨道、V2轨道和V3轨道上，如图13-7所示。

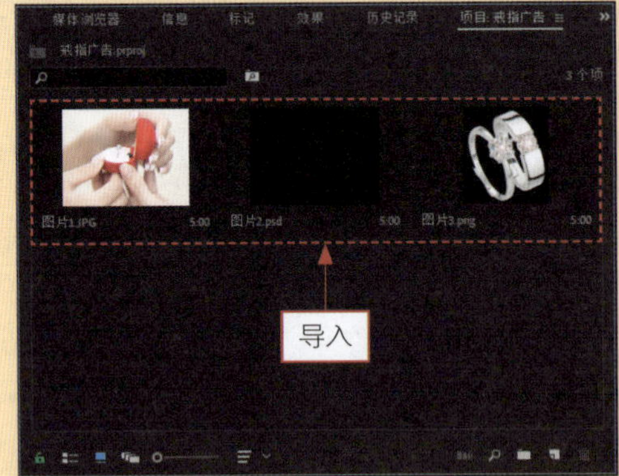

图13-6　导入“项目”面板

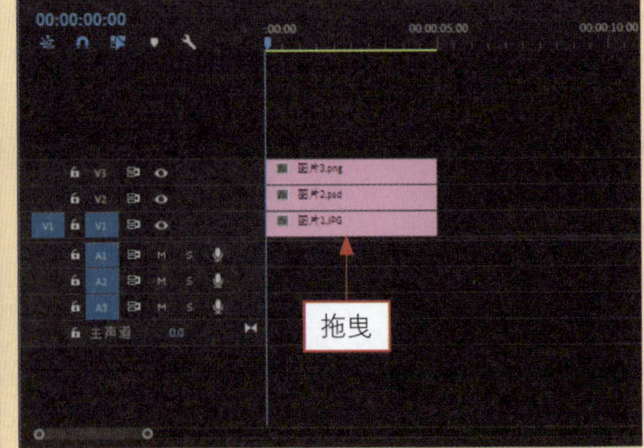

图13-7　将图像素材拖曳至“时间轴”面板中的相应轨道上

STEP 07 选择V1轨道中的图像素材，如图13-8所示。

STEP 08 展开“效果控件”面板中的“运动”选项，设置“缩放”参数为“54.0”，如图13-9所示。

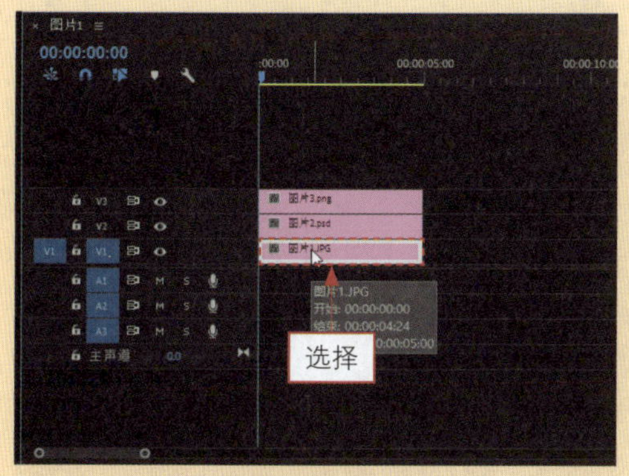

图13-8　选择V1轨道中的图像素材

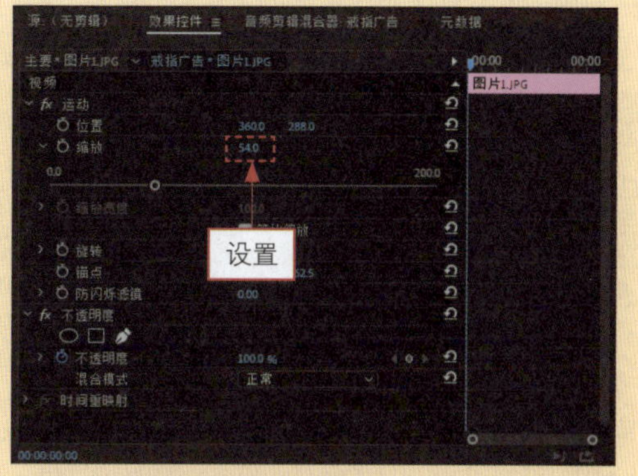

图13-9　设置“缩放”参数

STEP 09 在“节目监视器”面板中单击“播放-停止切换”按钮，即可预览图像效果，如图13-10所示。

图13-10　预览图像效果

专家指点

在戒指宣传广告中不能缺少戒指，否则不能体现出戒指广告的主题。因此，用户在选择素材文件时，需要结合主题意境，以求达到最好的视频效果。

13.1.2 制作戒指广告背景

静态背景不免会显得过于呆板，闪光背景可以为静态的背景图像增添动感效果，让背景更加具有吸引力，用户还可以为戒指素材添加一种若隐若现的效果，以表现出朦胧感。本节将详细介绍制作动态戒指广告背景的操作方法及制作闪光背景的操作方法。

应用案例　制作戒指广告背景

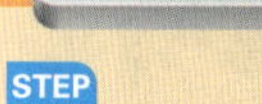

STEP 01 选择“时间轴”面板中V2轨道中的素材文件，如图13-11所示。

STEP 02 展开“效果控件”面板中的“运动”选项，❶单击“缩放”选项和“旋转”选项左侧的“切换动画”按钮；❷添加第1组关键帧，如图13-12所示。

STEP 03 ❶将时间线调整至“00:00:04:00”的位置；❷设置“缩放”参数为“120.0”、“旋转”参数为“50.0°”；❸添加第2组关键帧，如图13-13所示。

STEP 04 选择“时间轴”面板中V3轨道中的素材文件，如图13-14所示。

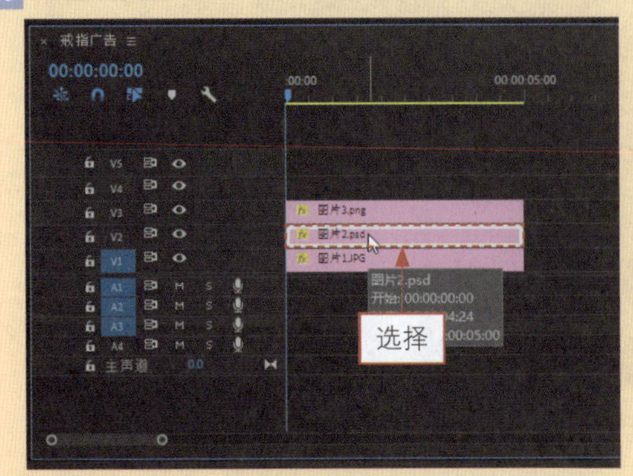

图13-11 选择V2轨道中的素材文件

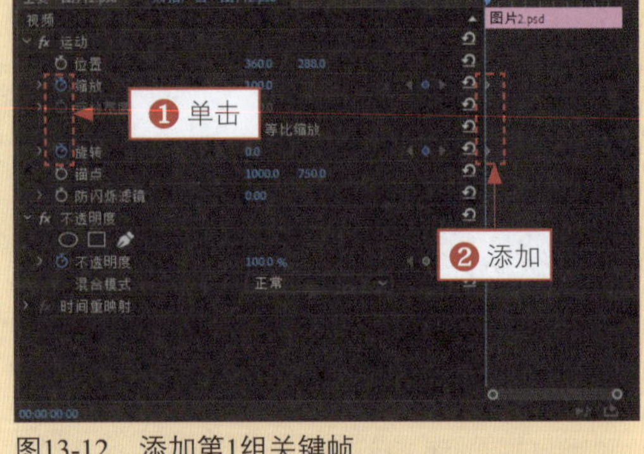

图13-12 添加第1组关键帧

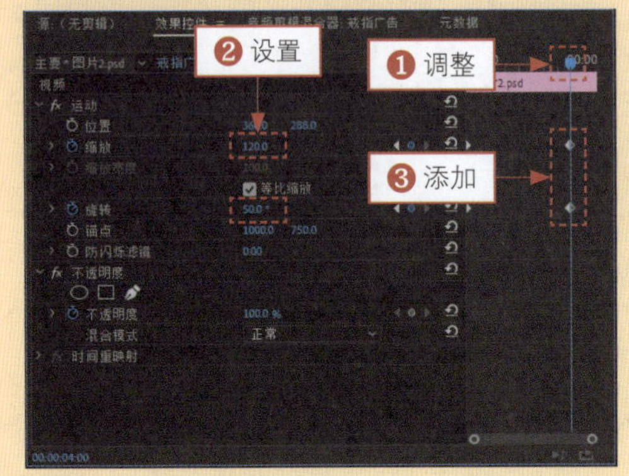

图13-13 添加第2组关键帧

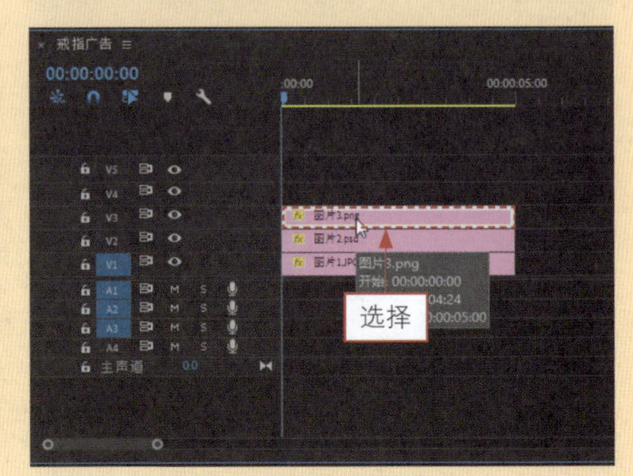

图13-14 选择V3轨道中的素材文件

STEP 05 展开“效果控件”面板中的“运动”选项，在其中设置“位置”参数为“120.0” “120.0”、“缩放”参数为“53.7”，如图13-15所示。

STEP 06 设置完成后，❶单击“不透明度”选项左侧的“切换动画”按钮；❷设置“不透明度”参数为“0.0%”；❸添加一个关键帧，如图13-16所示。

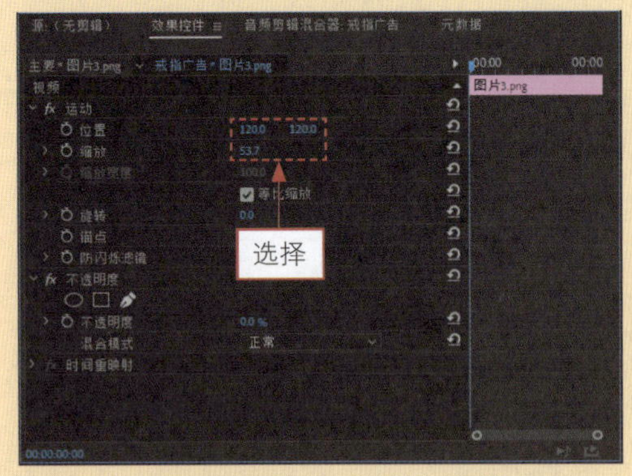

图13-15 设置“位置”和“缩放”参数

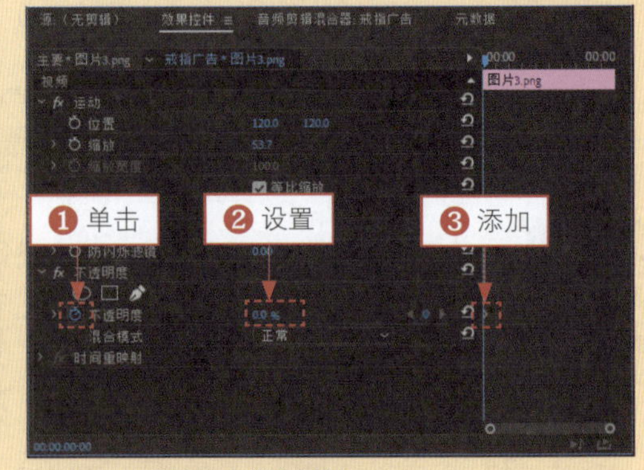

图13-16 添加一个关键帧

STEP 07 ❶将时间线调整至“00:00:01:15”的位置；❷设置“不透明度”参数为“100.0%”；❸添加另一个关键帧，如图13-17所示，即可制作若隐若现效果。

STEP 08 在“节目监视器”面板中单击“播放-停止切换”按钮，即可预览图像效果，如图13-18所示。

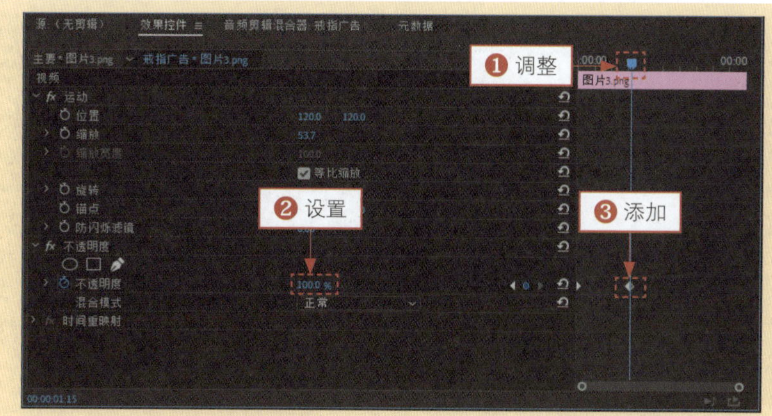

图13-17　添加另一个关键帧

图13-18　预览图像效果

13.1.3 制作广告字幕特效

当用户完成了对戒指广告背景的所有编辑操作后，将为广告画面添加产品的店名和宣传语等信息，这样才能体现出广告的价值。当添加字幕效果后，用户可以根据个人的爱好为字幕添加动态效果。本节将详细介绍制作广告字幕特效的操作方法。

应用案例　制作广告字幕特效

STEP 01 ❶将时间线调整至“00:00:00:10”处，选择“文字工具”按钮，在“节目监视器”面板画面中单击，即可新建一个字幕文本框，在其中输入产品的店名“宝莱帝珠宝”；❷在“时间轴”面板中调整字幕文件的“持续时间”，如图13-19所示。

STEP 02 在“效果控件”面板中，❶设置字幕文件的“字体”为“KaiTi”；在“外观”选项区中，❷勾选“填充”复选框；❸设置“填充”颜色为“白色”，如图13-20所示。

STEP 03 ❶勾选“描边”复选框；❷单击“描边”颜色色块，在弹出的“拾色器”对话框中分别设置RGB为“100”、“68”和“196”，单击“确定”按钮；返回“效果控件”面板，❸设置“描边宽度”参数为“8.0”，如图13-21所示。

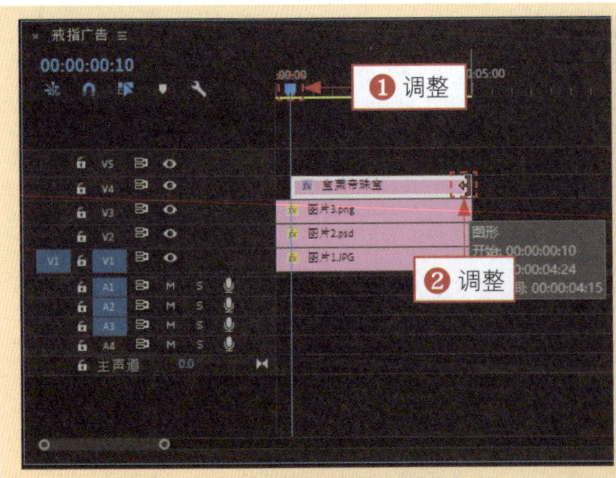

图13-19　调整字幕文件的"持续时间"

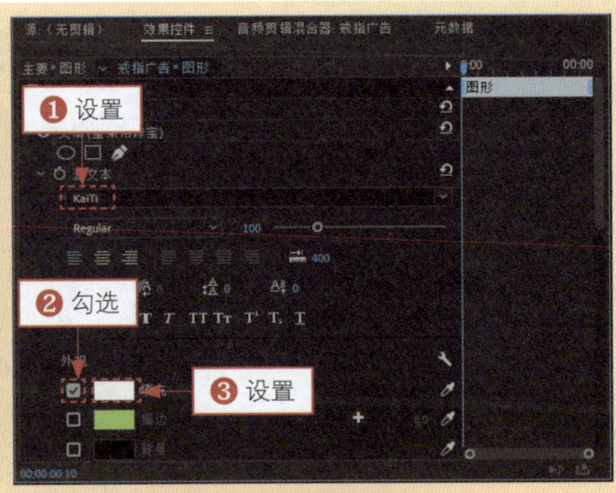

图13-20　设置字幕文件的相应参数（1）

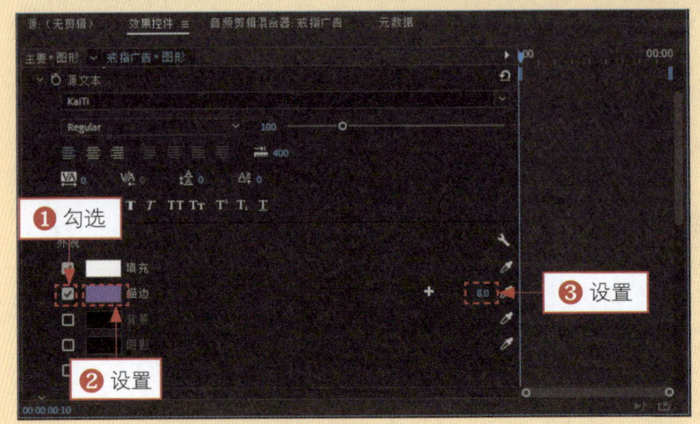

图13-21　设置字幕文件的相应参数（2）

STEP 04 在"变换"选项区中，❶分别单击"位置"选项、"缩放"选项和"不透明度"选项左侧的"切换动画"按钮；❷并设置"位置"参数为"280.0""300.0"、"缩放"参数为"10"、"不透明度"参数为"0.0%"；❸添加第1组关键帧，如图13-22所示。

STEP 05 ❶将时间线调整至"00:00:04:00"的位置；❷设置"位置"参数为"113.7""512.8"、"缩放"参数为"100"、"不透明度"参数为"100.0%"；❸添加第2组关键帧，如图13-23所示。

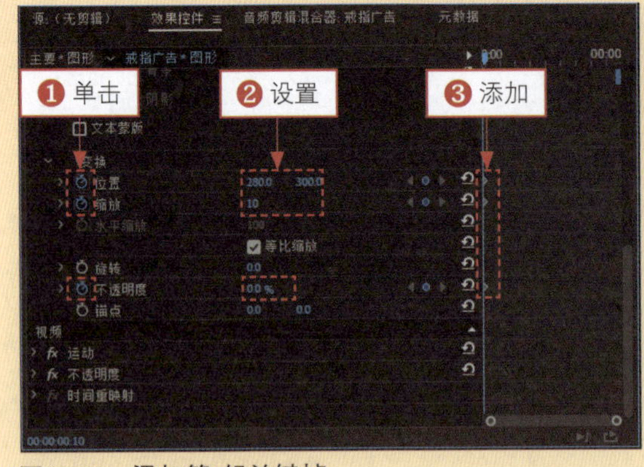

图13-22　添加第1组关键帧

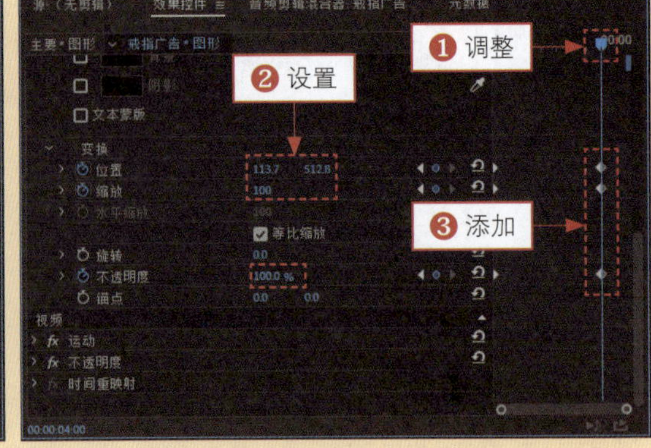

图13-23　添加第2组关键帧

STEP 06 在"节目监视器"面板中，单击"播放-停止切换"按钮，即可预览图像效果，如图13-24所示。

图13-24　预览图像效果

13.1.4 戒指广告的后期处理

在Premiere Pro 2020中制作完戒指广告的整体效果后，为了增加影片的震撼效果，可以为广告添加音频效果。本节将详细介绍戒指广告后期处理的操作方法。

应用案例　戒指广告的后期处理

STEP 01 选择“文件”|“导入”命令，弹出“导入”对话框，如图13-25所示。

STEP 02 ❶选择合适的音乐文件；❷单击“打开”按钮，将选择的音乐文件导入“项目”面板，如图13-26所示。

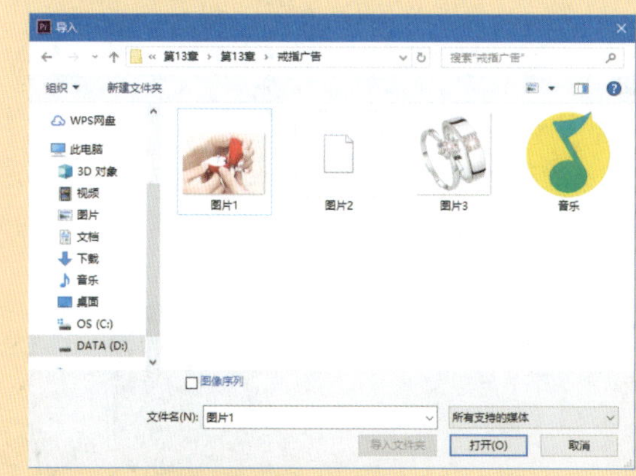

图13-25　弹出“导入”对话框

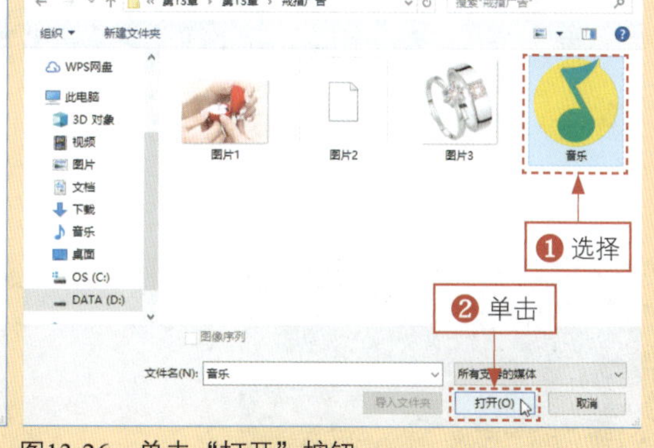

图13-26　单击“打开”按钮

STEP 03 选择导入的音乐文件，将其添加至A1轨道上，并调整音乐文件的长度为“00:00:05:00”，如图13-27所示。

STEP 04 在“效果”面板中，❶展开“音频过渡”|“交叉淡化”选项；❷选择“恒定功率”选项，如图13-28所示。

STEP 05 按住鼠标左键并将其拖曳至A1轨道上的音乐文件的开始处和结尾处，添加“恒定功率”音频特效，如图13-29所示。

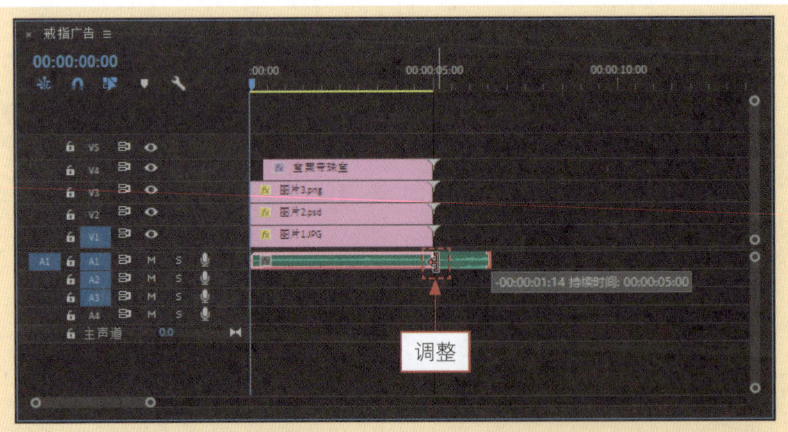

图13-27 调整音乐文件的长度

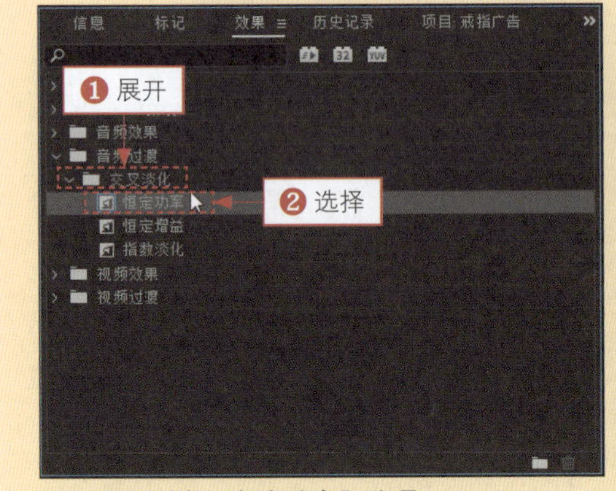

图13-28 选择“恒定功率”选项

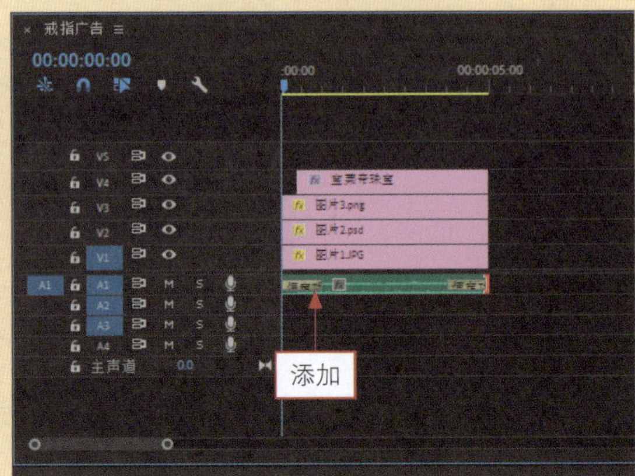

图13-29 添加“恒定功率”音频特效

13.2 制作《婚纱相册》

在制作婚纱相册之前，先带领用户预览婚纱相册视频的画面效果，如图13-30所示。本节将详细介绍制作婚纱相册的片头效果、动态效果、片尾效果及编辑与输出视频后期等方法，帮助用户更好地学习婚纱相册的制作方法。

图13-30 预览婚纱相册视频的画面效果

13.2.1 制作婚纱相册片头效果

随着数码科技的不断发展和数码相机进一步的普及，人们逐渐开始为婚纱相册制作绚丽的片头，让原本单调的婚纱相册效果变得更加丰富。下面介绍制作婚纱相册片头效果的操作方法。

应用案例　制作婚纱相册片头效果

STEP 01 按“Ctrl＋O”组合键，打开一个项目文件“素材\第13章\婚纱相册.prproj”，如图13-31所示。

STEP 02 在“项目”面板中将“视频1.mpg”素材文件拖曳至V1轨道中，释放鼠标左键并设置其“持续时间”为“00:00:10:00”，如图13-32所示。

图13-31　打开一个项目文件

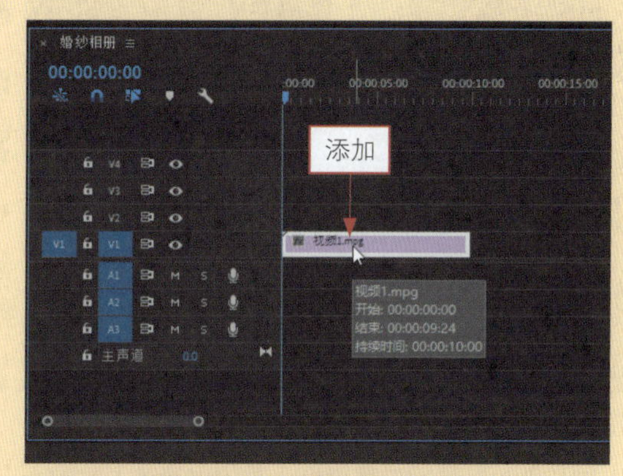

图13-32　添加素材文件并设置“持续时间”

STEP 03 选取“文字工具”，在“节目监视器”面板画面中单击，即可新建一个字幕文本框，在其中输入项目主题“金 玉 良 缘”，如图13-33所示。

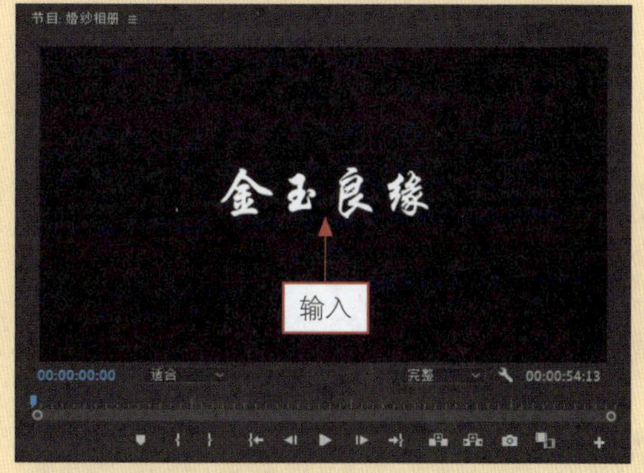

图13-33 输入项目主题

STEP 04 在“效果控件”面板中，❶设置字幕文件的“字体”为“KaiTi”；❷“字体大小”参数为“85”，如图13-34所示。

STEP 05 在“外观”选项区中，❶单击“填充”颜色色块，在弹出的“拾色器”对话框中分别设置RGB为“246”、“237”和“6”，单击“确定”按钮；❷然后勾选“描边”复选框；❸单击“描边”颜色色块，在弹出的“拾色器”对话框中分别设置RGB为“238”、“20”和“20”，单击“确定”按钮；❹设置“描边宽度”参数为“2.0”；❺勾选“阴影”复选框；在“阴影”下方的选项区中，❻设置“距离”参数为“7.0”，如图13-35所示。

STEP 06 在“变换”选项区中，设置“位置”参数为“146.7”“311.1”，如图13-36所示。

STEP 07 在“效果”面板中，❶展开“视频效果”|“变换”选项；❷选择“裁剪”选项，双击该选项，即可为字幕文件添加“裁剪”特效，如图13-37所示。

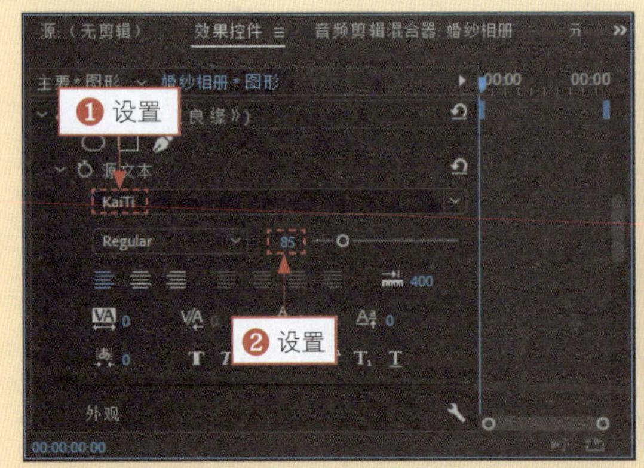

图13-34　设置字幕文件的相应参数

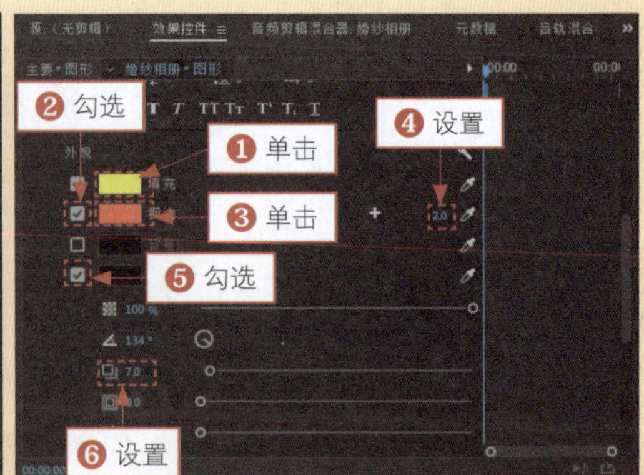

图13-35　设置字幕文件“外观”选项区的参数

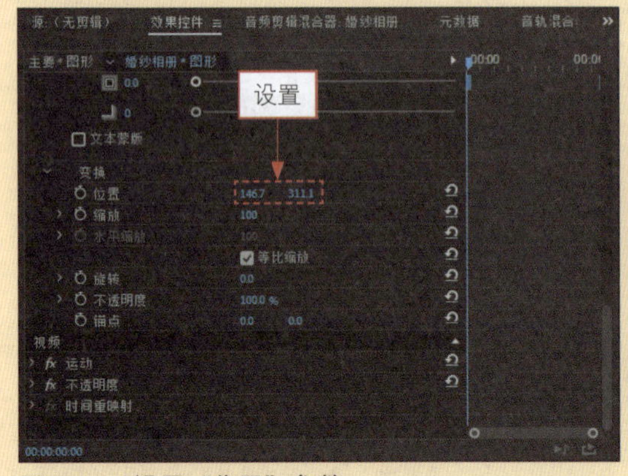

图13-36　设置“位置”参数

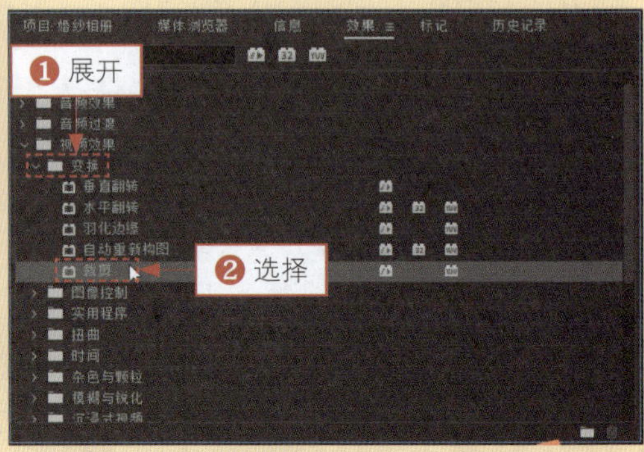

图13-37　选择“剪裁”选项

STEP 08 在“效果控件”面板中的“裁剪”选项区中，❶分别单击“右侧”选项和“底部”选项左侧的“切换动画”按钮；❷并设置“右侧”参数为“100.0%”、“底部”参数为“100.0%”；❸添加第1组关键帧，如图13-38所示。

STEP 09 ❶将时间线调整至“00:00:04:00”的位置；❷设置“右侧”参数为“20.0%”、“底部”参数为“10.0%”；❸添加第2组关键帧，如图13-39所示。

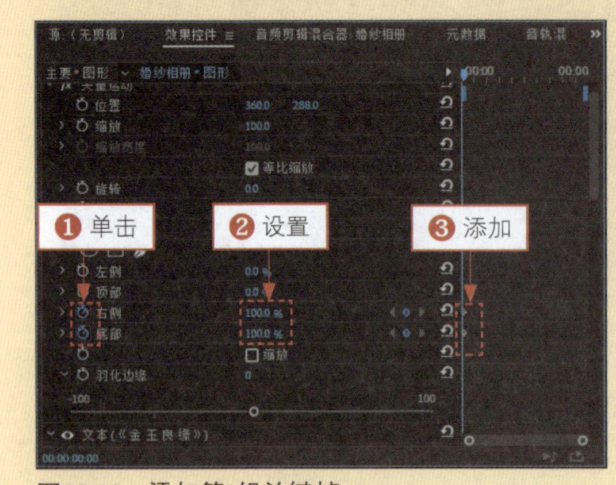

图13-38　添加第1组关键帧

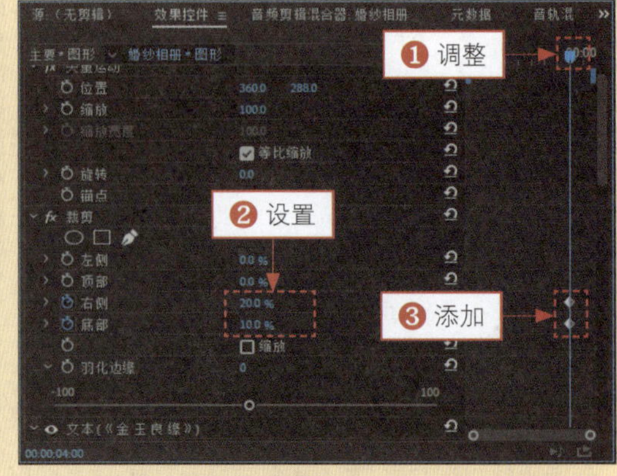

图13-39　添加第2组关键帧

STEP 10 在“节目监视器”面板中，单击“播放-停止切换”按钮，即可预览婚纱相册片头效果，如图13-40所示。

图13-40　预览婚纱相册片头效果

制作婚纱相册动态效果

婚纱相册是以照片预览为主的视频动画，因此用户需要准备大量的婚纱照片素材，并为其添加相应的动态效果，下面介绍制作婚纱相册动态效果的操作方法。

应用案例　制作婚纱相册动态效果

STEP 01 在“项目”面板中，选择并拖曳“视频2.mpg”素材文件至V1轨道中的合适位置，添加背景素材，并设置“持续时间”为“00:00:44:13”，如图13-41所示。

STEP 02 在“项目”面板中，选择并拖曳“1.jpg”素材文件至V2轨道中的合适位置，设置“持续时间”为“00:00:04:00”，选择添加的素材文件，如图13-42所示。

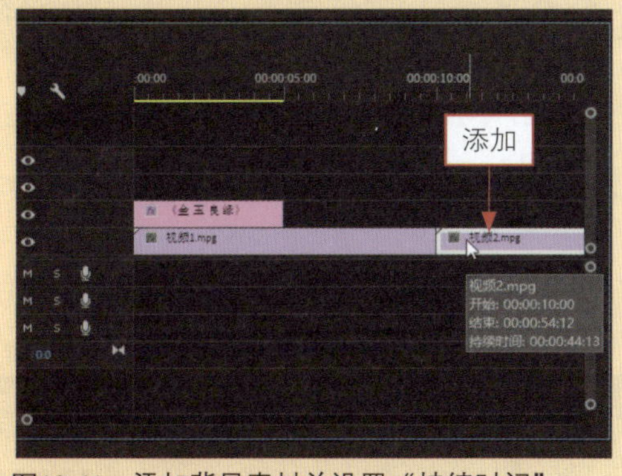

图13-41　添加背景素材并设置“持续时间”

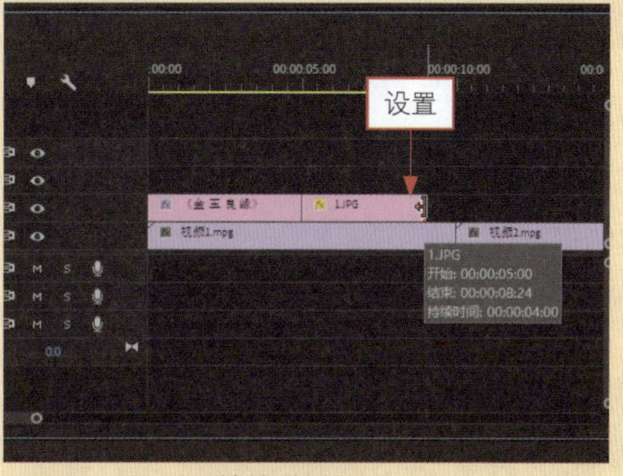

图13-42　设置“持续时间”

STEP 03 ❶调整时间线至“00:00:05:00”的位置；在“效果控件”面板中的“运动”选项，❷分别单击“位置”选项和“缩放”选项左侧的“切换动画”按钮；❸并设置“位置”参数为“360.0”“288.0”、“缩放”参数为“30.0”；❹添加第1组关键帧，如图13-43所示。

STEP 04 ❶调整时间线至“00:00:07:13”的位置；❷设置“位置”参数为“360.0”“320.0”、“缩放”参数为“30.0”；❸添加第2组关键帧，如图13-44所示。

STEP 05 ❶在“效果”面板中展开“视频过渡”|“溶解”选项；❷选择“交叉溶解”选项，如图13-45所示。

STEP 06 拖曳“交叉溶解”选项至V2轨道中的“1.jpg”素材上，并设置持续时间与图像素材的持续时间一致，如图13-46所示。

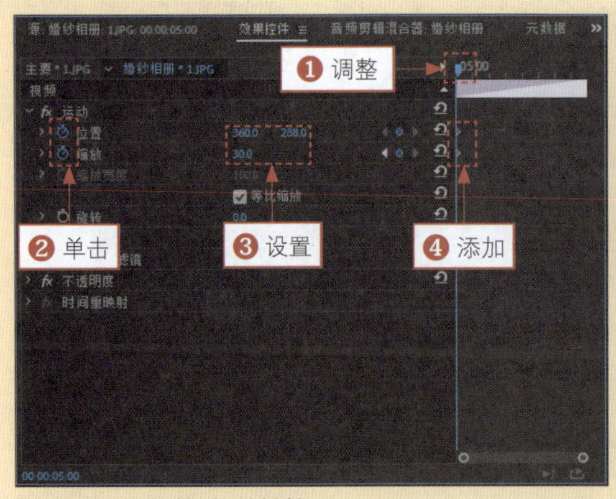

图13-43　添加第1组关键帧

❶ 调整
❸ 添加
❷ 设置

图13-44　添加第2组关键帧

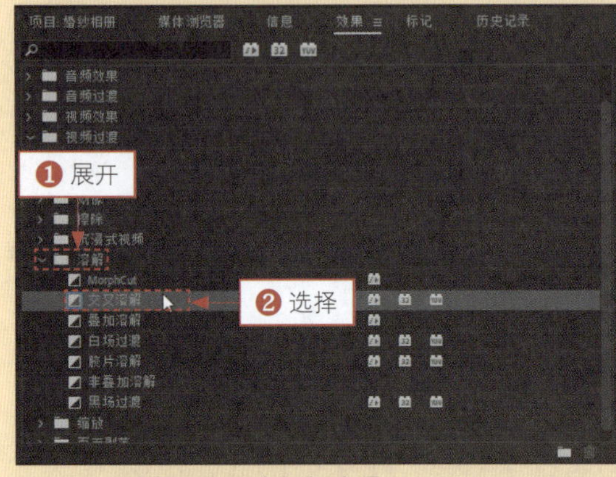

图13-45　选择“交叉溶解”选项

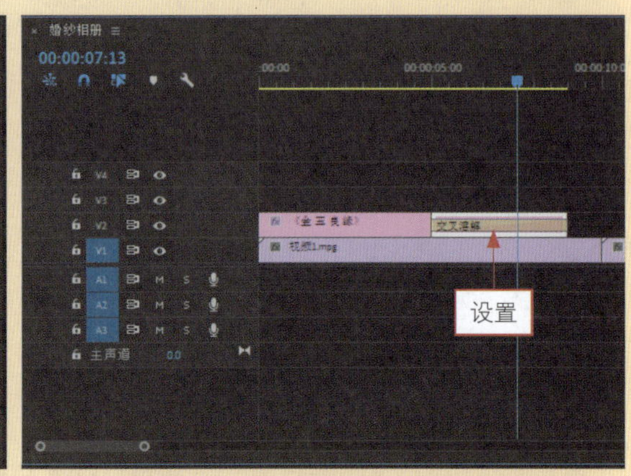

图13-46　设置持续时间与图像素材的持续时间一致

STEP 07 选取“文字工具”，在“节目监视器”面板画面中单击，新建一个字幕文本框，在其中输入标题字幕“美丽优雅”，在“时间轴”面板中选择添加的字幕文件，调整至合适位置并设置持续时间与“1.jpg”素材的持续时间一致，如图13-47所示。

STEP 08 在“效果控件”面板中，❶设置字幕文件的“字体”为“KaiTi”；❷设置“字体大小”参数为“71”，如图13-48所示。

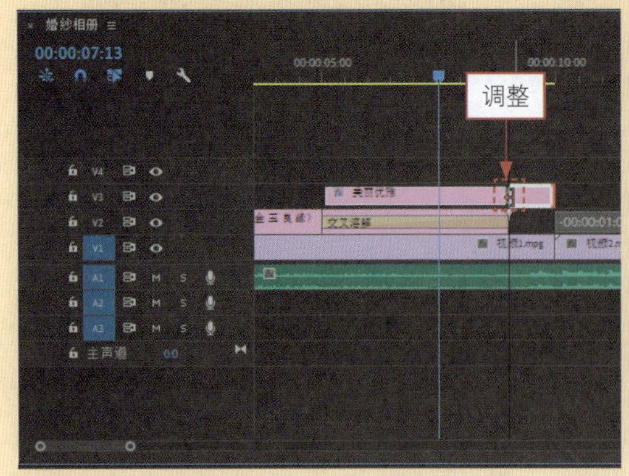

图13-47　调整字幕文件位置与设置持续时间

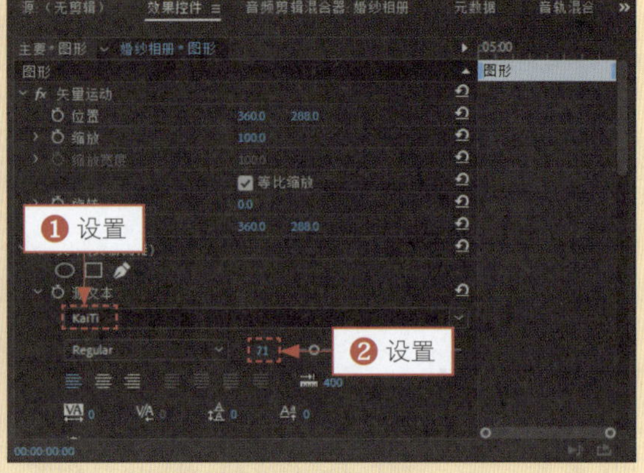

图13-48　设置字幕文件的相应参数

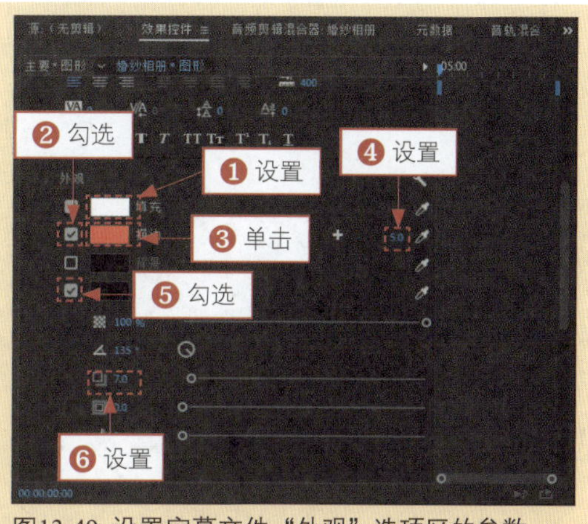

STEP 09 在“外观”选项区中，❶设置“填充”颜色为“白色”；❷然后勾选“描边”复选框；❸单击“描边”颜色色块，在弹出的“拾色器”对话框中分别设置RGB为“238”、“20”和“20”，单击“确定”按钮；返回“效果控件”面板，❹设置“描边宽度”参数为“5.0”；❺勾选“阴影”复选框；在“阴影”下方的选项区中，❻设置“距离”参数为“7.0”，如图13-49所示。

STEP 10 在“变换”选项区中，❶分别单击“位置”选项和“不透明度”选项左侧的“切换动画”按钮；❷并设置“位置”参数为“450.0”“480.0”、“不透明度”参数为“0.0%”；❸为字幕文件添加第1组关键帧，如图13-50所示。

图13-49 设置字幕文件“外观”选项区的参数

STEP 11 ❶将时间线调整至“00:00:07:13”的位置；❷设置“位置”参数为“465.0”“491.0”、“不透明度”参数为“100.0%”；❸添加第2组关键帧，如图13-51所示。

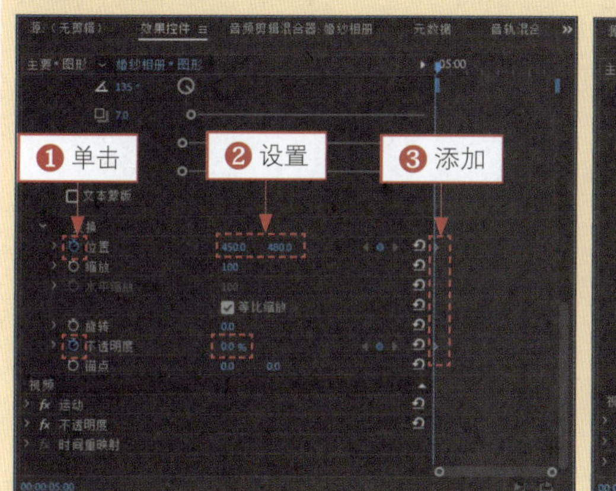

图13-50 为字幕文件添加第1组关键帧

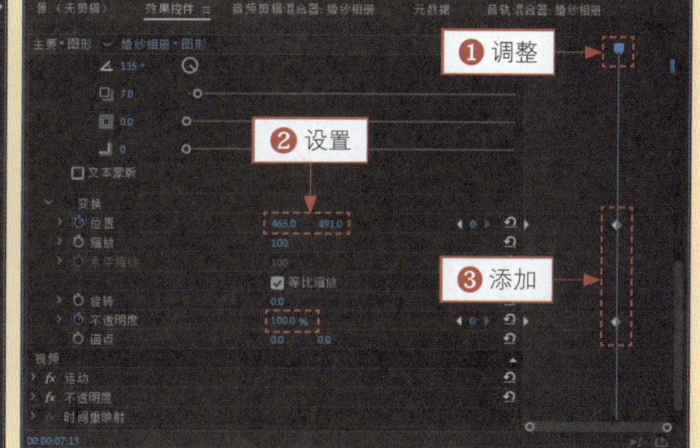

图13-51 为字幕文件添加第2组关键帧

STEP 12 使用与上面同样的方法，在“项目”面板中，依次选择2.jpg~10.jpg图像素材，并拖曳至V2轨道中的合适位置，设置运动效果，并添加“交叉溶解”特效及字幕文件，“时间轴”面板效果如图13-52所示。

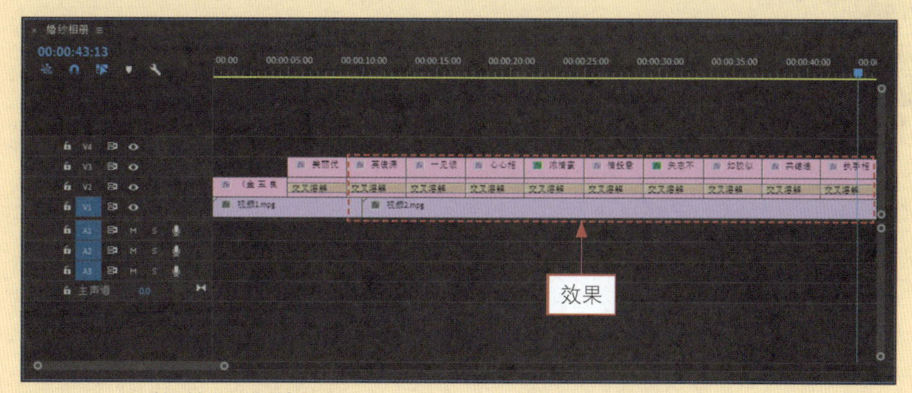

图13-52 “时间轴”面板效果

STEP 13 在“节目监视器”面板中，单击“播放–停止切换”按钮，即可预览婚纱相册动态效果，如图13-53所示。

图13-53　预览婚纱相册动态效果

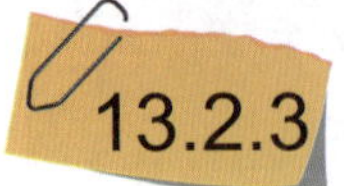

13.2.3 制作婚纱相册片尾效果

在Premiere Pro 2020中，当婚纱相册的基本编辑接近尾声时，用户便可以开始制作婚纱相册的片尾了，下面主要为婚纱相册的片尾添加字幕效果，再次点明视频的主题。

应用案例　制作婚纱相册片尾效果

STEP 01 选取“文字工具”，在“节目监视器”面板画面中单击，新建一个字幕文本框，在其中输入片尾字幕，在“时间轴”面板中选择添加的字幕文件，调整至合适位置并设置“持续时间”为“00:00:09:13”，如图13-54所示。

STEP 02 在“效果控件”面板中，❶设置字幕文件的“字体”为“KaiTi”；❷“字体大小”参数为“60”，如图13-55所示。

STEP 03 在“外观”选项区中，❶设置“填充”颜色为“白色”；❷然后勾选“描边”复选框；❸单击“描边”颜色色块，在弹出的“拾色器”对话框中设置RGB为“238”、“20”和“20”，单击“确定”按钮；❹设置“描边宽度”参数为“5.0”；❺勾选“阴影”复选框；在“阴影”下方的选项区中，❻设置“距离”参数为“7.0”，如图13-56所示。

STEP 04 将时间线调整至“00:00:45:00”的位置，在“变换”选项区中，❶单击“位置”选项左侧的“切换动画”按钮；❷并设置“位置”参数为“230.0”“650.0”；❸添加第1组关键帧，如图13-57所示。

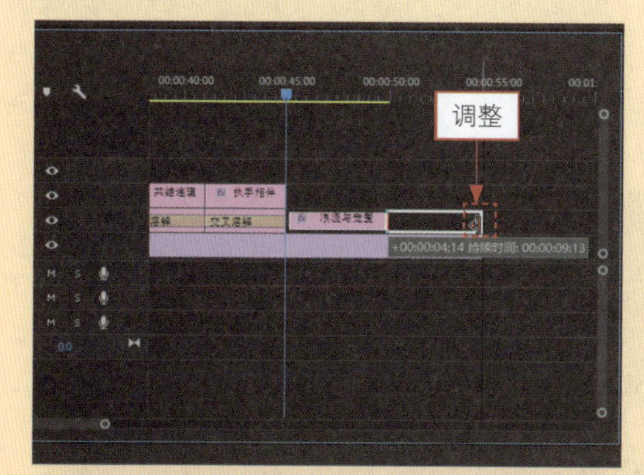

图13-54　调整字幕文件位置与持续时间设置

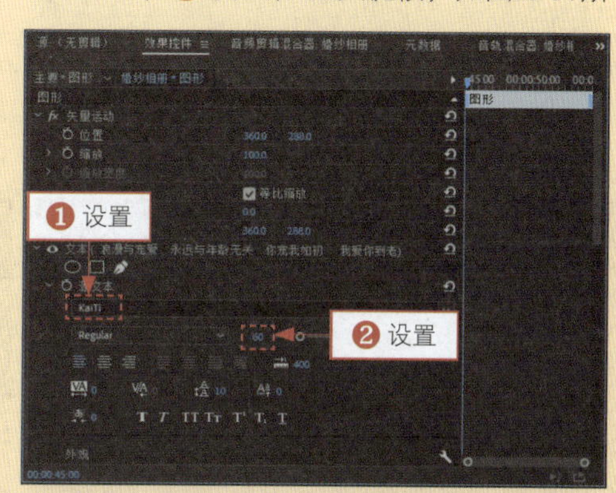

图13-55　设置字幕文件的相应参数

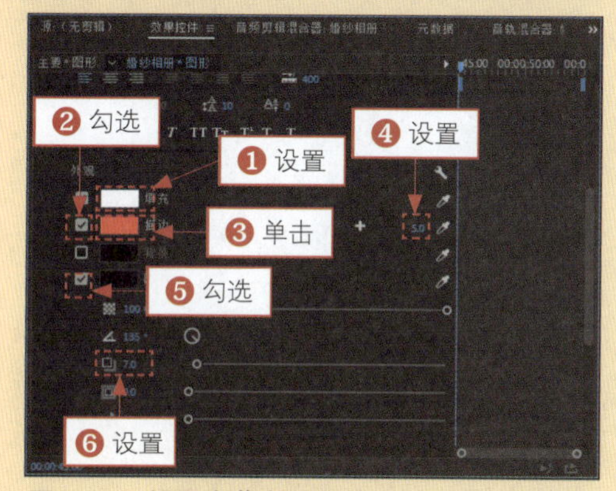

图13-56　设置字幕文件“外观”选项区的参数

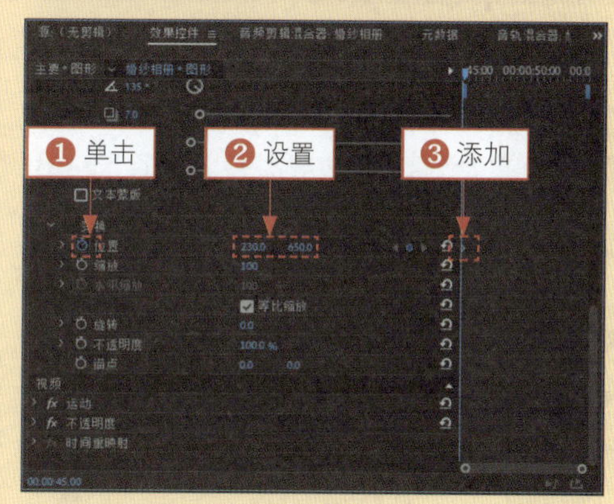

图13-57　添加第1组关键帧

STEP 05 将时间线调整至“00:00:48:00”的位置；❶设置“位置”参数为“230.0”“160.0”；❷添加第2组关键帧；然后将时间线调整至“00:00:51:00”的位置，设置与第2组关键帧相同的参数，❸添加第3组关键帧，如图13-58所示。

STEP 06 ❶将时间线调整至“00:00:54:11”的位置；❷设置“位置”参数为“230.0”“-350.0”；❸添加第4组关键帧，如图13-59所示。

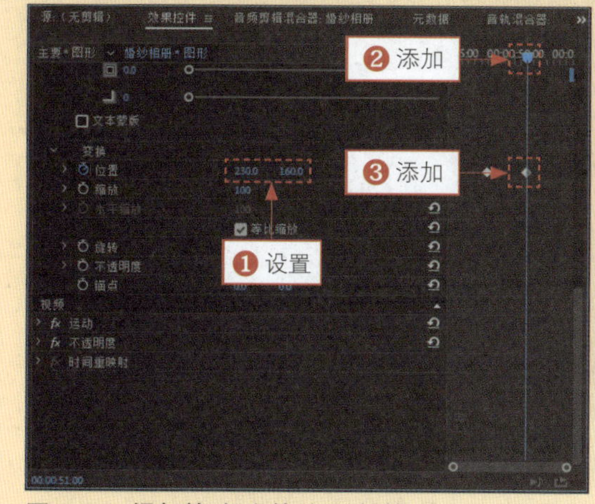

图13-58　添加第2组和第3组关键帧

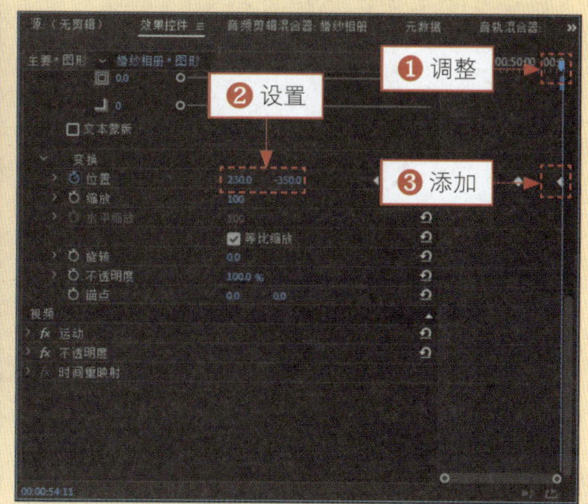

图13-59　添加第4组关键帧

专家指点

在 Premiere Pro 2020 中，当两组关键帧的参数值一致时，可以直接复制前一组关键帧，在相应位置处粘贴即可添加下一组关键帧。

STEP 07 在“节目监视器”面板中，单击“播放-停止切换”按钮，即可预览婚纱相册片尾效果，如图13-60所示。

图13-60　预览婚纱相册片尾效果

13.2.4 编辑与输出视频后期

婚纱相册的背景画面与主体字幕动画制作完成后，下面介绍婚纱相册视频后期的背景音乐编辑与视频的输出操作。

应用案例

编辑与输出视频后期

STEP 01 将时间线调整至开始位置处，在“项目”面板中选择音乐素材，并将其拖曳至A1轨道中，调整音乐的时间长度，如图13-61所示。

STEP 02 在“效果”面板中，❶展开“音频过渡”|“交叉淡化”选项，❷选择“恒定功率”选项，如图13-62所示。

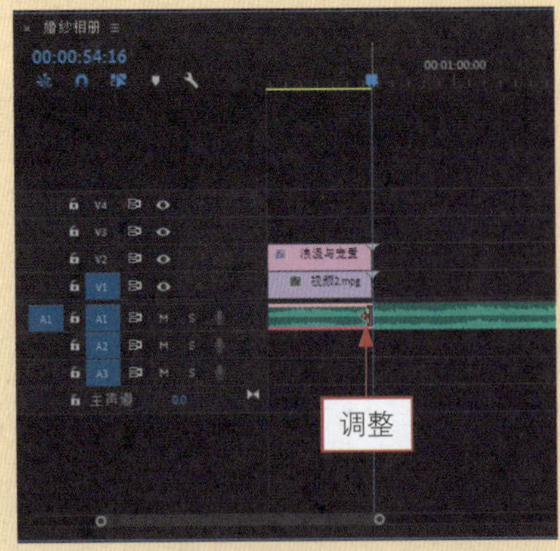

图13-61　调整音乐的时间长度

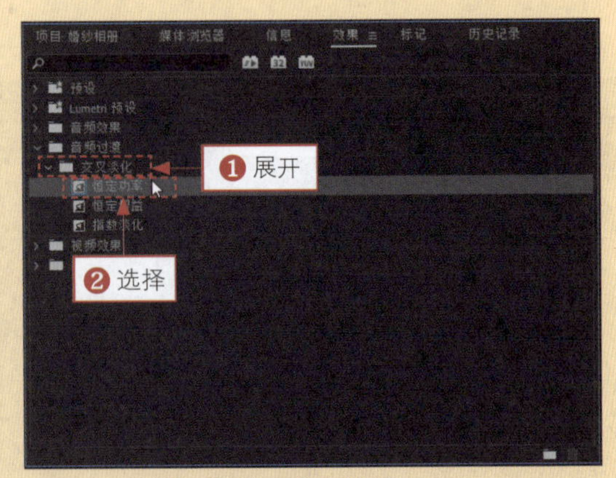

图13-62　选择“恒定功率”选项

STEP 03 按住鼠标左键，并将其拖曳至音乐素材的起始点与结束点，释放鼠标左键即可添加“恒定功率”特效，如图13-63所示。

STEP 04 按“Ctrl＋M”组合键，弹出“导出设置”对话框，单击“输出名称”右侧的“婚姻相册.avi”超链接，如图13-64所示。

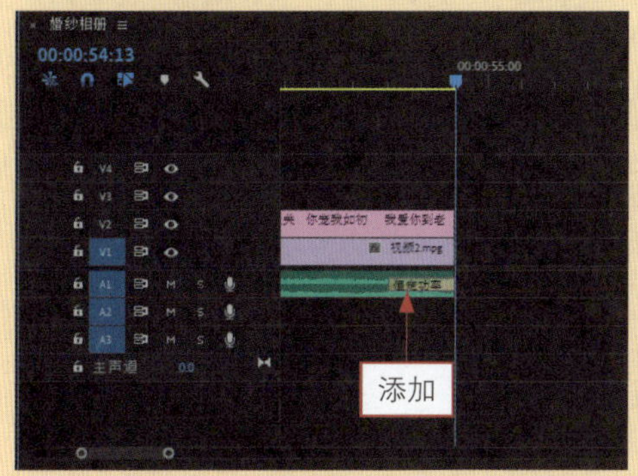

图13-64 添加“恒定功率”特效

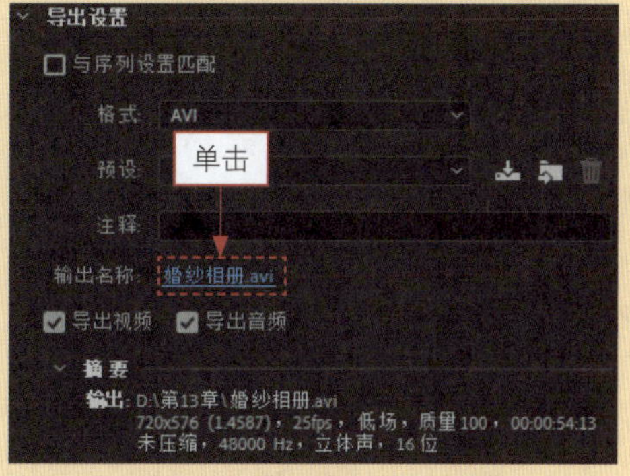

图13-64 单击“婚姻相册.avi”超链接

STEP 05 弹出“另存为”对话框，在其中设置视频文件的保存位置、文件名和保存类型，单击“保存”按钮，返回“导出设置”对话框，单击“导出”按钮，弹出“编码 婚纱相册”对话框，开始导出编码文件，并显示文件的导出进度，稍后即可导出婚纱相册视频，如图13-65所示。

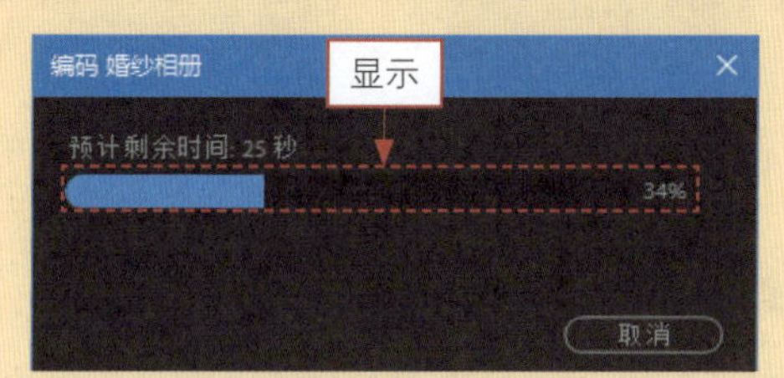

图13-65 显示文件的导出进度

13.3 制作《儿童相册》

儿童相册的制作过程主要包括在Premiere Pro 2020中新建项目并创建序列，导入需要的素材，然后将素材分别添加至相应的视频轨道中，使用相应的素材制作儿童相册片头效果，制作美观的字幕并创建关键帧；添加照片素材至相应的视频轨道中，添加合适的视频过渡并制作照片运动效果，制作出精美的动感相册效果，最后制作儿童相册片尾效果，添加背景音乐，输出视频，即可完成儿童相册的制作。在制作儿童相册之前，先预览儿童相册的画面效果，如图13-66所示。

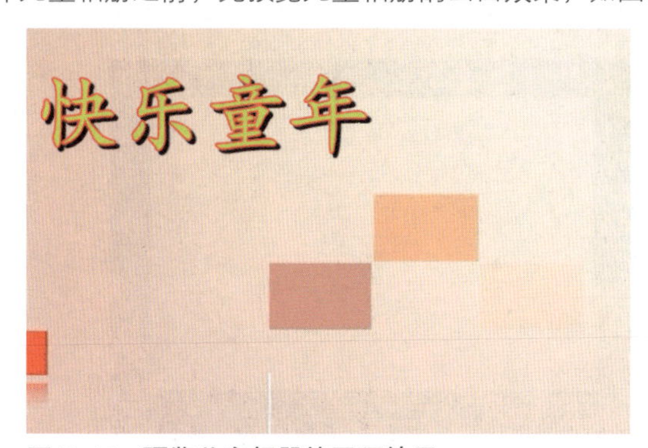

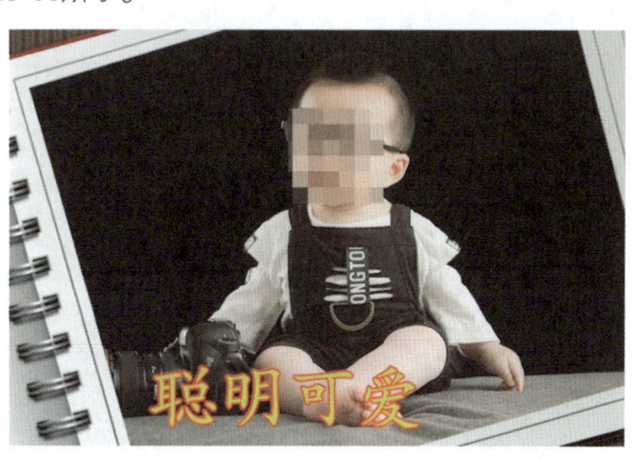

图13-66 预览儿童相册的画面效果

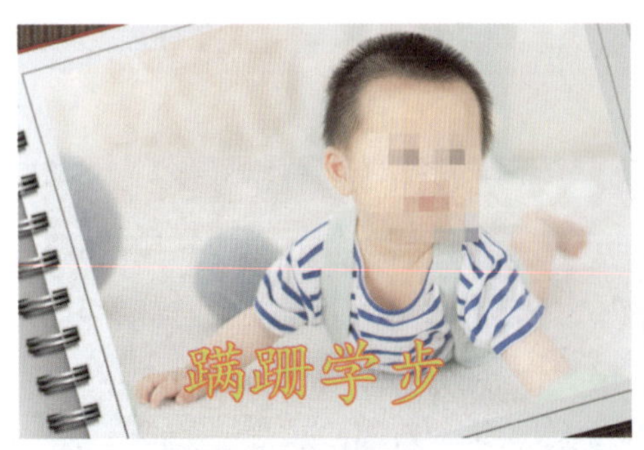

图13-66　预览儿童相册的画面效果（续）

13.3.1 制作儿童相册片头效果

制作儿童相册的第一步，就是制作出能够突出相册主题、形象绚丽的相册片头效果。下面介绍制作儿童相册片头效果的操作方法。

应用案例　制作儿童相册片头效果

STEP 01 按“Ctrl+O”组合键，打开一个项目文件“素材\第13章\儿童相册.prproj”，在“项目”面板中将“片头.wmv”素材文件拖曳至V1轨道中，并设置其“持续时间”为“00:00:47:27”，如图13-67所示。

STEP 02 选取“文字工具”，在“节目监视器”面板画面中单击，即可新建一个字幕文本框，在其中输入项目主题“快乐童年”，如图13-68所示。

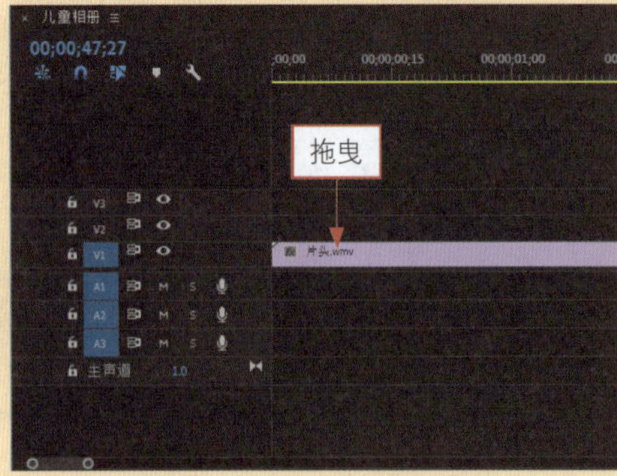

图13-67　将素材文件拖曳至V1轨道中

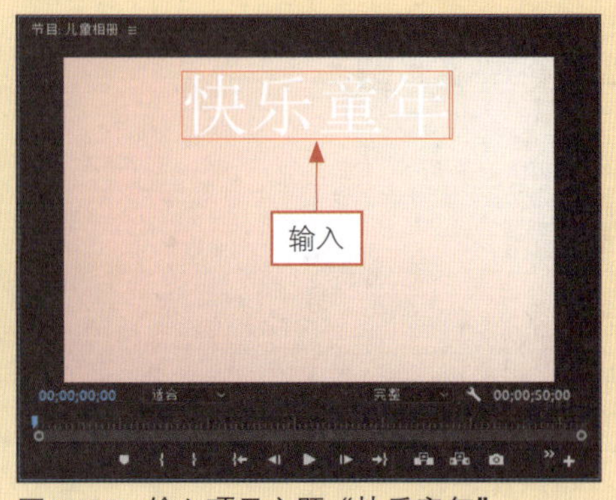

图13-68　输入项目主题“快乐童年”

STEP 03 在“效果控件”面板中，❶设置字幕文件的“字体”为“KaiTi”；❷“字体大小”参数为“100”，如图13-69所示。

STEP 04 在“外观”选项区中，❶单击“填充”颜色色块，在弹出的“拾色器”对话框中设置RGB为“220”、“220”和“30”，单击“确定”按钮；❷然后勾选“描边”复选框；❸单击“描边”颜色色块，在弹出的“拾色器”对话框中设置RGB为“240”、“20”和“20”，单击“确定”按钮；❹设置“描边宽度”参数为“5.0”；❺勾选“阴影”复选框；在“阴影”下方的选项区中，❻设置“距离”参数为“6.5”，如图13-70所示。

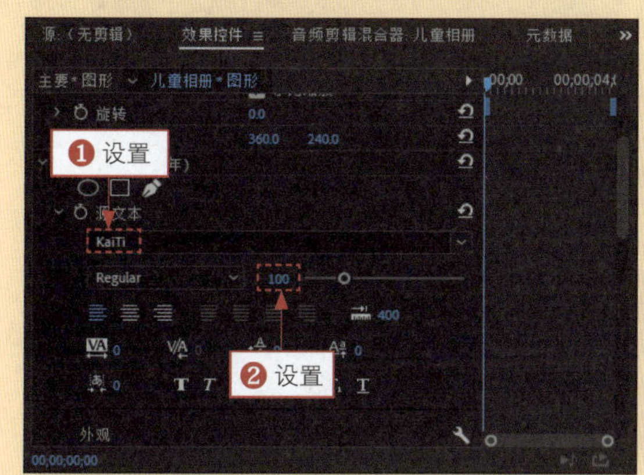

图13-69 设置字幕文件的相应参数

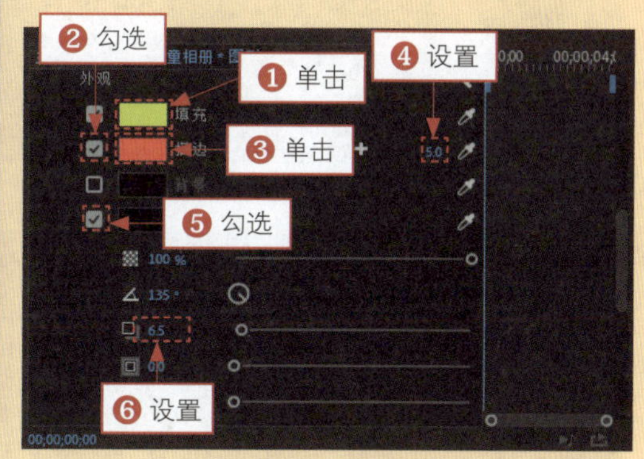

图13-70 设置字幕文件“外观”选项区的参数

STEP 05 在“变换”选项区中，❶单击“位置”选项左侧的“切换动画”按钮；❷并设置“位置”参数为“155.0”“580.0”；❸添加第1组关键帧，如图13-71所示。

STEP 06 ❶将时间线调整至“00:00:02:00”的位置；❷设置“位置”参数为“5.0”“270.0”；❸添加第2组关键帧，如图13-72所示。

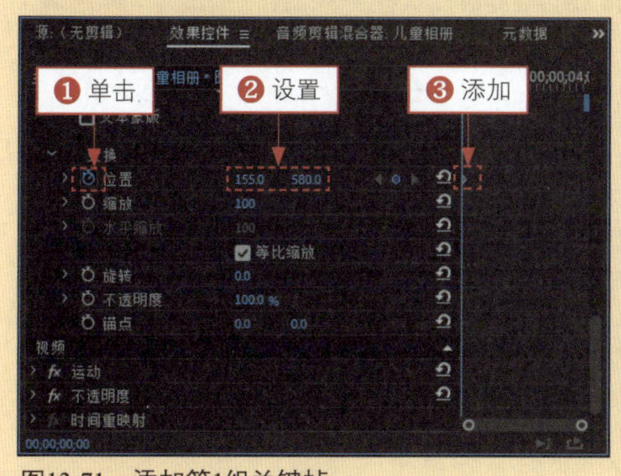

图13-71 添加第1组关键帧

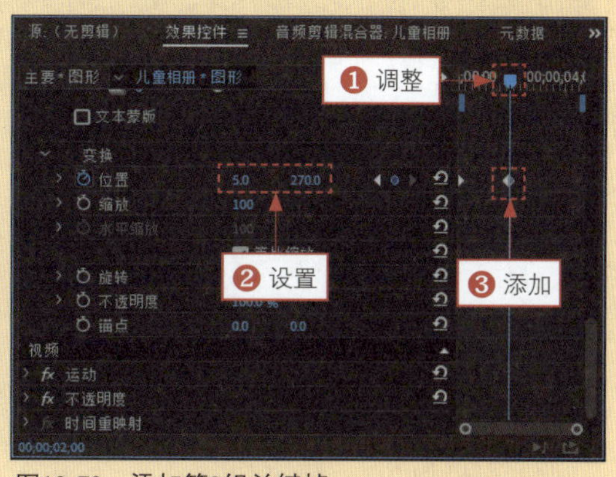

图13-72 添加第2组关键帧

STEP 07 ❶将时间线调整至“00:00:03:00”的位置；❷设置“位置”参数为“30.0”“80.0”；❸添加第3组关键帧，如图13-73所示。

STEP 08 ❶将时间线调整至“00:00:04:00”的位置；❷设置“位置”参数为“50.0”“140.0”；❸添加第4组关键帧，如图13-74所示。

STEP 09 在“效果”面板中，❶展开“视频过渡”|“溶解”选项；❷选择“黑场过渡”选项，如图13-75所示。

STEP 10 按住鼠标左键并拖曳，将其分别添加至V1轨道中的素材文件和V2轨道中的字幕文件的结束位置处，添加“黑场过渡”特效，如图13-76所示。

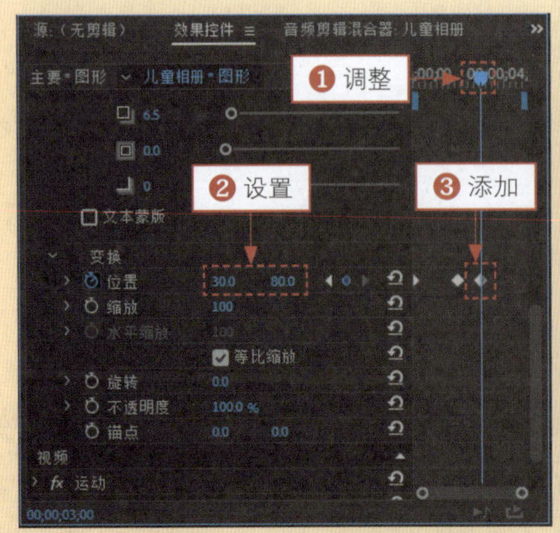

图13-73　添加第3组关键帧

图13-74　添加第4组关键帧

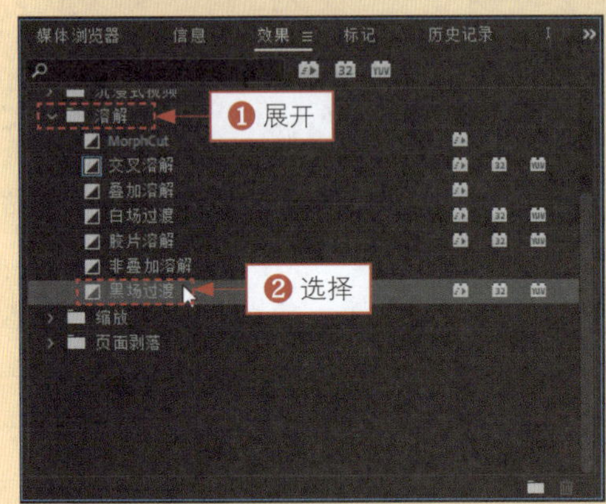

图13-75　选择“黑场过渡”选项

图13-76　添加“黑场过渡”特效

STEP 11 在“节目监视器”面板中，单击“播放-停止切换”按钮，即可预览儿童相册片头效果，如图13-77所示。

图13-77　预览儿童相册片头效果

13.3.2 制作儿童相册主体效果

在制作儿童相册片头效果后，接下来就可以制作儿童相册主体效果。本实例首先在儿童照片之间添加各种视频过渡，然后为照片添加旋转、缩放等运动特效。下面介绍制作儿童相册主体效果的操作方法。

制作儿童相册主体效果

STEP 01 在“项目”面板中选择8张儿童照片素材文件，将其添加到V1轨道上的“片头.wmv”素材文件后面，如图13-78所示。

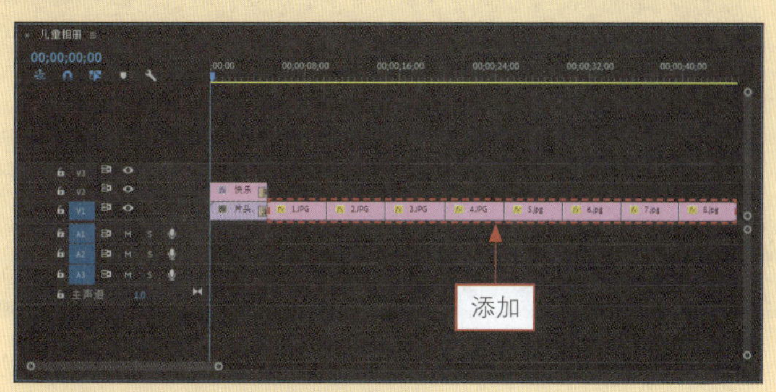

图13-78　添加8张儿童照片素材文件

STEP 02 将“儿童相框.png”素材文件添加到V2轨道上的字幕文件后面，调整V2轨道上的素材文件的持续时间与V1轨道上的素材文件的持续时间一致，如图13-79所示。

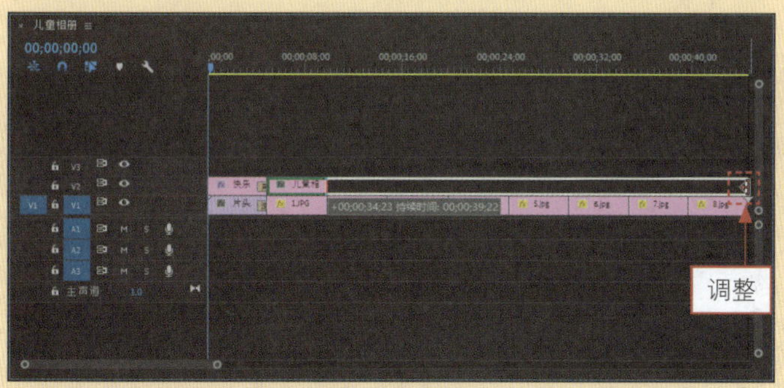

图13-79　调整素材文件的持续时间

STEP 03 选择“儿童相框.png”素材文件，在“效果控件”面板中展开“运动”选项，设置“缩放”参数为“115.0”，如图13-80所示。

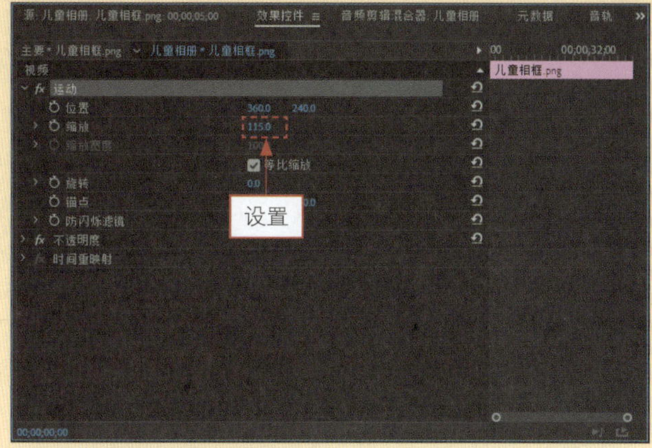

图13-80　设置“缩放”参数

STEP 04 在“效果”面板中，依次展开“视频过渡”|“3D运动”|“擦除”选项，分别将“翻转”、“百叶窗”、“中心拆分”、“双侧平推门”、“油漆飞溅”、“水波块”与“风车”视频过渡特效添加到V1轨道上的8张儿童照片素材文件之间，如图13-81所示。

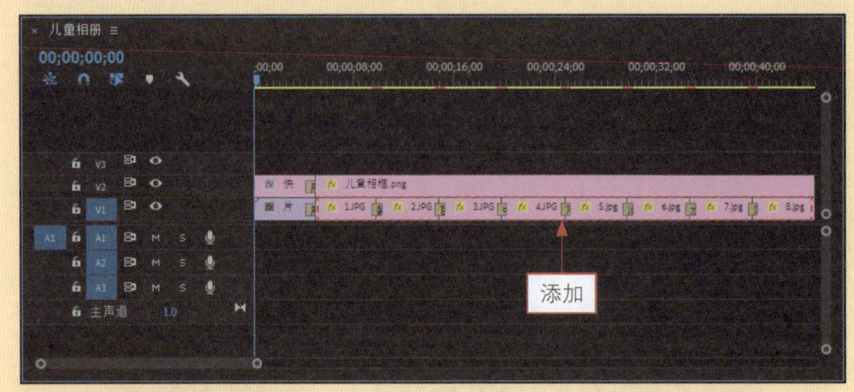

图13-81　添加视频过渡特效

STEP 05 选择“1.jpg”素材文件，调整时间线至“00:00:05:00”的位置，如图13-82所示。

STEP 06 在“效果控件”面板中展开“运动”选项，❶分别单击“位置”选项和“缩放”选项左侧的“切换动画”按钮；❷并设置“位置”参数为“360.0”“240.0”和“缩放”参数为“48.0”；❸添加第1组关键帧，如图13-83所示。

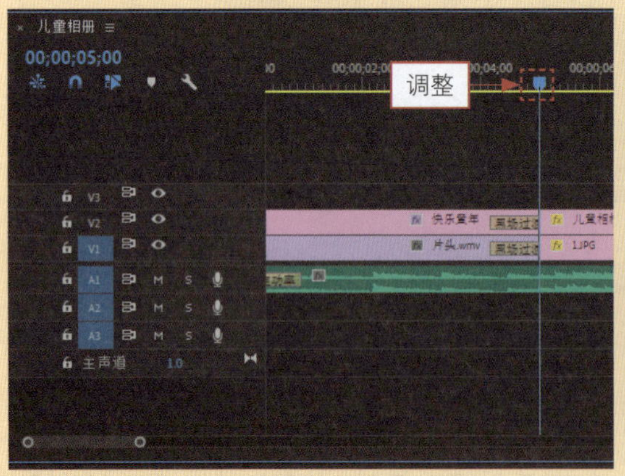

图13-82　调整时间线

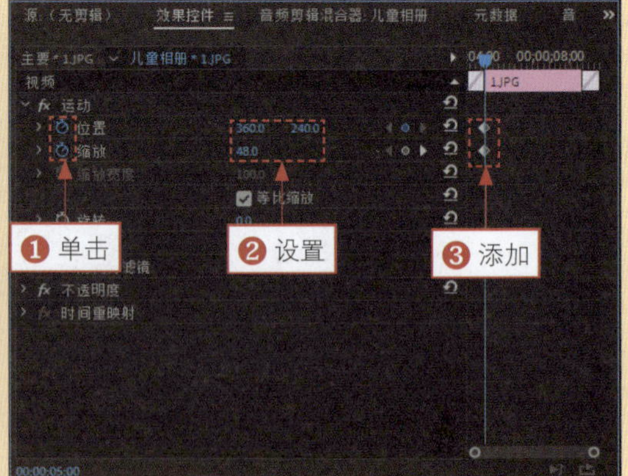

图13-83　添加第1组关键帧（1）

STEP 07 ❶调整时间线至“00:00:08:00”的位置；❷单击“位置”选项左侧的“切换动画”按钮；并设置“位置”参数为“360.0”“240.0”；❸添加第2组关键帧，如图13-84所示。

STEP 08 在“节目监视器”面板中，单击“播放-停止切换”按钮，即可预览图像运动效果，如图13-85所示。

STEP 09 选择“2.jpg”素材文件，❶调整时间线至“00:00:10:13”的位置；在“效果控件”面板中展开“运动”选项，❷单击“缩放”选项左侧的“切换动画”按钮；❸并设置“缩放”参数为60.0；❹添加第1组关键帧，如图13-86所示。

STEP 10 ❶调整时间线至“00:00:11:07”的位置；❷设置“缩放”参数为“60.0”；❸添加第2组关键帧，如图13-87所示。

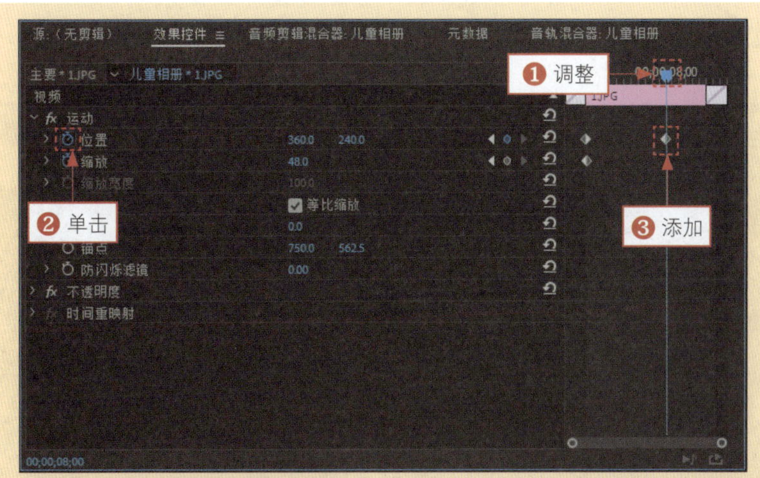

图13-84 添加第2组关键帧（1）

图13-85 预览图像运动效果

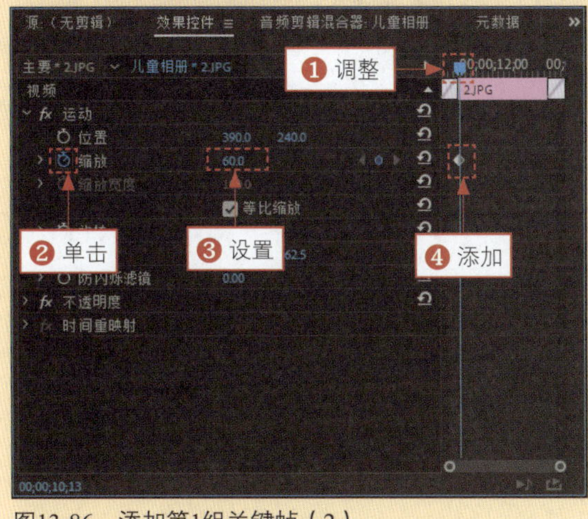

图13-86 添加第1组关键帧（2）

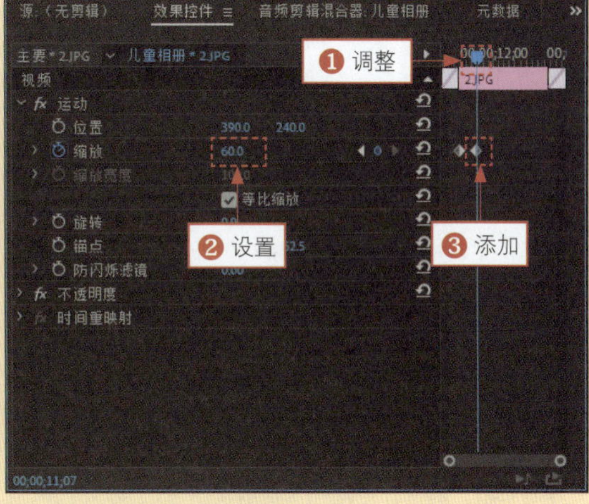

图13-87 添加第2组关键帧（2）

STEP 11 选择“3.jpg”素材文件，❶调整时间线至“00:00:15:11”的位置；在“效果控件”面板中展开“运动”选项，❷单击“位置”选项、“缩放”选项左侧的“切换动画”按钮；❸并设置“位置”参数为“360.0”“240.0”，“缩放”参数为“50.0”；❹添加第1组关键帧，如图13-88所示。

STEP 12 ❶调整时间线至“00:00:19:00”的位置；❷设置“位置”参数为“450.0”“320.0”，“缩放”参数为“60.0”；❸添加第2组关键帧，如图13-89所示。

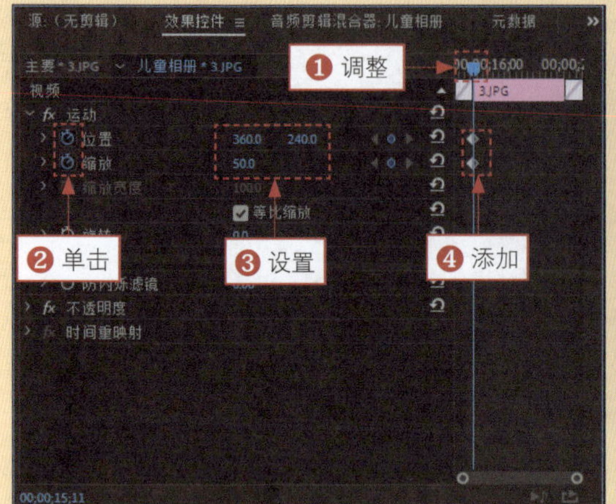

图13-88 添加第1组关键帧（3）

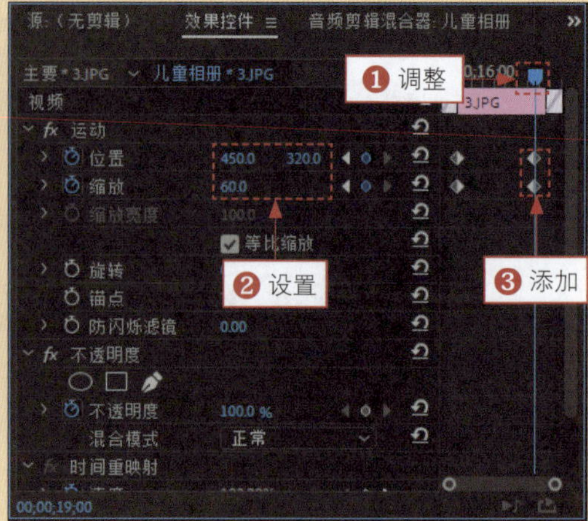

图13-89 添加第2组关键帧（3）

STEP 13 使用与上面同样的方法为其他5张儿童照片素材添加运动特效关键帧，在“节目监视器”面板中，单击“播放-停止切换”按钮，即可预览儿童相册主体效果，如图13-90所示。

图13-90 预览儿童相册主体效果

13.3.3 制作儿童相册字幕效果

为儿童相册制作完主体效果后，就可以为儿童相册添加与之相匹配的字幕文件。下面介绍制作儿童相册字幕效果的操作方法。

制作儿童相册字幕效果

STEP 01 将时间线调整至“00:00:05:00”的位置，选取“文字工具”，在“节目监视器”面板画面中单击，新建一个字幕文本框，在其中输入标题字幕“聪明可爱”，如图13-91所示。

STEP 02 在“时间轴”面板中选择添加的字幕文件，调整至合适位置并设置持续时间与“1.jpg”的持续时间一致，如图13-92所示。

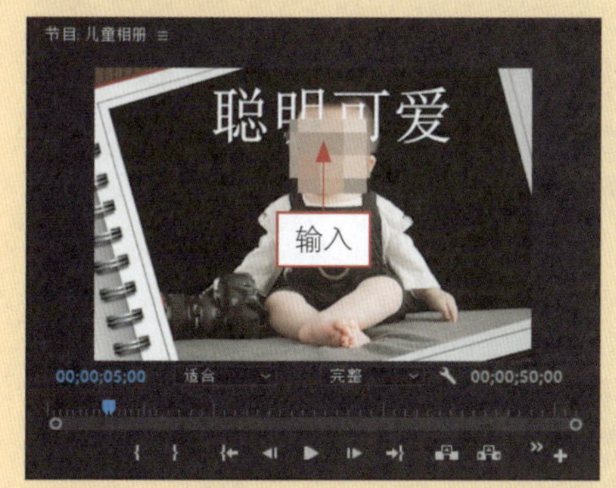

图13-91　输入标题字幕

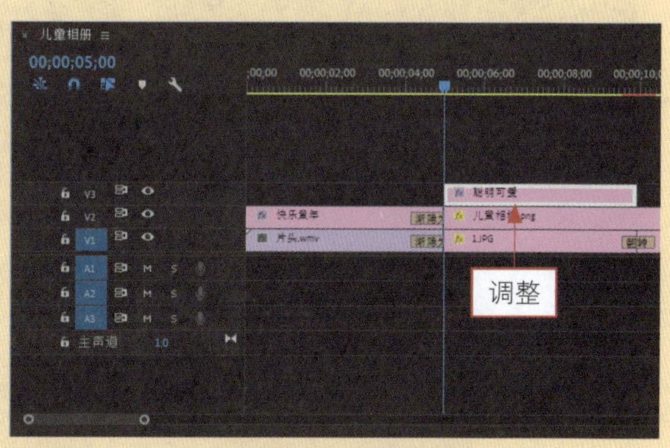

图13-92　调整字幕文件位置与持续时间

STEP 03 在“效果控件”面板中，❶设置字幕文件的“字体”为“KaiTi”；❷“字体大小”参数为“80”，如图13-93所示。

STEP 04 在“外观”选项区中，❶单击“填充”颜色色块，在弹出的“拾色器”对话框中设置RGB为“220”、“220”和“30”，单击“确定”按钮；❷然后勾选“描边”复选框；❸单击“描边”颜色色块，在弹出的“拾色器”对话框中设置RGB为“220”、“20”和“20”，单击“确定”按钮；❹设置“描边宽度”参数为“5.0”，如图13-94所示。

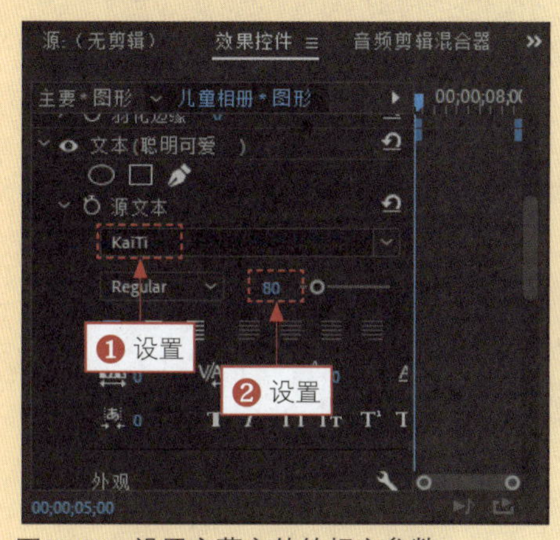

图13-93　设置字幕文件的相应参数

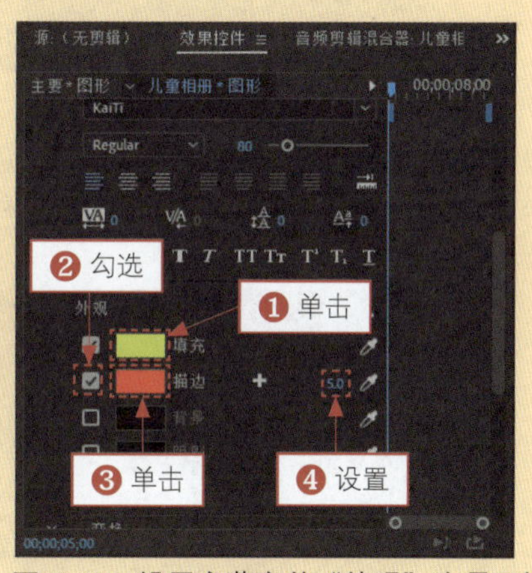

图13-94　设置字幕文件“外观”选项区的参数

STEP 05 在“效果”面板中，❶展开“视频效果”|“变换”选项，❷选择“裁剪”选项并双击，即可为字幕文件添加“裁剪”效果，如图13-95所示。

STEP 06 在“裁剪”和“不透明度”选项区中，❶分别单击“右侧”选项、“底部”选项和“不透明度”选项左侧的“切换动画”按钮；❷并设置“右侧”参数为“80.0%”、“底部”参数为“10.0%”、“不透明度”参数为“100.0%”；❸添加第1组关键帧，如图13-96所示。

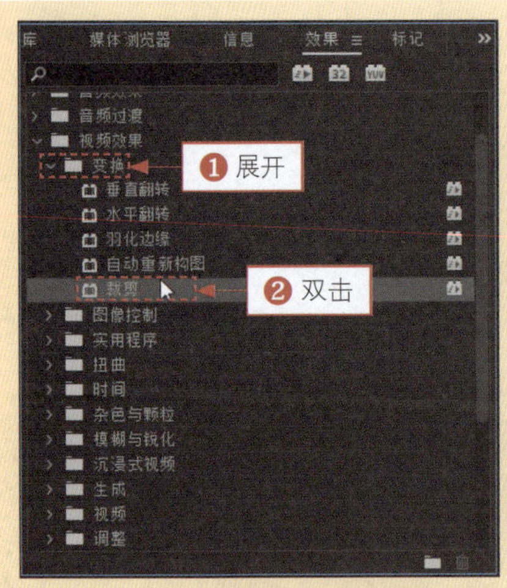

图13-95　选择“裁剪”选项并双击

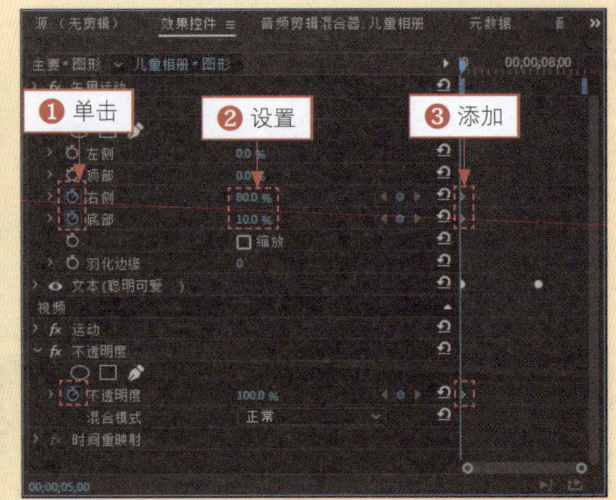

图13-96 添加第1组关键帧

STEP 07 ❶将时间线调整至“00:00:08:00”的位置；❷设置“右侧”参数为“30.0%”、“底部”参数为“0.0%”、“不透明度”参数为“100.0%”；❸添加第2组关键帧，如图13-97所示。

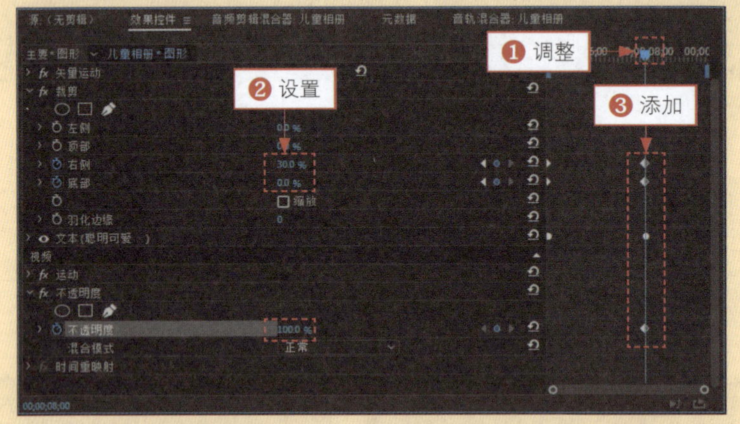

图13-97　添加第2组关键帧

STEP 08 使用与上面同样的操作方法，为其他7张儿童图像素材添加相匹配的字幕文件，调整字幕文件持续时间与儿童图像素材持续时间一致，并为字幕文件添加运动特效关键帧，“时间轴”面板效果如图13-98所示。

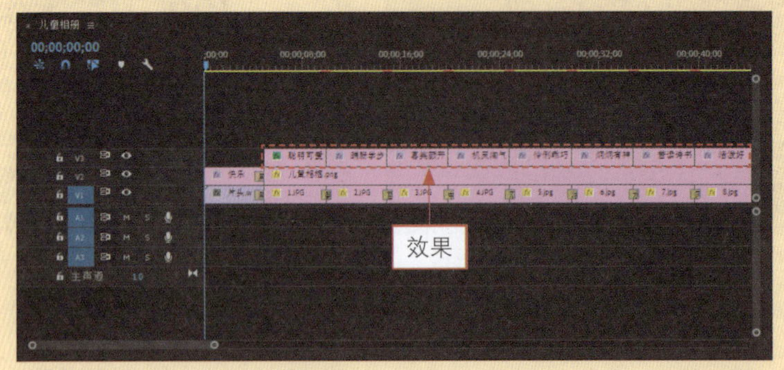

图13-98　“时间轴”面板效果

STEP 09 在“节目监视器”面板中，单击“播放-停止切换”按钮，即可预览儿童相册字幕效果，如图13-99所示。

图13-99　预览儿童相册字幕效果

13.3.4　制作儿童相册片尾效果

儿童相册字幕效果制作完成后，就可以开始制作儿童相册片尾效果。下面介绍制作儿童相册片尾效果的操作方法。

制作儿童相册片尾效果

STEP 01 将“片尾.wmv”素材文件添加到V1轨道上“8.jpg”素材文件的后面，如图13-100所示。

STEP 02 在“效果”面板中，❶展开“视频过渡”|“溶解”选项；❷选择“黑场过渡”选项，如图13-101所示。

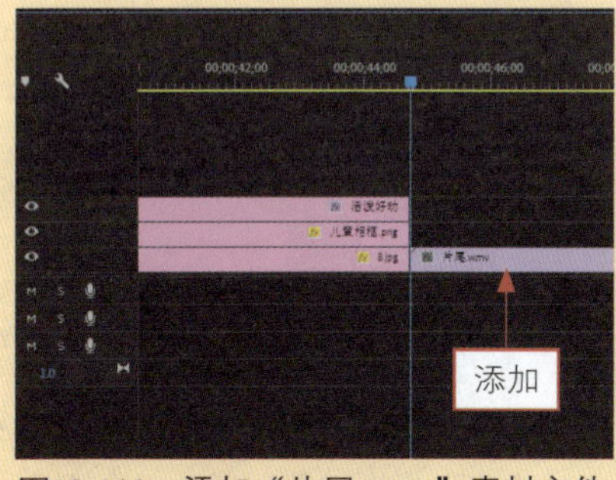

图13-100　添加“片尾.wmv”素材文件

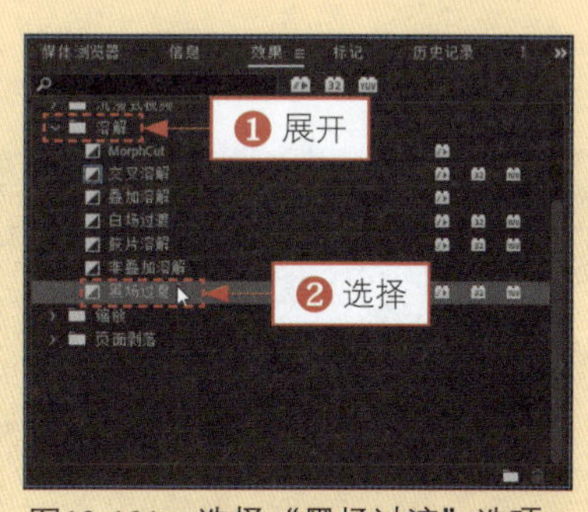

图13-101　选择“黑场过渡”选项

STEP 03 按住鼠标左键并拖曳，将其添加至V1轨道中的“片尾.wmv”素材文件结束位置，添加“黑色过渡”特效，如图13-102所示。

STEP 04 将时间线调整至“00:00:44:22”的位置，选取“文字工具”，在“节目监视器”面板画面中单击，新建一个字幕文本框，在其中输入需要的片尾字幕，如图13-103所示。

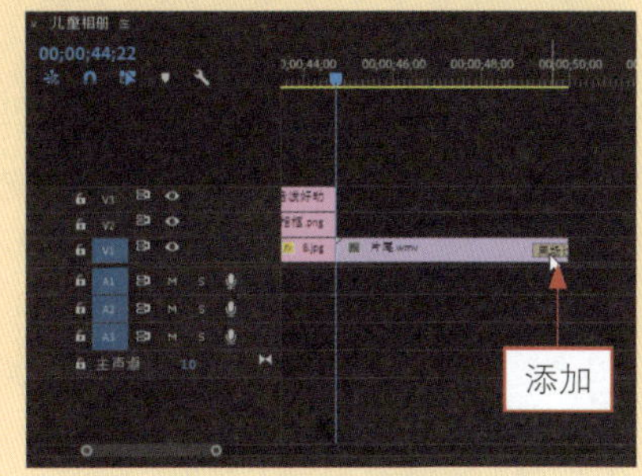

图13-102　添加“黑色过渡”特效

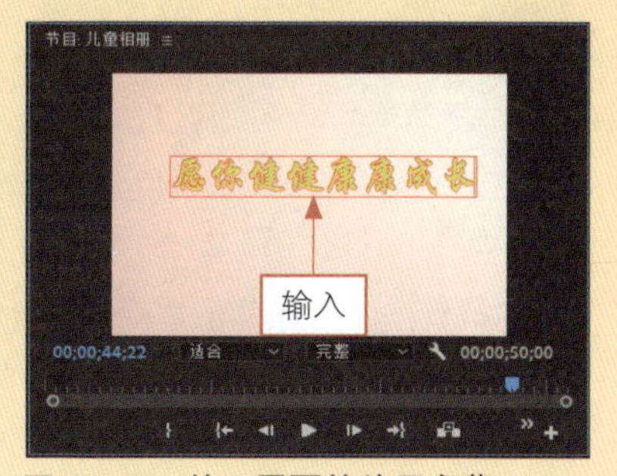

图13-103　输入需要的片尾字幕

STEP 05 在“时间轴”面板中选择添加的字幕文件，调整至合适位置并设置持续时间为“00:00:05:08”，如图13-104所示。

STEP 06 在“效果控件”面板中，❶设置字幕文件的“字体”为“KaiTi”；❷“字体大小”参数为“70”，如图13-105所示。

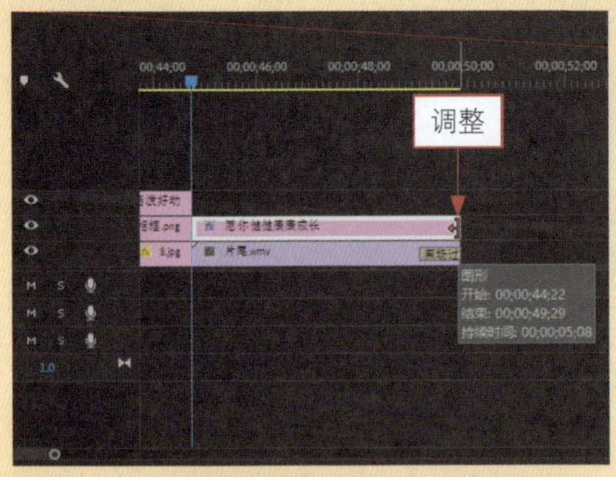

图13-104　调整字幕文件位置与设置持续时间

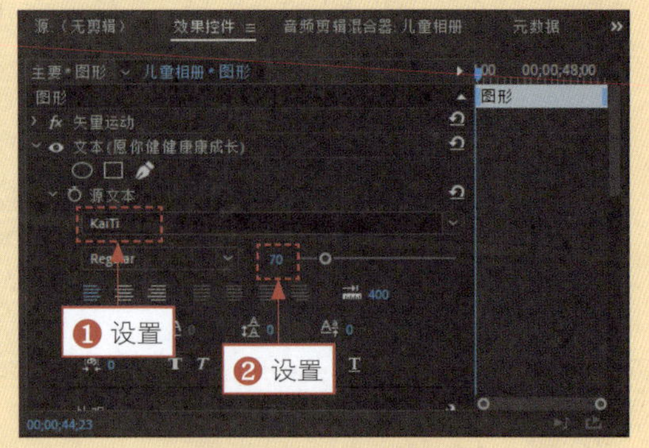

图13-105　设置字幕文件的相应参数

STEP 07 在“外观”选项区中，❶单击“填充”颜色色块，在弹出的“拾色器”对话框中设置RGB为“220”、“220”和“30”；❷然后勾选“描边”复选框；❸单击“描边”颜色色块，在弹出的“拾色器”对话框中设置RGB为“220”、“20”和“20”，单击“确定”按钮；❹设置“描边宽度”参数为“5.0”，如图13-106所示。

STEP 08 在“变换”选项区中，❶单击“位置”选项、“缩放”选项和“不透明度”选项左侧的“切换动画”按钮；❷并设置“位置”参数为“220.0”“470.0”、“缩放”参数为“50”、“不透明度”参数为“0.0%”；❸添加第1组关键帧，如图13-107所示。

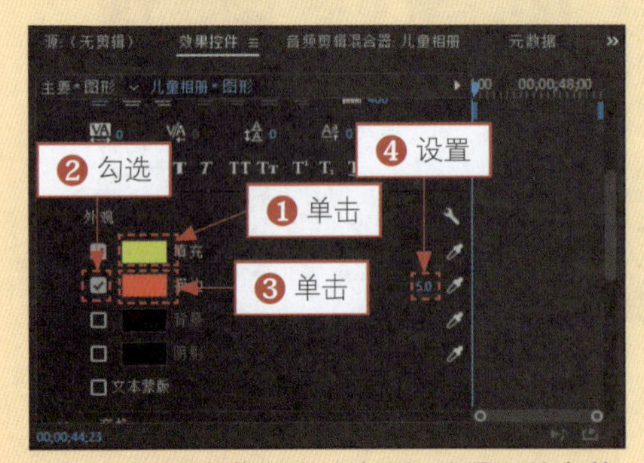

图13-106　设置字幕文件“外观”选项区的参数

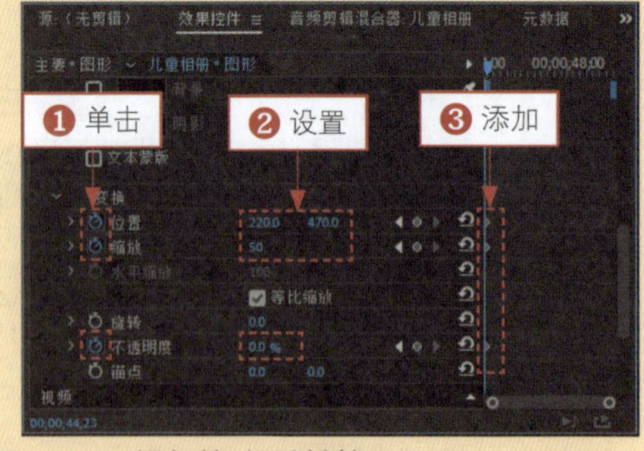

图13-107　添加第1组关键帧

STEP 09 ❶将时间线调整至“00:00:45:10”的位置；❷设置“位置”参数为“120.0”“180.0”；❸添加第2组关键帧，如图13-108所示。

STEP 10 ❶将时间线调整至“00:00:46:00”的位置；❷设置“位置”参数为“45.0”“240.0”、“缩放”参数为“100”“不透明度”参数为“100.0%”；❸添加第3组关键帧，如图13-109所示。

STEP 11 ❶将时间线调整至“00:00:48:00”的位置；❷选择第3组关键帧并右击；❸在弹出的快捷菜单中选择“复制”命令，如图13-110所示。

STEP 12 在时间线位置处右击，在弹出的快捷菜单中选择“粘贴”命令，如图13-111所示。分别将“位置”选项、“缩放”选项及“不透明度”选项的第3组关键帧参数粘贴至在时间线位置处，添加第4组关键帧。

STEP 13 ❶将时间线调整至“00:00:48:21”的位置；❷设置“位置”参数为“730.0”“5.0”；❸添加第5组关键帧，如图13-112所示。

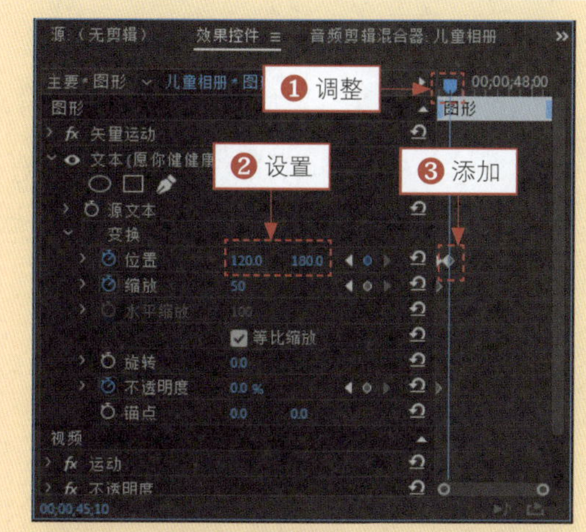

图13-108　添加第2组关键帧

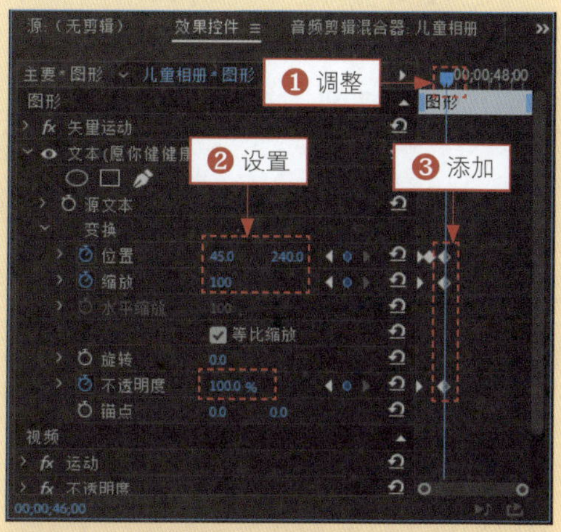

图13-109　添加第3组关键帧

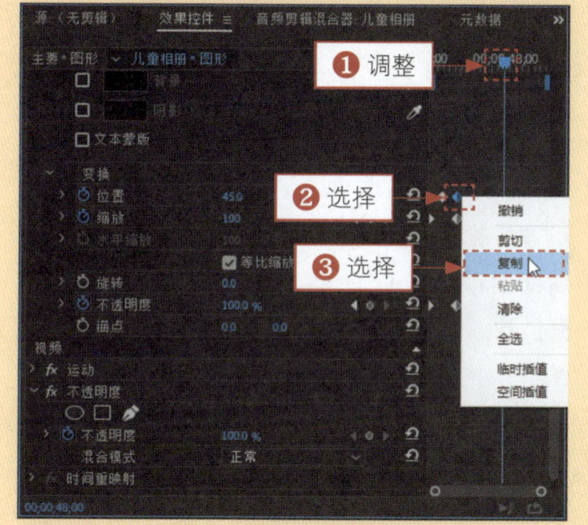

图13-110　选择“复制”命令

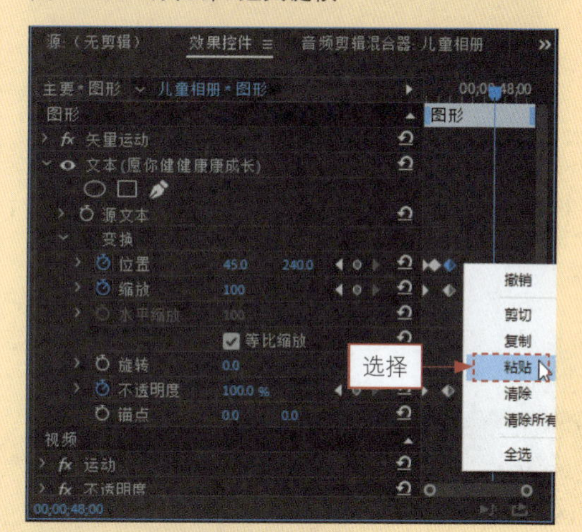

图13-111　选择“粘贴”命令

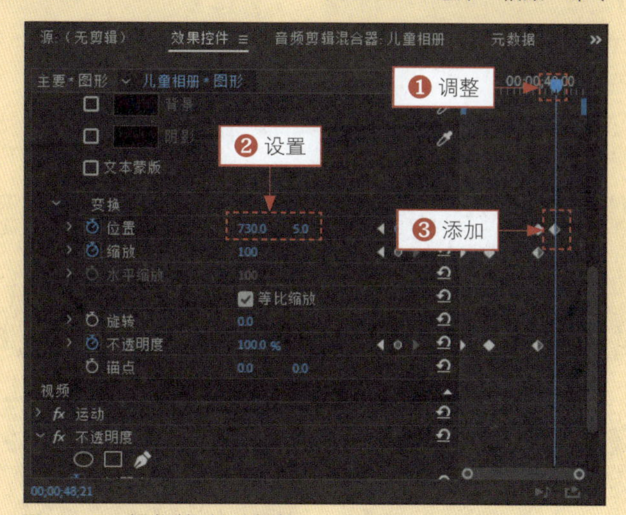

图13-112　添加第5组关键帧

STEP 14 在“节目监视器”面板中，单击“播放-停止切换”按钮，即可预览儿童相册片尾效果，如图13-113所示。

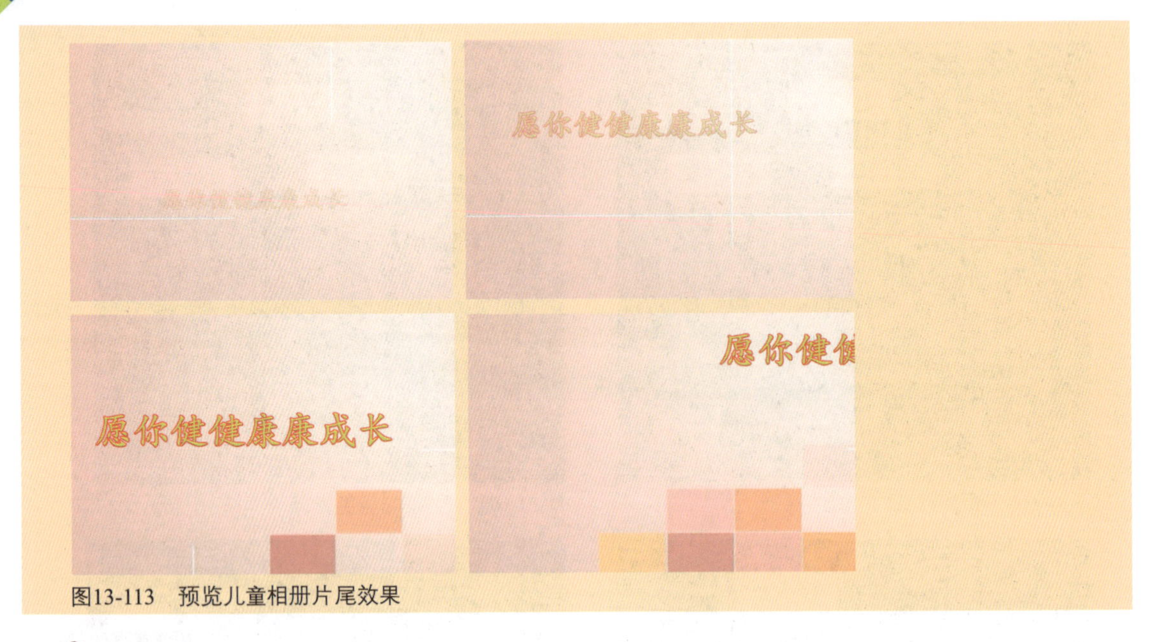

图13-113　预览儿童相册片尾效果

13.3.5 编辑与输出视频后期

在制作完儿童相册片尾效果后，接下来就可以编辑与输出视频后期了。在编辑过程中为其添加适合儿童相册主题的音乐素材，并且在音乐素材的开始与结束位置添加音频过渡。下面介绍编辑与输出视频后期的操作方法。

应用案例　编辑与输出视频后期

STEP 01 将时间线调整至开始位置处，在“项目”面板中，将“音乐.mpa”素材添加到“时间轴”面板中的A1轨道上，如图13-114所示。

STEP 02 将时间线调整至“00:00:50:00”处，选取“剃刀工具”，在时间线位置处单击，将“音乐.mpa”素材分割为两段，如图13-115所示。

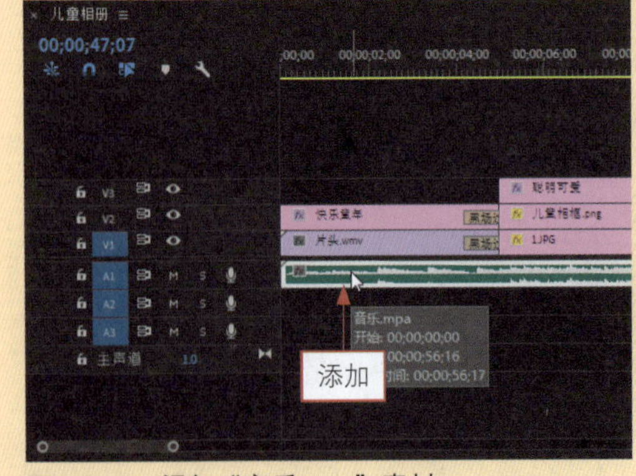

图13-114　添加“音乐.mpa”素材

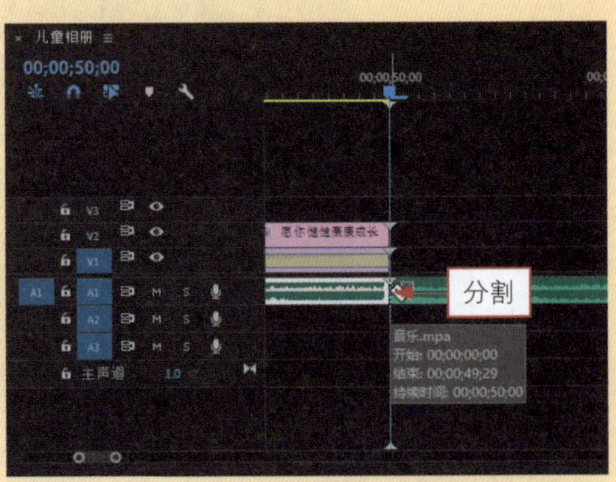

图13-115　将“音乐.mpa”素材分割为两段

STEP 03 选取“选择工具”，选择分割的第2段音乐素材，按“Delete”键删除，如图13-116所示。

STEP 04 在“效果”面板中，❶展开“音频过渡”|“交叉淡化”选项；❷选择“恒定功率”选项，如图13-117所示。

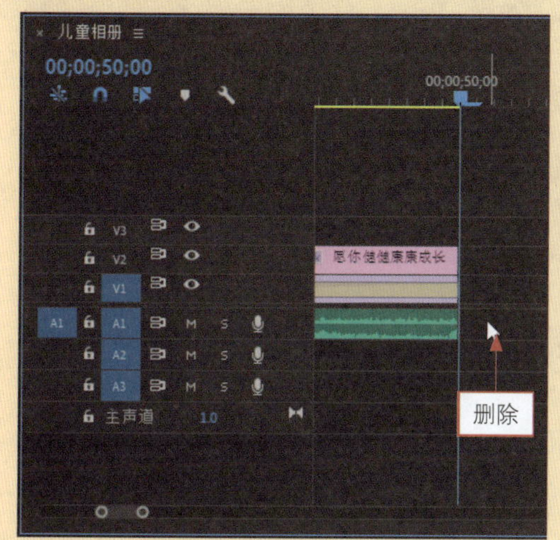

图13-116　删除第2段音乐素材

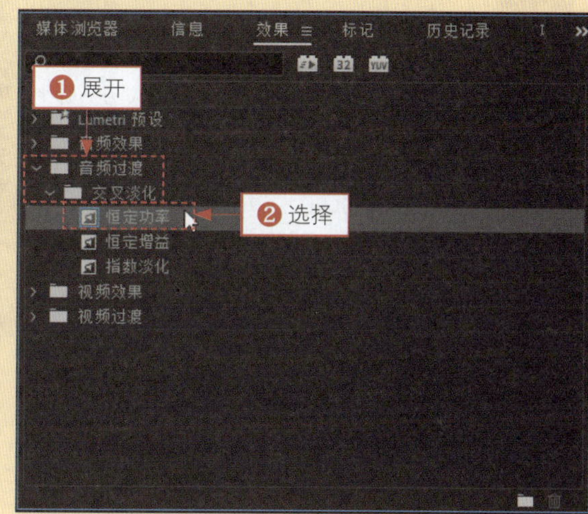

图13-117　选择“恒定功率”选项

STEP 05 将选择的音频过渡添加到“音乐.mpa”的开始位置，制作音乐素材淡入特效，如图13-118所示。

STEP 06 将选择的音频过渡添加到“音乐.mpa”的结束位置，制作音乐素材淡出特效，如图13-119所示。

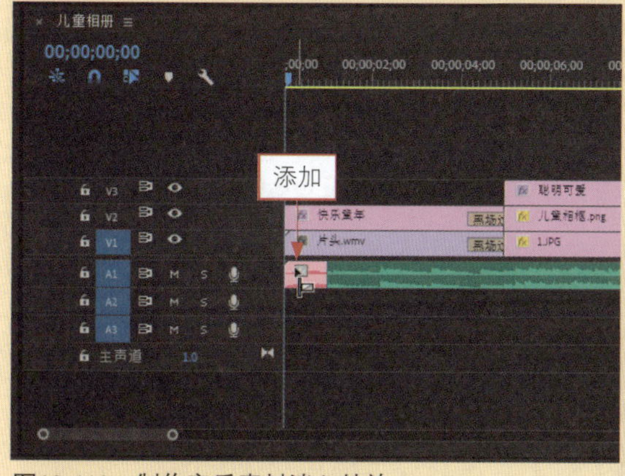

图13-118　制作音乐素材淡入特效

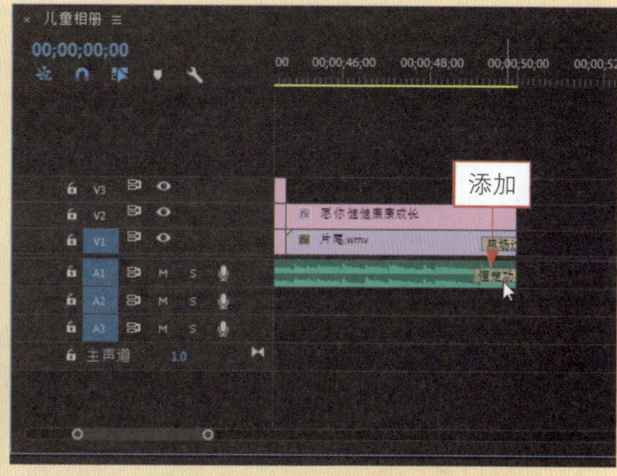

图13-119　制作音乐素材淡出特效

STEP 07 在“节目监视器”面板，单击“播放-停止切换”按钮，试听音乐并预览视频效果，如图13-120所示。

STEP 08 按“Ctrl＋M”组合键，弹出“导出设置”对话框，单击“格式”选项右侧的下拉按钮，在弹出的下拉列表中选择“AVI”选项，如图13-121所示。

STEP 09 单击“输出名称”选项右侧的“儿童相册.avi”超链接，弹出“另存为”对话框，在其中设置视频文件的文件名和保存类型，单击“保存”按钮，如图13-122所示。

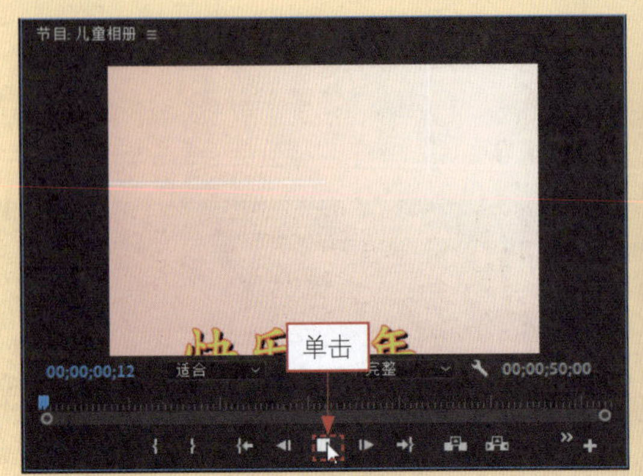

图13-120　单击“播放-停止切换”按钮

图13-121　选择“AVI”选项

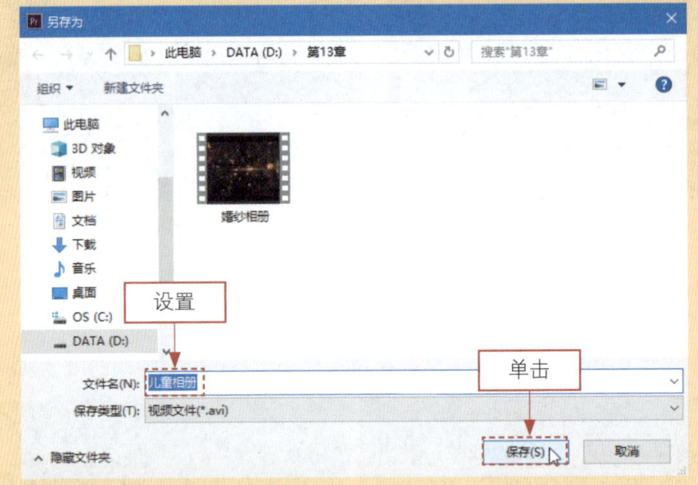

图13-122　单击“保存”按钮

STEP 10 返回“导出设置”对话框，单击该对话框右下角的“导出”按钮，如图13-123所示。

STEP 11 弹出“编码 儿童相册”对话框，开始导出编码文件，并显示文件的导出进度，稍后即可导出儿童相册，如图13-124所示。

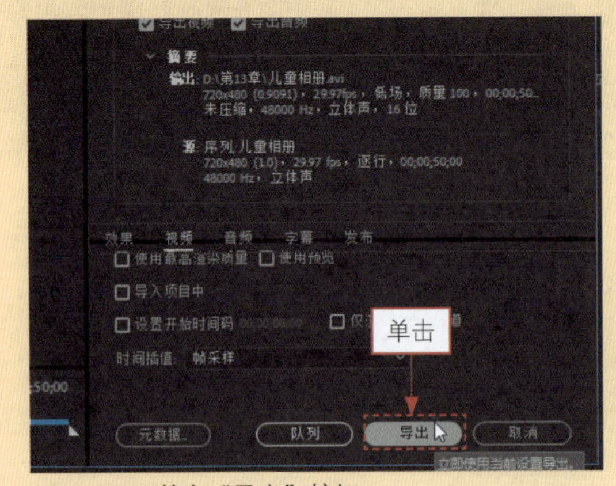

图13-123　单击“导出”按钮

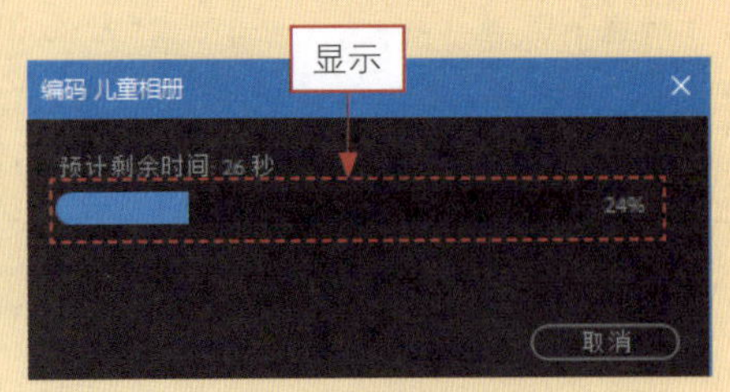

图13-124　显示文件的导出进度